“十二五”普通高等教育本科国家级规划教材

自动控制原理

——理论篇

（第三版）

杨　平　翁思义　王志萍　编著
韩　璞　主审

中国电力出版社
CHINA ELECTRIC POWER PRESS

内 容 提 要

本书为“十二五”普通高等教育本科国家级规划教材。

本书比较全面地介绍了自动控制系统的分析与设计理论和应用技术。内容包括控制系统的数学模型、时域法分析与设计、根轨迹法分析与设计、频域法分析与设计、状态空间法分析与设计、离散时间和采样系统的分析与设计以及非线性控制系统的分析。本书知识点分布面较宽，理论方法与工程实际结合较紧密，突出了控制系统特性分析方法和控制器初步设计理念，强调基本概念架构的建立和基本分析技能的掌握，所举案例多来自工业过程控制领域，尤其是电力工业领域，同时给出了MATLAB工具进行辅助分析。

本书可以作为普通高校工科院校本科电气信息类专业（自动化、电气工程及自动化、信息工程）、仪器仪表类专业、机械类专业、能源动力类专业以及应用自动化技术等相关专业课程的教材，也可供从事自动化科技的各领域工程技术人员学习参考。

图书在版编目（CIP）数据

自动控制原理．理论篇/杨平，翁思义，王志萍编著．—3版．—北京：中国电力出版社，2016.8（2024.11重印）

“十二五”普通高等教育本科国家级规划教材

ISBN 978-7-5123-8978-6

Ⅰ.①自…　Ⅱ.①杨…　②翁…　③王…　Ⅲ.①自动控制理论—高等学校—教材　Ⅳ.①TP13

中国版本图书馆CIP数据核字（2016）第042460号

中国电力出版社出版、发行

（北京市东城区北京站西街19号　100005　http://www.cepp.sgcc.com.cn）

三河市航远印刷有限公司印刷

各地新华书店经售

*

2009年2月第一版

2016年2月第三版　2024年11月北京第十八次印刷

787毫米×1092毫米　16开本　26.25印张　641千字

定价**55.00**元

前　言

在自动控制技术被广泛应用的今天，越来越多的人想要了解和掌握自动控制原理，尤其是从事自动化技术的科技人员。学习自动控制原理课程就成为了解自动控制的基础知识、理解控制系统的工作原理及掌握自动控制系统的分析和设计基本技能的主要途径。学习自动控制原理课程首先需要有一本好的教材，这对于学生来说，是请到了一个好的书本教师，而对于教授此课的教师来说，是得到了一个精心设计的参考教案。对于这个学生和教师在几个月的课程学习中共同依赖的课本，自然有许多理想特性的期待，这些期待也正是我们编者的努力目标。

就知识点的分布而言，本书有较大的宽度，可以覆盖常用的原理性的全部基础知识。

就论述知识的深度而言，本书坚持够用为度的原则，主张掌握基本概念和基本分析技能。因为所讲述的多种分析方法都是前人精心开发并已得到理论证明和经过多年实践检验的，所以本书不加证明地直接引用，只是为了让学生在有限时间内学习更多的有用知识和掌握更本质的概念和技能。为此，学生也应当采用“拿来先用”和“边用边理解其本质”的学习策略。

就自动控制原理课程的本质而言，本书突出的是自动控制系统的特性分析方法和控制器的初步设计理念。我们所期待的一个控制工程师或科技人员面对一个自动控制系统时表现的能力是：首先，他会用方框图变换或信号流图法将该系统分解成环节或综合成大的系统；其次，他会用机理建模或实验建模法建立系统的数学模型，可能是传递函数或是状态方程形式；再次，他会用系统分析方法分析出系统的基本特性，比如，稳定性、快速性或稳态误差等；最后，他会用控制器的设计方法设计控制器或利用系统分析方法改进系统特性。

就自动控制原理课程的主要内容——系统特性分析方法而言，可谓丰富多彩、各有千秋。系统特性分析方法可主要分为时域法、根轨迹法、频域法、状态空间法、离散系统法和非线性系统法六种。前三种方法都基于传递函数模型，第四种方法基于状态方程模型，第五种方法基于脉冲传递函数模型，第六种方法没有通用的模型。这些方法中，时域法最基础，它以阶跃响应直观地定义了时域性能指标，用劳斯判据可轻松判别系统稳定性，用稳态误差系数可定量分析系统的稳态误差；根轨迹法利用变开环增益在闭环根平面上展示了系统的动态特性变化；频域法利用对数幅频特性曲线直观地表示了系统的频率响应；状态空间法利用矩阵变换分析出系统的可控性和可观性；离散系统法利用朱里判据判别稳定性；非线性系统法利用描述函数法和相平面法来分析非线性特性。这些方法构成了控制理论的基础。无论是控制工程类相关专业的学生还是非控制专业的工科学生都应该掌握这些方法，区别只在于掌握程度上的深浅。

就控制系统的初步设计知识而言，在一般的自动控制原理教科书中并不编入，而本书专门用一章的篇幅阐述。这是因为分析是基础，设计是目的。设计目标明确了，分析才有方向。虽然控制工程类相关专业的学生有后续的控制系统课程，但是尽早建立系统设计基本理念有很大的益处，对于那些没有后续控制系统课程的非控制专业工科学生就更加重要。

控制系统的分析要用到大量的数学推导和数值计算，这使得人们一直在寻找更有效的方法和工具，事实上劳斯判据就是为了避免解高阶代数方程而提出的。现在，有了高速运转的计算机和高效的数值计算软件，控制原理中所需要的数值计算几乎都可交给计算机去完成。于是，在介绍过推算和图解方法之后，给出了可应用 MATLAB 工具的提示。读者可参考有关文献，自行实践。

本书的编写历史可追溯至 1995 年，每隔几年做一次较大幅度的修订和完善。相对于上一版教材，本次主要修订了五个方面：①每章增加了“应用案例”一节；②每章增加了“重要术语”一节；③新添了“非线性系统的线性化方法”一节；④新添了“控制系统的鲁棒性分析”一节；⑤重写了“标准传递函数控制器设计”一节。另外，全书通篇进行段落的新添、改写和删减，不再赘述。

在本书的最新版本呈现给读者之际，首先要感谢韩璞教授，以及前几版的审阅者徐伟勇、蒋式勤、顾幸生和孙自强教授，他们对书稿严格把关，提出的改进建议保证了本书的质量；其次要感谢我校教学团队众多成员的大力支持，包括完颜绍会、贾再一、黄伟、余洁、徐晓丽、孙宇贞、李芹、徐春梅等老师。另外，还要感谢多年来我们教过的学生，是他们深入的思考和大量的提问使我们发现了教材编写和表达上的许多不足，从而及时地纠正。吴炯、顾猛、贺茂康、袁伟、翟春荣、毕春燕、陈灏、赵佩等同学都给我们留下了深刻印象。当然，还要对多年来使用本教材的其他高校的多位教师表达感激之情，他们提出的许多宝贵意见使我们的教材更为完善。

无论何时，发现本书不足之处，恳请来信指正（yangping1201@126. com），不胜感激。

作者

2016 年 6 月

目　　录

前言

第 1 章　概述 ········· 1
1.1　引言 ········· 1
1.2　反馈控制系统的基本概念 ········· 5
1.3　方框图表示法和控制系统组成要素 ········· 6
1.4　自动控制系统的分类 ········· 6
1.5　控制系统性能分析 ········· 11
1.6　自动控制系统的性能要求 ········· 14
应用案例 1：汽车自动巡航控制系统 ········· 15
重要术语 1 ········· 15
习题 1 ········· 16
第 2 章　控制系统的数学模型 ········· 17
2.1　引言 ········· 17
2.2　微分方程、传递函数和阶跃响应 ········· 17
2.3　机理分析建模方法 ········· 19
2.4　典型环节的数学模型 ········· 29
2.5　方框图等效转换和信号流图 ········· 43
2.6　状态空间模型及求解 ········· 52
2.7　状态空间模型的标准形 ········· 57
2.8　状态空间模型的标准形变换 ········· 65
2.9　实验建模方法 ········· 67
2.10　非线性系统的线性化方法 ········· 74
应用案例 2：电站锅炉过热汽温过程模型 ········· 76
重要术语 2 ········· 78
习题 2 ········· 79
第 3 章　控制系统的时域分析 ········· 84
3.1　引言 ········· 84
3.2　时域性能指标 ········· 84
3.3　标准一阶系统的时域分析 ········· 87
3.4　标准二阶系统的时域分析 ········· 90
3.5　高阶系统的动态响应及简化分析 ········· 100
3.6　零极点分布对系统动态响应的影响 ········· 103
3.7　控制系统的稳定性与代数判据 ········· 106

3.8 控制系统的稳态误差分析及误差系数 …… 118
3.9 李亚普诺夫稳定性分析 …… 126
3.10 控制系统的鲁棒性分析 …… 131
应用案例 3：电站锅炉过热汽温控制系统性能指标及稳定性分析 …… 134
重要术语 3 …… 135
习题 3 …… 136
第 4 章 控制系统设计导论及时域设计 …… 139
4.1 引言 …… 139
4.2 系统结构设计 …… 141
4.3 控制规律选择 …… 143
4.4 控制器参数整定 …… 146
4.5 串级控制系统 …… 149
4.6 多闭环控制系统 …… 150
4.7 比值控制系统 …… 152
4.8 前馈控制系统 …… 153
4.9 解耦控制系统 …… 157
4.10 迟延补偿控制系统 …… 159
4.11 标准传递函数控制器设计 …… 160
应用案例 4：电站锅炉过热汽温 PID 控制系统 …… 164
重要术语 4 …… 166
习题 4 …… 167
第 5 章 控制系统的根轨迹分析与设计 …… 168
5.1 引言 …… 168
5.2 根轨迹的基本概念 …… 168
5.3 绘制根轨迹图的规则和方法 …… 172
5.4 开环零极点对根轨迹的影响 …… 185
5.5 控制系统根轨迹图分析 …… 188
5.6 控制系统的根轨迹设计 …… 189
5.7 参变量根轨迹族 …… 196
5.8 零度根轨迹 …… 198
应用案例 5：电站锅炉水位控制系统根轨迹法分析与设计 …… 201
重要术语 5 …… 203
习题 5 …… 203
第 6 章 控制系统的频域分析与设计 …… 205
6.1 引言 …… 205
6.2 频率特性的基本概念 …… 205
6.3 频率特性的极坐标图 …… 206
6.4 频率特性的对数坐标图 …… 213
6.5 控制系统的奈氏图分析 …… 221

6.6　控制系统的伯德图分析 …… 231
6.7　闭环系统频率特性分析 …… 237
6.8　控制系统的频域设计 …… 243
应用案例 6：电站锅炉水位控制系统频域法分析与设计 …… 253
重要术语 6 …… 255
习题 6 …… 255
第 7 章　离散控制系统的分析与设计 …… 259
7.1　引言 …… 259
7.2　连续信号的采样和复现 …… 260
7.3　离散控制系统的数学模型 …… 263
7.4　离散控制系统的性能分析 …… 271
7.5　离散控制系统的设计 …… 279
应用案例 7：电站锅炉过热汽温数字 PID 控制系统 …… 295
重要术语 7 …… 297
习题 7 …… 297
第 8 章　控制系统的状态空间分析与设计 …… 300
8.1　引言 …… 300
8.2　离散状态方程及时域解 …… 300
8.3　连续状态方程转换为离散状态方程 …… 302
8.4　状态转移矩阵的计算 …… 302
8.5　系统的稳定性、能控性和能观性分析 …… 306
8.6　线性定常系统的结构分解 …… 313
8.7　闭环控制系统的状态空间分析 …… 316
8.8　用极点配置法设计状态控制器 …… 320
8.9　用极点配置法设计状态观测器 …… 324
8.10　最优控制概论 …… 328
应用案例 8：电站锅炉过热汽温状态反馈控制系统 …… 331
重要术语 8 …… 333
习题 8 …… 334
第 9 章　非线性控制系统的分析与设计 …… 336
9.1　引言 …… 336
9.2　非线性控制系统的描述函数分析 …… 342
9.3　非线性控制系统的相平面分析 …… 353
9.4　非线性控制系统设计 …… 367
应用案例 9：检定炉炉温 PID 控制参数自整定系统 …… 370
重要术语 9 …… 372
习题 9 …… 372
附录 …… 375
附录 1　拉普拉斯变换表及定理 …… 375

附录 2　用拉氏变换求解微分方程 …………………………………………………… 377
附录 3　Z 变换表及定理 ……………………………………………………………… 379
附录 4　Z 反变换解算 ………………………………………………………………… 381
附录 5　典型系统的根轨迹图 ………………………………………………………… 383
附录 6　一些常用数学运算公式 ……………………………………………………… 384
附录 7　习题参考答案 ………………………………………………………………… 386
参考文献………………………………………………………………………………… 408

第1章 概　　述

1.1 引　　言

在工程和科学技术的发展过程中，自动控制技术起着十分重要的作用。应用自动控制技术，能帮助人类把曾经认为做不到的事情变为现实。人造卫星、宇宙飞船、登上月球、导弹制导、自动驾驶等高精尖的项目和工程都离不开自动控制技术。在各种工业部门，如石油、化工、冶金、机械、轻工、电子、汽车、通信、航空、航天、电力等，自动控制技术得到广泛应用。随着自动控制理论和实践的不断发展及完善，在经济、管理、生物、社会学、生态等各种非工程领域，也开始应用自动控制技术。因此，自动控制技术已成为最有发展前途的科学技术之一，发展潜力更是不可限量。可以毫不夸张地说，自动控制技术已经成为现代化社会中不可或缺的组成部分。

一、控制的含义

控制（control）可定义为**某个主体使某个客体按照一定的目的来动作**。例如，一个人驾驶汽车去某处这样一种行为，就是实现了一种控制。这里，人是主体，汽车是客体，去某处为目的。因此可以说，上述行为是一个主体（人）为了一定的目的控制了一个客体（汽车）。我们通常把**主体是人的控制称为人工控制，把主体是机器的控制称为自动控制**。前者如人驾驶汽车，后者如无人驾驶飞机。如果主体是由人和机器共同组成，则称为半自动控制，例如用普通洗衣机洗衣，可以定时自动停止旋转，但要由人来设定时间。

客体的含义比较广泛，一个物体、一套装置、一个物理化学过程、一个系统等都是客体。例如，一个物体，可以是飞船、汽车、电炉、水箱等。一套装置，可以是发电机组、废水处理设备、造纸设备、轧钢设备等。一个物理化学过程，可以是燃烧过程、流动过程、离子变换过程、精馏过程等。一个系统，可以是电力系统、冶金系统、导弹制导系统、雷达导航系统等。无论何种客体，不论其规模大小，均可表现为控制的专业特点。例如，客体为锅炉的控制，则被称为锅炉控制。类似地，常可见到诸如燃烧控制、导弹飞行控制等的提法。

控制的目的，或者说对控制的要求，常见的有稳定、快速、准确、经济、省力、节能、节水等。不同的生产过程对控制的要求不尽相同，各有特点，因此有“稳定控制”“无差控制”“节能控制”“环保控制”等不同的说法。

二、人工控制和自动控制

在日常生活和生产过程中，人工控制和自动控制的应用非常广泛，再列举一些具体的例子以加深对“人工控制”和“自动控制”的理解。

1. 人工控制举例

（1）人的体温控制：天冷时加衣服，天热时减衣服。

（2）自行车速度控制：根据马路的交通情况，人为地加快骑行速度或减慢骑行速度。

（3）汽车驾驶控制：转动方向盘改变方向，加油门、刹车等改变速度。

（4）收音机音量控制：调节音量旋钮，改变声音的强、弱程度。

（5）普通洗衣机的控制：人们根据衣服的多少及脏的程度来控制加水和加洗衣粉的量、洗涤次数、甩干时间等。

2. 自动控制举例

（1）电饭煲温度的自动控制：根据人们事先设计好的顺序，自动进行定时加温、保温。

（2）空调器的温度控制：根据人们设定的温度自动开关冷气机或调节电机转速以保持室温。

（3）汽轮机的转速控制：汽轮机的转速高于或低于额定转速时，自动关小或开大主汽阀门，自动维持汽轮机的转速为额定值。

（4）声控、光控的路灯：根据脚步声开灯关灯、根据天亮天黑程度关灯开灯等。

（5）导弹飞行控制：飞行姿态控制、自动纠正方向、自动导向目标等。

（6）人造卫星、宇宙飞船控制：正确进入预定轨道、姿态控制、使太阳能电池板一直朝向太阳、使无线电天线一直指向地球、使它所携带的各种测试仪器自动地工作等。

三、自动控制学科的特点

自动控制学科具有以下四个方面的特点。

1. 应用广泛

小至电子手表，大至宇宙空间站，各个领域都有自动控制理论的应用，都离不开自动控制技术。例如，农业中已广泛应用的塑料大棚，大棚内的温度、湿度自动控制可以使农业生产不受季节、气候的影响，一年四季都可以吃到新鲜的蔬菜和水果。家庭中的电冰箱、洗衣机、空调等，交通工业中的汽车、飞机、轮船等，电信工业中的移动电话、传真等，无论何种行业都会用到自动控制技术。

2. 日益重要

自动控制技术用得越广泛、越深入，就越显出它的重要性。现代工业、农业的生产，现代生活质量的提高，都可部分归功于自动控制技术的发展。许多现代化的工厂企业，如果没有自动控制技术，生产将无法进行。例如大型现代化发电厂，需要监测的测量点有上万个，需要控制的量有上百个，如果没有自动控制系统，没有自动监控和保护系统，现代电厂的运行就无法进行。又如工业加热炉，其炉温按照生产要求必须保持一定的水平，并要在经常变化的热负荷下维持炉温基本不变，只允许有很小的误差，此种情况下靠人力凭经验来控制就很难保证质量，不但会造成燃料（即能源）的浪费，还会影响产品的质量。再如现代化军事方面，以雷达高射炮为例。在敌方飞行器飞行时，雷达天线必须时刻旋转，随时自动保持指向敌方飞行器，雷达测出的敌方飞行器方位和仰角数据经过计算机数据处理后，用来控制高射炮的转动，使之能时刻瞄准敌方飞行器，随时准备开火，瞄准的角度误差必须很小，如果不采用自动控制技术，这显然是做不到的。

3. 发展迅速

由于自动控制技术用途广泛，地位越来越重要，所以自动控制学科的发展非常迅速。而且其他方面的科技成就也促进了自动控制学科的发展。尤其是近年来计算机、通信和网络技术的成就，使得自动控制学科如虎添翼、日新月异。

自动控制学科包括控制理论和控制技术两个方面，与其他学科一样，同样经历了由简单到复杂，由初级到高级的发展过程。一般认为控制理论可以分为经典和现代两部分。

经典控制理论是指20世纪50年代以前的控制理论。在工业化的历史发展中，经典自动控制技术也逐渐发展起来，18世纪瓦特（J. Watt）发明的蒸汽机离心调速器是将自动控制技术应用到工业中的最早代表。1877年劳斯（E. J. Routh）提出了判别控制系统稳定性的代数判据。1932年奈奎斯特（H. Nyquist）提出了研究控制系统的频率响应法。1948年伊文斯（W. R. Evans）提出了根轨迹法。这些重大贡献成为控制理论和控制技术发展史上的里程碑。建立在时域分析法、频率响应法和根轨迹法基础上的控制理论被称为经典控制理论。

20世纪50年代末至60年代初，核能、计算机及空间技术的科技发展，对自动控制学科提出了更高的要求。大型复杂系统的控制，高速度控制操作及高精度控制品质的要求，使经典控制理论的局限性暴露出来，促使人们寻求更完善的控制理论和更高级的控制技术。在这种背景下，贝尔曼（R. Bellman）等人提出了状态空间法。1960年卡尔曼（R. E. Kalman）在控制系统的研究中成功地应用了状态空间法，并提出了能控性和能观测性的新概念，这被认为是现代控制理论发展的开端。20世纪60年代以后，新控制理论不断涌现，如最优控制、系统辨识、多变量控制、自适应控制、专家系统、人工智能、神经网络控制、模糊控制、大系统理论，等等。

4. 相关学科多

从自动控制学科的发展可以看出，自动控制理论和技术的发展，已经向多学科的综合应用方向发展，因此现代的控制工程师，不但要懂得控制理论，还要求能熟练地使用计算机，会编制控制软件，熟悉通信技术、网络技术、机器人理论等。

四、自动控制学科的细分

根据2013年出版的《学位授予和人才培养一级学科简介》[61]，自动控制学科设在工学类，一级学科名称为“控制科学与工程”，其二级学科细分为七个，分别为“控制理论与控制工程”“检测技术与自动化装置”“模式识别与智能系统”“系统工程”“导航、制导与控制”“生物信息学”“建模仿真理论与技术”。这七个学科表明了控制学科的内涵。一般认为：“控制理论与控制工程”学科侧重于控制理论及其应用的研究，偏软件，偏理论；“检测技术与自动化装置”学科侧重于传感器、执行器和控制器等检测和控制类自动化仪表及其检测与执行技术的研究，偏硬件，偏工程；“模式识别与智能系统”学科侧重于信号与图像的分析和模式识别及其智能分析和处理的研究，偏知识工程、人工智能理论和计算机信息处理技术；“系统工程”学科侧重于大系统科学与大系统的分析优化及决策控制的研究，偏经济，偏管理；“导航、制导与控制”学科侧重于航空、航天和航海的自动检测与控制技术研究，偏空间技术和军事科学；“生物信息学”学科侧重于生物信息系统的数据分析和知识提取的研究，偏信息科学和生命科学；“建模仿真理论与技术”学科侧重于实际系统的建模理论、仿真实现技术以及仿真应用系统的研究，偏计算机与某工程应用的交叉学科。无论控制学科包含的内涵有多么广，它们共同的基础都是自动控制理论。

五、自动控制理论的内容

自动控制理论可分为经典控制理论和现代控制理论两部分。

经典控制理论：以传递函数为基础，研究单输入、单输出控制系统的分析和设计。

现代控制理论：以状态空间法为基础，进行多输入、多输出、变系数、非线性等控制系统的分析和研究。

自动控制理论可粗略地按如下层次划分：

- 自动控制理论
  - 经典控制理论
    - 连续时间线性控制理论
      - 时域分析法
      - 频域分析法
      - 根轨迹法
    - 非线性控制理论
      - 相平面法
      - 描述函数法
    - 离散时间线性控制理论
      - Z 变换法
      - W 变换法
  - 现代控制理论
    - 状态反馈控制——状态空间法
    - 智能控制
    - 预测控制
    - 自适应控制
    - 模糊控制
    - 神经网络控制

六、自动控制理论的基本研究课题

自动控制理论中的两大基本研究课题是控制系统的分析和控制系统的设计。

（一）控制系统的分析

这类课题是针对现有的控制系统，分析它是否符合所要求的性能指标，如超调量、振荡次数、调整时间、稳态误差等。控制系统分析的基本研究方法有三种：

1. 实验法

在控制系统的输入端加入典型信号（例如阶跃信号、正弦信号等），分析系统的输出响应（例如阶跃响应、频率响应等），分析系统响应的特性是否符合所要求的性能指标。

2. 解析法

根据控制系统数学模型的结构和参数，通过一定的计算求出系统的性能，分析其是否符合生产上提出的要求。解析法有效的前提是要能较方便和正确地建立控制系统的数学模型。

在经典控制理论中，时域分析法、频域分析法和根轨迹法就是分析控制系统的解析方法。在现代控制理论中，状态空间法也是一种解析方法。

3. 计算机仿真法

当控制系统的模型建立后，可用计算机仿真法进行仿真试验。用针对系统模型的动态特性数值计算代替实际系统的测试实验。计算机仿真法已成为更高效和更常用的系统分析方法。

（二）控制系统的设计

这类课题是根据生产上提出的性能指标要求，设计控制系统及控制器的结构和参数。控制系统设计的步骤如下：

（1）确定性能指标和约束条件。例如是否允许有稳态误差，误差允许范围如何，调整时间允许多长，是否允许被控制的对象有周期性变化，控制量是否有限制等。

（2）设计控制方案。例如单回路还是多回路，采用一个控制器还是多个控制器等。

（3）设计控制器的结构和参数。可应用时域分析法、频域分析法、根轨迹法和状态空间法来设计和计算，一般可用计算机来辅助设计（CAD）。

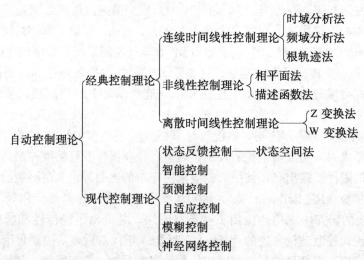

（4）进行性能校核及参数调整。一般可用现场调试或计算机仿真试验两种方式。用计算

机仿真试验法整定后一般还需要通过现场试验来确认。

1.2　反馈控制系统的基本概念

一个自动控制系统主要由两部分组成：一部分是被控制的设备或过程，称为**受控对象**或**受控过程**；另一部分是起控制作用的设备或装置，称为**控制装置**，如图1-1所示。对于受控过程子系统而言，其输出变量是表征设备或过程的运行情况或状态且需要加以控制的参数称为**被控量**；其输入变量是可使被控量发生变化的**控制量**或称**操作量**。对于控制装置子系统，而言，输入变量一般有两种：一是希望被控量应该具有的数值称为**设定值**或**给定值**，另一种是被控量的反馈量；输出变量就是受控过程子系统的输入量，即控制量或称操作量。引起被控量发生不期望的变化的外部和内部因变量，称为**外扰**和**内扰**，通称为**扰动量**。

现实中的自动控制系统绝大部分为反馈控制系统，即控制装置引入了被控量的反馈量，控制过程存在反馈工作机理。"反馈"是自动控制理论中最基本的概念之一，反馈控制是一种最基本的自动控制原理。

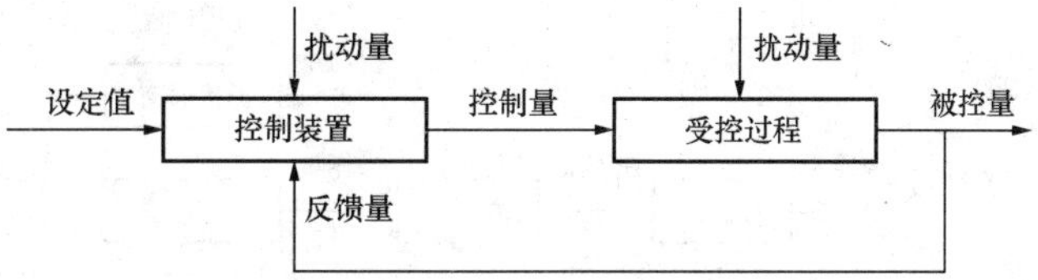

图1-1　自动控制系统的组成

现以一储槽的液位控制系统为例来进一步说明反馈控制系统的一些基本概念，图1-2所示为储槽液位控制系统的原理结构图。图中，Q_1 为进入储槽的液体流量；Q_2 为流出储槽的液体流量。控制的目的是使储槽中的液位以一定的精度稳定于某一高度 H_0。这里储槽即为受控对象，液位 H 是被控量，H_0 为设定值。设定值 H_0 的大小可以根据需要改变。当外部负荷改变，即 Q_2 改变时，$Q_1 \neq Q_2$，将使液位上升或下降。图1-2中的液位传感器将自动地检测液位的变化，并把液位高低的变化变换成与之成比例的统一信号（一般为电气信号），此信号就是送入控制器的液位测量值 F。在控制器中液位给定值 F_0（与 H_0 成比例）与液位测量值 F 比较而得出偏差值。控制器根据偏差值的大小，按某种运算规律计算出控制器应输出的控制量信号。控制量信号送到执行器，执行器去操作调节阀阀门，使 Q_1 改变，从而使液位保持在所希望的数值上。这就是储槽液位的自动控制工作原理和基本过程。在这个控制过程中，控制器改变控制量不仅仅依据给定值还考虑了被控量的反馈量，形成了反馈控制机制。

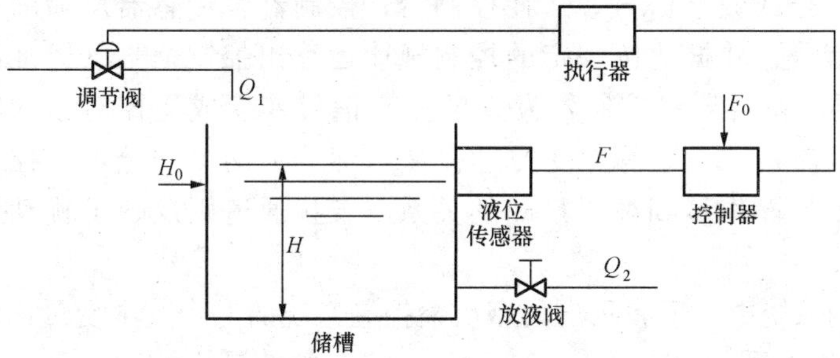

图1-2　储槽液位控制系统的原理结构图

1.3 方框图表示法和控制系统组成要素

在研究系统时，为了便于清楚地表示和分析系统各组成环节间的相互影响和信号传递关系，常采用方框图表示法。方框图表示法定义了四种图形元素：**长方形框**表示一个环节、一种功能或输入与输出之间的关系；**求和圆**表示输出变量是所有输入变量的代数和；**直线段**表示变量的传递路线；直线段一端的**箭头**表示变量信息传递的方向。当一个系统为某种分析的需要，定义了每一个组成部分或环节及其相应的输入和输出变量，就可以用方框图表示法绘制出该系统的方框图。对同一系统，可能由于环节和其输入输出变量的定义不同而绘制出多种方框图。由于方框图表示法既简单又直观，所以已成为系统分析中最常见的分析方法之一，在自动控制系统分析中也是如此。

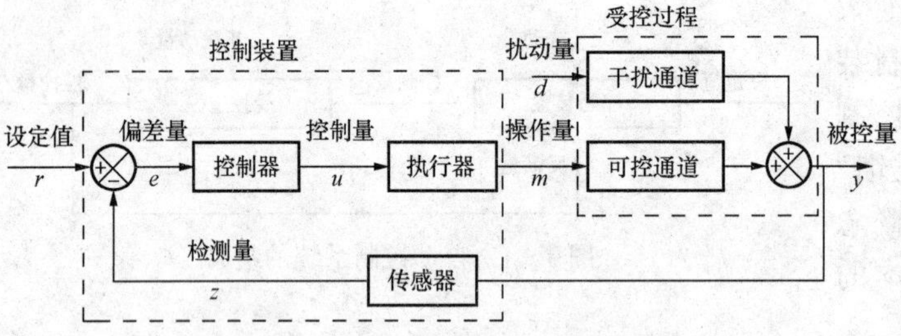

图 1-3 反馈控制系统方框图

应用方框图表示法，可以把最典型的反馈控制系统表示为如图 1-3 所示。可以看出，典型的反馈控制系统包括了**受控过程、传感器、控制器、执行器**四个基本环节。传感器、控制器和执行器组成了控制装置。其中，传感器用来测量被控量的大小，并把被控量（例如水位、压力、温度、流量、转速等）变换成统一的标准的电气信号或数字信号，送往控制器；控制器将传感器反馈的被控量与给定值比较，生成偏差信号，并据此按一定的控制规律运算出控制信号（标准的电气信号或数字信号）给执行器；执行器将控制器发来的控制信号变换成受控对象的输入变量，例如，阀门开度、质量流量、力矩等。受控过程又可细分为两个部分：可控通道和干扰通道。可控通道建立了从操作量到被控量间的关系。干扰通道则反映了扰动量对被控量的影响。

图 1-3 所示的典型反馈控制系统中，还表示出典型反馈控制系统的七个基本变量：**设定值** r（Setpoint Value，SV），**偏差量** e（Deviation Value，DV），**被控量** y（Process Value，PV），**控制量** u（Control Value），**操作量** m（Manipulation Value，MV），**扰动量** d（Disturbance Value），**被控量** y **的检测量** z（Measurement Value）。在调节和显示仪表中，监控计算机的显示屏上常见缩写字母 SV、PV 和 MV，用以标记的设定值、被控量和操作量。当忽略执行器，或者把执行器归为受控过程的一部分时，则控制量就等同于操作量。当忽略传感器，或者把传感器归为受控过程的一部分时，则被控量就等同于它的检测量。在本书后面的论述中，常常只论及被控量和控制量。

1.4 自动控制系统的分类

根据分析和观察一个自动控制系统的不同视角和着眼点，可以做出不同的自动控制系统分类。以下列出十种分类方法。不同的分类方法将从不同的侧面反映控制系统的特征。

一、按自动控制系统是否形成闭合回路分类

1. 开环控制系统

图1－4表示了一个直流电动机转速控制系统。电动机带动工作机械以一定的转速旋转，工作机械可以是机床的转动部件或者其他要求转动的机械。由图1－4中的电位器可改变电动机的转速。当转动电位器时，电位器的输出电压发生变化，经过功率放大器后去改变电动机的电枢电压，从而改变了电动机的转速。不同的电位器位置，就有相应的电动机转速。图1－4的控制系统可以用图1－5方框图表示。可以看出，这个系统的信息传递是单方向的。电位器位置相当于转速设定值，功率放大器相当于控制器和执行器，电动机是受控对象，电动机转速是被控量。被控量没有反馈至控制器而形成一个闭合回路。这种控制系统就称为开环控制系统。当电动机所带动的工作机械有变化时，即使电位器位置不变，转速也会升高或降低。这就造成了转速设定值与实际转速值的不一致。所以，开环控制系统的最大的缺点就是易受干扰的影响，控制精度较低；而它明显的优点是结构简单，成本低，也容易实现。

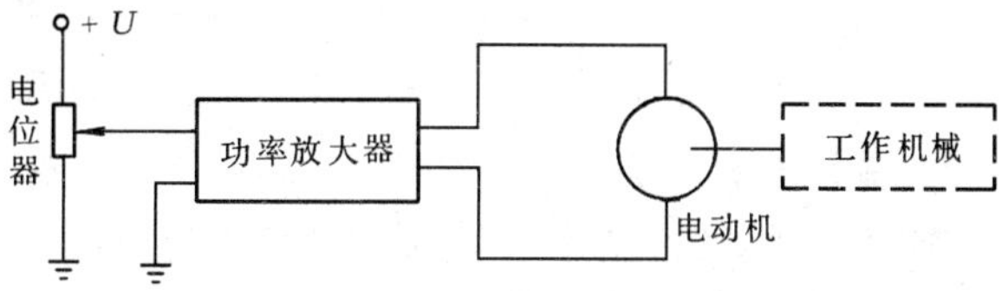

图1－4　直流电动机转速开环控制系统

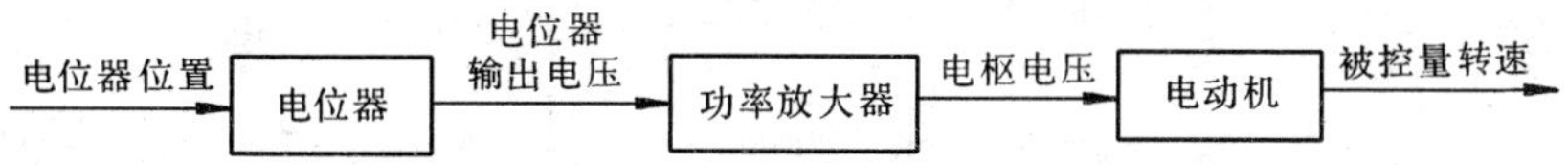

图1－5　电动机转速开环控制方框图

2. 闭环控制系统

在图1－4所示系统的基础上，增加一个测速发电机来检测电动机转速，再将这个转速信号反馈到功率放大器输入端与电位器的电压进行比较，其偏差值使放大器的输出电压改变，再去控制电动机的转速，这就形成了电动机转速的闭环控制系统，如图1－6所示。这个控制系统可用图1－7所示的方框图表示。可以看出，这个系统的特点是其信息传递路线形成了一个闭合回路，被控量电动机转速被反馈至控制器。这样一来，只要电位器的位置不变，电源变化（内扰）或负载变化（外扰）等扰动引起的转速（被控量）变化，都将使放大器输出发生相应变化，从而自动地保持电动机输出转速不变。因此，闭环控制系统的优点就是控制精度高，抗干扰，而缺点是结构复杂，成本高。

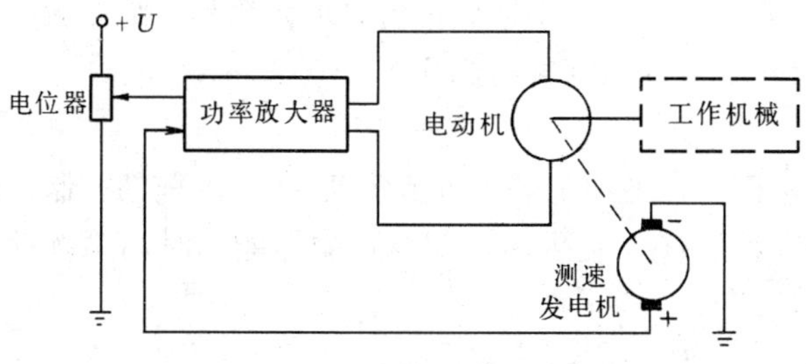

图1－6　电动机转速闭环控制系统

二、按控制器的馈入信号的特点分类

1. 反馈控制系统

反馈控制系统是根据被控量和给定值的偏差进行调节的，最后使之消除偏差，达到被控量等于给定值的目的。图1－6和图1－7都是反馈控制系统。因为反馈控制系统是将被控量

变化的信号反馈到控制器的输入端，形成一个闭合回路，所以反馈控制系统一定是闭环控制系统。一个复杂的控制系统，也可能有多个反馈信号组成多个闭合回路，这称为多回路反馈控制系统。

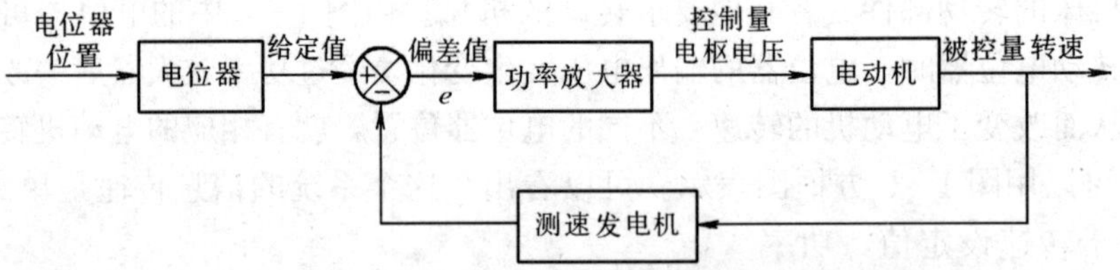

图 1-7 电动机转速闭环控制方框图

2. 前馈控制系统

前馈控制系统直接根据可测扰动信号进行调节。可测扰动量是控制量变化的依据。由于它没有被控量的反馈信号，不能形成闭合回路，所以它是一种开环控制系统。

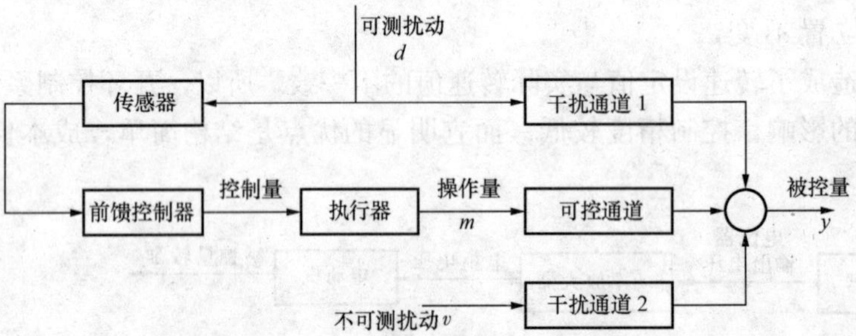

图 1-8 前馈控制系统方框图

图 1-8 所示为前馈控制系统方框图，扰动 $d(t)$ 将使被控量 $y(t)$ 发生变化，前馈控制器根据扰动量进行控制，及时抵消扰动量 $d(t)$ 对被控量 $y(t)$ 的影响，从而使被控量 $y(t)$ 保持不变。当有其他不可测的扰动 v 影响受控对象时，这种开环结构的前馈控制系统就不能保证控制被控量到较高的精度，所以，单纯的前馈控制系统在实际过程中很少使用。注意，图 1-8 中求和圆的表示用了更简约的形式：不在圆内画分隔线和标注输入变量的正负号；若某输入变量应带负号求代数和，则在求和圆外该输入变量箭头附近标注负号；若是带正号变量，则省略标注。

3. 前馈—反馈复合控制系统

如图 1-9 所示，在反馈控制系统的基础上，增加了对于可测扰动 $d(t)$ 的前馈控制，便构成了前馈—反馈复合控制系统。当可测扰动 $d(t)$ 发生后，前馈控制器能及时消除扰动对

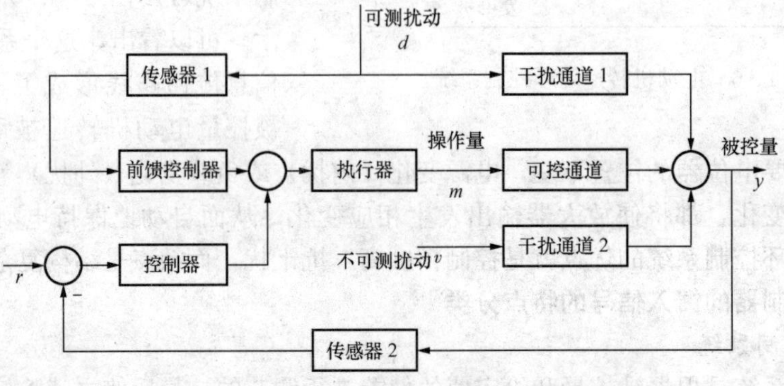

图 1-9 前馈—反馈复合控制系统方框图

被控量的影响，而对于其他的扰动，反馈控制器将发挥作用，两种控制作用优势结合，可得到更高的控制质量。

三、按给定值信号的特点分类

1. 定值控制系统

当自动控制系统运行时，给定值保持恒定不变，也就是使被控量保持不变，这就是定值控制系统。它是实际中应用得最多的一种控制系统。例如，电动机转速控制、空调房间温度控制、容器的液位控制、电力网的频率控制等都是定值控制系统。

2. 随动控制系统

随动控制系统简称随动系统，是给定值随时间变化频繁的控制系统。所以要求被控量能随时跟踪给定值的变化。例如在锅炉燃烧过程控制中，要求空气量随时跟踪燃料量的变化而成比例地变化。运动目标的自动跟踪、跟踪卫星的雷达天线控制系统、机械加工中的靠模加工控制系统等都属于随动控制系统。

3. 程序控制系统

程序控制系统的给定值是一个已知的时间函数，控制的目的是让被控量按给定值时间函数变化。例如在发电厂汽轮机启动过程中，要求转速按预先规定的时间函数来升速。又如材料热处理时的升温保温过程控制及程序控制机床等，都属于程序控制系统的范畴。

四、按照控制系统主要元件的特性来分类

1. 线性控制系统

当控制系统各环节的输入/输出特性具有线性关系时，其静态特性如图 1-10 所示，而动态特性可用线性微分方程来描述。这种系统被称为线性控制系统。线性系统的特点是可以应用叠加原理，所以有符合叠加原理的系统就是线性系统的说法。

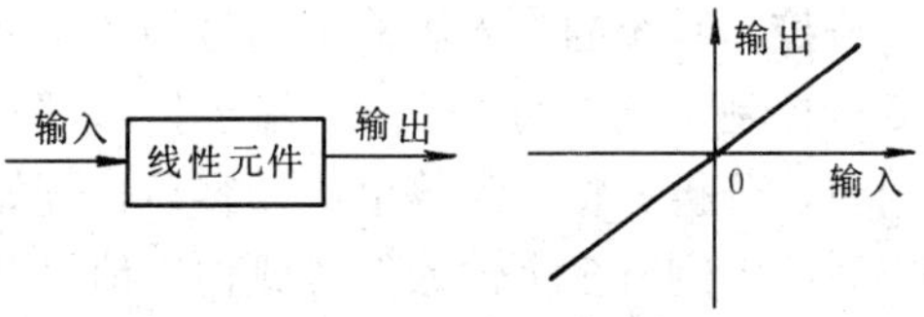

图 1-10　线性元件的特性

2. 非线性控制系统

当控制系统中含有一个或一个以上的非线性元件时，系统就应该用非线性方程来描述。由非线性方程描述的控制系统称为非线性控制系统。在控制系统中典型的非线性元件特性有饱和非线性、死区非线性、继电特性非线性等，如图 1-11 所示。非线性系统不能应用叠加原理，而且其动态性能与初始条件有关，而线性系统的动态性能则与初始条件无关。

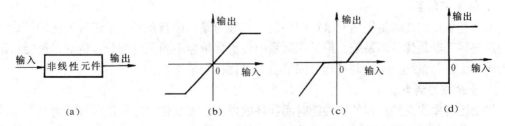

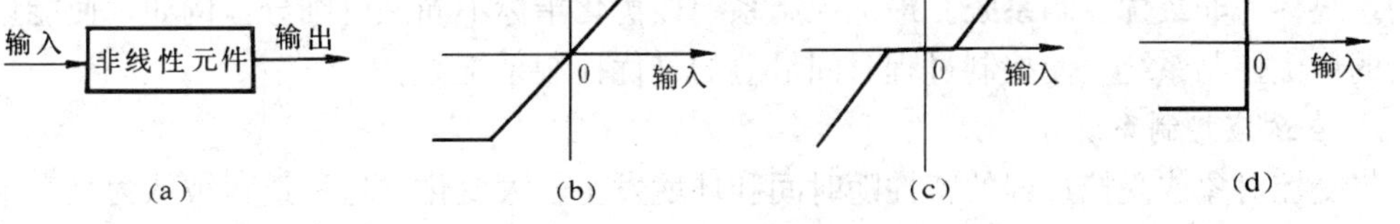

图 1-11　非线性元件的典型特性

(a) 非线性元件；(b) 饱和非线性；(c) 死区非线性；(d) 继电特性非线性

五、按控制系统的传递信号在时间上是否连续分类

1. 连续（时间）控制系统

当控制系统的传递信号都是时间的连续函数时，这种系统称为连续（时间）控制系统，又常称为模拟量控制系统（相对于数字量控制系统而言）。

2. 离散（时间）控制系统

控制系统在某处或几处传递的信号是脉冲形式或数字形式的系统称为离散控制系统。离散控制系统的主要特点是，在系统中采用采样开关，将连续信号转变为离散信号。通常将离散信号采用脉冲形式的系统，称为脉冲控制系统。而将采用计算机或数字控制器，其离散信号以数字形式传递的系统，称为采样控制系统或数字控制系统。采样控制系统或数字控制系统的方框图如图 1-12 所示。图中，A/D 和 D/A 分别为模/数和数/模转换器。

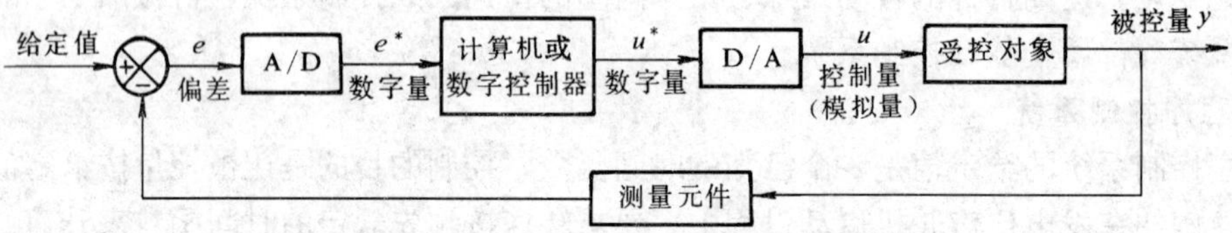

图 1-12　采样（数字）控制系统方框图

六、按控制系统的输入和输出信号的数量来分类

按控制系统的输入和输出信号的数量来分类，则有**单变量控制系统和多变量控制系统**。单变量控制系统中输入信号和输出信号都只有一个，反馈回路一般也只有一个，所以系统比较简单，分析和整定参数也比较容易，例如前述的电动机转速和储槽液位控制系统。多变量控制系统中则有多个输入信号或输出信号，闭合回路也可能有多个，而且相互之间有耦合关系，分析和整定这类控制系统都比较复杂。例如电厂机炉协调控制、飞行器姿态控制、冶炼化学过程控制、机器人控制等系统都属于多变量控制系统。

七、按系统的反馈控制回路数分类

按系统的反馈控制回路数，可把控制系统分为**单回路控制系统**、**双回路控制系统**或**多回路控制系统**。一般回路数只按反馈回路数计算，前馈回路数不计算在内。

八、按控制器的功能特性分类

控制器的输入输出特性称为控制功能函数，又常称为控制律。它是决定控制系统性能的关键。因此，人们一直在孜孜不倦地研究更新更好的控制律。已经得到公认的超过百种。以下仅选列几种：

1. 最优控制系统

使某些规定的性能指标达到最优的控制系统称为**最优控制系统**。未进行最优的设计或调整的系统称为**非最优控制系统**。最优控制系统按优化指标不同又可细分，例如，使能量消耗最少的最优控制系统、使控制过程时间最短的最优控制系统等。

2. 自适应控制系统

当受控对象或受控过程的特性随时间和环境发生较大变化（这种过程被认为具有不确定性）时，若控制系统能自动地辨识受控对象的特性变化，并能自动地修正控制器的参数或结构，以保持良好的控制品质，这种控制系统就称为自适应控制系统。

3. 鲁棒控制系统

对外界的扰动和受控对象的特性变化具有非敏感性的控制系统称为鲁棒控制系统。这种非敏感的特性称为鲁棒性。鲁棒一词来自英文“robust”的音译。

4. PID 控制系统

PID 控制系统是最常见的控制系统。它的控制律仅是简单的比例、积分和微分函数，但是能适用于非常广泛的控制需求。

九、按控制器实现的器件分类

控制系统中控制律的实现最终要靠具体的物理器件。瓦特发明的蒸汽机离心调速器靠的是机械器件，可称为**机械控制系统**。随着时代的发展，逐步出现了靠气动器件的**气动控制系统**，靠电动器件的**电动控制系统**，靠微电子和计算机器件的**微机控制系统**。

十、按被控变量的统计特性分类

在现实的控制系统中，被控变量都是含有随机噪声的。如果为了分析处理的简明性而忽略噪声的存在，所处理的就是**确定性变量控制系统**。在这整本书中，就仅考虑了确定性变量。如果不忽略噪声的存在，所面对的是**随机性变量控制系统**，应该在随机控制理论课程中讨论。

1.5　控制系统性能分析

一、典型系统性能分析试验信号

若要分析出各种控制系统性能上的优劣，必须有一个比较的基础。人们常用几种具有典型意义的试验信号去测试各种系统对这些信号的响应，然后进行分析比较。这些典型试验信号应能反映系统实际工作情况，并且便于产生和实现。常用的典型试验信号有以下几种：

(1) 阶跃函数。阶跃函数的定义是

$$x(t)=\begin{cases}0 & (t<0)\\ x_0 & (t\geqslant 0)\end{cases} \tag{1-1}$$

式中，x_0 为常数。当 $x_0=1$ 时，称为单位阶跃函数，记作 $1(t)$ 。阶跃函数 $x(t)$ 的时间函数如图 1-13 所示。在实际系统中，突然改变设定值，或突然改变负载都属于这类性质的信号变化。类似阶跃函数这样以无穷大的速度改变是不可实现的。但是，相对变化非常快就可认为是阶跃变化。显然，这是对控制系统的极限考验。

(2) 斜坡函数。斜坡函数的定义是

$$x(t)=\begin{cases}0 & (t<0)\\ vt & (t\geqslant 0)\end{cases} \tag{1-2}$$

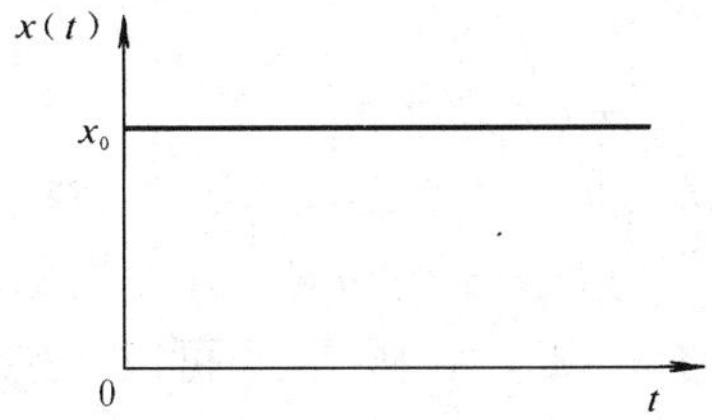

图 1-13　阶跃函数

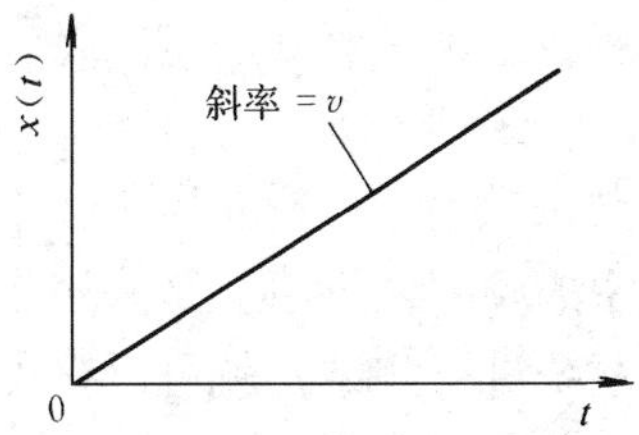

图 1-14　斜坡函数

式中：v 为常数。当 $v=1$ 时，称为单位斜坡函数。斜坡函数的时间函数如图 1-14 所示。

斜坡函数也称作速度函数，它等于阶跃函数对时间的积分，而它对时间的导数就是阶跃函数。

（3）抛物线函数。抛物线函数的定义是

$$x(t)=\begin{cases}0 & (t<0)\\ \dfrac{1}{2}Rt^2 & (t\geqslant 0)\end{cases} \tag{1-3}$$

式中，R 为常数。当 $R=1$ 时，称为单位抛物线函数。抛物线函数的时间函数如图 1-15 所示。

抛物线函数也称作加速度函数，因为它可由速度函数对时间积分得到。

斜坡函数和抛物线函数信号是随动系统中常用的试验信号。

（4）脉冲函数。脉冲函数的定义是

$$x(t)=\begin{cases}0 & (t<0)\\ \dfrac{R}{\varepsilon} & (0\leqslant t\leqslant\varepsilon)\\ 0 & (t>\varepsilon)\end{cases} \tag{1-4}$$

式中，R 是常数；ε 为无穷小。脉冲函数的时间函数如图 1-16 所示。

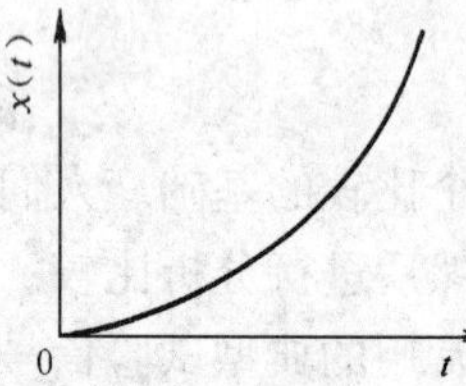

图 1-15　抛物线函数

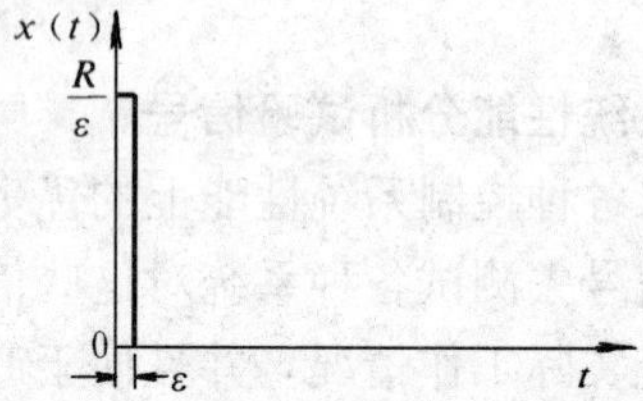

图 1-16　脉冲函数

图 1-16 中的脉冲函数的面积等于 $\dfrac{R}{\varepsilon}\times\varepsilon=R$。当 $R=1$，$\varepsilon\to 0$ 时，称为单位脉冲函数（或称 δ 函数），它的幅值很大（理论上认为是无穷大），但它的面积仍为 1。

单位脉冲函数的拉氏变换等于 1，即

$$X(s)=L[\delta(t)]=1 \tag{1-5}$$

δ 函数是数学上的抽象概念，在实际中并不存在，但在控制系统的分析中却很有用处。单位脉冲函数 $\delta(t)$ 可认为是单位阶跃函数在阶跃点的导数，即 $\delta(t)=\dfrac{\mathrm{d}}{\mathrm{d}t}1(t)$ 。反之，单位脉冲函数 $\delta(t)$ 的积分就是单位阶跃函数。

（5）正弦函数。正弦函数的定义是

$$x(t)=A\sin(\omega t+\theta) \tag{1-6}$$

式中，A 为正弦函数的幅值；ω 为角频率；θ 为初相角。正弦函数如图 1-17 所示。

控制系统中的频率分析法就是采用正弦函数作为典型试验信号，用不同频率的正弦函数信号依次输入系统进行测试，就可以得出控制系统的频率特性，从而可以间接地分析出控制系统的动态性能和稳态性能。

在控制系统的分析和综合中，究竟选取哪一种形式的典型试验信号最为合适，取决于系统在正常工作条件下最常见的和最不利的输入信号形式。例如，控制系统的输入经常是突变的参考输入信号或扰动，则采用阶跃函数作为典型试验信号；如果系统的输入经常是随时间逐渐变化的，则可取斜坡函数作为典型试验信号。

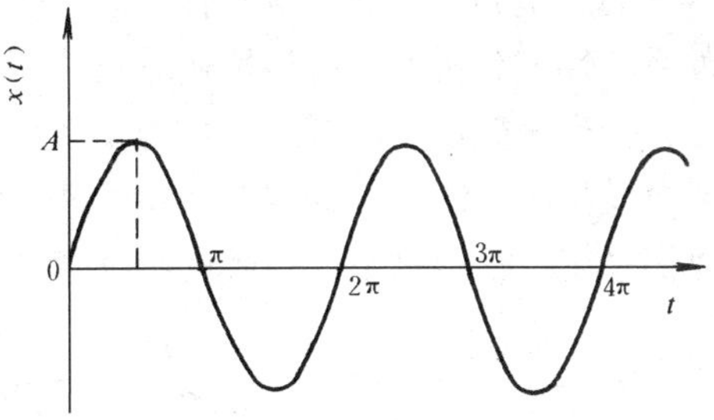

图 1-17 正弦函数（$\omega=1$，$\theta=0$）

二、系统性能分析方法

系统的性能分析一般从动态和静态两方面进行。当输出信号处于平衡状态时，输出信号和引起它变化的输入信号之间的关系称为**稳态特性**（或称**静态特性**）。而当输入信号和输出信号都随时间变化时，则它们之间的关系称为**动态特性**，或称**暂态特性**。

1. 动态特性分析

设开始时系统处于平衡状态，在 $t=0^+$ 时受到扰动作用（即系统的输入信号发生了变化），输出信号因此也随之发生变化，如图 1-18 所示。图中，$x(t)$ 为系统的输入信号，假设为一个典型的阶跃输入；$y(t)$ 为系统的输出信号。输入输出之间的关系可用函数关系 $y(t)=f[x(t)]$ 来表示。由于实际控制系统常包括机械部分和电气部分，前者存在质量、惯量、阻尼等，后者存在电感、电容等；同时也由于能源、功率的限制，因而 $y(t)$ 不可能瞬时达到一个新的平衡状态，要经历一个过程才能达到新的平衡状态。这一过程称为动态过程或过渡过程。此过程反映的特性即为动态特性，或称为动态响应。控制系统的性能优劣在其动态特性上都有反映。因此，动态特性分析是系统性能分析的基本方法，最常见的是阶跃响应分析法。还有后面章节介绍的根轨迹法、频域法和状态空间法。

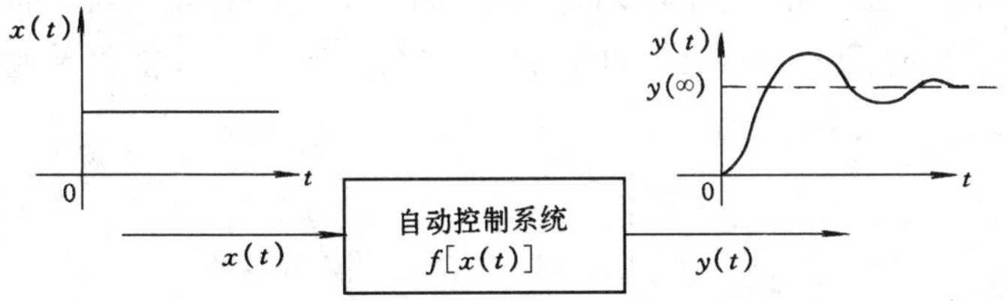

图 1-18 控制系统输入信号和输出信号的动态特性

2. 稳态特性分析

由图 1-18 可见，当 $t\to\infty$时，$y(t)$ 将稳定在一个新的平衡状态 $y(t)|_{t\to\infty}=y(\infty)$。这时，过渡过程结束，$y(\infty)$ 的值称为稳态值。如果，做一系列的阶跃响应试验，每次阶跃信号的幅值递增，即 $\{x_i(t)=A_i\times 1(t)$，$A_i=A_{i-1}+\Delta A$，$i=1, 2, 3, \cdots\}$， 就可以得到一系列的 $y(\infty)$ 值，即 $\{y_i(\infty)$，$i=1, 2, 3, \cdots\}$。 将这些值与相应的阶跃幅值 $\{A_i, y_i(\infty)\}$，绘制出关系曲线就反映了控制系统的稳态特性。这是利用阶跃响应试验方法做的系统稳态特性分析，还可用其他方法进行系统稳态特性分析，例如用斜坡试验响应法。系统的稳态特性分析与动态特性分析一样是系统性能分析的常用方法。

上述介绍的是最基本、最直观也是最常用的系统性能分析的时域响应试验方法。它可用于任何未知特性的系统分析。类似的常用方法是频域响应试验方法。做频域响应试验时，试验信号采用一系列频率不同的正弦函数信号，所提取的系统响应变量是系统输出幅度和相位。

根据时域试验响应曲线可以拟合出系统的数学模型，如传递函数模型。根据频域响应试验得出的系统频率特性曲线同样可以拟合出系统的数学模型。对于已知数学模型的系统，常用的系统性能分析方法有根轨迹分析法、频率特性分析法和状态空间系统分析法。例如，对于已知传递函数模型的系统，可根据系统零极点的位置来分析系统的性能；对于已知频率特性函数模型的系统，可根据频率特性曲线特征点参数来分析系统的性能；对于已知状态空间模型的系统，可根据系统矩阵的特征值和特性矩阵的秩来分析系统的性能。

1.6　自动控制系统的性能要求

一般说来，对自动控制系统的性能要求，首先是必须稳定，即要求不失控，稳定才能保证安全；其次是要求被控量最终趋近设定值的程度越近越好，在趋近过程中的振荡幅度愈小愈好，振荡衰减得愈快愈好，这些都是准确性的要求；第三是要求达到稳态的过渡过程时间愈短愈好，也就是越快越好；第四是要求控制器能适应环境和受控对象特性变化的范围越宽越好，就像粗壮的庄稼能经得住风雨一样；第五是要求控制设备成本和运行损耗越小越好，既经济又实惠。综上所述，对于自动控制系统性能的基本要求可以概括为五个字：稳、准、快、壮、省。这五个字反映了对控制系统性能要求的五个方面：稳定性、快速性、准确性、鲁棒性和经济性。

自动控制系统的动态过程，以系统的阶跃响应为例，一般可归纳为如图 1－19 所示五种类型：单调收敛过程、单调发散过程、衰减振荡过程、不衰减振荡过程和渐扩振荡过程。其中，单调发散和渐扩振荡过程属于不稳定过程，明显是失去控制或控制失败的过程，不符合控制系统性能稳定性的要求；单调收敛和衰减振荡过程能满足控制系统性能稳定性的要求，还须关注其准确性和快速性的指标量值，看是不是够快和够准；不衰减振荡过程对线性系统来说是一种界于稳定与不稳定的临界状态，稍加扰动或许发散，常归并为不稳定一类；而对非线性系统来说不衰减振荡过程可长期稳定并振幅较小，常关注其控制系统性能经济性指标，因为振荡常加速设备磨损导致维护成本上升。

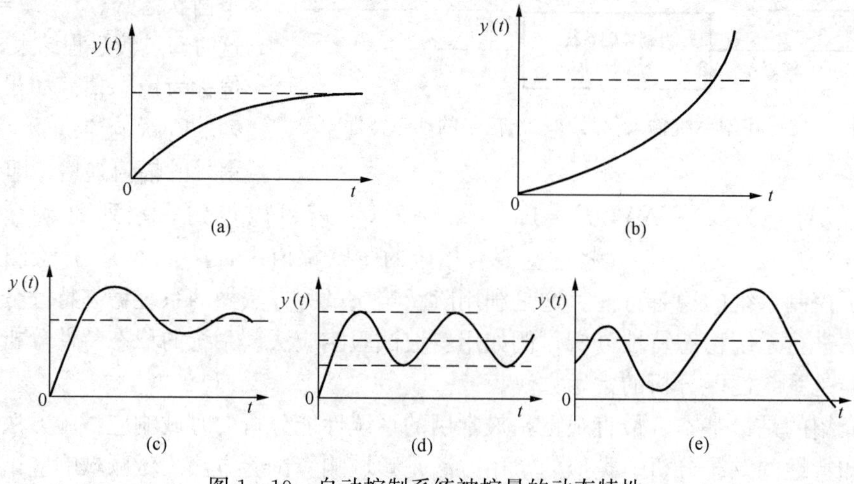

图 1－19　自动控制系统被控量的动态特性

（a）单调收敛过程；（b）单调发散过程；（c）衰减振荡过程；

（d）不衰减振荡过程；（e）渐扩振荡过程

应用案例1：汽车自动巡航控制系统

现代的中高档小型汽车都配置有自动巡航控制系统。有自动巡航控制系统配置的汽车可以让司机享受一下自动驾驶的乐趣。特别在长途驾驶中，一旦切入自动巡航模式，司机可以只管方向，不踩油门了，车速将自动维持在指定速度值上。

如图1-20所示，汽车自动巡航控制系统由巡航速度设定器、自动巡航控制器、油门开度执行器、车速传感器和汽车发动机及汽车车体组成。汽车自动巡航控制系统的工作原理可简述为：巡航自动控制器将根据巡航速度设定器的设定值 r 与车速传感器的当前车速信号值 z 的差值 e，计算所需的油门开度控制值 u；油门开度执行器推动油门至所需开度 m；汽车发动机随油门开度提供扭动力矩 p，克服行车阻力矩 d，并通过传动机构驱动车轮，使汽车行进速度 v 逼近设定值。

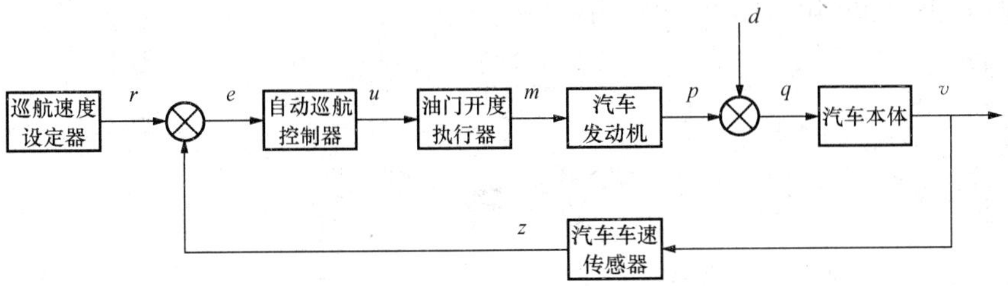

图1-20　汽车自动巡航控制系统

影响汽车行进速度的因素有很多，如乘客数量、轮胎压力、公路质量、迎风风速，等等。这些因素都将体现在行驶阻力 d 的变化上。同样的指定车速下，由于行驶阻力的不同，需要由发动机提供的动力也不同，因而油门开度随之不同。巡航自动控制器的作用就是根据变化的差值 e，按某种最佳的控制规律给出调整油门开度的控制量 u。

这个汽车自动巡航控制系统显然是一个闭环控制系统，也是反馈控制系统。其中，汽车发动机及汽车车体是受控过程；巡航速度设定器、自动巡航控制器、油门开度执行器和车速传感器组成了控制装置。该反馈控制系统的七个基本变量的对应关系分别是：巡航定速值—设定值 r，巡航定速偏差—偏差值 e，巡航速度—被控量 v，巡航速度控制指令—控制量 u，油门开度指令—操作量 m，行驶阻力—扰动量 d，巡航速度检测值—被控量 v 的检测量 z。

重要术语1

控制（control）
自动控制（automatic control）
控制装置（control device）
受控过程（controlled process）
传感器（sensor）
控制器（controller）
执行器（actuator）
设定值（Setpoint Value，SV）
偏差值（Deviation Value，DV）
被控量（Process Value，PV）
控制量（Control Value）
操作量（Manipulation Value，MV）
扰动量（Disturbance Value）
检测量（Measurement Value）

反馈（feedback）
前馈（feedforward ）
开环（open - loop）
闭环（closed - loop）
恒值控制（constant control）
随动控制（servo control）
线性控制（linear control）
非线性控制（nonlinear control）
连续系统（continuous - time system ）
离散系统（discrete - time system）
时变系统（time - varying system）
定常系统（time - invariant system）
单输入单输出（Single Input Single Output，SISO）
多输入多输出（Multi - Input Multi - Output，MIMO）
阶跃信号（step signal）
斜坡信号（ramp signal）
抛物线信号（parabolic signal）
动态特性（dynamic characteristic）
稳态特性（steady - state characteristic）
快速性（rapidity）
准确性（accuracy）
稳定性（stability）
鲁棒性（robustness）
经济性（economy）

习 题 1

1 - 1　解释名词术语：自动控制系统、受控过程、给定值、扰动量、被控量、控制装置。

1 - 2　试举出几个日常生活中的开环控制系统和闭环控制系统的实例，并说明它们的工作原理。

1 - 3　开环控制系统和闭环控制系统各有什么优点和缺点？

1 - 4　自动控制装置由哪几部分组成？构成自动控制装置的各部分的职能是什么？

1 - 5　对自动控制系统的基本要求是什么？最主要的要求是什么？

1 - 6　什么是反馈控制系统、前馈控制系统、前馈—反馈复合控制系统？

1 - 7　控制系统的动态过程有哪几种？试分析这几种动态过程的优劣。

1 - 8　举出几个生产过程自动控制系统中常遇到的非线性元件，并说明是什么类型的非线性元件。

1 - 9　有一水箱水位控制系统结构图如图 1 - 21 所示。试（1）分析它的控制过程；（2）指出它是开环控制系统还是闭环控制系统？（3）指出它的被控量、参考输入、扰动量是什么？（4）指出它的控制器、传感器、执行器是什么？（5）画出该控制系统的方框图。

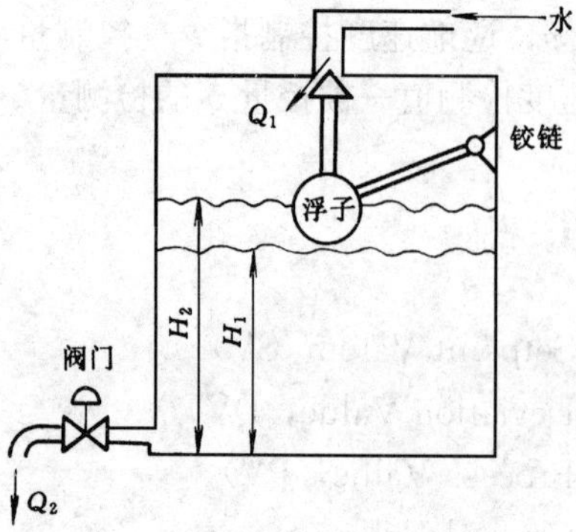

图 1 - 21　水箱水位控制系统结构图
Q_1—输入流量；Q_2—输出流量；H_1—实际水位；H_2—希望水位

1 - 10　试举出一个以人为控制器的反馈控制系统的实例，画出系统的方框图并说明系统工作原理。

第 2 章　控制系统的数学模型

2.1　引　　言

描述自动控制系统及子系统的输入输出变量之间静态或动态关系的数学表达公式或图表称为**控制系统的数学模型**。控制系统的数学模型有多种形式，例如，描述静态特性的有代数方程、静态结构图和静态关系表等；描述动态特性的有微分方程、差分方程、传递函数、状态方程、动态结构图和动态曲线等。同一个控制系统可用不同形式的数学模型来描述，常根据具体需要来选用。同一形式的数学模型又可描述不同的控制系统。

最常用的控制系统数学模型是传递函数、频率特性函数和状态方程。它们都属于线性数学模型。尽管实际的自动控制系统总存在非线性元件，其数学模型应该是非线性的，但是无论建立还是分析一个实际的控制系统都相当困难，使得人们尽可能地选择线性数学模型。类似的情况也发生在用集中参数模型取代分布参数模型上。对实际的物理系统，应该用分布参数模型分析才更符合现实，但是这就要用偏微分方程形式的数学模型，而建立和求解偏微分方程又是人们想要回避的。因此，人们在建立和分析控制系统的数学模型时，常常根据实际情况忽略一些次要因素，在误差允许的条件下用简化的数学模型来表述实际的系统。

自动控制系统的分析和研究主要依赖于系统的数学模型，所以建立的数学模型是否合理和准确是至关重要的。建立数学模型有两种基本方法：一种是分析系统各部分静态关系和动态机理，根据这些机理分别写出描述各部分关系和运动机理的代数方程及微分方程，将它们合在一起组成描述整个系统的方程。这种方法称为**机理分析建模方法**；另一种方法是人为地给系统输入某种测试信号（例如阶跃信号），并记录系统的输出响应数据，然后根据这些数据拟合出系统的数学模型，这种方法称为**实验建模方法**。

2.2　微分方程、传递函数和阶跃响应

在时域分析中，控制系统的数学模型最常见的三种形式是常系数线性微分方程、传递函数和阶跃响应函数或曲线。这三种形式的数学模型有着紧密的联系，可以相互转换。所以，对于同一控制系统，无论采用哪一种，都能描述其特性。如果关注他们之间的差异所在，那么可以说，微分方程是最原始和最基本的数学模型，还可以考虑初始条件；传递函数是求解计算最便利的数学模型；阶跃响应函数或曲线是表现系统特性最直观的数学模型。如果关注它们之间的转换关系，那么可以说，传递函数是在零初始条件下对系统微分方程进行拉氏变换导出的；微分方程可根据传递函数的典型参数直接写出；阶跃响应只不过是对系统微分方程或传递函数求得的阶跃测试信号下的时域解。在用机理分析建模法建立系统数学模型时，先列写环节的微分方程，再变换成传递函数形式以便于综合，然后求解出阶跃响应以便于观察其动态特性。这样，三种形式的数学模型都利用上了。

设控制系统可用以下的线性常系数微分方程来描述

$$a_n y^{(n)} + a_{n-1} y^{(n-1)} + \cdots + a_1 \dot{y} + a_0 y = b_m r^{(m)} + b_{m-1} r^{(m-1)} + \cdots + b_1 \dot{r} + b_0 r \quad (2-1)$$

式中，r 和 y 是系统的输入信号和输出信号，都是时间 t 的函数；a_0，a_1，…，a_n 和 b_0，b_1，…，b_m，都是常系数，在一般情况下 $n \geqslant m$。

如果系统原来处于静止状态，即初始条件都为零，输入信号是在 $t=0$ 时才开始作用于系统，则对式（2-1）等号两边逐项进行拉氏变换，可得

$$(a_n s^n + a_{n-1}s^{n-1} + \cdots + a_1 s + a_0)Y(s) = (b_m s^m + b_{m-1}s^{m-1} + \cdots + b_1 s + b_0)R(s)$$

式中，$Y(s)$ 为输出信号 $y(t)$ 的拉氏变换；$R(s)$ 为输入信号 $r(t)$ 的拉氏变换。

如果把上式写成

$$\frac{Y(s)}{R(s)} = \frac{b_m s^m + b_{m-1}s^{m-1} + \cdots + b_1 s + b_0}{a_n s^n + a_{n-1}s^{n-1} + \cdots + a_1 s + a_0} = \frac{B(s)}{A(s)} \quad (m \leqslant n) \tag{2-2}$$

并令

$$G(s) = \frac{Y(s)}{R(s)} \tag{2-3}$$

则 $G(s)$ 就是系统的传递函数，式（2-2）为常见的传递函数的分式函数表达式。

注：在 Matlab 中，传递函数的分子多项式和分母多项式都可用数组表示，如，num=[b_m，b_{m-1}，…，b_1，b_0]，den=[a_n，a_{n-1}，…a_1，a_0]。这样，一个传递函数就可用 *tf* 函数建立，如，sys=tf（num，den）。

【传递函数的定义】 在零初始条件下，系统输出信号的拉氏变换与输入信号的拉氏变换之比。

从传递函数的表达式和定义可以看出，有了描述系统动态过程的微分方程以后，只要把微分方程中各阶导数用相应阶次的变量 s 代替，就很容易求得系统的传递函数。传递函数的分母多项式 $A(s)=0$ 就是系统的特征方程式，分母多项式中 s 的最高阶次就是系统的阶次。分母多项式中 s 的最高阶次为 n 时，则称系统为 n 阶系统。此外，传递函数 $G(s)$ 只和系统本身的结构和特性参数有关，而与输入信号无关。不同的输入信号，通过不同的传递函数将变成不同的输出响应。

传递函数表达了系统把输入信号转换成输出信号的传递关系，式（2-3）可写成

$$Y(s) = G(s)R(s) \tag{2-4}$$

当 $m \leqslant n$ 时，传递函数 $G(s)$ 是 s 的有理分式，因此总可以把分子和分母多项式分解成一阶因子连乘积的形式，即

$$G(s) = \frac{B(s)}{A(s)} = \frac{b_m}{a_n} \times \frac{s^m + b'_{m-1}s^{m-1} + \cdots + b'_1 s + b'_0}{s^n + a'_{n-1}s^{n-1} + \cdots + a'_1 s + a'_0}$$

$$= \frac{k(s+z_1)(s+z_2)\cdots(s+z_m)}{(s+p_1)(s+p_2)\cdots(s+p_n)} = \frac{k\prod_{i=1}^{m}(s+z_i)}{\prod_{j=1}^{n}(s+p_j)} \tag{2-5}$$

式中，k 为传递系数，$k=\dfrac{b_m}{a_n}$；$-z_i$ 为**分子多项式的根**，称为系统的**零点**；$-p_j$ 为**分母多项式的根**，称为系统的**极点**。分子和分母多项式的根均可包含共轭复根和零根。

注：在 Matlab 中，利用 tf2zp 函数可将多项式型传递函数转变为零极点型传递函数，如，[z，p，k]=tf2zp（num，den），其中 z 是零点数组，p 是极点数组，k 是增益。反之，利用 zp2tf 函数可将零极点型传递函数转变为多项式型传递函数，如，[num，den]=zp2tf（z，p，k）。再有，利用 residue 函数可将多项式型传递函数转变为部分分式型传递函数，如，[r，p，k]=residue（num，den），其中 r 是分式分子数组，p 是极点数组，k 是商式系数。还可用 *conv* 函数进行两个多项式的相乘运算，如 num=conv（[1，

4]，[1，4]）可完成 $(s+4)^2=s^2+8s+16$ 的运算。

系统传递函数的零点、极点和传递系数决定了系统的动态性能及稳态性能，所以对控制系统的分析和研究，也可变成对系统传递函数的零点、极点和传递系数的研究（详见第 3 章）。

为了便于更直观地比较和分析不同系统的动态特性，通常更关注系统的单位阶跃响应特性曲线。在统一的单位阶跃输入激励下，不同特性系统的阶跃响应曲线形态有明显的差异，或振荡，或单调，或发散，或收敛。只要绘出系统的阶跃响应曲线，其系统动态特点一看便知。

当系统的微分方程或传递函数已知时，求其单位阶跃响应，就是求微分方程的解或者说是对传递函数与单位阶跃输入函数的乘积进行拉氏反变换的问题。当输入信号 $r(t)$ 为单位阶跃函数 $1(t)$ 时，其拉氏变换为 $R(s)=\frac{1}{s}$，则系统的单位阶跃响应函数为

$$y(t)=\mathscr{L}^{-1}[Y(s)]=\mathscr{L}^{-1}[G(s)R(s)]=\mathscr{L}^{-1}\left[\frac{G(s)}{s}\right] \tag{2-6}$$

注：在 Matlab 中，利用符号函数运算可进行拉氏变换和拉氏反变换。函数调用格式为 F=laplace（f）和 f=ilaplace（F）。例如，求 $\mathscr{L}[t^2]=\frac{2}{s^3}$，可用命令：“syms t；F=laplace（t^2）”，其中 syms t 表示定义 t 为符号变量。若求 $\mathscr{L}^{-1}\left[\frac{1}{s(s+2)}\right]=\frac{1}{2}(1-\mathrm{e}^{-2t})$，可用命令：“syms s t；F=1/（s*（s+2））；f=ilaplace（F）”。

2.3　机理分析建模方法

一、应用机理分析建模方法的步骤

机理分析建模方法的一般步骤如下：

（1）将实际系统划分成若干子系统或元件，确定各子系统或各元件的输入量及输出量。

（2）根据反映系统或元件的物理或化学定理和定律（例如牛顿定律、能量守恒定律、基尔霍夫定律、欧姆定律和热力学和流体力学的一些定律等），列写出各元件的基本动态方程式，并适当简化，忽略一些次要因素。

（3）列出各元件动态方程式中的中间变量关系式。

（4）进行消去中间变量的推导，整理出系统的输入输出关系式。

二、机理分析建模方法应用典型范例

（一）机械系统

描述机械运动的常用变量是位移和转动角度。列写描述机械运动系统的微分方程时，主要是应用牛顿定律。下面给出几种典型的机械系统建模范例。

1. 由弹簧—重块—阻尼器组成的机械位移系统

图 2-1 所示的是一个弹簧—重块—阻尼系统。当外力 $F(t)$ 作用到重块 m 上时，重块 m 将产生位移 $y(t)$。若要求出外力 $F(t)$ 与重块位移 $y(t)$ 之间的动态方程（微分方程），可采用如下步骤：

（1）运动部件质量用 m 代表，按集中参数处理。

（2）列出原始方程式。根据牛顿第二定律有

$$F(t)-F_1(t)-F_2(t)=m\frac{\mathrm{d}^2y(t)}{\mathrm{d}t^2} \tag{2-7}$$

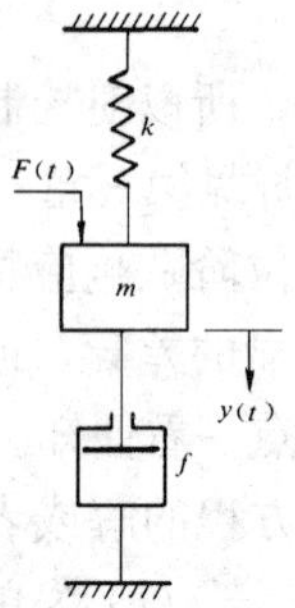

图 2-1 弹簧—重块—阻尼系统

式中，$F_1(t)$ 为阻尼器阻力；$F_2(t)$ 为弹簧反作用力。

（3）$F_1(t)$ 和 $F_2(t)$ 是中间变量。根据阻尼器和弹簧的特性可知

$$F_1(t)=f\frac{\mathrm{d}y(t)}{\mathrm{d}t} \tag{2-8}$$

$$F_2(t)=ky(t) \tag{2-9}$$

式中，f 为阻尼系数；k 为弹簧系数。将式（2-8）、式（2-9）代入式（2-7），再整理可得

$$\frac{m}{k}\frac{\mathrm{d}^2y(t)}{\mathrm{d}t^2}+\frac{f}{k}\frac{\mathrm{d}y(t)}{\mathrm{d}t}+y(t)=\frac{1}{k}F(t) \tag{2-10}$$

令 $T=\sqrt{m/k}$，$\zeta=\dfrac{f}{2\sqrt{mk}}$，$K=\dfrac{1}{k}$，则式（2-10）可写成标准形式的二阶线性微分方程

$$T^2\frac{\mathrm{d}^2y(t)}{\mathrm{d}t^2}+2\zeta T\frac{\mathrm{d}y(t)}{\mathrm{d}t}+y(t)=KF(t) \tag{2-11}$$

式中，T 为系统的时间常数；ζ 为阻尼比；K 为放大系数，或称增益。所谓线性微分方程的标准形式是指系统输出变量 $y(t)$ 前的系数为 1 的表达式。

由式（2-11）可知，图 2-1 所示的机械位移系统的数学模型可用一个线性常系数二阶微分方程式表示。

对式（2-11）等式两端分别进行拉氏变换，可整理得到该机械位移系统的传递函数模型为

$$G(s)=\frac{Y(s)}{F(s)}=\frac{K}{T^2s^2+2\zeta Ts+1} \tag{2-12}$$

2. 由弹簧—阻尼器组成的机械位移系统

图 2-2 为由弹簧—阻尼器组成的机械系统。图中 k 为弹簧系数，f 为阻尼系数，$F(t)$ 为外力作用（设为输入量），$y(t)$ 为机械位移（设为输出量）。根据牛顿第二定律有 $f\dfrac{\mathrm{d}y(t)}{\mathrm{d}t}+ky(t)=F(t)$。将其整理成标准的一阶微分方程，得 $\dfrac{f}{k}\dfrac{\mathrm{d}y(t)}{\mathrm{d}t}+y(t)=\dfrac{1}{k}F(t)$。再令 $T=\dfrac{f}{k}$，$K=\dfrac{1}{k}$，则有

$$T\frac{\mathrm{d}y(t)}{\mathrm{d}t}+y(t)=KF(t) \tag{2-13}$$

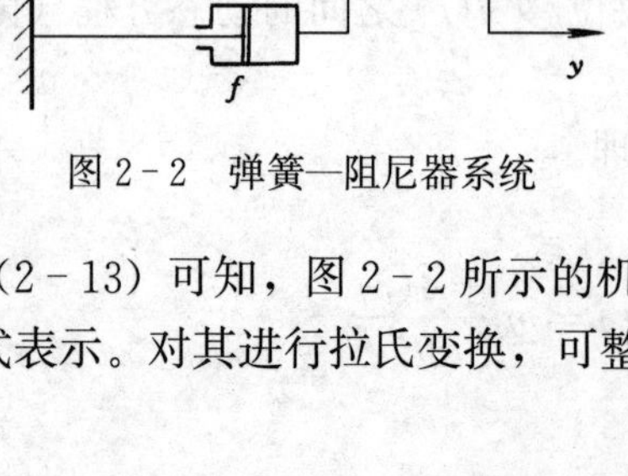

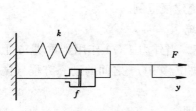

图 2-2 弹簧—阻尼器系统

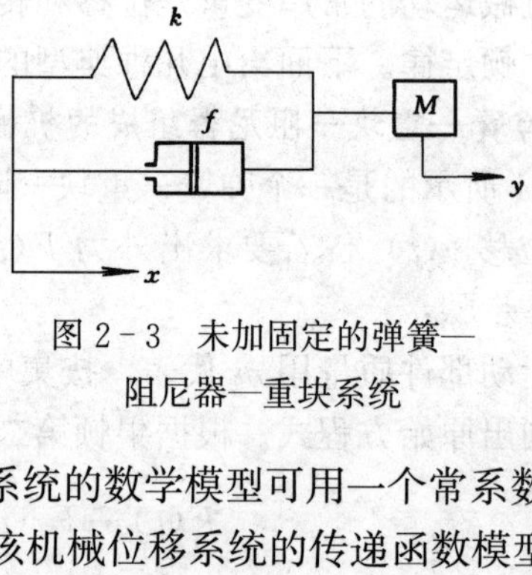

图 2-3 未加固定的弹簧—阻尼器—重块系统

由式（2-13）可知，图 2-2 所示的机械位移系统的数学模型可用一个常系数线性一阶微分方程式表示。对其进行拉氏变换，可整理得到该机械位移系统的传递函数模型：

$$G(s)=\frac{Y(s)}{F(s)}=\frac{K}{Ts+1} \tag{2-14}$$

3. 未加固定的弹簧—阻尼器—重块系统

图 2-3 为未加固定的弹簧—阻尼器—重块机械位移系统。图中 k 为弹簧系数，f 为阻尼系数，M 为重块的质量，$x(t)$ 和 $y(t)$ 均为位移变量。设 $x(t)$ 为输入，$y(t)$ 为输出，求该机械位移系统的动态方程式的过程如下：

根据牛顿第二定律有

$$M\frac{\mathrm{d}^2y(t)}{\mathrm{d}t^2}=-f\frac{\mathrm{d}[y(t)-x(t)]}{\mathrm{d}t}-k[y(t)-x(t)]$$

整理后得

$$\frac{M}{k}\times\frac{\mathrm{d}^2y(t)}{\mathrm{d}t^2}+\frac{f}{k}\times\frac{\mathrm{d}y(t)}{\mathrm{d}t}+y(t)=\frac{f}{k}\times\frac{\mathrm{d}x(t)}{\mathrm{d}t}+x(t)$$

令 $T_1=\frac{M}{k}$，$T_2=\frac{f}{k}$，则得

$$T_1\frac{\mathrm{d}^2y(t)}{\mathrm{d}t^2}+T_2\frac{\mathrm{d}y(t)}{\mathrm{d}t}+y(t)=T_2\frac{\mathrm{d}x(t)}{\mathrm{d}t}+x(t) \tag{2-15}$$

比较式（2-11）和式（2-15），可知图 2-3 所示机械位移系统的数学模型结构与图 2-1 系统的类似，同为二阶线性微分方程式，不过式（2-15）中带有输入变量的导数项。此外，可求得该系统的传递函数为

$$G(s)=\frac{Y(s)}{X(s)}=\frac{T_2s+1}{T_1s^2+T_2s+1} \tag{2-16}$$

4. 机械转动系统

图 2-4 为一机械转动系统。图中 J 为转动物体的转动惯量，f 为摩擦系数，θ 为转角，ω 为转角速度，T 为外加作用的转矩。求该机械转动系统的输入（转矩 T）和输出（转角 θ）的数学模型的过程如下：

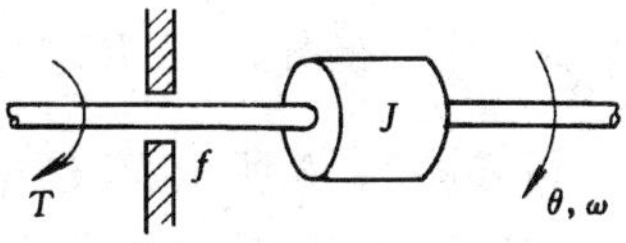

图 2-4　机械转动系统

根据牛顿第二定律有

$$J\dot{\omega}+f\omega=T$$

式中，$\dot{\omega}$ 为角加速度，$\dot{\omega}=\frac{\mathrm{d}\omega}{\mathrm{d}t}$。将 $\omega=\frac{\mathrm{d}\theta}{\mathrm{d}t}$代入后，可得

$$J\frac{\mathrm{d}^2\theta}{\mathrm{d}t^2}+f\frac{\mathrm{d}\theta}{\mathrm{d}t}=T \tag{2-17}$$

可知图 2-4 所示机械转动系统的数学模型可用二阶线性微分方程式表示。易求得该机械转动系统的传递函数为

$$G(s)=\frac{\theta(s)}{T(s)}=\frac{1}{Js^2+fs} \tag{2-18}$$

（二）电气系统

自动控制系统中存在着大量的电气元件和电气系统，例如各种电路和电动执行机构等。以下分别介绍几种典型电气系统的机理法建模范例。

1. *RLC* 电路

如图 2-5 所示 *RLC* 电路是电气系统中常见的电路。设图中的电阻 R、电感 L、电容 C

均为常值，$u_i(t)$ 为输入电压，$u_o(t)$ 为输出电压。若要求写出 $u_o(t)$ 与 $u_i(t)$ 的之间的微分方程表达式，则可如下求解：

（1）根据基尔霍夫定律写出原始方程为

$$L\frac{\mathrm{d}i}{\mathrm{d}t}+Ri+\frac{1}{C}\int i\,\mathrm{d}t=u_i(t) \tag{2-19}$$

（2）因电流 i 与输出 $u_o(t)$ 有关系：$u_o(t)=\frac{1}{C}\int i\,\mathrm{d}t$， 故有

$$i=C\frac{\mathrm{d}u_o(t)}{\mathrm{d}t} \tag{2-20}$$

代入式（2－19）后便得到输入/输出动态特性的微分方程表达式，即

$$LC\frac{\mathrm{d}^2u_o(t)}{\mathrm{d}t^2}+RC\frac{\mathrm{d}u_o(t)}{\mathrm{d}t}+u_o(t)=u_i(t) \tag{2-21}$$

令 $T_1=\frac{L}{R}$，$T_2=RC$，则得

$$T_1T_2\frac{\mathrm{d}^2u_o(t)}{\mathrm{d}t^2}+T_2\frac{\mathrm{d}u_o(t)}{\mathrm{d}t}+u_o(t)=u_i(t) \tag{2-22}$$

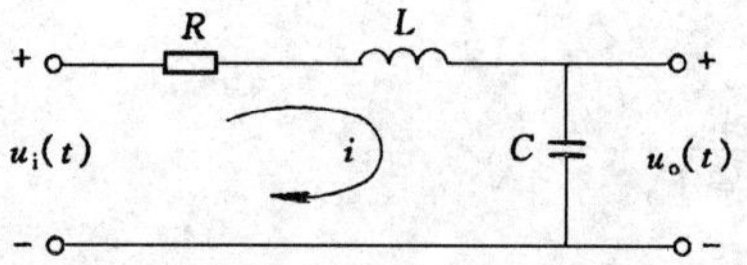

图 2－5　*RLC* 电路

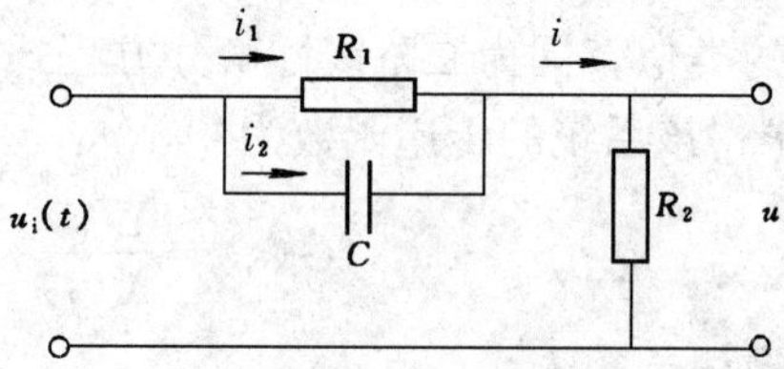

图 2－6　*RC* 串并联电路

可知图 2－5 所示 *RLC* 电路的数学模型可用一个二阶线性常系数微分方程式表示。易求得该 *RLC* 电路的传递函数为

$$G(s)=\frac{U_o(s)}{U_i(s)}=\frac{1}{T_1T_2s^2+T_2s+1} \tag{2-23}$$

2. *RC* 串并联电路

图 2－6 为一个 *RC* 串并联电路。图中 R_1 和 R_2 为电阻，C 为电容，$u_i(t)$ 为输入电压，$u_o(t)$ 为输出电压。求解该电路的输出电压对输入电压的数学模型可用如下三种方法：

（1）微分方程解法。

1）根据回路电压和节点电流定律及阻容特性，可写出原始方程为

$$i=i_1+i_2 \tag{2-24}$$

$$u_i(t)=i_1R_1+iR_2 \tag{2-25}$$

$$u_o(t)=iR_2 \tag{2-26}$$

$$i_1R_1=\frac{1}{C}\int i_2\,\mathrm{d}t \tag{2-27}$$

2）式（2－24）～式（2－27）的四个方程中，有三个中间变量：i_1、i_2 和 i。通过联立求解，可消去这些中间变量。具体过程为将式（2－26）、式（2－27）代入式（2－25），得 $u_i(t)=\frac{1}{C}\int i_2\,\mathrm{d}t+u_o(t)$。 将其两边对时间 t 求导，整理后可得

$$i_2 = C\left[\frac{du_i(t)}{dt} - \frac{du_o(t)}{dt}\right] \tag{2-28}$$

再由式（2－24）和式（2－27）得

$$i = \frac{1}{CR_1}\int i_2 dt + i_2 \tag{2-29}$$

将式（2－28）代入式（2－29），得

$$i = \frac{1}{R_1}[u_i(t) - u_o(t)] + C\left[\frac{du_i(t)}{dt} - \frac{du_o(t)}{dt}\right] \tag{2-30}$$

再代入式（2－26）得

$$u_o(t) = \frac{R_2}{R_1}[u_i(t) - u_o(t)] + R_2 C\left[\frac{du_i(t)}{dt} - \frac{du_o(t)}{dt}\right]$$

整理后得

$$\frac{R_1R_2C}{R_1+R_2} \times \frac{du_o(t)}{dt} + u_o(t) = \frac{R_1R_2C}{R_1+R_2} \times \frac{du_i(t)}{dt} + \frac{R_2}{R_1+R_2} \times u_i(t) \tag{2-31}$$

令 $T_1 = \frac{R_2}{R_1+R_2}$，$T_2 = R_1C$，可得

$$T_1T_2\frac{du_o(t)}{dt} + u_o(t) = T_1T_2\frac{du_i(t)}{dt} + T_1u_i(t) \tag{2-32}$$

由式（2－32）可见，图 2－6 所示的 RC 串并联电路的数学模型可用带有输入导数项的一阶线性常系数微分方程式表示。进一步可求得该 RC 电路的传递函数为

$$G(s) = \frac{U_o(s)}{U_i(s)} = \frac{T_1T_2s + T_1}{T_1T_2s + 1} \tag{2-33}$$

（2）拉氏变换解法。

应该指出，以上微分方程解法中消去中间变量的推导比较烦琐。若先对式（2－24）～式（2－27）进行拉氏变换就可得到如下的代数方程组：

$$\begin{cases} I(s) = I_1(s) + I_2(s) \\ U_i(s) = I_1(s)R_1 + I(s)R_2 \\ U_o(s) = I(s)R_2 \\ I_1(s)R_1 = \frac{1}{Cs}I_2(s) \end{cases} \tag{2-34}$$

对式（2－34）联立求解，推导过程中没有了微积分运算，相对容易得到式（2－33）的结果。

（3）复阻抗解法。

对于较复杂的电路系统建模，还有一种更高效的方法，那就是复阻抗分析法。上述的 RC 串并联电路（见图 2－6）用复阻抗分析法可变换成如图 2－7 所示的纯电阻电路。图 2－7 中，元件 R_1 和 R_2 的复阻抗仍为 R_1 和 R_2，元件 C 的复阻抗则为 $\frac{1}{Cs}$。于是，根据由欧姆定律导出的电压分压定律，可直接列写出该电路的传递函数如式（2－35）所示。

$$G(s) = \frac{U_o(s)}{U_i(s)} = \frac{R_2}{R_2 + R_1 // \frac{1}{Cs}} = \frac{R_2R_1Cs + R_2}{R_2R_1Cs + R_2 + R_1} = \frac{T_1T_2s + T_1}{T_1T_2s + 1} \tag{2-35}$$

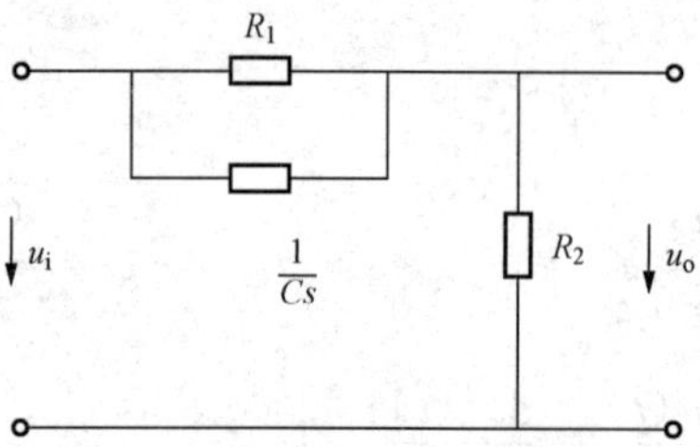

图 2-7　RC 串并联电路的复阻抗分析电路

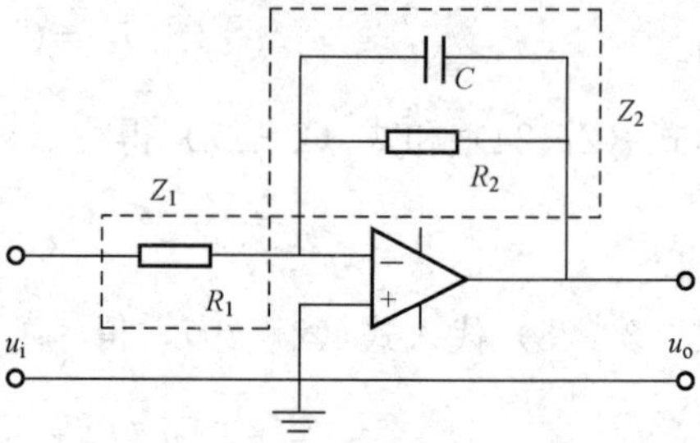

图 2-8　反相运算放大器电路

3. 运算放大器电路

运算放大器电路是常见的电子电路系统。图 2-8 所示的是一个典型的反相运算放大器电路。图中，R_1 和 R_2 为电阻，C 为电容，$u_i(t)$ 为输入电压，$u_o(t)$ 为输出电压。运算放大器电路建模的要点是由于高放大倍数使运算放大器的反相输入端电位与正相输入端电位几乎相等而由于高输入阻抗使运算放大器的反相输入电流几乎为零。因此，用复阻抗分析法可求得输出电压对输入电压的传递函数为式（2-36）。其中，Z_1 为 R_1 的复阻抗；Z_2 为 R_2 和 C 的复阻抗的并联阻抗。

$$G(s)=\frac{U_o(s)}{U_i(s)}=-\frac{Z_2(s)}{Z_1(s)}=\frac{R_2//\dfrac{1}{Cs}}{R_1}=-\frac{\dfrac{R_2}{R_2Cs+1}}{R_1}=-\frac{R_2}{R_1(R_2Cs+1)} \tag{2-36}$$

4. 电枢电压控制的直流电动机

图 2-9 为一个电枢电压控制的直流电动机。图中，i_f 为电动机的恒定励磁电流，u_a 为电枢电压，R_a 和 L_a 分别为电动机的电枢电阻和电枢电感，i_a 为电枢电流，e_a 为电枢反电动势，M_L 为折算到电动机轴上的负载力矩，θ 和 ω 分别为电动机的角位移和转角速度。

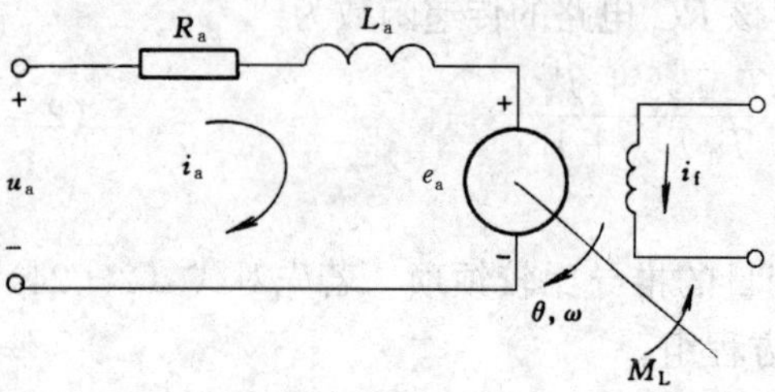

图 2-9　电枢电压控制的直流电动机

据电枢电路的电压平衡关系，有

$$u_a=i_aR_a+L_a\frac{di_a}{dt}+e_a \tag{2-37}$$

反电动势 e_a 与电动机转角速度成正比，即

$$e_a=K_a\frac{d\theta}{dt} \tag{2-38}$$

电动机产生的电磁力矩 M 与电枢电流 i_a 成正比，即

$$M=Ci_a \tag{2-39}$$

电动机上的力矩平衡关系式为

$$M-M_L=J\frac{d^2\theta}{dt^2}+f\frac{d\theta}{dt} \tag{2-40}$$

上几式中，K_a 为电动机反电动势系数；C 为电动机力矩系数；J 为折算到电动机轴上的转动惯量；f 为黏性摩擦系数。

式（2-37）～式（2-40）是电枢控制的直流电动机系统的动态和静态关系式，即两个一阶微分方程、一个代数方程和一个两阶微分方程，它们组成一个方程组。方程组中共有六个变量，其中 i_a、e_a 和 M 为中间变量，u_a 和 M_L 为输入量（M_L 又称为扰动量），θ 为输出量。消去上述四个方程式中的中间变量，可得电动机输入和输出之间的动态方程为

$$JL_a\frac{d^3\theta}{dt^3}+(JR_a+fL_a)\frac{d^2\theta}{dt^2}+(fR_a+CK_a)\frac{d\theta}{dt}=Cu_a-R_aM_L-L_a\frac{dM_L}{dt} \tag{2-41}$$

电动机的电枢电感 L_a 一般较小，可以忽略不计，因此式（2-41）可化简为

$$JR_a\frac{d^2\theta}{dt^2}+(fR_a+CK_a)\frac{d\theta}{dt}=Cu_a-R_aM_L \tag{2-42}$$

如果将电动机转速 ω 作为输出量，则用关系式 $\omega=\frac{d\theta}{dt}$代入式（2-42），可得

$$JR_a\frac{d\omega}{dt}+(fR_a+CK_a)\omega=Cu_a-R_aM_L \tag{2-43}$$

由此可知，电枢控制直流电动机的数学模型，若以角位移为输出量，则可表示为二阶常系数微分方程；若以转速为输出量，则为一阶常系数微分方程。

（三）液力系统

容器中液体液位的控制是控制系统中比较简单而常见的控制系统。下面分别介绍单容液位系统和双容液位系统的机理建模范例。

1. 单容液位系统

设有一单容液位系统，如图 2-10 所示。图中流入容器的液体流量为 Q_i，流出容器的流量为 Q_o。当 $Q_i \neq Q_o$ 时，容器的液位 H 就会发生变化。液位系统常设液位 H 为输出量，Q_i 为输入量。建立该系统的数学模型的过程如下。

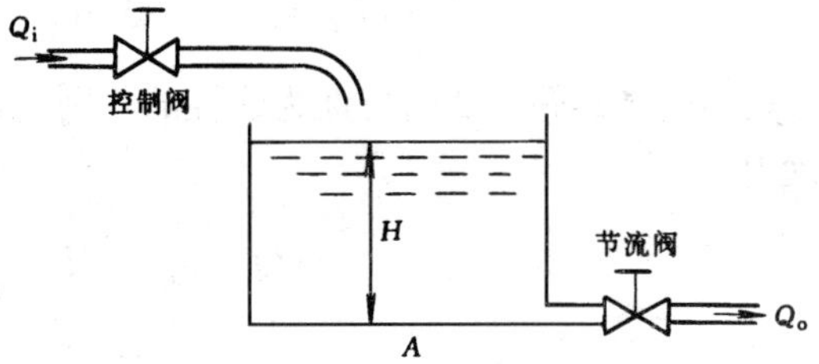

图 2-10　单容液位系统

（1）根据物质守恒定律，可列出图 2-10 流体流动过程的原始方程为

$$A\,dH=(Q_i-Q_o)dt \text{ 或} \frac{dH}{dt}=\frac{Q_i-Q_o}{A} \tag{2-44}$$

式中，A 为容器的截面积，m^2；H 为液位，m；dH 是液位的微增量；Q_i 为流入量，Q_o 为流出量，m^3/s；dt 为时间的微增量，s。

（2）据流量公式，中间变量 Q_o 与其他因素的关系是

$$Q_o=\alpha_1\sqrt{H} \tag{2-45}$$

式中，α_1 为节流阀的流量系数，m^2/s。

显然，式（2-45）是一个非线性方程。这个非线性方程的存在将造成分析上的困难。所以一般采用线性化的处理方法。如果液位变化不大时，式（2-45）可近似地改写成

$$Q_o=\alpha H \tag{2-46}$$

（3）将式（2-46）代入式（2-44），得

$$\frac{dH}{dt}+\frac{\alpha}{A}H=\frac{1}{A}Q_i \tag{2-47}$$

令 $T=\frac{A}{\alpha}$，$K=\frac{1}{\alpha}$，则式（2-47）可写成

$$T\frac{dH}{dt}+H=KQ_i \tag{2-48}$$

可知，单容液位系统的数学模型可近似地认为是一个一阶线性常系数微分方程。

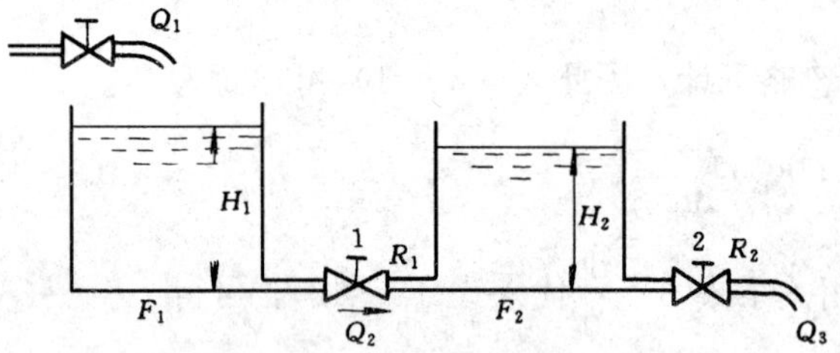

图 2-11 双容液位系统

2. 双容液位系统

设有两个容器组成的双容液位系统，如图 2-11 所示。图中，Q_1 为流入第一容器的液体流量，Q_2 为第一容器流入第二容器的液体流量，Q_3 为第二容器流出的液体流量，H_1、F_1 为第一容器的液位和截面积，H_2、F_2 为第二容器的液位和截面积，R_1 为阀门 1 的液阻，R_2 为阀门 2 的液阻。设双容液位系统的输入信号为 Q_1，输出信号为 H_2，求该系统的动态方程的步骤如下：

（1）根据物质守恒定律和流体力学有关定律，可得原始方程式

$$F_1 dH_1=(Q_1-Q_2)dt \quad 或 \frac{dH_1}{dt}=\frac{1}{F_1}(Q_1-Q_2) \tag{2-49}$$

$$F_2 dH_2=(Q_2-Q_3)dt \quad 或 \frac{dH_2}{dt}=\frac{1}{F_2}(Q_2-Q_3) \tag{2-50}$$

设阀门 1 和阀门 2 的特性为线性的，则通过阀门的流量与阀门前后压差的关系可近似地表示为

$$Q_2=\frac{1}{R_1}\Delta H=\frac{1}{R_1}(H_1-H_2) \tag{2-51}$$

$$Q_3=\frac{1}{R_2}H_2 \tag{2-52}$$

（2）双容液位系统的中间变量为 Q_2、Q_3 和 H_1，应设法消去。将式（2-52）代入式（2-50），可得

$$\frac{dH_2}{dt}=\frac{1}{F_2}\left(Q_2-\frac{H_2}{R_2}\right) \quad 或 F_2\frac{dH_2}{dt}+\frac{H_2}{R_2}=Q_2 \tag{2-53}$$

将式（2-53）代入式（2-49），可得 $\frac{dH_1}{dt}=\frac{1}{F_1}\left(Q_1-F_2\frac{dH_2}{dt}-\frac{H_2}{R_2}\right)$。将其积分，得

$$H_1=\frac{1}{F_1}\left(\int Q_1 dt-F_2H_2-\frac{1}{R_2}\int H_2 dt\right) \tag{2-54}$$

综合式（2-51）、式（2-53）和式（2-54）可得

$$F_2\frac{dH_2}{dt}+\frac{H_2}{R_2}=\frac{1}{R_1}(H_1-H_2)=\frac{1}{R_1}\left[\frac{1}{F_1}\left(\int Q_1 dt-F_2H_2-\frac{1}{R_2}\int H_2 dt\right)-H_2\right]$$

整理后得 $$F_1F_2\frac{dH_2}{dt}+\left(\frac{F_1}{R_2}+\frac{F_2}{R_1}+\frac{F_1}{R_1}\right)H_2+\frac{1}{R_1R_2}\int H_2 dt=\frac{1}{R_1}\int Q_1 dt$$

对 t 求导可得 $$F_1F_2\frac{d^2H_2}{dt^2}+\left(\frac{F_1}{R_2}+\frac{F_2}{R_1}+\frac{F_1}{R_1}\right)\frac{dH_2}{dt}+\frac{1}{R_1R_2}H_2=\frac{1}{R_1}Q_1$$

写成规范形式，得

$$R_1R_2F_1F_2\frac{d^2H_2}{dt^2}+(R_1F_1+R_2F_2+R_2F_1)\frac{dH_2}{dt}+H_2=R_2Q_1 \tag{2-55}$$

这个二阶线性常系数微分方程即为双容液位系统的数学模型。

（四）热力系统

凡是能将热量从一种物质传递到另一种物质的系统称为热力系统。虽然热力系统的参数看成是分布参数更真实，但为了简化分析，这里仍用集中参数模型来描述热力系统。

1. 绝热加热过程

设有一绝热加热容器，如图 2－12 所示。图中，h_i 为进入容器的加热量，h_o 为工质流体带走的热量，G 为工质流量，θ 为工质流体的出口温度，M 为容器内部质量，c_p 为比热容。设加热过程的输入为 h_i，输出信号为 θ，求输入输出的动态方程的步骤如下。

（1）根据能量守恒定律，有

$$Mc_p\frac{d\theta}{dt}=h_i-h_o \tag{2-56}$$

（2）中间变量 h_o 与其他因素的关系

$$h_o=Gc_p\theta \tag{2-57}$$

将式（2－57）代入式（2－56），得 $Mc_p\frac{d\theta}{dt}+Gc_p\theta=h_i$。若写成规范形式，得 $\frac{M}{G}\times\frac{d\theta}{dt}+\theta=\frac{1}{Gc_p}h_i$。令 $T=\frac{M}{G}$，$K=\frac{1}{Gc_p}$，则可表示为

$$T\frac{d\theta}{dt}+\theta=Kh_i \tag{2-58}$$

由式（2－58）可知，绝热加热过程可用一个一阶常系数线性微分方程式来描述。

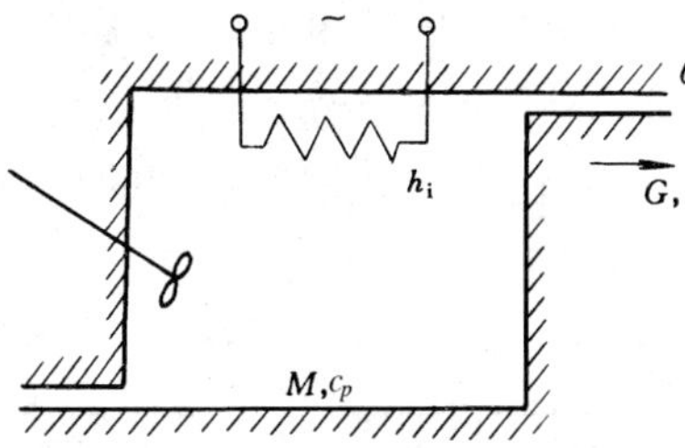

图 2－12　绝热加热过程

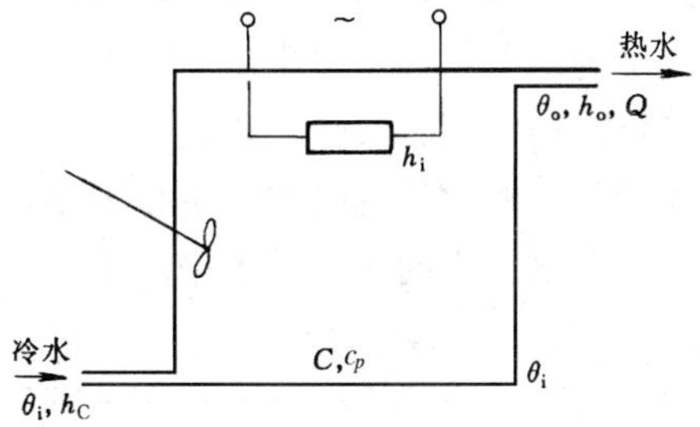

图 2－13　热水供应系统

2. 加热装置

设有一热水供应系统，如图 2－13 所示。图中，Q 为容器出水流量，θ_o 为容器出口的热水温度，h_i 为电热器提供的热流量，θ_i 为进水（冷水）温度，环境温度也为 θ_i，c_p 为水的比热容，C 为水箱中水的热容量。假设水箱中各处温度均相同（即假设为集中参数），热水供应系统的输入为 h_i，输出为 θ_o，求该系统输入输出的动态方程的步骤如下。

（1）根据能量守恒定律写出热流量平衡方程式

$$h_i+h_c=h_T+h_o+h_s \tag{2-59}$$

式中，h_c 为进水带入的热流量；h_T 为水箱中水的热流量；h_o 为出水带走的热流量；h_s 为

通过水箱外壳耗散到周围环境的热流量。

（2）中间变量 h_c、h_T、h_o 和 h_s 与其他因素的关系为

$$\begin{cases} h_T = C\dfrac{d\theta_o}{dt} \\ h_o = Qc_p\theta_o \\ h_c = Qc_p\theta_i \\ h_s = \dfrac{\theta_o - \theta_i}{R} \end{cases} \tag{2-60}$$

式中，R 为由水箱内壁通过外壳耗散到周围环境的等效热阻。

（3）将式（2-60）代入式（2-59），可得 $C\dfrac{d\theta_o}{dt}+Qc_p(\theta_o-\theta_i)+\dfrac{\theta_o-\theta_i}{R}=h_i$。整理后得

$$C\frac{d\theta_o}{dt}+\left(Qc_p+\frac{1}{R}\right)\theta_o=h_i+\left(Qc_p+\frac{1}{R}\right)\theta_i$$

或

$$T\frac{d\theta_o}{dt}+(Qc_pR+1)\theta_o=Rh_i+(Qc_pR+1)\theta_i \tag{2-61}$$

式中，T 为热时间常数，$T=RC$。

假设环境温度和进水温度 θ_i 为常值，并令 $\theta=\theta_o-\theta_i$，θ 即为温升。如系统的输出为温升 θ，则热水供应系统的动态方程为

$$T\frac{d\theta}{dt}+(Qc_pR+1)\theta=Rh_i \tag{2-62}$$

由此可知，热水供应系统的数学模型，可认为是一个一阶线性常系数微分方程。

三、物理系统的相似性

从以上介绍的四种不同物理系统的建模过程可以看出，虽然不同的物理系统其机理各不相同，应用的基本物理定律也不同，但它们所建立的数学模型却都有相同的结构形式，都是一阶或二阶线性常系数微分方程式。这种具有相同数学模型的不同系统称为相似系统，在微分方程式中占据相同位置的物理量称为相似量。表 2-1 列出了上述四种系统的相似量，反映出同类物理量在不同物理系统中的相似性。

表 2-1　相似系统中的相似量

机械系统	电气系统	液力系统	热力系统
力 F（力矩 T）	电压 u	水位 H	温度 θ
速度 ω	电流 i	流量 Q	热流量 h
阻尼系数 f	电阻 R	液阻 R	热阻 R
弹簧系数 $\frac{1}{k}$	电容 C	液容 C（截面积 A）	热容 C
质量 m（转动惯量 J）	电感 L		

相似系统这一概念，对实际生产过程的分析和研究是十分有用的。因为一种系统可能比另一种系统更容易通过实验来分析和研究，例如，电气的或电子的系统更容易构建和实现，那么就可以构建和实现一个相似的电模拟系统来代替所要研究的一个机械系统，或液力系

统，或热力系统，来进行深入的实验研究。这里利用物理系统数学模型的相似性，也可以使机理建模工作大为简化。例如，一个熟悉机械系统建模的研究人员可利用热力系统与机械系统的数学模型的相似性来建立或校核热力系统的数学模型。

2.4　典型环节的数学模型

自动控制系统是由各种元件和设备组合而成的。从各种元件和设备的结构及作用原理来看，它们是各种各样、五花八门的，但从每个元件或设备的动态特性或数学模型来看，却可分成为数不多的几种基本环节，即**典型环节**。不管元件或设备是机械式的、电气式的、热力的、气力式的、液力式的或其他形式的，只要它们的数学模型一样，就认为它们是同一种典型环节。这样划分，对控制系统的分析和研究带来很大的方便，对理解和掌握各种元件或设备对控制系统动态性能的影响也很有帮助。

下面介绍七种典型环节的数学模型。其中前六种是线性的基本环节；第七种是常见的控制器，是线性基本环节的组合环节。

一、比例环节

这是一个最基本、最经常遇到的环节，其动态方程为

$$y(t)=kx(t) \tag{2-63}$$

式中，$x(t)$ 为输入信号；$y(t)$ 为输出信号；k 为比例系数，又称为增益或放大系数。

比例环节的阶跃响应曲线如图 2－14 所示，当输入信号为阶跃函数 $x(t)=\begin{cases}0 & t<0\\ x_0 & t\geqslant 0\end{cases}$ 时，输出信号为 $y(t)=kx_0$。 从图 2－14 可以看出，比例环节的特点是输出信号 $y(t)$ 和输入信号 $x(t)$ 的形状相同。输入信号是一个阶跃函数，输出信号也是一个阶跃函数，它不存在惯性，所以比例环节又称为无惯性环节。比例环节的传递函数为

$$G(s)=\frac{Y(s)}{X(s)}=k \tag{2-64}$$

传递函数方框图如图 2－15 所示。

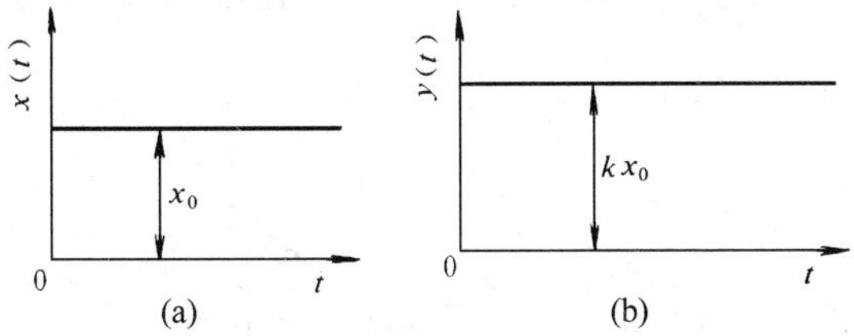

图 2－14　比例环节的阶跃响应曲线

(a) 阶跃输入曲线；(b) 阶跃响应曲线

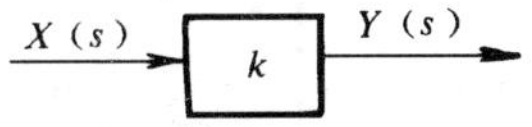

图 2－15　比例环节的传递函数方框图

比例环节的实例很多，图 2－16 中的一些例子都是比例环节。图中变量名的下标 y 和 x 表示输出信号和输入信号。

在图 2－16 (a) 中，杠杆两端的位移 L_y 和 L_x 成比例关系。图 2－16 (b) 中，当杠杆处于平衡位置时，杠杆两端的力 p_x 和 p_y 成比例关系，即 $\frac{p_y}{p_x}=\frac{a}{b}=k$。 图 2－16 (c) 为齿

轮传动，输出信号从动轮的旋转角度 a_y 与输入信号主动轮的旋转角度 a_x 成比例。图 2－16（d）中，输出信号电压 U_y 与输入信号电流 I_x 成比例关系，即 $U_y = I_x \times R$，R 为电阻。图 2－16（e）为气动薄膜阀，薄膜阀的输出信号位移 L_y 与输入信号薄膜阀上控制气压的变化 p_x 成比例关系。图 2－16（f）是运算放大器，运算放大器的输出电压 e_y 与输入电压 e_x 成比例关系，即$\frac{e_y}{e_x} = \frac{R_2}{R_1} = k$。

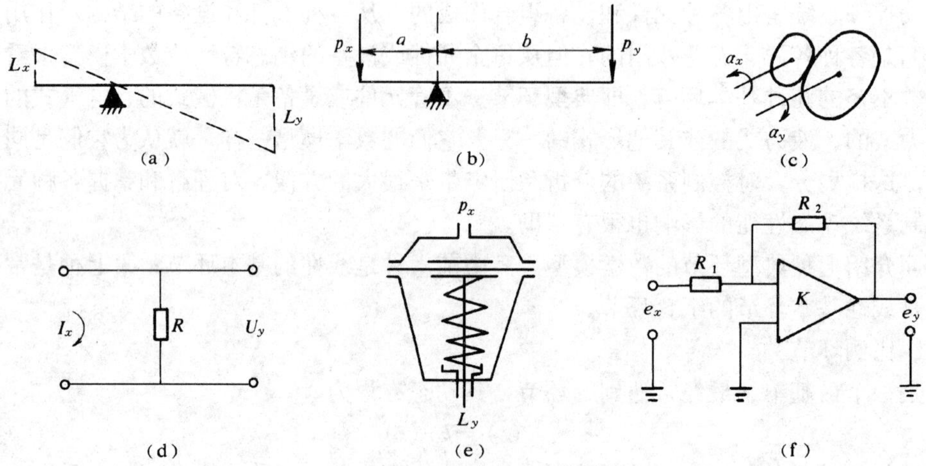

图 2－16　比例环节实例

（a）杠杆；（b）处于平衡位置的杠杆；（c）齿轮传动；（d）电路；（e）气动薄膜阀；（f）运算放大器

二、积分环节

积分环节的动态方程为

$$y(t) = \frac{1}{T}\int_0^t x(t)\mathrm{d}t \tag{2-65}$$

式中，$x(t)$ 为输入信号；$y(t)$ 为输出信号；T 为积分环节的积分时间。

积分环节的阶跃响应曲线如图 2－17 所示。当输入信号 $x(t)$ 为阶跃函数 $x_0 \times 1(t)$ 时，由式（2－65）可得输出信号 $y(t)$ 为 $y(t) = \frac{1}{T}\int_0^t x_0 \mathrm{d}t = \frac{1}{T}x_0 t$。

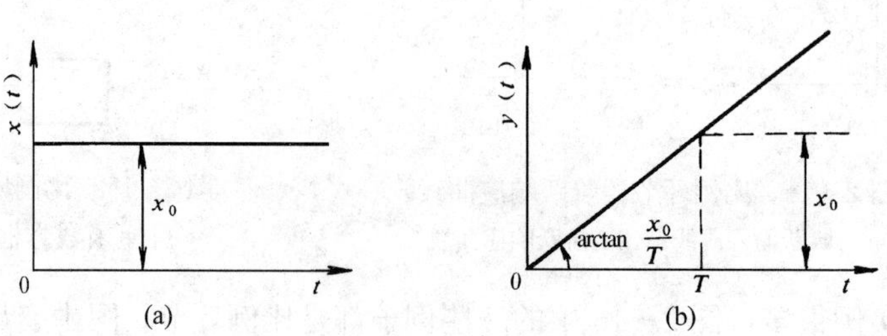

图 2－17　积分环节的阶跃响应曲线

（a）阶跃输入函数；（b）阶跃响应曲线

从图 2－17 可以看出，输出信号 $y(t)$ 随着时间 t 的增加而增加，其增加的速率［即

图 2－17（b）中的斜直线的斜率］为$\frac{x_0}{T}$。显然，输入信号幅度 x_0 越大，时间常数 T 越小，则 $y(t)$ 上升越快。

积分环节的传递函数为

$$G(s)=\frac{Y(s)}{X(s)}=\frac{1}{Ts} \tag{2-66}$$

其方框图如图 2－18 所示。

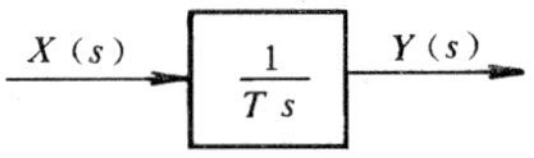

图 2－18　积分环节的传递函数方框图

积分环节的实例也很多，图 2－19 中的一些例子都是积分环节。

图 2－19（a）为简单的 RC 电路，输出信号电压 u_y 与输入信号电流 i_x 是积分关系，即 $u_y=\frac{1}{C}\int_0^t i_x\,\mathrm{d}t$。输出和输入之间的传递函数为 $G(s)=\frac{u_y(s)}{i_x(s)}=\frac{1}{Ts}$，式中，$T=C$。

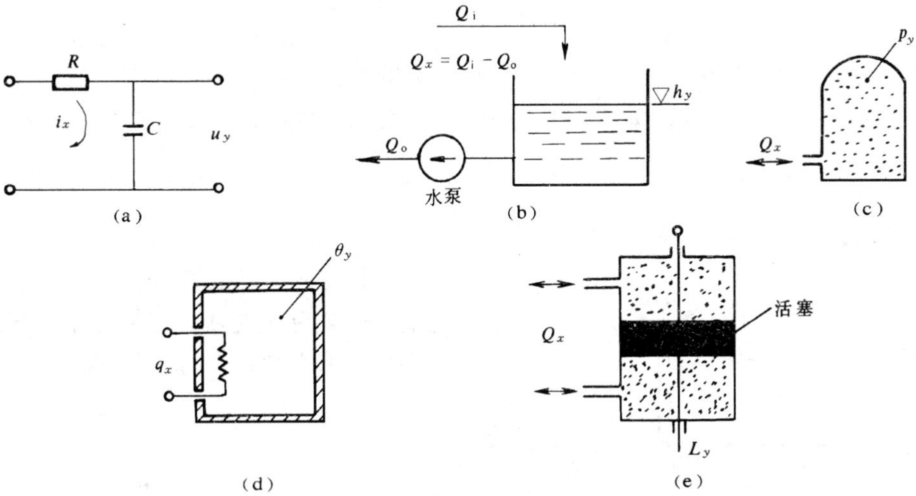

图 2－19　积分环节实例

（a）简单 RC 电路；（b）蓄水箱；（c）储气容器；（d）储热容器；（e）液动执行机构

图 2－19（b）为一蓄水箱（水容对象）。输出信号水位 h_y 与输入信号（流入量与流出量之差 $Q_x=Q_i-Q_o$）之间的关系是积分关系，即 $h_y=\frac{1}{A}\int_0^t Q_x\,\mathrm{d}t$。式中，$A$ 为水箱截面积，又称为“水容”，表示水箱的储水能力。其传递函数为 $G(s)=\frac{h_y(s)}{Q_x(s)}=\frac{1}{Ts}$，$T=A$。

图 2－19（c）为一储气容器。输出信号（容器中压力 p_y）与输入信号（流入的气体流量 Q_x）之间的关系也是积分关系，即根据热力学上的气体方程得 $p_y=\frac{R\theta}{V}\int_0^t Q_x\,\mathrm{d}t$。式中，$R$ 为气体常数，θ 为气体温度；V 为容器的容积。其传递函数为 $G(s)=\frac{p_y(s)}{Q_x(s)}=\frac{1}{Ts}$，式中

$T=\frac{V}{R\theta}$。

图 2-19（d）是一储热容器。输出信号为容器内的介质温度 θ_y，输入信号为单位时间内流入容器的热量 q_x，它们之间的关系也是积分关系，$\theta_y=\frac{1}{C_\theta}\int_0^t q_x\mathrm{d}t$。式中，$C_\theta$ 为容器的热容量。输出和输入之间的传递函数 $G(s)=\frac{\theta_y(s)}{q_x(s)}=\frac{1}{Ts}$，式中，$T=C_\theta$。

图 2-19（e）是液动执行机构。输出信号为执行器位移 L_y，输入信号为油流量的变化量 Q_x，它们之间的关系也是积分关系，$L_y=\frac{1}{A}\int_0^t Q_x\mathrm{d}t$。式中，$A$ 为活塞的面积。其传递函数 $G(s)=\frac{L_y(s)}{Q_x(s)}=\frac{1}{Ts}$，式中，$T=A$。

三、微分环节

理想微分环节的动态方程为

$$y(t)=T_\mathrm{d}\frac{\mathrm{d}x(t)}{\mathrm{d}t} \tag{2-67}$$

式中，T_d 为微分环节的微分时间；$x(t)$、$y(t)$ 为输入、输出信号。

微分环节的阶跃响应曲线如图 2-20 所示，它是一个脉冲函数。设输入阶跃函数的幅值为 x_0，则输出 $y(t)$ 为 $y(t)=T_\mathrm{d}\frac{\mathrm{d}x_0\times 1(t)}{\mathrm{d}t}=T_\mathrm{d}\times x_0\times\delta(t)$，式中，$\delta(t)$ 为单位脉冲函数。

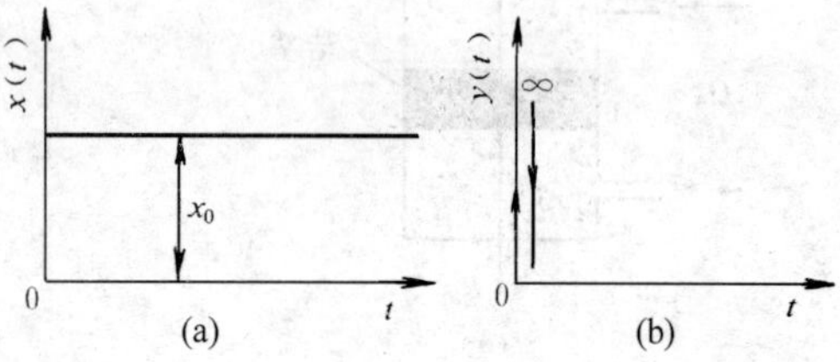

图 2-20 理想微分环节的阶跃响应曲线
（a）阶跃输入函数；（b）阶跃响应曲线

从图 2-20 可以看出，理想微分环节的动态特性实际上是不能实现的。实际的微分环节常常有惯性，它的动态方程为

$$T_\mathrm{c}\frac{\mathrm{d}y(t)}{\mathrm{d}t}+y(t)=T_\mathrm{d}\frac{\mathrm{d}x(t)}{\mathrm{d}t} \tag{2-68}$$

式中，T_d 为实际微分环节的微分时间；T_c 为实际微分环节的惯性时间。

实际微分环节的阶跃响应曲线如图 2-21 所示，它是一条指数曲线。设输入阶跃函数的幅值为 x_0，代入式（2-68）并解之，可得

$$y(t)=\frac{T_\mathrm{d}}{T_\mathrm{c}}\times x_0\mathrm{e}^{-\frac{t}{T_\mathrm{c}}} \tag{2-69}$$

由图 2-21 和式（2-69）可以看出，实际微分环节的响应曲线的特点是，在 $t=0$ 时，为与输入 x_0 成比例的阶跃值 $y(0)=\frac{T_\mathrm{d}}{T_\mathrm{c}}x_0$，当 $t>0$ 时，$y(t)$ 按指数曲线衰减，最后 $y(t)\to 0$（初始平衡值）。当 $t=T_\mathrm{c}$ 时，$y(t)$ 为 $y(t)|_{t=T_\mathrm{c}}=\frac{T_\mathrm{d}}{T_\mathrm{c}}x_0\mathrm{e}^{-1}=0.368\frac{T_\mathrm{d}}{T_\mathrm{c}}x_0$，即输出下降到初始阶跃值 $\frac{T_\mathrm{d}}{T_\mathrm{c}}x_0$ 的 0.368 倍。由图 2-21 可以很容易用作图法求出 $T_\mathrm{c}=t_{0.368}$ 的值。

理想微分环节的传递函数为

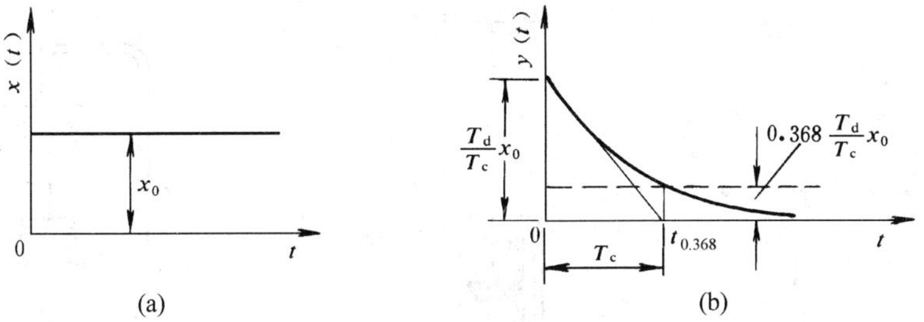

图 2－21　实际微分环节的阶跃响应曲线

（a）阶跃输入函数；（b）阶跃响应曲线

$$G(s)=\frac{Y(s)}{X(s)}=T_{\mathrm{d}}s \tag{2-70}$$

实际微分环节的传递函数为

$$G(s)=\frac{Y(s)}{X(s)}=\frac{T_{\mathrm{d}}s}{T_{\mathrm{c}}s+1} \tag{2-71}$$

理想微分环节和实际微分环节的方框图分别如图 2－22（a）、（b）所示。

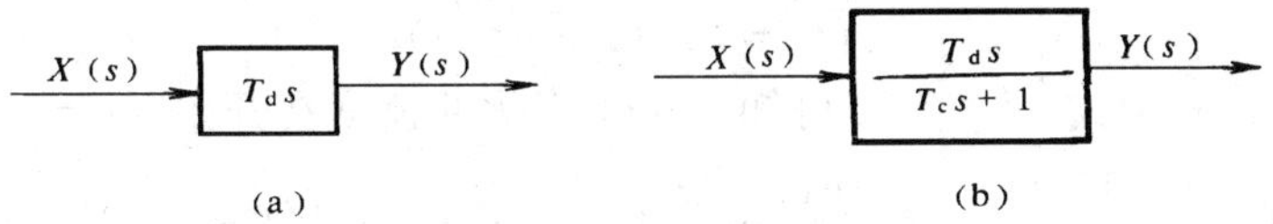

图 2－22　理想微分环节和实际微分环节的方框图

（a）理想微分环节；（b）实际微分环节

实际微分环节的实例如图 2－23 所示。图 2－23（a）是一常见的 RC 电路，输入信号为电压 u_x，输出信号为电压 u_y，根据电路原理可写出 u_y 的 u_x 的关系式 $u_x=u_c+u_y=\frac{1}{C}\int i\mathrm{d}t+u_y$。再对 t 求导数可得 $\frac{\mathrm{d}u_x}{\mathrm{d}t}=\frac{1}{C}i+\frac{\mathrm{d}u_y}{\mathrm{d}t}=\frac{1}{RC}u_y+\frac{\mathrm{d}u_y}{\mathrm{d}t}$。整理后得图 2－23（a）$RC$ 电路的动态方程 $RC\frac{\mathrm{d}u_y}{\mathrm{d}t}+u_y=RC\frac{\mathrm{d}u_x}{\mathrm{d}t}$。其传递函数可求得为 $G(s)=\frac{u_y(s)}{u_x(s)}=\frac{RCs}{RCs+1}=\frac{T_{\mathrm{d}}s}{T_{\mathrm{c}}s+1}$，式中 T_{d} 为时间常数，$T_{\mathrm{d}}=RC$。对照式（2－71）可知，这个实际微分环节，对应于式（2－71）中 $T_{\mathrm{d}}=T_{\mathrm{c}}$ 的情况。

图 2－23（b）为液压调节器中的复原装置。图 2－23（c）为气动调节器中的复原装置。它们的具体结构虽有很大差别，但输出信号 y 和输入信号 x 之间的关系式都是相同的，动态特性也都是相似的，都是实际微分环节的动态特性，即当输入信号 $x(t)$ 阶跃变化时，输出信号 $y(t)$ 在开始时立即成比例地变化，最后又复原到起始平衡状态，如图 2－21 所示。

四、惯性环节

惯性环节的动态方程为

$$T_{\mathrm{c}}\frac{\mathrm{d}y(t)}{\mathrm{d}t}+y(t)=kx(t) \tag{2-72}$$

式中，T_{c} 为惯性环节的时间常数；k 为惯性环节的传递系数或称为放大系数。

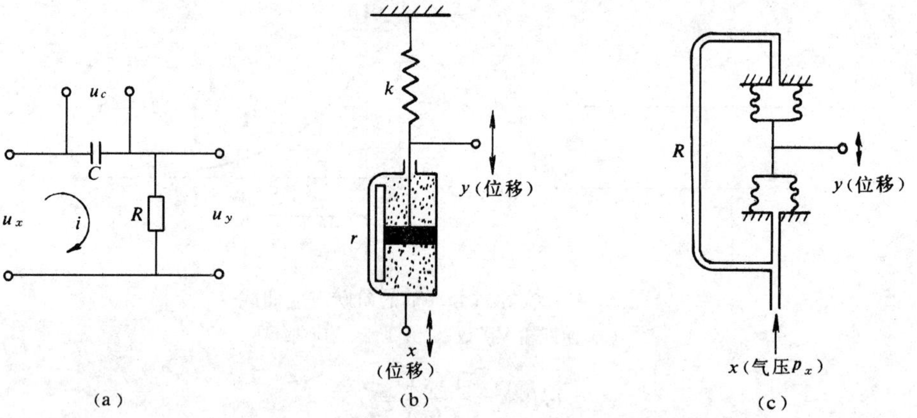

图 2－23　实际微分环节实例

(a) RC 电路；(b) 液压调节器中的复原装置；(c) 气动调节器中的复原装置

惯性环节的阶跃响应曲线如图 2－24 所示。它是一条指数函数的上升曲线。设输入一阶跃函数 $x(t)=x_0\times 1(t)$，代入式（2－72)，并求解可得

$$y(t)=kx_0(1-\mathrm{e}^{-t/T_c}) \tag{2-73}$$

从图 2－24（b）和式（2－73）可知，$y(t)$ 变化的速度在开始（$t=0$）时为最大，初始上升速度为 $\dot{y}(0)=\dfrac{\mathrm{d}y(t)}{\mathrm{d}t}\Big|_{t=0}=\dfrac{kx_0}{T_c}\mathrm{e}^{-t/T_c}\Big|_{t=0}=\dfrac{kx_0}{T_c}$。当 $t\to\infty$ 时，可得最后平衡值 $y(\infty)=kx_0$。

由图 2－24（b）可作图求出时间常数 T_c，即从 $t=0$ 始，以初始上升速度 $\dot{y}(0)$ 为斜率，作切线到与 $y(\infty)$ 线的交点 A 所需的时间即为 T_c。

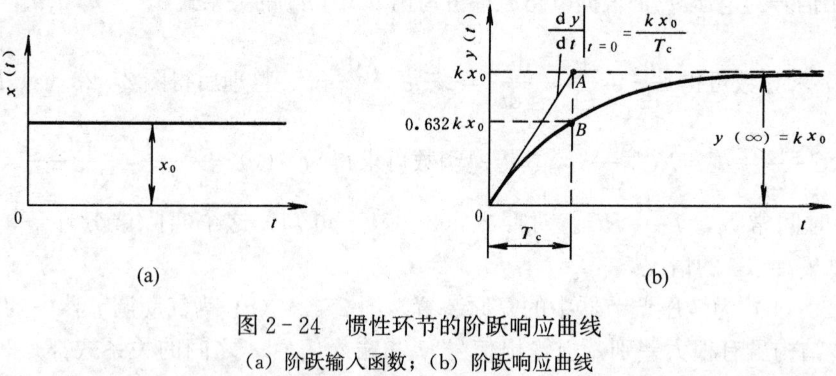

图 2－24　惯性环节的阶跃响应曲线

(a) 阶跃输入函数；(b) 阶跃响应曲线

因为 $y(t)\big|_{t=T_c}=kx_0(1-\mathrm{e}^{-t/T_c})\big|_{t=T_c}=kx_0(1-\mathrm{e}^{-1})=0.632kx_0=0.632y(\infty)$，所以有比作切线的方法更直接的求时间常数 T_c 的方法：从阶跃曲线上找出点 B，点 B 处的 $y(t)=0.632y(\infty)$，再从点 B 向下作垂直线交时间轴的点即为时间常数 T_c。

据式（2－72）可得出惯性环节的传递函数为

$$G(s)=\frac{Y(s)}{X(s)}=\frac{k}{T_cs+1} \tag{2-74}$$

图 2－25 是两个惯性环节实例。图 2－25（a）是 RC 电路，由电路原理得 $u_x = iR + u_y$。因 $u_y = \frac{1}{C}\int i\,\mathrm{d}t$ 故 $i = C\frac{\mathrm{d}u_y}{\mathrm{d}t}$。综合得 $RC\frac{\mathrm{d}u_y}{\mathrm{d}t} + u_y = u_x$，故其传递函数为

$$G(s) = \frac{u_y(s)}{u_x(s)} = \frac{1}{RCs+1} = \frac{1}{Ts+1}$$

式中，T 为惯性环节的时间常数，$T=RC$。这里放大系数 $k=1$。

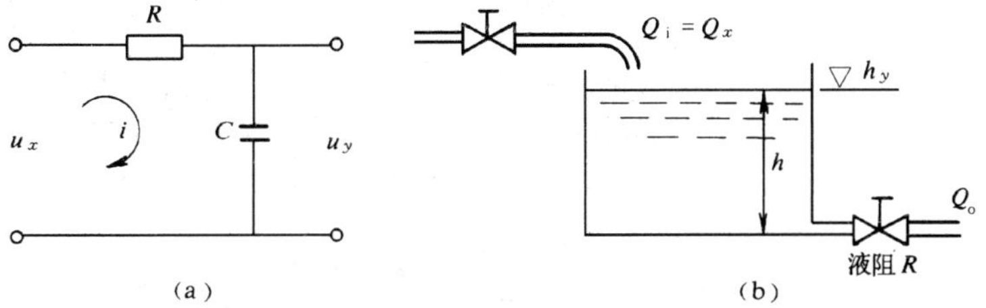

图 2－25　惯性环节实例

(a) RC 电路；(b) 蓄水箱

图 2－25（b）是一个蓄水箱，它与图 2－19（b）的不同点是流出水箱的水流量由阀门控制，而图 2－19（b）是由水泵控制。这时，图 2－25（b）的输出信号 h_y 和输入信号 Q_x（即 Q_i）之间的动态关系有

$$A\frac{\mathrm{d}h_y}{\mathrm{d}t} = Q_i - Q_o = Q_x - Q_o \text{ 和 } Q_o = a\sqrt{h_y} \approx \frac{1}{R}h_y$$

式中，A 为水箱的截面积，h_y 为输出信号，Q_i 为流入水量，即输入信号，Q_o 为流出水量，R 为液阻。近似式 $Q_o \approx \frac{1}{R}h_y$ 表示对非线性方程的线性化处理。综合有 $A\frac{\mathrm{d}h_y}{\mathrm{d}t} + \frac{1}{R}h_y = Q_x$。进而求得其传递函数为

$$G(s) = \frac{h_y(s)}{Q_x(s)} = \frac{R}{ARs+1} = \frac{k}{Ts+1}$$

式中，T 为惯性环节的时间常数，$T=AR$，k 为惯性环节的放大系数，$k=R$。

五、振荡环节

振荡环节的动态方程为 $T^2\frac{\mathrm{d}^2y(t)}{\mathrm{d}t^2} + 2T\zeta\frac{\mathrm{d}y(t)}{\mathrm{d}t} + y(t) = x(t)$，常写成如下的标准形式

$$\frac{\mathrm{d}^2y(t)}{\mathrm{d}t^2} + 2\omega_n\zeta\frac{\mathrm{d}y(t)}{\mathrm{d}t} + \omega_n^2 y(t) = \omega_n^2 x(t) \tag{2-75}$$

式中，ω_n 为无阻尼自然振荡频率，$\omega_n = \frac{1}{T}$，ζ 为阻尼比，$0<\zeta<1$。

振荡环节的阶跃响应曲线如图 2－26 所示。当输入信号为 $x(t)=1(t)$ 的单位阶跃函数时，环节输出信号 $y(t)$ 的动态响应为

$$y(t) = 1 - \frac{1}{\sqrt{1-\zeta^2}}\mathrm{e}^{-\zeta\omega_n t}\sin\left(\omega_n\sqrt{1-\zeta^2}\,t + \arctan\frac{\sqrt{1-\zeta^2}}{\zeta}\right) \tag{2-76}$$

它是一个衰减的振荡过程。

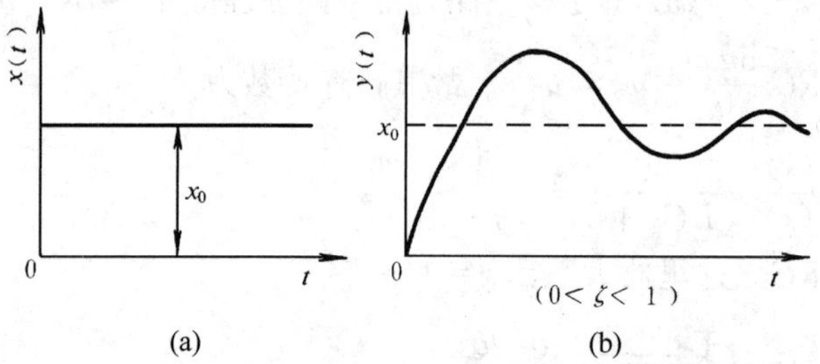

图 2-26　二阶振荡环节的阶跃响应曲线

(a) 阶跃输入函数；(b) 阶跃响应曲线

二阶振荡环节的传递函数为

$$G(s)=\frac{1}{T^2s^2+2T\zeta s+1}=\frac{\omega_n^2}{s^2+2\omega_n\zeta s+\omega_n^2}\quad(2-77)$$

图 2-27 是二阶振荡环节的实例。图 2-27（a）是由弹簧、重块和阻尼器组成的机械系统。根据物理学的牛顿第二定律，弹簧—重块—阻尼器系统的动态方程为

$$m\frac{d^2L_y(t)}{dt^2}+f\frac{dL_y(t)}{dt}+kL_y(t)=p_x(t)$$

式中，m 为重块的重量；f 为阻尼器的阻尼系数；k 为弹簧的弹簧系数；$L_y(t)$ 为重块的位移；$p_x(t)$ 为加在系数上的外力。该系统的传递函数为

$$G(s)=\frac{L_y(s)}{p_x(s)}=\frac{1}{ms^2+fs+k}=\frac{1}{k}\frac{1}{\frac{m}{k}s^2+\frac{f}{k}s+1}=\frac{1}{k}\times\frac{1}{T^2s^2+2\zeta Ts+1}$$

式中，时间常数 $T=\sqrt{\frac{m}{k}}$，阻尼比 $\zeta=\frac{f}{2}\sqrt{\frac{1}{mk}}$。

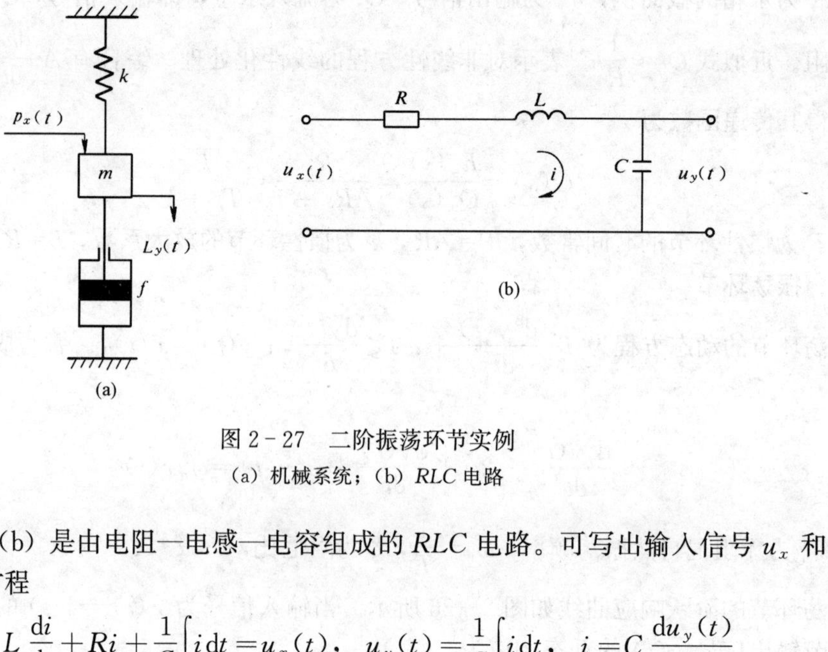

图 2-27　二阶振荡环节实例

(a) 机械系统；(b) RLC 电路

图 2-27（b）是由电阻—电感—电容组成的 RLC 电路。可写出输入信号 u_x 和输出信号 u_y 的动态方程

$$L\frac{di}{dt}+Ri+\frac{1}{C}\int i\,dt=u_x(t),\quad u_y(t)=\frac{1}{C}\int i\,dt,\quad i=C\frac{du_y(t)}{dt}$$

综合得

$$LC\frac{d^2u_y(t)}{dt^2}+RC\frac{du_y(t)}{dt}+u_y(t)=u_x(t)$$

进而求得其传递函数为

$$G(s)=\frac{u_y(s)}{u_x(s)}=\frac{1}{LCs^2+RCs+1}$$

式中，时间常数 $T=\sqrt{LC}$，阻尼比 $\zeta=\frac{R}{2}\sqrt{\frac{C}{L}}$。

六、迟延环节

迟延环节的动态方程为

$$y(t)=x(t-\tau)\quad(2-78)$$

迟延环节的阶跃响应曲线如图 2-28 所示。由图可以看出，迟延环节的特点是输出信号 $y(t)$ 和输入信号 $x(t)$ 的形状完全相同，只是迟延了一段时间 τ。这里 τ 称为迟延时间。由拉氏变换的迟延定理可得迟延环节的传递函数为

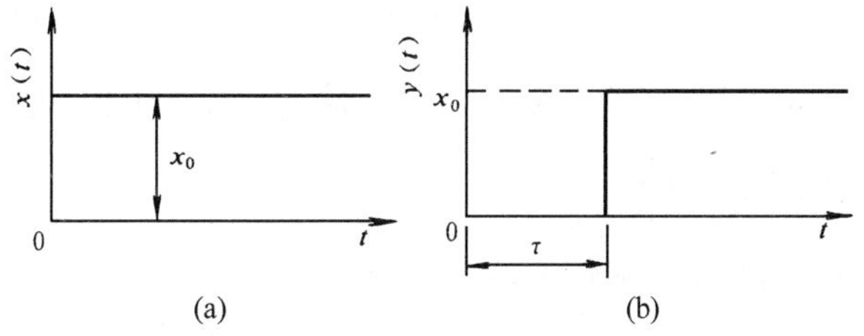

图 2-28　迟延环节的阶跃响应曲线

（a）阶跃输入曲线；（b）阶跃响应曲线

$$G(s)=\frac{Y(s)}{X(s)}=e^{-\tau s}\quad(2-79)$$

大多数的过程控制系统中，都具有迟延环节。例如电厂锅炉燃料的传输，介质压力或热量在管道中的传播等。控制系统中若包含有迟延环节，则对控制系统的稳定性是不利的，迟延越大，影响越大。

七、PID 控制器

当前绝大多数生产过程的自动控制系统中采用的自动控制装置，不论它是气动的、电动电子的、液动的，还是可编程型的、微机型的，尽管它们的结构不同，但是它们具有的控制规律都是比例、积分和微分规律（即 **PID 控制规律**），故称之为 **PID 控制器**。在生产过程自动控制的发展过程中，PID 控制器是历史最久、生命力最强的基本控制装置。除在最简单情况下一些场合采用开关控制（双位控制）外，PID 控制器基本上占据了统治地位。PID 控制器被公认具有以下优点：

（1）原理简单、实现容易，便于掌握和应用。

（2）适应性强。已经广泛应用于电力、机械、化工、热工、冶金、建材和石油等各种生产部门。即便是目前最新发展的过程计算机控制系统，其基本的控制规律仍然是 PID 控制规律。

（3）鲁棒性强，即其控制品质对受控对象特性的变化不敏感。这个优点是很重要的。因为大多数受控对象在受到外界扰动时，受控对象的动态特性往往会有较大的变化，如果控制器的鲁棒性好，就能保持系统的控制品质基本不变；如果控制器的鲁棒性不好，就可能发生系统控制品质恶化，甚至出现不稳定状态。

PID 控制器可以看成是前述几种典型环节的组合型环节。因为 P 控制器是比例环节，PI 控制器是比例环节与积分环节的组合，PD 控制器是比例环节与微分环节的组合，PID 控制器则是比例环节、积分环节和微分环节三种典型环节的组合。在控制系统分析和研究中，控制器作为控制系统的主要组成部分不容忽视。PID 控制器又是最常见的控制器，将它归类为一种典型环节加以了解和掌握是很有必要的。

PID控制器的常见类型有P控制器、PI控制器、PD控制器和PID控制器。在长期的实际应用中，已有多种衍生类型产生，例如，I-PD型、积分分离型、滤波型等。但是，P、PI、PD和PID类型是最基本的。

1. P控制器（比例控制器）

用比例环节构成的控制器称作比例控制器。它的动态方程为

$$u(t)=K_{\mathrm{p}}e(t) \quad 或 \quad u(t)=\frac{1}{\delta}e(t) \tag{2-80}$$

式中，$u(t)$、$e(t)$ 为输出、输入信号；K_{p} 为比例系数或比例增益；δ 为比例带，它是比例系数的倒数，$\delta=\frac{1}{K_{\mathrm{p}}}$。

比例控制器的传递函数为

$$G_{\mathrm{c}}(s)=\frac{U(s)}{E(s)}=K_{\mathrm{p}}=\frac{1}{\delta} \tag{2-81}$$

比例控制器的方块图和阶跃响应曲线如图2-29所示。

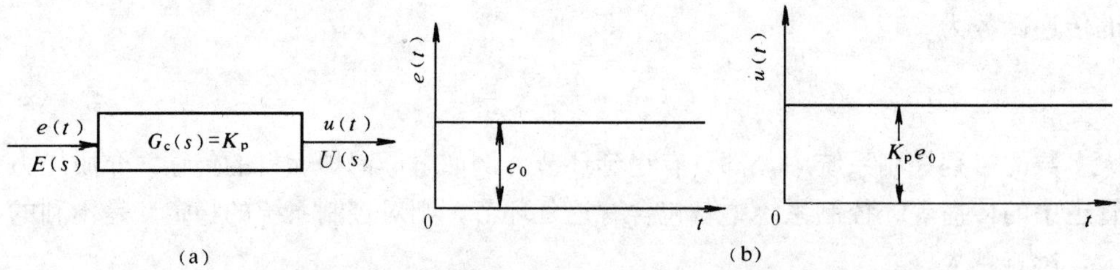

图2-29 比例控制器的方块图和阶跃响应曲线

(a) 比例控制器的方块图；(b) 阶跃响应曲线

下面举浮子式液位控制系统实例来说明比例控制器的工作原理和动态特性。

浮子式液位控制系统如图2-30所示。液位的变化 ΔH 由浮子来反映，它与阀门开度的变化 $\Delta\mu(t)$ 由杠杆直接联系起来，并一一对应。设液位为给定值 H_0 时，阀门开度为 μ_0，当液位变化 ΔH 时，阀门开度改变 $\Delta\mu(t)$，Q_1 为流入容器的液体流量，Q_2 为流出容器的液体流量，a、b 为杠杆的分段长度。如果负荷 Q_2 增加 ΔQ，流入量来不及改变，因此液位将下降 ΔH（相应的浮子下降 ΔH），通过连接杠杆的动作，阀门将开大 $\Delta\mu(t)$，如图2-30(b)所示。根据相似三角形定理，存在关系

$$\frac{\Delta H}{\Delta\mu}=\frac{a}{b}，\quad 即\ \Delta\mu=\frac{b}{a}\Delta H$$

与式（2-80）对比可知，这种比例控制器的比例增益为 $K_{\mathrm{p}}=\frac{b}{a}$，比例带为 $\delta=\frac{a}{b}$。

改变杠杆支点的位置，即可改变 a 和 b 的比例，也就是改变比例控制器的比例增益。从图2-30(b)可以看出，比例增益 K_{p} 越大（即杠杆 $\frac{b}{a}$ 越大，比例带 $\delta=\frac{a}{b}$ 越小），液位偏离给定值 H_0 的偏差 ΔH 越小，即被控量（液位）的稳态偏差越小；反之，K_{p} 越小，则液位的偏差 ΔH 越大，表示稳态偏差越大。

2. *PI* 控制器（比例积分控制器）

用比例和积分两种环节并联可构成比例积分控制器，其动态方程为

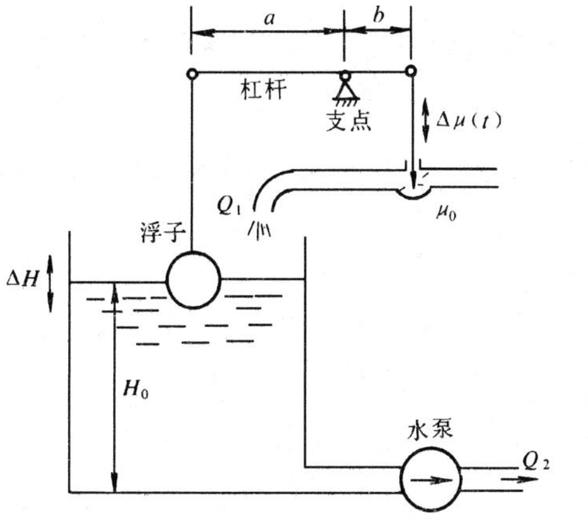

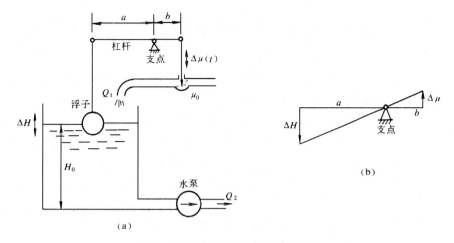

图 2-30　浮子式液位控制系统简图

(a) 浮子式液位控制系统简图；(b) 变量关系图

$$u(t)=K_{\mathrm{p}}\left[e(t)+\frac{1}{T_{\mathrm{i}}}\int_0^t e(t)\mathrm{d}t\right]=\frac{1}{\delta}\left[e(t)+\frac{1}{T_{\mathrm{i}}}\int_0^t e(t)\mathrm{d}t\right] \tag{2-82}$$

其传递函数为

$$G_{\mathrm{c}}(s)=\frac{U(s)}{E(s)}=K_{\mathrm{p}}\left(1+\frac{1}{T_{\mathrm{i}}s}\right)=\frac{1}{\delta}\left(1+\frac{1}{T_{\mathrm{i}}s}\right) \tag{2-83}$$

式中，T_{i} 为积分时间。

比例积分控制器的方框图和阶跃响应曲线如图 2-31 所示。当输入阶跃信号 $e(t)$ 的幅值为 e_0 时，输出 $u(t)$ 的阶跃响应函数为

$$u(t)=\frac{1}{\delta}e_0+\frac{e_0}{\delta T_{\mathrm{i}}}t=K_{\mathrm{p}}e_0+K_{\mathrm{p}}\frac{e_0}{T_{\mathrm{i}}}t \tag{2-84}$$

从图 2-31 (b) 和式 (2-84) 可以看出，当 $t=T_{\mathrm{i}}$ 时，$u(t)=2K_{\mathrm{p}}e_0$。

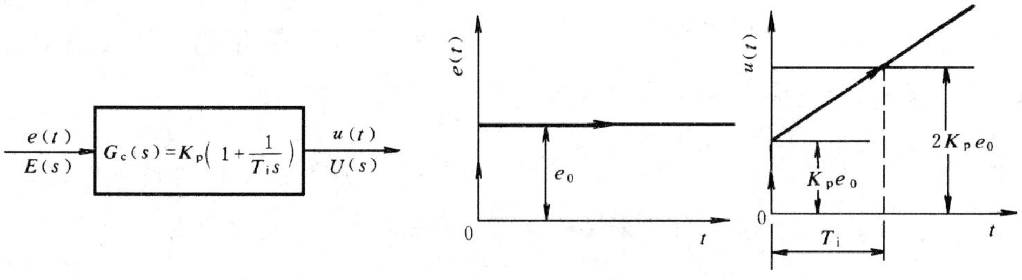

图 2-31　比例积分控制器的方框图和阶跃响应曲线

(a) 比例积分控制器的方框图；(b) 阶跃响应曲线

3. PD 控制器（比例微分控制器）

用比例和微分两种环节并联可构成比例微分控制器。其动态方程为

$$u(t)=K_{\mathrm{p}}\left[e(t)+T_{\mathrm{d}}\frac{\mathrm{d}e(t)}{\mathrm{d}t}\right]=\frac{1}{\delta}\left[e(t)+T_{\mathrm{d}}\frac{\mathrm{d}e(t)}{\mathrm{d}t}\right] \tag{2-85}$$

其传递函数为

$$G_c(s)=\frac{U(s)}{E(s)}=K_p(1+T_d s)=\frac{1}{\delta}(1+T_d s) \tag{2-86}$$

式中，T_d 为微分时间。

比例微分控制器的方框图和阶跃响应曲线如图 2 - 32 所示。当输入阶跃信号 $e(t)$ 的幅值为 e_0 时，输出 $u(t)$ 的阶跃响应函数

$$u(t)=K_p e_0+K_p T_d \delta(t) e_0 \tag{2-87}$$

由图 2 - 32（b）可以看出，由于微分作用，当输入阶跃信号 $e_0\times 1(t)$ 时，输出信号 $u(t)$ 立即升至无穷大，并瞬时消失，以后即呈现比例作用的响应特性。

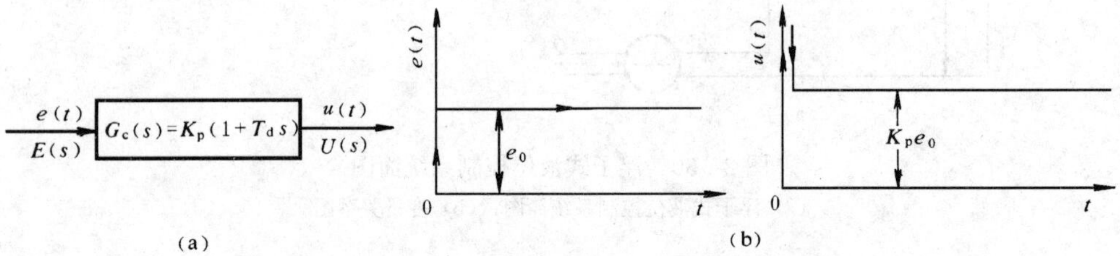

图 2 - 32　比例微分控制器的方框图和阶跃响应曲线

（a）比例微分控制器方框图；（b）PD 控制器阶跃响应曲线

为了较明显地看出微分控制作用，图 2 - 33 给出了输入信号为斜坡信号的输出响应曲线。当输入信号为斜坡信号 $e(t)=at$ 时，输出响应信号 $u(t)$ 为

$$u(t)=K_p(at+aT_d) \tag{2-88}$$

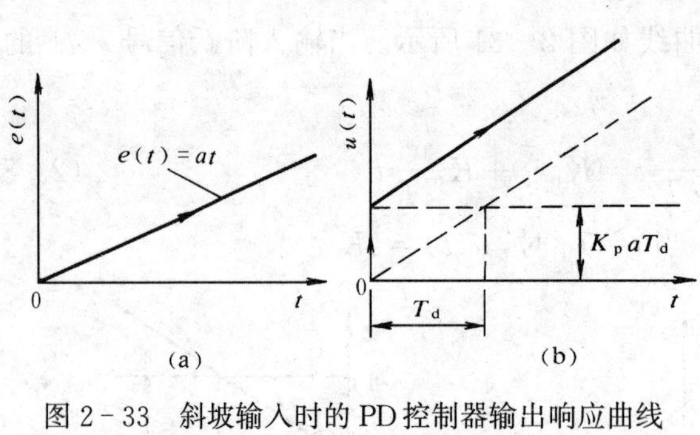

图 2 - 33　斜坡输入时的 PD 控制器输出响应曲线

（a）斜坡输入 $e(t)$；（b）输出响应 $u(t)$

从图 2 - 33 和式（2 - 88）可以看出，当输入速度为 a 的等速度信号时，PD 控制器在一开始就有一个阶跃输出 $K_p a T_d$，而如果没有微分作用（P 控制器），则控制器的输出要经过时间 T_d 后才能达到 $K_p a T_d$。因此 PD 控制器和 P 控制器相比，具有超前的控制作用。

式（2 - 85）或式（2 - 86）所表示的比例微分控制器是理想的控制器，实际上是不可实现的。工业上实际常采用的比例微分控制器的传递函数为

$$G_c(s)=\frac{U(s)}{E(s)}=K_p\left[1+\frac{T_d s}{1+T_c s}\right]=\frac{1}{\delta}\left[1+\frac{T_d s}{1+T_c s}\right] \tag{2-89}$$

式中，T_c 为 PD 控制器的惯性时间；T_d 为 PD 控制器的微分时间。

当输入阶跃函数 $e_0\times 1(t)$ 时，控制器的输出信号 $u(t)$ 为

$$u(t)=K_p\left[e_0+\frac{T_d}{T_c}e_0\times\exp(-t/T_c)\right] \tag{2-90}$$

其阶跃响应曲线如图 2 - 34 所示。从图 2 - 34 和式（2 - 90）可以看出，在阶跃响应的一开始，除了比例控制作用有一阶跃变化 $K_p e_0$ 外，实际微分作用也有一个阶跃变化 $K_p\dfrac{T_d}{T_c}e_0$，并且当$\dfrac{T_d}{T_c}$越

大时，这个阶跃值也越大。以后的微分作用以负的指数曲线下降，当 $t\to\infty$ 时，实际微分作用为零。

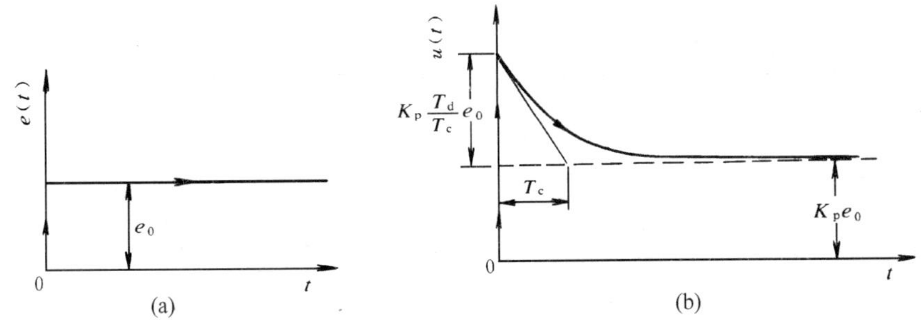

图 2-34　实际比例微分控制器的阶跃响应曲线
（a）阶跃输入函数；（b）PD 控制器阶跃响应曲线

4. PID 控制器（比例积分微分控制器）

用比例、积分和微分三种环节并联可构成比例积分微分控制器，简称 PID 控制器。为和后面的实际 PID 控制器相区别，常称之为理想 PID 控制器。它的动态方程和传递函数为

$$u(t)=K_{\mathrm{p}}\left[e(t)+\frac{1}{T_{\mathrm{i}}}\int_0^t e(\tau)\mathrm{d}\tau+T_{\mathrm{d}}\frac{\mathrm{d}e(t)}{\mathrm{d}t}\right]=\frac{1}{\delta}\left[e(t)+\frac{1}{T_{\mathrm{i}}}\int_0^t e(\tau)\mathrm{d}\tau+T_{\mathrm{d}}\frac{\mathrm{d}e(t)}{\mathrm{d}t}\right] \tag{2-91}$$

$$G_{\mathrm{c}}(s)=\frac{U(s)}{E(s)}=K_{\mathrm{p}}\left(1+\frac{1}{T_{\mathrm{i}}s}+T_{\mathrm{d}}s\right)=\frac{1}{\delta}\left(1+\frac{1}{T_{\mathrm{i}}s}+T_{\mathrm{d}}s\right) \tag{2-92}$$

理想 PID 控制器的阶跃响应曲线如图 2-35（a）所示。当输入阶跃信号 $e(t)=e_0$ 时，输出 $u(t)$ 的阶跃响应函数为

$$u(t)=K_{\mathrm{p}}e_0+\frac{K_{\mathrm{p}}e_0}{T_{\mathrm{i}}}t+K_{\mathrm{p}}e_0T_{\mathrm{d}}\delta(t) \tag{2-93}$$

工业上实际常用的 PID 控制器的传递函数为

$$G_{\mathrm{c}}(s)=K_{\mathrm{p}}\left(1+\frac{1}{T_{\mathrm{i}}s}+\frac{T_{\mathrm{d}}s}{1+T_{\mathrm{c}}s}\right)=\frac{1}{\delta}\left(1+\frac{1}{T_{\mathrm{i}}s}+\frac{T_{\mathrm{d}}s}{1+T_{\mathrm{c}}s}\right) \tag{2-94}$$

它的阶跃响应曲线（动态特性）如图 2-35（b）所示。从图 2-35 可以看出，理想 PID 控制器与实际 PID 控制器差别在于对阶跃突变的动态响应不同。理想 PID 控制器的响应是一个幅值为无穷大、作用时间为无穷小的脉冲，而实际 PID 控制器则响应一个以有限的最大幅值开始，然后指数规律衰减至零的缓变脉冲。当 $t\to\infty$ 时，理想 PID 控制器与实际 PID 控制器差别就没有差别了，这时微分环节的作用为零，只剩下比例和积分环节的共同作用。

表 2-2 列出了上述各典型环节的微分方程、传递函数和单位阶跃响应。只要熟记和掌握典型环节的数学模型特征，就容易推测出在实际控制系统案例分析中可能遇到的各种典型环节组合体的动态特性。

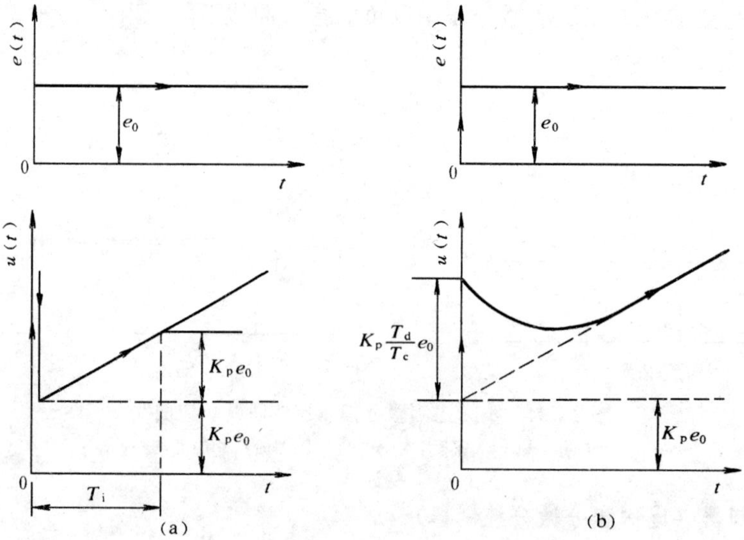

图 2-35　PID 控制器的阶跃响应曲线

(a) 理想 PID 阶跃响应曲线；(b) 实际 PID 阶跃响应曲线

表 2-2　**典型环节的特性**

环节名称	动态方程（微分方程）	传递函数	单位阶跃响应
比例环节	$y(t)=kx(t)$	k	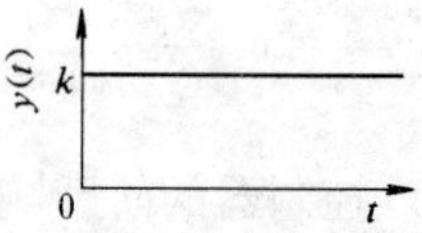
积分环节	$y(t)=\dfrac{1}{T}\int_0^t x(t)\mathrm{d}t$	$\dfrac{1}{Ts}$	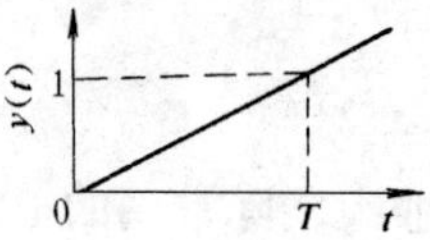 $y(t)=\dfrac{1}{T}t$
微分环节	理想　$y(t)=T_{\mathrm{d}}\dfrac{\mathrm{d}x(t)}{\mathrm{d}t}$	$T_{\mathrm{d}}s$	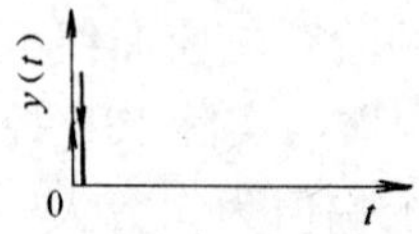 $y(t)=T_{\mathrm{d}}\delta(t)$
	实际　$T_{\mathrm{c}}\dfrac{\mathrm{d}y(t)}{\mathrm{d}t}+y(t)=T_{\mathrm{d}}\dfrac{\mathrm{d}x(t)}{\mathrm{d}t}$	$\dfrac{T_{\mathrm{d}}s}{T_{\mathrm{c}}s+1}$	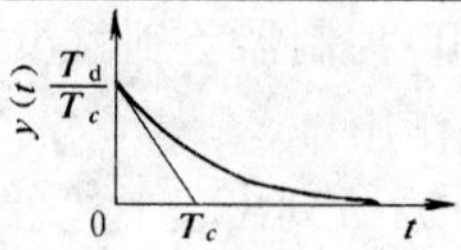 $y(t)=\dfrac{T_{\mathrm{d}}}{T_{\mathrm{c}}}\mathrm{e}^{-\frac{t}{T_{\mathrm{c}}}}$

续表

环节名称	动态方程（微分方程）	传递函数	单位阶跃响应
惯性环节	$T\dfrac{dy(t)}{dt}+y(t)=kx(t)$	$\dfrac{k}{Ts+1}$	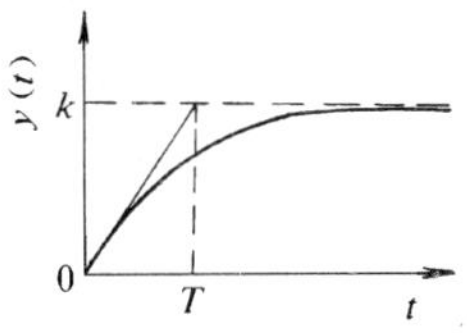 $y(t)=k(1-e^{-t/T})$
振荡环节	$T^2\dfrac{d^2y(t)}{dt^2}+2T\zeta\dfrac{dy(t)}{dt}+y(t)=x(t)$	$\dfrac{1}{T^2s^2+2T\zeta s+1}$ 或 $\dfrac{\omega_n^2}{s^2+2\zeta\omega_n s+\omega_n^2}$	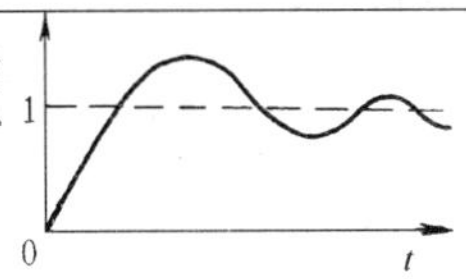 $y(t)=1-\dfrac{1}{\sqrt{1-\zeta^2}}e^{-\zeta\omega_n t}\times\sin\left(\omega_n\sqrt{1-\zeta^2}\,t+\arctan\dfrac{\sqrt{1-\zeta^2}}{\zeta}\right)$ $(0<\zeta<1)$
迟延环节	$y(t)=x(t-\tau)$	$e^{-\tau s}$	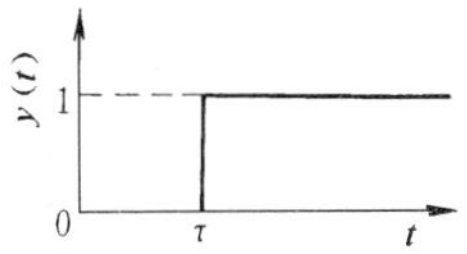 $y(t)=1(t-\tau)$

2.5　方框图等效转换和信号流图

一、方框图和方框图的等效转换

控制系统可以由许多元件和设备组成，为了表明每一个元件在系统中的功能，常常应用所谓方框图（或称方块图）的概念。方框图表示法是一种图解分析方法。因为它可以清楚地表明系统中信号的传递情况和各种元件间的相互关系，所以在直观地表示多环节构成系统方面优于抽象的数学式表达法。“方框”是对加到方框上的输入信号的一种运算函数关系，运算结果用输出信号表示。元件的传递函数，通常写在相应的方框中，并且用标明信号流向的箭头将这些方框连接起来。这样，控制系统的方框图就清楚地表示了系统中各个元件变量间的关系。

方框图表示法可归结为六个要点：

（1）有 4 个基本图素：表示输入输出变量关系的**矩形方框**；表示变量传递路线和方向的**有向线条**（多段折线加箭头）；表示求所有输入变量的代数和的**求和圆**（简称合点）；表示所有输出变量与唯一的输入变量相等的**分支点**（简称**分点**）。

（2）分支点定义：只有一个输入变量，所有输出变量与之相等。

（3）求和圆定义：输出变量总是所有输入变量的代数和。输入变量的正负号可标注在求和圆内的输入变量箭头指向处，也可标注在输入变量箭头旁。

（4）方框内标注名为输入与输出变量关系或函数名。

（5）线条上标注为变量名。

（6）箭头旁标注的正负号为变量的正负号。

方框图比物理系统本身更容易体现系统的函数功能。方框图包含了系统动态特性的有关信息，但不包括物理系统结构的本身。因此不同的物理系统，可能用同一个方框图来表示。此外，由于分析的角度不同，对于同一个系统可以画出不同的方框图。

在控制系统的分析中，经常需要对方框图作一定的变换，尤其是对一些多回路的复杂系统，更需要对系统方框图作逐步变换，从而进一步求出系统总的传递函数。为此需要掌握方框图的等效转换方法。表 2-3 列出了方框图的基本等效转换规则。后面两个例子进一步说明如何应用方框图等效转换规则。

表 2-3　　方 框 图 的 等 效 转 换 法

序号	形　式	转 换 前	转 换 后
1	串　联		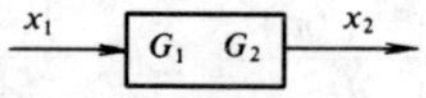
2	并　联	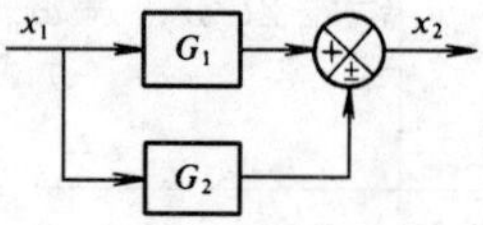	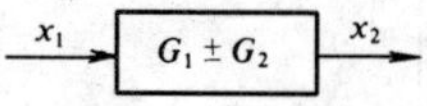
3	反　馈	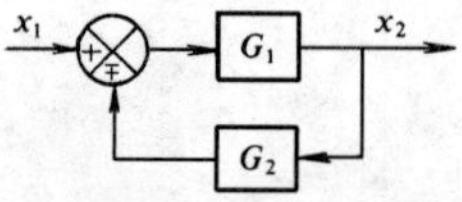	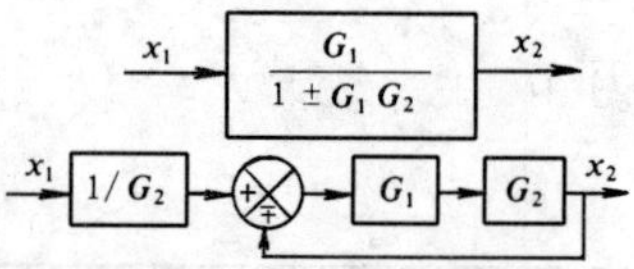
4	分点逆矢向前移	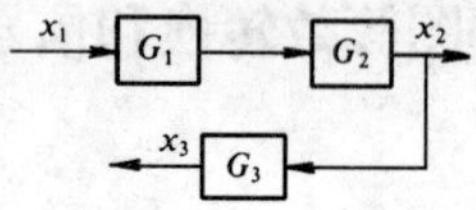	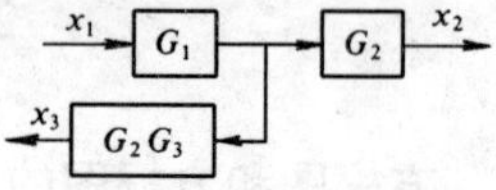
5	分点顺矢向后移	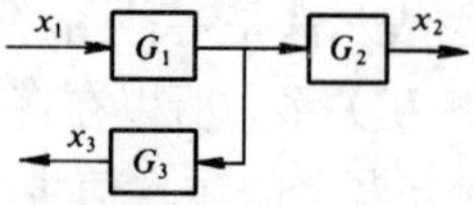	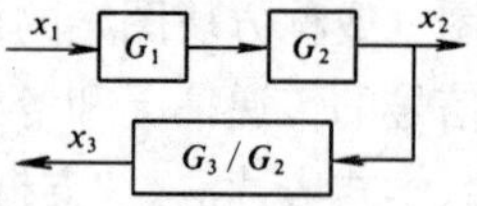
6	合点顺矢向后移	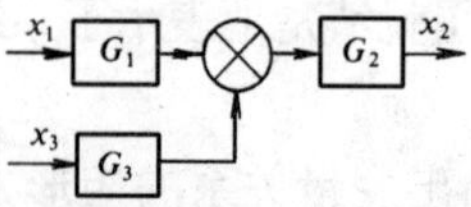	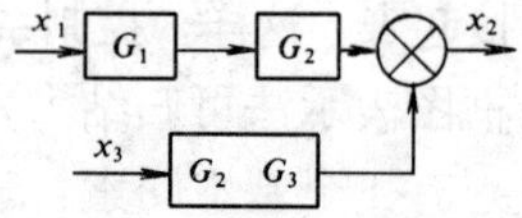
7	合点逆矢向前移	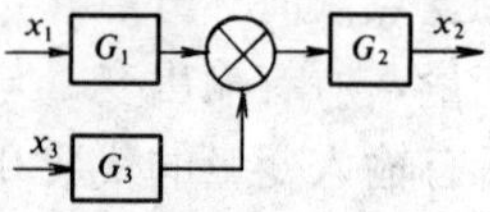	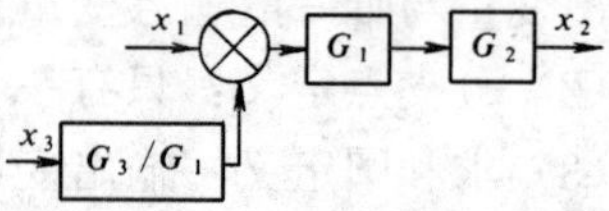

续表

序号	形　式	转　换　前	转　换　后
8	相邻分点，合点之间互移	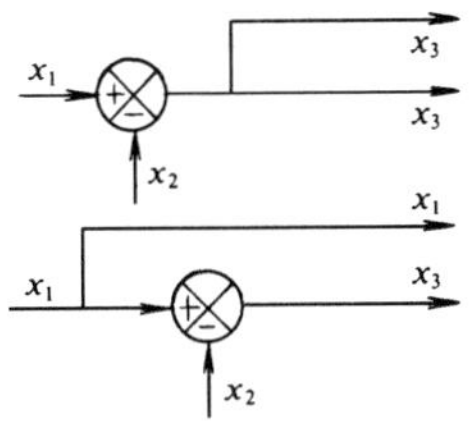	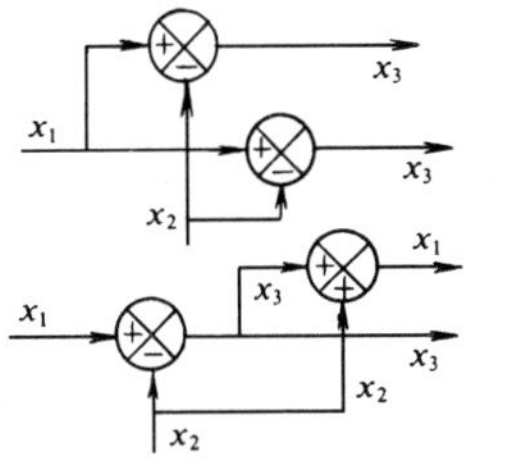
9	各分点或各合点之间互移	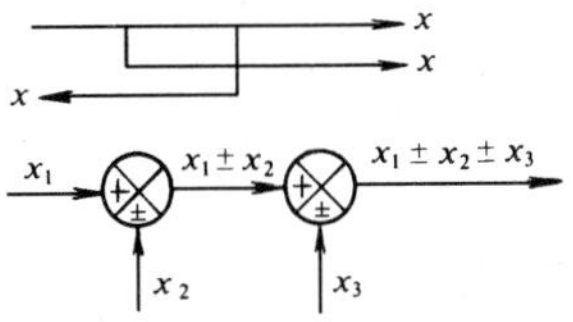	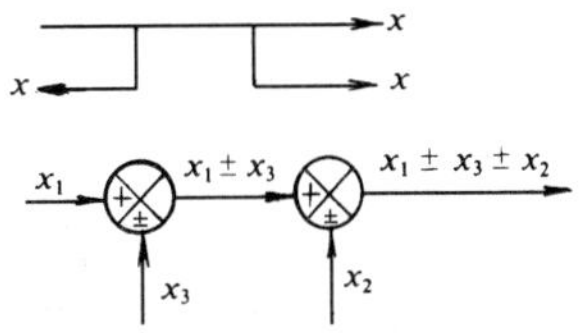

注　在 Matlab 中，把多个环节连接成一个系统时，可利用 series 函数进行串联连接，用 parallel 函数进行并联连接，用 feedback 函数进行反馈连接，用 cloop 进行单位反馈连接，如，[num，den] =feedback（n1，m1，n2，m2，sign)，其中 sign=－1 表示负反馈。

【例 2－1】　求图 2－36（a）所示系统方框图的传递函数 $G(s)=\dfrac{Y(s)}{X(s)}$。

解　等效转换简化步骤如图 2－36（b）～（f）所示，说明如下：

(1) 将方框图 2－36（a）的反馈作用点 P 往前移，得方框图 2－36（b)；

(2) 将 G_2、G_4、G_5 的反馈回路简化成等效回路 2－36（c)；

(3) 将 $G_1(s)$ 向前移，得方框图 2－36（d)；

(4) 将图 2－36（d）中的反馈回路简化成等效回路 2－36（e)；

(5) 将图 2－36（e）中三个方块串接成方框图 2－36（f)；

(6) 最后可求出系统的输出信号 $Y(s)$ 和输入信号 $X(s)$ 之间的传递函数 $G(s)=\dfrac{Y(s)}{X(s)}$。

【例 2－2】　试分析图 2－37 的两个串联水箱系统的物理过程，并给出该系统的方框图，进一步简化方框图，求出输出信号 Q_2 与输入信号 Q 之间的传递函数 $G(s)=\dfrac{Q_2(s)}{Q(s)}$。

解　设 1 号水箱的截面积为 F_1、2 号水箱的截面积为 F_2，1 号水箱到 2 号水箱间连接管上的阀门阻力为 R_1，2 号水箱出水管道上的阀门阻力为 R_2，因两个水箱的水位相互有影响，所以不能把两个水箱作为有单向性的环节串联来处理。根据前述的液力系统机理建模方法，可列出 4 个原始方程：

$$
\begin{cases}
Q-Q_1=F_1\dfrac{\mathrm{d}H_1}{\mathrm{d}t}\\
Q_1-Q_2=F_2\dfrac{\mathrm{d}H_2}{\mathrm{d}t}\\
Q_1=\dfrac{H_1-H_2}{R_1}\\
Q_2=\dfrac{H_2}{R_2}
\end{cases}
$$

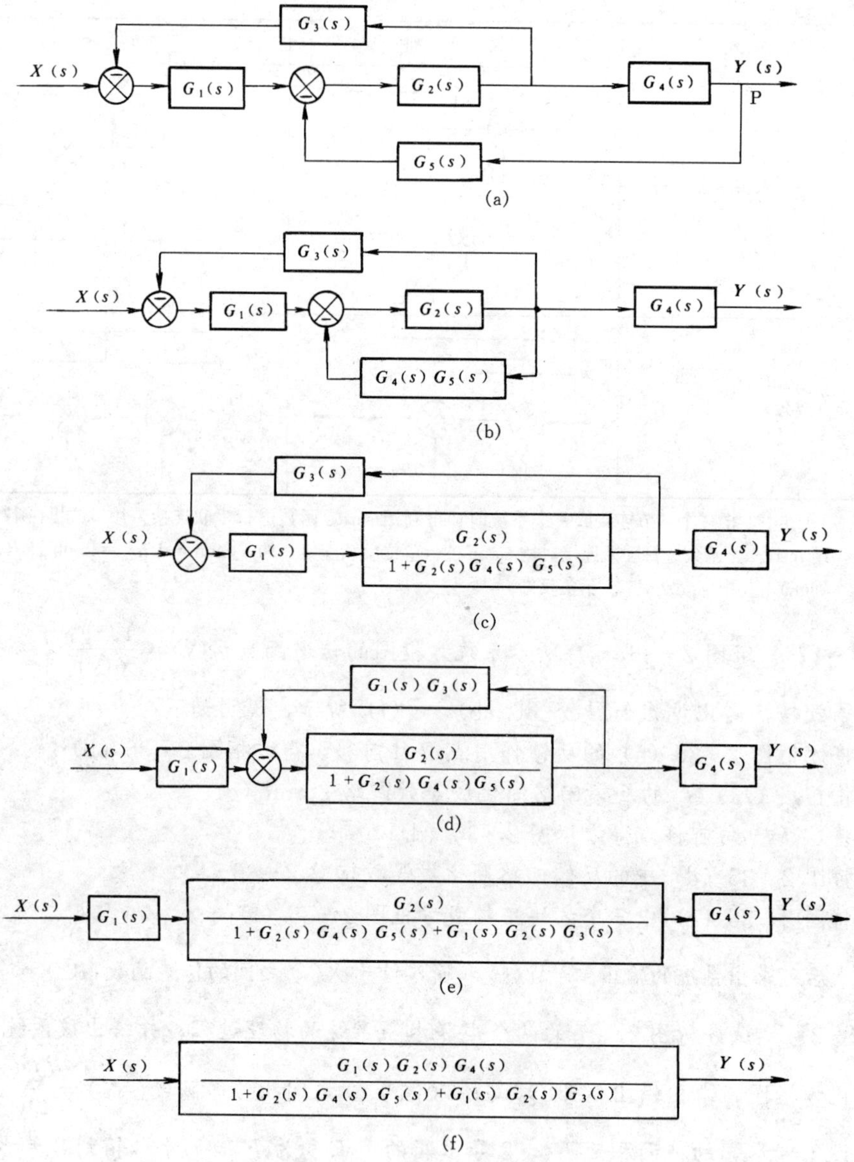

图 2-36　例 2-1 系统的方框图等效变换

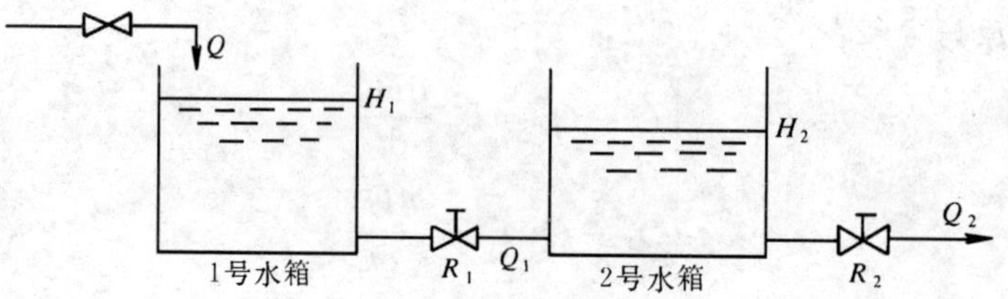

图 2-37　两个串联水箱系统的物理系统

将上述方程进行拉氏变换，得

$$
\begin{cases}
[Q(s)-Q_1(s)]\dfrac{1}{F_1 s}=H_1(s) \\
[Q_1(s)-Q_2(s)]\dfrac{1}{F_2 s}=H_2(s) \\
Q_1(s)=\dfrac{H_1(s)-H_2(s)}{R_1} \\
Q_2(s)=\dfrac{H_2(s)}{R_2}
\end{cases}
$$

由上述四个关系式可以绘出如图 2-38（a）所示的方框图，再经图 2-38（b）、（c）的方框图等效转换，最后可得图 2-38（d）的系统传递函数 $G(s)=\dfrac{Q_2(s)}{Q(s)}$。

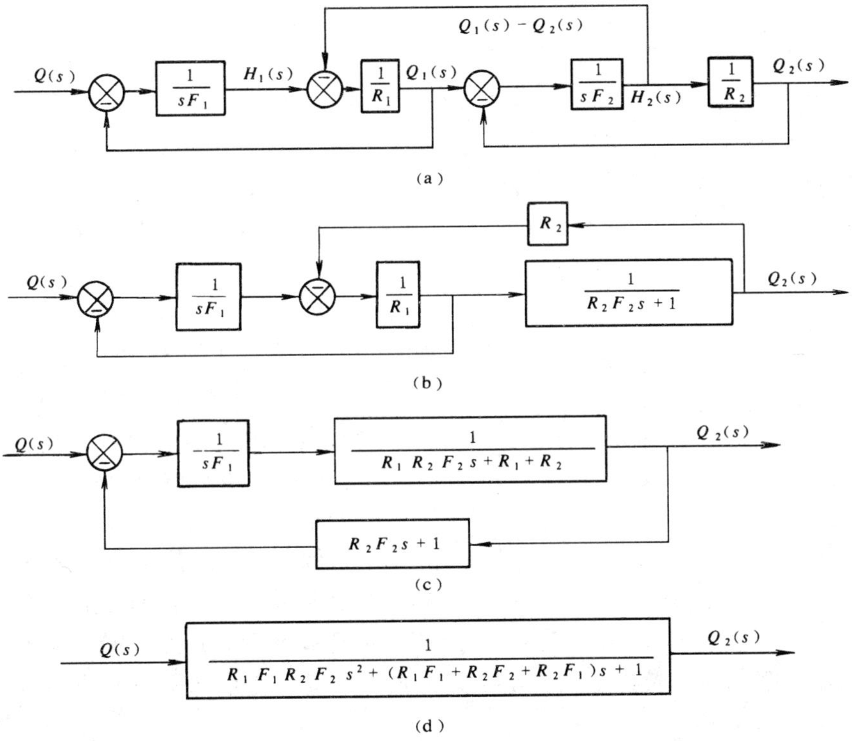

图 2-38　两个串联水箱系统的方框图及其等效转换

在方框图变换过程中，特别要注意的是分点（或称分支点）和合点（或称求和圆）的差别。从表 2-3 可以归纳出基本的变换规律是：**分点前移则函数相乘，分点后移则函数相除，而合点前移则函数相除，合点后移则函数相乘。两者的变换规律正好相反。**此外，还可归纳出：**串联时函数相乘；并联时函数相加；反馈时分子式为前向通道传函，分母式则为 1 减或加回路传函，正反馈时为减，负反馈时为加。**记住了这些规律，做方框图变换就不必每次去查表了。

在学习方框图变换过程中，最容易犯的错误是不加区别地将分点和合点互移：做分点移动时不加处理地越过了合点，或反之，做合点移动时不加处理地越过了分点。从表 2-3 可以看出：合点互移和分点互移都不需要加任何处理，但是合点与分点的互移所需的变换规则很麻烦，不易记。为此，最好的处理策略是**避开合点与分点的互移，只用分点前移或后移及合点前移或后移的变换处理。**

二、信号流图

方框图法在分析研究控制系统时很有用，但随着系统越来越复杂，系统的回路将增多，用方框图法简化时就很烦琐，容易出错。若采用信号流图法，则可以直接求得输出信号和输入信号之间的传递函数。

信号流图是由节点和支路组成的，每一个节点表示一个系统变量，而每两个节点之间的连接支路为该两个变量之间信号的传输关系。信号流的方向由支路上的箭头表示，而传输关系（增益或传递函数）则用标在支路线上的传递函数名表示。信号流图包含了方框图所包含的信息，但比方框图更直观、更简便，是分析复杂控制系统的一种常用方法。

下面介绍信号流图术语的定义和性质，然后介绍梅森增益公式。

1. 信号流图的术语及其定义

(1) **节点**。节点是用来表示变量或信号的点（用小的空心圆点表示），如图 2-39 中的 x_1、x_2、x_3 和 x_4 等，x_1 等为节点变量名。

(2) **支路**。支路是连接两个节点的定向线段，支路上标注的增益或传递函数称为传输，如图 2-39 中的 $x_1 \to x_2$，$x_2 \to x_3$，$x_3 \to x_2$，$x_4 \to x_3$，$x_3 \to x_5$ 等的传输分别为 a，b，c，d，1 等。

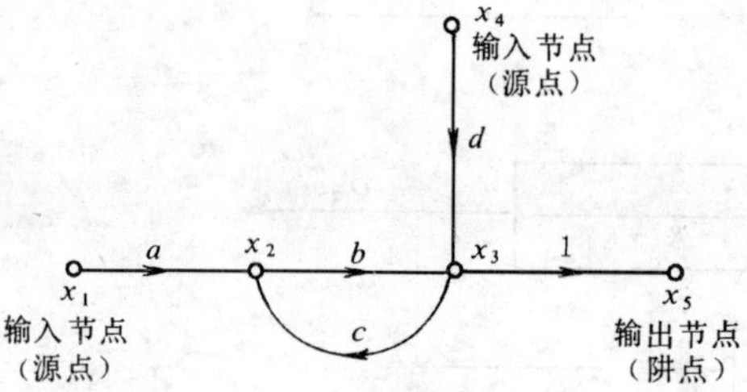

图 2-39　信号流图

(3) **输入节点**（或称源点）。只有输出支路的节点叫输入节点或源点，如图 2-39 中的 x_1 和 x_4。它对应于自变量或输入信号。

(4) **输出节点**（或称阱点）。只有输入支路的节点叫输出节点或阱点，如图 2-39 中的 x_5。它对应于因变量或输出信号。

(5) **混合节点**。既有输入支路又有输出支路的节点叫混合节点，如图 2-39 中的 x_2 和 x_3。混合节点的变量名指节点输出变量名，如 $x_2 = ax_1 + cx_3$。若有两个及以上的输出支路，则每个输出变量都是一样的，如传向支路 1 和支路 c 的变量都是 x_3。

(6) **通路**。沿各条支路箭头方向形成的途径叫通路。如果通路与任意一节点相交不多于一次的则称为**开通路**。如果通路的终点就是通路的起点，并且与任何其他节点相交不多于一次的则称为**闭通路**。例如图 2-39 中 $x_1 \to x_2 \to x_3 \to x_5$ 为开通路，$x_2 \to x_3 \to x_2$ 为闭通路。

(7) **回路及回路增益**。回路就是闭通路，回路各支路传输的乘积称为回路增益。例如图 2-39 中 $x_2 \to x_3 \to x_2$ 的就是回路，其增益为 bc。

(8) **不接触回路**。如果一些回路没有任何公共的节点，则称为不接触回路。

(9) **前向通路和前向通路增益**。如果从输入节点到输出节点的通路上，经过任一节点不多于一次，则此通路称为前向通路。前向通路中各支路传输的乘积称为前向通路增益。

2. 信号流图的主要性质

(1) 支路表示了一个信号对另一个信号的函数关系。信号只能沿支路的箭头方向传送。

(2) 节点可以把所有输入支路的信号叠加，并把叠加后的信号传送到所有的输出支路。

(3) 混合节点可以通过增加一个具有单位传输（即增益为 1）的支路，把它变成输出节点（如图 2-39 中的 x_5）。但需注意，这种方法不能把混合节点改变为源点。

(4) 对于给定的系统，信号流图不是唯一的。由于同一系统的方程可以写成不同的形式，所以对于同一系统，可以画出不同的信号流图。

3. 信号流图的绘制

一般的做法是根据已绘制好的系统方框图来绘制的。具体方法如下：

(1) 把方框图中所有的分点和合点都绘成信号流图的节点；

(2) 把方框图中所有的方框绘成信号流图的支路，并在支路线上标上函数名；

(3) 两节点间若没有方框，则绘成增益为 1 的支路；

(4) 为了便于以后的简化处理，可将合点在前、分点在后的相邻节点或几个相邻的分点合并为一个混合节点。如图 2-40 所示。注意，分点在前、合点在后的相邻节点不能合并为一个混合节点，因为其输出变量是不相同的。原则上要保证任一节点的任一输出都是相同的。

由于一个系统的信号流图与其方框图是一一对应的，形式上差别不大，所以人们常常直接对方框图进行信号流图分析，并省去绘制信号流图的步骤。

4. 梅森增益公式

利用梅森增益公式，可以方便地对复杂的信号流图直接求出系统输出信号和输入信号之间的传递函数。计算输入节点和输出节点之间的传递函数的公式可表示为

$$P=\frac{1}{\Delta}\sum_{k=1}^{n}p_k\Delta_k \tag{2-95}$$

$$\Delta=1-\sum L_a+\sum L_bL_c-\sum L_dL_eL_f+\cdots \tag{2-96}$$

式中，Δ 为信号流图的特征式；n 为从输入节点到输出节点前向通路的总条数；p_k 为从输入节点到输出节点第 k 条前向通路的总增益；$\sum L_a$ 为所有不同回路的增益之和；$\sum L_bL_c$ 为每两个互不接触回路增益乘积之和；$\sum L_dL_eL_f$ 为每三个互不接触回路增益乘积之和；Δ_k 为在除去与第 k 条前向通路相接触的回路的信号流图中第 k 条前向通路的余因子，即与第 k 条前向通路不接触部分的 Δ 值。

【例 2-3】　试将图 2-38 (a) 所示两个串联水箱的方框图改画成信号流图，并用梅森公式，求 $Q(s)$ 到 $Q_2(s)$ 的传递函数 $\dfrac{Q_2(s)}{Q(s)}$。

解　根据图 2-38 (a) 可画出信号流图，如图 2-41 所示。

(1) 在图 2-41 的信号流图中，$Q(s)\rightarrow Q_2(s)$ 之间只有一条前向通路，所以 $k=1$，其总增益为

$$p_1=\frac{1}{F_1s}\times\frac{1}{R_1}\times\frac{1}{F_2s}\times\frac{1}{R_2}=\frac{1}{R_1R_2F_1F_2s^2}$$

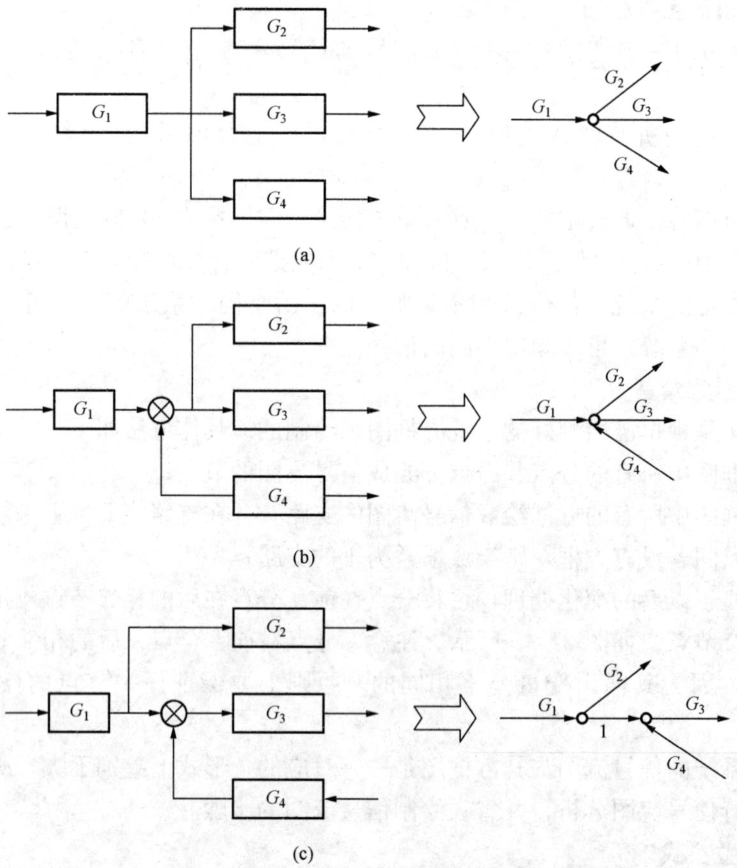

图 2-40　据方框图绘制信号流图时的转换关系

(a) 分点变节点；(b) 合点在前、分点在后的相邻点并为一个节点；

(c) 合点在后、分点在前的相邻点变为两个节点

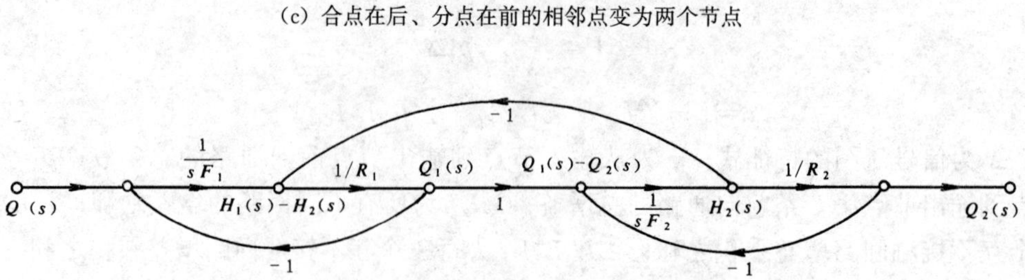

图 2-41　两个串联水箱的信号流图

(2) 从图 2-41 可以看出，有三个单独的回路，其回路增益分别为

$$L_1=-\frac{1}{R_1F_1s},\quad L_2=-\frac{1}{R_1F_2s},\quad L_3=-\frac{1}{R_2F_2s}$$

(3) 以上三个回路中，只有 L_1 和 L_3 是互不接触的，因此信号流图的特征式 Δ 为

$$\Delta=1-(L_1+L_2+L_3)+L_1L_3=1+\frac{1}{R_1F_1s}+\frac{1}{R_1F_2s}+\frac{1}{R_2F_2s}+\frac{1}{R_1R_2F_1F_2s^2}$$

(4) 因为前向通路 p_1 与三个回路都接触，都应除去，所以 p_1 的余因子 Δ_1 为 1，因此所求传递函数为

$$\frac{Q_2(s)}{Q(s)}=P=\frac{P_1\Delta_1}{\Delta}=\frac{\dfrac{1}{R_1R_2F_1F_2s^2}}{1+\dfrac{1}{R_1F_1s}+\dfrac{1}{R_1F_2s}+\dfrac{1}{R_2F_2s}+\dfrac{1}{R_1R_2F_1F_2s^2}}$$

$$=\frac{1}{R_1R_2F_1F_2s^2+(R_1F_1+R_2F_1+R_2F_2)s+1}$$

这与图 2－38 方框图简化方法求出的结果一样。

【例 2－4】　利用梅森公式求图 2－42 所示系统的信号流图的传递函数 $Y(s)/X(s)$。

解　由图 2－42 可知：

(1) 输入信号 $X(s)$ 到输出信号 $Y(s)$ 之间有三条前向通路，这三条前向通路的增益分别为

$$P_1=G_1G_2G_3G_4G_5,\ P_2=G_1G_6G_4G_5,\ P_3=G_1G_2G_7$$

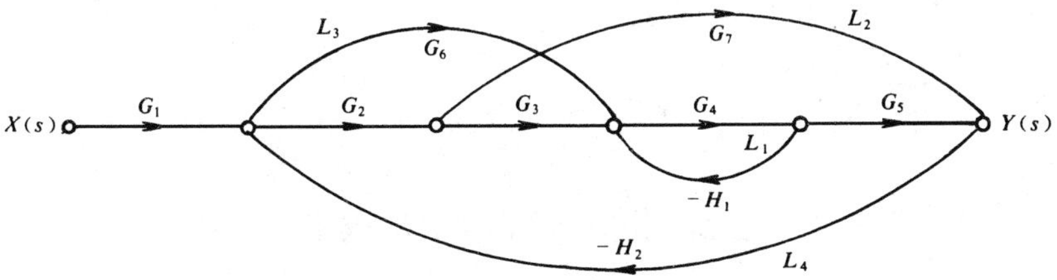

图 2－42　例 2－4 系统的信号流图

(2) 图 2－42 中有四个单独回路，其回路增益分别为

$$L_1=-G_4H_1,\quad L_2=-G_2G_7H_2$$

$$L_3=-G_6G_4G_5H_2,\quad L_4=-G_2G_3G_4G_5H_2$$

(3) 四个回路中，只有 L_1 和 L_2 是互相不接触的，所以信号流图的特征式 Δ 为

$$\Delta=1-(L_1+L_2+L_3+L_4)+L_1L_2$$

$$=1+G_4H_1+G_2G_7H_2+G_6G_4G_5H_2+G_2G_3G_4G_5H_2+G_4H_1G_2G_7H_2$$

(4) 因为前向通路 P_1 和 P_2 与四个回路都接触，所以余因子 $\Delta_1=1$，$\Delta_2=1$。前向通路 P_3 与回路 L_1 不接触，所以其余因子 $\Delta_3=1-L_1$，因此系统总的传递函数为

$$\frac{Y(s)}{X(s)}=P=\frac{1}{\Delta}(P_1\Delta_1+P_2\Delta_2+P_3\Delta_3)$$

$$=\frac{1}{\Delta}[G_1G_2G_3G_4G_5+G_1G_6G_4G_5+G_1G_2G_7(1+G_4H_1)]$$

$$=\frac{G_1G_2G_3G_4G_5+G_1G_6G_4G_5+G_1G_2G_7(1+G_4H_1)}{1+G_4H_1+G_2G_7H_2+G_6G_4G_5H_2+G_2G_3G_4G_5H_2+G_4G_2G_7H_1H_2}$$

【例 2－5】　设系统的信号流图如图 2－43 所示，试用梅森公式求系统的传递函数 $\dfrac{Y(s)}{X(s)}$。

解　由图 2－43 的信号流图可知：

(1) 系统输入信号 $X(s)$ 和输出信号之间的前向通路只有一条，其总增益为 $P_1=abcdefgh$。

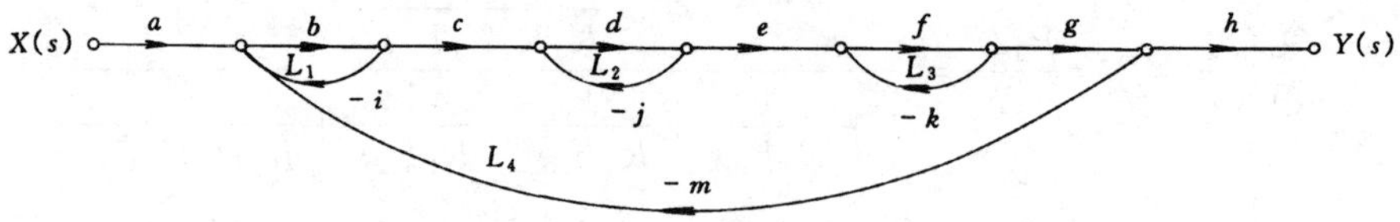

图 2-43　例 2-5 系统的信号流图

(2) 系统有四个回路，其回路增益分别为

$$L_1=-bi,\quad L_2=-dj,\quad L_3=-fk,\quad L_4=-bcdefgm$$

(3) 四个回路中，L_1、L_2 和 L_3 两两互相不接触，L_1、L_2 和 L_3 又为三个互相不接触的回路，所以图 2-43 信号流图的特征式 Δ 为

$$\Delta=1+(bi+dj+fk+bcdefgm)+(bidj+djfk+bifk)+bidjfk$$

(4) 因为前向通路 P_1 和四个回路都接触，所以其余因子 $\Delta_1=1$，因此系统信号流图的总传递函数为

$$\frac{Y(s)}{X(s)}=P=\frac{P_1\Delta_1}{\Delta}=\frac{abcdefgh}{1+bi+dj+fk+bcdefgm+bidj+djfk+bifk+bidjfk}$$

2.6　状态空间模型及求解

状态空间分析法是现代控制理论的核心。要理解这个方法，首先要理解以下几个基本概念：

(1) **状态**。系统的状态就是指系统过去、现在和将来的状况。例如，一个质点作直线运动，这个系统的状态就是它的每一时刻的位置和速度。

(2) **状态变量**。系统的状态变量是确定系统状态的最少数目的一组变量。若设 n 个状态变量记为 $x_1(t)$，$x_2(t)$，…，$x_n(t)$，则在某一时刻 $t=t_0$，$x_1(t_0)$，$x_2(t_0)$，…，$x_n(t_0)$ 都表示系统的状态，且当该系统在 $t\geqslant t_0$ 的输入和初始条件确定时，它们可以表征系统将来的行为。状态变量具有非唯一性，因为不同的状态变量也能表达同一系统行为。

(3) **状态矢量**。若以 n 个状态变量 $x_1(t)$，$x_2(t)$，…，$x_n(t)$ 为矢量 $X(t)$ 的分量，则 $X(t)$ 称为状态矢量。

(4) **状态空间**。状态矢量所有可能值的集合称为状态空间。若以一组状态变量 $x_1(t)$，$x_2(t)$，…，$x_n(t)$ 描述系统时，由 x_1 轴、x_2 轴、…，x_n 轴组成的 n 维空间称为状态空间。系统的任意一种状态都可用状态空间中的一个点表示。状态变量随时间变化的过程在状态空间中表现为一条轨迹。

(5) **状态方程和状态空间表达式**。描述系统状态变量与系统输入之间关系的一阶微分方程组（常用矩阵形式表示）称为状态方程。状态方程以及描述系统状态变量与系统输出变量之间关系的输出方程，构成了状态空间表达式。

(6) **状态空间分析**。状态空间分析指对以状态空间表达式描述的系统进行系统的性能分析，分析的内容有系统的稳定性、能控性和能观性。

(7) **状态反馈**。在反馈控制系统中，反馈信息来自若干个状态变量，则称为状态反馈，此系统称为状态反馈控制系统。

（8）**状态观测或状态估计**。由于实际系统的状态变量并非全部可以量测得到，所以可通过一个专门设计的动态系统，根据实际系统的输入和输出信息重构或估计出所需的状态变量。这一状态变量的重构或估计的过程就称为状态观测或状态估计。

如前所述，一个线性的连续时间单变量控制系统可用微分方程模型来描述，也可用传递函数模型来描述。如果要描述一个多变量控制系统，则要用微分方程组和传递函数矩阵。若用状态空间模型，则无论是单变量系统还是多变量系统，都是一种通用的形式。

一、连续系统的状态空间模型

一个线性的、时不变的、连续时间的动态系统可以用状态空间模型表达成如下的一般形式

$$\dot{\boldsymbol{x}}(t)=\boldsymbol{Ax}(t)+\boldsymbol{Bu}(t),\quad \boldsymbol{x}(t_0)=\boldsymbol{x}_0 \tag{2-97}$$

$$\boldsymbol{y}(t)=\boldsymbol{Cx}(t)+\boldsymbol{Du}(t) \tag{2-98}$$

上两式中，$\boldsymbol{x}(t)=\begin{bmatrix} x_1(t) \\ x_2(t) \\ \vdots \\ x_n(t) \end{bmatrix}$ 为状态矢量；$\boldsymbol{u}(t)=\begin{bmatrix} u_1(t) \\ u_2(t) \\ \vdots \\ u_r(t) \end{bmatrix}$ 为输入或控制矢量；$\boldsymbol{y}(t)=\begin{bmatrix} y_1(t) \\ \vdots \\ y_m(t) \end{bmatrix}$ 为输出矢量；$\boldsymbol{A}=\begin{bmatrix} a_{11} & \cdots & a_{1n} \\ \vdots & & \vdots \\ a_{n1} & \cdots & a_{nn} \end{bmatrix}$ 为（$n\times n$）系统矩阵；$\boldsymbol{B}=\begin{bmatrix} b_{11} & \cdots & b_{1r} \\ \vdots & & \vdots \\ b_{n1} & \cdots & b_{nr} \end{bmatrix}$ 为（$n\times r$）输入或控制矩阵；$\boldsymbol{C}=\begin{bmatrix} c_{11} & \cdots & c_{1n} \\ \vdots & & \vdots \\ c_{m1} & \cdots & c_{mn} \end{bmatrix}$ 为（$m\times n$）输出或观测矩阵；$\boldsymbol{D}=\begin{bmatrix} d_{11} & \cdots & d_{1r} \\ \vdots & & \vdots \\ d_{m1} & \cdots & d_{mr} \end{bmatrix}$ 为（$m\times r$）连接矩阵。

式（2-97）是以矩阵形式表达的一阶微分方程组，被称为状态方程。它表达了系统的动态特性。如果选输入矢量 $\boldsymbol{u}(t)=0$，那么就可得到齐次方程

$$\dot{\boldsymbol{x}}(t)=\boldsymbol{Ax}(t),\quad \boldsymbol{x}(t_0)=\boldsymbol{x}_0 \tag{2-99}$$

它表达了系统的固有特性。这种系统称为自治系统（无控制的系统）。由此可见，系统矩阵 $\boldsymbol{A}$ 包含了反映系统固有特性的全部信息，例如系统稳定性的全部信息。而控制矩阵 $\boldsymbol{B}$ 只能反映系统受外部激励，即控制矢量作用下的特性。

式（2-98）被称为输出方程或观测方程。它是一个矩阵形式的代数方程。通过矩阵 $\boldsymbol{C}$ 可构成状态变量静态的线性组合，从而建立输出变量与状态变量间的关系。通过矩阵 $\boldsymbol{D}$ 可以把输入量的作用直接加在输出量上，这样可以使系统具有输出变量跃变的特性。

式（2-97）和式（2-98）所示的状态方程和输出方程构成了系统的状态空间表达式。严格地说，状态空间表达式表达的是一个 n 阶线性时不变的动态系统，是一个具有 r 个输入和 m 个输出的多变量系统。之所以说它是时不变系统，是因为表达式中的矩阵 $\boldsymbol{A}$、$\boldsymbol{B}$、$\boldsymbol{C}$、$\boldsymbol{D}$ 中的元素均为常数，不随时间变化。若要表达线性时变系统，则矩阵 $\boldsymbol{A}$、$\boldsymbol{B}$、$\boldsymbol{C}$、$\boldsymbol{D}$ 中至少有一个元素是时间的函数。表达线性时变系统的一般形式可写为

$$\dot{\boldsymbol{x}}(t)=\boldsymbol{A}(t)\boldsymbol{x}(t)+\boldsymbol{B}(t)\boldsymbol{u}(t) \tag{2-100}$$

$$\boldsymbol{y}(t)=\boldsymbol{C}(t)\boldsymbol{x}(t)+\boldsymbol{D}(t)\boldsymbol{u}(t) \tag{2-101}$$

对于非线性系统也可用状态空间形式来描述。其状态空间表达式可写为

$$\dot{\boldsymbol{x}}(t)=\boldsymbol{f}_1[\boldsymbol{x}(t),\ \boldsymbol{u}(t),\ \boldsymbol{t}] \tag{2-102}$$

$$\boldsymbol{y}(t)=\boldsymbol{f}_2[\boldsymbol{x}(t),\ \boldsymbol{u}(t),\ \boldsymbol{t}] \tag{2-103}$$

式中，$\boldsymbol{f}_1$ 和 $\boldsymbol{f}_2$ 为 n 阶和 m 阶线性或非线性的矢量函数。

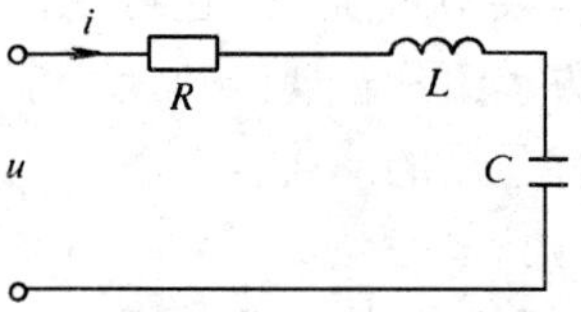

图 2-44 RLC 电路

【例 2-6】 求图 2-44 表示的 RLC 电路的状态空间表达式。

解 根据电工学定理可建立该系统的微分方程为 $L\dfrac{\mathrm{d}i}{\mathrm{d}t}+Ri+\dfrac{1}{C}\int i\,\mathrm{d}t=u$。

若设 $u(t)$ 为输入，$i(t)$ 为输出，并选 $i(t)$ 和 $\int i(t)\mathrm{d}t$ 为状态变量，即设 $x_1=i$，$x_2=\int i(t)\mathrm{d}t$，可推导得一阶微分方程组

$$\begin{cases}\dfrac{\mathrm{d}x_1}{\mathrm{d}t}=-\dfrac{R}{L}x_1-\dfrac{1}{LC}x_2+\dfrac{1}{L}u\\ \dfrac{\mathrm{d}x_2}{\mathrm{d}t}=x_1\end{cases}$$

写成状态方程，即为

$$\begin{bmatrix}\dot{x}_1\\ \dot{x}_2\end{bmatrix}=\begin{bmatrix}-\dfrac{R}{L} & -\dfrac{1}{LC}\\ 1 & 0\end{bmatrix}\begin{bmatrix}x_1\\ x_2\end{bmatrix}+\begin{bmatrix}\dfrac{1}{L}\\ 0\end{bmatrix}u$$

再设 $y=i(t)$，则相应的输出方程为

$$y=\begin{bmatrix}1 & 0\end{bmatrix}\begin{bmatrix}x_1\\ x_2\end{bmatrix}$$

若选 $\left(Li+R\int i\,\mathrm{d}t\right)$ 和 $\int i\,\mathrm{d}t$ 为状态变量，即设 $x_1=Li+R\int i\,\mathrm{d}t$，$x_2=\int i\,\mathrm{d}t$，可推导得一阶微分方程组

$$\begin{cases}\dfrac{\mathrm{d}x_1}{\mathrm{d}t}=-\dfrac{1}{C}x_2+u\\ \dfrac{\mathrm{d}x_2}{\mathrm{d}t}=\dfrac{1}{L}x_1-\dfrac{R}{L}x_2\end{cases}$$

则有状态方程

$$\begin{bmatrix}\dot{x}_1\\ \dot{x}_2\end{bmatrix}=\begin{bmatrix}0 & -\dfrac{1}{C}\\ \dfrac{1}{L} & -\dfrac{R}{L}\end{bmatrix}\begin{bmatrix}x_1\\ x_2\end{bmatrix}+\begin{bmatrix}1\\ 0\end{bmatrix}u$$

相应地有输出方程

$$y=\begin{bmatrix}\dfrac{1}{L} & -\dfrac{R}{L}\end{bmatrix}\begin{bmatrix}x_1\\ x_2\end{bmatrix}$$

从这个例子可以看出，状态变量的选择不是唯一的，但对一个具体系统而言，状态变量的个数总是相等的。

对于式（2－97）和式（2－98）所描述的系统，用图 2－45 中的方框图和图 2－46 中的信号流图描述更直观、更形象。

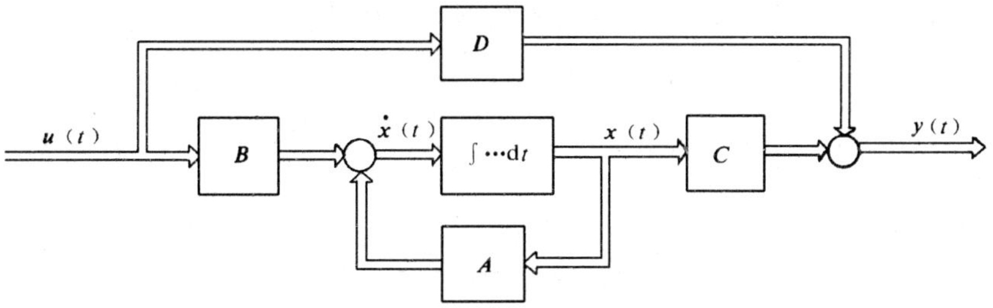

图 2－45　状态空间表达的系统方框图

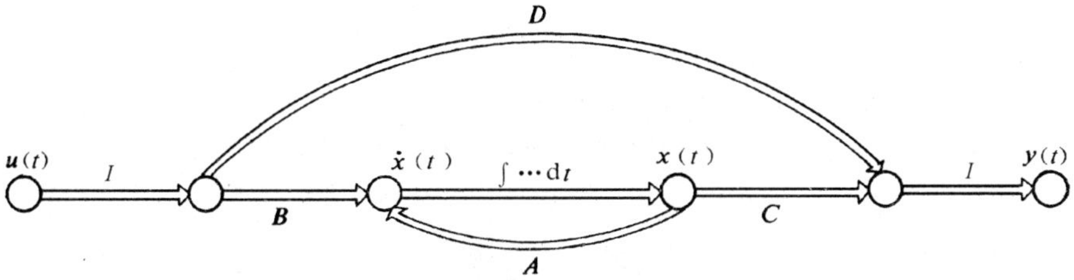

图 2－46　状态空间表达的系统信号流图

二、连续状态方程的时域解

首先考虑一个一阶系统，其状态方程是一个标量微分方程 $\dot{x}(t)=ax(t)+bu(t)$。设 $t_0=0$ 时的初始值为 $x(0)=x_0$。通过拉普拉斯变换可得

$$sX(s)-x_0=aX(s)+bU(s)$$

整理后得

$$X(s)=\frac{1}{s-a}x_0+\frac{1}{s-a}bU(s)$$

经拉普拉斯反变换可直接得到这个一阶系统的时域解为

$$x(t)=\mathrm{e}^{at}x_0+\int_0^t \mathrm{e}^{a(t-\tau)}bu(\tau)\mathrm{d}\tau$$

其次，考虑一个多阶系统，其状态方程是矩阵微分方程。应用类似于上述方法可以得到一般状态方程的时域解为

$$\boldsymbol{x}(t)=\mathrm{e}^{\boldsymbol{A}t}\boldsymbol{x}_0+\int_0^t \mathrm{e}^{\boldsymbol{A}(t-\tau)}\boldsymbol{Bu}(\tau)\mathrm{d}\tau \tag{2-104}$$

式（2－104）中，指数函数 $\mathrm{e}^{\boldsymbol{A}t}$ 已不同于标量形式的 e^{at}，它已是一个矩阵，称为矩阵指数函数。定义矩阵指数函数为

$$\mathrm{e}^{\boldsymbol{A}t}=\boldsymbol{I}+\boldsymbol{A}t+\boldsymbol{A}^2\frac{t^2}{2!}+\cdots=\sum_{k=0}^{\infty}\boldsymbol{A}^k\frac{t^k}{k!} \tag{2-105}$$

可以证明这个无穷级数对所有矩阵 $\boldsymbol{A}$ 在 $|t|<\infty$ 时绝对收敛，并像标量形式的指数函数那样满足 $\frac{\mathrm{d}}{\mathrm{d}t}\mathrm{e}^{\boldsymbol{A}t}=\boldsymbol{A}\mathrm{e}^{\boldsymbol{A}t}$。

通常式（2－104）可写成

$$\boldsymbol{x}(t)=\boldsymbol{\Phi}(t)\boldsymbol{x}_0+\int_0^t \boldsymbol{\Phi}(t-\tau)\boldsymbol{Bu}(\tau)\mathrm{d}\tau \tag{2-106}$$

其中
$$\boldsymbol{\Phi}(t)=\mathrm{e}^{\boldsymbol{A}t} \tag{2-107}$$
式（2-107）被称为状态转移矩阵或基本矩阵定义式。状态转移矩阵 $\boldsymbol{\Phi}(t)$ 在状态空间方法中起着很重要的作用。有了 $\boldsymbol{\Phi}(t)$ 后，只要知道系统初始状态 x_0 和输入矢量 $\boldsymbol{u}(t)$，就可由式（2-106）计算出系统在任何时刻 t 的状态。

【例 2-7】 已知状态方程 $\dot{\boldsymbol{x}}(t)=\begin{bmatrix}0 & 6\\-1 & -5\end{bmatrix}\boldsymbol{x}(t)+\begin{bmatrix}0\\1\end{bmatrix}\boldsymbol{u}(t)$，$\boldsymbol{x}(0)=\boldsymbol{x}_0=\begin{bmatrix}3\\1\end{bmatrix}$，并已求得其状态转移矩阵为 $\boldsymbol{\Phi}(t)=\begin{bmatrix}(3\mathrm{e}^{-2t}-2\mathrm{e}^{-3t}) & (6\mathrm{e}^{-2t}-6\mathrm{e}^{-3t})\\(-\mathrm{e}^{-2t}+\mathrm{e}^{-3t}) & (-2\mathrm{e}^{-2t}+3\mathrm{e}^{-3t})\end{bmatrix}$，试求在阶跃激励 $u(t)=1$ 和斜坡激励 $u(t)=t$ 下，$t\geqslant 0$ 的状态矢量时间响应。

解 当 $u(t)=1$ 时，由式（2-106）可求得

$$\boldsymbol{x}(t)=\begin{bmatrix}(3\mathrm{e}^{-2t}-2\mathrm{e}^{-3t}) & (6\mathrm{e}^{-2t}-6\mathrm{e}^{-3t})\\(-\mathrm{e}^{-2t}+\mathrm{e}^{-3t}) & (-2\mathrm{e}^{-2t}+3\mathrm{e}^{-3t})\end{bmatrix}\begin{bmatrix}3\\1\end{bmatrix}$$
$$+\int_0^t\begin{bmatrix}(3\mathrm{e}^{-2(t-\tau)}-2\mathrm{e}^{-3(t-\tau)}) & (6\mathrm{e}^{-2(t-\tau)}-6\mathrm{e}^{-3(t-\tau)})\\(-\mathrm{e}^{-2(t-\tau)}+\mathrm{e}^{-3(t-\tau)}) & (-2\mathrm{e}^{-2(t-\tau)}+3\mathrm{e}^{-3(t-\tau)})\end{bmatrix}\begin{bmatrix}0\\1\end{bmatrix}\mathrm{d}\tau=\begin{bmatrix}1+12\mathrm{e}^{-2t}-10\mathrm{e}^{-3t}\\5\mathrm{e}^{-3t}-4\mathrm{e}^{-2\tau}\end{bmatrix}$$

若设 $x(0)=0$，$u(t)=t$ 时，则由式（2-106）可求得系统的斜坡响应为

$$\boldsymbol{x}(t)=\int_0^t\begin{bmatrix}6\mathrm{e}^{-2(t-\tau)}-6\mathrm{e}^{-3(t-\tau)}\\-2\mathrm{e}^{-2(t-\tau)}+3\mathrm{e}^{-3(t-\tau)}\end{bmatrix}\tau\mathrm{d}\tau=\begin{bmatrix}t-\dfrac{5}{6}+\dfrac{3}{2}\mathrm{e}^{-2t}-\dfrac{2}{3}\mathrm{e}^{-3t}\\\dfrac{1}{6}-\dfrac{1}{2}\mathrm{e}^{-2t}+\dfrac{1}{3}\mathrm{e}^{-3t}\end{bmatrix}$$

以上考虑的均是系统初始时刻 $t_0=0$ 的情况。当 $t\neq 0$ 时，式（2-106）应写成

$$\boldsymbol{x}(t)=\boldsymbol{\Phi}(t-t_0)\boldsymbol{x}(t_0)+\int_{t_0}^t\boldsymbol{\Phi}(t-\tau)\boldsymbol{B}\boldsymbol{u}(\tau)\mathrm{d}\tau \tag{2-108}$$

对于时不变系统，状态转移矩阵具有如下性质：

(1) $\boldsymbol{\Phi}(0)=\mathrm{e}^{\boldsymbol{A}\times 0}=\boldsymbol{I}$（单位矩阵）；

(2) $\boldsymbol{\Phi}(t)$ 必可逆，且 $\boldsymbol{\Phi}^{-1}(t)=(\mathrm{e}^{\boldsymbol{A}t})^{-1}=\mathrm{e}^{\boldsymbol{A}(-t)}=\boldsymbol{\Phi}(-t)$；

(3) $\boldsymbol{\Phi}^k(t)=\mathrm{e}^{\boldsymbol{A}tk}=\boldsymbol{\Phi}(kt)$；

(4) $\boldsymbol{\Phi}(t_1)\boldsymbol{\Phi}(t_2)=\boldsymbol{\Phi}(t_2)\boldsymbol{\Phi}(t_1)=\mathrm{e}^{\boldsymbol{A}(t_1+t_2)}=\boldsymbol{\Phi}(t_1+t_2)$；类似地可推得 $\boldsymbol{\Phi}(t_i\text{-}t_j)=\boldsymbol{\Phi}(t_i)\boldsymbol{\Phi}(-t_j)=\boldsymbol{\Phi}(t_i)\boldsymbol{\Phi}^{-1}(t_j)$；

(5) $\boldsymbol{\Phi}(t_2-t_1)\boldsymbol{\Phi}(t_1-t_0)=\boldsymbol{\Phi}(t_2-t_0)$。

当给定的 $\boldsymbol{\Phi}(t)$ 不是解析形式时，上述性质最有用。这一点在后面的论述中可以看出。

连续状态方程的时域解式（2-106）有两项，一项称为状态方程的齐次解，如 $\boldsymbol{\Phi}(t)\boldsymbol{x}_0$，它反映系统的固有运动或自由响应；一项称为状态方程的特解，它反映系统在外部激励下的强迫响应。

三、连续状态方程的频域解

对状态方程式（2-97）和输出方程式（2-98）进行拉氏变换可得

$$s\boldsymbol{X}(s)-\boldsymbol{x}(0)=\boldsymbol{A}\boldsymbol{X}(s)+\boldsymbol{B}\boldsymbol{U}(s) \tag{2-109}$$
$$\boldsymbol{Y}(s)=\boldsymbol{C}\boldsymbol{X}(s)+\boldsymbol{D}\boldsymbol{U}(s) \tag{2-110}$$

式（2-109）可改写为

$$(s\boldsymbol{I}-\boldsymbol{A})\boldsymbol{X}(s)=\boldsymbol{x}(0)+\boldsymbol{B}\boldsymbol{U}(s) \tag{2-111}$$

或者写为

$$\boldsymbol{X}(s)=(s\boldsymbol{I}-\boldsymbol{A})^{-1}\boldsymbol{x}(0)+(s\boldsymbol{I}-\boldsymbol{A})^{-1}\boldsymbol{B}\boldsymbol{U}(s) \tag{2-112}$$

这就是状态方程的频域解。其右边第一项表示系统的自由响应，第二项表示系统的强迫响应。

将式（2-112）与式（2-106）相比较，可直接求得状态转移矩阵

$$\boldsymbol{\Phi}(t)=L^{-1}\{(s\boldsymbol{I}-\boldsymbol{A})^{-1}\} \tag{2-113}$$

或者

$$L[\boldsymbol{\Phi}(t)]=\boldsymbol{\Phi}(s)=(s\boldsymbol{I}-\boldsymbol{A})^{-1} \tag{2-114}$$

可见，矩阵 $\boldsymbol{\Phi}(s)$ 可通过对 $(s\boldsymbol{I}-\boldsymbol{A})$ 求逆而得到，即可表示为

$$\boldsymbol{\Phi}(s)=\frac{1}{|s\boldsymbol{I}-\boldsymbol{A}|}\mathrm{adj}(s\boldsymbol{I}-\boldsymbol{A}) \tag{2-115}$$

式中，$\mathrm{adj}(s\boldsymbol{I}-\boldsymbol{A})$ 为矩阵 $(s\boldsymbol{I}-\boldsymbol{A})$ 的伴随矩阵。

【例 2-8】　已知系统矩阵 $\boldsymbol{A}=\begin{bmatrix}0 & 6\\ -1 & -5\end{bmatrix}$，求其状态转移矩阵。

解　$s\boldsymbol{I}-\boldsymbol{A}=\begin{bmatrix}s & -6\\ 1 & s+5\end{bmatrix}$，其伴随矩阵为 $\mathrm{adj}(s\boldsymbol{I}-\boldsymbol{A})=\begin{bmatrix}s+5 & 6\\ -1 & s\end{bmatrix}$。由于 $|s\boldsymbol{I}-\boldsymbol{A}|=s^2+5s+6=(s+2)(s+3)$，所以 $(s\boldsymbol{I}-\boldsymbol{A})^{-1}=\dfrac{1}{(s+2)(s+3)}\begin{bmatrix}s+5 & 6\\ -1 & s\end{bmatrix}$。于是可得 $\boldsymbol{\Phi}(t)=L^{-1}\{(s\boldsymbol{I}-\boldsymbol{A})^{-1}\}=\begin{bmatrix}(3\mathrm{e}^{-2t}-2\mathrm{e}^{-3t}) & (6\mathrm{e}^{-2t}-6\mathrm{e}^{-3t})\\ (-\mathrm{e}^{-2t}+\mathrm{e}^{-3t}) & (-2\mathrm{e}^{-2t}+3\mathrm{e}^{-3t})\end{bmatrix}$。

对于多变量系统，设 $\boldsymbol{G}(s)$ 为系统传递矩阵，则有

$$\boldsymbol{Y}(s)=\boldsymbol{G}(s)\boldsymbol{U}(s) \tag{2-116}$$

其中

$$\boldsymbol{G}(s)=[G_{ij}(s)]\quad(i=1,\ 2,\ \cdots,\ m;\ j=1,\ 2,\ \cdots,\ r) \tag{2-117}$$

$\boldsymbol{G}_{ij}(s)$ 表示多变量系统中的部分传递函数。与标量情况一样，以上关系仅在零初始条件下成立。

令式（2-112）中的 $\boldsymbol{x}(0)=0$，可得

$$\boldsymbol{X}(s)=(s\boldsymbol{I}-\boldsymbol{A})^{-1}\boldsymbol{B}\boldsymbol{U}(s) \tag{2-118}$$

代入式（2-110）并整理后可得

$$\boldsymbol{Y}(s)=[\boldsymbol{C}(s\boldsymbol{I}-\boldsymbol{A})^{-1}\boldsymbol{B}+\boldsymbol{D}]\boldsymbol{U}(s) \tag{2-119}$$

与式（2-116）对比可知

$$\boldsymbol{G}(s)=\boldsymbol{C}(s\boldsymbol{I}-\boldsymbol{A})^{-1}\boldsymbol{B}+\boldsymbol{D} \tag{2-120}$$

或者

$$\boldsymbol{G}(s)=\boldsymbol{C}\boldsymbol{\Phi}(s)\boldsymbol{B}+\boldsymbol{D} \tag{2-121}$$

上两式就是常用的由状态空间模型转换为传递函数模型的变换公式。

2.7　状态空间模型的标准形

状态空间模型的标准形是以特定的状态空间基底导出的状态空间模型，又称状态空间模型的规范型。状态空间模型的标准形在状态空间分析与设计中起着很重要的作用，因为它可把系统的某些特征在状态空间模型的系数矩阵中更明显、更充分表现出来。例如，若能求得一个单输入单输出连续系统的状态空间模型标准形，则这个系统的内部结构与基本特性可以

从它的状态空间表达式中一眼看出，并可轻易画出它的结构方框图和直接列写出它的传递函数表达式。

状态空间模型的标准形可分为四种：能控标准形，能观标准形，对角标准形和约当(Jordan) 标准形。能控标准形和能观标准形又可各自再分为两种：第一规范型和第二规范型。以下阐述的是常用的第一规范型的能控标准形和能观标准形模型。关于第二规范型的能控标准形和能观标准形模型，请参见文献［38］。

下面的论述将表明：状态空间模型的能控标准形很容易由传递函数确定；能观标准形与能控标准形有对偶关系；具有对角标准形的系统是完全解耦的系统；具有约当标准形的系统一定有重极点。

一个单输入单输出的线性连续系统可以用如下的微分方程来表述，即

$$y^{(n)}+a_{n-1}y^{(n-1)}+\cdots+a_1\dot{y}+a_0y=b_0u+b_1\dot{u}+\cdots+b_nu^{(n)} \tag{2-122}$$

若假设零初始条件，则通过拉氏变换很容易把以上的微分方程用传递函数表示，即

$$G(s)=\frac{Y(s)}{U(s)}=\frac{b_0+b_1s+\cdots+b_{n-1}s^{n-1}+b_ns^n}{a_0+a_1s+\cdots+a_{n-1}s^{n-1}+s^n} \tag{2-123}$$

由此可见，传递函数和微分方程有直接对应的关系，易于相互转换。所以将传递函数模型转换为状态方程模型的问题与微分方程模型转换为状态方程模型的问题是等价的。

一、能控标准形

设一个中间变量 $V(s)$ 使传递函数表达成

$$\begin{aligned}G(s)&=\frac{Y(s)}{U(s)}=\frac{Y(s)}{V(s)}\times\frac{V(s)}{U(s)}\\&=(b_0+b_1s+\cdots+b_ns^n)\times\frac{1}{a_0+a_1s+\cdots+a_{n-1}s^{n-1}+s^n}\end{aligned} \tag{2-124}$$

则有关系式

$$\frac{Y(s)}{V(s)}=b_0+b_1s+\cdots+b_ns^n \tag{2-125}$$

$$\frac{V(s)}{U(s)}=\frac{1}{a_0+a_1s+\cdots+a_{n-1}s^{n-1}+s^n} \tag{2-126}$$

若用微分方程表达，则有

$$\begin{cases}y(t)=b_0v+b_1\dot{v}+\cdots+b_nv^{(n)}\\v^{(n-1)}(0)=\cdots=\dot{v}(0)=v(0)=0\end{cases} \tag{2-127}$$

$$\begin{cases}a_0v+a_1\dot{v}+a_2v^{(2)}+\cdots+a_{n-1}v^{(n-1)}+v^{(n)}=u(t)\\v^{(n-1)}(0)=\cdots=\dot{v}(0)=v(0)=0\end{cases} \tag{2-128}$$

若令

$$\begin{cases}x_1=v\\\dot{x}_1=x_2\\\dot{x}_2=x_3=\ddot{x}_1\\\vdots\\\dot{x}_{n-1}=x_n=x_1^{(n-1)}\end{cases} \tag{2-129}$$

则有

$$y(t)=b_0x_1+b_1x_2+\cdots+b_{n-1}x_n+b_n\dot{x}_n \tag{2-130}$$

$$a_0x_1+a_1x_2+\cdots+a_{n-1}x_n+\dot{x}_n=u(t) \tag{2-131}$$

由式（2-131）可解出 $\dot{x}_n$，再代入式（2-130）可解得

$$y(t)=(b_0-b_na_0)x_1+(b_1-b_na_1)x_2+\cdots+(b_{n-1}-b_na_{n-1})x_n+b_nu \quad (2-132)$$

至此，据式（2-129）和式（2-131）可得状态方程，据式（2-132）可得输出方程，即

$$\dot{x}=\boldsymbol{A}\boldsymbol{x}+\boldsymbol{B}u \quad (2-133)$$

$$y=\boldsymbol{C}\boldsymbol{x}+\boldsymbol{D}u \quad (2-134)$$

其中

$$\boldsymbol{A}=\begin{bmatrix}0&1&0&\cdots&0\\0&0&1&\cdots&0\\\vdots&\vdots&\vdots&&\vdots\\0&0&0&\cdots&1\\-a_0&-a_1&-a_2&\cdots&-a_{n-1}\end{bmatrix},\quad \boldsymbol{B}=\begin{bmatrix}0\\0\\\vdots\\0\\1\end{bmatrix} \quad (2-135)$$

$$\boldsymbol{C}=[(b_0-b_na_0)\quad(b_1-b_na_1)\quad\cdots\quad(b_{n-1}-b_na_{n-1})],\quad D=b_n \quad (2-136)$$

这种形式的状态空间表达式就称为能控标准形。它的一个特征是系统矩阵 **A** 的最下面一行元素恰好由系统的特征多项式系数的负值构成，从左至右按 s 幂指数升序排列。

根据式（2-130）和式（2-131）很容易画出系统的状态变量结构图如图 2-47 所示。显然这个系统的特点是各状态变量均成比例地作用于输出变量 $y(t)$，同时又成比例地反作用于直接受输入变量 $u(t)$ 影响的那个状态变量。

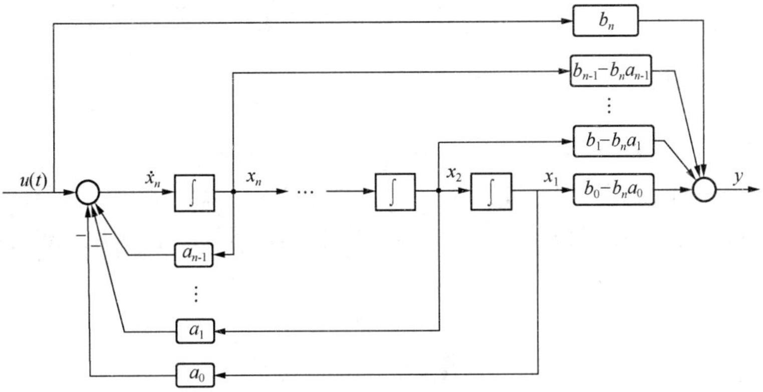

图 2-47　能控标准形系统的状态变量结构图

注意，以上关于状态空间模型的能控标准形的表述指出了将传递函数模型转换成能控标准形状态空间模型的一种简便方法。即，已知形如式（2-123）的传递函数模型，就可推得形如式（2-133）和式（2-134）的状态空间模型，其状态空间模型参数为式（2-135）和式（2-136）。反过来也可作为将能控标准形状态空间模型转换成传递函数模型的一种简便方法。

二、能观标准形

将微分方程式（2-122）积分 n 次，可得

$$y(t)=b_nu(t)+\int_0^t[b_{n-1}u(\tau)-a_{n-1}y(\tau)]\,\mathrm{d}\tau+\cdots+\int_0^t\cdots\int_0^t[b_0u(\tau)-a_0y(\tau)](\mathrm{d}\tau)^n \quad (2-137)$$

再令

$$\begin{cases}\dot{x}_1=-a_0y+b_0u\\ \dot{x}_2=x_1-a_1y+b_1u\\ \dot{x}_3=x_2-a_2y+b_2u\\ \quad\vdots\\ \dot{x}_n=x_{n-1}-a_{n-1}y+b_{n-1}u\end{cases} \tag{2-138}$$

则有

$$y=x_n+b_nu \tag{2-139}$$

将式（2-139）代入式（2-138）可得

$$\begin{cases}\dot{x}_1=-a_0x_n+(b_0-b_na_0)u\\ \dot{x}_2=-a_1x_n+x_1+(b_1-b_na_1)u\\ \quad\vdots\\ \dot{x}_n=-a_{n-1}x_n+x_{n-1}+(b_{n-1}-b_na_{n-1})u\end{cases} \tag{2-140}$$

这就是所求的状态方程。式（2-139）为输出方程。由此可知，能观标准形状态空间表达式中的各项系数阵为

$$\boldsymbol{A}=\begin{bmatrix}0&0&\cdots&0&0&-a_0\\1&0&\cdots&0&0&-a_1\\0&1&\cdots&0&0&-a_2\\\vdots&0&&\vdots&\vdots&\vdots\\0&0&\cdots&0&1&-a_{n-1}\end{bmatrix},\quad \boldsymbol{B}=\begin{bmatrix}b_0-b_na_0\\b_1-b_na_1\\\vdots\\b_{n-1}-b_na_{n-1}\end{bmatrix} \tag{2-141}$$

$$\boldsymbol{C}=[0\quad 0\quad \cdots\quad 1],\quad \boldsymbol{D}=b_n \tag{2-142}$$

将能控标准形的系数矩阵 $\boldsymbol{A}$、$\boldsymbol{B}$、$\boldsymbol{C}$［式（2-135）、式（2-136）］与能观标准形的系数矩阵 $\boldsymbol{A}$、$\boldsymbol{B}$、$\boldsymbol{C}$［式（2-141）、式（2-142）］相比，可知它们具有对偶关系：

$$\begin{cases}\boldsymbol{A}_{\text{能控}}=\boldsymbol{A}_{\text{能观}}^{\mathrm{T}}\\ \boldsymbol{B}_{\text{能控}}=\boldsymbol{C}_{\text{能观}}^{\mathrm{T}}\\ \boldsymbol{C}_{\text{能控}}=\boldsymbol{B}_{\text{能观}}^{\mathrm{T}}\end{cases} \tag{2-143}$$

$$\begin{cases}\boldsymbol{A}_{\text{能观}}=\boldsymbol{A}_{\text{能控}}^{\mathrm{T}}\\ \boldsymbol{B}_{\text{能观}}=\boldsymbol{C}_{\text{能控}}^{\mathrm{T}}\\ \boldsymbol{C}_{\text{能观}}=\boldsymbol{B}_{\text{能控}}^{\mathrm{T}}\end{cases} \tag{2-144}$$

与能控标准形的特点相对应，能观标准形的特点是它的系统 $\boldsymbol{A}$ 阵的最右面的一列的元素恰好由系统特征多项式系数的负值构成。此外，能控标准形和能观标准形的共同特点是它们与一般的传递函数表达式（分子和分母均为幂级数形式）有着直接对应的关系。可以说，一旦已知一个单变量系统的一般形式的传递函数表达式，则相对应的状态空间的能控标准形表达式或能观标准形表达式立即可写出。

根据式（2-138）和式（2-139），可画出以能观标准形表示的系统状态变量结构图如图 2-48 所示。这个系统结构的特点是输出变量 $y(t)$ 反作用于每个状态变量，而输入变量 $u(t)$ 正作用于每个状态变量，输出变量 $y(t)$ 只与一个状态变量直接相关。此外，能观形系统与能控形系统的共同特点是系统结构上都是串接形的，即有若干积分环节串接起来，一个环节的输出接另一个环节的输入，从输入变量 $u(t)$ 起一直串接至输出变量 $y(t)$ 止。

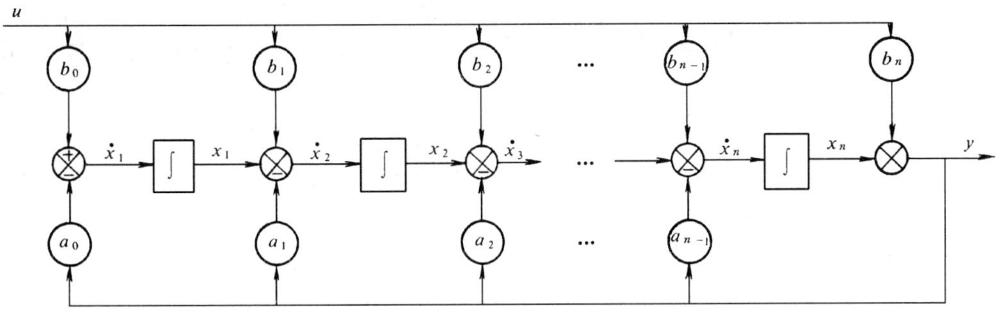

图 2-48　能观标准形系统的状态变量结构图

三、对角标准形和约当标准形

以上讨论的传递函数 $G(s)$ 有相同阶数的分子和分母，它表示最一般的情况。但是通过长除法运算总能分离出放大系数为 b_n 的比例环节。于是原来的 $G(s)$ 可看成是由一个比例环节和一个分母阶数 n 总大于分子阶数 m 的有理传递函数 $G'(s)$ 组成。在这一小节中，将只考虑 $G'(s)$ 这样的传递函数。而对于 b_n 为放大系数的比例环节另外考虑。从前面关于能控标准形和能观标准形的陈述中可以看出，无论是什么标准形，总有 $D=b_n$ 的结果。因此可以推断 b_n 只与连接矩阵 D 有关，可以分开考虑。

设有理传递函数

$$G'(s)=\frac{Z(s)}{N(s)}=\frac{b_0+b_1s+\cdots+b_ms^m}{a_0+a_1s+\cdots+s^n}\quad(m<n)\tag{2-145}$$

式中，$N(s)$ 为特征多项式，或称极点多项式；$Z(s)$ 为零点多项式。

以下将按照系统极点或者说特征多项式 $N(s)=0$ 的根的不同情况并利用 $G'(s)$ 的部分分式分解来定义状态变量，从而得出对角标准形和约当标准形。

(1) 系统只有互异实极点，这时 $G'(s)$ 能用如下的部分分式表示。

$$G'(s)=\sum_{k=1}^{n}\frac{c_k}{s-s_k}\tag{2-146}$$

输入和输出之间的关系可表达为

$$Y(s)=\sum_{k=1}^{n}\frac{c_k}{s-s_k}U(s)\tag{2-147}$$

若选状态变量 x_k，使它满足

$$X_k(s)=\frac{1}{s-s_k}U(s)\tag{2-148}$$

则有状态方程和输出方程

$$\dot{x}_k=s_kx_k+u\quad(k=1,\ 2,\ \cdots,\ n)\tag{2-149}$$

$$y=c_1x_1+c_2x_2+\cdots+c_nx_n\tag{2-150}$$

系统状态空间表达式的系数阵为

$$\boldsymbol{A}=\begin{bmatrix}s_1&0&\cdots&0\\0&s_2&\cdots&0\\\vdots&\vdots&\ddots&\vdots\\0&0&\cdots&s_n\end{bmatrix},\ \boldsymbol{B}=\begin{bmatrix}1\\1\\\vdots\\1\end{bmatrix},\ \boldsymbol{C}=[c_1\quad c_2\quad\cdots\quad c_n]\tag{2-151}$$

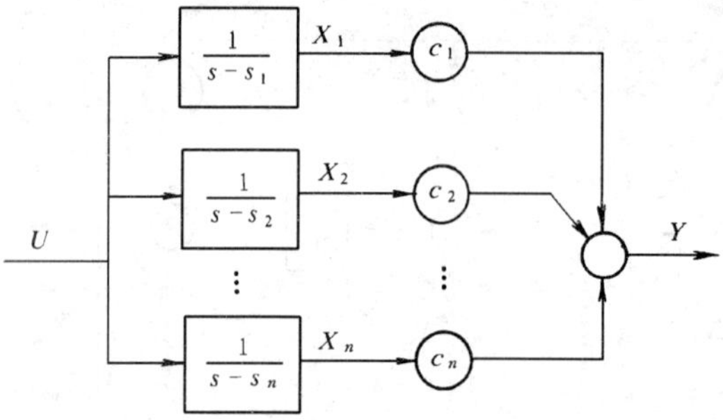

图 2-49 只有互异实极点的对角标准形系统状态变量结构图

系统状态变量结构图如图 2-49 所示。

可以看到该系统矩阵 **A** 是对角矩阵。对角标准形因此得名。对角线上 n 个元素恰为系统的极点值。该状态系统的结构是并联形的，输入变量通过 n 个惯性环节并行地作用于输出变量。

（2）系统只有多个重极点。设

$$N(s)=(s-s_1)^{r_1}(s-s_2)^{r_2}\cdots(s-s_p)^{r_p} \tag{2-152}$$

式中，r_p 为 s_p 的重根数。

因为系统的阶次为 n，则必有

$$\sum_{k=1}^{p} r_k = n \quad (p<n) \tag{2-153}$$

这时 $G'(s)$ 的部分分式为

$$G'(s)=\sum_{k=1}^{p}\left\{\frac{c_{k,1}}{s-s_k}+\frac{c_{k,2}}{(s-s_k)^2}+\cdots+\frac{c_{k,r_k}}{(s-s_k)^{r_k}}\right\} \tag{2-154}$$

显然这个和式的总项数等于 n。若以上式中每一项作为一个环节，则可按图 2-48 所示的并联形结构组成系统。问题是当某一项的分母阶数大于 1 时，这一项对应的环节就不是一阶环节，从而不满足状态变量结构的要求。若将阶数大于 1 的项所对应的环节看成一个以多个一阶环节串接构成的子系统，则可满足状态变量结构的要求。但又使系统的状态变量总数大于 n，出现冗余表达的情形。为此，对于式（2-154）中任一组求和项，如 $k=1$ 时的 $\left\{\frac{c_{k,1}}{s-s_k}+\frac{c_{k,2}}{(s-s_k)^2}+\cdots+\frac{c_{k,r_k}}{(s-s_k)^{r_k}}\right\}$，设计如图 2-50 所示的系统最小实现形式，从而得到不冗余的状态方程为

$$\begin{cases}\dot{x}_i=s_1x_i+x_{i+1} \quad (i=1,2,\cdots,r_1-1)\\ \dot{x}_{r_1}=s_1x_{r_1}+u\end{cases} \tag{2-155}$$

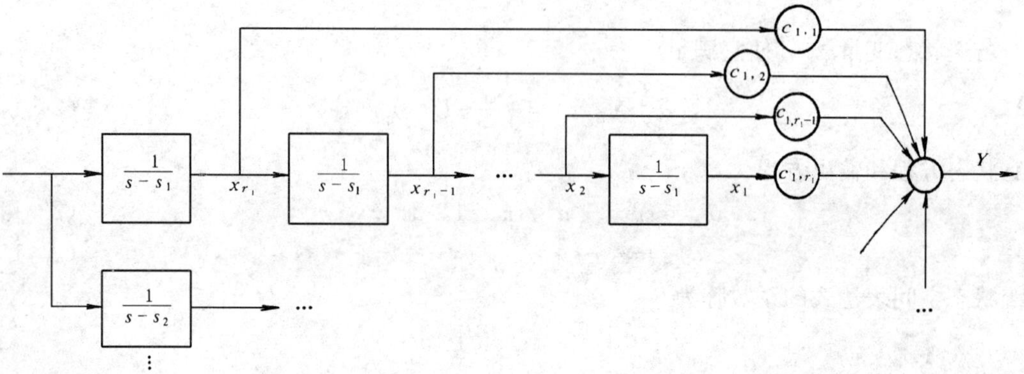

图 2-50 只具有重极点的约当标准形系统的状态变量结构图

用同样的方法处理其他组的求和项就可得到完整的状态方程：

$$\left\{\begin{array}{ll}\begin{cases}\dot{x}_i = s_1 x_i + x_{i+1} \\ \dot{x}_{r_1} = s_1 x_{r_1} + u\end{cases} & (i = 1, 2, \cdots, r_1 - 1) \\ \begin{cases}\dot{x}_{i+r_1} = s_2 x_{i+r_1} + x_{i+r_1+1} \\ \dot{x}_{r_2+r_1} = s_2 x_{r_2+r_1} + u\end{cases} & (i = 1, 2, \cdots, r_2 - 1) \\ \quad\vdots & \\ \begin{cases}\dot{x}_i = s_p x_i + x_{i+1} \\ \dot{x}_n = s_p x_n + u\end{cases} & (i = n - r_p + 1, n - r_p + 2, \cdots, n - 1)\end{array}\right. \tag{2-156}$$

输出方程为

$$y = c_{1,r_1} x_1 + c_{1,r_1-1} x_2 + \cdots + c_{1,1} x_{r_1} + c_{2,r_2} x_{r_1+1} + c_{2,r_2-1} x_{r_1+2} + \cdots \tag{2-157}$$

至此，可知只有多个重极点的系统的状态空间约当标准形表达式的系统阵可表示为

$$\boldsymbol{A} = \begin{bmatrix} s_1 & 1 & & & & & & & \\ & s_1 & 1 & & & & & 0 & \\ & & \ddots & \ddots & & & & & \\ & & & s_1 & 0 & & & & \\ & & & & s_2 & 1 & & & \\ & & & & & s_2 & 1 & & \\ & & & & & & \ddots & \ddots & \\ & 0 & & & & & & s_2 & 0 \\ & & & & & & & & \ddots \end{bmatrix}, \quad \boldsymbol{B} = \begin{bmatrix} 0 \\ 0 \\ \vdots \\ 1 \\ 0 \\ \vdots \\ 1 \\ \vdots \end{bmatrix} \tag{2-158}$$

$$\boldsymbol{C} = \begin{bmatrix} c_{1,r_1} & c_{1,r_1-1} & \cdots & c_{1,1} & c_{2,r_2} & \cdots \end{bmatrix} \tag{2-159}$$

可以看出，约当标准形表达的系统矩阵 $\boldsymbol{A}$ 已不是对角矩阵，但它的主对角线上的元素仍是极点值，每个极点值相重复的次数与极点重合数相等。除了主对角线上方的邻对角线上的元素外，其余非主对角线元素均为零，故称该 $\boldsymbol{A}$ 阵为准对角矩阵。主对角线上方的邻对角线元素非 1 即 0，其规律是若此元素的下方和左方的对角线元素为相同值时，此元素为 1，否则为 0。控制矢量 $\boldsymbol{B}$ 的元素也是非 1 即 0，其规律是对应于 $\boldsymbol{A}$ 阵主对角线上方邻对角线上的元素为零的行上的元素为 1，以及最后一行元素为 1。

(3) 系统具有共轭复极点。

当系统具有共轭复极点时，上述用于实极点的方法仍适用。不过这将导致以复数状态变量和复数矩阵 $\boldsymbol{A}$、$\boldsymbol{B}$、$\boldsymbol{C}$ 的复数状态空间表达，从而带来许多不便。因此，人们总是有意把一对共轭复数极点组合在一起，从而得到实数形式的表达。

设有一对共轭复极点 $s_{1,2} = \sigma \pm \mathrm{j}\omega$ 的子系统 $G_{12}(s)$ 用部分分式表达为

$$G_{12}(s) = \frac{c_1}{s - \sigma - \mathrm{j}\omega} + \frac{c_2}{s - \sigma + \mathrm{j}\omega} \tag{2-160}$$

其中，c_1 和 c_2 也是共轭复数，即

$$c_{1,2} = \delta \pm \mathrm{j}\varepsilon \tag{2-161}$$

为消去复数表达可将两个分式相加得到

$$G_{12}(s)=\frac{b_0+b_1 s}{a_0+a_1 s+s^2} \tag{2-162}$$

其中实系数

$$\begin{cases} a_0=\sigma^2+\omega^2 & a_1=-2\sigma \\ b_0=-2(\sigma\delta+\omega\varepsilon) & b_1=2\delta \end{cases} \tag{2-163}$$

该子系统可用能控标准形表示，即

$$\boldsymbol{A}=\begin{bmatrix} 0 & 1 \\ -a_0 & -a_1 \end{bmatrix},\quad \boldsymbol{B}=\begin{bmatrix} 0 \\ 1 \end{bmatrix},\quad \boldsymbol{C}=[b_0 \quad b_1] \tag{2-164}$$

这样，就实现了用实数矩阵表达具有共轭复极点的子系统。不过这时系统矩阵 $\boldsymbol{A}$ 的对角线上的元素已不全是系统的极点了。对于每对共轭复极点，相应出现分块矩阵如同式（2-164）所示。系统矩阵 $\boldsymbol{A}$ 在总体上形成对角形分块结构，参见下例。

【例 2-9】 已知六阶系统

$$G'(s)=\frac{c_1}{s-s_1}+\frac{\delta+\mathrm{j}\varepsilon}{s-\sigma-\mathrm{j}\omega}+\frac{\delta-\mathrm{j}\varepsilon}{s-\sigma+\mathrm{j}\omega}+\frac{c_{2,2}}{(s-s_2)^2}+\frac{c_{2,1}}{(s-s_2)}+\frac{c_3}{s-s_3}$$

试用约当标准形状态空间来表示。

解 重写 $G'(s)$ 为 $G'(s)=\frac{c_1}{s-s_1}+\frac{b_0+b_1 s}{a_0+a_1 s+s^2}+\frac{c_{2,1}}{s-s_2}+\frac{c_{2,2}}{(s-s_2)^2}+\frac{c_3}{s-s_3}$。据此式可得图 2-51，并得到以下的系数阵

$$\boldsymbol{A}=\begin{bmatrix} s_1 & 0 & 0 & 0 & 0 & 0 \\ 0 & 0 & 1 & 0 & 0 & 0 \\ 0 & -a_0 & -a_1 & 0 & 0 & 0 \\ 0 & 0 & 0 & s_2 & 1 & 0 \\ 0 & 0 & 0 & 0 & s_2 & 0 \\ 0 & 0 & 0 & 0 & 0 & s_3 \end{bmatrix},\ \boldsymbol{B}=\begin{bmatrix} 1 \\ \cdots \\ 0 \\ 1 \\ \cdots \\ 0 \\ 1 \\ \cdots \\ 1 \end{bmatrix},\ \boldsymbol{C}=[c_1 \quad b_0 \quad b_1 \quad c_{2,2} \quad c_{2,1} \quad c_3]$$

在这个例子中，系统既有单极点又有重极点还有共轭复极点，能够代表一般性系统。当系统的传递函数能以部分分式表示时，则很容易根据前述的针对只有单极点的系统、只有多重极点的系统、只有共轭复极点的系统所采用的方法，写出状态空间对角和约当标准形表达式。

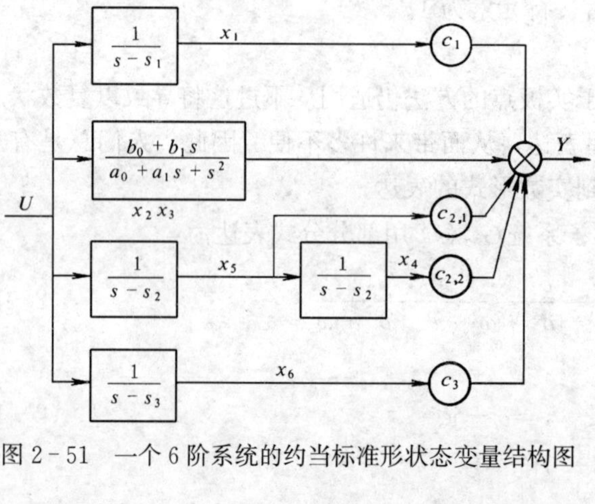

图 2-51 一个 6 阶系统的约当标准形状态变量结构图

综上所述，在单输入单输出系统的情况下，当 $G'(s)$ 只有单极点（即 $\boldsymbol{A}$ 的特征值互不相同）时，其系统矩阵 $\boldsymbol{A}$ 可化为对角形；而当 $G(s)$ 有多重极点时，系统矩阵可化为约当标准

形；在有复极点的情况下，可用复数形态表示成对角形或约当形，也可通过组合各对共轭复极点得到具有对角形分块结构的实系数矩阵 $\boldsymbol{A}$。

可以注意到上述各种标准形的 $\boldsymbol{A}$ 阵中，数值为 0 的元素远多于不为 0 的元素，而那些不为 0 的元素直接与传递函数的系数有关。这种简单的系统结构，正如后几节所述，对状态空间方法有特殊的意义。

2.8　状态空间模型的标准形变换

对于一个给定的系统，可用不同的方法来定义状态变量，从而得到不同的状态空间表达，即得到不同的系数阵 $\boldsymbol{A}$、$\boldsymbol{B}$、$\boldsymbol{C}$。在上一节的论述中，我们用特定的方法定义状态变量，从而得到几种状态空间表达的标准形。这些标准形具有两个特点：①形式特别简单，不为 0 的元素非常少并且它们以固定的结构排列；②这些不为 0 的元素和系统的固有特性直接相关（即特征值、特征多项式，也包括多变量系统的结构特性）。在这一节中，将讨论如何通过相似变换，改变给定的状态变量定义，把给定的 $\boldsymbol{A}$、$\boldsymbol{B}$、$\boldsymbol{C}$ 变成具有标准形的 $\boldsymbol{A}$、$\boldsymbol{B}$、$\boldsymbol{C}$。为简单起见，这里只给出化为对角形和约当形的变换方法。

一、相似变换

状态变量的定义表明了 n 维空间中确定的坐标系统，改变定义相当于改变坐标系统，也就对应于一个坐标变换。所以每个变换了的新状态矢量 $\boldsymbol{x}'$ 的分量是原状态矢量 $\boldsymbol{x}$ 的分量的线性组合。这个关系式可由下式表示，其中变换矩阵 $\boldsymbol{T}$ 是一个 $n\times n$ 矩阵。

$$\boldsymbol{x}'=\boldsymbol{T}^{-1}\boldsymbol{x} \quad 或 \quad \boldsymbol{x}=\boldsymbol{T}\boldsymbol{x}' \tag{2-165}$$

将这种变换 $\boldsymbol{x}=\boldsymbol{T}\boldsymbol{x}'$ 代入到原状态方程中，可得

$$\boldsymbol{T}\dot{\boldsymbol{x}}'(t)=\boldsymbol{A}\boldsymbol{T}\boldsymbol{x}'(t)+\boldsymbol{B}\boldsymbol{u}(t) \tag{2-166}$$

$$\boldsymbol{y}(t)=\boldsymbol{C}\boldsymbol{T}\boldsymbol{x}'(t)+\boldsymbol{D}\boldsymbol{u}(t) \tag{2-167}$$

变换后的系统表达式可写为

$$\dot{\boldsymbol{x}}'(t)=\boldsymbol{A}'\boldsymbol{x}'(t)+\boldsymbol{B}'\boldsymbol{u}(t) \tag{2-168}$$

$$\boldsymbol{y}(t)=\boldsymbol{C}'\boldsymbol{x}'(t)+\boldsymbol{D}'\boldsymbol{u}(t) \tag{2-169}$$

其中

$$\boldsymbol{A}'=\boldsymbol{T}^{-1}\boldsymbol{A}\boldsymbol{T},\quad \boldsymbol{B}'=\boldsymbol{T}^{-1}\boldsymbol{B},\quad \boldsymbol{C}'=\boldsymbol{C}\boldsymbol{T},\quad \boldsymbol{D}'=\boldsymbol{D} \tag{2-170}$$

两个矩阵 $\boldsymbol{A}$ 和 $\boldsymbol{A}'$ 都表示同样的系统，这样的矩阵被认为是相似的。这种变换也称为相似变换。

相似变换有两个重要性质：

（1）矩阵 $\boldsymbol{A}$ 经相似变换后，其行列式的值不变，即

$$|\boldsymbol{A}|=|\boldsymbol{T}^{-1}\boldsymbol{A}\boldsymbol{T}| \tag{2-171}$$

（2）矩阵 $\boldsymbol{A}$ 经相似变换后，其特征值不变，即其特征多项式不变

$$|s\boldsymbol{I}-\boldsymbol{A}|=|s\boldsymbol{I}-\boldsymbol{T}^{-1}\boldsymbol{A}\boldsymbol{T}| \tag{2-172}$$

由相似变换的性质可知，用 $\boldsymbol{A}$、$\boldsymbol{B}$、$\boldsymbol{C}$ 表示的原系统和用 $\boldsymbol{A}'$、$\boldsymbol{B}'$、$\boldsymbol{C}'$ 表示的系统是等价的。

二、化为对角形

对于每个矩阵 $\boldsymbol{A}$，只要其特征值 s_i 为单根，即 s_i 各不相同，则总具有对角形相似的矩

阵。设有非奇异变换矩阵

$$\boldsymbol{T}=\boldsymbol{V} \tag{2-173}$$

则可使得

$$\boldsymbol{\Lambda}=\boldsymbol{V}^{-1}\boldsymbol{A}\boldsymbol{V} \tag{2-174}$$

其中

$$\boldsymbol{\Lambda}=\begin{bmatrix} s_1 & & & 0 \\ & s_2 & & \\ & & \ddots & \\ 0 & & & s_n \end{bmatrix} \tag{2-175}$$

为确定变换阵$\boldsymbol{V}$，设

$$\boldsymbol{V}=[\boldsymbol{v}_1\boldsymbol{v}_2\cdots\boldsymbol{v}_n] \tag{2-176}$$

$\boldsymbol{v}_i$ 为列矢量。由式（2-174）可得

$$\boldsymbol{A}\boldsymbol{V}=\boldsymbol{V}\boldsymbol{\Lambda} \tag{2-177}$$

又可写成

$$\boldsymbol{A}[\boldsymbol{v}_1 \quad \boldsymbol{v}_2 \quad \cdots \quad \boldsymbol{v}_n]=[\boldsymbol{v}_1 \quad \boldsymbol{v}_2 \quad \cdots \quad \boldsymbol{v}_n]\begin{bmatrix} s_1 & & & \\ & s_2 & 0 & \\ & 0 & \ddots & \\ & & & s_n \end{bmatrix} \tag{2-178}$$

很容易将这个方程分解成n个相互独立的只包含一个列矢量的方程

$$\boldsymbol{A}\boldsymbol{v}_i=s_i\boldsymbol{v}_i \quad (i=1,\ 2,\ \cdots,\ n) \tag{2-179}$$

整理后得

$$(s_i\boldsymbol{I}-\boldsymbol{A})\boldsymbol{v}_i=0 \quad (i=1,\ 2,\ \cdots,\ n) \tag{2-180}$$

式中，矢量 $\boldsymbol{v}_i$ 被称为矩阵$\boldsymbol{A}$ 的特征矢量，此式称为特征矢量方程。因为此方程仅提供 $n-1$ 个线性无关的方程，所以此方程的解的自由度为1。如果矩阵$\boldsymbol{A}$ 的特征值都不同，则n个特征矢量 $\boldsymbol{v}_i$ 都线性无关。因为$\boldsymbol{V}$ 由 $\boldsymbol{v}_i$ 组成，所以$\boldsymbol{V}$ 就是非奇异的。由式（2-180）确定出 $\boldsymbol{v}_i$，则变换阵$\boldsymbol{V}$就确定了。

【例2-10】 已知$\boldsymbol{A}=\begin{bmatrix}-1 & 0 \\ 1 & -2\end{bmatrix}$，试化为对角形矩阵。

解 $\boldsymbol{A}$ 的特征多项式为 $|s\boldsymbol{I}-\boldsymbol{A}|=\begin{vmatrix}s+1 & 0 \\ -1 & s+2\end{vmatrix}=(s+1)(s+2)=0$。

特征值为 $s_1=-1$，$s_2=-2$。特征矢量$\boldsymbol{v}_1$ 应满足（$s_1\boldsymbol{I}-\boldsymbol{A}$）$\boldsymbol{v}_1=\begin{bmatrix}0 & 0 \\ -1 & 1\end{bmatrix}\begin{bmatrix}v_{11} \\ v_{21}\end{bmatrix}=\begin{bmatrix}0 \\ 0\end{bmatrix}$，所以有 $v_{11}=v_{21}$。若设 $v_{11}=1$，则 v_{12} 也为1，矢量 $\boldsymbol{v}_1$ 可确定为 $\boldsymbol{v}_1=\begin{bmatrix}1 \\ 1\end{bmatrix}$。

特征矢量$\boldsymbol{v}_2$ 应满足（$s_2\boldsymbol{I}-\boldsymbol{A}$）$\boldsymbol{v}_2=\begin{bmatrix}-1 & 0 \\ -1 & 0\end{bmatrix}\begin{bmatrix}v_{12} \\ v_{22}\end{bmatrix}=\begin{bmatrix}0 \\ 0\end{bmatrix}$，$v_{12}=0$。若$v_{22}$ 设为1，则可确定 $\boldsymbol{v}_2=\begin{bmatrix}0 \\ 1\end{bmatrix}$。于是得变换矩阵$\boldsymbol{V}=[v_1 \quad v_2]=\begin{bmatrix}1 & 0 \\ 1 & 1\end{bmatrix}$。可求其逆阵为$\boldsymbol{V}^{-1}=\begin{bmatrix}1 & 0 \\ -1 & 1\end{bmatrix}$。所求的对角阵为 $\boldsymbol{\Lambda}=\boldsymbol{V}^{-1}\boldsymbol{A}\boldsymbol{V}=\begin{bmatrix}1 & 0 \\ -1 & 1\end{bmatrix}\begin{bmatrix}-1 & 0 \\ 1 & -2\end{bmatrix}\begin{bmatrix}1 & 0 \\ 1 & 1\end{bmatrix}=\begin{bmatrix}-1 & 0 \\ 0 & -2\end{bmatrix}$。

三、化为约当标准形

设矩阵$\boldsymbol{A}$ 有n 重特征值，经相似变换有

$$A = V^{-1}AV = J = \begin{bmatrix} s_1 & 1 & & 0 \\ & s_1 & \ddots & \\ & 0 & \ddots & \\ & & & s_1 \end{bmatrix} \tag{2-181}$$

用类似于上面求化为对角形的变换阵的方法，引入列矢量 $\boldsymbol{v}_i$，使

$$AV = A[\boldsymbol{v}_1\boldsymbol{v}_2\cdots\boldsymbol{v}_n] = VJ = [\boldsymbol{v}_1\boldsymbol{v}_2\cdots\boldsymbol{v}_n]\begin{bmatrix} s_1 & 1 & & 0 \\ & s_1 & \ddots & \\ & 0 & \ddots & 1 \\ 0 & & & s_1 \end{bmatrix} \tag{2-182}$$

可得到

$$\begin{cases} A\boldsymbol{v}_1 = s_1\boldsymbol{v}_1 \\ A\boldsymbol{v}_2 = \boldsymbol{v}_1 + s_1\boldsymbol{v}_2 \\ \quad\vdots \\ A\boldsymbol{v}_n = \boldsymbol{v}_{n-1} + s_1\boldsymbol{v}_n \end{cases} \tag{2-183}$$

或写成

$$\begin{cases} (A - s_1 I)\boldsymbol{v}_1 = 0 \\ (A - s_1 I)\boldsymbol{v}_2 = \boldsymbol{v}_1 \\ (A - s_1 I)\boldsymbol{v}_3 = \boldsymbol{v}_2 \\ \quad\vdots \\ (A - s_1 I)\boldsymbol{v}_n = \boldsymbol{v}_{n-1} \end{cases} \tag{2-184}$$

由上述方程可以确定一个唯一的特征矢量和（$n-1$）个增广特征矢量。可以证明这个 n 个矢量是线性无关的，所以用它们构成的变换阵 V 是非奇异的。

【例 2-11】 求把系统矩阵 $A = \begin{bmatrix} -1 & 0.5 \\ -2 & -3 \end{bmatrix}$ 化为约当标准形阵的变换矩阵。

解 因为 $|sI - A| = \begin{vmatrix} s+1 & -0.5 \\ 2 & s+3 \end{vmatrix} = s^2 + 4s + 4 = (s+2)^2 = 0$，所以知 A 阵有重特征值 $s_{1,2} = -2$。据 $(A - s_1 I)\boldsymbol{v}_1 = 0$，有 $\begin{bmatrix} 1 & 0.5 \\ -2 & -1 \end{bmatrix}\begin{bmatrix} v_{11} \\ v_{21} \end{bmatrix} = 0$，所以得 $v_{21} = -2v_{11}$。若设 $\boldsymbol{v}_1 = \begin{bmatrix} 1 \\ -2 \end{bmatrix}$。据 $(A - s_1 I)v_2 = \boldsymbol{v}_1$，有 $\begin{bmatrix} 1 & 0.5 \\ -2 & -1 \end{bmatrix}\begin{bmatrix} v_{12} \\ v_{22} \end{bmatrix} = \begin{bmatrix} 1 \\ -2 \end{bmatrix}$，可得 $v_{12} + 0.5v_{22} = 1$。若设 $v_{22} = 0$，就得 $v_{12} = 1$，即 $\boldsymbol{v}_2 = \begin{bmatrix} 1 \\ 0 \end{bmatrix}$。于是所求变换阵为 $V = \begin{bmatrix} 1 & 1 \\ -2 & 0 \end{bmatrix}$。

注：在 Matlab 中，利用 ss2tf 函数可将状态空间模型转变为传递函数，如，[num，den] =ss2tf（A，B，C，D，iu），其中 iu 是输入变量数。反之，利用 tf2ss 函数可将传递函数转变为状态空间模型，如，[A，B，C，D] =tf2ss（num，den）。

2.9 实验建模方法

实验建模方法是直接对生产过程进行试验，根据试验所获得的输入、输出数据或曲线，经过处理后建立受控对象或系统的数学模型。实验建模方法也称为系统辨识方法。不同的试验信号和不同的数据处理方法，构成了各种不同的建模或辨识方法。实验建模法有很多种，从经典

的阶跃响应图解法到各种系统辨识方法（如极大似然法、最小二乘法、相关分析法、辅助变量法、随机逼近法及卡尔曼滤波器法等）都已有广泛的应用。下面将介绍经典的阶跃响应图解法。

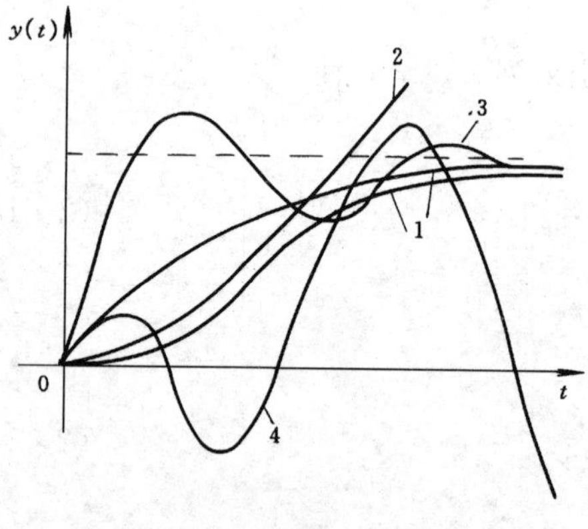

图 2-52 阶跃响应曲线

1—有自平衡型；2—无自平衡型；3—衰减振荡型；4—发散振荡型

在受控对象或系统的输入端，人为地加上一阶跃输入函数 $x(t)=x_0\times 1(t)$，然后测量并记录系统的输出阶跃响应曲线，再根据此曲线应用图解和计算相结合的方法求出系统的数学模型（传递函数形式），这就是阶跃响应图解建模法。

阶跃响应曲线的形状可归为四种类型，如图 2-52 所示。四种类型中，前三种比较常见，第四种类型比较少见。现介绍前三种类型的阶跃响应曲线的实验建模方法。

一、有自平衡型阶跃响应曲线图解建模方法

有自平衡型阶跃响应曲线的特点是，输出信号 $y(t)$ 经过一段时间后能达到一个新的平衡状态。它可分为含有迟延环节（或称迟延函数）和不含迟延函数两种情况。

1. 含有迟延函数的过程传递函数模型

设含有迟延函数的阶跃响应曲线如图 2-53 所示。图 2-53（a）为阶跃输入 $x(t)=x_0\times 1(t)$，（b）为阶跃响应曲线 $y(t)$。从图 2-53（b）可以看出，输出信号 $y(t)$ 变化的特点是在开始阶段不变化，到接近 t_1 时才以指数曲线上升，当 $t\to\infty$ 时达到平衡状态 $y(\infty)$。$0\sim t_1$ 的时间间隔为 τ。τ 即为迟延函数的迟延时间。系统的数学模型可以近似地表示为由一个一阶惯性环节和一个迟延环节串联而成，即

$$G(s)=\frac{k}{Ts+1}e^{-\tau s} \tag{2-185}$$

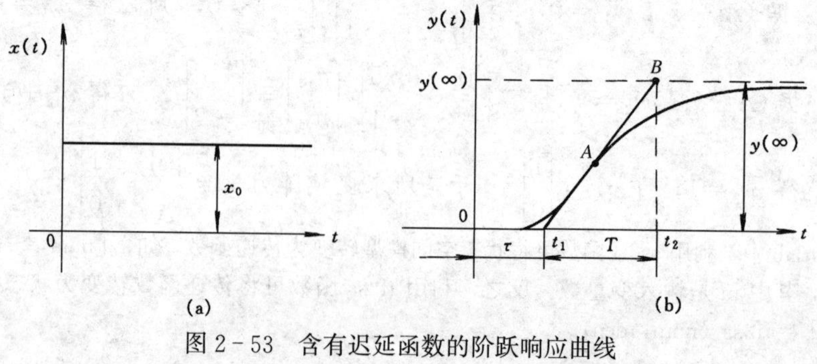

图 2-53 含有迟延函数的阶跃响应曲线

（a）阶跃输入函数；（b）阶跃响应曲线

式中，k 是为一阶惯性环节的放大系数（增益），$k=\frac{1}{\rho}$；这里 ρ 为自平衡率；T 为一阶惯性环节的时间常数；τ 为迟延环节的迟延时间。

式（2-185）的数学模型中，三个参数 $k\left(\rho=\frac{1}{k}\right)$、$T$、$\tau$ 都可以从图 2-53（b）的阶跃

响应曲线上用图解法求出。具体的求法是：

（1）在时间 $t\to\infty$ 时，从图 2-53（b）上求出 $y(t)$ 的稳态值 $y(\infty)$。将 $y(\infty)$ 除以阶跃输入的幅值 x_0，即为所求的数学模型式（2-185）中的放大系数 k，即 $k=\dfrac{y(\infty)}{x_0}$，$\rho=\dfrac{1}{k}$。

（2）在图 2-53（b）曲线的拐点处 A 作切线，与 $y(t)$ 的稳态值 $y(\infty)$（水平线）相交于 B，与时间 t 的坐标轴相交于 t_1，再从 B 点引垂直于时间轴 t 的直线与时间轴相交于 t_2，t_2 和 t_1 之差即为式（2-185）中的时间常数 T，即 $T=t_2-t_1$。

（3）图 2-53（b）中 $y(t)$ 尚未有显著变化的时间间隔 $0\sim t_1$ 即为数学模型式（2-185）中的迟延时间 τ。

2. 不含迟延函数的过程传递函数模型

对于不含迟延函数而阶数较高的自平衡型过程，阶跃响应图解法常用的方法有切线法和两点法两种。

（1）切线法。设系统或受控对象的阶跃响应曲线如图 2-53 所示，其传递函数假设可表示为

$$G(s)=\frac{k}{(1+T_0s)^n} \tag{2-186}$$

式中：k 为放大系数（增益）；T_0 为时间常数；n 为阶数。

由图 2-53 的阶跃响应曲线上可求出 $y(\infty)$、τ、和 T_c 三个数值。设阶跃输入的幅度为 x_0，即 $x(t)=x_0\times 1(t)$，则式（2-186）中的 k、T_0、n 可按下述方法求出：

1）$k=\dfrac{y(\infty)}{x_0}$；

2）求出 $\dfrac{\tau}{T_c}$ 的比值，利用表 2-4 求出与 $\dfrac{\tau}{T_c}$ 值相对应的函数 n 和 $\dfrac{\tau}{T_c}\left(或\dfrac{T_c}{T_0}\right)$ 的值，有了 $\dfrac{\tau}{T_c}$ $\left(或\dfrac{T_c}{T_0}\right)$ 的值就可以求出 T_0。

表 2-4　$G_0(s)=\dfrac{k}{(1+T_0s)^n}$ 中的 n、T_c 值与响应曲线上 τ、T_0 值的关系

n	1	2	3	4	5	6	7	8	9	10	14	25
$\frac{\tau}{T_c}$	0	0.104	0.218	0.319	0.410	0.493	0.570	0.642	0.710	0.773	1.000	1.500
$\frac{\tau}{T_0}$	0	0.282	0.805	1.430	2.100	2.810	3.560	4.310	5.080	5.860	9.120	18.500
$\frac{T_c}{T_0}$	0	2.718	3.695	4.460	5.120	5.700	6.220	6.710	7.160	7.600	9.100	12.320

根据阶跃响应曲线上求出 $\dfrac{\tau}{T_c}$ 值，对照表 2-4 求出的 n 值有可能不是一个整数。也可以把传递函数的形式略加改变，如令 $n\approx n_1$（整数部分）$+\alpha$（小数部分），即

$$G_0(s)=\frac{k}{(1+T_0s)^n}\approx\frac{k}{(1+T_0s)^{n_1}(1+\alpha T_0s)} \tag{2-187}$$

【例 2-12】 用试验方法测得锅炉主汽温在喷水量阶跃扰动情况下的响应曲线，形如图 2-53 所示。已知喷水量的阶跃幅值为 $x_0=-2$t/h。从阶跃响应曲线上量得 $y(\infty)=18$℃，$\tau=63$s，$T_c=153$s。试求此汽温对象以喷水量为输入信号、主汽温为输出信号的近似传递函数

$G_0(s)$。

解 设近似传递函数的形式为 $G_0(s)=\frac{Y(s)}{X(s)}=-\frac{k}{(1+T_0s)^n}$，传递函数中的负号表示当喷水量增加时主汽温的下降。求得 $k=\frac{y(\infty)}{x_0}=\frac{18}{2}=9\left[\frac{℃}{(t/h)}\right]$；$\frac{\tau}{T_c}=\frac{63}{153}=0.412$。

查表2-4，可得 $n\approx5$，$\frac{T_c}{T_0}=5.12$，故可得 $T_0=\frac{T_c}{5.12}=\frac{153}{5.12}\approx30(s)$，因此对象的近似传递函数为 $G_0(s)=\frac{Y(s)}{X(s)}=-\frac{9}{(1+30s)^5}$。

(2) 两点法。上面介绍的从阶跃响应曲线求近似传递函数的方法，对于有自平衡能力的受控对象，要在S形曲线上的拐点处作切线。由于拐点位置和切线方向不易作得准确，因此 τ、T_c 和 $\frac{\tau}{T_c}$ 的数值也就很难准确。为了克服这一缺点，可采用两点法，即在阶跃响应曲线上适当地选取两个点，用这两个点的数据来确定传递函数分母中的两个常数，从而写出所求的传递函数。

对于阶跃响应曲线的起始阶段有明显迟延的有自平衡能力的受控对象，其传递函数应该用 n 阶惯性环节来近似，即

$$G_0(s)=\frac{k}{(1+T_0s)^n} \tag{2-188}$$

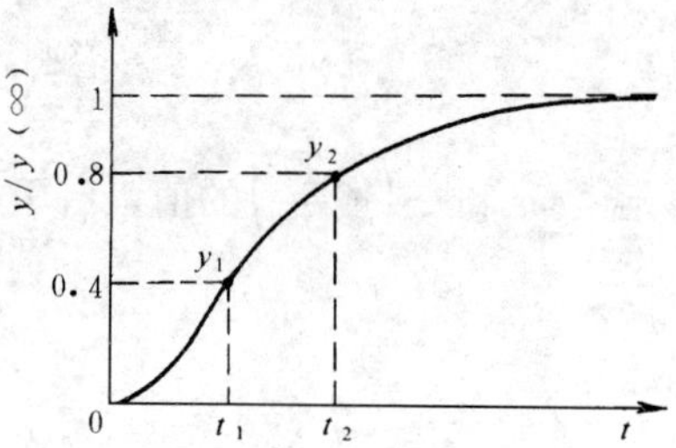

图2-54 高阶（n 阶）惯性环节的阶跃响应曲线

这类对象的阶跃响应曲线是一条较为平坦的 s 形曲线，如图2-54所示。

在图2-54的阶跃响应曲线上可获取三个数据：① $y(t)$ 的稳态值 $y(\infty)$；② $y(t)|_{t=t_1}=0.4y(\infty)$ 时的相应的时间 t_1；③ $y(t)|_{t=t_2}=0.8y(\infty)$ 时的相应的时间 t_2。

式（2-188）所示模型的参数 n 值可用先计算 t_1/t_2，然后查表2-5得出。参数 k 值可用式（2-189）计算。参数 T_0 值可用式（2-190）计算。

$$k=\frac{y(\infty)}{x_0} \tag{2-189}$$

$$T_0=\frac{t_1+t_2}{2.16n} \tag{2-190}$$

表2-5 **$t_1/t_2=f(n)$**

n	1	2	3	4	5	6	7	8	9	10	12	14
$\frac{t_1}{t_2}$	0.32	0.46	0.53	0.58	0.62	0.65	0.67	0.685	0.70	0.71	0.735	0.75

二、无自平衡型阶跃响应曲线图解建模方法

无自平衡型阶跃响应曲线的特点是，输出信号（输出响应曲线）开始时并不立即有显著的变化，而经一段时间以后才以一定的上升速度 $\varepsilon\left(\varepsilon=\frac{1}{T}\right)$ 增加，不会达到新的平衡

状态。

它也可分为含有迟延函数和不含有迟延函数两种情况。下面分别介绍它们的实验建模方法（应用切线法）。

1. 含有迟延函数的过程传递函数模型

设含有迟延函数的阶跃响应曲线如图 2-55 所示。图 2-55（a）为阶跃输入 $x(t)=x_0\times 1(t)$，（b）为阶跃响应曲线 $y(t)$。从图 2-55（b）可知，输出信号 $y(t)$ 变化的特点是在开始阶段因有迟延函数而使 $y(t)$ 不变，过了迟延时间后，便以一定的速度增加。其传递函数数学模型可以近似为由一个积分环节和一个迟延环节串联而成，即

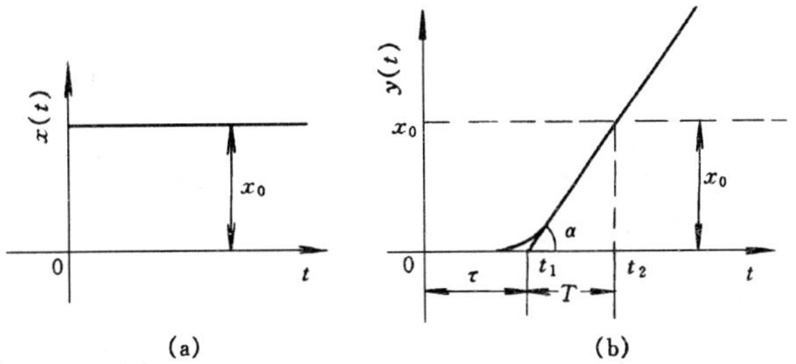

图 2-55　含有迟延函数的无自平衡型阶跃响应曲线

（a）阶跃输入曲线；（b）阶跃响应曲线

$$G(s)=\frac{\varepsilon}{s}e^{-\tau s}=\frac{1}{Ts}e^{-\tau s} \tag{2-191}$$

式中，T 为积分环节的时间常数；ε 为上升速度，$\varepsilon=\frac{1}{T}$；τ 为迟延环节的迟延时间。

式（2-191）中的两个参数 T（或 ε）和 τ 可以从图 2-55（b）的阶跃响应曲线上用图解法求得。具体求法是：

（1）作阶跃响应曲线的渐近线，渐近线与时间坐标轴的交点为 t_1，坐标原点到 t_1 的时间间隔即为迟延时间 τ。

（2）渐近线与时间坐标轴相交的倾斜角 α 的正切 $\tan\alpha$ 与阶跃输入的幅值 x_0 相除，即为上升速度 ε，$\varepsilon=\tan\alpha/x_0$。又因 $T=\frac{1}{\varepsilon}$，所以过程的时间常数 $T=\frac{x_0}{\tan\alpha}$。

（3）时间常数 T 也可由作图法求得。方法是在阶跃响应曲线 $y(t)$ 上升到阶跃输入的幅值 x_0 时，引一与时间轴相垂直的线与时间坐标轴（横轴）相交于点 t_2，如图 2-55（b）所示。交点 t_1 到 t_2 的距离即为 T，即 $T=t_2-t_1$。

2. 不含迟延函数的过程传递函数模型

设对象或系统的阶跃响应曲线如图 2-56 所示，其传递函数假设为

$$G(s)=\frac{1}{T_a s(1+T_0 s)^n} \tag{2-192}$$

式中，T_a 和 T_0 都是有关的时间常数；n 为惯性环节的阶数。它们都可由阶跃响应曲线确定。作阶跃响应曲线的渐近线并与横坐标轴交于 D 点［见图 2-56

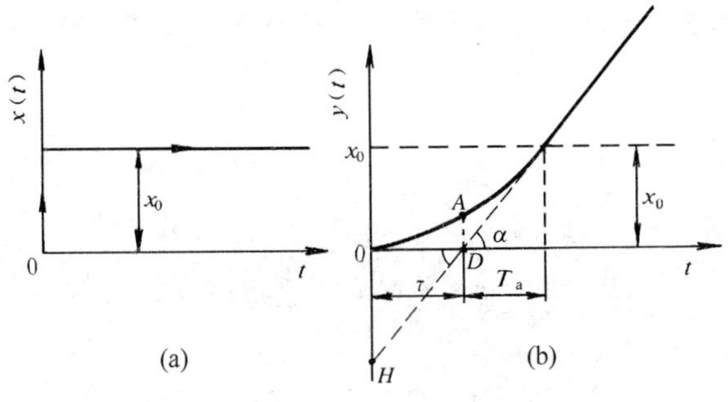

图 2-56　不含延迟函数的无自平衡能力受控对象的阶跃响应曲线

（a）阶跃输入曲线；（b）阶跃响应曲线

(b)]，与纵坐标轴交于 H 点。设阶跃响应曲线的起点为 0，则可由图 2－56（b）的阶跃响应曲线得到 T_a、T_0 和 n 的值。

（1）时间常数 T_a。由图 2－56（b）可知

$$T_a=\frac{x_0}{\tan\alpha}=\frac{x_0}{0H/0D}=\frac{0D}{0H}x_0=\frac{\tau}{0H}x_0 \tag{2-193}$$

式中，x_0 为阶跃输入信号的幅值；α 为阶跃响应曲线的渐近线和横坐标轴的交角。

（2）时间常数 T_0。可由式 $nT_0=0D=\tau$ 计算，即

$$T_0=\frac{\tau}{n} \tag{2-194}$$

（3）阶数 n。可由图 2－56 的 DA 的 $0H$ 的比值 $\frac{DA}{0H}$ 来确定 n，即利用表 2－6 可由 $\frac{DA}{0H}$ 值求出阶数 n。

表 2－6　$\frac{DA}{0H}$ 和 n 对应表

n	1	2	3	4	5	6
$\frac{DA}{0H}$	0.368	0.271	0.224	0.195	0.176	0.161

如果由 $\frac{DA}{0H}$ 的数值查到的 n 值不是整数时，可以令 $n=n_1+\alpha$，其中 n_1 为整数部分，α 为小数部分，则传递函数改变为

$$G(s)=\frac{1}{T_as(1+T_0s)^n}\approx\frac{1}{T_as(1+T_0s)^{n_1}(1+\alpha T_0s)} \tag{2-195}$$

当 $n\geqslant 6$ 时，无自平衡能力对象的传递函数可以简化为

$$G(s)=\frac{1}{T_as}e^{-\tau s} \tag{2-196}$$

式中，$\tau=0D$（见图 2－56）。

【例 2－13】 用试验方法求得在给水扰动量 $x_0=15\text{t/h}$ 时的锅炉汽包水位的阶跃响应曲线，如图 2－56 所示。从水位阶跃曲线上测得 $\tau=30\text{s}$，$0H=13.5\text{mmH}_2\text{O}$（$1\text{mmH}_2\text{O}=9.8\text{Pa}$，本题计算使用 mmH_2O）。$AD=4.32\text{mmH}_2\text{O}$，试求汽包水位对于给水量扰动的近似传递函数。

解 先设所求的近似传递函数的形式为

$$G(s)=\frac{1}{T_as(1+T_0s)^n}$$

$$T_a=\frac{0D}{0H}\times x_0=\frac{30}{13.5}\times 15=33.3\left(\frac{\text{s}\times\text{t/h}}{\text{mmH}_2\text{O}}\right)$$

$$nT_0=30(\text{s})$$

$$\frac{DA}{0H}=\frac{4.32}{13.5}=0.32$$

查表 2－6 可得 $1<n<2$，选 $n=1.4$，则 $T_0=\frac{30}{n}=\frac{30}{1.4}=21.4(\text{s})$。所求近似传递函数为

$$G(s)=\frac{1}{33.3s(1+21.4s)^{1.4}}$$

或

$$G(s)=\frac{1}{33.3s(1+21.4s)(1+0.4\times 21.4s)}=\frac{1}{33.3s(1+21.4s)(1+8.6s)}$$

3. 衰减振荡型阶跃响应曲线图解建模方法

设实验得出的阶跃响应曲线为图 2-57 所示的带有迟延函数的衰减振荡曲线，其传递函数可近似地认为由一个迟延环节和一个二阶振荡环节串联而成，即

$$G(s)=\frac{k}{T^2s^2+2\zeta Ts+1}e^{-\tau s} \tag{2-197}$$

式中，k 为放大系数；T 为时间常数；$\omega_n=\frac{1}{T}$ 为系统的无阻尼自然振荡频率；ζ 为阻尼系数，且 $0<\zeta<1$；τ 为迟延时间。

式（2-197）中有四个参数 k、T、ζ 和 τ 需要确定。由图 2-57 曲线可求得 $y(\infty)$、σ_p、t_r、t_p 和 τ 五个参数值。其中 $y(\infty)$ 和 τ 的含义同前。σ_p、t_r 和 t_p 的含义是（第 3 章中将会有较详细的介绍）：σ_p 为最大超调量，指响应曲线偏离稳态值 $y(\infty)$ 的最大偏差值；t_r 为上升时间，指 $y(\infty)$ 响应曲线从零上升到第一次到达稳态值所需的时间；t_p 为峰值时间，指响应曲线达到最大超调量 σ_p 时所需要的时间。由上述五个参数便可求出数学模型式（2-197）的四个参数 k、T、ζ 和 τ。其方法和步骤如下：

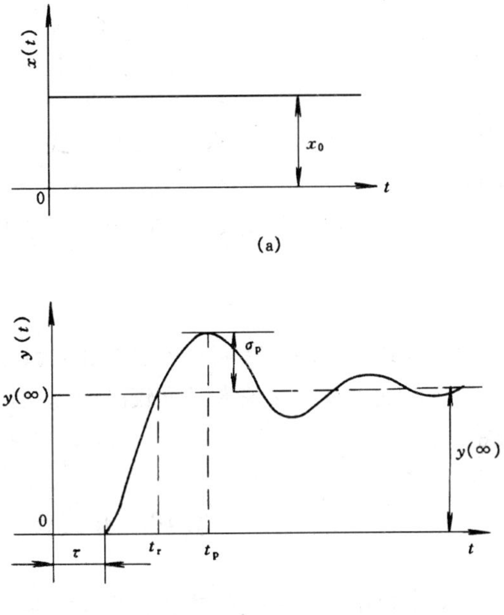

图 2-57　具有迟延函数二阶振荡环节的阶跃响应曲线

(a) 阶跃输入函数；(b) 阶跃响应曲线

（1）由 $k=\frac{y(\infty)}{x_0}$ 计算 k，其中 $y(\infty)$ 如上所述，x_0 为阶跃输入的幅值。

（2）因最大超调量 σ_p 与阻尼系数 ζ 有如下关系（详细推导见第 3 章）：

$$\sigma_p=e^{-\frac{\pi\zeta}{\sqrt{1-\zeta^2}}} \tag{2-198}$$

令

$$m=\frac{\pi\zeta}{\sqrt{1-\zeta^2}} \tag{2-199}$$

将 m 代入式（2-198）可得

$$m=-\ln\sigma_p \tag{2-200}$$

（3）由式（2-199）可计算出阻尼系数 ζ，即

$$\zeta=\frac{m}{\sqrt{\pi^2+m^2}} \tag{2-201}$$

（4）图 2-57 中的上升时间 t_r、峰值时间 t_p 与数学模型式（2-197）中的参数 ζ 和 ω_n $\left(\omega_n=\frac{1}{T}\right)$ 有如下关系（推导见第 3 章）：

$$t_r=\frac{\pi-\arctan\frac{\sqrt{1-\zeta^2}}{\zeta}}{\omega_n\sqrt{1-\zeta^2}} \tag{2-202}$$

$$t_p=\frac{\pi}{\omega_n\sqrt{1-\zeta^2}} \tag{2-203}$$

对式（2-202）和式（2-203）联立求解，可得

$$\omega_n=\frac{\arctan\frac{\sqrt{1-\zeta^2}}{\zeta}}{(t_p-t_r)\sqrt{1-\zeta^2}} \quad 或 \quad T=\frac{(t_p-t_r)\sqrt{1-\zeta^2}}{\arctan\frac{\sqrt{1-\zeta^2}}{\zeta}} \tag{2-204}$$

式中，t_p 和 t_r 由图 2-57 求得，ζ 可由式（2-200）和式（2-201）求得。因此就可以求出时间常数 T。

（5）迟延时间 τ 可由图 2-57 求得，也可根据下式求得，即

$$\tau=t_p-\frac{\pi T}{\sqrt{1-\zeta^2}} \tag{2-205}$$

以上介绍的应用阶跃响应图解法建立数学模型的方法有着方法简单、计算容易和对于一阶、二阶的简单线性对象准确度较高的优点，但是也有对于高阶系统和非线性系统误差较大的缺点。

2.10 非线性系统的线性化方法

真实世界中，非线性环节和非线性特性无处不在。因此，几乎所有实际的控制系统都应该用非线性数学模型来描述，其静态特性可用非线性函数表达，其动态特性可用非线性微分方程表达。遗憾的是，迄今为止还未建立起一种普适的、通用的非线性控制系统理论，可以在非线性数学模型基础上有效地分析和求解问题。因此，对于含有非线性特性的系统，更常见的分析方法是将它简化为线性系统来处理。该做法就是非线性系统的线性化方法。从某种角度看，自动控制理论主要是线性控制系统理论，它可用于实际的非线性系统的前提和关键在于实际非线性系统经线性化处理后变成了线性系统。当然，线性化系统与真实系统之间肯定有误差存在。只要对线性化系统的处理结果与实际结果差异不大，就可忽略线性化误差带来的影响。

所谓线性系统可定义为具有叠加性特质的系统，而没有叠加性特质的系统就定义为非线性系统。若某系统输出和系统输入的关系可如式（2-206）表示，则当系统输入是两个变量之和时，系统输出相当于两个输入分别作用系统时的两个输出之和，见式（2-207），那么可认定该系统具有叠加性。而具有叠加性的系统必有齐次性。具有齐次性的系统将表现为：当系统输入增大 K 倍时，系统输出也增大 K 倍，如式（2-208）所示。

$$y(t)=f[x(t)] \tag{2-206}$$

$$y(t)=f[x_1(t)+x_2(t)]=f[x_1(t)]+f[x_2(t)] \tag{2-207}$$

$$y(t)=f[Kx(t)]=Kf[x(t)] \tag{2-208}$$

例如，具有 $y(t)=ax(t)$ 关系的系统是线性系统，因为该系统的叠加性和齐次性都成立；而具有 $y(t)=x^2(t)$ 关系的系统不是线性系统，因为其叠加性和齐次性都不成立 $[y=(Kx)^2=K^2x^2\neq Kx^2]$。又如，用线性方程 $y(t)=ax(t)+b$ 表示的系统却不是线性系统，因为 $y=a(Kx)+b\neq K(ax+b)$，齐次性不成立。还有，形如式（2－209）的线性微分方程表示的动态系统是线性系统，而形如式（2－210）的非线性微分方程表示的动态系统（注意超越函数 $\sqrt{y(t)}$ 的存在）不是线性系统。

$$a\frac{\mathrm{d}^2y(t)}{\mathrm{d}t^2}+b\frac{\mathrm{d}y(t)}{\mathrm{d}t}+y(t)=c\frac{\mathrm{d}x(t)}{\mathrm{d}t}+x(t) \tag{2-209}$$

$$a\frac{\mathrm{d}^2y(t)}{\mathrm{d}t^2}+b\frac{\mathrm{d}y(t)}{\mathrm{d}t}+\sqrt{y(t)}=c\frac{\mathrm{d}x(t)}{\mathrm{d}t}+x(t) \tag{2-210}$$

系统输出量和输入量之间的关系函数可分为两类：光滑函数（导数连续函数）和非光滑函数（导数不连续函数）。对于光滑函数类的非线性系统可用一种通用的数学方法转化为线性系统，这种方法被称为微偏线性化方法，或被称为小信号法、小偏差法、增量法、平衡点邻域泰勒级数展开法。对于非光滑函数类的非线性系统，一般被认为是本质非线性系统，不可用微偏线性化方法来简化。

微偏线性化方法可简述如下：

设一个单变量非线性系统可用数学模型式（2－211）表示，并可达某稳态平衡工作点 (x_0, y_0)，则围绕 (x_0, y_0) 的邻域可展开泰勒级数如式（2－212）所示。若略去式（2－212）中的高阶项，则系统输出函数可简化如式（2－213）所示，这就是微偏线性化方程。

$$y=f(x) \tag{2-211}$$

$$y=f(x)=f(x_0)+\frac{\mathrm{d}f}{\mathrm{d}x}\bigg|_{x=x_0}\frac{x-x_0}{1!}+\frac{\mathrm{d}^2f}{\mathrm{d}x^2}\bigg|_{x=x_0}\frac{(x-x_0)^2}{2!}+\cdots \tag{2-212}$$

$$y=f(x)\approx f(x_0)+\frac{\mathrm{d}f}{\mathrm{d}x}\Big|_{x=x_0}(x-x_0) \tag{2-213}$$

若定义增量 Δx 和 Δy 分别如式（2－214）和式（2－215）所示，并定义 y 对 x 在工作点 x_0 处的导数值如式（2－216）所示，则原本的表达非线性系统的数学模型可转化为如式（2－217）所示的线性系统数学模型。显然，它的有效应用条件是在工作点 (x_0, y_0) 的邻域内；如果偏离工作点甚远，则对略去式（2－212）中的高阶项带来的转化误差不可忽视。

$$\Delta x=x-x_0 \tag{2-214}$$

$$\Delta y=y-y_0=f(x)-f(x_0) \tag{2-215}$$

$$K=\frac{\mathrm{d}f}{\mathrm{d}x}\Big|_{x=x_0} \tag{2-216}$$

$$\Delta y\approx K\Delta x \tag{2-217}$$

【例 2－14】　已知某个非线性弹簧的弹力 F 与工件位移 y 的关系为 $F=y^2$，试用微偏线性化方法求其在工作点 y_0 处的线性系统模型。

解

$$K=\frac{\mathrm{d}F}{\mathrm{d}y}\Big|_{y=y_0}=2y_0$$

$$\Delta F = K\Delta y = 2y_0\Delta y$$

【例 2-15】 已知单容液位系统的数学模型为非线性微分方程 $A\ \frac{\mathrm{d}H}{\mathrm{d}t} + \alpha_1\sqrt{H} = Q_i$，试用微偏线性化方法求其线性微分方程。

解 设非线性函数为 $y = \alpha_1\sqrt{H}$，在工作点 H_0 有

$$K = \frac{\mathrm{d}y}{\mathrm{d}H}\Big|_{H=H_0} = \frac{\alpha_1}{2\sqrt{H}}\Big|_{H=H_0} = \frac{\alpha_1}{2\sqrt{H_0}}$$

$$\Delta y = K\Delta H$$

因此，可得线性微分方程为

$$A\ \frac{\mathrm{d}\Delta H}{\mathrm{d}t} + K\Delta H = \Delta Q_i$$

应用案例 2：电站锅炉过热汽温过程模型

电站锅炉汽温过程可分为两类：过热汽温过程和再热汽温过程。电站锅炉汽温过程在电站锅炉各种被控过程中尤为关键和重要，因为它与电站运行的安全性和经济性密切相关。当汽温过高时，将使锅炉管道金属材料强度降低和寿命缩短，从而增大超温爆管事故发生概率；还将使汽轮机设备部件强度降低，从而可能引发汽轮机故障。当汽温过低时，将使发电机组的效率降低而煤耗增加。根据有关理论估算，过热汽温每降低 10℃，机组煤耗将增加 0.2%。此外，汽温过低还可能带来汽轮机末级叶片侵蚀和转子轴向推力增大的安全性问题。当汽温波动较大时，将使设备部件因疲劳而受损，也易引发汽轮机共振等安全问题。

电站锅炉过热汽温的物理动态过程发生在锅炉的主要组成设备—蒸汽过热器中。以 300MW 亚临界压力中间再热发电机组的过热器系统为例[54]，如图 2-58 所示，典型的过热器系统由多段过热器和多个喷水减温器组成（还有多个联箱未计及）。图 2-58 所示的过热器系统的工质流程为，蒸汽工质从汽包 1 开始，至汽轮机 13 结束，途经前级顶棚过热器 2、侧墙后墙包覆过热器 3、低温对流过热器 4、后级顶棚过热器 5、前屏过热器 6、Ⅰ级喷水减温器 7 以及减温水调节阀 8、后屏过热器 9、Ⅱ级喷水减温器 10 以及减温水调节阀 11、高温对流过热器 12。

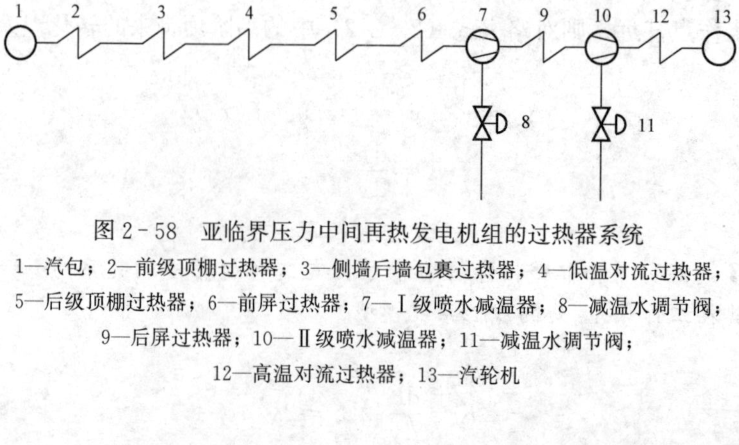

图 2-58　亚临界压力中间再热发电机组的过热器系统

1—汽包；2—前级顶棚过热器；3—侧墙后墙包裹过热器；4—低温对流过热器；
5—后级顶棚过热器；6—前屏过热器；7—Ⅰ级喷水减温器；8—减温水调节阀；
9—后屏过热器；10—Ⅱ级喷水减温器；11—减温水调节阀；
12—高温对流过热器；13—汽轮机

由于各种过热器位于锅炉炉膛或烟道内的不同位置，因此它们的换热方式各不相同。靠近炉膛的过热器以辐射换热为主，被归为辐射式过热器一类。在烟道内的过热器以对流换热为主，被归为对流式过热器一类。而在炉膛出口或烟道进口的过热器就是半辐射过热器。然而无论何种过热器都属于单相流换热模式，较容易用机理法建立相应的动态模型；所建立的各种过热器模型上的差异，主要体现在换热系数不同。但是对于喷水减温器，属于双相流换热模式，用机理法建立相应的动态模型较为困难。

各级过热汽温喷水减温控制系统仅涉及喷水减温器、减温水调节阀和过热器三个过程设备，以及温度传感器（TT1，TT2）、调节器（TC1，TC2）和执行器（ZZ）五个控制设备，如图 2－59 所示。对于喷水减温器、减温水调节阀和过热器三个过程设备表现出的过程动态特性可模型化为两个传递函数：导前区传递函数 $G_2(s)$ 和惰性区传递函数 $G_1(s)$；汽温过程的总传递函数 $G_0(s)$ 为前两者的串联（参见图 2－60）。实际工程中，$G_1(s)$ 无法用阶跃响应实验建模测得，通常先求得 $G_2(s)$ 和 $G_0(s)$ 再推导出 $G_1(s)$。具体方法是通过一次减温水单位阶跃扰动试验测取两组阶跃响应数据，在系统达到某一动态平衡工作点 $\{W_0=W[t(0)],\ \theta_{10}=\theta_1[t(0)],\ \theta_{20}=[t(0)]\}$ 后进行：$\{t(i),\ \Delta\theta_1[t(i)],\ i=1,\ 2,\ \cdots\}$ 和 $\{t(i),\ \Delta\theta_2[t(i)],\ i=1,\ 2,\ \cdots\}$ $\{\Delta\theta_1[t(i)]=\theta_1[t(i)]-\theta_{10},\ \Delta\theta_2[t(i)]=\theta_2[t(i)]-\theta_{20}\}$；然后绘制两个阶跃响应曲线；再用 2.9 节所述的阶跃响应图解建模法求得如式（2－218）和式（2－219）所示的导前区传递函数 $G_2(s)$ 和总传递函数 $G_0(s)$。接着可利用式（2－220）推算出惰性区传递函数 $G_1(s)$［式（2－221）］的参数。

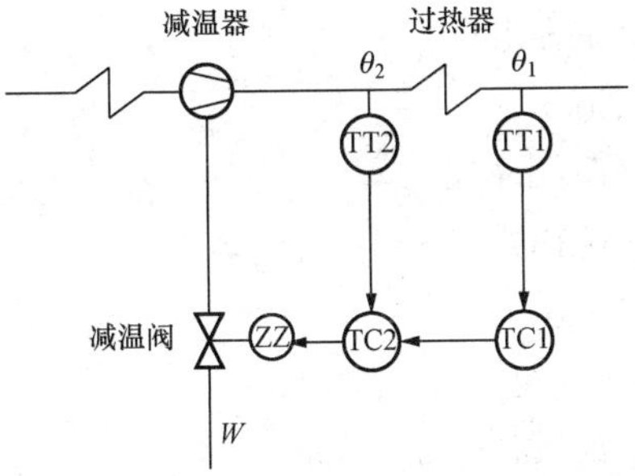

图 2－59　过热汽温喷水减温控制系统

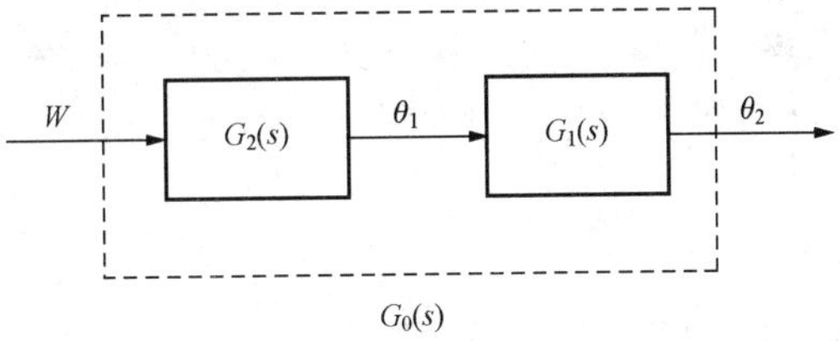

图 2－60　过热汽温喷水减温过程模型

$$G_2(s)=\frac{\Delta\theta_2(s)}{\Delta W(s)}=-\frac{K_2}{(1+T_2s)^{n_2}} \tag{2-218}$$

$$G_0(s)=\frac{\Delta\theta_1(s)}{\Delta W(s)}=-\frac{K_0}{(1+T_0s)^{n_0}} \tag{2-219}$$

$$\begin{cases} K_1=\dfrac{K_0}{K_2} \\ n_1=n_0-n_2 \\ T_1=\sqrt[n_1]{\dfrac{T_0{}^{n_0}}{T_2{}^{n_2}}} \end{cases} \tag{2-220}$$

$$G_1(s)=\frac{\Delta\theta_1(s)}{\Delta\theta_2(s)}=\frac{K_{1'}}{(1+T_1s)^{n_1}} \tag{2-221}$$

例如，据文献［3］，若已求得

$$G_2(s)=-\frac{K_2}{(1+T_2s)^{n_2}}=-\frac{8}{(1+15s)^2}$$

$$G_0(s)=-\frac{K_0}{(1+T_0s)^{n_0}}=-\frac{9}{(1+18.4s)^5}$$

则可据式（2-220）推算出惰性区传递函数 $G_1(s)$：

$$\begin{cases}K_1=\frac{K_0}{K_2}=\frac{9}{8}=1.125\\ n_1=n_0-n_2=5-2=3\\ T_1=\sqrt[n_1]{\frac{{T_0}^{n_0}}{{T_2}^{n_2}}}=\sqrt[3]{\frac{(18.4)^5}{(15)^2}}=21.0847\end{cases}$$

$$G_1(s)=\frac{\Delta\theta_1(s)}{\Delta\theta_2(s)}=\frac{K_{1'}}{(1+T_1s)^{n_1}}=\frac{1.125}{(1+21.0847s)^3}$$

重要术语 2

数学模型（mathematical model）
微分方程（differential equation）
差分方程（difference equation）
状态方程（state equation）
传递函数（transfer function）
阶跃响应（step response）
零点（zero）
极点（pole）
特征根（characteristic root）
典型环节（typical element）
比例环节（proportional element）
微分环节（derivative element）
积分环节（integral element）
实际微分环节（practical derivative element）
惯性环节（inertia element）
振荡环节（oscillation element）
迟延环节（delay element）
PID 控制器（PID controller）
相似变换（similarity transformation）
方框图（block diagram）
信号流图（signal-flow graphs）
合点（summing junction）
分点（pick-off point）
串联（series）
并联（parallel）
回路（loop）
支路（branch）
通道（path）
节点（node）
前向通道（forward path）
反馈通道（feedback path）
不接触回路（nontouching loop）
增益（gain）
特征方程（characteristic equation）
梅森公式（Mason rule）
状态变量（state variable）
状态空间模型（state model）
状态方程（state equation）
输出方程（output equation）
状态变量反馈（state variable feedback）
状态转移矩阵（state transition matrix）
状态方程标准形（state equation canonical form）
能控标准形（controllable canonical form）

能观标准形（observable canonical form）
对角标准形（diagonal canonical form）
约当标准形（Jordan canonical form）
机理建模（mechanism modeling）
实验建模（experimental modeling）
有自平衡过程（self - regulation process）
无自平衡过程（non - self - regulation process）
线性化（linearization）

习题 2

2-1　设 $t<0$ 时，$x(t)=0$，试求下列函数的拉氏变换：

(1) $x(t)=0.05(1-\cos 2t)$；(2) $x(t)=\sin\left(0.5t+\dfrac{\pi}{3}\right)$；(3) $x(t)=\mathrm{e}^{-0.4t}\cos 12t$。

2-2　试求下列的函数拉氏反变换：

(1) $X(s)=\dfrac{s}{(s+1)(s+2)}$；(2) $X(s)=\dfrac{3s^2+2s+8}{s(s+2)(s^2+2s+4)}$；

(3) $X(s)=\dfrac{s+2}{s(s+1)^2(s+3)}$。

2-3　试用拉氏变换求解下列微分方程（设为零初始条件）：(1) $T\dot{x}(t)+x(t)=r(t)$，$r(t)$ 分别为 $\delta(t)$、$1(t)$ 和 $t\times 1(t)$；(2) $\ddot{x}(t)+\dot{x}(t)+x(t)=\delta(t)$；(3) $\ddot{x}(t)+2\dot{x}(t)+x(t)=1(t)$。

2-4　试求图 2-61 中各电路的传递函数 $\dfrac{E_y(s)}{E_x(s)}$，并说明其是什么环节（环节类型）。

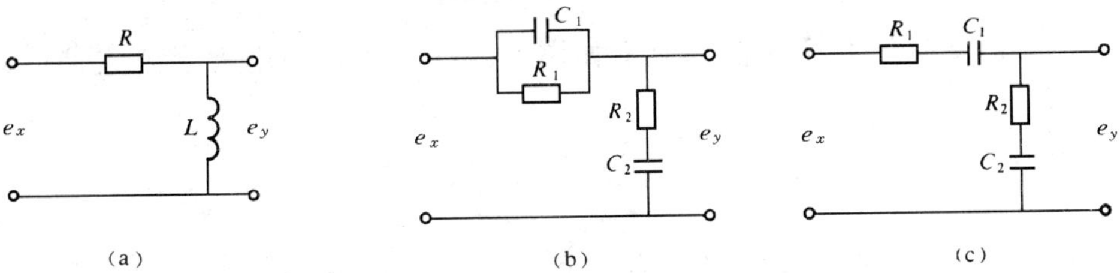

图 2-61　题 2-4 图

2-5　设控制系统的方框图如图 2-62 所示，试用框图简化的方法求系统的传递函数 $\dfrac{Y(s)}{X(s)}$。

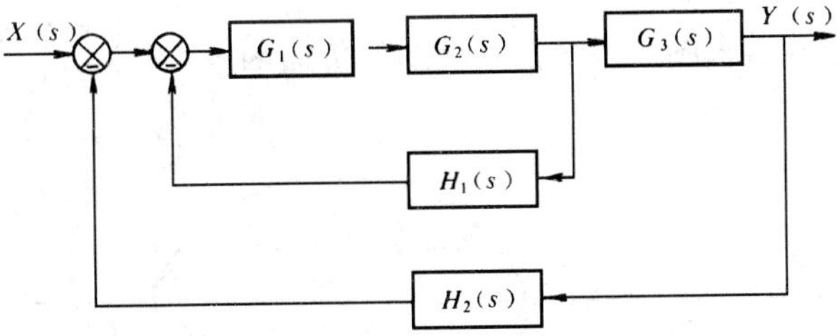

图 2-62　题 2-5 图

2-6 试用框图简化的方法求图 2-63 所示控制系统的传递函数 $\frac{Y(s)}{X(s)}$。

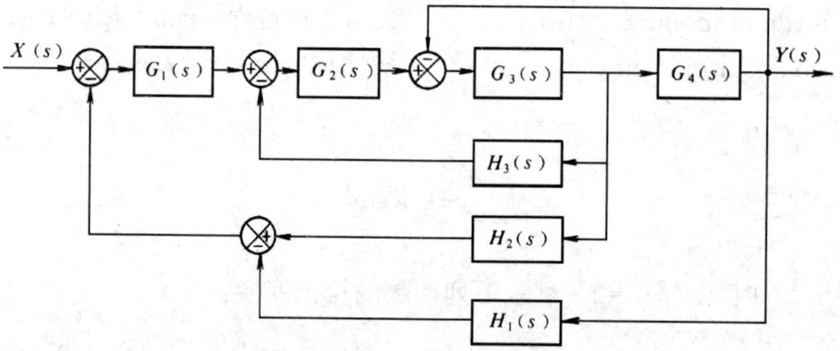

图 2-63 题 2-6 图

2-7 试求图 2-64 所示系统的输出拉氏变换 $Y(s)$。

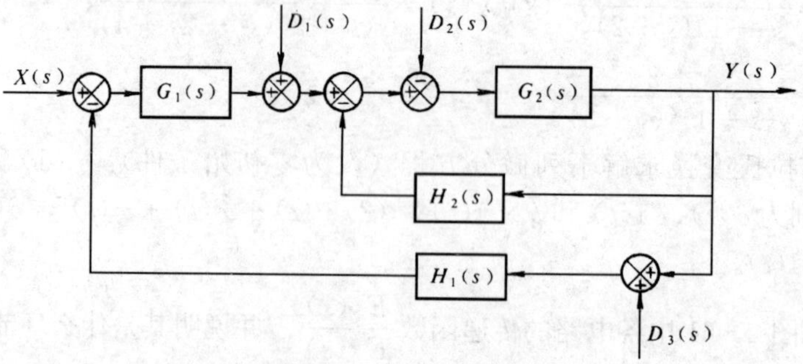

图 2-64 题 2-7 图

2-8 已知反馈放大器的信号流图如图 2-65 所示，试用梅森公式求传递函数 $G_0(s)=\frac{E_0(s)}{E_i(s)}$。

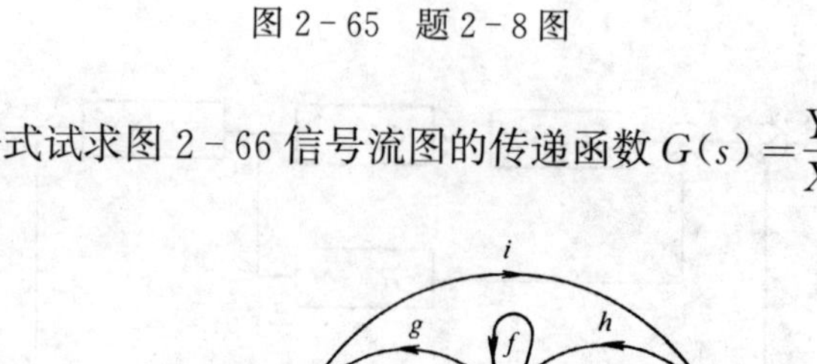

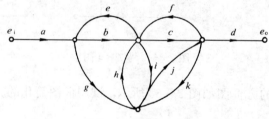

图 2-65 题 2-8 图

2-9 应用梅森公式试求图 2-66 信号流图的传递函数 $G(s)=\frac{Y(s)}{X(s)}$。

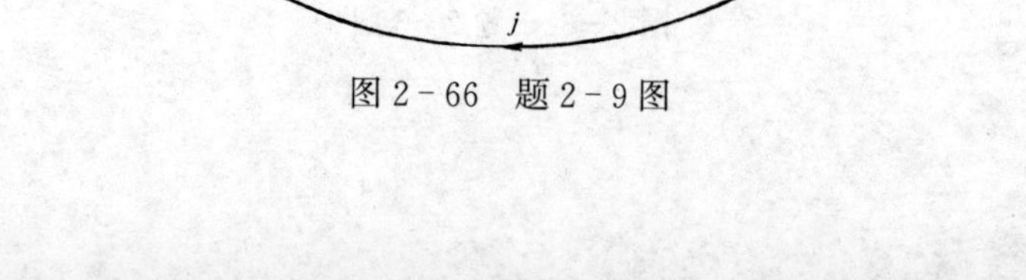

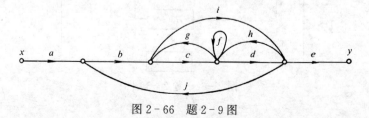

图 2-66 题 2-9 图

2-10　已知某系统可用方程组
$$\begin{cases}X_1(s)=G_1(s)X(s)-G_1(s)[G_7(s)-G_8(s)]Y(s)\\X_2(s)=G_2(s)[X_1(s)-G_6(s)X_3(s)]\\X_3(s)=[X_2(s)-Y(s)G_5(s)]G_3(s)\\Y(s)=G_4(s)X_3(s)\end{cases}$$
来描述，试求出该系统的方框图，并求出闭环传递函数 $\dfrac{Y(s)}{X(s)}$。

2-11　设某系统由一些代数方程和微分方程组成：
$$\begin{cases}x_1(t)=x(t)-y(t)\\x_2(t)=\tau\dfrac{\mathrm{d}x_1(t)}{\mathrm{d}t}+K_1x_1(t)\\x_3(t)=K_2x_2(t)\\x_4(t)=x_3(t)-x_5(t)-K_5y(t)\\\dfrac{\mathrm{d}x_5(t)}{\mathrm{d}t}=K_3x_4(t)\\K_4x_5(t)=T\dfrac{\mathrm{d}y(t)}{\mathrm{d}t}+y(t)\end{cases}$$
式中，$x(t)$ 和 $y(t)$ 分别为系统的输入信号和输出信号；τ、T、K_1、K_2、K_3、K_4、K_5 均为常系数。试建立系统的方框图，并求出系统函数的传递函数 $\dfrac{Y(s)}{X(s)}$。

2-12　设某系统由一些代数方程和微分方程组成：
$$\begin{cases}x_1(t)=x(t)-y(t)-n_1(t)\\x_2(t)=K_1x_1(t)\\x_3(t)=x_2(t)-x_5(t)\\T\dfrac{\mathrm{d}x_4(t)}{\mathrm{d}t}=x_3(t)\\x_5(t)=x_4(t)-K_2n_2(t)\\K_0x_5(t)=\dfrac{\mathrm{d}^2y(t)}{\mathrm{d}t^2}+\dfrac{\mathrm{d}y(t)}{\mathrm{d}t}\end{cases}$$
式中，$x(t)$、$n_1(t)$ 和 $n_2(t)$ 为系统的输入信号，$y(t)$ 为系统的输出信号；T、K_0、K_1、K_2 均为常系数。试画出系统的方框图，并求出系统函数的传递函数 $\dfrac{Y(s)}{X(s)}$、$\dfrac{Y(s)}{N_1(s)}$、$\dfrac{Y(s)}{N_2(s)}$。

2-13　已知一控制系统的框图如图 2-67 所示，试求当 $x(t)=R_0\times1(t)$ 时系统的输出 $y(t)$。

2-14　设有如图 2-68 所示的电路，输入为 $u_\mathrm{i}(t)$，输出为 $u_\mathrm{o}(t)$，试求传递函数 $\dfrac{U_\mathrm{o}(s)}{U_\mathrm{i}(s)}$。

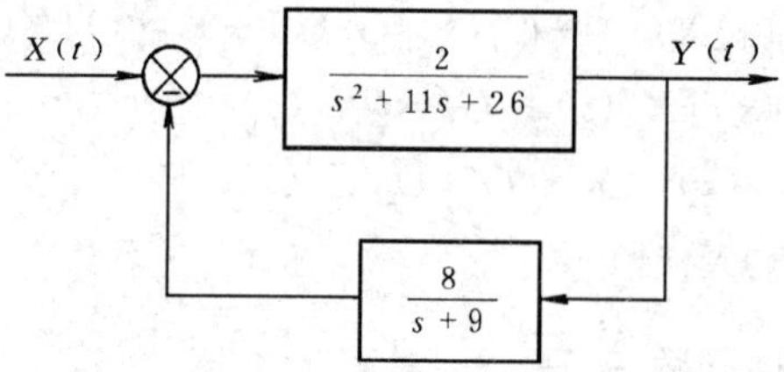

图 2-67　题 2-13 图

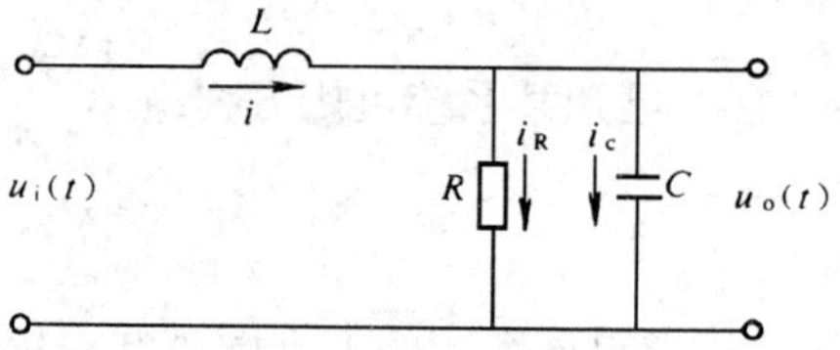

图 2-68　题 2-14 图

2-15　通过试验获得锅炉主汽温度 θ 在喷水量 W 的阶跃扰动下的阶跃响应数据，如表 2-7 所示，喷水阶跃幅值为 2t/h，试求相应的传递函数模型 $G(s)=\dfrac{\theta(s)}{W(s)}$℃/t/h。

表 2-7　　主汽温度 θ 的阶跃响应数据

t(s)	50	100	150	200	250	300	350	400	450	500
θ(℃)	0.2	1.0	2.7	4.6	6.1	7.6	8.6	9.4	9.8	9.9

2-16　汽车悬浮支撑系统可简化如图 2-69 所示，设轮轴垂直位移 x_i 为输入量，车体垂直运动 x_o 为输出量，试求系统传递函数 $\dfrac{X_o(s)}{X_i(s)}$。

2-17　试求图 2-70 所示有源电路网络的传递函数。其中，输出为 u_o，输入为 u_i。

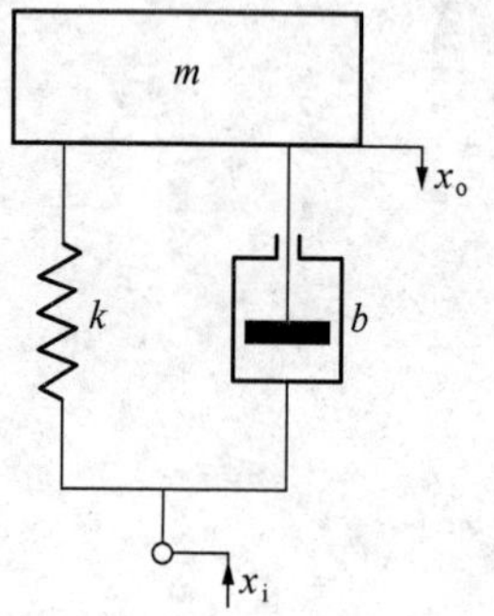

图 2-69　题 2-16 图

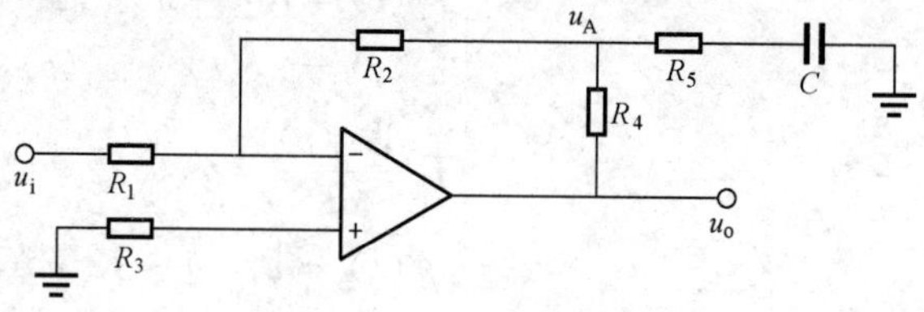

图 2-70　题 2-17 图

2-18　试重新分析例 2-2，设输入不变，仍为 Q，但输出量设为 H_2，求传递函数 $\dfrac{H_2(s)}{Q(s)}$。

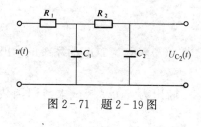

图 2-71　题 2-19 图

2-19　图 2-71 所示的 RC 网络，设电压源 $u(t)$ 为输入量，电容电压 $U_{C_2}(t)$ 为输出量，选取物理变量为状态变量，建立该网络的状态空间表达式。

2-20　系统的微分方程为 $2\dddot{y}+4\ddot{y}+\dot{y}=6u$，试写出该系统的状态空间表达式并画出状态变量方框图。

2-21　已知控制系统的传递函数方框图如图 2-72 所示。试建立该系统的状态方程，并画出系统的状态变量方框图。

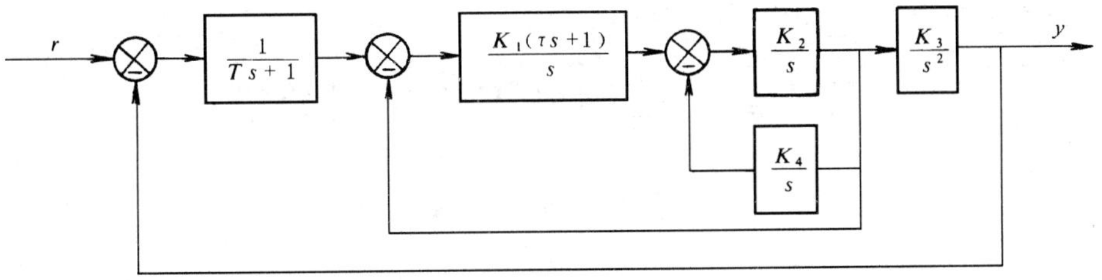

图 2-72　题 2-21 图

2-22　已知系统的系统矩阵为 $\boldsymbol{A}=\begin{bmatrix}0 & 1 & 0\\0 & 0 & 1\\-2 & -5 & -4\end{bmatrix}$，试用拉氏变换法求状态转移矩阵 $\boldsymbol{\Phi}(t)$。

2-23　设已知系统的状态转移矩阵为 $\boldsymbol{\Phi}(t)=\begin{bmatrix}\frac{1}{2}(e^{-t}+e^{3t}) & \frac{1}{4}(-e^{-t}+e^{3t})\\(-e^{-t}+e^{3t}) & \frac{1}{2}(e^{-t}+e^{3t})\end{bmatrix}$，试求系统的系统矩阵 $\boldsymbol{A}$。

2-24　已知系统的状态空间表达式 $\dot{\boldsymbol{x}}(t)=\begin{bmatrix}-5 & -1\\3 & -1\end{bmatrix}\boldsymbol{x}(t)+\begin{bmatrix}2\\5\end{bmatrix}u(t)$，$y(t)=[1\quad 2]\boldsymbol{x}(t)$，试求该系统的传递函数 $G(s)$。

2-25　设系统的传递函数为 $G(s)=\frac{Y(s)}{U(s)}=\frac{s^2+9s+20}{s^3+6s^2+11s+6}$，试建立能观标准形、能控标准形和对角标准形的状态空间表达式，并画出系统的状态变量结构图。

2-26　设系统的状态方程为 $\dot{\boldsymbol{x}}=\begin{bmatrix}-1 & 0 & 0\\1 & -2 & 0\\0 & 5 & 0\end{bmatrix}\dot{\boldsymbol{x}}+\begin{bmatrix}0\\1\\0\end{bmatrix}u$，求将系统状态方程化为能控标准形的变换矩阵 $\dot{\boldsymbol{x}}$。

第3章　控制系统的时域分析

3.1　引　　言

在经典控制理论中，分析控制系统性能的方法主要有时域分析法、根轨迹法和频域法等。本章将介绍时域分析法，第5章将介绍根轨迹法，第6章将介绍频域法。比较而言，这三种方法中以时域分析法最为直观，易懂，而且比较准确，可以提供系统响应的全部时域信息。

所谓时域分析，就是对系统加入典型试验信号后，记录和观察其输出响应特性，分析其动态性能和稳态性能，看它是否满足预定的性能要求。分析控制系统的特性究竟采用哪一种典型输入信号，取决于系统在正常工作情况下最常见的输入信号（内部或外部的各种干扰）形式。如果系统的实际输入信号是突然的扰动量，例如温度控制系统的给定值突然改变，则选用阶跃函数作为试验信号比较合适。如果控制系统的实际输入信号是随时间逐渐变化的函数，例如雷达天线跟踪系统的自动跟踪目标，则选用斜坡函数作为试验信号比较合适。而对于宇宙飞船控制系统，则选用抛物线函数作为试验信号更能说明问题。一般认为，阶跃函数信号包含的频带宽，变化最激烈，所以阶跃响应最能体现系统性能。

控制系统的输出响应特性由动态响应和稳态响应两部分组成。系统在输入信号作用下，从一个稳态转移到另一个稳态的过程，称作动态过程，又称过渡过程，或动态响应，或暂态响应。过渡过程反映了系统的动态性能。时域性能指标则是定量地说明并规定了控制系统的动态性能和稳态性能。

3.2　时域性能指标

一、阶跃响应指标

控制系统动态响应的性能，通常用系统对单位阶跃函数输入的响应所定义的各项指标来表征（如图3-1所示），而且取初始条件为零，即系统最初是处在一个平衡状态下。现分别介绍衡量控制系统动态响应的动态性能指标和稳态误差如下。

1. 动态性能指标

（1）最大超调量 $\sigma_p\%$。响应曲线偏离稳态值的最大偏差值，称为最大超调量。用百分比表示的最大超调量可表示为

$$\sigma_p\%=\frac{y(t_p)-y(\infty)}{y(\infty)}\times 100\% \tag{3-1}$$

式中，$y(t_p)$ 为阶跃响应的峰值；$y(\infty)$ 为阶跃响应的稳态值。

最大超调量也可不用百分比形式表示。非百分比表示的最大超调量记为 σ_p。

（2）上升时间 t_r。它有几种定义：

1）响应曲线从稳态值的10%上升到90%所需的时间；

2）响应曲线从稳态值的5%上升到95%所需的时间；

3）响应曲线从零上升到第一次到达稳态值所需的时间。

对有振荡的系统，常用上述第三种定义。对无振荡的系统，常用上述第一种定义。

（3）峰值时间 t_p，即响应曲线达到输出量的第一个峰值所需要的时间。

（4）调整时间 t_s，即响应曲线进入稳态值±5%（或±2%）的允许稳态误差带内时所需要的时间。

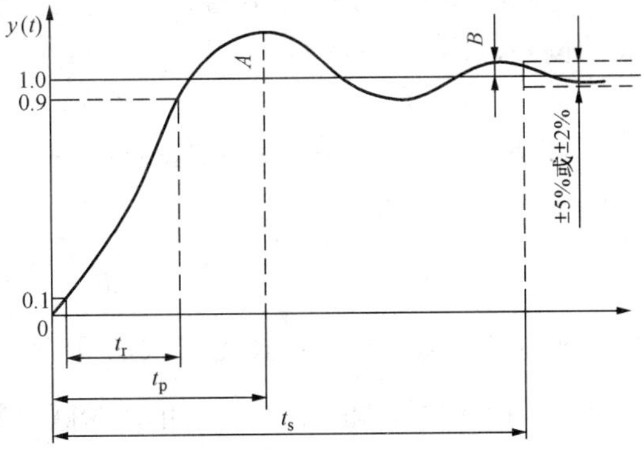

图 3－1　单位阶跃响应表示的性能指标

稳态值±5%（或±2%）允许稳态带表示了允许稳态误差的要求。对有些控制系统，还要求满足振荡次数、振荡周期、衰减率（$1-B/A$，其中 B/A 为第二个波峰值与第一个波峰值之比，又称衰减比）等性能指标。

上述主要的四项性能指标中，上升时间 t_r 和峰值时间 t_p 都是表征系统响应初始阶段的快慢；调整时间 t_s 表示系统过渡过程持续的时间，从总体上反映了控制系统的快速性；超调量 σ_p%反映了控制系统的动态偏差大小，也就是动态准确性。

2. 稳态误差 e_{ss}

控制系统在典型输入信号作用下，响应的稳态值与希望的给定值之间的偏差，称为稳态误差 e_{ss}。稳态误差是衡量控制系统准确性（精度）的重要指标。如果控制系统的稳态误差超出规定范围，控制系统就不能准确完成生产过程要求的控制任务，甚至可能会造成产品的质量问题或安全问题。注意，以上关于稳态误差的定义可推广用于非阶跃激励的情况，如图 3－2 表示了斜坡激励时的稳态误差，而图 3－3 表示了抛物线激励时的稳态误差。

应当指出，以上这些性能指标，并非在任何情况下都要采用。例如，在无振荡系统中，就不必要采用峰值时间和最大超调量这两个性能指标。

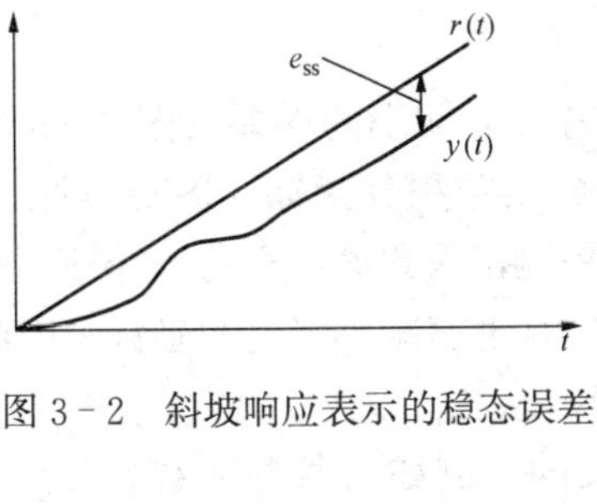

图 3－2　斜坡响应表示的稳态误差

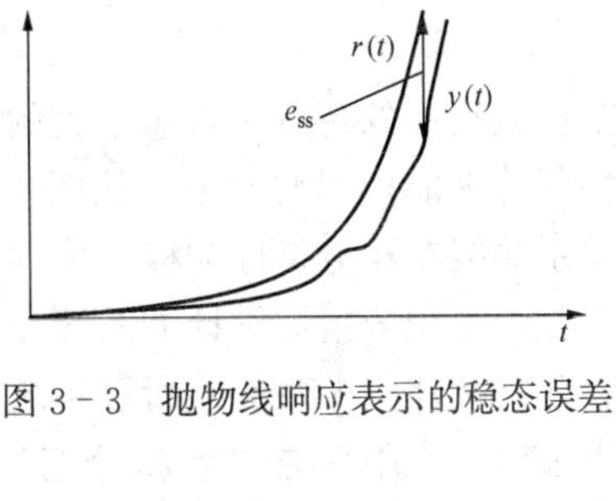

图 3－3　抛物线响应表示的稳态误差

二、积分误差指标

积分误差指标又称为误差准则或误差积分准则，是控制系统动态响应的综合性能指标。在确定控制系统的最佳控制器参数时，利用这类指标是很方便的。因为它不需要分别求出前面所介绍的各种时域性能指标——超调量 σ_p%、上升时间 t_r、峰值时间 t_p、调整时间 t_s 等，只需用一个单一的指标函数，就能描述系统响应的优劣程度。

人们曾经提出过各种各样的误差性能指标，下面介绍常用的四种积分误差指标

$$\int_0^{\infty} e^2(t)\mathrm{d}t,\ \int_0^{\infty} te^2(t)\mathrm{d}t,\ \int_0^{\infty} |e(t)|\mathrm{d}t,\ \int_0^{\infty} t|e(t)|\mathrm{d}t$$

上述四种积分误差指标中的 $e(t)$ 定义为系统希望的输出 $r(t)$ 与系统的实际输出 $y(t)$ 之间的偏差，即

$$e(t)=r(t)-y(t) \tag{3-2}$$

1. 平方误差积分（Integral Square Error，ISE）指标

定义 ISE 指标为

$$J_1=\int_0^{\infty} e^2(t)\mathrm{d}t \tag{3-3}$$

式中，积分的上限∞可以选择足够大的 T 来代替。最佳系统就是使这个积分 $J_1 \rightarrow \min$。图 3-4 表示当希望的输出 $x(t)$ 是一单位阶跃函数时的 $x(t)$、$y(t)$、$e(t)$、$e^2(t)$ 和 $\int e^2(t)\mathrm{d}t$ 曲线。$e^2(t)$ 从 $0 \rightarrow T$ 的积分 $J_1=\int_0^{T} e^2(t)\mathrm{d}t$，就是曲线 $e^2(t)$ 下的总面积，如图 3-4（d）的阴影部分。

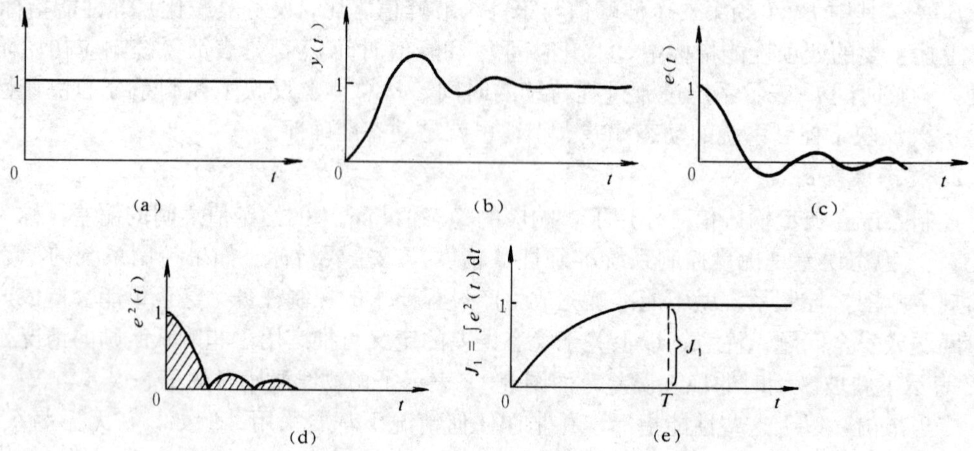

图 3-4　$x(t)$，$y(t)$，$e(t)$，$e^2(t)$ 和 $\int e^2(t)\mathrm{d}t$ 对 t 的函数曲线

这个性能指标的特点是着重于大的误差，而较少考虑后期小的误差。图 3-5 是二阶系统的各种积分性能指标的比较。从图中可以看出，平方误差积分指标（ISE）对阻尼系数 ζ 的函数关系曲线在积分指标为极小值的点的附近比较平坦，因此该指标的选择性不是很好。

用平方误差积分指标设计的系统在大的起始误差中有迅速减小误差的趋势。因此响应是迅速的，并且往往是振荡的，所以系统的相对稳定性较差。

应当指出，应用平方误差积分指标是有实际意义的。例如对某些系统，使 J_1 减至极小，意味着能量消耗也是最少。

2. 时间乘平方误差积分（Integral of Time-multiple Square Error，ITSE）指标

定义 ITSE 指标为

$$J_2=\int_0^{\infty} te^2(t)\mathrm{d}t \tag{3-4}$$

该指标的特点是引入了时间的乘积，加大了系统动态响应后期误差的权重。这个准则比 J_1 有较好的选择性，见图 3-5。

3. 绝对误差积分（Integral Absolute Error，IAE）指标

定义 IAE 指标为

$$J_3=\int_0^{\infty}|e(t)|\,\mathrm{d}t \tag{3-5}$$

该误差准则与 ISE（J_1）一样，也是适合于欠阻尼衰减振荡的过程。应用这种误差指标，当选择适当的阻尼系数时，可以得到满意的动态响应。这种准则用分析法不易求解，但用计算机来实现却十分方便。从图 3-5 可以看出，这种积分准则的选择性也不是太好。

4. 时间乘绝对误差积分（Integral of Time-multiple Absolute Error，ITAE）指标

定义 ITAE 指标为

$$J_4=\int_0^{\infty}t\,|e(t)|\,\mathrm{d}t \tag{3-6}$$

该准则与 J_2 一样，对起始的误差考虑较少，而着重于系统的动态响应后期出现的误差。

应用这种准则设计的系统的特点是动态响应的超调量很小，并且振荡有足够的阻尼。从图 3-5 还可以看出，该准则有较好的选择性。它的缺点是用分析法求解十分困难。

必须指出，积分误差指标没有包括系统的稳态误差，它不反映系统的稳态特性，而只是反映系统动态响应的综合指标。

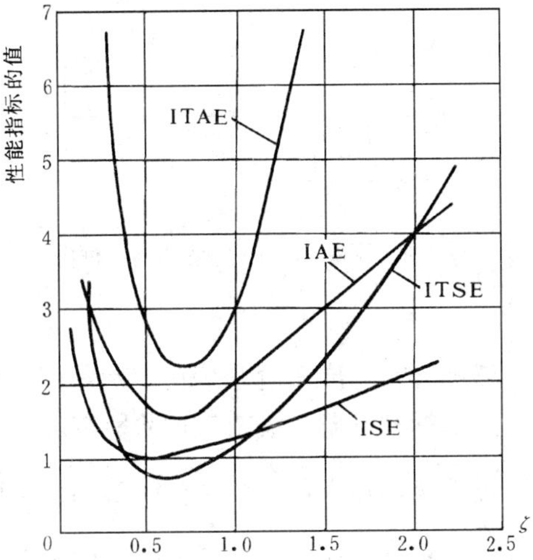

图 3-5　二阶系统的积分性能指标

对于存在稳态误差的场合，例如图 3-6 上表示的误差信号，在应用上述积分误差指标时不应计入稳态误差 e_{ss}，这只要用 $e_1(t)=e(t)-e_{ss}$ 代替上述各种积分误差指标中的 $e(t)$ 就可以了。

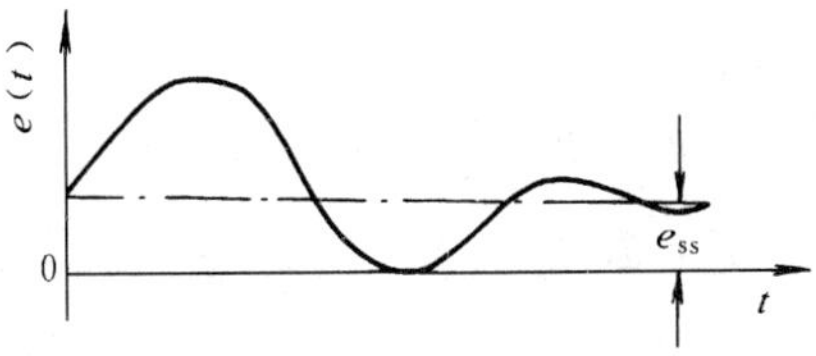

图 3-6　误差信号 $e(t)$ 的曲线

由图 3-5 二阶系统的各种积分误差指标的比较可以看出，ITAE 的选择性最好。而对于二阶系统的每种误差性能指标，$\zeta=0.7$ 都相当于最佳值或接近最佳值。当阻尼系数 ζ 在 0.7 左右时，试验表明，二阶系统的阶跃输入响应很快，并且超调量也较小。

3.3　标准一阶系统的时域分析

由一阶微分方程描述的系统称为一阶系统。一些简单的控制装置、受控对象或控制系统，如发电机、加热器、RC 电路和 PI 控制器以及单容液位控制系统都是一阶系统。前述的典型环节中的积分环节、微分环节和惯性环节都是一阶系统。由于一阶系统的动态特性主要取决于其零极点位置，特别是其极点位置，因此，标准一阶系统的特性成为一阶系统的特性典型，从而标准一阶系统的时域分析结论成为控制理论中经常运用的知识。

增益系数为 1 的一阶线性系统常被称为标准一阶系统。标准一阶系统的微分方程为

$$T\frac{\mathrm{d}y(t)}{\mathrm{d}t}+y(t)=x(t) \tag{3-7}$$

式中，$y(t)$ 为系统的输出信号；$x(t)$ 为系统的输入信号；T 为系统的时间常数。时间常数 T 是表征系统惯性的一个主要参数，所以标准一阶系统也称为惯性环节。对于不同的系统，时间常数 T 具有不同的物理意义。

标准一阶系统的传递函数为

$$\frac{Y(s)}{X(s)}=\frac{1}{Ts+1} \tag{3-8}$$

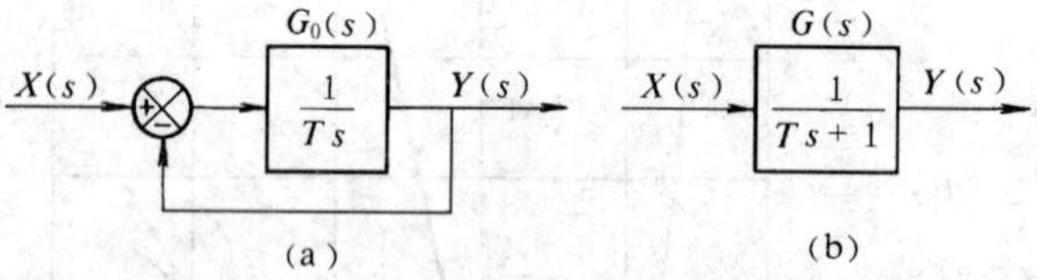

图 3-7　一阶系统的方框图

相应的方框图如图 3-7 所示。图中两种表示方法是等效的。图 3-7（a）所示系统的开环传递函数为 $G_0(s)=\frac{1}{Ts}$。图 3-7（a）所示系统的闭环传递函数为 $G(s)=\frac{G_0(s)}{1+G_0(s)}=\frac{1}{Ts+1}$。

以下分析标准一阶系统在初始条件为零时对各种典型输入信号的响应特性。

一、标准一阶系统的单位阶跃响应

设系统的输入信号为单位阶跃函数，即 $x(t)=1(t)$，其拉氏变换为 $X(s)=\frac{1}{s}$。代入式（3-8）可得标准一阶系统的单位阶跃响应为

$$Y(s)=\frac{1}{s(Ts+1)}=\frac{1}{s}-\frac{1}{s+\frac{1}{T}} \tag{3-9}$$

式（3-9）两边取拉氏反变换得

$$y(t)=1-\mathrm{e}^{-t/T}\quad (t\geqslant 0) \tag{3-10}$$

式（3-10）右边第一项是单位阶跃响应的稳态分量，等于单位阶跃输入的幅值。式（3-10）右边第二项是动态分量。在起始点时（$t=0$），动态分量 $-\mathrm{e}^{-\frac{t}{T}}\Big|_{t=0}=-1$，当（$t\to\infty$）时，$-\mathrm{e}^{-\frac{t}{T}}\Big|_{t\to\infty}=0$。$y(t)$ 的响应曲线如图 3-8 所示。从图可知，标准一阶系统的单位阶跃响应曲线是一条由零开始按指数规律上升并最终稳定于 1 的曲线。响应曲线是单调的非周期过程。

时间常数 T 是表征标准一阶系统响应特性的唯一参数。由式（3-10）可知，时间常数 T 越小，$y(t)$ 的上升速度越快，如图 3-9 所示。

从图 3-8 还可以看出，时间常数 T 与输出值 $y(t)$ 有确定的对应关系：$y(T)=0.632$；$y(2T)=0.865$；$y(3T)=0.950$；$y(4T)=0.982$。根据这些数据，可以用实验方法来确定被测系统是否为标准一阶系统。

标准一阶系统的时间常数 T，可以从单位阶跃响应曲线上求得。

（1）当 $t=T$ 时，由式（3-10）得 $y(t)=1-\mathrm{e}^{-1}=0.632$。说明当系统的响应 $y(t)$ 由零上升到稳态值的 63.2%时所需的时间就是系统的时间常数 T，如图 3-8 中的 A 点。式（3-10）为用实验方法求取标准一阶系统时间常数提供了理论依据。

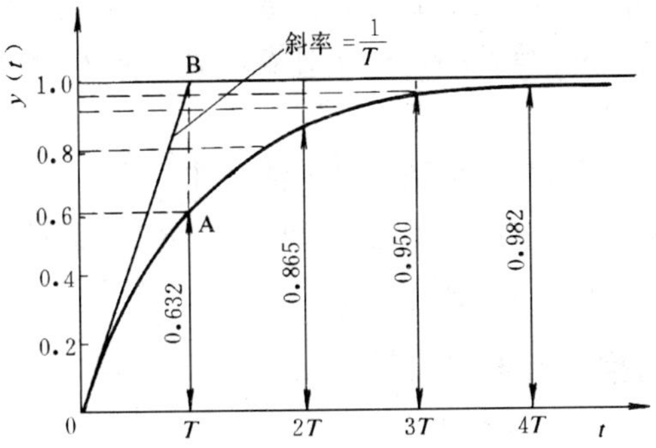

图 3-8　一阶系统的单位阶跃响应曲线

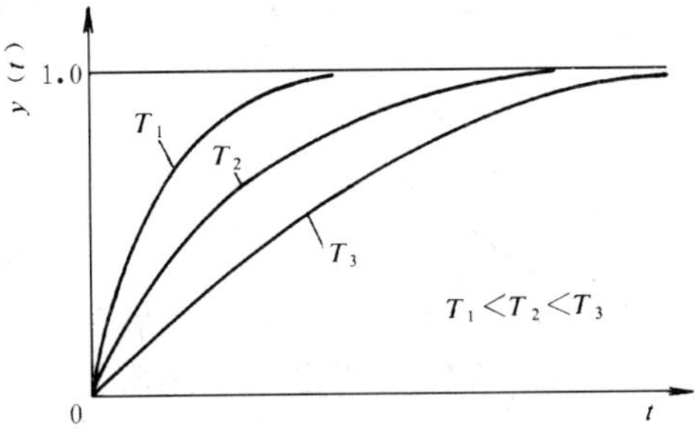

图 3-9　不同时间常数 T 的响应曲线

(2) 在一阶系统的单位阶跃响应曲线上，$t=0$ 处的初始斜率为

$$\left.\frac{\mathrm{d}y(t)}{\mathrm{d}t}\right|_{t=0}=\left.\frac{1}{T}\mathrm{e}^{-\frac{t}{T}}\right|_{t=0}=\frac{1}{T} \tag{3-11}$$

这表明，标准一阶系统的单位阶跃响应如果以初始速度等速上升至稳态值 1，所需要的时间应恰好等于 T，如图 3-8 中的 B 点。

由于标准一阶系统的阶跃响应没有超调量，所以其时域性能指标主要是调整时间 t_s 和稳态误差。由于 $t=3T$ 时，输出响应 $y(t)$ 已达稳态值的 95%；$t=4T$ 时，输出响应可达稳态值的 98.2%，故一般对应±5%误差带，取 $t_s=3T$；对应±2%误差带，取 $t_s=4T$。

由式 (3-10) 还可以看出，标准一阶系统的单位阶跃响应 $y(t)$ 是没有稳态误差的，因为当时间 t 趋近于无穷大时 $\lim\limits_{t\to\infty}y(t)=\lim\limits_{t\to\infty}(1-\mathrm{e}^{-t/T})=1$。即输出响应 $y(t)$ 等于给定值（希望值），所以系统的稳态误差为零。

二、标准一阶系统的单位斜坡响应

设系统的输入信号为单位斜坡函数，即 $x(t)=t$，其拉氏变换为 $X(s)=\frac{1}{s^2}$。可推得系统输出 $Y(s)=\frac{1}{Ts+1}\times\frac{1}{s^2}$，利用部分分式法有 $Y(s)=\frac{1}{s^2}-\frac{T}{s}+\frac{T}{s+\frac{1}{T}}$，两边取拉氏反变换可得

$$y(t)=(t-T)+T\mathrm{e}^{-t/T}\quad(t\geqslant 0) \tag{3-12}$$

式 (3-12) 等号右边第一项为响应的稳态分量，第二项为响应的动态分量。当时间 $t\to\infty$ 时，第二项的动态分量将趋近于零，这时 $y(t)$ 的稳态响应为 $y(t)=t-T$。

设输出信号 $y(t)$ 与输入信号 $x(t)$ 之间的误差为 $e(t)$，则在稳态时（即 $t\to\infty$ 时），误差为

$$e(\infty)=\lim_{t\to\infty}[x(t)-y(t)]=T \tag{3-13}$$

斜坡响应的初始速度为 $\left.\frac{\mathrm{d}y(t)}{\mathrm{d}t}\right|_{t=0}=\left.1-\mathrm{e}^{-t/T}\right|_{t=0}=0$。单位斜坡响应曲线如图 3-10 所示。

由图 3-10 可以看出，标准一阶系统在斜坡输入下的输出响应曲线，与输入曲线的斜率相等，只是迟延一个时间常数 T，或者说，存在一个跟踪误差，其数值与时间常数 T 的数

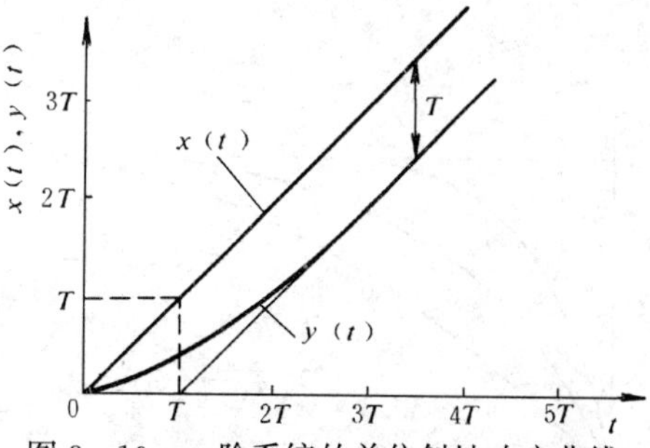

图 3-10 一阶系统的单位斜坡响应曲线

值相等。因此系统的时间常数 T 越小，则响应越快，稳态误差越小，$y(t)$ 对输入信号 $x(t)$ 的滞后时间也越小。

三、标准一阶系统的单位脉冲响应

设系统的输入信号为单位脉冲函数，即 $x(t)=\delta(t)$，其拉氏变换为 $X(s)=\mathrm{L}^{-1}[\delta(t)]=1$，可推得标准一阶系统输出 $Y(s)=\frac{1}{Ts+1}\times1=\frac{1}{Ts+1}$。两边取拉氏反变换，得标准一阶系统的单位脉冲响应为

$$y(t)=\frac{1}{T}\mathrm{e}^{-t/T}\qquad(t\geqslant0)\tag{3-14}$$

标准一阶系统的单位脉冲响应曲线如图 3-11 所示。由图可见，输出响应 $y(t)$ 是一条单调下降的指数曲线，$y(t)$ 的初值为

$$y(0)=\frac{1}{T}\mathrm{e}^{-t/T}\bigg|_{t=0}=\frac{1}{T}$$

$y(t)$ 的稳态值为

$$y(\infty)=\frac{1}{T}\mathrm{e}^{-t/T}\bigg|_{t=\infty}=0$$

$y(t)$ 的初始斜率为

$$\frac{\mathrm{d}y(t)}{\mathrm{d}t}\bigg|_{t=0}=-\frac{1}{T^2}\mathrm{e}^{-t/T}\bigg|_{t=0}=-\frac{1}{T^2}$$

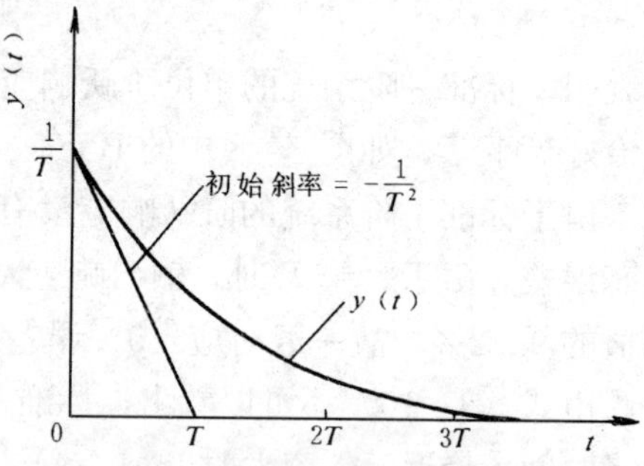

图 3-11 一阶系统的单位脉冲响应曲线

可见，时间常数 T 同样反映了系统的快速性，T 越小，快速性也越好。

3.4 标准二阶系统的时域分析

由二阶微分方程描述的系统称为二阶系统。它在控制工程中应用极为广泛，例如电路中的 RLC 网络，具有质量的物体的运动，双容液体容器的液位控制系统，等等。此外，许多高阶系统，在一定的条件下，常常可以作为二阶系统来研究。因此，详细讨论和分析二阶系统的特性，具有很重要的实际意义。

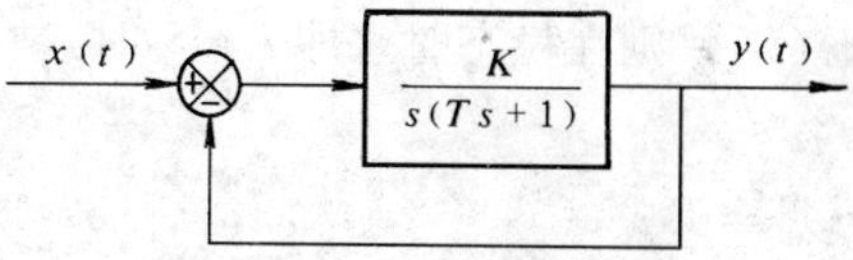

图 3-12 控制系统方框图

一、标准二阶系统的单位阶跃响应

设一控制系统的方框图如图 3-12 所示。由图可求出控制系统的闭环传递函数为

$$G(s)=\frac{Y(s)}{X(s)}=\frac{K}{Ts^2+s+K}\tag{3-15}$$

式中，T 为受控对象的时间常数；K 为受控对象的增益。

由式（3-15）可推导出相对应的系统的微分方程表达式为

$$T\frac{d^2y(t)}{dt^2}+\frac{dy(t)}{dt}+Ky(t)=Kx(t)$$

或写成

$$\frac{d^2y(t)}{dt^2}+\frac{1}{T}\frac{dy(t)}{dt}+\frac{K}{T}y(t)=\frac{K}{T}x(t) \tag{3-16}$$

这是一个二阶微分方程，所以图3-12的控制系统是一个二阶系统。

下面分析二阶系统的单位阶跃响应。为分析方便起见，将式（3-15）改写成标准形式

$$G(s)=\frac{Y(s)}{X(s)}=\frac{\omega_n^2}{s^2+2\zeta\omega_n s+\omega_n^2} \tag{3-17}$$

式中，ω_n 为无阻尼自然振荡频率，$\omega_n=\sqrt{\frac{K}{T}}$；$\zeta$ 为阻尼系数或称阻尼比，$\zeta=\frac{1}{2\sqrt{KT}}$。

从式（3-17）可求得标准二阶系统的单位阶跃响应的拉氏变换为

$$Y(s)=\frac{\omega_n^2}{s^2+2\zeta\omega_n s+\omega_n^2}\times\frac{1}{s} \tag{3-18}$$

对式（3-18）取拉氏反变换，便可得到标准二阶系统的单位阶跃响应 $y(t)$。

令式（3-17）的分母多项式等于零，得此标准二阶系统的特征方程

$$s^2+2\zeta\omega_n s+\omega_n^2=0 \tag{3-19}$$

式（3-19）的两个特征根（或称二阶系统的闭环极点）是

$$s_{1,2}=-\zeta\omega_n\pm\omega_n\sqrt{\zeta^2-1} \tag{3-20}$$

式（3-20）表明，当标准二阶系统的阻尼系数 ζ 数值不同时，其特征根也不相同。

（1）当 $0<\zeta<1$ 时，特征根 $s_{1,2}$ 为一对实部为负的共轭复根，即 $s_{1,2}=-\zeta\omega_n\pm j\omega_n\times\sqrt{1-\zeta^2}$。$s_{1,2}$ 在根平面（s 平面）上的表示如图3-13（a）所示，“×”号标示了它们的位置，它们是位于 s 平面左半平面的共轭复数极点。此时的系统状态称为**欠阻尼**状态。

（2）当 $\zeta=1$ 时，特征根 $s_{1,2}$ 为一对相等的负实根，即 $s_{1,2}=-\omega_n$。在根平面上的表示如图3-13（b）所示，“#”号标示了它们的位置，它们是位于 s 平面负实轴上的相等实数极点。此时的系统状态称为**临界阻尼**状态。

（3）当 $\zeta>1$ 时，特征根 $s_{1,2}$ 为两个不相等的负实根，即 $s_{1,2}=-\zeta\omega_n\pm\omega_n\times\sqrt{\zeta^2-1}$，在根平面上的表示如图3-13（c）所示，它们是位于 s 平面负实轴上的两个不等的实数极点。此时的系统状态称为**过阻尼**状态。

（4）当 $\zeta=0$ 时，特征根 $s_{1,2}$ 为一对共轭纯虚根，即 $s_{1,2}=\pm j\omega_n$，在 s 平面上的表示如图3-13（d）所示，它们是位于 s 平面虚轴上的一对共轭极点。此时的系统状态称为**无阻尼**状态。

（5）当 $-1<\zeta<0$ 时，特征根 $s_{1,2}$ 为一对具有正实部的共轭复根，即 $s_{1,2}=-\zeta\omega_n\pm j\omega_n\times\sqrt{1-\zeta^2}$，在 s 平面上的表示如图3-13（e）所示，它们是位于 s 平面右半平面的共轭复数极点。此时系统的状态是发散的。

（6）当 $\zeta=-1$ 时，特征根 $s_{1,2}$ 为两个相等的正实根。在 s 平面上的表示如图3-13（f）所示。系统响应是单调发散的。

（7）当 $\zeta<-1$ 时，特征根 $s_{1,2}$ 为两个不相等的正实根。在 s 平面上的表示如图3-13

（g）所示。系统响应也是单调发散的。

下面根据以上七种不同情况分析标准二阶系统的单位阶跃响应。

（1）$0<\zeta<1$，欠阻尼二阶系统的单位阶跃响应。将式（3－18）展开成部分分式，即

$$\begin{aligned}Y(s)&=\frac{\omega_n^2}{s^2+2\zeta\omega_n s+\omega_n^2}\times\frac{1}{s}\\&=\frac{1}{s}-\frac{s+2\zeta\omega_n}{s^2+2\zeta\omega_n s+\omega_n^2}=\frac{1}{s}-\frac{s+2\zeta\omega_n}{(s^2+2\zeta\omega_n s+\zeta^2\omega_n{}^2)+(\omega_n^2-\omega_n^2\zeta^2)}\\&=\frac{1}{s}-\frac{s+\zeta\omega_n}{(s+\zeta\omega_n)^2+(\omega_n\sqrt{1-\zeta})^2}-\frac{\zeta\omega_n}{(s+\zeta\omega_n)^2+(\omega_n\sqrt{1-\zeta^2})^2}\end{aligned}\tag{3-21}$$

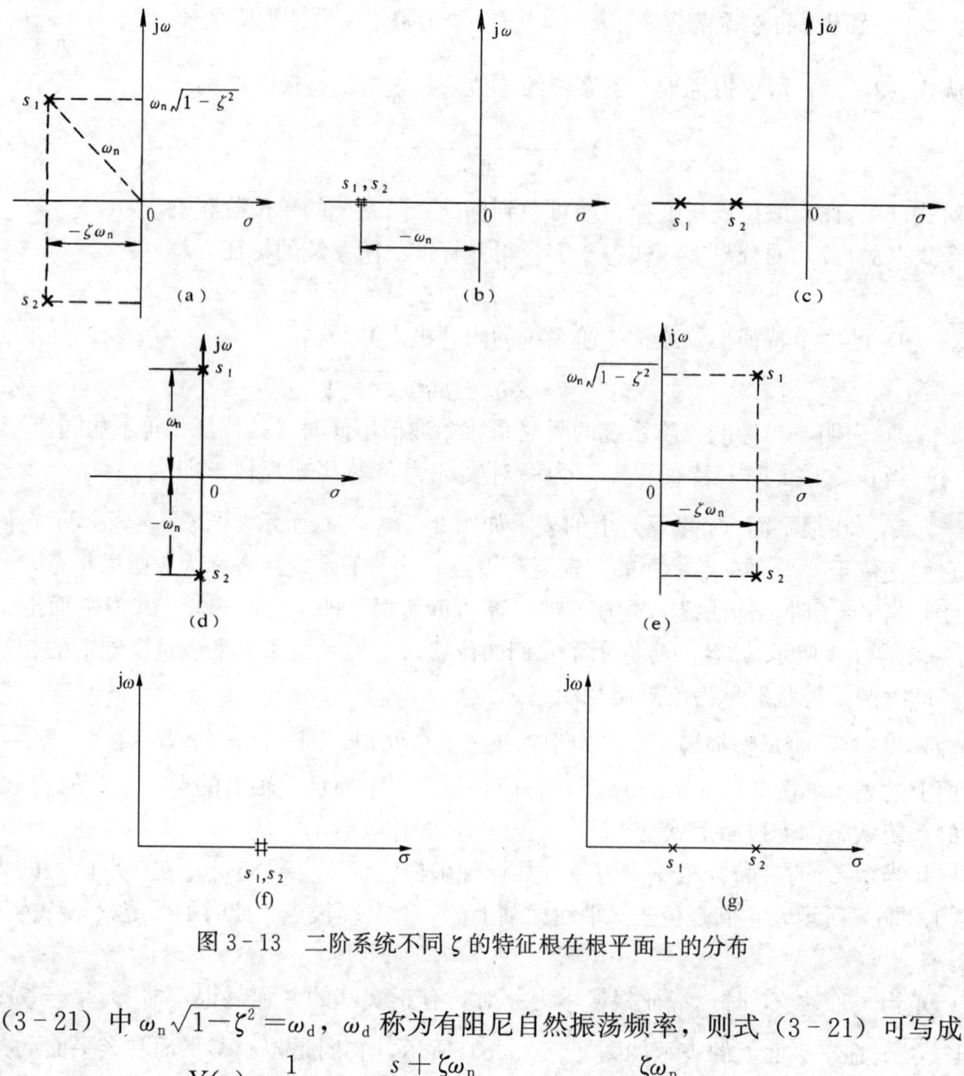

图 3－13　二阶系统不同 ζ 的特征根在根平面上的分布

令式（3－21）中 $\omega_n\sqrt{1-\zeta^2}=\omega_d$，$\omega_d$ 称为有阻尼自然振荡频率，则式（3－21）可写成

$$Y(s)=\frac{1}{s}-\frac{s+\zeta\omega_n}{(s+\zeta\omega_n)^2+\omega_d^2}-\frac{\zeta\omega_n}{(s+\zeta\omega_n)^2+\omega_d^2}\tag{3-22}$$

对式（3－22）取拉氏反变换可求得标准二阶系统的单位阶跃响应为

$$y(t)=1-e^{-\zeta\omega_n t}\cos\omega_d t-\frac{\zeta\omega_n}{\omega_d}e^{-\zeta\omega_n t}\sin\omega_d t=1-e^{-\zeta\omega_n t}\left(\cos\omega_d t+\frac{\zeta}{\sqrt{1-\zeta^2}}\sin\omega_d t\right)$$

$$=1-e^{-\zeta\omega_n t}\frac{1}{\sqrt{1-\zeta^2}}\sin(\omega_d t+\theta)\qquad(t\geqslant 0)\tag{3-23}$$

式中，$\theta=\arctan\frac{\sqrt{1-\zeta^2}}{\zeta}$。

式（3－23）等号右边第一项为单位阶跃响应的稳态分量，第二项为动态分量。它是以指数规律衰减的正弦振荡波，振荡频率为 ω_d（有阻尼自然振荡频率）。式（3－23）所描述的二阶系统的单位阶跃响应曲线如图 3－14 所示。由图可知，指数曲线 $1\pm(e^{-\zeta\omega_n t}/\sqrt{1-\zeta^2})$ 是二阶系统单位阶跃响应曲线 $y(t)$ 的包络线。响应曲线 $y(t)$ 总是包含在一对包络线之内。在欠阻尼情况下，单位阶跃响应 $y(t)$ 的衰减速度从式（3－23）可知，取决于 $-\zeta\omega_n$ 的绝对值的大小，$-\zeta\omega_n$ 的绝对值越大，即共轭复数极点距虚轴越远时［参见图 3－13（a）］，阶跃响应 $y(t)$ 衰减得越快。在稳态时，输出 $y(t)$ 和输入 $x(t)$ 之间没有误差，即 $e(t)=x(t)-y(t)=1-1=0$。

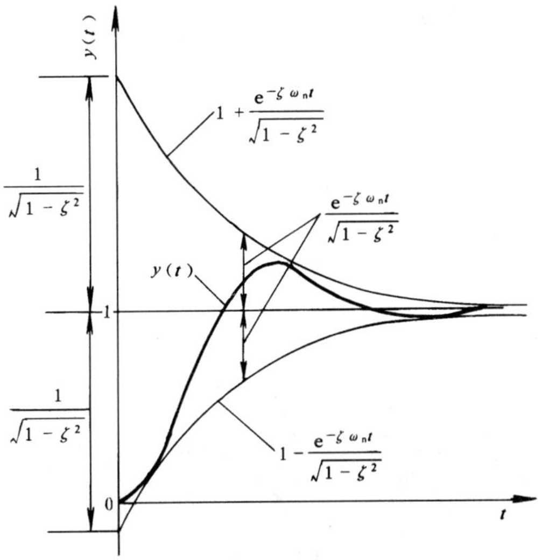

图 3－14　$0<\zeta<1$ 的二阶系统单位阶跃响应曲线

（2）$\zeta=0$，无阻尼二阶系统的单位阶跃响应。当 $\zeta=0$ 时，式（3－18）的单位阶跃响应 $y(t)$ 为

$$y(t)=1-\cos\omega_n t\qquad(t\geqslant 0)\tag{3-24}$$

这时，二阶系统的单位阶跃响应是频率为 ω_n 的不衰减（等幅）振荡，其幅值为 1，因而 ω_n 又称为无阻尼自然振荡频率。

（3）$\zeta=1$，临界阻尼二阶系统的单位阶跃响应。当 $\zeta=1$ 时，式（3－18）可改写成

$$Y(s)=\frac{\omega_n^2}{s(s^2+2\zeta\omega_n s+\omega_n^2)}=\frac{\omega_n^2}{s(s+\omega_n)^2}=\frac{1}{s}-\frac{1}{s+\omega_n}-\frac{\omega_n}{(s+\omega_n)^2}$$

两边取拉氏反变换，可得

$$y(t)=1-e^{-\omega_n t}(1+\omega_n t)\qquad(t\geqslant 0)\tag{3-25}$$

式（3－25）表明，具有临界阻尼比（$\zeta=1$）的二阶系统单位阶跃响应是一个无超调无振荡的单调上升过程，输出响应 $y(t)$ 的变化速度为

$$\frac{dy(t)}{dt}=\omega_n^2 t e^{-\omega_n t}\tag{3-26}$$

式（3－26）说明，在开始 $t=0$ 时，$\left.\frac{dy(t)}{dt}\right|_{t=0}=0$，即响应过程在 $t=0$ 时的变化速度为零。随着时间 t 的增加，响应过程单调上升，当时间 t 趋于无穷大时，变化速度 $\frac{dy(t)}{dt}$ 又趋于零，即 $\left.\frac{dy(t)}{dt}\right|_{t=0}=0$，响应过程趋于稳态值 1。临界阻尼时 $y(t)$ 的阶跃响应曲线如图

3-15 所示。

(4) $\zeta>1$，过阻尼二阶系统的单位阶跃响应。当 $\zeta>1$ 时，式 (3-18) 可改写成 $Y(s)=\dfrac{\omega_n^2}{s(s^2+2\zeta\omega_n s+\omega_n^2)}=\dfrac{1}{s}\times\dfrac{\omega_n^2}{(s+\zeta\omega_n+\omega_n\sqrt{\zeta^2-1})(s+\zeta\omega_n-\omega_n\sqrt{\zeta^2-1})}$。经部分分式展开后再取拉氏反变换，可求得过阻尼二阶系统的单位阶跃函数为

$$y(t)=1+\frac{1}{2\sqrt{\zeta^2-1}(\zeta+\sqrt{\zeta^2-1})}e^{-(\zeta+\sqrt{\zeta^2-1})\omega_n t}-\frac{1}{2\sqrt{\zeta^2-1}(\zeta-\sqrt{\zeta^2-1})}e^{-(\zeta-\sqrt{\zeta^2-1})\omega_n t}$$

$$=1-\frac{\omega_n}{2\sqrt{\zeta^2-1}}\left(\frac{e^{s_1 t}}{s_1}-\frac{e^{s_2 t}}{s_2}\right)\quad (t\geqslant 0) \tag{3-27}$$

式中，s_1、s_2 为过阻尼时二阶系统的闭环极点，$s_1=-(\zeta+\sqrt{\zeta^2-1})\omega_n$，$s_2=-(\zeta-\sqrt{\zeta^2-1})\omega_n$。

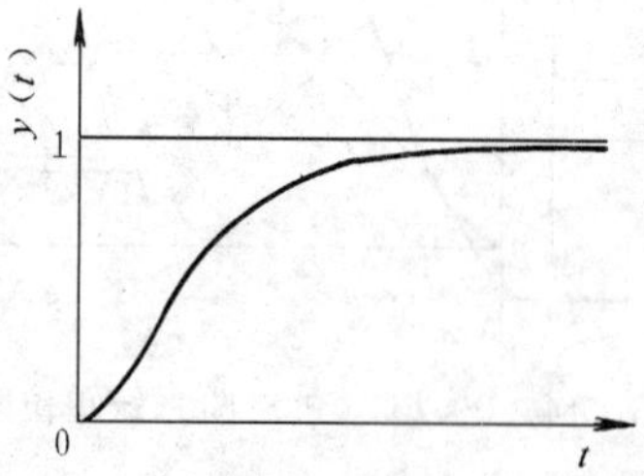

图 3-15 临界阻尼（$\zeta=1$）时典型二阶系统的单位阶跃响应曲线

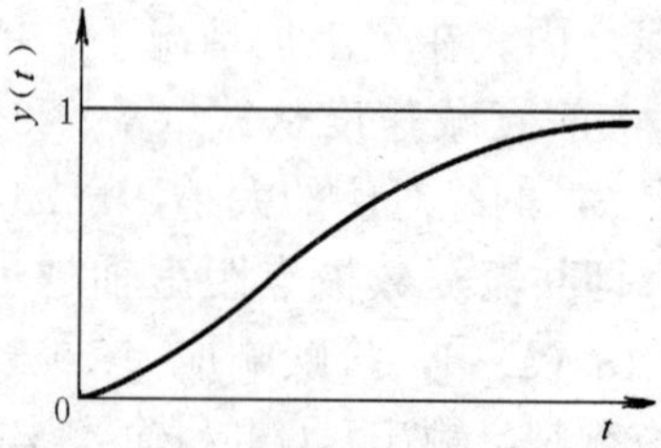

图 3-16 过阻尼（$\zeta>1$）的二阶系统单位阶跃响应曲线

从式 (3-27) 可以看出，当 $\zeta>1$ 时，二阶系统的单位阶跃响应 $y(t)$ 有两个衰减指数项。当 $\zeta>1$ 时，闭环极点 s_1 到虚轴的距离比 s_2 到虚轴的距离远得多，从而由 s_1 确定的指数项要比由 s_2 确定的指数项衰减得快，而且与 s_1 有关指数项的系数［见式 (3-27)］也小于与 s_2 有关指数项的系数，因此可以忽略与 s_1 有关指数项对单位阶跃响应的影响，将二阶系统近似作为一阶系统来处理。这时，近似的单位阶跃响应 $y(t)$ 是

$$y(t)=1-\frac{1}{2\sqrt{\zeta^2-1}(\zeta-\sqrt{\zeta^2-1})}e^{-(\zeta-\sqrt{\zeta^2-1})\omega_n t} \tag{3-28}$$

过阻尼的单位阶跃响应 $y(t)$ 的曲线如图 3-16 所示。由图可知，响应过程也是无超调的，而且响应过程达到稳态值的时间要比 $\zeta=1$ 时的长。

(5) $-1<\zeta<0$，负欠阻尼二阶系统的单位阶跃响应。当 $-1<\zeta<0$ 时，二阶系统的单位阶跃响应形式上与式 (3-23) 相同，即

$$y(t)=1-e^{-\zeta\omega_n t}\frac{1}{\sqrt{1-\zeta^2}}\sin(\omega_d t+\theta)$$

式中，ω_d 为阻尼自然振荡频率，$\omega_d=\omega_n\sqrt{1-\zeta^2}$；$\theta=\arctan\dfrac{\sqrt{1-\zeta^2}}{\zeta}$。

由于阻尼系数 ζ 为负，上式中指数项 $e^{-\zeta\omega_n t}$ 具有正的幂指数，因此单位阶跃响应是发散的。

(6) $\zeta=-1$，负临界阻尼二阶系统的单位阶跃响应。可导出

$$y(t)=1-e^{\omega_n t}(1-\omega_n t)\qquad (t\geqslant 0)\qquad(3-29)$$

由于存在正指数函数，所以是发散的响应。

（7）$\zeta<-1$，负过阻尼二阶系统的单位阶跃响应。可导出 $y(t)=1-\dfrac{\omega_n}{2\sqrt{\zeta^2-1}}\left(\dfrac{e^{s_1 t}}{s_1}-\dfrac{e^{s_2 t}}{s_2}\right)$，与式（3-27）形式上相同，但由于是正指数函数，所以是发散的响应。

综上所述，当 $\zeta\geqslant 0$ 的标准二阶系统单位阶跃响应的曲线族，如图 3-17 所示。由图可见，二阶系统的单位阶跃响应在过阻尼（$\zeta>1$）及临界阻尼（$\zeta=1$）情况下，具有单调上升的特性。就响应过程的调整时间 t_s 来说，在单调上升的特性中以 $\zeta=1$ 时的 t_s 为最短。对于欠阻尼（$0<\zeta<1$）响应来说，随着阻尼系数 ζ 值的减小，单位阶跃响应的振荡特性加强，到 $\zeta=0$（无阻尼）时，阶跃响应呈现不衰减的等幅振荡。在欠阻尼阶跃响应中，可以看出，阻尼系数 ζ 在 0.4～0.8 之间时，响应过程不仅具有较 $\zeta=1$ 时更短的调整时间 t_s，而且振荡特性也不严重。因此，在工程上，一般希望二阶系统工作在 $\zeta=0.4$～0.8 的欠阻尼状态。当 $\zeta<0$ 时，将出现发散响应（图 3-17 中未画出）。

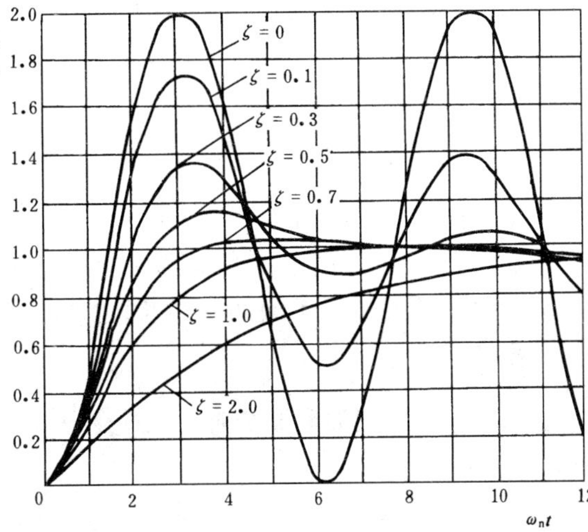

图 3-17　$\zeta\geqslant 0$ 的二阶系统单位阶跃响应曲线族

至此，可将二阶系统的特征根在根平面的位置和其单位阶跃响应的关系归纳如图 3-18 所示。对照图 3-13 和上述分析的七种情况看图 3-18，可知图 3-18 表示了其中的五种类型根及响应：①负实部共轭复根、②重负实根、④共轭虚根、⑤正实部共轭复根、⑥重正实根。事实上，不等负实根的响应与重负实根的响应相差不多，而不等正实根的响应与重正实根⑥的响应相差不多。

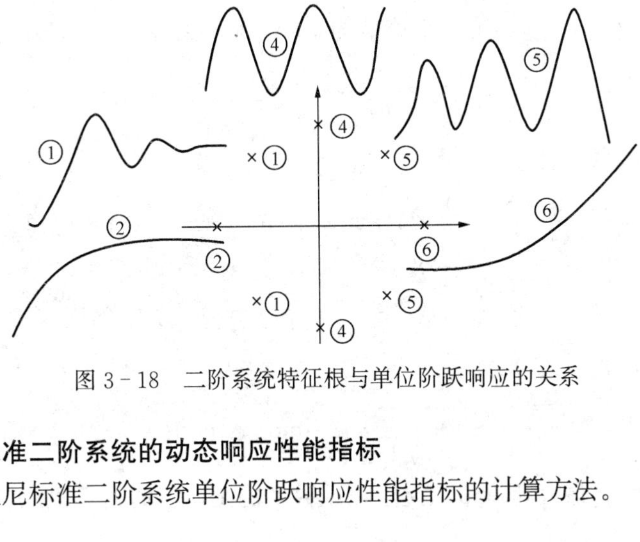

图 3-18　二阶系统特征根与单位阶跃响应的关系

二、欠阻尼标准二阶系统的动态响应性能指标

下面给出欠阻尼标准二阶系统单位阶跃响应性能指标的计算方法。

1. 上升时间 t_r

根据前述 t_r 的定义，令式（3-23）的 $y(t_r)=1$，可得

$$\frac{e^{-\zeta\omega_n t_r}}{\sqrt{1-\zeta^2}}\sin(\omega_d t_r+\theta)=0$$

因在 $0<\zeta<1$ 期间，$\frac{e^{-\zeta\omega_n t_r}}{\sqrt{1-\zeta^2}}\neq 0$，故有 $\sin(\omega_d t_r+\theta)=0$。由此得 $\omega_d t_r+\theta=\pi$，则

$$t_r=\frac{\pi-\theta}{\omega_d}=\frac{\pi-\theta}{\omega_n\sqrt{1-\zeta^2}} \tag{3-30}$$

式中，$\theta=\arctan\frac{\sqrt{1-\zeta^2}}{\zeta}$。

由式（3-30）可以看出二阶系统的主要结构参数 ζ 和 ω_n 对上升时间的影响。当 ω_n 一定时，阻尼系数 ζ 越大，上升时间 t_r 越长；当 ζ 一定时，自然振荡频率 ω_n 越大，则 t_r 越短。

2. 峰值时间 t_p

将式（3-23）对时间取一阶导数并令 $\left.\frac{dy(t)}{dt}\right|_{t=t_p}=0$，可得

$$\zeta\omega_n e^{-\zeta\omega_n t_p}\left(\cos\omega_d t_p+\frac{\zeta}{\sqrt{1-\zeta^2}}\sin\omega_d t_p\right)-\omega_d e^{-\zeta\omega_n t_p}\left(-\sin\omega_d t_p+\frac{\zeta}{\sqrt{1-\zeta^2}}\cos\omega_d t_p\right)=0$$

或

$$\zeta\omega_n\left(\cos\omega_d t_p+\frac{\zeta}{\sqrt{1-\zeta^2}}\sin\omega_d t_p\right)-\omega_d\left(-\sin\omega_d t_p+\frac{\zeta}{\sqrt{1-\zeta^2}}\cos\omega_d t_p\right)=0$$

化简后得

$$\left(\frac{\zeta^2}{\sqrt{1-\zeta^2}}\omega_n+\omega_d\right)\sin\omega_d t_p=0$$

因 $\frac{\zeta^2}{\sqrt{1-\zeta^2}}\omega_n+\omega_d\neq 0$，故有 $\sin\omega_d t_p=0$。因此可得

$$\omega_d t_p=n\pi \quad (n=1,\ 2,\ 3,\ \cdots)$$

因峰值时间 t_p 定义为 $y(t)$ 达到第一个峰值的时间，所以取 $n=1$，即 $\omega_d t_p=\pi$，于是得

$$t_p=\frac{\pi}{\omega_d}=\frac{\pi}{\omega_n\sqrt{1-\zeta^2}} \tag{3-31}$$

3. 最大超调量 $\sigma_p\%$

按照定义 $\sigma_p\%=\frac{y(t_p)-y(\infty)}{y(\infty)}\times 100\%$。已知 $y(\infty)=1$，可得

$$\sigma_p\%=-e^{-\zeta\omega_n t_p}\left[\cos\omega_d t_p+\frac{\zeta}{\sqrt{1-\zeta^2}}\sin\omega_d t_p\right]\times 100\%$$

将式（3-31）代入可得

$$\sigma_p\%=-e^{-\frac{\zeta\pi}{\sqrt{1-\zeta^2}}}\left[\cos\pi+\frac{\zeta}{\sqrt{1-\zeta^2}}\sin\pi\right]\times 100\%=e^{-\frac{\zeta\pi}{\sqrt{1-\zeta^2}}}\times 100\% \tag{3-32}$$

式（3-32）表明，最大超调量只是阻尼系数 ζ 的函数，而与无阻尼自然振荡频率 ω_n 无

关。ζ 越小，超调量越大。在 $\zeta=0$ 时，$\sigma_p\%=100\%$；$\zeta=1$ 时，$\sigma_p\%=0\%$。σ_p 与 ζ 的关系曲线如图 3-19 中的曲线 $\sigma_p-\zeta$。由此曲线可以看出，当 $\zeta=0.4\sim0.8$ 时，相应的最大超调量 $\sigma_p\%=2.5\%\sim25\%$。

4. 衰减率 ψ 和衰减指数 m

在欠阻尼二阶系统的单位阶跃响应中还常常用衰减率 ψ 和衰减指数 m 两个性能指标来说明输出响应 $y(t)$ 的衰减特性。在响应曲线中，定义第一个波幅 A 和第三个波幅 B 之差（参见图 3-1）与第一个波幅 A 之比为衰减率 ψ，即

$$\psi=\frac{A-B}{A}=1-\frac{B}{A} \tag{3-33}$$

对于二阶系统，按照前述对 $y(t)$ 求极值的方法，不难求得第三个波幅 B 为 $B=e^{-3\pi\frac{\zeta}{\sqrt{1-\zeta^2}}}$。将 B 和 A 代入式（3-33）得

$$\psi=1-e^{-2\pi\frac{\zeta}{\sqrt{1-\zeta^2}}} \tag{3-34}$$

式（3-34）表示，二阶系统的衰减率 ψ 和最大超调量一样，也只与阻尼系数 ζ 有关，如图 3-19 中的曲线 $\psi-\zeta$，衰减率 ψ 随 ζ 增大而增大，当 $\zeta=1$ 时，$\psi=1$。

在式（3-32）和式（3-34）的指数中都含有比值 $\frac{\zeta}{\sqrt{1-\zeta^2}}$。该比值也是欠阻尼二阶系统复数极点的实部的绝对值与虚部的绝对值之比［参见图 3-13（a）］，它称为二阶系统的衰减指数，以 m 表示，即

$$m=\frac{\zeta}{\sqrt{1-\zeta^2}}=\frac{\zeta\omega_n}{\omega_n\sqrt{1-\zeta}}=\frac{\zeta\omega_n}{\omega_d} \tag{3-35}$$

衰减指数 m 也是只与阻尼系数 ζ 有关，如图 3-19 中的曲线 $m-\zeta$。从图 3-19 可以看出，m 值也是随 ζ 值的增大而增大，但曲线的形状与曲线 $\psi-\zeta$ 不一样。

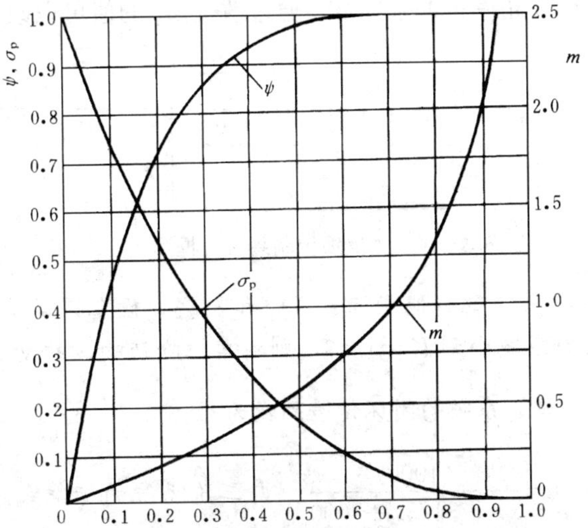

图 3-19　二阶系统的超调量 σ_p、衰减率 ψ 和衰减指数 m 与阻尼系数 ζ 的关系

将式（3-35）代入式（3-32）和式（3-34），便可分别得到用 m 值表示的最大超调量 $\sigma_p\%$ 和衰减率 ψ 为

$$\sigma_p\%=e^{-\pi m}\times100\% \tag{3-36}$$

$$\psi=1-e^{-2\pi m} \tag{3-37}$$

由上可知，二阶系统的 ζ、m、ψ 和 σ_p 四个参数中，每两个参数都有一一对应的关系，因而由其中的一个就可以按照有关的公式或图 3-19 求出其他三个参数。

一般控制系统要求衰减率 ψ 在 0.75～0.90 之间。

5. 调整时间 t_s

调整时间 t_s 的定义为，从起始时刻至首次满足下式条件的时刻之间的时段长

$$|y(t)-y(\infty)| \leqslant \Delta \times y(\infty) \quad (t \geqslant t_s) \tag{3-38}$$

式中，$y(\infty)$ 为 $y(t)$ 的稳态值；Δ 为允许误差范围（见图 3-1），一般取 $\Delta=2\%\sim5\%$。

在工程上，当 $t\geqslant t_s$ 时，近似认为系统的动态响应已经结束。

如果直接用式 3-23 求 t_s 比较困难，为了计算方便，常采用欠阻尼二阶系统的单位阶跃响应曲线的包络线（见图 3-14）近似代替原有的衰减振荡曲线 $y(t)$，并利用包络线方程

$$y^*(t)=1\pm\frac{e^{-\zeta\omega_n t}}{\sqrt{1-\zeta^2}} \tag{3-39}$$

按 t_s 定义计算，即有 $|y^*(t_s)-y(\infty)| \leqslant \Delta \times y(\infty)$。将式（3-39）代入，并考虑到 $y(\infty)=1$，可得 $\left|\dfrac{e^{-\zeta\omega_n t_s}}{\sqrt{1-\zeta^2}}\right|=\Delta=0.02$ 或 0.05。将等号两边取自然对数得 $-\zeta\omega_n t_s=\ln\Delta+\ln\sqrt{1-\zeta^2}$。对于 ζ 较小的欠阻尼系统，ζ^2 可以忽略不计，于是 $\ln=\sqrt{1-\zeta^2}\approx\ln1=0$，所以有常用公式

$$t_s=-\frac{\ln\Delta}{\zeta\omega_n}\approx\begin{cases}\dfrac{3}{\zeta\omega_n} & (\Delta=0.05)\\[2mm] \dfrac{4}{\zeta\omega_n} & (\Delta=0.02)\end{cases} \tag{3-40}$$

若取误差范围 $\Delta=0.05$，则 $t_s\approx\dfrac{3}{\zeta\omega_n}$；若取误差范围 $\Delta=0.02$，则 $t_s\approx\dfrac{4}{\zeta\omega_n}$。

通过上述分析可知，调整时间 t_s 与 ζ 和 ω_n 均成反比关系。在设计系统时，ζ 通常由要求的最大超调量所决定，所以调整时间 t_s 由无阻尼自然振荡频率 ω_n 所决定。也就是说，在不改变超调量的条件下，通过改变 ω_n 的值可以改变调整时间。

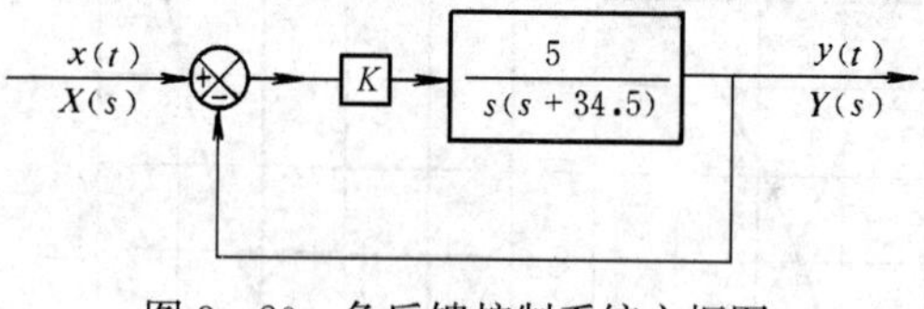

图 3-20 负反馈控制系统方框图

【例 3-1】 设一负反馈控制系统的方框图如图 3-20 所示。由图可知，控制系统的开环传递函数为 $G_0(s)=\dfrac{5}{s(s+34.5)}$。其中，比例控制器的增益 $K=200$，设输入信号 $x(t)$ 为单位阶跃函数，试求系统的单位阶跃响应 $y(t)$ 的性能指标 t_p、t_s 和 $\sigma_p\%$，设允许误差带为 $\Delta=0.02$。如果比例增益增大到 $K=1500$ 或减小到 $K=13.5$，则对单位阶跃响应的动态性能有何影响？

解 系统的闭环传递函数为 $G_0(s)=\dfrac{G_0(s)}{1+G_0(s)}=\dfrac{5K}{s^2+34.5s+5K}$。将 $K=200$ 代入得 $G(s)=\dfrac{1000}{s^2+34.5s+1000}$。与二阶系统的标准式 $G(s)=\dfrac{\omega_n^2}{s^2+2\zeta\omega_n s+\omega_n^2}$ 对照，可得 $\omega_n^2=1000$，$\omega_n=31.6$（rad/s），$\zeta=\dfrac{34.5}{2\omega_n}=0.545$。故峰值时间 t_p 为

$$t_p=\frac{\pi}{\omega_d}=\frac{\pi}{\omega_n\sqrt{1-\zeta^2}}=0.12(\mathrm{s})$$

调整时间 t_s 为

$$t_s=\frac{4}{\zeta\omega_n}=0.23(\mathrm{s})$$

最大超调量$\sigma_p\%$为

$$\sigma_p\%=e^{-\pi\frac{\zeta}{\sqrt{1-\zeta^2}}}=13\%$$

如果K增大到$K=1500$，同样可以计算出$\omega_n=86.6$（rad/s），$\zeta=0.2$。因而可计算出$t_p=0.037s$，$t_s=0.23s$，$\sigma_p\%=52.7\%$。可以看出，K增大后，使阻尼系数ζ减小而ω_n增大，因而峰值时间t_p提前，超调量σ_p加大，而调整时间t_s无多大变化。

当K减小到$K=13.5$时，$\omega_n=8.22$（rad/s），$\zeta=2.1$，系统成为过阻尼（$\zeta>1$）二阶系统，峰值和超调量不复存在，而调整时间t_s可以用前述的等效为一阶系统时的时间常数T_1来计算，可求得

$$t_s=3T_1=1.46(s)$$

很显然，调整时间比上面两种情况下的调整时间大得多，虽然响应无超调，但过程过于缓慢，这在工程上也是不希望的。本例三种情况的单位阶跃响应曲线如图3-21所示。

三、标准二阶系统的单位脉冲响应

当二阶系统的输入信号为单位脉冲函数时，其响应过程称为二阶系统的单位脉冲响应。由于单位脉冲函数$\delta(t)$的拉氏变换等于1，所以$Y(s)=\frac{\omega_n^2}{s^2+2\zeta\omega_n s+\omega_n^2}$，取拉氏反变换得$y(t)=\mathscr{L}^{-1}\left[\frac{\omega_n^2}{s^2+2\zeta\omega_n s+\omega_n^2}\right]$。根据二阶系统特征根的不同情况便可求得下列几种情况下的单位脉冲响应：

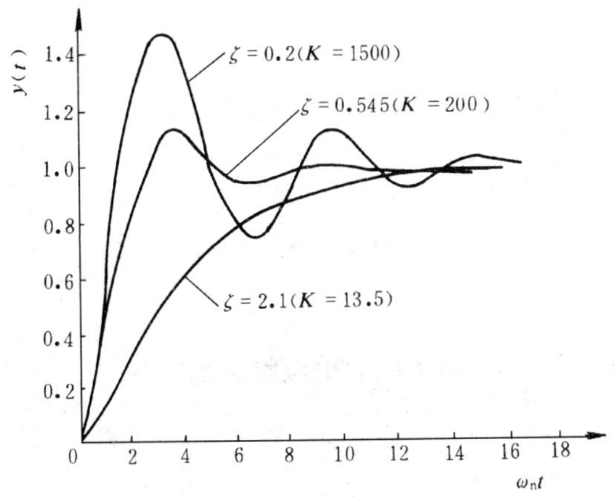

图3-21 例3-1不同K值下的单位阶跃响应曲线

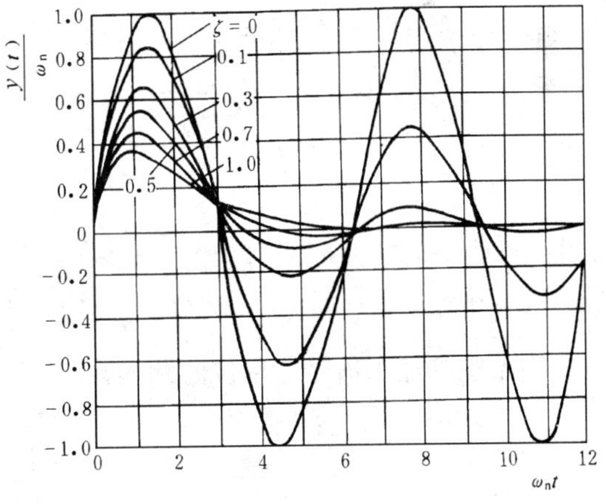

图3-22 二阶系统的单位脉冲响应

（1）无阻尼（$\zeta=0$）情况下的单位脉冲响应为

$$y(t)=\omega_n\sin\omega_n t\quad(t\geqslant 0)\tag{3-41}$$

（2）欠阻尼（$0<\zeta<1$）情况下的单位脉冲响应为

$$y(t)=\frac{\omega_n}{\sqrt{1-\zeta^2}}e^{-\zeta\omega_n t}\sin\omega_n\sqrt{1-\zeta^2}\,t\quad(t\geqslant 0)\tag{3-42}$$

（3）临界阻尼（$\zeta=1$）情况下的单位脉冲响应为

$$y(t)=\omega_n^2 t e^{-\omega_n t}\quad(t\geqslant 0)\tag{3-43}$$

（4）过阻尼（$\zeta>1$）情况下的单位脉冲响应为

$$y(t)=\frac{\omega_n}{2\sqrt{\zeta^2-1}}\times\left[e^{-(\zeta-\sqrt{\zeta^2-1})\omega_n t}-e^{-(\zeta+\sqrt{\zeta^2-1})\omega_n t}\right]\quad(t\geqslant 0)\tag{3-44}$$

以上前三种情况的单位脉冲响应如图 3-22 所示。从图 3-22 可知，二阶系统欠阻尼单位脉冲响应是稳态值为零的衰减振荡过程，其瞬时值有正也有负。但临界阻尼（$\zeta=1$）的单位脉冲响应以及由式（3-44）描述的过阻尼单位脉冲响应则为单调衰减过程（注：图 3-22 中 $\zeta>1$ 的单位脉冲响应未画出，它与 $\zeta=1$ 的单位脉冲响应相类似），其瞬时值不改变符号，即不存在振荡现象。

注：在 Matlab 中，可利用 step 函数求取系统的阶跃响应，利用 impulse 函数求取系统的脉冲响应。如求系统 $G(s)=\frac{4}{s^3+2s^2+4s+1}$ 的阶跃响应，可用命令："num=［4］；den=［1 2 4 1］；t=0：0.01：50；step（num，den，t）"，其中 t 是时间变量数组。

还可利用 lsim 函数求取系统的任意激励响应。如求上例系统的正弦波响应，可用命令："num=［4］；den=［1 2 4 1］；t=0：0.01：50；u=sin（t）；lsim（num，den，u，t）"。

此外，还可利用 simulink 仿真平台分析系统的时域响应。用 simulink 仿真平台，可以选用各种典型环节轻松搭建出所要研究的系统，可随意选择激励信号，并选用合适的系统响应观察模式，从而实现多种动态系统仿真试验研究。

3.5 高阶系统的动态响应及简化分析

一、高阶系统的单位阶跃响应

高阶系统的闭环传递函数可以写成如下一般形式

$$G(s)=\frac{Y(s)}{X(s)}=\frac{k\prod_{i=1}^{m}(s+z_i)}{\prod_{j=1}^{q}(s+p_j)\prod_{k=1}^{r}(s^2+2\zeta_k\omega_{nk}s+\omega_{nk}^2)}\tag{3-45}$$

式中，q 为一阶惯性环节的个数；r 为二阶振荡环节的个数。设系统为 n 阶高阶系统，则式（3-45）中 $q+2r=n$。

当系统的输入信号为单位阶跃函数时，$X(s)=\frac{1}{s}$，则系统的单位阶跃响应为

$$Y(s)=\frac{k\prod_{i=1}^{m}(s+z_i)}{\prod_{j=1}^{q}(s+p_j)\prod_{k=1}^{r}(s^2+2\zeta_k\omega_{nk}s+\omega_{nk}^2)}\times\frac{1}{s}\tag{3-46}$$

当高阶系统为欠阻尼状态，即 $0<\zeta<1$ 时，式（3-46）可用部分分式法写成如下形式

$$Y(s)=\frac{a}{s}+\sum_{i=1}^{q}\frac{a_i}{s+p_i}+\sum_{k=1}^{r}\frac{b_k(s+\zeta_k\omega_{nk})+c_k\omega_{nk}\sqrt{1-\zeta_k^2}}{s^2+2\zeta_k\omega_{nk}s+\omega_{nk}^2}\tag{3-47}$$

式（3-47）中系数 a_i、b_k、c_k 可由留数定理求出。

对式（3-47）进行拉氏反变换可得高阶系统的单位阶跃响应 $y(t)$ 为

$$y(t)=a+\sum_{i=1}^{q}a_i e^{-p_i t}+\sum_{k=1}^{r}b_k e^{-\zeta_k\omega_{nk}t}\cos(\omega_{nk}\sqrt{1-\zeta_k^2})t$$

$$+\sum_{k=1}^{r} c_k e^{-\zeta_k \omega_{nk} t} \sin(\omega_{nk}\sqrt{1-\zeta_k^2})t \quad (t \geqslant 0) \tag{3-48}$$

式（3－48）等号右边第一项为系统单位阶跃响应的稳态分量，第二项为非周期过程的动态分量，第三、第四项为衰减振荡的动态分量。

二、简化分析

仔细分析式（3－47）和式（3－48）可以得出如下一些结论：

（1）当系统的闭环极点全部在 s 平面（根平面）的左半平面时，即极点都是负实数或带有负实部的共轭复数时，则系统是稳定的。如图 3－23 所示，极点 s_1 和 s_4 都为负实数，共轭复数 $s_{2,3}$ 和 $s_{5,6}$ 都带有负实部。

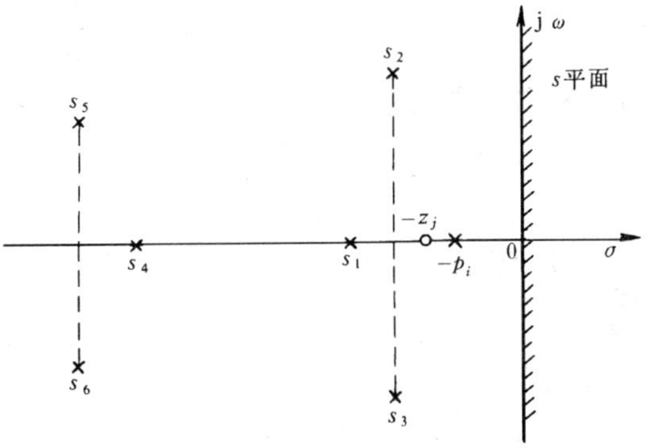

图 3－23　闭环极点和零点的分布

○—零点；×—极点

（2）当系统的闭环极点的负实数或负实部的绝对值越大，即极点离虚轴的距离越远，如图 3－23 中的实数极点 s_4 和共轭复数极点 $s_{5,6}$，则对应这些极点的动态分量衰减越快，对系统的动态响应的影响越小。

（3）高阶系统单位阶跃响应的各个动态分量的系数不仅与对应的极点在 s 平面上的位置有关，而且与零点在 s 平面上的位置有关。如果一个极点的位置与一个零点的位置十分靠近，如图 3－23 中的极点 $-p_i$ 和零点 $-z_j$，那么相应的动态分量的系数 a_i 将很小。则该极点对系统的动态响应几乎没有影响。

（4）如果系统闭环传递函数的某一极点 $-p_i$ 附近没有零点，但与原点相距较近，则相应的动态分量的系数 a_i 就比较大，因此衰减很慢，对系统动态响应的影响就很大。

（5）如果高阶系统的某极点最靠近虚轴，其负实数或负实部比其他的极点的负实部小 5 倍以上，并且附近没有零点，则可以认为系统的动态响应主要由该极点决定。这个对系统动态过程起主导作用的闭环极点，称为**主导极点**。它是所有闭环极点中最重要的极点。该极点通常以共轭复数的形式出现。如果找到一对共轭复数主导极点，那么高阶系统可以近似地当作二阶系统来分析，并可用二阶系统的动态性能指标来估计系统的动态特性。

工程上设计一个高阶控制系统时，对于那些严重影响系统性能的极点可以分别配置一个零点。从而消除其影响，并把这样的零、极点对称为**偶极子**；然后再利用主导极点的概念选择系统的参数，使系统具有一对共轭复数主导极点，这样就可以近似地用二阶系统的性能指标来设计系统了。

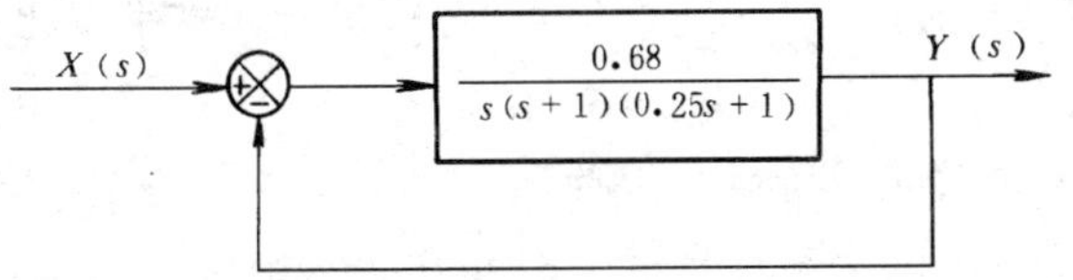

图 3－24　三阶控制系统方框图

【例 3－2】　设一三阶反馈控制系统的方框图如图 3－24 所示，由图可知三阶系统的闭环传递函数为 $G(s)=\dfrac{Y(s)}{X(s)}=\dfrac{2.7}{s^3+5s^2+4s+2.7}$。试绘出输出 $y(t)$ 的单位阶跃响应曲线，并计算超调量 $\sigma_p\%$、上升时间 t_r、峰值时间 t_p 和调整时间 t_s（允许误

差范围 $\Delta=\pm5\%$），并讨论能否用闭环主导极点的概念使系统降阶。

解 三阶系统的闭环传递函数可写成标准形式

$$G(s)=\frac{Y(s)}{X(s)}=\frac{p\omega_n^2}{(s+p)(s^2+2\zeta\omega_n s+\omega_n^2)}$$

当系统输入信号为单位阶跃函数时，$X(s)=\frac{1}{s}$，系统的单位阶跃响应为

$$Y(s)=\frac{p\omega_n^2}{(s+p)(s^2+2\zeta\omega_n s+\omega_n^2)}\times\frac{1}{s}$$

将上式分解为部分分式

$$Y(s)=\frac{1}{s}+\frac{A_1}{s+p}+\frac{A_2}{s+\zeta\omega_n-j\omega_n\sqrt{1-\zeta^2}}+\frac{A_3}{s+\zeta\omega_n+j\omega_n\sqrt{1-\zeta^2}}$$

式中系数 A_1、A_2、A_3 可由留数定理求出：

$$A_1=\frac{-\omega_n^2}{p^2-2\zeta\omega_n p+\omega_n^2}$$

$$A_2=\frac{\frac{p}{2}(2\zeta\omega_n-p)-j\frac{p}{2\sqrt{1-\zeta^2}}(2\zeta^2\omega_n-\zeta p-\omega_n)}{(2\zeta^2\omega_n-\zeta p-\omega_n)^2+(2\zeta\omega_n-p)^2(1-\zeta^2)}$$

$$A_3=\frac{\frac{p}{2}(2\zeta\omega_n-p)+j\frac{p}{2\sqrt{1-\zeta^2}}(2\zeta^2\omega_n-\zeta p-\omega_n)}{(2\zeta^2\omega_n-\zeta p-\omega_n)^2+(2\zeta\omega_n-p)^2(1-\zeta^2)}$$

对 $y(s)$ 取反拉氏变换得

$$\mathscr{L}^{-1}[Y(s)]=y(t)=1-\frac{1}{\beta\zeta^2(\beta-2)+1}e^{-pt}-\frac{1}{\beta\zeta^2(\beta-2)+1}e^{-\zeta\omega_n t}\times\left\{\beta\zeta^2(\beta-2)\cos\omega_d t+\frac{\beta\zeta[\zeta^2(\beta-2)+1]}{\sqrt{1-\zeta^2}}\sin\omega_d t\right\}$$

式中，ω_d 为有阻尼自然振荡频率，$\omega_d=\omega_n\sqrt{1-\zeta^2}$；$\beta$ 为 s 平面上负实极点和复数极点至虚轴的距离之比，$\beta=p/\zeta\omega_n$。

本例系统闭环传递函数的特征方程为 $s^3+5s^2+4s+2.7=0$。解该方程可得 $s_1=-4.2$；$s_{2,3}=-0.4\pm j0.69$。

将闭环传递函数写成标准的三阶系统形式

$$G(s)=\frac{Y(s)}{X(s)}=\frac{4.2\times0.8^2}{(s+4.2)(s^2+2\times0.5\times0.8s+0.8^2)}$$

对照上述三阶系统传递函数的标准形式可得 $p=4.2$，$\zeta=0.5$，$\omega_n=0.8$。同时，可求得比值 $\beta=p/\zeta\omega_n=10.5$。

直接利用上述求 $y(t)$ 的公式可得三阶系统的单位阶跃响应为

$$y(t)=1-0.04e^{-4.2t}-e^{-0.4t}\times(0.96\cos0.69t+0.81\sin0.69t)$$

相应的单位阶跃响应曲线如图 3-25 所示。

由图 3-25 可求得系统输出 $y(t)$ 的响应特性：超调量：$\sigma_p\%=16\%$；上升时间：$t_r=3.2$ (s)；峰值时间：$t_p=4.6$ (s)；调整时间：$t_s=7$ (s)（当允许误差 $\Delta=\pm5\%$时）。

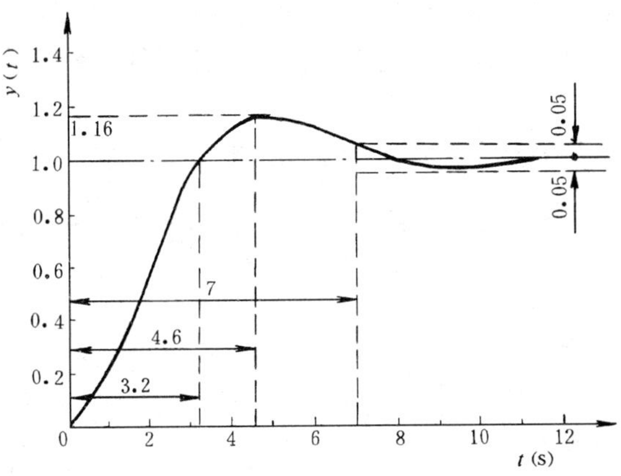

图 3-25　三阶系统的单位阶跃响应曲线

讨论：由于本例三阶系统实数极点 s_1 与共轭复数极点 $s_{2,3}$ 的实部之比大于5倍，即 $\beta=p/\zeta\omega_n=10.5>5$，因此共轭复数极点 $s_{2,3}$ 就可作为闭环主导极点，而三阶系统就可用由这一对闭环主导极点组成的二阶系统来近似，即

$$G(s)=\frac{Y(s)}{X(s)}\approx\frac{k}{(s+0.4+\mathrm{j}0.69)(s+0.4-\mathrm{j}0.69)}\approx\frac{0.64}{s^2+0.8s+0.64}$$

式中，$\zeta=0.5$，$\omega_n=0.8$。

对这个近似的二阶系统，根据前述求二阶系统性能指标公式，式（3-30）～式（3-32）和式（3-40）可得超调量

$$\sigma_p\%=\mathrm{e}^{-\pi\frac{\zeta}{\sqrt{1-\zeta^2}}}=\mathrm{e}^{-\pi\frac{0.5}{\sqrt{1-0.5^2}}}=16.3\%$$

因

$$\theta=\arctan\frac{\sqrt{1-\zeta^2}}{\zeta}=\arctan\frac{\sqrt{1-0.5^2}}{0.5}=1.05(\mathrm{rad})$$

$$\omega_d=\omega_n\sqrt{1-\zeta^2}=0.8\sqrt{1-0.5^2}=0.69(\mathrm{rad/s})$$

由此可得上升时间

$$t_r=\frac{\pi-1.05}{0.69}=3.03(\mathrm{s})$$

峰值时间

$$t_p=\frac{\pi}{\omega_d}=\frac{\pi}{0.69}=4.55(\mathrm{s})$$

调整时间　$t_s\approx\dfrac{3}{\zeta\omega_n}=\dfrac{3}{0.5\times0.8}=7.5(\mathrm{s})$（当允许误差 $\Delta=\pm5\%$ 时）

将近似二阶系统的性能指标与前述三阶系统的相对照可以看出，两者是比较接近的。说明用主导极点的概念使系统降阶是可行的。

3.6　零极点分布对系统动态响应的影响

对实际的高阶系统来说，如果系统是稳定的，即系统的闭环极点均位于根平面（s 平面）的左半部分，则系统的闭环零、极点的分布决定了系统的动态响应，即决定了系统的性能。如果系统的闭环零点和极点离开虚轴较远，则对系统的动态响应影响不大，反之，则影

响较大。增加闭环零点将会提高系统的响应速度。闭环零点越靠近虚轴，这种作用将越显著。增加闭环极点，将会延缓系统的动态响应，也就是降低了系统的响应速度，而且也是离虚轴越近，其作用越显著。

下面举例分别分析增加零点和极点对系统动态响应的影响。

【例 3-3】 已知闭环系统的传递函数为 $G(s)=\dfrac{10}{(s+1)(s+10)}$，试求系统的单位阶跃响应。

解 系统输出的拉氏变换为

$$Y(s)=G(s)R(s)=\frac{10}{(s+1)(s+10)}\times\frac{1}{s}=\frac{1}{s}-\frac{\frac{10}{9}}{s+1}+\frac{\frac{1}{9}}{s+10}$$

对上式取拉氏反变换可得输出 $y(t)$，即

$$y(t)=1-1.1\mathrm{e}^{-t}+0.11\mathrm{e}^{-10t}\approx 1-1.1\mathrm{e}^{-t}$$

闭环系统的极点在 s 平面上的分布如图 3-26（a）所示。输出的单位阶跃响应曲线如图 3-26（b）所示。

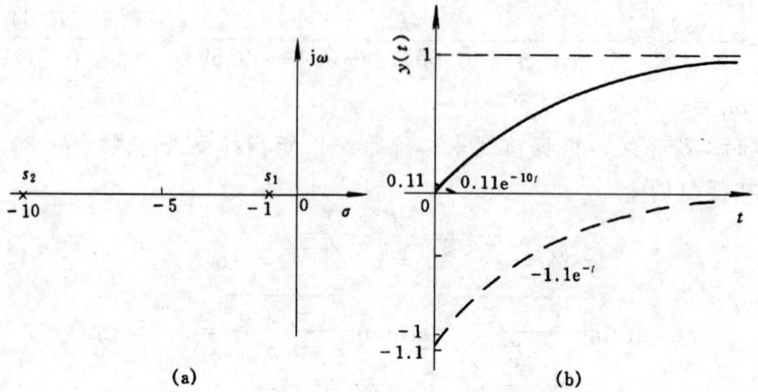

图 3-26 例 3-3 系统的极点分布和系统的单位阶跃响应
（a）系统的极点分布；（b）单位阶跃响应

由图 3-26 可以看出，靠近虚轴的极点 $s_1(s_1=-1)$ 是主导极点，其过渡过程幅度大且衰减慢，支配了系统的动态响应。远离虚轴的极点 $s_2(s_2=-10)$，其过渡过程幅度小且衰减快，因此对系统的动态响应影响很小，可以忽略不计。因此，作系统分析时可以将此系统从二阶降为一阶，即 $G(s)\approx\dfrac{1}{s+1}$。

［例 3-3］说明闭环极点决定了系统的动态性能。有几个闭环极点，就有几个动态分量。这些分量占总响应的比重与闭环极点离虚轴的距离成反比，离得越近则比重越大。

【例 3-4】 设在例 3-3 的基础上增加一个零点（$1+0.8s$），这样系统的传递函数成为 $G(s)=\dfrac{10(1+0.8s)}{(s+1)(s+10)}$，试求系统的单位阶跃响应。

解 与例 3-3 相比，本例系统的传递函数多了一个零点 s_3，$s_3=-\dfrac{1}{0.8}=-1.25$，如图 3-27（a）所示。它很靠近极点 $s_1(s_1=-1)$，可以把它们当作一对偶极子。与例 3-3 类似，

可求出系统输出的拉氏变换为

$$Y(s)=G(s)R(s)=\frac{10(0.8s+1)}{(s+1)(s+10)}\times\frac{1}{s}=\frac{1}{s}-\frac{0.22}{s+1}-\frac{0.78}{s+10}$$

取拉氏反变换得

$$y(t)=1-0.22e^{-t}-0.78e^{-10t}$$

图 3-27 (b) 画出了系统的单位阶跃响应曲线。

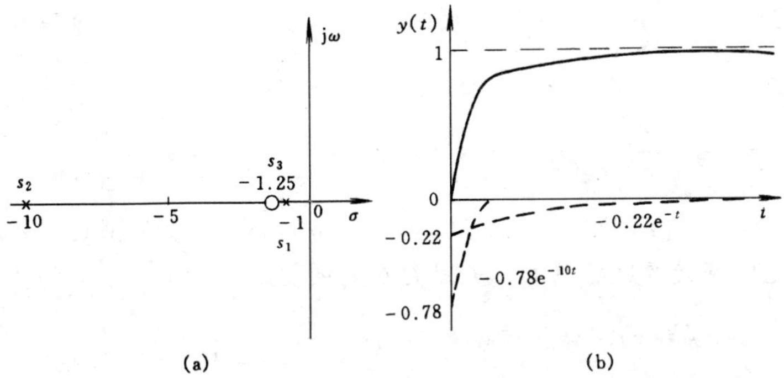

图 3-27　例 3-4 系统的零极点分布和系统的单位阶跃响应
(a) 系统的零极点分布；(b) 单位阶跃响应

由图 3-27 可以看出，传递函数的零点不影响系统动态响应分量的个数，也不影响系统的稳定性。但是，它的存在却显著地改变了系统动态响应的形状。由于在离虚轴较近的极点 $s_1(s_1=-1)$ 附近有一个零点 $s_3(s_3=-1.25)$，这就大大地抵消了该极点在系统动态响应中的作用（留数由 1.1 降至 0.22），使它不可能成为主导极点。相反，本来远离虚轴的极点 $s_2(s_2=-10)$，其留数从 0.11 增至 0.78，这就加大了它在动态响应中的地位，使之不能再被忽略。另外应注意的是，靠近虚轴的偶极子即使零点、极点近似且相消，但其对动态响应的影响一般也不予忽略，这是因为这个动态响应分量的时间常数比较大，往往显著地拖延了系统的过渡过程，这从图 3-27 (b) 可明显地看出。

[例 3-4] 说明闭环零点的作用与闭环极点的作用相反，因而可以抵消极点的惯性延缓作用，使系统的动态响应加快。如果，一个闭环零点很靠近一个闭环极点，将形成一对偶极子，几乎消去了该极点的影响。在图 3-28 中，每个环节后都标出了响应曲线，更直观地表明各典型环节的特性和作用。

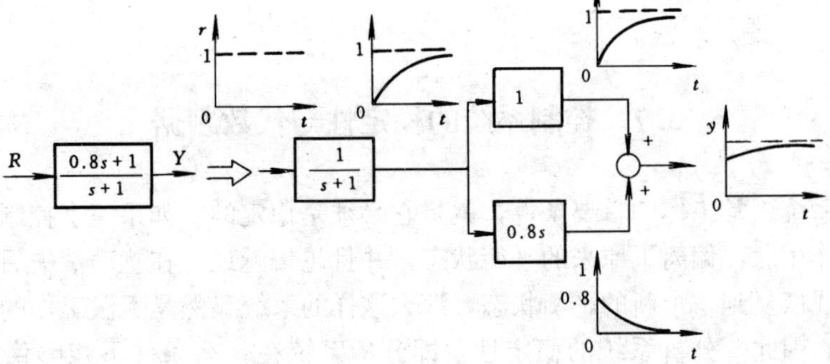

图 3-28　增加零点对过渡过程的影响

【例 3-5】 已知系统的闭环传递函数为$G(s)=\dfrac{20}{(s+10)(s^2+2s+2)}$，试求其单位阶跃响应。

解 由系统的传递函数可知，系统有一对实部为负的共轭复数极点 s_1、s_2（$s_{1,2}=-1\pm j$），还有一个负实数极点 s_3（$s_3=-10$），没有零点。由于 $s_3=-10$，相对于 $s_{1,2}$ 来说，离开虚轴较远，故可被忽略，并把系统当作由主导极点 $s_{1,2}$ 组成的二阶系统来处理。这时二阶系统的传递函数为$G(s)=\dfrac{2}{s^2+2s+2}$，式中的$\zeta=0.707$，$\omega_n=\sqrt{2}$。系统的单位阶跃响应可用下面方法求出：

$$Y(s)=G(s)R(s)=\frac{2}{s^2+2s+2}\times\frac{1}{s}=\frac{1}{s}-\frac{s+2}{s^2+2s+2}=\frac{1}{s}-\frac{s+1}{(s+1)^2+1}-\frac{1}{(s+1)^2+1}$$

$$y(t)=L^{-1}[Y(s)]=1-e^{-t}(\cos t+\sin t)=1-\sqrt{2}e^{-t}\sin(t+45^\circ)$$

可知，系统的动态响应是衰减振荡的，并且存在超调量。

【例 3-6】 已知系统的闭环传递函数为$G(s)=\dfrac{2}{(s+1)(s^2+2s+2)}$，试求其单位阶跃响应。

解 与例 3-5 相比较，本例是把例 3-5 中的传递函数$\dfrac{10}{s+10}$改为$\dfrac{1}{s+1}$，这样本例的极点变成 $s_{1,2}=-1\pm j$，$s_3=-1$。这时因 $s_3=-1$，很靠近虚轴，所以极点 s_3 的影响不能被忽略。系统成为由一个惯性环节$\dfrac{1}{s+1}$和一个振荡环节$\dfrac{2}{s^2+2s+2}$相串联的系统。系统的单位阶跃响应可用下面方法求得

$$Y(s)=G(s)R(s)=\frac{2}{(s+1)(s^2+2s+2)}\times\frac{1}{s}=\frac{1}{s}-\frac{2}{s+1}+\frac{s}{s^2+2s+2}$$

$$y(t)=L^{-1}[Y(s)]=1-2e^{-t}+e^{-t}\sin t$$

可见，系统的振荡性被削弱了。

由以上两例可见，如果系统在 s 平面的左半平面有一对复数极点和一个实数极点，那么这对**复数极点起着振荡作用，而实数极点则起缓和振荡的作用**。如果这个复数极点比较靠近虚轴，而那个实数极点离虚轴距离较远，则这个复数极点就成为主导极点，该三阶系统可降阶为只有这对复数极点的二阶系统。如果那个实数极点和这对复数极点离虚轴的距离差不多，则实数极点响应和复数极点响应的比重相近，系统不存在主导极点从而不能降阶。

3.7　控制系统的稳定性与代数判据

一个控制系统正常工作的首要条件，就是它必须是稳定的。如果一个控制系统在受到外部或内部扰动作用后，偏离了原来的平衡状态，并且越偏越远，在扰动消失后，也不能恢复到原来的状态或恢复到一个新的平衡状态，那么这样的系统显然是无法工作的，也是工程上绝对不允许的。因此，分析系统的稳定性，即分析系统在什么条件下能够稳定，如果不稳定，又用什么方法可使系统能够稳定，这是设计自动控制系统的基本任务之一。本节将先说

明稳定性的基本概念，然后说明稳定的充分必要条件，最后介绍判别稳定性的代数判据——劳斯（Routh）判据。

一、稳定性的基本概念

任何系统在外部和内部扰动作用下会偏离原来的平衡状态，产生偏差。所谓稳定性，就是指系统在扰动消失后，由初始偏差状态恢复到原来平衡状态的性能。若系统能恢复到平衡状态，则称系统是稳定的，如果扰动消失后，不能恢复到平衡状态，而且偏差越来越大，则称系统是不稳定的。举例说明如下。

图 3-29 是说明稳定性概念的示意图。图 3-29（a）是一个单摆，小球在没有外力作用情况下处于平衡位置 A_0 处，即只有受到地球引力而处于垂直位置；如果这时有一外力 f 作用到小球上，单摆将偏离平衡位置 A_0 点而来回摆动；当外力 f 取消后，由于空气阻力和机械摩擦力的作用，单摆最后总是要回到原始平衡位置 A_0 的。因此我们称这类系统是稳定的。图 3-29（b）表明一个小球处在一个凸面顶上，凸面的顶端 A 点也是一个平衡位置。但是小球稍受外力作用离开平衡位置 A 点后，就永远不会回到原来的平衡位置 A 点。因此我们称这类系统是不稳定的。图 3-29（c）表示小球在一个凹面上，小球的初始位置 A 点是一个平衡位置，只要外力作用下不使小球脱离凹面，小球总会回到平衡位置 A 点，但是一旦小球滚动到位置 B'、B''之外，小球就再也不会回复到平衡位置 A 点。这类系统称为小范围内稳定，或称为条件稳定。

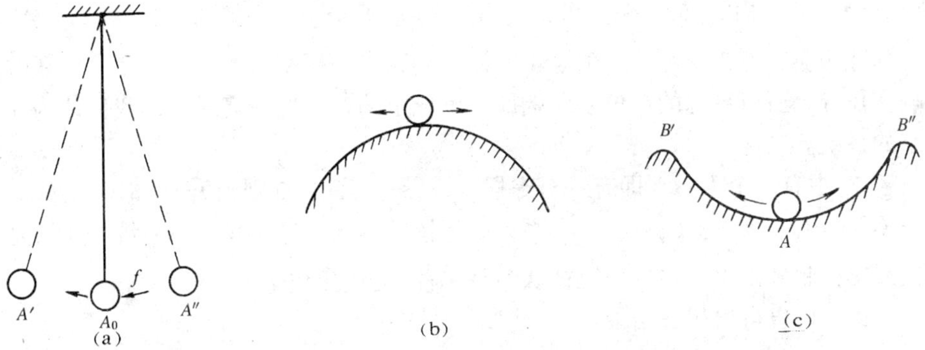

图 3-29　稳定性概念示意图

(a) 单摆；(b) 一个小球处在凸面顶上；(c) 一个小球在凹面上

二、线性控制系统的稳定性

设线性控制系统的动态过程可由 n 阶微分方程来描述

$$a_0\frac{\mathrm{d}^n y(t)}{\mathrm{d}t^n}+a_1\frac{\mathrm{d}^{n-1}y(t)}{\mathrm{d}t^{n-1}}+\cdots+a_{n-1}\frac{\mathrm{d}y(t)}{\mathrm{d}t}+a_n y(t)$$
$$=b_0\frac{\mathrm{d}^m x(t)}{\mathrm{d}t^m}+b_1\frac{\mathrm{d}^{m-1}x(t)}{\mathrm{d}t^{m-1}}+\cdots+b_{m-1}\frac{\mathrm{d}x(t)}{\mathrm{d}t}+b_m x(t) \tag{3-49}$$

如前所述，所谓稳定性就是指扰动消失后系统回复到平衡状态的特性，这说明线性控制系统的稳定性，取决于系统内部的性质，而与输入无关。所以系统的稳定性是由式（3-49）等号左端决定的，或者说，系统的稳定性可以根据齐次微分方程式（3-50）来分析。

$$a_0\frac{\mathrm{d}^n y(t)}{\mathrm{d}t^n}+a_1\frac{\mathrm{d}^{n-1}y(t)}{\mathrm{d}t^{n-1}}+\cdots+a_{n-1}\frac{\mathrm{d}y(t)}{\mathrm{d}t}+a_n y(t)=0 \tag{3-50}$$

为了分析系统的稳定性，需求出式（3－50）的解。由数学分析可知，式（3－50）的特征方程为

$$a_0 s^n + a_1 s^{n-1} + \cdots + a_{n-1} s + a_n = 0 \tag{3-51}$$

求出上式的 n 个特征方程的根，即为式（3－50）齐次微分方程的解。设式（3－51）有 q 个实根 p_i（$i=1, 2, \cdots, q$）和 r 对共轭复数根 $\sigma_j + j\omega_j$，（$j=1, 2, \cdots, r$），$q+2r=n$，则齐次微分方程式（3－50）的解的一般式为

$$y(t) = \sum_{i=1}^{q} A_i e^{p_i t} + \sum_{j=1}^{r} e^{\sigma_j t}(B_j \cos\omega_j t + C_j \sin\omega_j t) \tag{3-52}$$

式中，系数 A_i、B_j、C_j 由初始条件决定。分析式（3－52）可知：

（1）若 $p_i<0$，$\sigma_j<0$（即实数根 p_i 为负数，共轭复数根 $\sigma_j+j\omega_j$ 的实部 σ_j 也为负数），$t\to\infty$ 时，$e^{p_i t}$ 和 $e^{\sigma_j t}$ 两个指数项都趋近于零，系统最终能恢复到平衡状态，所以系统是稳定的。但由于存在共轭复数根，$\omega_j\neq 0$，所以系统是衰减振荡的。

（2）若 $p_i<0$，$\sigma_j<0$，而 $\omega_j=0$，即系统都是实数根，且实数又都是负数，则系统是按指数规律衰减的，不会发生振荡，因此系统也是稳定的。

（3）若 p_i 和 σ_j 中有一个或一个以上是正实数，则当 $t\to\infty$ 时，$e^{p_i t}$ 或 $e^{\sigma_j t}$ 将越来越大，因而 $y(t)$ 将越来越大，称为渐扩过程，则系统是不稳定的。

（4）若 p_i 中有一个为零（即零根）而其他的 p_i 都是负实数，且共轭复数根的实部 $\sigma_j<0$，则当 $t\to\infty$ 时，由式（3－52）可知输出 $y(t)$ 趋近于一个定值 A_i，$\lim\limits_{t\to\infty} y(t)=A_i$，即系统的单位脉冲响应虽然是稳定的，但是不能恢复到原来的平衡状态。由于单位阶跃响应是单位脉冲响应积分，所以系统的单位阶跃响应是不稳定的，在这种情况下，我们认为这也是一种不稳定的系统。

（5）若 σ_j 中有一个为零（即有一对虚根），$p_i<0$，$\omega_j\neq 0$ 则当 $t\to\infty$ 时，由式（3－52）可知 $\lim\limits_{t\to\infty} y(t)=B_j\cos\omega_j t + C_j \sin\omega_j t$，系统为等幅振荡的，这时我们称系统处于稳定的临界状态。在经典控制理论中，临界稳定被认为是一种不稳定的系统。

综上所述，可以得出如下结论：

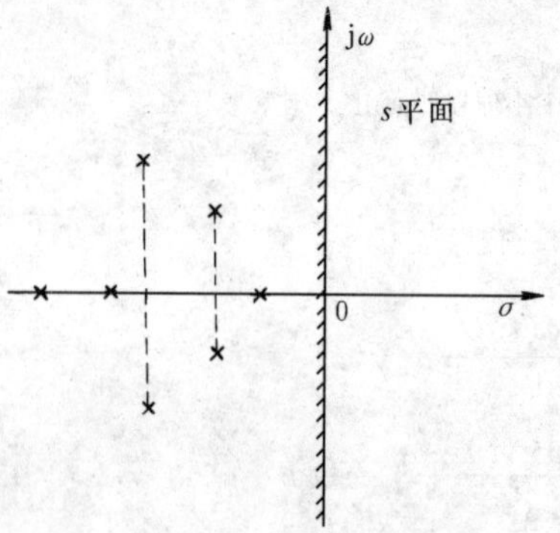

图 3－30　稳定系统的根平面

线性控制系统式（3－49）稳定的充分和必要条件是：其特征方程式的所有根都具有负的实部。

由于系统特征方程的根在根平面上是一个点，所以上述结论的提法又可改成：线性控制系统稳定的充分和必要条件是它的特征方程式的所有根，均在根平面（s 平面）虚轴（jω 轴）的左半部分，如图 3－30 所示。

又由于系统特征方程式的根也就是闭环系统传递函数的极点，所以系统稳定的充分和必要条件也就是它的所有闭环系统传递函数的极点都在 s 平面的虚轴的左半部分。

表 3－1 列举了各种类型特征根（极点）对应的单位脉冲响应曲线 $y(t)=g(t)$ 及其稳定性。

表 3-1　各种类型特征根（极点）对应的单位脉冲响应及其稳定性

序号	特征根（极点）类型	对应的输出量 $y(t)$	极点分布	单位脉冲响应 $y(t)=g(t)$	稳定性
1	一个负实根 $s=-p$	$y(t)=Ae^{-pt}$	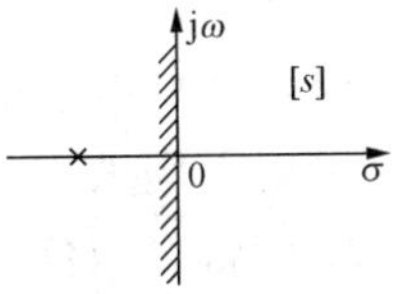	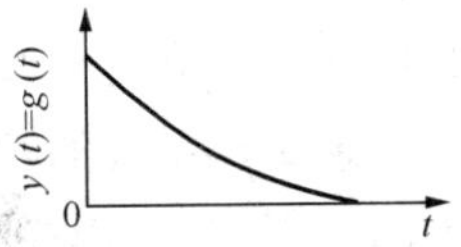	稳定
2	一个正实根 $s=p$	$y(t)=Ae^{pt}$	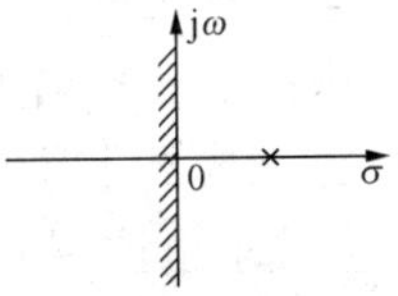	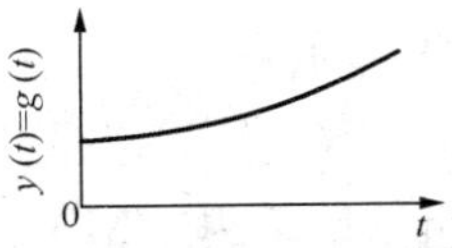	不稳定
3	一对共轭复根（具有负实部）$s_{1,2}=\sigma\pm j\omega$ $(\sigma<0)$	$y(t)=Ae^{\sigma t}\sin(\omega t+\theta)$ $(\theta=0)$	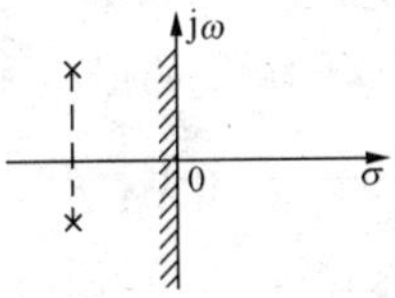	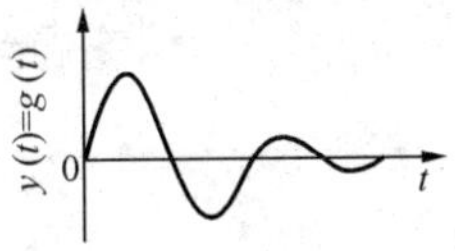	稳定
4	一对共轭复根（具有正实部）$s_{1,2}=\sigma\pm j\omega$ $(\sigma>0)$	$y(t)=Ae^{\sigma t}\sin(\omega t+\theta)$ $(\theta=0)$	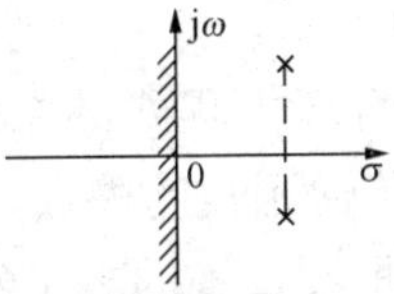	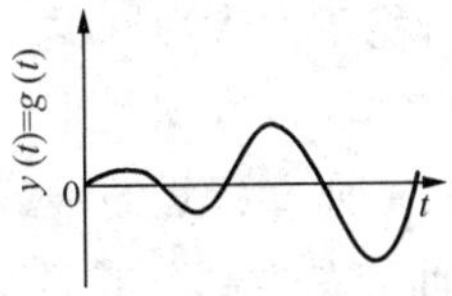	不稳定
5	原点上单根 $s=\sigma=0$	$y(t)=A$	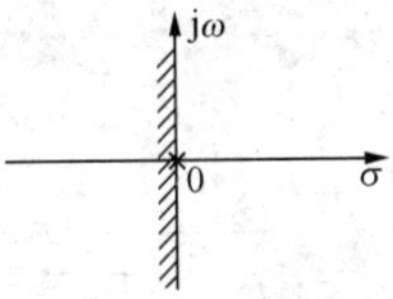	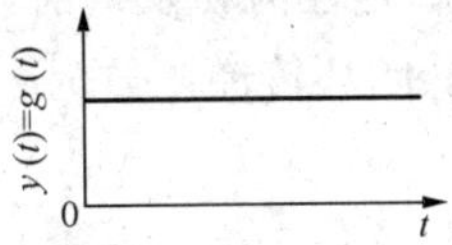	临界（不稳定）
6	一对共轭虚根 $s_{1,2}=\pm j\omega$	$y(t)=A\sin(\omega t+\theta)$ $(\theta=0)$	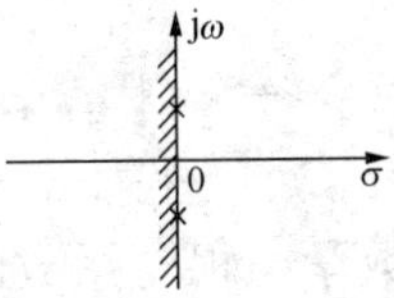	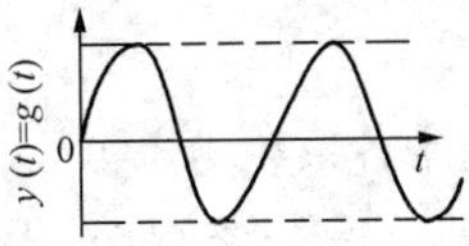	临界（不稳定）

三、判别系统稳定性的方法

以上提出了根据控制系统特征方程式的根来分析系统稳定性的方法，假如特征方程式的根比较容易求得，系统的稳定性自然就容易判定。但是，要人工解四次或更高次的特征方程式是相当困难的。所以在计算机技术还不发达的过去，人们提出了各种不用解特征方程式的根就能判别系统稳定性的方法。虽然方法很多，但它们的共同点都是先判明系统特征方程式的根在根平面（s 平面）上的分布情况，然后再分析其稳定性。

对于线性控制系统，常用的稳定性分析方法有：

(1) 劳斯（Routh）判据和赫尔维茨（Hurwitz）判据：这两种都是代数方法的判据，都是根据特征方程式的系数来直接判断特征方程式的根的实数部分的符号，从而判定系统的稳定性。

（2）根轨迹法：这是一种图解求根法。它是根据系统开环传递函数的零、极点以某一个（或几个）参数为变量作出系统闭环时特征根的轨迹，再根据系统特定的某一参数获得特征方程的根，这样就可以判别系统的稳定与否，并且可以进一步判别系统的动态品质。在第五章中将介绍这种方法。

（3）奈奎斯特（Nyquist）判据：这是一种在频域里判别系统稳定性的方法。它可根据开环频率特性判定闭环系统的稳定性，可以不用求闭环系统的特征根，并且也可以进一步判别系统的动态品质。在第六章的频域分析中将介绍这种判别稳定性的方法。

（4）李亚普诺夫（Liapunov）直接法：这是一种判别非线性系统稳定性的方法，也可用于判别线性系统的稳定性。这一方法是根据李亚普诺夫函数的特征来判定系统的稳定性的。

（5）利用计算机直接求根法：在计算机技术非常发达的今天，可利用计算机及相应的计算机辅助分析软件，例如MATLAB，直接求出控制系统的特征根，然后根据特征根是否处在根平面的左半平面来判别系统的稳定性。

注：在Matlab中，可利用roots函数求取系统的特征根，再根据特征根是否在根平面的左半平面判别系统稳定性。如判别系统 $G(s)=\frac{7}{s^3+2s^2+3s+5}$ 的稳定性，可用命令："den=［1 2 3 5］；p=roots（den）"，得到"p =－1.843 7，－0.078 1+1.644 9i，－0.078 1－1.644 9i"，所以可判系统稳定。

四、劳斯稳定性代数判据

劳斯稳定性代数判据是根据系统特征方程式的系数，应用代数方法来判别系统的稳定性，不必求出特征方程式的根或闭环传递函数的极点，就可以知道所有的根是否都在根平面（s 平面）虚轴的左半部分或者有几个根在虚轴的右半部分，从而判定系统是否稳定。

1. 系统稳定性的初步识别

设系统的闭环传递函数为

$$\frac{Y(s)}{X(s)}=\frac{b_0s^m+b_1s^{m-1}+\cdots+b_{m-1}s+b_m}{a_0s^n+a_1s^{n-1}+\cdots+a_{n-1}s+a_n} \tag{3-53}$$

其特征方程式为

$$a_0s^n+a_1s^{n-1}+\cdots+a_{n-1}s+a_n=0 \tag{3-54}$$

式（3-54）中各系数均为实数，并设 $a_0>0$［假如 a_0 不为正数，则可将式（3-54）两边乘以－1，即得 $a_0>0$］。这样，根据代数学中根与系数的关系，可以证明系统稳定的必要条件是

$$a_0>0,\ a_1>0,\ \cdots,\ a_n>0 \tag{3-55}$$

根据这个系统稳定的必要条件：特征方程式的所有系数必须都是正数的，我们可以在判别系统稳定性时，先检查一下系统特征方程式的系数是否都是正数，若有一个或一个以上的系数是负数或等于零（即缺项），则系统是不稳定的。

【例 3-7】　已知闭环系统的特征方程式为 $s^3-2s^2-s+2=0$，试判别系统的稳定性。

解　特征方程式的系数为 $a_0=1$，$a_1=-2$，$a_2=-1$，$a_3=2$。它们虽然都不等于零，但符号有正、有负，所以可判别系统是不稳定的。用迭代法可求出特征根为 $s_1=1$，$s_2=-1$，$s_3=2$。其中两个根为正实数，说明有两个根在根平面的右半部分。证明此系统是不稳定的。

【例3-8】 已知系统的特征方程式为 $s^3+6s^2+11s+6=0$，试判别系统的稳定性。

解 特征方程的系数为 $a_0=1$，$a_1=6$，$a_2=11$，$a_3=6$。它们都是正数，而且特征方程式也没有缺项，因此满足了系统稳定的必要条件。可判定系统有稳定的可能。求解出特征根为 $s_1=-1$，$s_2=-2$，$s_3=-3$。它们都在根平面的左半部分。这证实了该系统确实是稳定的。

2. 一阶和二阶系统稳定性判别

(1) 一阶系统的特征方程式为 $a_0s+a_1=0$。设 $a_0>0$，则系统的特征根为 $s=-\frac{a_1}{a_0}$。显然，一阶系统稳定的充分和必要条件为 $a_0>0$，$a_1>0$。

(2) 二阶系统的特征方程式为 $a_0s^2+a_1s+a_2=0$。设 $a_0>0$，则系统的特征根（极点）为 $s_{1,2}=\frac{-a_1\pm\sqrt{a_1^2-4a_0a_2}}{2a_0}$。易于证明，只有当 $a_0>0$，$a_1>0$，$a_2>0$ 时，系统的两个极点 s_1、s_2 才都在根平面（s 平面）的左半部分，即是稳定的。所以二阶系统稳定的充分和必要条件是 $a_0>0$，$a_1>0$，$a_2>0$。

3. 劳斯判据和劳斯行列表

假若系统特征方程式的系数都为正数，对一阶和二阶系统来说，已满足了稳定性的充分和必要条件，但对于高于二阶的系统来说，则还要作进一步的判别。也就是说以上所述的原则，对于高于二阶的系统来说，只是系统稳定性的必要条件，还不是系统稳定性的充分条件，还需加进一些条件才能正确判断系统是否稳定。为此，劳斯于1877年提出了劳斯判据。

劳斯判据：**特征方程式的根全部在根平面左半部分的充分必要条件是劳斯行列表的第一列元素都具有正号。如果劳斯行列表的第一列元素出现负号，则改变符号的次数就等于特征方程式的实部为正的根的数目，也就是特征根在根平面右半平面的数目。**

应用劳斯判据，计算出劳斯行列表是关键一环。假设已将系统的特征方程式写成标准形式 $a_0s^n+a_1s^{n-1}+a_2s^{n-2}+\cdots+a_{n-1}s+a_n=0$，则可将各系数组成如下排列的劳斯行列表：

$$
\begin{array}{llllll}
s^n & a_0 & a_2 & a_4 & a_6 & \cdots \\
s^{n-1} & a_1 & a_3 & a_5 & a_7 & \cdots \\
s^{n-2} & b_1 & b_2 & b_3 & b_4 & \cdots \\
s^{n-3} & c_1 & c_2 & c_3 & c_4 & \cdots \\
\vdots & \vdots & \vdots & \vdots & \vdots & \\
s^2 & & & & & \\
s^1 & & & & & \\
s^0 & & & & &
\end{array}
$$

劳斯行列表共有 $n+1$ 行、$\left(\frac{n}{2}+1\right)$ 的整数列，呈倒三角排列。第1行由特征方程式的偶数序列系数 a_0、a_2、a_4、…构成，第2行由特征方程式的奇数序列系数 a_1、a_3、a_5、…构成。从第3行开始，每行的每个元素需要按式（3-56）和式（3-57）所揭示的规律计算。即，每个元素等于该元素的上一行的第一个元素的负倒数乘以一个二阶行列式，该行列式的第

1列元素为上两行的第1列元素，该行列式的第2列元素为上两行的所计算元素所在列的右边一列的元素。一直计算到所计算元素所在列的右边一列的元素不存在为止。照此计算，每计算两行元素，则最大列数减少1列，直到最后两行，只剩一列元素。在计算过程中。为了简化数值运算，可以用一个正整数去除或乘某一行的各项，这不会影响稳定性的判别。

$$\begin{cases} b_1 = \dfrac{a_1a_2 - a_0a_3}{a_1} = -\dfrac{1}{a_1}\begin{vmatrix} a_0 & a_2 \\ a_1 & a_3 \end{vmatrix} \\ b_2 = \dfrac{a_1a_4 - a_0a_5}{a_1} = -\dfrac{1}{a_1}\begin{vmatrix} a_0 & a_4 \\ a_1 & a_5 \end{vmatrix} \\ b_3 = \dfrac{a_1a_6 - a_0a_7}{a_1} = -\dfrac{1}{a_1}\begin{vmatrix} a_0 & a_6 \\ a_1 & a_7 \end{vmatrix} \\ \vdots \end{cases} \tag{3-56}$$

$$\begin{cases} c_1 = \dfrac{b_1a_3 - a_1b_2}{b_1} = -\dfrac{1}{b_1}\begin{vmatrix} a_1 & a_3 \\ b_1 & b_2 \end{vmatrix} \\ c_2 = \dfrac{b_1a_5 - a_1b_3}{b_1} = -\dfrac{1}{b_1}\begin{vmatrix} a_1 & a_5 \\ b_1 & b_3 \end{vmatrix} \\ c_3 = \dfrac{b_1a_7 - a_1b_4}{b_1} = -\dfrac{1}{b_1}\begin{vmatrix} a_1 & a_7 \\ b_1 & b_4 \end{vmatrix} \\ \vdots \end{cases} \tag{3-57}$$

劳斯行列表算出后，应用劳斯判据就可轻松判别系统的稳定性。例如，三阶系统的特征方程式为 $a_0s^3 + a_1s^2 + a_2s + a_3 = 0$。其劳斯行列表为

$$\begin{array}{lll} s^3 & a_0 & a_2 \\ s^2 & a_1 & a_3 \\ s^1 & \dfrac{a_1a_2 - a_0a_3}{a_1} & \\ s^0 & a_3 & \end{array}$$

据劳斯判据，系统稳定的充分必要条件是

$$a_0 > 0,\ a_1 > 0,\ a_2 > 0,\ a_3 > 0,\ a_1a_2 - a_0a_3 > 0 \tag{3-58}$$

又如，四阶系统的特征方程为 $a_0s^4 + a_1s^3 + a_2s^2 + a_3s + a_4 = 0$。其劳斯行列表为

$$\begin{array}{llll} s^4 & a_0 & a_2 & a_4 \\ s^3 & a_1 & a_3 & 0 \\ s^2 & \dfrac{a_1a_2 - a_0a_3}{a_1} & a_4 & \\ s^1 & \dfrac{a_3(a_1a_2 - a_0a_3) - a_1^2a_4}{a_1a_2 - a_0a_3} & & \\ s^0 & a_4 & & \end{array}$$

据劳斯判据，四阶系统稳定的充分和必要条件是

$$\begin{cases} a_0 > 0,\ a_1 > 0,\ a_2 > 0,\ a_3 > 0,\ a_4 > 0,\ a_1a_2 - a_0a_3 > 0 \\ a_3(a_1a_2 - a_0a_3) - a_1^2a_4 > 0 \end{cases} \tag{3-59}$$

【例 3-9】 设闭环系统的特征方程式为 $s^5+6s^4+14s^3+17s^2+10s+2=0$，试用劳斯判据确定系统是否稳定。

解 列出劳斯行列表

s^5	1	14	10	
s^4	6	17	2	
s^3	67	58		（同乘以 6）
s^2	791	134		（同乘以 67）
s^1	36 900			（同乘以 791）
s^0	134			

因劳斯行列表中第一列元素都是正值，特征方程式的系数也都为正值，故系统是稳定的。

【例 3-10】 设闭环系统的特征方程式为 $s^4+3s^3+3s^2+2s+2=0$，试用劳斯判据确定系统的稳定性。

解 列出劳斯行列表

s^4	1	3	2	
s^3	3	2	0	
s^2	7	6		（同乘以 3）
s^1	-4			（同乘以 7）
s^0	6			

因劳斯行列表中第一列各系数的符号改变了两次，由$+7$变成-4，又由-4变成$+6$。因此系统是不稳定的，并说明有两个特征根（极点）在根平面的右半部分。

在计算劳斯行列表中各元素的数值时，有两种情况发生将使计算过程难以继续。一种情况是某行第一列元素等于零，那么计算下一行元素时将出现被零除的情况。另一种情况是某行元素全为零，则计算下一行元素时不但被零除而且分子也全为零。这时，首先可以判断系统是不稳定的，因为第一列元素中已出现等于零而不是大于零的情况；其次，如果还想判别这个不稳定系统有几个非负实部的根，则可采用以下的处理方法。

(1) 如果某行的第一列元素的数值等于零而其余列元素不全为零时，可以用一无穷小的正数 ε 来代替这个零元素，然后按照通常的方法计算劳斯行列表中其余的各项。如果第一列元素出现变号，则表明这个系统有正实部的根。如果第一列元素没有变号，那么应当记住用 ε 取代零的历史，判别系数有共轭虚根。

(2) 如果某行元素全为零，那么对应于在根平面内有与原点对称的实根、共轭虚根或共轭复数根的情况。这时可做如下处理：

1）将为零行的上一行的各元素组成一个多项式，这个多项式称作辅助多项式，它的次数总是偶数。

2）求辅助多项式对 s 的导数，将其系数构成新的一行元素，代替全部为零的一行。

3）继续进行计算劳斯行列表。

4）若第一列元素变号，则系统不稳定。若第一列元素不变号，也要判系统不稳定。因为全零行的出现意味着至少有共轭虚根存在。

5）与原点对称的根可由辅助多项式等于零（即辅助方程式）来求得。

【例 3-11】 设闭环系统的特征方程式为 $s^4+2s^3+s^2+2s+1=0$，试判断系统的稳定性。

解 劳斯行列表为

$$\begin{array}{llll} s^4 & 1 & 1 & 1 \\ s^3 & 2 & 2 & 0 \\ s^2 & \varepsilon(\approx 0) & 1 & \\ s^1 & 2-\dfrac{2}{\varepsilon} & & \\ s^0 & 1 & & \end{array}$$

观察劳斯行列表的第一列元素。当 $\varepsilon\approx 0$ 时，$2-\dfrac{2}{\varepsilon}$ 的值是一个很大的负值。因此可认为第一列的各个系数符号改变了两次。因此可得出结论，系统的特征根有两个具有正实部，即位于根平面的右半部分，所以判定系统是不稳定的。

【例 3-12】 设闭环系统的特征方程式为 $s^3+2s^2+s+2=0$，试判断系统的稳定性。

解 劳斯行列表为

$$\begin{array}{lll} s^3 & 1 & 1 \\ s^2 & 2 & 2 \\ s^1 & 0 & \end{array}$$

可以看出，s^1 行的元素为零。将 s^2 行的各列元素组成辅助多项式 $F(s)=2s^2+2$，将其对 s 求导数，得 $\dfrac{\mathrm{d}F(s)}{\mathrm{d}s}=4$。用其系数作为 s^1 行的元素，得劳斯行列表为

$$\begin{array}{lll} s^3 & 1 & 1 \\ s^2 & 2 & 2 \\ s^1 & 4 & \\ s^0 & 2 & \end{array}$$

观察劳斯行列表第一列，可以看出，第一列元素符号不变，但曾有零元素存在，故知有一对共轭虚根。由辅助多项式 $F(s)=2s^2+2=0$ 可得共轭虚根为 $\pm \mathrm{j}1$，故可判定该系统为临界稳定，也是不稳定的。

【例 3-13】 设闭环系统的特征方程式为 $s^6+2s^5+8s^4+12s^3+20s^2+16s+16=0$，试用劳斯判据判别系统的稳定性。

解 列出劳斯行列表

$$\begin{array}{lllll} s^6 & 1 & 8 & 20 & 16 \\ s^5 & 2 & 12 & 16 & 0 \\ s^4 & 1 & 6 & 8 & \quad（同除以 2） \\ s^3 & 0 & 0 & 0 & \end{array}$$

可以看出，s^3 行的各列元素全部为零。为了继续求出 $s^3\sim s^0$ 行的各列元素，将 s^4 行的各列元素组成辅助多项式 $F(s)=s^4+6s^2+8$，将其对 s 求导数，得 $\dfrac{\mathrm{d}F(s)}{\mathrm{d}s}=4s^3+12s$。用其系数作为 s^3 行的各列系数，并继续计算各列元素，得劳斯行列表为

s^6	1	8	20	16
s^5	2	12	16	0
s^4	1	6	8	
s^3	4	12		
s^2	3	8		
s^1	$\frac{4}{3}$			
s^0	8			

该劳斯表的第一列元素符号没有改变，说明没有正实部的根。但是，该劳斯表的前身的 s^3 行的各项均为零，说明该系统有与原点对称的根。这些根可由辅助方程式 $s^4+6s^2+8=0$ 求出。将辅助方程分解因式有 $(s^2+2)(s^2+4)=0$，可得与原点对称的四个根：$s_{1,2}=\pm j2$，$s_{3,4}=\pm j\sqrt{2}$。

将辅助方程 $s^4+6s^2+8=0$ 除系统的特征方程式，可得系统特征方程式的另外两个根 $s_{5,6}=-1\pm j$。可见，该系统是临界稳定的，也是不稳定的。

【例 3-14】 设闭环系统的特征方程式为 $s^6+3s^5+2s^4+4s^2+12s+8=0$，试用劳斯判据确定系统的稳定性。

解 列出劳斯行列表

s^6	1	2	4	8
s^5	3	0	12	0
s^4	2	0	8	
s^3	0	0	0	

做辅助多项式 $F(s)=2s^4+8$。将 $F(s)$ 对 s 求导数得 $\frac{dF(s)}{ds}=8s^3$。用其系数作为 s^3 行的各列元素，并计算 $s^3\sim s^0$ 各行的元素，可得完整的劳斯行列表为

s^6	1	2	4	8
s^5	3	0	12	0
s^4	2	0	8	
s^3	8	0		
s^2	ε	8		
s^1	$-\frac{64}{\varepsilon}$			
s^0	8			

显然，该劳斯表的第一列元素符号改变了两次，这说明有两个特征根在根平面的右半部分。因此该系统是不稳定的。由于 s^3 行的各元素曾全部为零，所以有对称于原点的根，这些根可由辅助方程式 $2s^4+8=0$ 求出。因为 $2s^4+8=2(s^2+2s+2)(s^2-2s+2)=0$，可得四个对称于原点的方程根：$s_{1,2}=-1\pm j$，$s_{3,4}=+1\pm j$。又因系统的特征方程式可以分解为

$$s^6+3s^5+2s^4+4s^2+12s+8=(s^4+4)(s^2+3s+2)=0，令 s^2+3s+2=0$$

可得另外两个特征根：$s_5=-2$，$s_6=-1$。因系统特征方程式中有两个特征根（$s_{3,4}=\pm1\pm j$）在根平面的右半部分，因此该系统是不稳定的。

4. 应用劳斯判据分析系统参数对稳定性的影响

应用劳斯判据不但能分析系统是否稳定，还可以分析系统中个别参数变化对系统稳定性的影响。

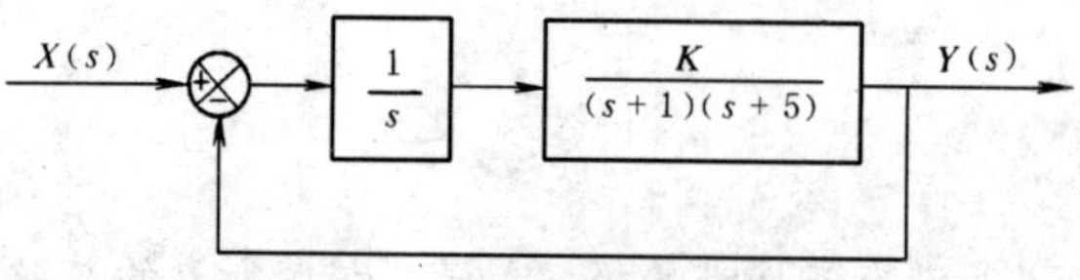

图 3-31 反馈控制系统方框图

【例 3-15】 设有如图 3-31 所示的反馈控制系统，试根据劳斯判据确定积分速度 K 值的合理取值范围。

解 系统的闭环传递函数为 $G(s)=\dfrac{Y(s)}{X(s)}=\dfrac{K}{s(s+1)(s+5)+K}$。系统的特征方程为 $s(s+1)(s+5)+K=0$。可展开为 $s^3+6s^2+5s+K=0$。

列出劳斯行列表

$$
\begin{array}{lcc}
s^3 & 1 & 5 \\
s^2 & 6 & K \\
s^1 & \dfrac{30-K}{6} & \\
s^0 & K &
\end{array}
$$

根据劳斯判据，要使系统稳定，必须使劳斯行列表的第一列元素均为正数，即要求

$$K>0,\ 30-K>0$$

所以 K 值的合理取值范围应为 $0<K<30$。

【例 3-16】 设有如图 3-32 所示的闭环控制系统，其中受控对象的数学模型（传递函数）为 $G_0(s)=\dfrac{1}{s(0.1s+1)(0.2s+1)}$，采用比例控制器，比例增益为 K_p，试用劳斯判据确定 K_p 的取值范围。

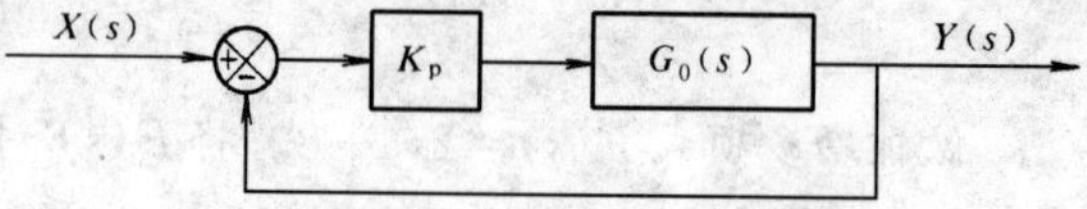

图 3-32 闭环控制系统方框图

解 系统的闭环传递函数为

$$G(s)=\frac{Y(s)}{X(s)}=\frac{K_p}{0.02s^3+0.3s^2+s+K_p}$$

系统的特征方程式为

$$0.02s^3+0.3s^2+s+K_p=0$$

列出劳斯行列表

$$
\begin{array}{lcc}
s^3 & 0.02 & 1 \\
s^2 & 0.3 & K_p \\
s^1 & 1-\dfrac{0.02K_p}{0.3} & \\
s^0 & K_p &
\end{array}
$$

根据劳斯判据，要使系统稳定，必须使劳斯行列表的第一列各元素均为正值，故应有

$K_p>0$，$1-\frac{0.02K_p}{0.3}>0$。为此 K_p 的取值范围应为 $0<K_p<15$。

5. 应用劳斯判据检验系统的相对稳定性和稳定裕量

应用劳斯判据不但可以判定系统稳定不稳定，即系统的绝对稳定性，也可检验系统是否具有一定的稳定裕量，即系统的相对稳定性。在处理实际工程问题时，只判断系统是否稳定是不够的。因为实际系统中，所得到的受控对象数学模型的参数值往往不会很精确，并且有的参数还会随外界环境或条件的变化而变化，这样就给稳定性判断造成误差。为了考虑这些因素带来的误差，往往希望知道系统距离稳定边界有多少裕量，这就是所谓的相对稳定性和稳定裕量。应用劳斯判据检验系统的相对稳定性和稳定裕量的方法，是将根平面（s 平面）的纵坐标轴向左移，然后再应用劳斯判据。例如要检验系统是否具有 σ_1 的稳定裕量，相当于把 s 平面的纵坐标向左位移 σ_1（见图 3-33），然后再应用劳斯判据来判断系统是否仍然稳定。这就是说，将 $s=z-\sigma_1$ 代入系统的特征方程式，写出以 z 为变量的特征方程式，然后用劳斯判据判别 z 的特征方程式的根是否都在新的虚轴的左半部分。如果 z 的所有根均在新的虚轴的左侧（新劳斯行列表的第一列都是正数），则表明系统具有稳定裕量 σ_1。

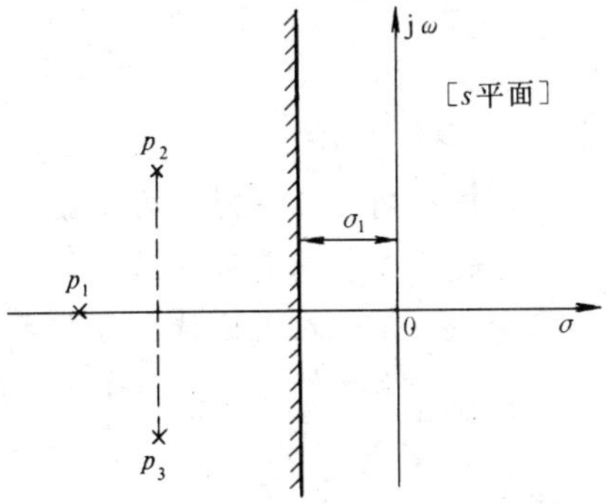

图 3-33 相对稳定性稳定裕量 σ_1 示意图

【例 3-17】 设闭环系统的特征方程式为 $s^3+5s^2+8s+6=0$，试应用劳斯判据判别系统的稳定裕量 σ_1 是否为 1。

解 列出劳斯行列表

$$\begin{array}{lll} s^3 & 1 & 8 \\ s^2 & 5 & 6 \\ s^1 & \frac{34}{5} & \\ s^0 & 6 & \end{array}$$

可以看出，系统是稳定的。因为劳斯行列表的第一列都是正数，因此可进一步检验系统是否有稳定裕量（如果系统不稳定，再要去看是否有稳定裕量就没有意义了）。

根据题意检验系统是否有稳定裕量 $\sigma_1=1$。为此，将 $s=z-1$ 代入原特征方程式，得

$$(z-1)^3+5(z-1)^2+8(z-1)+6=0$$

展开上式并整理后得新的特征方程式为

$$z^3+2z^2+z+2=0$$

列出新的劳斯行列表

$$\begin{array}{lll} z^3 & 1 & 1 \\ z^2 & 2 & 2 \\ z^1 & 0\approx\varepsilon & \\ z^0 & 2 & \end{array}$$

由于第一列的符号不变，说明在新的虚轴右半平面内没有 z 特征方程式的根，但由于

z^1 行第 1 列的元素为零，故有一对虚根在新的虚轴上。这说明，原系统的稳定裕量 σ_1 刚好为 1。

【例 3-18】 设闭环系统的特征方程式为 $2s^3+10s^2+13s+4=0$，试应用劳斯判据判别系统的稳定裕量 σ_1 是否为 1。

解 系统的劳斯行列表为

$$\begin{array}{lll} s^3 & 2 & 13 \\ s^2 & 10 & 4 \\ s^1 & 12.2 & \\ s^0 & 4 & \end{array}$$

可见，劳斯行列表第一列均为正数，所以没有特征根在 s 平面的右半部分，说明系统是稳定的，故可进一步求稳定裕量。

将 $s=z-1$ 代入上述特征方程式，得

$$2(z-1)^3+10(z-1)^2+13(z-1)+4=0$$

即

$$2z^3+4z^2-z-1=0$$

新的劳斯行列表为

$$\begin{array}{lll} z^3 & 2 & -1 \\ z^2 & 4 & -1 \\ z^1 & -\frac{1}{2} & \\ z^0 & -1 & \end{array}$$

由上表可见，第一列元素符号改变了一次，故有一个根在新虚轴的右边，因此系统的稳定裕量达不到 $\sigma_1=1$。

3.8 控制系统的稳态误差分析及误差系数

评价一个控制系统的性能包括动态性能和稳态性能两大部分。为了衡量系统的动态性能，前面已经讨论了动态性能指标和分析了一阶、二阶和高阶系统的稳定性及快速性。为了衡量系统的稳态性能，本节将研究控制系统的稳态误差。所谓稳态误差，是指系统达到稳态时，输出量的期望值与稳态值之间存在的差值。稳态误差的大小是衡量控制系统准确性的重要时域性能指标。影响系统稳态误差的因素很多，例如系统的结构、系统的参数以及输入信号的类型等。没有稳态误差的系统称为**无差系统**，具有稳态误差的系统称为**有差系统**。

为了分析方便，将系统的稳态误差分为两类：由给定值输入（或称参考输入）引起的稳态误差称为**给定稳态误差**；由扰动输入引起的稳态误差称为**扰动稳态误差**。对于随动系统，给定值输入信号是不断变化的，所以要求系统的输出以一定的精度跟随给定值信号的变化而变化。我们常用给定稳态误差来衡量随动系统的控制精度。对于恒值控制系统（一般工程上的控制系统大部分属于这种控制系统），给定值输入信号通常是不变的，需要研究的是扰动量输入对系统稳态响应的影响，因此，我们常用扰动稳态误差来衡量恒值控制系统的控制精度。

一、控制系统误差的定义

一个控制系统，无论是开环控制系统还是闭环控制系统，该系统的误差量 $e(t)$ 的通用定义为该系统的期望被控量 $y_q(t)$ 减去实际被控量 $y(t)$，如式（3-60）所示。$y_q(t)$ 和 $y(t)$ 应当是同量纲的物理量。

$$e(t)=y_q(t)-y(t) \tag{3-60}$$

对于一个单位反馈控制系统（见图 3-34），设定值变量 $r(t)$ 被设计为该控制系统的期望被控量 $y_q(t)$，所以常见的控制系统误差量定义式为

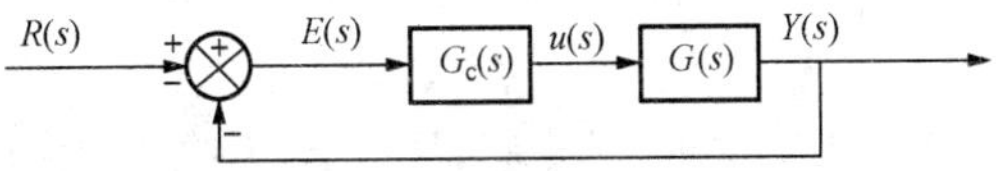

图 3-34　单位反馈控制系统

$$e_1(t)=r(t)-y_q(t) \tag{3-61}$$

但是对于一个非单位反馈控制系统（见图 3-35），更实用的控制系统误差量定义式为

$$e_2(t)=r(t)-b(t) \tag{3-62}$$

式中：$b(t)$ 为被控量 $y(t)$ 的反馈量，或者说是 $y(t)$ 的检测量。

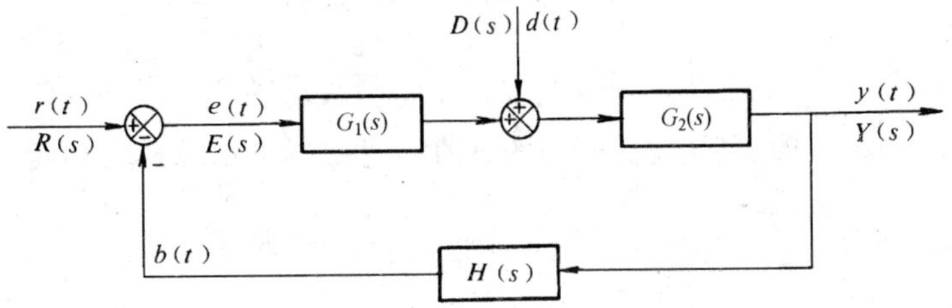

图 3-35　非单位反馈控制系统

当图 3-35 中的传感器环节 $H(s)=1$ 时，恒有 $b(t)=y(t)$，该系统就是一个单位反馈控制系统，式（3-61）和式（3-62）的定义将完全等同，$e_1(t)=e_2(t)$。但是当 $H(s)\neq 1$ 时，式（3-61）和式（3-62）的定义将不同，$e_1(t)\neq e_2(t)$。不过，图 3-35 所示的非单位反馈控制系统可等效变换为图 3-36 所示的单位反馈控制系统。可见，一个非单位反馈控制系统相当于有设定值滤波器为 $\dfrac{1}{H(s)}$ 的单位反馈控制系统。据此变换，后述基于单位反馈控制系统的理论分析结论都可拓展应用到非单位反馈控制系统中。

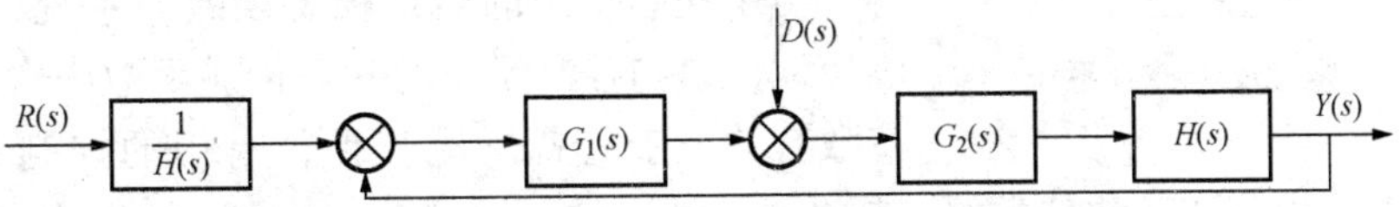

图 3-36　非单位反馈控制系统化为单位反馈控制系统

二、控制系统稳态误差的定义与计算

针对如图 3-35 所示的非单位反馈控制系统，按式（3-62）定义该系统的误差，则该系统的稳态误差，设用 e_{ss} 表示，就是当 $t\to\infty$ 时误差的极限值

$$e_{ss}=\lim_{t\to\infty}e_2(t)=\lim_{t\to\infty}[r(t)-b(t)] \tag{3-63}$$

当给定值输入 $r(t)$ 和扰动输入 $d(t)$ 同时作用时，输出 $y(t)$ 的拉氏变换 $Y(s)$ 为

$$Y(s)=G_1(s)G_2(s)E(s)+D(s)G_2(s)=G_1(s)G_2(s)[R(s)-H(s)Y(s)]+D(s)G_2(s)$$

将上式整理后得

$$Y(s)=\frac{G_1(s)G_2(s)}{1+G_1(s)G_2(s)H(s)}R(s)+\frac{G_2(s)}{1+G_1(s)G_2(s)H(s)}D(s) \tag{3-64}$$

误差 $e(t)$ 的拉氏变换为

$$E(s)=R(s)-H(s)Y(s)=\frac{1}{1+G_1(s)G_2(s)H(s)}R(s)-\frac{G_2(s)H(s)}{1+G_1(s)G_2(s)H(s)}D(s) \tag{3-65}$$

式（3-65）表明，误差 $E(s)$ 既与给定值输入 $R(s)$ 及扰动输入 $D(s)$ 有关，也与系统的结构有关，即与 $G_1(s)$、$G_2(s)$、$H(s)$ 等有关。

式（3-65）等号右边第一项对应于给定值输入 $r(t)$ 所引起的误差，用 $E_r(s)$ 代表；右边第二项对应于扰动输入 $d(t)$ 所引起的误差，用 $E_d(s)$ 代表，因此式（3-65）可写成

$$E(s)=E_r(s)+E_d(s) \tag{3-66}$$

$$E_r(s)=\frac{1}{1+G_1(s)G_2(s)H(s)}R(s) \tag{3-67}$$

$$E_d(s)=\frac{-G_2(s)H(s)}{1+G_1(s)G_2(s)H(s)}D(s) \tag{3-68}$$

对式（3-67）和式（3-68）利用拉氏变换的终值定理 $e_{ss}=\lim\limits_{s\to 0}sE(s)$，可得给定稳态误差为

$$e_{ssr}=\lim_{s\to 0}\frac{s}{1+G_1(s)G_2(s)H(s)}R(s) \tag{3-69}$$

及扰动稳态误差为

$$e_{ssd}=\lim_{s\to 0}\frac{-sG_2(s)H(s)}{1+G_1(s)G_2(s)H(s)}D(s) \tag{3-70}$$

三、反馈控制系统的开环传递函数与系统型次数定义

开环传递函数是指反馈控制系统的控制回路中所有环节的乘积函数，例如，只有一个前向环节 $G(s)$ 和一个反馈环节 $H(s)$ 组成的控制回路（见图 3-37），其开环传递函数就是 $G(s)H(s)$。后文将用 $G(s)H(s)$ 来专门表示开环传递函数。其他书中表示开环传递函数的方式各不相同，常见的表示形式有：$G_k(s)$、$G_o(s)$ 或 $G_{open}(s)$。

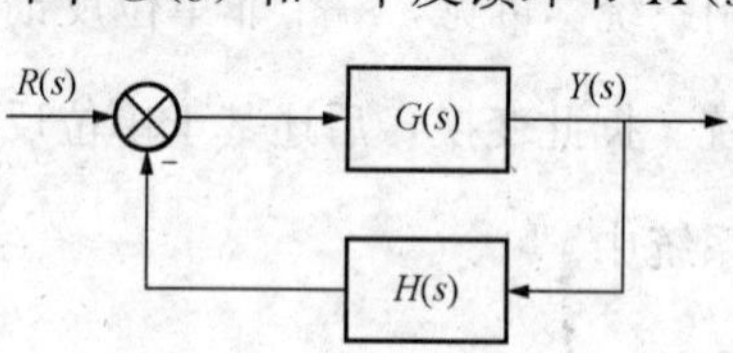

图 3-37 典型反馈控制系统

由于控制系统的给定稳态误差与系统的结构有关，确切地说是与控制系统的开环传递函数中含有的积分环节数有关，于是就形成一种很有用的控制系统分类方法：按开环系统积分环节数分类的控制系统分类法。

假设控制系统的开环传递函数为

$$G(s)H(s)=\frac{K\prod\limits_{i=1}^{m}(\tau_i s+1)}{s^N\prod\limits_{j=1}^{n-N}(T_j s+1)} \tag{3-71}$$

式中，K 为开环增益；N 为开环结构中串联的积分环节数；τ_i 为开环传递函数分子因式的时间常数，$i=1, 2, \cdots, m$；T_j 为开环传递函数分母因式的时间常数，$j=1, 2, \cdots, n-N$。

控制系统根据不同的 N 值分为不同类型。例如，当 $N=0$ 时，称为 0 型系统；$N=1$ 时，称为 1 型系统；$N=2$ 时，称为 2 型系统；……。

N 为反馈控制系统中开环传递函数所含有的积分环节数，也被定义为反馈控制系统的系统型次数。反馈控制系统的型次数 N 是代表反馈控制系统的准确性性能的重要参数。

四、不同型次控制系统的给定稳态误差

将开环传递函数的表达式（3-71）代入式（3-69），即可求得给定稳态误差，并可看出，给定稳态误差将与给定值输入类型、开环放大系数和系统的类型（0 型、1 型、2 型系统等）有关。通常采用阶跃输入、斜坡输入和抛物线输入等来研究给定稳态误差。每种输入又可以作用于不同类型的系统，从而得到稳态误差的不同计算结果。下面介绍不同情况下给定稳态误差的计算。

1. 阶跃输入

当输入为单位阶跃函数时，$r(t)=R_0 1(t)$，$R(s)=\dfrac{R_0}{s}$，代入式（3-69）得给定稳态误差为

$$e_{ssr}=\lim_{s\to 0}\frac{s}{1+G_1(s)G_2(s)H(s)}\times\frac{R_0}{s}\tag{3-72}$$

令 $G_1(s)G_2(s)=G(s)$，并定义

$$K_p=\lim_{s\to 0}G(s)H(s)\tag{3-73}$$

K_p 称为**稳态位置误差系数**。

将 $G(s)$，K_p 代入式（3-72）得

$$e_{ssr}=\lim_{s\to 0}\frac{R_0}{1+G(s)H(s)}=\frac{R_0}{1+\lim\limits_{s\to 0}G(s)H(s)}=\frac{R_0}{1+K_p}\tag{3-74}$$

对于 0 型系统，$K_p=\lim\limits_{s\to 0}\dfrac{K\prod\limits_{i=1}^{m}(\tau_i s+1)}{\prod\limits_{j=1}^{n}(T_j s+1)}=K$，$e_{ssr}=\dfrac{R_0}{1+K}$。

对于 1 型及以上系统，$K_p=\lim\limits_{s\to 0}\dfrac{K\prod\limits_{i=1}^{m}(\tau_i s+1)}{s^N\prod\limits_{j=1}^{n-N}(T_j s+1)}=\infty$（$N\geqslant 1$），$e_{ssr}=\dfrac{R_0}{1+K_p}=0$。

从以上分析可以看出，由于 0 型系统中没有积分环节，单位阶跃输入时的稳态误差为一个定值，它的大小差不多与系统开环传递系数 K 成反比。K 越大，e_{ssr} 越小，但总有误差。所以这种开环结构中没有积分环节的 0 型系统，又常称为有差系统。

对生产过程实际的控制系统，一般是允许存在稳态误差的，只要它不超过规定的指标就可以了。但总是希望稳态误差愈小愈好。为此，常在稳定条件允许的前提下，增大 K_p 或 K。若要求系统对阶跃输入的稳态误差为零，则系统必须是 1 型或高于 1 型的，即其开环传递函数中必须具有积分环节。

2. 斜坡输入

当输入为单位斜坡函数时，$r(t)=R_1 t$，所以 $R(s)=\dfrac{R_1}{s^2}$，代入式（3-69），得给定稳态误差为

$$e_{ssr}=\lim_{s\to 0}\frac{s}{1+G(s)H(s)}\times\frac{R_1}{s^2}=\lim_{s\to 0}\frac{R_1}{s+sG(s)H(s)}=\frac{R_1}{\lim\limits_{s\to 0}sG(s)H(s)} \tag{3-75}$$

定义

$$K_v=\lim_{s\to 0}sG(s)H(s) \tag{3-76}$$

K_v 称为**稳态速度误差系数**。将 K_v 代入式（3－75），得

$$e_{ssr}=\frac{R_1}{K_v} \tag{3-77}$$

对于 0 型系统

$$K_v=\lim_{s\to 0}s\times\frac{K\prod\limits_{i=1}^{m}(\tau_i s+1)}{\prod\limits_{j=1}^{n}(T_j s+1)}=0$$

$$e_{ssr}=\frac{R_1}{K_v}=\infty$$

对于 1 型系统

$$K_v=\lim_{s\to 0}s\times\frac{K\prod\limits_{i=1}^{m}(\tau_i s+1)}{s\prod\limits_{j=1}^{n-1}(T_j s+1)}=K$$

$$e_{ssr}=\frac{R_1}{K_v}=\frac{1}{K}$$

对于 2 型或高于 2 型的系统

$$K_v=\lim_{s\to 0}s\times\frac{K\prod\limits_{i=1}^{m}(\tau_i s+1)}{s^N\prod\limits_{j=1}^{n-N}(T_j s+1)}=\infty(N\geqslant 2)$$

$$e_{ssr}=\frac{R_1}{K_v}=0$$

上述分析表明：①对于 0 型系统，输出不能紧跟等速度输入（斜坡输入），最后稳态误差趋近∞；②对于 1 型系统，输出能跟踪等速度输入，但总有误差$\left(\frac{1}{K}\right)$，为了减少误差，必须使开环传递函数的 K_v 或 K 值足够大；③对于 2 型或 2 型以上系统，稳态误差为零。

所以对于斜坡输入信号，要使系统稳态误差为定值或为零，必须使开环传递函数的积分环节数 N 大于等于 1，也就是要有足够的积分环节数。

3. 抛物线输入

当输入为抛物线函数（即等加速度函数）时，$r(t)=\frac{R_2}{2}t^2(t>0)$，$R(s)=\frac{R_2}{s^3}$，代入式（3－69）得给定稳态误差为

$$e_{ssr}=\lim_{s\to 0}\frac{s}{1+G(s)H(s)}\times\frac{R_2}{s^3}=\lim_{s\to 0}\frac{R_2}{s^2+s^2G(s)H(s)}=\frac{R_2}{\lim\limits_{s\to 0}s^2G(s)H(s)} \tag{3-78}$$

定义
$$K_a = \lim_{s \to 0} s^2 G(s)H(s) \tag{3-79}$$

K_a 称为**稳态加速度误差系数**。将 K_a 代入式（3 - 78），得

$$e_{ssr} = \frac{R_2}{K_a} \tag{3-80}$$

对于 0 型系统

$$K_a = \lim_{s \to 0} s^2 \times \frac{K\prod_{i=1}^{m}(\tau_i s + 1)}{\prod_{j=1}^{n}(T_j s + 1)} = 0$$

$$e_{ssr} = \frac{R_2}{K_a} = \infty$$

对于 1 型系统

$$K_a = \lim_{s \to 0} s^2 \times \frac{K\prod_{i=1}^{m}(\tau_i s + 1)}{s\prod_{j=1}^{n-1}(T_j s + 1)} = 0$$

$$e_{ssr} = \infty$$

对于 2 型系统

$$K_a = \lim_{s \to 0} s^2 \times \frac{K\prod_{i=1}^{m}(\tau_i s + 1)}{s^2\prod_{j=1}^{n-2}(T_j s + 1)} = K$$

$$e_{ssr} = \frac{R_2}{K_a} = \frac{R_2}{K}$$

对于 3 型或高于 3 型的系统

$$K_a = \infty$$

$$e_{ssr} = 0$$

所以当输入为抛物线函数时，0 型和 1 型系统都不能满足要求，2 型系统能工作，但要有足够大的 K_a 或 K 使稳态误差在允许范围之内。只有 3 型或 3 型以上的系统，输出才能紧跟输入，且稳态误差为零。但是必须指出，当开环传递函数的积分环节增多时，系统的动态稳定性将变得很差以至不能正常工作。

当输入信号是上述典型输入的组合时，为使系统满足稳态响应的要求，N 值应按最复杂的输入函数来选定（例如输入函数包含有阶跃和斜坡两种函数时，N 必须大于或等于 1，即 $N \geqslant 1$）。

表 3 - 2 概括了不同系统在不同典型输入信号作用下的稳态误差数值。

【例 3 - 19】　设有如图 3 - 38 所示的两个单位反馈控制系统，当给定值输入 $r(t) = 4 + 6t + 3t^2$ 时，试分别求出两个系统的稳态误差。

解　图 3 - 38（a）的控制系统为 1 型系统，其 $K_a = 0$，输出不能跟随输入 $r(t)$ 的 $3t^2$ 分量，所以 $e_{ssr} = \infty$。

图 3 - 38（b）的系统为 2 型系统，其 K_a 为 $K_a = \lim_{s \to 0} s^2 \times \frac{10\ (s+1)}{s^2\ (s+2)} = 5$

表 3-2 给定稳态误差 e_{ssr} 综合表

系统类型	阶跃输入 $r(t)=R_0 1(t)$		斜坡输入 $r(t)=R_1 t$		抛物线输入 $r(t)=\frac{R_2}{2}t^2$	
	稳态位置误差系数 K_p	稳态误差 e_{ssr}	稳态速度误差系数 K_v	稳态误差 e_{ssr}	稳态加速度误差系数 K_a	稳态误差 e_{ssr}
0 型系统	K	$\frac{R_0}{1+K}$	0	∞	0	∞
1 型系统	∞	0	K	$\frac{R_1}{K}$	0	∞
2 型系统	∞	0	∞	0	K	$\frac{R_2}{K}$

$$e_{ssr}=\lim_{s\to 0}sE(s)=\lim_{s\to 0}\frac{sR(s)}{1+G_{02}(s)}=\lim_{s\to 0}\frac{s\left(\frac{4}{s}+\frac{6}{s^2}+\frac{6}{s^3}\right)}{1+\frac{10(s+1)}{s^2(s+2)}}=1.2$$

本例说明，当输入为阶跃、斜坡和抛物线函数的组合时，抛物线函数分量要求系统类型号 $N\geqslant 2$。图 3-38（b）所示系统的 $N=2$，所以能跟随输入信号中的抛物线函数分量，但仍有稳态误差；而图 3-38（a）所示的系统，因 $N=1$，故输出不能跟随抛物线函数分量，稳态误差趋向∞。

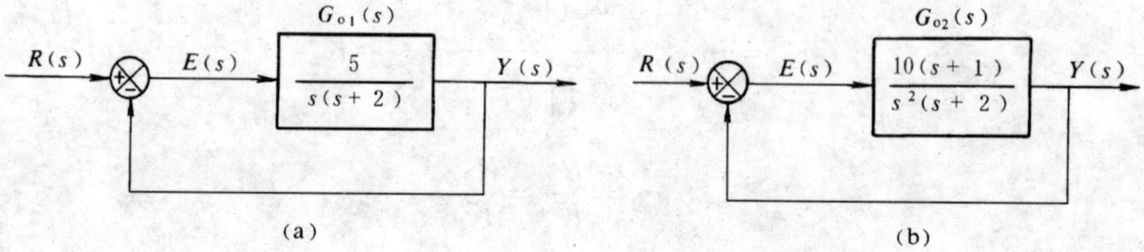

图 3-38 ［例 3-19］单位反馈控制系统

五、控制系统的扰动稳态误差分析

控制系统除了受到给定值输入的作用外，还经常处于各种扰动输入的作用下。扰动输入可能从各种不同部位作用到系统，如从受控过程输入处或输出处，或传感器输入处。同样形式的扰动输入作用于系统的部位不同时，控制系统的稳态误差将可能不同。此外，前述的给定稳态误差与系统型次之间的那种固定关系也不复存在。例如，在设定值阶跃输入下，1 型控制系统的给定稳态误差一定为零，但是在扰动阶跃输入下，1 型控制系统的扰动稳态误差未必为零。

以下仍以图 3-35 所示的反馈控制系统为例，分析扰动输入下控制系统的稳态误差与系统型次、扰动形式和部位之间的关系。

由图 3-35 可知，已知扰动 $D(s)$ 引起的稳态误差为 $E_d(s)=\frac{-G_2(s)H(s)}{1+G_1(s)G_2(s)H(s)}D(s)$。设

$$G_1(s)=\frac{K_1\prod_{i=1}^{m_1}(\tau_i s+1)}{s^{N_1}\prod_{j=1}^{n_1-N_1}(T_j s+1)} \tag{3-81}$$

式中，N_1 为 $G_1(s)$ 含有的积分环节数。再设

$$G_2(s)H(s)=\frac{K_2\prod_{i=1}^{m_2}(\alpha_i s+1)}{s^{N_2}\prod_{j=1}^{n_2-N_2}(\beta_j s+1)} \tag{3-82}$$

式中，N_2 为 $G_2(s)H(s)$ 含有的积分环节数。将式（3-81）和式（3-82）代入式（3-70），并考虑形如 $T_j s+1$ 的因式在 $s\to 0$ 时为 1，可推得

$$e_{\mathrm{ssd}}=\lim_{s\to 0}\frac{-sG_2(s)H(s)}{1+G_1(s)G_2(s)H(s)}D(s)=\lim_{s\to 0}\frac{-K_2 s^{1+N_1}}{s^{N_1+N_2}+K_1K_2}D(s) \tag{3-83}$$

当扰动 $D(s)$ 为单位阶跃信号 $\left(D(s)=\dfrac{1}{s}\right)$ 时，若 $N_1=0$，$N_2=1$，据式（3-83）有

$$e_{\mathrm{ssd}}=\lim_{s\to 0}\frac{-K_2 s^{1+N_1}}{s^{N_1+N_2}+K_1K_2}D(s)=\lim_{s\to 0}\frac{-K_2 s^1}{s^1+K_1K_2}\times\frac{1}{s}=-\frac{1}{K_1} \tag{3-84}$$

但是若 $N_1=1$，$N_2=0$，据式（3-83）有

$$e_{\mathrm{ssd}}=\lim_{s\to 0}\frac{-K_2 s^{1+N_1}}{s^{N_1+N_2}+K_1K_2}D(s)=\lim_{s\to 0}\frac{-K_2 s^2}{s^1+K_1K_2}\times\frac{1}{s}=0 \tag{3-85}$$

这两种情况说明，尽管系统的型次同样为 $1(N=N_1+N_2)$，但是系统的扰动稳态误差不相同，1 型系统在阶跃扰动输入下也不一定成为无差系统。看来，若要保证在扰动阶跃下达到系统无差，只有让 $N_1\geqslant 1$。换句话说，若要扰动稳态误差为零，不取决于系统型次 N，而取决于扰动作用点前至系统误差产生点之间的积分环节数 N_1。

【例 3-20】 设一反馈控制系统如图 3-39 所示，图中 $G_c(s)$ 是比例积分控制器，试求：(1) 给定输入 $R(s)=0$，扰动输入 $D(s)=1/s$（阶跃输入）时的稳态误差；(2) 给定输入 $R(s)=0$，扰动输入 $D(s)=\dfrac{1}{s^2}$（斜坡输入）时的稳态误差。

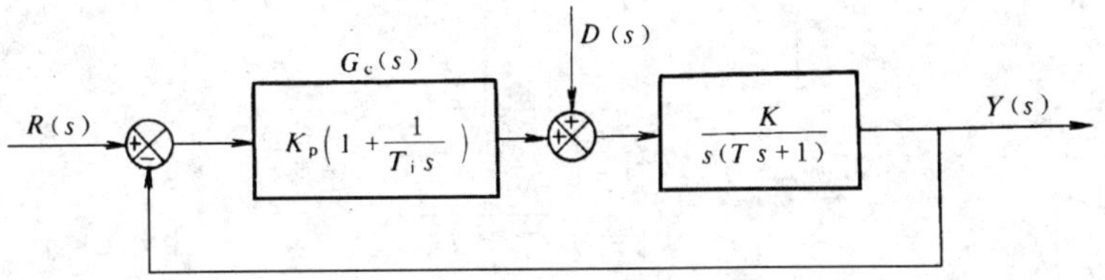

图 3-39　反馈控制系统方框图

解　(1) $D(s)=\dfrac{1}{s}$ 时，由式（3-83）得

$$e_{\mathrm{ssd}}=\lim_{s\to 0}\frac{-K_2 s^{1+N_1}}{s^{N_1+N_2}+K_1K_2}D(s)=\lim_{s\to 0}\frac{-Ks^2}{s^2+K\dfrac{K_p}{T_i}}\times\frac{1}{s}=0$$

(2) $D(s)=\dfrac{1}{s^2}$ 时，由式（3-83）得

$$e_{\mathrm{ssd}}=\lim_{s\to 0}\frac{-Ks^2}{s^2+K\dfrac{K_p}{T_i}}\times\frac{1}{s^2}=-\frac{T_i}{K_p}$$

3.9 李亚普诺夫稳定性分析

一、李亚普诺夫稳定性定义

线性系统的稳定性取决于系统的结构和参数，与系统的初始条件及扰动的大小无关，而非线性系统的稳定性则与初始条件及扰动的大小都有关系。一般的线性控制理论只给出适用于线性系统稳定性定义，不适用非线性系统，因此没有一般性和普遍性。李亚普诺夫稳定性分析方法（第二法或直接法）则是一种普遍性方法，它给出了对于线性系统和非线性系统都适用的稳定性定义。

（一）状态向量的平衡状态及球域

1. 状态向量 $\boldsymbol{x}=[x_1, x_2, \cdots, x_n]^{\mathrm{T}}$ 的平衡状态

设系统的状态方程为

$$\dot{\boldsymbol{x}}(t)=f(\boldsymbol{x}, t) \tag{3-86}$$

式（3-86）为线性和非线性系统状态方程的通用表达式。当系统达到稳定时，即当 $\dot{\boldsymbol{x}}(t)=0$ 有

$$\dot{\boldsymbol{x}}(t)=f(\boldsymbol{x}_{\mathrm{e}}, t)=0, \boldsymbol{x}_{\mathrm{e}}=[x_{1\mathrm{e}}, x_{2\mathrm{e}}, \cdots, x_{n\mathrm{e}}]^{\mathrm{T}} \tag{3-87}$$

式中，$\boldsymbol{x}_{\mathrm{e}}$ 为系统达到平衡时的状态向量。通过适当的线性变换可将平衡状态 $\boldsymbol{x}_{\mathrm{e}}$ 转换到状态空间的原点，即令 $\boldsymbol{x}_{\mathrm{e}}=0$。

2. 状态向量 $\boldsymbol{x}$ 的欧几里得范数

状态向量 $\boldsymbol{x}$ 与平衡状态的状态向量 $\boldsymbol{x}_{\mathrm{e}}$ 间的距离可用范数 $\|\boldsymbol{x}-\boldsymbol{x}_{\mathrm{e}}\|$ 来表示。把平衡状态向量 $\boldsymbol{x}_{\mathrm{e}}$ 取为坐标原点，则状态向量 $\boldsymbol{x}$ 至状态空间的坐标原点的距离可用范数 $\|\boldsymbol{x}\|$ 来表示。

对于 n 维状态空间有

$$\|\boldsymbol{x}\|=(\boldsymbol{x}^{\mathrm{T}}\boldsymbol{x})^{\frac{1}{2}}=\left\{[x_1 x_2 \cdots x_n]\begin{bmatrix}x_1\\x_2\\\vdots\\x_n\end{bmatrix}\right\}^{\frac{1}{2}}=\sqrt{x_1^2+x_2^2+\cdots+x_n^2} \tag{3-88}$$

对于二阶系统，$n=2$，$\boldsymbol{x}=[x_1 x_2]^{\mathrm{T}}$，故有

$$\|\boldsymbol{x}\|=\sqrt{x_1^2+x_2^2} \tag{3-89}$$

这时，范数 $\|\boldsymbol{x}\|$ 就是状态向量 $\boldsymbol{x}$ 在二维坐标平面中 $\boldsymbol{x}(x_1 x_2)$ 至坐标原点的长度（模）。由式（3-87）表示的范数就是 n 维状态向量 $\boldsymbol{x}$ 在 n 维坐标的状态空间中至坐标原点的长度（模）。

3. n 维状态空间中的球域 $S(\varepsilon)$

在 n 维状态空间中的球域 $S(\varepsilon)$ 表示一种空间，在此空间中的任一点至状态空间原点的长度（即范数）均小于 ε。显然，二维平面上的球域 $S(\varepsilon)$ 是一个半径为 ε 的圆；三维空间的球域 $S(\varepsilon)$ 是一个半径为 ε 的圆球；n 维状态空间中的球域 $S(\varepsilon)$，则是一个半径为 ε，在 n 维状态变量组成坐标的抽象状态空间中的一个圆球。

（二）李亚普诺夫稳定性定义

1. 稳定

设系统的平衡状态为 $\boldsymbol{x}_{\mathrm{e}}=0$，系统开始时处于某一初始状态 $\boldsymbol{x}(0)$。当系统受到扰动后，

系统状态响应的幅值（即范数）是有界的，则称该系统是稳定的。图 3－40（a）给出了系统是稳定的示意图。

图 3－40（a）中，当时间 t 从 $0\to\infty$ 变化时，从球域 $S(\delta)$ 内 $\boldsymbol{x}(0)$ 点出发的状态轨迹 $\boldsymbol{x}(t)$，总是在球域 $S(\varepsilon)$ 之内（即是有界的），对应的系统就称之为稳定的系统。

稳定系统的严格数学描述是：对于任意的 $\varepsilon>0$，必有 $\delta>0$，使得系统的初始状态 $\boldsymbol{x}(0)$ 的 $\|\boldsymbol{x}(0)-\boldsymbol{x}_e\|<\delta$，就能保证 $\|\boldsymbol{x}(t)\|<\varepsilon$，则称系统是稳定的。这里所说的要求 $\|\boldsymbol{x}(0)-\boldsymbol{x}_e\|<\delta$，隐含包括具有非线性特性的系统的稳定性判别。

2. 渐近稳定

设系统初始状态为 $\boldsymbol{x}(0)$，当系统受到扰动时，系统状态响应的幅值（范数 $\|\boldsymbol{x}\|$）最终会回到原来的平衡状态 $\boldsymbol{x}_e=0$［如图 3－40（b）所示］，则称该系统是渐近稳定的。

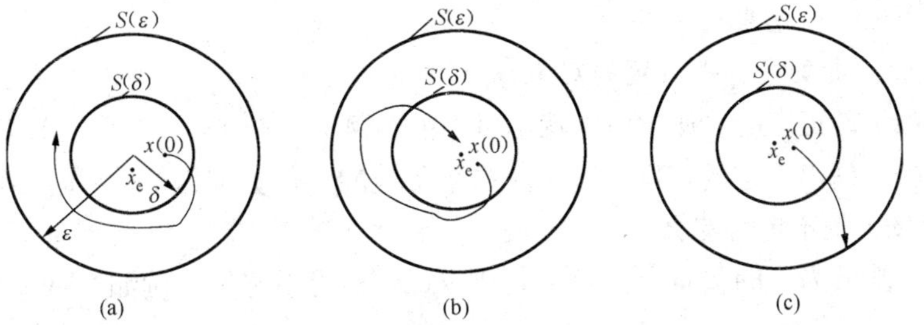

图 3－40　系统稳定性的几种情况

渐近稳定系统的数学描述是：对于任意的 $\varepsilon>0$，必有 $\delta>0$，当 $\|\boldsymbol{x}(0)-\boldsymbol{x}_e\|<\delta$ 时，不仅能保证 $\|\boldsymbol{x}(t)\|<\varepsilon$，而且有 $\lim\limits_{t\to\infty}\|\boldsymbol{x}(t)\|=\boldsymbol{x}_e=0$，则称系统是渐近稳定的。

3. 大范围内渐近稳定

如图 3－37（b）中球域 $S(\delta)$ 的 δ 可以任意大，并且从 $S(\delta)$ 内出发的系统的 $\boldsymbol{x}(0)$，当时间 $t\to\infty$ 时，系统都是渐近稳定的，则称平衡状态 $\boldsymbol{x}_e$ 为大范围渐近稳定的。对应的系统称为大范围内渐近稳定的系统。

4. 不稳定

设系统初始状态为 $\boldsymbol{x}(0)$，当系统受到扰动时，系统状态响应的幅值是无界的，如图 3－40（c）所示，则称该系统是不稳定的。不稳定系统的数学描述是：对某一 $\varepsilon>0$，无论取任意小的 $\delta>0$，当 $\|\boldsymbol{x}(0)\|<\delta$ 时，在时间 $t\to\infty$ 时，系统的状态轨迹 $\boldsymbol{x}(t)$ 会大于 ε 并趋近于 ∞，则称之为不稳定的系统。在经典控制理论中称之为发散的、渐扩的不稳定系统。

二、李亚普诺夫稳定性理论第二法（或称直接法）及定理

李亚普诺夫稳定性理论是从能量的观点来分析系统的稳定性。它的基本理论是：如果一个系统储存的能量是逐渐衰减的，则这个系统就是稳定的；反之，如果系统不断地从外界吸收能量，系统的能量越来越大，这个系统就是不稳定的。设以 $V(x)$ 表示系统开始的能量［$V(\boldsymbol{x})$ 又称为能量函数］，$\dot{V}(\boldsymbol{x})=\dfrac{\mathrm{d}V(\boldsymbol{x})}{\mathrm{d}t}$ 代表能量随时间变化的情况。李亚普诺夫直接法就是用能量函数 $V(\boldsymbol{x})$ 和 $V(\boldsymbol{x})$ 对时间的一阶导数 $\dot{V}(\boldsymbol{x})$ 的正负来判别系统的稳定性的。也就是说，对一个给定的系统，只要能找到一个正的能量函数 $V(\boldsymbol{x})$，而 $\dot{V}(\boldsymbol{x})$ 是负的，这个系统就是稳定的。这个 $V(\boldsymbol{x})$ 又称之为李亚普诺夫函数（简称李氏函数）。

由于系统的组成是多种多样的，很多复杂的系统往往不能直观地找到能量函数。我们可以把 $V(\boldsymbol{x})$ 看成一个虚拟的能量函数。只要能找到一个能反映能量关系的标量函数 $V(\boldsymbol{x})$，根据 $V(\boldsymbol{x})$ 和 $\dot{V}(\boldsymbol{x})$ 的符号，就能判别系统的稳定性。通常选用状态变量的二次型函数作为李亚普诺夫函数。

（一）李亚普诺夫函数 $V(\boldsymbol{x})$ 的正定性和负定性

1. 关于 $V(\boldsymbol{x})$ 是正定、半正定的定义

如果 $\boldsymbol{x}=0$ 时，$V(\boldsymbol{x})=0$，而 $\boldsymbol{x}\neq 0$ 时，$V(\boldsymbol{x})>0$，则 $V(\boldsymbol{x})$ 称为正定的。例如 $V(\boldsymbol{x})=x_1^2+2x_2^2$ 就是正定的。

如果除了 $\boldsymbol{x}=0$ 及某些状态时 $V(\boldsymbol{x})=0$ 以外，$V(\boldsymbol{x})$ 都是正定的，则 $V(\boldsymbol{x})$ 就称之为半正定的。例如 $V(\boldsymbol{x})=(x_1+2x_2)^2$，当 $\boldsymbol{x}=0$ 及 $x_1=-2x_2$ 时，$V(\boldsymbol{x})=0$，其余的 $V(\boldsymbol{x})$ 都是正定的，所以 $V(\boldsymbol{x})$ 就是半正定的。

2. 关于 $V(\boldsymbol{x})$ 是负定、半负定的定义

如果 $-V(\boldsymbol{x})$ 是正定的，则 $V(\boldsymbol{x})$ 就是负定的，例如 $V(\boldsymbol{x})=-(x_1^2+2x_2^2)$ 就是负定的。

如果 $-V(\boldsymbol{x})$ 是半正定的，则 $V(\boldsymbol{x})$ 就是半负定的，例如 $V(\boldsymbol{x})=-(x_1+2x_2)^2$。

3. 关于 $V(\boldsymbol{x})$ 是不定的定义

如果 $V(\boldsymbol{x})$ 既可为正的，也可为负的，则 $V(\boldsymbol{x})$ 称为不定的。例如 $V(\boldsymbol{x})=x_1+x_2$ 就是不定的。

4. 二次型标量函数的正定性

二次型标量函数 $V(\boldsymbol{x})$ 可表示为

$$V(\boldsymbol{x})=\boldsymbol{x}^{\mathrm{T}}\boldsymbol{P}\boldsymbol{x}=[x_1 \quad x_2 \quad \cdots \quad x_n]\begin{bmatrix} p_{11} & p_{12} & \cdots & p_{1n} \\ p_{21} & p_{22} & \cdots & p_{2n} \\ \vdots & \vdots & \ddots & \vdots \\ p_{n1} & p_{n2} & \cdots & p_{nn} \end{bmatrix}\begin{bmatrix} x_1 \\ x_2 \\ \vdots \\ x_n \end{bmatrix} \tag{3-90}$$

式中，$\boldsymbol{P}$ 为对称矩阵，即 $p_{12}=p_{21}$，$p_{13}=p_{31}$，……$p_{ij}=p_{ji}$。$V(\boldsymbol{x})$ 的正定性可用赛尔维斯特（Sylvester）准则来判断。二次型函数 $V(\boldsymbol{x})$ 为正定的充要条件是 $(n\times n)$ 维矩阵 $\boldsymbol{P}$ 应为正定矩阵，即矩阵 $\boldsymbol{P}$ 的每个主子行列式都为正，即

$$p_{11}>0,\ \begin{vmatrix} p_{11} & p_{12} \\ p_{21} & p_{22} \end{vmatrix}>0,\ \cdots,\ \begin{vmatrix} p_{11} & p_{12} & \cdots & p_{1n} \\ p_{21} & p_{22} & \cdots & p_{2n} \\ \vdots & \vdots & \ddots & \vdots \\ p_{n1} & p_{n2} & \cdots & p_{nn} \end{vmatrix}>0 \tag{3-91}$$

（二）李亚普诺夫稳定性定理

定理一：如果存在一个李亚普诺夫函数 $V(\boldsymbol{x})$，它满足：① $V(\boldsymbol{x})$ 对于所有的 $\boldsymbol{x}$ 具有连续的一阶偏导数；② $V(\boldsymbol{x})$ 是正定的［即 $V(\boldsymbol{x})>0$］；③ $\dot{V}(\boldsymbol{x})$ 是半负定的［即 $V(\boldsymbol{x})\leqslant 0$］，则系统在原点处的平衡状态是稳定的。

定理二：如果存在一个李亚普诺夫函数 $V(\boldsymbol{x})$，它满足：① $V(\boldsymbol{x})$ 对于所有的 $\boldsymbol{x}$ 具有连续的一阶偏导数；② $V(\boldsymbol{x})$ 是正定的；③ $\dot{V}(\boldsymbol{x})$ 是负定的［即 $\dot{V}(\boldsymbol{x})<0$］，则系统在原点处的平衡状态是渐近稳定的。如果当 $\|\boldsymbol{x}\|\to\infty$ 时，有 $V(\boldsymbol{x})\to\infty$，则平衡状态是大范围内渐近稳定的。

定理三：如果存在一个李亚普诺夫函数 $V(\boldsymbol{x})$，它满足：① $V(\boldsymbol{x})$ 对于所有的 $\boldsymbol{x}$ 具有连

续的一阶偏导数；② $V(\boldsymbol{x})$ 是正定的；③ $\dot{V}(\boldsymbol{x})$ 是正定的，则系统在原点处的平衡状态是不稳定的。

【例 3-21】 设线性系统的状态方程为 $\dot{\boldsymbol{x}}=\begin{bmatrix}0 & 1\\ -1 & -1\end{bmatrix}\boldsymbol{x}$，试用李亚普诺夫直接法判别系统的稳定性。

解 由给定的状态方程可得 $\dot{x}_1=x_2$，$\dot{x}_2=-x_1-x_2$。选取李亚普诺夫函数为 $V(\boldsymbol{x})=2x_1^2+x_2^2$，它是正定的，但是 $\dot{V}(\boldsymbol{x})=4x_1\dot{x}_1+2x_2\dot{x}_2=4x_1x_2+2x_2(-x_1-x_2)=2x_2(x_1-x_2)$ 是不定的。这说明所选取的 $V(\boldsymbol{x})$ 不能判断系统的稳定性，需要另外寻找李亚普诺夫函数。设再选一个李氏函数为 $V(\boldsymbol{x})=\frac{1}{2}[(x_1+x_2)^2+2x_1^2+x_2^2]$，则 $V(\boldsymbol{x})$ 是正定的，而 $\dot{V}(\boldsymbol{x})=(x_1+x_2)(\dot{x}_1+\dot{x}_2)+2x_1\dot{x}_1+x_2\dot{x}_2=-(x_1^2+x_2^2)$，显然，$\dot{V}(\boldsymbol{x})$ 是负定的，且当 $\|\boldsymbol{x}\|\to\infty$ 时，$V(\boldsymbol{x})\to\infty$，根据定理二可知，该系统还是大范围内渐近稳定的。

本例说明，李亚普诺夫函数的选取不是唯一的，如果 $V(\boldsymbol{x})$ 选取不当，会导致不能判别系统的稳定性，需要重新选取 $V(\boldsymbol{x})$，所以正确地选定李亚普诺夫函数是应用李亚普诺夫直接法的主要问题。

【例 3-22】 设一非线性系统的状态方程为

$$\dot{\boldsymbol{x}}=\begin{bmatrix}-ax_1^2 & 1-ax_1x_2\\ -(1+ax_1x_2) & -ax_2^2\end{bmatrix}\boldsymbol{x}$$

式中，$a>0$。试用李亚普诺夫定理判断该非线性系统的稳定性。

解 由给定的状态方程，可得 $\begin{cases}\dot{x}_1=x_2-ax_1(x_1^2+x_2^2)\\ \dot{x}_2=-x_1-ax_2(x_1^2+x_2^2)\end{cases}$。选取李亚普诺夫函数 $V(\boldsymbol{x})=(x_1^2+x_2^2)$，它是正定的，而 $\dot{V}(\boldsymbol{x})=2x_1\dot{x}_1+2x_2\dot{x}_2=2x_1[x_2-ax_1(x_1^2+x_2^2)]+2x_2[-x_1-ax_2(x_1^2+x_2^2)]=-2a(x_1^2+x_2^2)^2$ 是负定的。而且当 $\|x\|\to\infty$ 时，$V(\boldsymbol{x})\to\infty$。根据定理二可知，这个非线性系统还是大范围内渐近稳定的。

三、线性定常系统的李亚普诺夫稳定性分析

李亚普诺夫直接法是分析线性系统和非线性系统的有效方法，它对线性连续系统、线性离散系统均能给出相应的稳定判据。下面介绍线性连续系统和线性离散系统的李亚普诺夫稳定性分析。关于非线性系统的李亚普诺夫稳定性分析，读者可参阅其他参考文献。

（一）线性定常连续系统的李亚普诺夫稳定性分析

分析系统的稳定性问题只需要用系统状态方程的齐次方程。设线性连续系统状态方程的齐次方程为

$$\dot{\boldsymbol{x}}=\boldsymbol{A}\boldsymbol{x} \tag{3-92}$$

取李亚普诺夫函数为一个二次型函数，即

$$V(\boldsymbol{x})=\boldsymbol{x}^{\mathrm{T}}\boldsymbol{P}\boldsymbol{x} \tag{3-93}$$

$$\dot{V}(\boldsymbol{x})=\boldsymbol{x}^{\mathrm{T}}\boldsymbol{P}\dot{\boldsymbol{x}}+\dot{\boldsymbol{x}}^{\mathrm{T}}\boldsymbol{P}\boldsymbol{x} \tag{3-94}$$

式中，P 为 $n\times n$ 实对称矩阵，$\boldsymbol{x}$ 为状态向量。

将式（3-90）代入式（3-92）可得

$$\dot{V}(\boldsymbol{x})=\boldsymbol{x}^{\mathrm{T}}\boldsymbol{P}(\boldsymbol{A}\boldsymbol{x})+(\boldsymbol{A}\boldsymbol{x})^{\mathrm{T}}\boldsymbol{P}\boldsymbol{x}=\boldsymbol{x}^{\mathrm{T}}(\boldsymbol{P}\boldsymbol{A}+\boldsymbol{A}^{\mathrm{T}}\boldsymbol{P})\boldsymbol{x}$$

设 $V(\boldsymbol{x})$ 已取为正定的。根据李亚普诺夫直接法，要求 $\dot{V}(\boldsymbol{x})$ 是负定的，为此，设

$$\boldsymbol{PA}+\boldsymbol{A}^{\mathrm{T}}\boldsymbol{P}=-\boldsymbol{Q} \tag{3-95}$$

式中，$\boldsymbol{Q}$ 为正定对称矩阵。因而有 $\dot{V}(\boldsymbol{x})=-\boldsymbol{x}^{\mathrm{T}}\boldsymbol{Qx}$ 。这样，系统就是渐近稳定的。由此可得李亚普诺夫定理：

线性定常系统 $\dot{\boldsymbol{x}}=A\boldsymbol{x}$ 在平衡状态 $\boldsymbol{x}_{\mathrm{e}}=0$ 处渐近稳定的充分必要条件是：给定一个正定对称矩阵 $\boldsymbol{Q}$，就存在一个正定对称矩阵 $\boldsymbol{P}$，使得满足 $\boldsymbol{PA}+\boldsymbol{A}^{\mathrm{T}}\boldsymbol{P}=-\boldsymbol{Q}$（为了简便，常取 $\boldsymbol{Q}=\boldsymbol{I}$，$\boldsymbol{I}$ 为单位阵）。系统的李亚普诺夫函数为 $V(\boldsymbol{x})=\boldsymbol{x}^{\mathrm{T}}\boldsymbol{Px}$。

【例 3-23】 设系统的状态方程为 $\dot{\boldsymbol{x}}=\begin{bmatrix}0 & 1\\ -1 & -1\end{bmatrix}\boldsymbol{x}$，试用李亚普诺夫定理确定系统的稳定性。

解 选 $\boldsymbol{Q}=\boldsymbol{I}$，它是个对称正定矩阵，将其代入式（3-95），得 $\boldsymbol{PA}+\boldsymbol{A}^{\mathrm{T}}\boldsymbol{P}=-\boldsymbol{I}$。设 $\boldsymbol{P}$ 为对称矩阵，将 $\boldsymbol{A}=\begin{bmatrix}0 & 1\\ -1 & -1\end{bmatrix}$，$\boldsymbol{I}=\begin{bmatrix}1 & 0\\ 0 & 1\end{bmatrix}$ 代入上式可得

$$\begin{bmatrix}p_{11} & p_{12}\\ p_{12} & p_{22}\end{bmatrix}\begin{bmatrix}0 & 1\\ -1 & -1\end{bmatrix}+\begin{bmatrix}0 & -1\\ 1 & -1\end{bmatrix}\begin{bmatrix}p_{11} & p_{12}\\ p_{12} & p_{22}\end{bmatrix}=\begin{bmatrix}-1 & 0\\ 0 & -1\end{bmatrix}$$

解上述矩阵方程可得 $\boldsymbol{P}=\begin{bmatrix}p_{11} & p_{12}\\ p_{12} & p_{22}\end{bmatrix}=\begin{bmatrix}3/2 & 1/2\\ 1/2 & 1\end{bmatrix}$。可见，$p_{11}=3/2>0$，$\begin{vmatrix}3/2 & 1/2\\ 1/2 & 1\end{vmatrix}=\frac{5}{4}>0$，所以 $\boldsymbol{P}$ 是正定的对称矩阵。由李亚普诺夫定理可知，系统是渐近稳定的。本题的李亚普诺夫函数是

$$V(\boldsymbol{x})=\boldsymbol{x}^{\mathrm{T}}\boldsymbol{Px}=[x_1 \quad x_2]\begin{bmatrix}3/2 & 1/2\\ 1/2 & 1\end{bmatrix}\begin{bmatrix}x_1\\ x_2\end{bmatrix}=\frac{1}{2}[(x_1+x_2)^2+2x_1^2+x_2^2]$$

及 $\dot{V}(x)=-(x_1^2+x_2^2)$ 。这与例 3-21 的结果是一致的。又因当 $\|\boldsymbol{x}\|\to\infty$ 时，$V(x)\to\infty$，所以系统又是大范围内渐近稳定的。

【例 3-24】 设系统的状态方程为 $\dot{x}=\begin{bmatrix}0 & 1\\ -1 & 2\end{bmatrix}x$，试用李亚普诺夫定理确定系统的稳定性。

解 选 $\boldsymbol{Q}=\boldsymbol{I}$，设 $\boldsymbol{P}$ 为对称矩阵，再根据式（3-95）可求得 $P=\begin{bmatrix}p_{11} & p_{12}\\ p_{12} & p_{22}\end{bmatrix}=\frac{1}{2}\begin{bmatrix}-3 & 1\\ 1 & -1\end{bmatrix}$。因 $p_{11}=-3/2$，所以对称矩阵 $\boldsymbol{P}$ 不是正定的，所以系统不稳定。本例也可采用系数矩阵 A 的特征值来判断系统的稳定性，结论是一致的。

（二）线性定常离散系统的李亚普诺夫稳定性分析

离散系统的李亚普诺夫定理：线性离散时间系统 $\boldsymbol{x}(k+1)=\boldsymbol{Gx}(k)$ 在平衡状态 $\boldsymbol{x}_{\mathrm{e}}=0$ 处渐近稳定的充分必要条件是：给定一个正定对称矩阵 $\boldsymbol{Q}$，就存在一个正定对称矩阵 $\boldsymbol{P}$，使得满足

$$\boldsymbol{G}^{\mathrm{T}}\boldsymbol{PG}-\boldsymbol{P}=-\boldsymbol{Q} \tag{3-96}$$

而系统的李亚普诺夫函数是

$$V[\boldsymbol{x}(k)]=\boldsymbol{x}^{\mathrm{T}}\boldsymbol{Px}(k)$$

当取 $\boldsymbol{Q}=\boldsymbol{I}$ 时，式（3-96）可写成

$$\boldsymbol{G}^{\mathrm{T}}\boldsymbol{P}\boldsymbol{G}-\boldsymbol{P}=-\boldsymbol{I} \tag{3-97}$$

【例3-25】 设线性定常离散系统的状态方程为此 $\boldsymbol{x}(k+1)=\begin{bmatrix}0 & 1\\ 1/2 & 0\end{bmatrix}x(k)$。试用李亚普诺夫定理确定系统的稳定性。

解 选 $\boldsymbol{Q}=\boldsymbol{I}$，设 $\boldsymbol{P}$ 为对称矩阵，再根据式（3-96）可求得 $\boldsymbol{P}=\begin{bmatrix}5/3 & 0\\ 0 & 8/3\end{bmatrix}$，因 $\boldsymbol{P}$ 是正定的对称矩阵，所以系统是渐近稳定的。

3.10　控制系统的鲁棒性分析

一、控制系统鲁棒性的基本概念

正如第一章所述，对于自动控制系统性能的基本要求有五方面：稳定性、快速性、准确性、鲁棒性和经济性。控制系统的鲁棒性（robustness）非常重要，不容忽视。关于这一点有很多原因。最主要的原因是，原本是非线性、时变的真实世界，总被模型化为线性的和定常的数学模型，其误差必定存在，其误差大小常常无法预知，因而依据近似模型对控制系统所作的任何分析与设计结果都不是准确和可靠的，所以将所设计的控制系统进行工程实施前，必须重点考察系统的鲁棒性。

“鲁棒”一词来自英语“robust”音译，原意为耐用的或强壮的。在控制理论中，“鲁棒”一词早已成为控制专业的必知技术术语，特指稳健的、不敏感的控制系统特性。控制系统的鲁棒性，一般定义为：控制系统在某种不确定性的条件变化下仍能实现期望控制性能的特性。这种不确定性的条件变化可能是真实控制系统中的参数改变、未被模型化的动态特性变化、惯性时间和时延特性参数的变化、动态平衡点的改变（变负荷）、传感器噪声或未知扰动突发。而期望的控制性能常指稳定性、快速性和准确性的指标不超过已设限值。根据期望保持的控制性能，鲁棒性又被细分为两类：稳定性鲁棒性、控制性能鲁棒性，或者是三类：稳定性鲁棒性、无差调节性鲁棒性和控制性能鲁棒性。鲁棒性若按两类分类，其中的控制性能鲁棒性应指快速性和准确性性能下的鲁棒性。鲁棒性若按三类分类，其中的控制性能鲁棒性应指快速性和动态准确性性能下的鲁棒性，而无差调节性应指无稳态误差性能（稳态准确性性能）的鲁棒性。

在控制工程领域中，常强调控制系统的抗干扰性能，并认为控制系统抗干扰性能的强弱决定了该控制系统的工程可用性。也就是说，若该控制系统的抗干扰性能强，则该控制系统可以投入工程应用，否则淘汰出局。其实，在鲁棒性概念还未得到普遍认可和应用前，抗干扰性就隐含鲁棒性，不光指电磁干扰或信号噪声对控制性能的影响，还指模型化误差对控制性能的影响。而鲁棒性概念中已把噪声和扰动因素包含其中。

二、控制系统鲁棒性的度量方法

到目前为止，关于控制系统的鲁棒性并无普遍公认的统一度量方法，以下阐述的方法还有待于进一步完善。

按照前述的三类细分法，以下分别考虑稳定性鲁棒性、无差调节性鲁棒性和控制性能鲁棒性的度量方法。

1. 稳定性鲁棒性的度量

实际上，在本章第7节已给出了稳定性鲁棒性的一种度量方法，那就是用劳斯判据求得稳定裕量的方法。稳定裕量σ的数值代表了系统临界稳定的边界至根平面虚轴的距离。这个距离越大，表明相对稳定性越高，也就是稳定性鲁棒性越强。

在后续的“根轨迹分析与设计”一章中，将可看到另一种稳定性鲁棒性度量方法，那就是用系统主导极点的实部绝对值表示稳定性鲁棒性的强弱。用根轨迹方法可以确定系统主导极点的位置进而得到其实部绝对值。

在后续的“频域分析与设计”一章中，又可看到另一种稳定性鲁棒性度量方法，那就是用相位稳定裕量和增益稳定裕量的大小表示稳定性鲁棒性的强弱。频域分析方法可用来确定待分析系统的相位稳定裕量和增益稳定裕量的大小。

稳定性鲁棒性是系统鲁棒性分析中最重要的、也是关注最多的，同时也是具有较多的成熟度量方法的。

2. 无差调节性鲁棒性的度量

在工业控制系统中，存在着大量的恒值调节系统，其基本的控制要求是无差调节，即稳态误差为零。因此，无差调节性鲁棒性的关注度仅次于稳定性鲁棒性。但是，无差调节性鲁棒性的强弱目前尚无可用的度量方法。实际的无差调节性鲁棒性分析重点在于该系统有无无差调节性，而不管其强弱。如同3.8节所述的系统型次数对系统稳态误差的影响那样，只要使系统的型次数大于1，就可保证系统在设定值阶跃输入下输出的稳态误差为零。换句话说，系统的型次数将决定系统针对某种形式设定值输入有无无差调节性。也可以说，系统的型次数是对无差调节性鲁棒性的一种粗的度量。当要求系统在扰动输入下输出稳态误差为零时，还需考虑扰动作用点前至系统误差产生点之间的积分环节数。

PID控制器被认为是高鲁棒性控制器，已被广泛用于各种实际工程，关键就在于其含有积分环节而具有无差调节性鲁棒性。

3. 控制性能鲁棒性的度量

对于控制性能鲁棒性，目前尚无专门的度量方法，可采用下述的更一般的灵敏度函数分析方法。控制性能鲁棒性分析中，常针对的控制性能是动态准确性指标—最大超调量和快速性指标—调整时间。

三、控制系统的灵敏度函数及分析方法

控制系统的鲁棒性就是指系统对变化的不敏感性。不敏感的反义词就是敏感，或者说灵敏。所以，控制系统的灵敏度分析可直接转义为鲁棒性分析。可以说，灵敏度函数及分析方法是一种通用的鲁棒性分析方法，不过它的公认度还不高。

由于老化和环境条件变化，控制系统各元件的特性随之变化，因而控制系统的总传递函数也改变了，致使控制系统的控制品质受到影响。这种参数变化对系统性能的效应可用灵敏度函数来表达。

灵敏度函数定义为系统输出的变化率与系统参数的变化率之比，如式（3-98）所示。

$$S_{\delta}^{Y}=\frac{\mathrm{d}Y/Y_0}{\mathrm{d}\delta/\delta_0}\approx\frac{\Delta Y/Y_0}{\Delta\delta/\delta_0} \tag{3-98}$$

式中，Y为系统输出；δ为系统参数；下标0指标称值；符号d表示微分；符号Δ表示差分。

以下给出开环控制系统和闭环控制系统的灵敏度函数分析。注意，实际进行的是函数变化下的灵敏度分析，而不是某个具体参数变化下的灵敏度分析，所以是更有普适意义的鲁棒性分析。

1. 开环控制系统的灵敏度函数

若设开环控制系统的传递函数为 $G(s)$，当输入为 $R(s)$ 时，则有系统输出 $Y(s)=G(s)R(s)$。于是有针对 $G(s)$ 变化的开环控制系统灵敏度函数为

$$
\begin{aligned}
S_{\mathrm{G}}^{Y}&=\frac{\mathrm{d}Y(s)/Y(s)}{\mathrm{d}G(s)/G(s)}\\
&=\frac{\mathrm{d}[G(s)R(s)]/[G(s)R(s)]}{\mathrm{d}G(s)/G(s)}=\frac{[R(s)\mathrm{d}G(s)]/[G(s)R(s)]}{\mathrm{d}G(s)/G(s)}=1
\end{aligned}
\tag{3-99}
$$

2. 单位反馈控制系统 [$H(s)=1$] 的灵敏度函数

参见图3-34，可导出系统输出函数如式（3-100）所示，进而有输出导函数如式（3-101）所示。于是可推得系统的灵敏度函数如式（3-102）所示。

$$Y(s)=\frac{G(s)}{1+G(s)}R(s) \tag{3-100}$$

$$\mathrm{d}Y(s)=\frac{R(s)}{[1+G(s)]^{2}}\mathrm{d}G(s) \tag{3-101}$$

$$S_{\mathrm{G}}^{Y}=\frac{\mathrm{d}Y(s)/Y(s)}{\mathrm{d}G(s)/G(s)}=\frac{\mathrm{d}G(s)}{G(s)[1+G(s)]}\times\frac{G(s)}{\mathrm{d}G(s)}=\frac{1}{1+G(s)} \tag{3-102}$$

3. $G(s)$ 变化、$H(s)$ 固定时非单位反馈控制系统的灵敏度函数

参见图3-37，可导出系统输出函数如式（3-103）所示，进而有输出导函数如式（3-104）所示。于是可推得系统的灵敏度函数如式（3-105）所示。

$$Y(s)=\frac{G(s)}{1+G(s)H(s)}R(s) \tag{3-103}$$

$$\mathrm{d}Y(s)=\frac{R(s)}{[1+G(s)H(s)]^{2}}\mathrm{d}G(s) \tag{3-104}$$

$$
\begin{aligned}
S_{\mathrm{G}}^{Y}&=\frac{\mathrm{d}Y(s)/Y(s)}{\mathrm{d}G(s)/G(s)}\\
&=\frac{\mathrm{d}G(s)}{G(s)[1+G(s)H(s)]}\times\frac{G(s)}{\mathrm{d}G(s)}=\frac{1}{1+G(s)H(s)}
\end{aligned}
\tag{3-105}
$$

4. $G(s)$ 固定、$H(s)$ 变化时非单位反馈控制系统的灵敏度函数

同样参见图3-37，考虑如式（3-103）所示系统输出函数，求得当 $H(s)$ 变化时的输出导函数如式（3-106）所示。于是在 $|G(s)H(s)|\gg 1$ 条件下可推得系统的灵敏度函数如式（3-107）所示。

$$\mathrm{d}Y(s)=\frac{-R(s)[G(s)]^{2}}{[1+G(s)H(s)]^{2}}\mathrm{d}H(s) \tag{3-106}$$

$$
\begin{aligned}
S_{\mathrm{G}}^{Y}&=\frac{\mathrm{d}Y(s)/Y(s)}{\mathrm{d}H(s)/H(s)}\\
&=\frac{-[G(s)]\mathrm{d}H(s)}{[1+G(s)H(s)]}\times\frac{H(s)}{\mathrm{d}H(s)}=\frac{-G(s)H(s)}{1+G(s)H(s)}\approx-1
\end{aligned}
\tag{3-107}
$$

综合上述的开环控制系统和闭环控制系统的灵敏度函数分析，可以归纳出几点结论：

①开环控制系统的灵敏度函数为 1；②闭环控制系统的灵敏度函数总小于 1；③闭环控制系统的鲁棒性总比开环控制系统的高；④如果反馈环节不改变，闭环控制系统的鲁棒性主要取决于控制回路的前向环节；⑤如果反馈环节有变化，闭环控制系统的鲁棒性退化为开环控制系统那样，不过是系统输出响应的变化率与反馈环节的变化率成反比。

应用案例 3：电站锅炉过热汽温控制系统性能指标及稳定性分析

根据文献［37］，对于 300MW 及以下的发电机组，电站锅炉过热汽温控制系统性能指标规定为：在±5℃的定值扰动下，衰减率 ψ 在 0.75～1 间，超调量 $\sigma_p \leqslant 1$℃，调整时间 $t_s < 15$min，稳态误差 $|e_{ss}| \leqslant 2$℃。

下面以文献［3］提供的电站锅炉过热汽温受控过程为例，分析使过热汽温控制系统稳定的控制器增益允许范围。

据文献［3］，

执行器传递函数为 $K_z = 1 \quad \%/\text{mA}$

喷水调节阀传递函数为 $K_\mu = 1 \quad \text{t/h}/\%$

导前区传递函数为 $G_2(s) = \dfrac{\Delta\theta_2(s)}{\Delta W(s)} = -\dfrac{8}{(1+15s)^2}$ ℃/t/h

惰性区传递函数为 $G_1(s) = \dfrac{\Delta\theta_1(s)}{\Delta\theta_2(s)} = \dfrac{1.125}{(1+21.085s)^3}$ ℃/℃

导前区与惰性区串联后的总传递函数为 $G_0(s) = \dfrac{\Delta\theta_1(s)}{\Delta W(s)} = \dfrac{9}{(1+18.4s)^5}$ ℃/t/h

导前区出口温度传感器传递函数为 $H_2 = 0.1 \quad$ mA/℃

惰性区出口温度传感器传递函数为 $H_1 = 0.1 \quad$ mA/℃

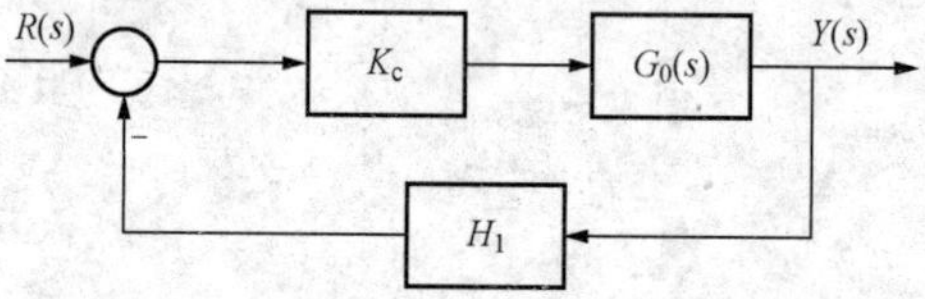

图 3-41 电站锅炉过热汽温比例控制系统

若采用简单的闭环比例控制，设比例控制增益为 K_c，对应的控制系统如图 3-41 所示，则有开环传递函数

$$G_k(s) = \frac{0.1 \times 9 \times K_c}{(1+18.4s)^5}$$

可推算系统特征方程为

$$\begin{aligned} P(s) &= (1+18.4s)^5 + 0.9K_c = (18.4)^5 s^5 + 5\times(18.4)^4 s^4 + 10\times(18.4)^3 s^3 \\ &\quad + 10\times(18.4)^2 s^2 + 5\times 18.4s + 1 + 0.9K_c \\ &= 2109060.874s^5 + 573114.368s^4 + 62295.04s^3 + 3385.6s^2 + 92s + 1 + 0.9K_c \end{aligned}$$

列写劳斯阵列为

s^5	2109060.874	62295.04	92
s^4	573114.368	3385.6	$1+0.9K_c$
s^3	49836.02	$88.32-3.312K_c$	
s^2	$2369.92+38.088K_c$	$1+0.9K_c$	
s^1	$126.147456K_c^2+49337.67168K_c-159475.3024$		
s^0	$1+0.9K_c$		

令第一列元素为零，可解得

$$-1.11 < K_c < 3.206$$

由已导出的开环传递函数 $G_k(s)$ 可知，该系统的开环增益为 $K=0.9K_c$，且该系统的型次为 0。故在 5℃的定值扰动下的稳态误差为

$$e_{ss}=\frac{5}{1+K}=\frac{5}{1+0.9K_c}$$

设 $K_c=2$，则 $e_{ss}=\frac{5}{1+0.9\times 2}=1.78$，勉强满足稳态误差指标。若设 $K_c=1$，则 $e_{ss}=\frac{5}{1+0.9\times 1}=2.63$，可见不能满足稳态误差指标。

重要术语 3

最大超调量（maximum overshoot）
上升时间（rise time）
峰值时间（peak time）
调整时间（settling time）
衰减率（decay ratio）
稳态误差（steady - state error）
斜坡响应（ramp response）
脉冲响应（impulse response）
积分误差指标（integral error index）
平方误差积分指标（ISE：Integral Square Error）
时间乘平方误差积分指标（ITSE：Integral of Time - multiple Square Error）
绝对误差积分指标（IAE：Integral Absolute Error）
时间乘绝对误差积分指标（ITAE：Integral of Time - multiple Absolute Error）
标准一阶系统（prototype first - oder system）
标准二阶系统（prototype second - oder system）
阻尼比（damping ratio）
过阻尼（over - damping）
欠阻尼（under - damping）
临界阻尼（critically - damping）
主导极点（dominant pole）
偶极子（dipole）
高阶系统（higher - order system）
稳定性判据（stability criterion）
劳斯判据（Routh criterion）
劳斯阵列（Routh array）
相对稳定性（relative stability）
稳态误差系数（steady - state error coefficient）
单位反馈系统（unit feedback system）
控制系统型次（control system type number）
开环增益（open - loop gain）
开环传递函数（open - loop transfer function）
李亚普诺夫稳定性（Lyapunov stability）
稳定性鲁棒性（stability robustness）
调节性鲁棒性（regularity robustness）
性能鲁棒性（performance robustness）
灵敏度函数（sensitivity function）
自然振荡频率（natural frequncy）
稳定（stable）
不稳定（unstable）
临界稳定（critically stable）
暂态响应（transient response）
稳态响应（steady - state response）
单位阶跃响应（uint - step response）
位置误差系数（position error coefficient）

速度误差系数（velocity error coefficient） 加速度误差系数（acceleration error coefficient）

习 题 3

3－1 已知二阶系统的传递函数为$G(s)=\dfrac{\omega_n^2}{s^2+2\zeta\omega_n s+\omega_n^2}$。随着参数$\zeta$、$\omega_n$的变化，其一对极点在$s$平面上有如图 3－42 所示的 6 种分布，若系统输入单位阶跃信号，试画出与这 6 对极点相对应的输出动态响应曲线的形状和特征。

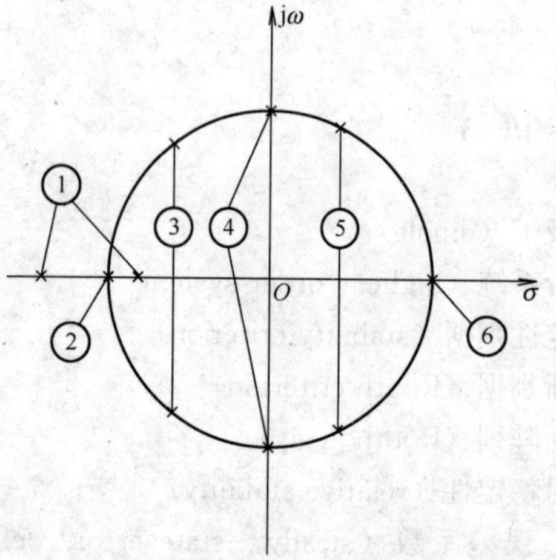

图 3－42 典型二阶系统极点对分布图

3－2 设一控制系统如图 3－43 所示。要求按下列两组参数值分别求该系统的单位阶跃响应，并在s平面上表示该系统极点的位置：（1）$K=4$，$a=6$；（2）$K=4$，$a=2$。

3－3 设一控制系统如图 3－44 所示。

（1）若$H(s)=1$，求系统单位阶跃响应的上升时间t_r，峰值时间t_p，超调量$\sigma_p\%$和调整时间t_s。

（2）若$H(s)=1+0.8s$，则重新求上述（1）中的各项指标。

（3）比较（1）和（2）两项的结果，并说明增加比例微分反馈的作用。

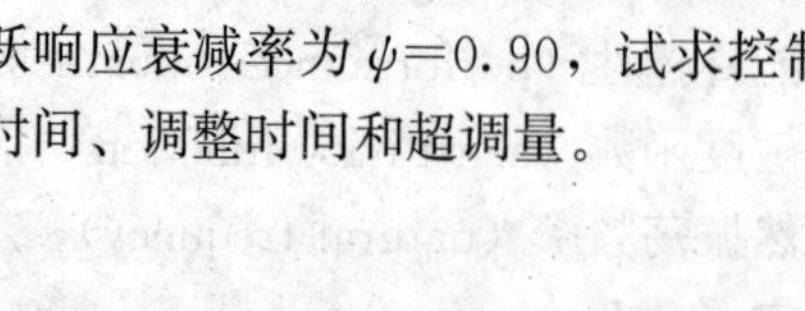

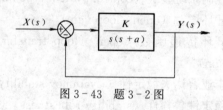

图 3－43 题 3－2 图

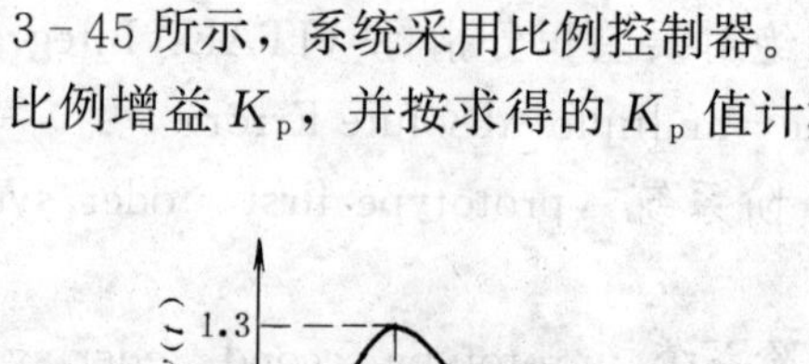

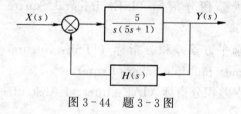

图 3－44 题 3－3 图

3－4 设锅炉汽包水位的简单控制系统如图 3－45 所示，系统采用比例控制器。为使系统的阶跃响应衰减率为$\psi=0.90$，试求控制器的比例增益K_p，并按求得的K_p值计算系统的峰值时间、调整时间和超调量。

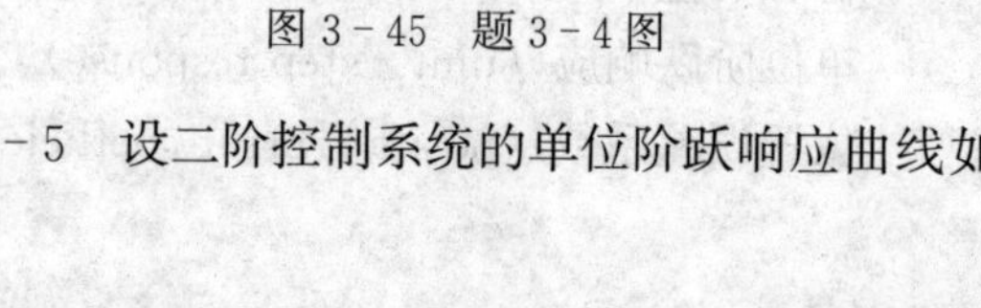

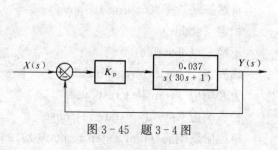

图 3－45 题 3－4 图

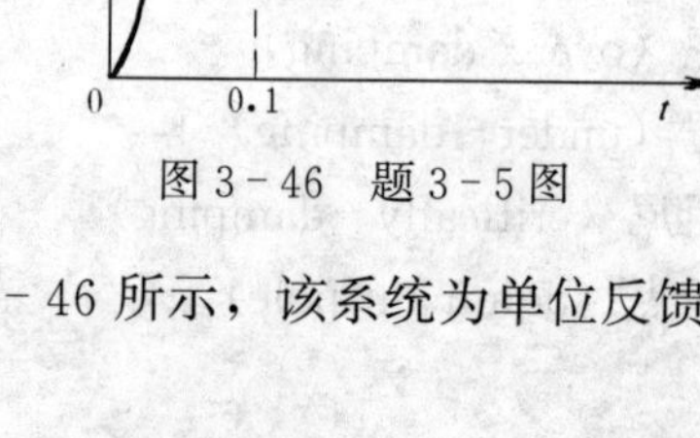

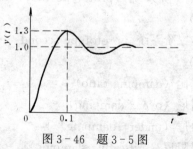

图 3－46 题 3－5 图

3－5 设二阶控制系统的单位阶跃响应曲线如图 3－46 所示，该系统为单位反馈系统，试确定其开环传递函数。

3-6　设一单位反馈控制系统的开环传递函数为 $G_0(s)=\dfrac{K}{s(0.1s+1)}$。试分别求出当 $K=10$ 和 $K=20$ 时系统的阻尼系数 ζ、无阻尼自然振荡频率 ω_n、单位阶跃响应的超调量 $\sigma_p\%$、调整时间 t_s，并讨论 K 的大小对过渡过程性能指标的影响。

3-7　设控制系统如图 3-47 所示，试判定闭环系统的稳定性。

3-8　控制系统框图如图 3-48 所示，求：(1) 确定系统稳定的 K 值范围；(2) 如果要求系统的闭环特征方程式的根全部位于 $s=-1$ 垂线之左，K 值的取值范围应为多少？

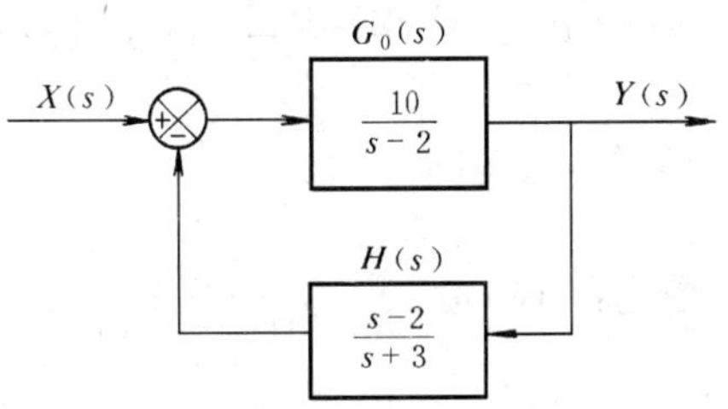

图 3-47　题 3-7 图

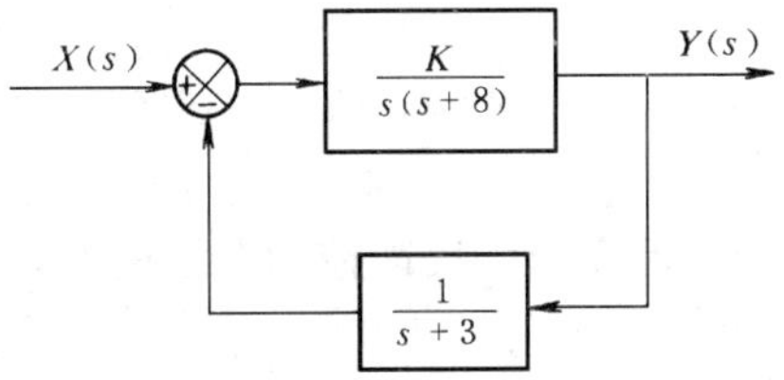

图 3-48　题 3-8 图

3-9　已知控制系统如图 3-49 所示，试确定使系统稳定的 PI 控制器参数 K_p 和 T_i 的取值关系。

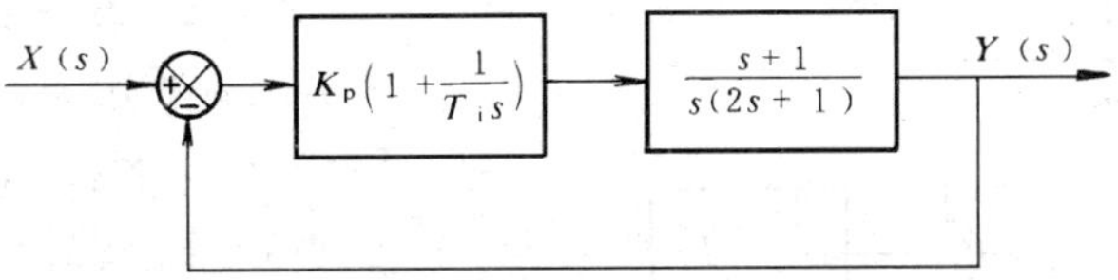

图 3-49　题 3-9 图

3-10　已知控制系统如图 3-50 所示，(1) 当 $K_1=0$ 时，确定系统的阻尼系数 ζ、无阻尼自然振荡频率 ω_n 和单位斜坡输入时系统的稳态误差；(2) 当 $\zeta=0.707$ 时，试确定系统中的 K_1 值和单位斜坡输入时系统的稳态误差，并比较所得结果。

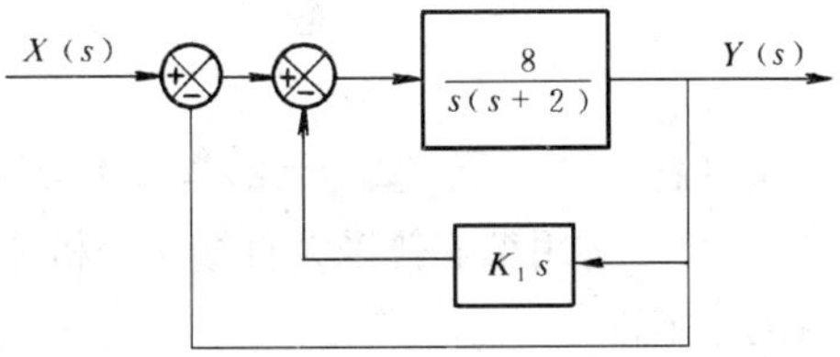

图 3-50　题 3-10 图

3-11　设有一闭环系统的传递函数为 $\dfrac{Y(s)}{X(s)}=\dfrac{\omega_n^2}{s^2+2\zeta\omega_n s+\omega_n^2}$，为了使系统对阶跃输入的响应有 5%的超调量，并且当 $\Delta=2\%$ 时的调整时间为 2s，试求 ζ 和 ω_n 应为多大？

3-12　开环系统稳定时，闭环系统一定稳定吗？开环系统不稳定时，闭环系统一定不稳定吗？设系统是具有如下开环传递函数的单位反馈系统，试用劳斯判据判别闭环系统的稳定性，并验证你的结论。

(1) $G(s)=\dfrac{20}{(s+1)(s+2)(s+3)}$；

(2) $G(s)=\dfrac{100}{s(s+1)(s+2)(s+3)}$；

(3) $G(s)=\dfrac{10(s+1)}{s(s-1)(s+5)}$；

(4) $G(s)=\dfrac{10}{s(s-1)(2s+3)}$。

3-13　试用劳斯判据判别具有下列特征方程式的系统稳定性：

(1) $s^3+20s^2+9s+100=0$；

(2) $3s^4+10s^3+5s^2+s-2=0$；

(3) $s^5+s^4+4s^3+4s^2+2s+1=0$。

3-14　设单位反馈系统的开环传递函数为：(1) $G(s)=\dfrac{K}{(s+2)(s+4)}$；(2) $G(s)=\dfrac{K(s+1)}{s(3s+1)(6s+1)}$。试确定使系统稳定的开环增益 K 的取值范围。

3-15　已知单位反馈控制系统的开环传递函数为：(1) $G(s)=\dfrac{10}{(0.1s+1)(0.5s+1)}$；(2) $G(s)=\dfrac{7(s+1)}{s(s+4)(s^2+2s+2)}$；(3) $G(s)=\dfrac{8(0.5s+1)}{s^2(0.1s+1)}$。试求出位置误差 K_p、速度误差系数 K_v、加速度误差系数 K_a，并分别求出输入信号为 $1(t)$、$t\times1(t)$ 和 $t^2\times1(t)$ 时的稳态误差。

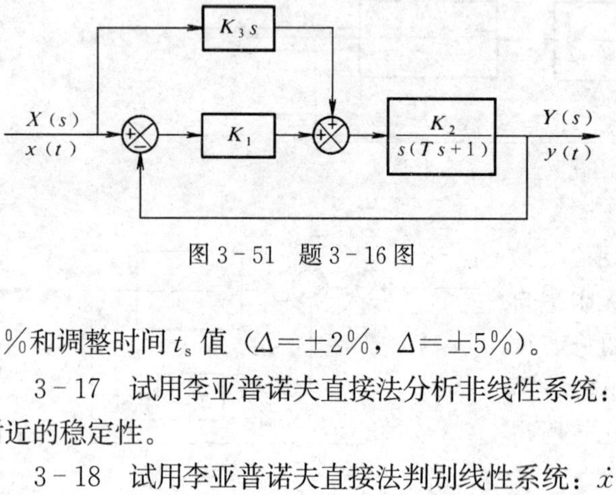

图 3-51　题 3-16 图

3-16　设一复合控制系统的框图如图 3-51 所示，其中 $K_1=2$，$K_2=1$，$T=0.25s$，$K_3=K_2$，试求：

(1) 输入量 $x(t)$ 分别为 $x(t)=1(t)$，$t\times1(t)$，$\dfrac{1}{2}t^2\times1(t)$ 时系统的稳态误差；

(2) 系统的单位阶跃响应的超调量 $\sigma_p\%$ 和调整时间 t_s 值（$\Delta=\pm2\%$，$\Delta=\pm5\%$）。

3-17　试用李亚普诺夫直接法分析非线性系统：$\dot{x}_1=-x_2+ax_1^3$，$\dot{x}_2=x_1+ax_2^3$，在原点附近的稳定性。

3-18　试用李亚普诺夫直接法判别线性系统：$\dot{x}_1=-x_1+x_2$，$\dot{x}_2=2x_1-3x_2$，平衡状态的稳定性。

3-19　已知状态方程为 $\dot{\boldsymbol{x}}=\begin{bmatrix}2 & 1/2 & -3\\0 & -1 & 0\\1 & 1/2 & -1\end{bmatrix}\boldsymbol{x}+\begin{bmatrix}1 & 0\\0 & 2\\1 & 0\end{bmatrix}\boldsymbol{u}$。求：(1) 当 $\boldsymbol{Q}=\boldsymbol{I}$ 时，矩阵 $\boldsymbol{P}$ 的值，并分析系统的稳定性；(2) $\boldsymbol{Q}$ 为正半定矩阵时，矩阵 $\boldsymbol{P}$ 的值；并分析系统的稳定性。

3-20　设线性离散系统状态方程为 $\boldsymbol{x}(k+1)=\begin{bmatrix}0 & 1 & 0\\0 & 0 & 1\\k/2 & 0 & 0\end{bmatrix}\boldsymbol{x}(k)$，$k>0$。试求使系统稳定的 k 值。

第 4 章　控制系统设计导论及时域设计

4.1　引　　言

如前所述，一个自动控制系统由受控过程、控制器、执行器和传感器组成。一个自动控制系统的设计，简单地说就是根据受控过程的动态特性和控制要求来进行控制器、执行器和传感器的设计。这不但包括三种部件本身的设计，也包括这三种部件和受控过程组合起来的系统结构与形式的设计。再者从动态特性建模而言，执行器和传感器常常可简化为一个比例环节来处理。这样，控制系统的设计就主要是控制器和受控过程两者的组合结构形式和控制器本身的动态特性的设计了。换句话说，控制系统的设计就是根据受控过程的动态特性和控制要求确定控制器与受控过程的连接形式与结构以及控制器本身的结构与参数。这里所指的控制器是广义的，包含执行器和传感器。

所谓设计是一个变革系统的结构、部件和细节达到某种特定目的的复杂过程。为特定控制工程的控制系统设计是控制工程师经常要面临的中心工作，是创造活动与分析活动共存的复杂过程。

设计过程中常含有这样的特征：**全面综合、权衡利弊、认识差距、评估风险**。设计本来是一种多目标追求的综合考虑。考虑越全面，综合就越恰当，指标确定得越合理，控制效果就会越好。设计中常常要面临一种艰难的选择，两者都称心，但只能择其一。这时充分地比较和果断地取舍就体现了设计者的水平，设计的最初创想与最终设计结果之间常常存在不小的差距。这种差距是现实条件约束的结果，无法避免。设计中富含创新，也就有了不确定性。这种不确定性含有未知的风险，有风险就需要有评估。这是设计结束前要做的工作。

设计过程可简单地分为四个步骤：①根据需要制定技术指标；②根据技术指标设计若干解决方案；③根据验证结果选择解决方案；④对所选择方案做细节设计。

实际的设计过程常常是以上步骤的多次重复。因为人的认知能力是有限的，想得好并不一定做得好，只能边想边做，再想再做，直至满意为止。

控制系统的设计过程还可仔细地分为如图 4－1 所示的 9 个步骤。

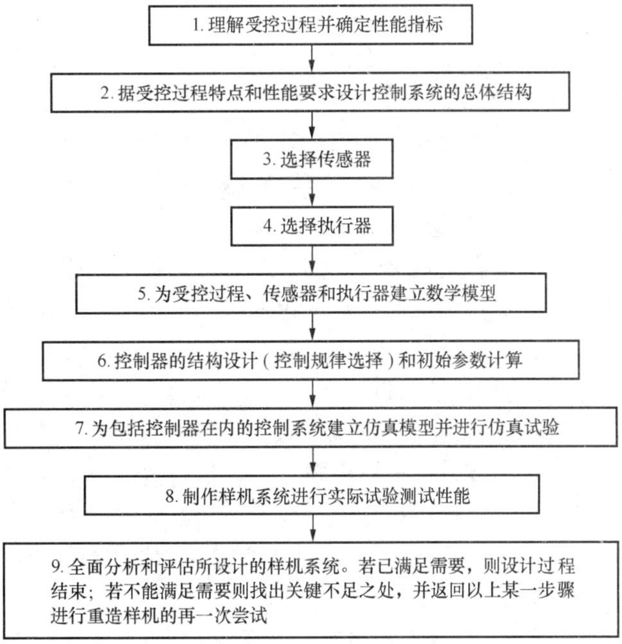

图 4－1　控制系统的设计步骤

第 1 个步骤是理解受控过程

并**确定控制性能指标**。控制系统的性能指标有许多种，常见的有三类：时域的（阶跃响应）、频域的（开环系统频域特性）和复域的（零极点），如图 4－2 所示。设定性能指标就是规定了系统特性变化的边界，如图 4－2（a），超调量指标表示了阶跃响应最大动态误差的允许上限。三类性能指标可以互相换算。用什么样的性能指标，取决于设计者的习惯和将用什么系统特性分析方法。一般来说，用频域分析法时，就用频率特性性能指标；用时域分析法时，就用阶跃响应性能指标；用根轨迹法或极点配置法时就用极点分布最佳性能区域图。性能指标要求可用特性图中的特征区域来表示。图 4－2（a）表示的是阶跃响应的特性要求，最小上升时间、最大超调量、允许稳态误差等指标可化为阶跃响应曲线的限定边界。只要将系统的阶跃响应控制在这个边界范围内就直观地表示达到了控制要求。类似地，图 4－2（b）表示的是开环频率特性允许边界，如幅频特性的低频段边界由稳态特性指标确定。图 4－2（c）表示系统特征根配置的允许性能边界。显然，在允许边界左侧的区域是系统特征根应当配置的地方。

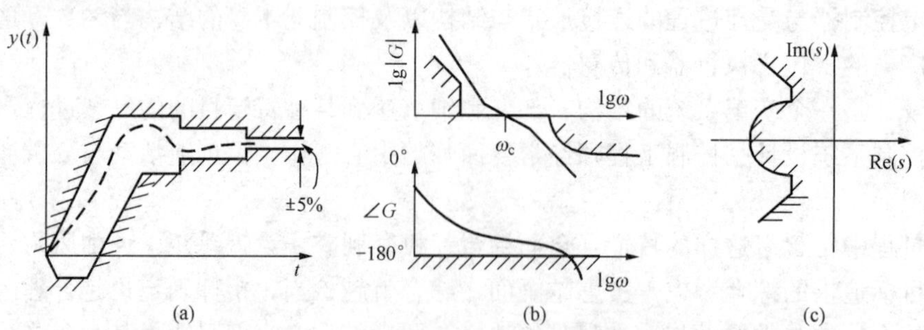

图 4－2　控制系统的常用性能指标图示
（a）阶跃响应曲线的限定边界；（b）开环频率特性允许边界；
（c）系统特征根配置的允许性能边界

第 2 个步骤是根据受控过程特点和性能要求**设计控制系统的总体结构**。设计的焦点是采用什么样的控制系统结构才能最恰当地满足控制要求。例如，如果受控过程受负荷变动的影响很大，并且该负荷是可测的，那么采用含有前馈的负荷控制结构比较合适；如果控制品质要求抑制过程扰动的性能要好，跟踪设定值变化的性能也要好，那么采用具有双自由度的双控制器控制系统结构更为适宜。

第 3 个步骤是**选择传感器**。通过传感器才能把系统的被控变量检测出来，所以说传感器必不可少。选择传感器需要考虑六方面的因素：①数量和位置（选择变量和测点）；②传感原理（电、磁、机械、机电、光电等）；③动态特性（线性度、误差、带宽、分辨率、信噪比等）；④物理特性（重量、尺寸、强度）；⑤品质（可靠性、耐用性、可维护性）；⑥成本（购置、运输、安装、维修费用）。

第 4 个步骤是**选择执行器**。通过执行器才能把系统的控制变量传送给受控过程。与选择传感器类似，选择执行器也需要考虑六方面的因素：①数量和位置；②执行原理（电动、液动、气动、磁动等）；③动态特性（允许力矩、线性度、允许速度、功率、效率）；④物理特性；⑤品质；⑥成本。

第 5 个步骤是**为受控过程、传感器和执行器建立数学模型**。受控过程、传感器和执行器可组成广义的控制对象子系统。传感器的输出为该子系统的输出变量，执行器的输入为该子系统的输入变量。分别建立这三个环节的数学模型，再把它们组合起来就得到了广义控制对象的数学模型，这个数学模型可转化为计算机仿真模型，从而可用来做控制器设计研究的仿真试验平台。

第 6 个步骤是**进行控制器的结构设计**（控制规律选择）和初始参数计算。控制器的结构设计也就是控制规律的选择。例如，选择 PID 控制器就是选择了 PID 控制律，采用了 PID 控制器结构。当结构确定下来后，接下来就是确定控制器的参数。确定控制器参数的过程常被称为**控制器参数的整定**。

第 7 个步骤是**为包括控制器在内的控制系统建立仿真模型并进行仿真实验**。这个工作又分成三步走：第一，依据已知的控制对象特性进行控制参数的初步计算或凭经验设定；第二，建立包括控制器在内的全系统仿真模型；第三，进行重复多次控制参数调整的系统仿真试验，直至满足所要求的控制性能指标。

第 8 个步骤是**制作包含传感器、执行器和控制器的控制样机装置**，并将其安装和连接在受控设备上进行实际控制试验。实际控制试验内容包括：功能测试、参数整定和性能测试。实际参数整定试验基于上一步仿真整定试验结果又与仿真整定试验不同。仿真试验可以任意重复，花费时间也不多，而实际试验花费的时间是由受控过程的动态过程的实际时间决定的。例如，一个受控过程的动态过程长达半小时，则每次试验所花费的时间至少半小时。在参数整定完成后进行系统的控制性能全面测试。

第 9 个步骤是**全面分析和评价所设计的样机系统并试验测试的样机系统**。若已满足需要，则设计过程可以结束；若不能满足预定的控制目标，则进行进一步的专题分析，找些关键性的设计缺陷或不足进行改进。根据实际改进内容返回上述某一步骤，进入又一轮的设计过程。例如，分析表明是传感器选择得不合适，则返回步骤 3 进行重新设计。

4.2　系统结构设计

最常见和最基本的控制系统如图 4-3 所示。这种结构又称为串联控制（又称串联校正）结构。这里的受控过程可以理解为包含执行器和传感器的广义受控过程。

对于某一行业或领域的专门控制问题，人们通过长期的研究和改进发现，有比图 4-3 所示的基本控制系统结构更好的结构。图 4-4～图 4-11 给出了 8 种典型的控制系统结构。

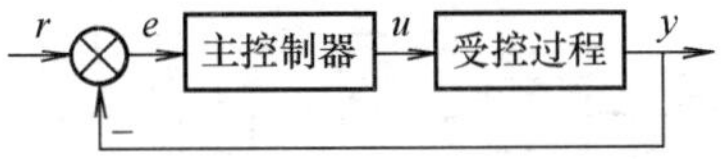

图 4-3　基本控制系统结构

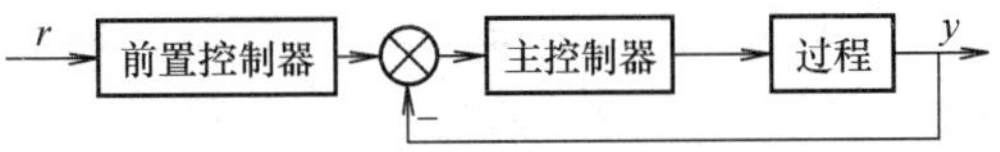

图 4-4　有前置控制的控制系统

图 4-4 表示的是有一个前置控制器的控制系统。前置控制器主要用来控制设定值跟踪控制特性，而主控制器主要用来控制过程扰动特性。这样，虽然只有一个被控变量，但有两个控制自由度，所以又称为两自由度控制系统。用一个控制器控制时，常常是调整到设定值跟踪控制品质好时，过程扰动控制品质就变差，两者不能兼顾。而用两自由度控制结构就能做到过程扰动和设定值跟踪下的控制品质俱佳。

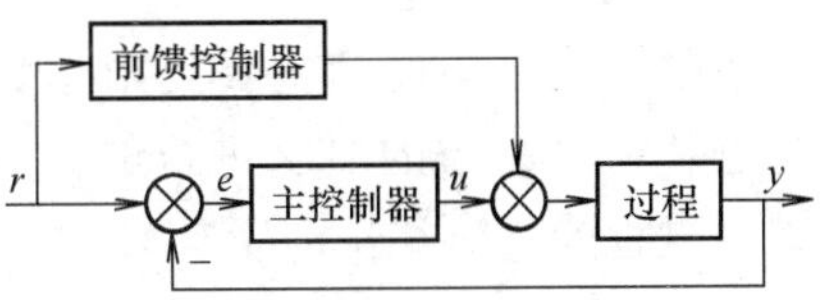

图 4-5　带有设定值前馈的控制系统

图 4-5 所示的系统是具有设定值前馈控制器的系统。它同样具有两个控制自由度。设定值前馈的

作用是使系统对设定值变化更快地响应。

图 4－6 和图 4－7 都是前馈和反馈复合控制系统。当过程的多个扰动变量中存在可测变量时，就可采用图 4－6 和图 4－7 的控制结构，通过前馈控制把可测扰动对受控过程的影响减至最小。图 4－6 和图 4－7 系统的区别在于其扰动前馈控制器一个加在主控制器前，而一个加在主控制器后。

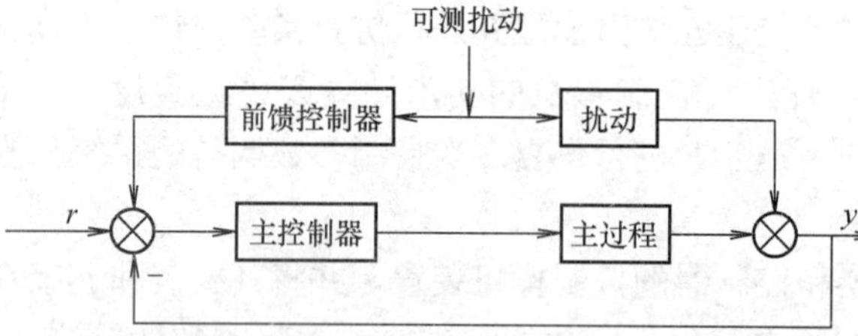

图 4－6　扰动前馈加在主控制器前的控制系统

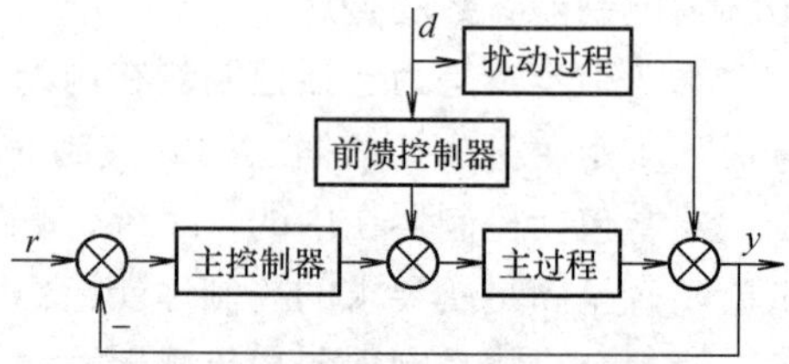

图 4－7　扰动前馈加在主控制器后的控制系统

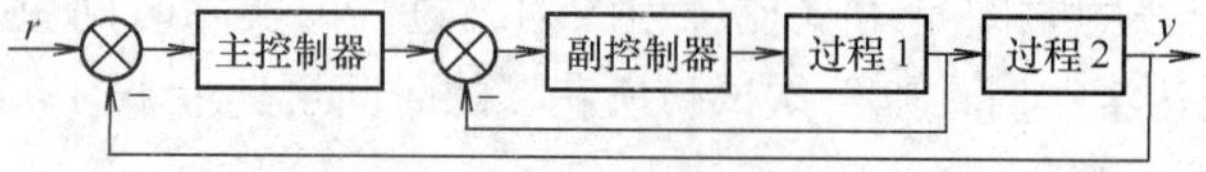

图 4－8　串级控制系统

图 4－8 所示的是串级控制系统。这里受控过程中引出了中间变量，专门加一个副控制器来控制，能更快地消除过程扰动和提高控制响应的快速性。

图 4－9 所示是多回路（多闭环）控制系统。相比串级控制系统，它是多个控制器串接，受控过程的多个中间变量被控制起来，控制地越细致，控制的品质越高。当然，代价是控制结构的复杂性越高，控制器的参数整定难度越大。

图 4－10 表示的是比值控制系统。这时，要求被控量不是跟踪一个输入量，而是要和某个输入变量保持在一个比值上。所以，多了一个比值器的环节。

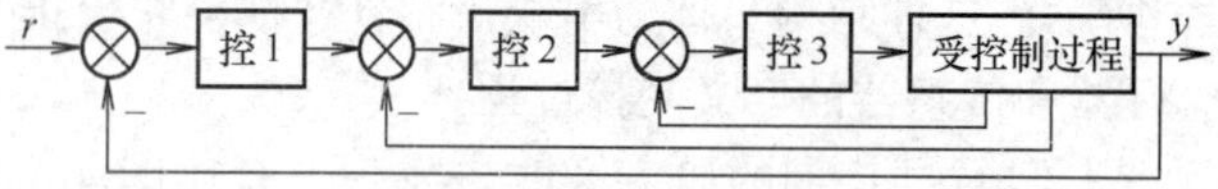

图 4－9　多回路（多闭环）控制系统

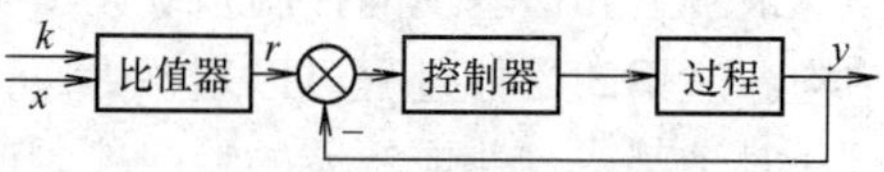

图 4－10　比值控制系统

图 4－11 表示的是双输入双输出的解耦控制系统。对于多变量系统，多个变量之间有耦合作用，于是，采用一对一的单变量控制方案就很难获得满意的控制质量。为此需要加入解耦器，如图 4－11 所示。有了解耦器，控制器 1 可专用来控制输出 y_1，控制器 2 专用来控制输出 y_2。

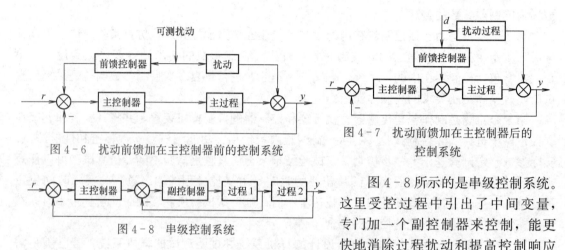

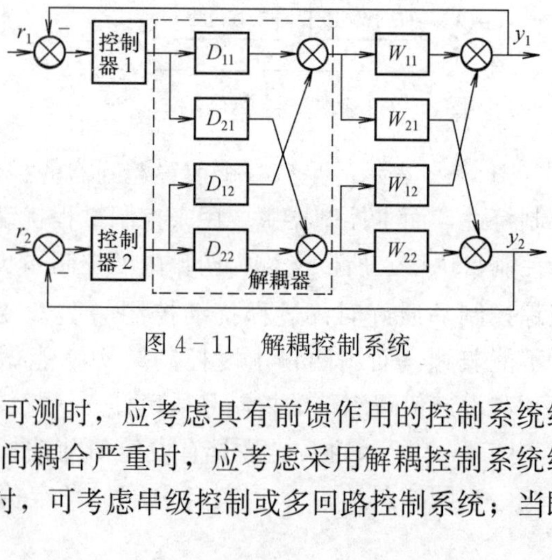

图 4－11　解耦控制系统

控制系统结构设计主要是根据受控过程的特点和控制品质的要求进行的。当所面对的控制过程受负荷类扰动影响较大且其扰动量可测时，应考虑具有前馈作用的控制系统结构；当所面对的受控过程是多变量系统且变量间耦合严重时，应考虑采用解耦控制系统结构；当所面对的受控过程要求控制得又快又好时，可考虑串级控制或多回路控制系统；当既要求有良好的设定值跟踪性能又要求有较强的过程扰动抑制性能时，应考虑用双自由度的控制系统结构。

4.3 控制规律选择

当控制系统的基本结构确定之后，接下来就需要确定控制器本身的结构和参数。控制器结构的确定问题也就是控制器的规律选择问题。最常见的控制规律是 PID 控制律。所以最常见的控制规律选择问题是选择 PID 的类型问题，如选 PI，PD 或 PID。若采用双自由度控制结构或串级控制结构，则控制规律的选择问题聚焦在两个控制器的配对上，如选 P－PI，PD－PD 或 PI－PD。

除了最常用的 PID 控制律外，还有许多种控制规律可选，例如模糊控制、最优控制、内模控制、状态反馈控制等。

用根轨迹法或频率特性法设计控制器时，控制器的极点和零点都可根据需要选择，若限于控制器为一阶环节时，则有超前校正型、滞后校正型、超前滞后校正型三种规律。若不限于一阶环节时，则不同阶的或不同零极点的控制器形成不同的控制规律。

用状态空间法设计控制器时，状态反馈控制阵的确定可用极点配置法或用最优调节法。此外，还有全状态反馈、输出反馈以及带观测的状态反馈方案可选。

控制律选择的原则是适用的就是最好的。为追求最佳控制品质，不妨选择较新颖较复杂的控制律。为实际工程应用，应当选择成熟的和简单实用的。更多地考虑应放在受控对象特性和控制律的匹配上。例如，对于特性是时变的对象，应当选择鲁棒性好的控制律；对于大惯性的对象，可考虑预测控制律。

如前所述，PID 控制律用得最多、最广，公认是具有简单易懂、实现方便、适用性好、鲁棒性强等优点。因此，有必要更深入地讨论其理想性所在和控制作用特点，以便能很好地掌握这种最基本的控制规律。

一、PID 控制律的理想性

在过程控制中，多数受控过程可以简化为带有迟延的一阶惯性环节数学模型。若用带有迟延的二阶惯性环节数学模型来描述，则对稍复杂的有多容惯性的过程更具代表性。因此，这里考虑针对这样的受控过程，如式（4－1）所示，寻求最理想的控制律。最理想的控制律无非是使控制系统既无动态偏差又无稳态偏差地跟随设定值的变化。显然，只有控制系统的传递函数等于 1，才有这样的效果。但是，若受控过程含有迟延，则控制系统目前最多只能做到只剩这个迟延。于是，假设闭环控制系统的传递函数为式（4－2），对于图 4－12 所示的闭环控制系统，其控制器可推导为式（4－3）。

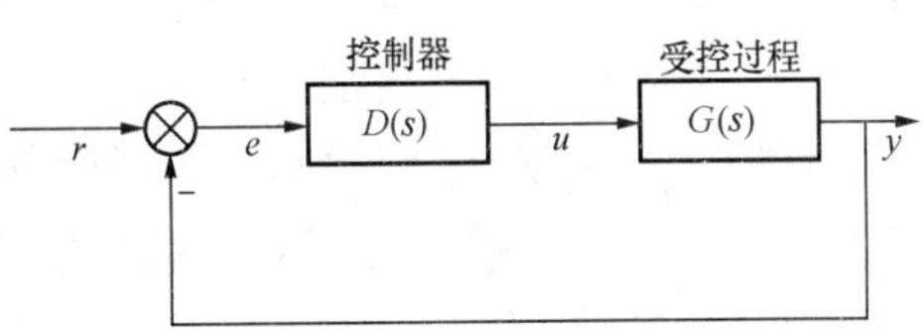

图 4－12　闭环控制系统

$$G(s)=\frac{K\mathrm{e}^{-\tau s}}{(T_1s+1)(T_2s+1)} \qquad (4-1)$$

$$F(s)=\mathrm{e}^{-\tau s} \qquad (4-2)$$

$$D(s)=\frac{1}{G(s)}\frac{F(s)}{1-F(s)}=\frac{(T_1s+1)(T_2s+1)}{K\mathrm{e}^{-\tau s}}\frac{\mathrm{e}^{-\tau s}}{1-\mathrm{e}^{-\tau s}}=\frac{(T_1s+1)(T_2s+1)}{K(1-\mathrm{e}^{-\tau s})} \qquad (4-3)$$

根据常用函数的幂级数展开式 $\left(e^x=1+x+\frac{x^2}{2!}+\cdots\right)$，可知 $1-e^{-\tau s}\approx\tau s$，于是

$$D(s)=\frac{T_1+T_2}{K\tau}\left(1+\frac{1}{T_1+T_2}\frac{1}{s}+\frac{T_1T_2}{T_1+T_2}s\right)=K_p\left(1+\frac{1}{T_is}+T_ds\right) \tag{4-4}$$

式（4-4）恰为PID控制律。类似地，还可针对带有迟延的一阶惯性 $G(s)=\frac{Ke^{-\tau s}}{Ts+1}$，导出PI控制律 $D(s)=\frac{T}{K\tau}\left(1+\frac{1}{Ts}\right)$；针对无自平衡对象 $G(s)=\frac{Ke^{-\tau s}}{s(Ts+1)}$，导出PD控制律 $D(s)=\frac{1}{K\tau}(1+Ts)$。这就充分说明了PID控制律对于一般的工业过程是比较理想的，所以才在工业控制中占主导地位。

二、PID控制作用分析

简单的PID控制系统如图4-13所示。在这个系统中，PID控制器所起的作用可按比例规律、积分规律和微分规律分别进行详细分析。

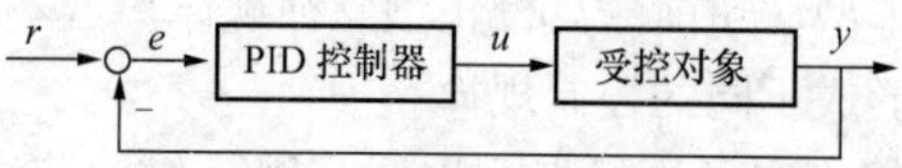

图4-13 PID控制系统

1. 比例控制作用（简称P控制）

比例控制作用的特点是控制器输出 $u(t)$ 与偏差 $e(t)$ 的大小成比例，相应的速度 $\frac{du(t)}{dt}$ 与偏差信号的变化速度 $\frac{de(t)}{dt}$ 成正比。比例作用是控制系统中不可或缺的控制作用，因为，控制的目的就是消除偏差。比例增益 K_p 越大，则比例控制作用越强，抑制偏差的响应越快。由于 $u(t)$ 与 $e(t)$ 有一一对应的比例关系，所以若要 $u(t)$ 不为0，则 $e(t)$ 也不能为0。这样，对于0型控制系统，比例控制作用的结果将使被控量和给定值之间产生固定的偏差，即只能实现有差的控制。当然，比例控制作用的比例增益 K_p 越小，或比例带 $\delta\left(\delta=\frac{1}{K_p}\right)$ 越大，则稳态偏差越大；反之，K_p 越大，稳态偏差越小。

比例增益 K_p 增加，虽然可以减小被控量的稳态偏差，但是也可能因使控制量变化过大而造成控制过程的反复振荡；反之，减少比例增益 K_p，虽然可以减少控制过程的振荡，但是将增加被控量的稳态偏差。因此确定 K_p 是兼顾稳态偏差和动态特性的一种折中。图4-14说明了比例控制作用的比例系数 K_p 对控制系统动态过程的影响。从图中可以看出，K_p 越小，被控量 $y(t)$ 稳态偏差越大，但振荡减小；反之，则稳态偏差减少，振荡加剧。

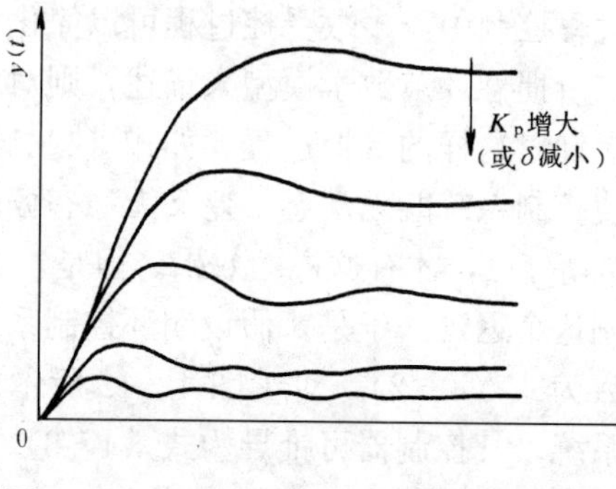

图4-14 比例增益 K_p 对系统动态过程的影响

2. 积分控制作用（简称I控制）

积分控制作用的特点是：只要受控对象的被控量不等于给定值[即 $y(t)\neq r(t)$]，偏差

不为 0[$e(t)\neq 0$]，积分控制作用就不停止，而且 $e(t)$ 越大，$\dfrac{\mathrm{d}u(t)}{\mathrm{d}t}$ 越大。只有当 $e(t)=0$ 时，$u(t)$ 才停止变化。控制系统达到一新的平衡状态。因此积分控制作用的特点是不能容忍偏差存在。因为只要存在偏差，控制量便会随着时间的增加而加强。

积分控制作用的特点很适合于要求无差控制的场合。但是应用这种控制器容易造成控制过调而引发振荡，甚至系统不稳定。这是因为积分控制作用是随时间逐渐加强的，这种相对迟缓的控制，恶化了系统的动态品质。因此在实际生产过程中几乎不采用单纯积分控制的控制器作用，而只是把积分作用作为控制器作用的一个组成部分。

图 4－15 说明了积分控制作用的积分时间 T_i 对控制系统动态过程的影响。从图中可以看出，如果积分时间 T_i 取得过大，虽然可使系统被控量不振荡，但是动态偏差太大；如果积分时间 T_i 取得过小，则使被控量激烈振荡、以至发散而使系统不稳定。所以只有适当选择 T_i 才可得到稳定的衰减振荡过程。

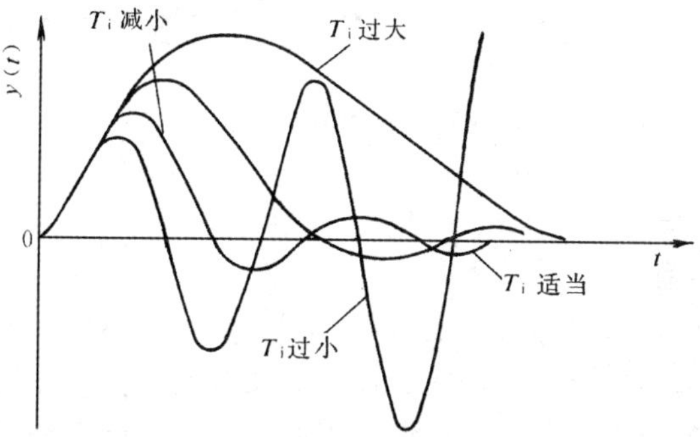

图 4－15　积分时间 T_i 对过渡过程的影响

3. 微分控制作用（简称 D 控制）

微分控制作用的特点是：控制器输出 $u(t)$ 与偏差变化率 $\dfrac{\mathrm{d}e(t)}{\mathrm{d}t}$ 成正比，所以能抑制偏差 $e(t)$ 变大，因此能有效地减少系统动态过程的动态偏差。这也就是控制器中加入微分控制作用的目的。当 $e(t)$ 的变化速度趋于零时，控制器输出 $u(t)$ 也将等于零。这样就不能适应需要 $u(t)$ 不为零的场合。因此，只具有微分控制作用的控制器并不在实际控制系统中单独使用。D 控制常和其他控制（如 P 控制、PI 控制）组合作用，如组成 PD 或 PID 控制。

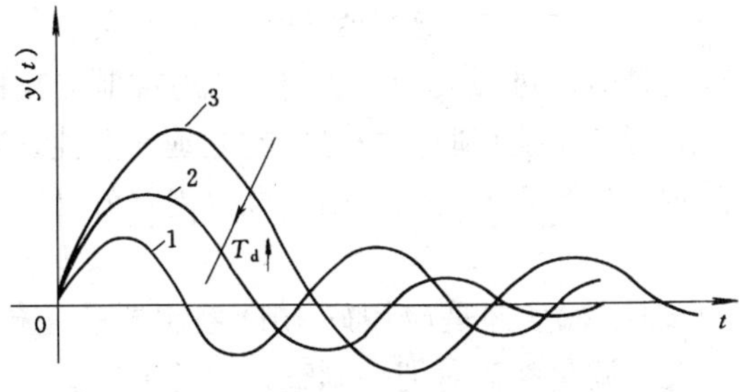

图 4－16　微分时间 T_d 对系统动态过程的影响

图 4－16 说明了微分控制作用对系统动态过程的影响。由图可见，微分时间 T_d 偏大，动态偏差就小，但振荡加剧，调整时间拖长，如图 4－16 中曲线 1 所示。微分时间 T_d 偏小，则动态偏差加大，调整时间也不太短，如图 4－16 中曲线 3 所示。采取适当的 T_d 值，可以得到理想的动态响应曲线，如图 4－16 中的曲线 2 所示。

微分控制作用还有预测的作用，这有利于系统的稳定。但在有噪声的情况下，预测作用会成为误测，导致误动作。

4. 几种控制作用的比较

图 4－17 为在同一受控过程的各种不同控制作用下的动态过程曲线。从图中可以看出，微分控制作用可以减小动态偏差和调整时间（曲线 1 与曲线 3 比较，曲线 2 与曲线 4 比较）；积分控制作用是能够消除稳态偏差（曲线 4 与曲线 3 比较），但是它将使动态偏差及调整时间增大。由图 4－17 中的曲线 5 还可以看出，采用单独的积分控制作用是不可取的。因此，

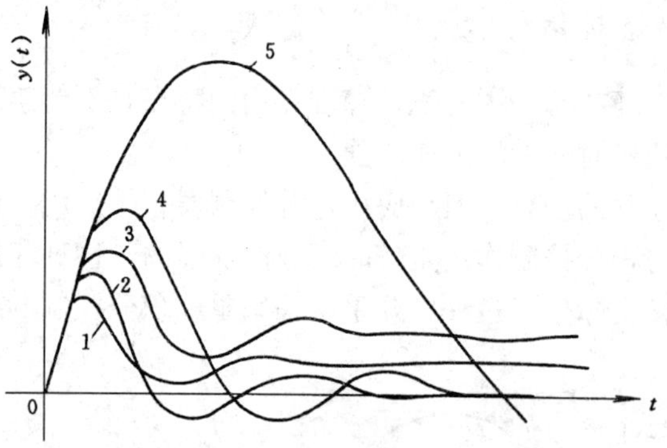

图 4-17　各种控制作用的比较
1—PD 控制；2—PID 控制；3—P 控制；
4—PI 控制；5—I 控制

在 P、I、D 三种控制规律中，应以 P 作用为主，I 和 D 作用为辅。I 作用和 D 作用一般不应单独使用，常见的组合为 P 控制器、PI 控制器、PD 控制器和 PID 控制器。

5. PI 控制作用

T_i 愈大，则积分控制作用愈小，使比例控制作用相对增加。当 $T_i \to \infty$ 时，积分控制作用为零，PI 控制器就成了比例控制器。当 $T_i \to 0$ 时，积分作用占了主导地位，相对来说，比例控制作用几乎不起作用，这时 PI 控制器就成了积分控制器。所以改变 T_i 的数值，实际上就是改变 PI 控制器中比例作用和积分作用之间的相对大小。而改变比例增益 K_p（或比例带 ζ）时，既改变比例作用，也改变积分作用，而两个作用的比值却不变。比例积分控制器兼有比例控制作用和积分控制作用的特点。控制系统采用比例积分控制器时，由比例作用保证控制过程不会过分振荡，减小 K_p 则可以削弱振荡倾向，但 K_p 过小将使控制过程拖得太长；增大 T_i 值，能使比例作用相对增强，也能减小振荡倾向，但 T_i 也不能过大，因为 T_i 过大，控制中的积分作用将过小，控制过程也将拖长。

6. PD 控制作用

由于微分作用只在偏差 $e(t)$ 变化存在时才起作用，当控制系统处于平衡状态，$\dot{e}(t)=0$ 时，比例微分控制器仍具有比例控制器的特点。比例微分控制器有两个可调参数，即 K_p 和 T_d。改变 T_d 的数值的效果是只改变微分作用的大小，改变 K_p 的数值的效果是同时改变比例控制作用和微分控制作用的大小，而两者的比值却不变。

7. PID 控制作用

PID 控制器中有三个可以调整的参数，即 K_p、T_i 和 T_d。这种控制器兼有比例、积分和微分三种控制作用的特点。比例控制作用的特点是能使过程较快地稳定；积分控制作用的特点是能使控制过程为无差控制；微分控制作用的特点是能克服受控对象的迟延和惯性，减少过程的动态偏差。在控制系统应用这种控制器时，只要三个控制作用配合得当，就可以得到较好的控制效果。

上述三种基本控制作用及其常见组合作用的理解和掌握是应用好 PID 控制器的基础。特别是在下一节将论述的控制器参数整定过程中人工调整参数时把握调整方向的关键。

4.4 控制器参数整定

控制器结构确定后，控制器的参数确定就成为需要解决的问题。控制器参数的确定首先应当根据受控过程的特性，其次依据控制性能指标。控制器参数确定并不能通过简单计算一蹴而就，往往需要经过初步计算、仿真试验调整和实际试验调整三个步骤的多次重复才能完成，所以这个参数确定过程是一个经多次调整试验才能确定的过程，被称为参数“整定”。

PID 控制器是一类通用的自动控制装置，适用于各种生产过程的控制。由于受控过程的动态特性各不相同，只有将 PID 控制器的参数整定到与受控过程的动态特性相匹配时，才能达到最好的控制效果，满足生产过程对控制系统所要求的性能指标。

PID 控制器的参数整定有多种方法：凭操作人员经验的人工整定，根据仿真试验的最佳整定，根据理论计算整定，根据试验和经验公式相结合的工程整定等。以下介绍常用的两种工程整定法：衰减曲线法和 Z—N 法（由 Ziegler-Nichols 于 1942 年提出）。

一、衰减曲线法

衰减曲线法是一种根据受控过程在纯比例控制试验中产生的具有一定衰减率 ψ 的由衰减振荡比例增益 K_{ps} 和振荡周期 T_s 来确定控制器参数的方法。$\psi=\dfrac{A-B}{A}=1-\dfrac{B}{A}$，其中，$A$ 为第一个波峰幅高；B 为第二个波峰幅高，见图 4－18。该方法的具体步骤如下：

（1）先把控制器参数设置在 $T_i\to\infty$，$T_d=0$，K_p 放在较小值，这时控制器只有比例控制作用。

（2）做阶跃响应试验，逐渐加大 K_p 值，直至出现衰减率 $\psi=0.75\left(\text{即 } B/A=\dfrac{1}{4}\right)$ 的衰减振荡过程。

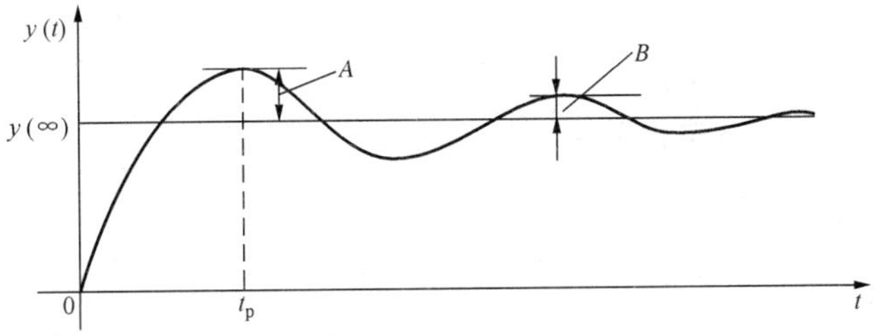

图 4－18　衰减振荡的阶跃响应曲线

（3）记下比例增益 K_{ps} 和振荡周期 T_s。控制器的初步整定参数可按表 4－1 来确定。

二、Z—N 法

Z—N 法是一种根据受控过程的阶跃响应特性结合经验公式来计算控制器整定参数的方法。按受控过程为无自平衡能力型和有自平衡能力型两种情况来考虑。

（1）受控过程为无自平衡能力型，如图 4－19 所示。

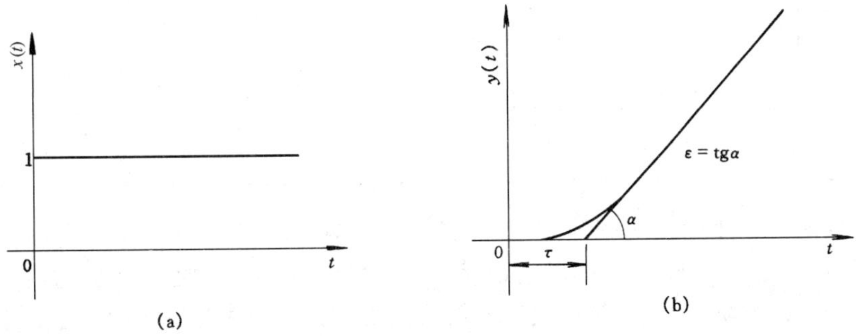

图 4－19　无自平衡能力的受控过程

（a）单位阶跃输入；（b）受控过程的阶跃响应

图 4－19 中，τ 为迟延时间，$\varepsilon=\tan\alpha$ 为飞升速度。利用 τ 和 ε 的值，通过表 4－2 的整定计算公式，就可求得控制器的整定参数 K_p、T_i 和 T_d。

（2）受控过程为有自平衡能力型，如图 4－20 所示。

表 4-1 衰减曲线法整定参数表 (ψ=0.75)

参数 控制器	K_p	T_i	T_d
P	K_{ps}		
PI	$0.83K_{ps}$	$0.5T_s$	
PID	$1.25K_{ps}$	$0.3T_s$	$0.1T_s$

表 4-2 无自平衡受控过程的整定计算公式 (ψ=0.75)

参数 控制器	K_p	T_i	T_d
P	$\frac{1}{\varepsilon\tau}$		
PI	$\frac{0.91}{\varepsilon\tau}$	3.3τ	
PID	$\frac{1.18}{\varepsilon\tau}$	2τ	0.5τ

图 4-20 中，τ 为迟延时间，T 为时间常数，K 为比例系数。利用 τ、T 和 K 的值及 τ/T 的比值就可由表 4-3 和表 4-4 的整定计算公式确定控制器的整定参数 K_p、T_i 和 T_d。

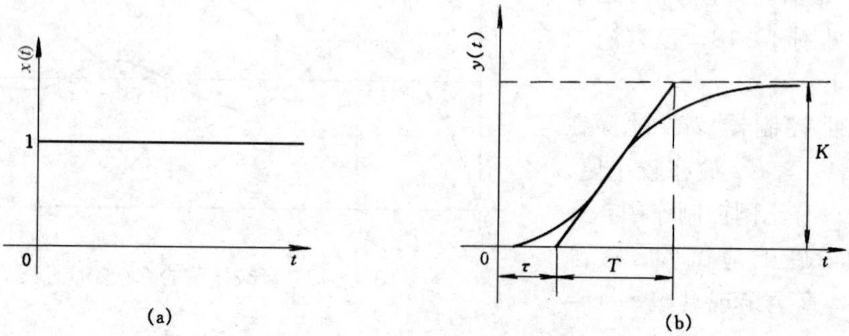

图 4-20 有自平衡能力的受控过程
(a) 单位阶跃输入；(b) 受控过程的阶跃响应

表 4-3 有自平衡受控过程的整定计算公式 ($\tau/T\leqslant 0.2$)

参数 控制器	K_p	T_i	T_d
P	$\frac{T}{K\tau}$		
PI	$\frac{0.91T}{K\tau}$	3.3τ	
PID	$\frac{1.18T}{K\tau}$	2τ	0.5τ

表 4-4 有自平衡受控过程的整定计算公式 ($0.2<\tau/T\leqslant 2$)

参数 控制器	K_p	T_i	T_d
P	$\frac{0.385(\tau/T+0.7)}{(\tau/T-0.08)K}$		
PI	$\frac{0.385(\tau/T+0.6)}{(\tau/T-0.08)K}$	$0.8T$	
PID	$\frac{0.385(\tau/T+0.6)}{(\tau/T-0.15)K}$	$0.81T+0.19\tau$	0.25τ

衰减曲线法适合于受控过程模型未知的情况，通过实际控制试验可测得反映受控过程的两个关键参数：K_{ps}（反映受控过程增益特性）和 T_s（反映受控过程动态响应时间特性），再根据这两个关键参数，初步确定 PID 控制器的参数；然后根据实际调整试验最后确定 PID 控制器参数。

Z—N 法适合于受控过程模型已知的情况。当阶跃响应已知，则据其响应曲线可判断属于无自平衡类型或有自平衡类型，然后提取出受控过程模型参数 ε、τ 或 τ、T、K；再根据过程模型参数初步推算 PID 参数；然后根据实际调整试验最后确定 PID 控制器参数。

上述两种整定方法都是根据受控过程特性计算和初定 PID 控制器参数的方法。**根据受控过程特性设计控制器参数**应当是控制器设计的基本原则和基本思路。

应当指出，上述两种工程整定方法并非能适用所有受控过程。例如，对一个双积分器构成的受控过程进行纯比例控制时，无论把 K_p 取得多么小都得不到衰减振荡的结果，这时衰减曲线法就失效了。而对于发散振荡的受控过程，无法取得 τ、T、K 参数，也无法应用 Z—N 法。另一方面，在控制参数初定后，还需要根据实际试验测得性能指标值，再一次地调整控制参数以获得最为满意的控制性能。这主要是因为过程模型的建立存在误差，参数整定计算的方法也是近似的和粗略的。所以实际的性能测试就会发现控制性能并不一定令人满意，故需要进一步调整。有时进一步的调整是为了某项专门指标的改善，如对某一受控过程要求控制的超调量很小，那么就可为专门减少超调量调整控制器参数。

一个控制器可能有多个参数，但是并非每一个参数都需要多次调整。也许一个控制器有 8 个参数，但只有 2 个参数需要整定，其他参数初步计算确定后就不需调整。当然一个受欢迎的控制器应当是只有很少的需整定的参数。就像 PID 控制器只有 3 个整定参数，这就比性能优越但有十几个整定参数的控制器更受欢迎。

控制器参数整定是每一个控制工程师应会的基本技能之一。

4.5 串级控制系统

所谓串级控制系统是将两个或多个控制器串起来构成的控制系统。串级控制系统被认为是一种能明显改善控制品质的复杂控制系统，因此在工业控制中被广泛应用。只要受控过程可以拆分为几个环节的串联，其中间变量可以测取，就可采用串级控制的方法来提高控制品质。

一、串级控制系统分析

图 4 - 21 表示了一种串级控制系统。在这个系统中，控制对象 G_0 被拆为两个环节：G_{01} 和 G_{02}，控制器也有两个：G_{C1} 和 G_{C2}。其中 G_{C1} 是外回路的调节器，常称为主调节器；G_{C2} 为内回路的调节器，常称为副调节器。外回路调节目标是定值调节，使 Y 趋向 R。而内回路的设定变量是外回路调节器的输出，所以内回路属于随动跟踪系统。

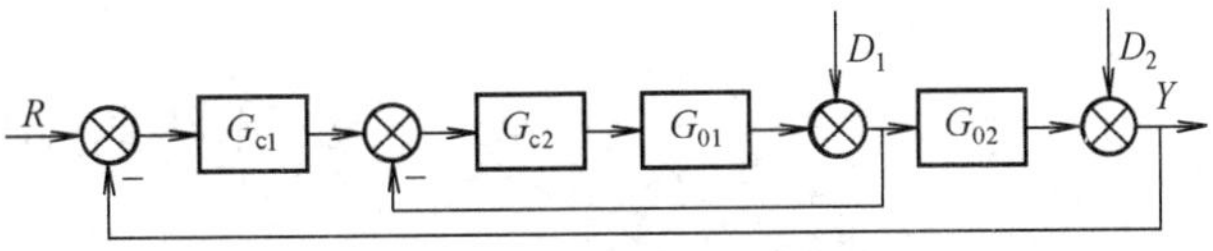

图 4 - 21　串级控制系统

采用串级控制最明显的优点是快速地抑制了内回路的扰动，而使整个系统的动态误差大为减少。由图 4 - 21 可见，当内回路中的扰动 D_1 出现时，副调节器首先发挥作用，通过内回路把 D_1 抑制到很小。与不采用串级控制的情况相比（见图 4 - 22），D_1 出现后，先要通过 G_{02} 传到 Y，再通过反馈传给 G_C，显然这个抑制过程要比串级时慢得多。

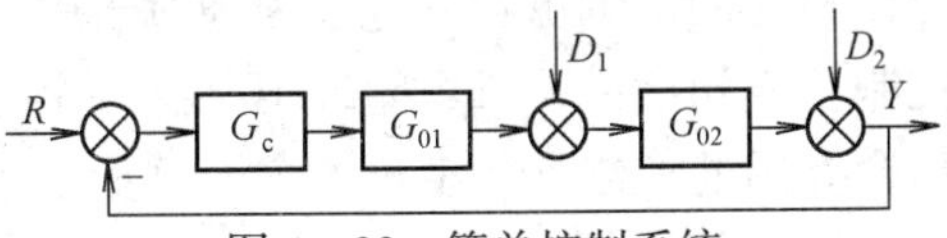

图 4 - 22　简单控制系统

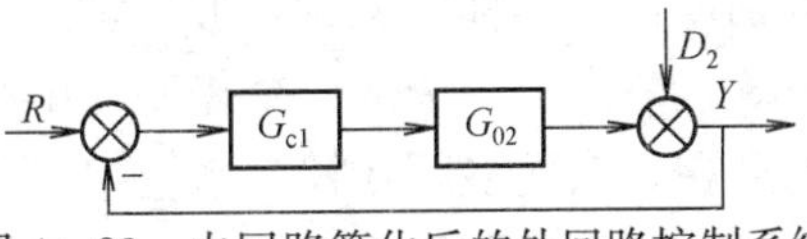

图 4 - 23　内回路简化后的外回路控制系统

当副调节器 G_{C2} 的增益比较大时，内回路的传递函数可进一步简化为

$$G_{内回路}(s)=\frac{G_{C2}(s)G_{01}(s)}{1+G_{C2}(s)G_{01}(s)}\approx 1 \tag{4-5}$$

则整个系统可简化为如图 4－23 所示。可见对于外回路扰动 D_2 的抑制也比不用串级控制时快得多，因此大大缩短了调整时间。

二、电站锅炉汽温控制系统举例

电站锅炉过热汽温控制系统常采用典型串级控制系统结构。电站锅炉过热汽温控制系统的任务是使过热器出口过热汽温维持在允许范围内，一般不超过额定值 5℃，不低于额定值 10℃。过热汽温过高将造成管道损坏，寿命减少，而过热汽温偏低，会降低发电热效率。

电站锅炉过热汽温受控对象的结构如图 4－24 所示。由图可见，减温水流量 W 由减温阀控制，减温器出口的汽温为 θ_2，过热器出口汽温为 θ_1。

汽温对象的传递函数模型可表示为

$$G_{01}(s)=\frac{\theta_2(s)}{W(s)}=\frac{K_1}{(1+T_1s)^{n_1}} \tag{4-6}$$

$$G_{02}(s)=\frac{\theta_1(s)}{\theta_2(s)}=\frac{K_2}{(1+T_2s)^{n_2}} \tag{4-7}$$

串级汽温控制系统如图 4－25 所示，其中 G_{T1} 为汽温主调节器，G_{T2} 为副调节器，K_μ 代表减温阀，K_z 代表执行器，γ_1 和 γ_2 代表温度传感器。

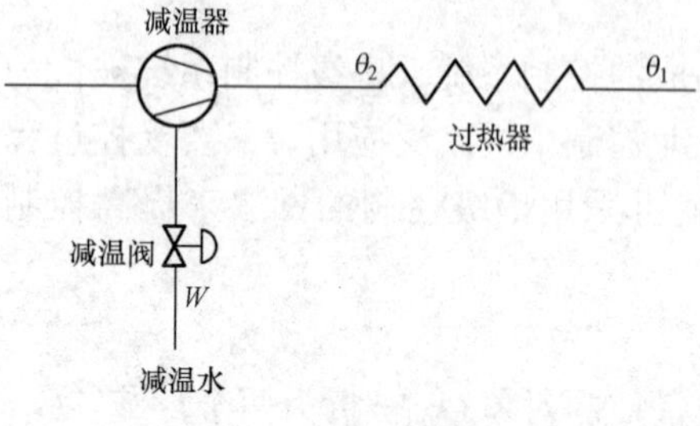

图 4－24　汽温对象结构

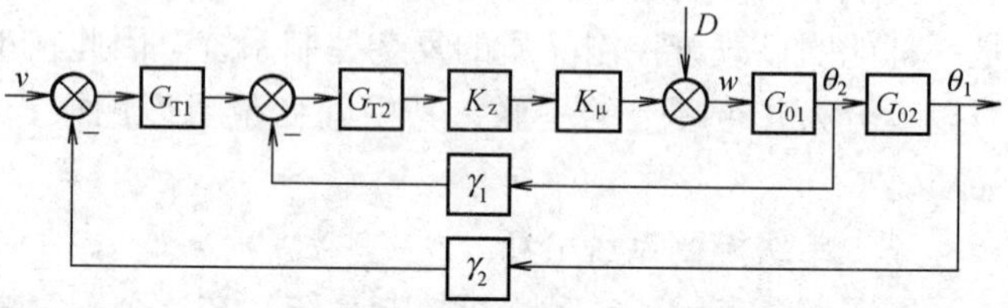

图 4－25　串级汽温控制系统

4.6　多闭环控制系统

反馈控制系统是众多控制系统中最常见的。在结构上，前向通道和反馈回路构成一个闭合回路，称为一个闭环。因此，凡是具有一个闭合回路的反馈控制系统就是单闭环或者说单回路控制系统。为了使控制品质更高，所设计的反馈回路往往不止一个，从而形成了双闭环或者说双回路，甚至是多闭环或是多回路控制系统。

多闭环控制系统与前面所阐述的串级控制系统在系统的大致结构上是一样的，他们的共同特征都是虽然只有一个最终的被调量，但却有多个反馈控制回路，形成多个闭环。他们之间的区别，仅从名称定义看，似乎多闭环控制系统可以包含的范围更宽一些。因为对于串级控制系统，一定是一个又一个控制器串联起来实施控制。换句话说，每个闭环中必有一个控制器的存在。然而多闭环控制系统中，每个闭环中可含专用的控制器，也可不含。例如，增加一个微分反馈回路后的双闭环控制系统，只用了一个控制器。

一、单闭环电机直流调速控制系统举例

电动机的速度控制是电力拖动或者说机械传动控制的基本问题。常见的电机直流调速控制系统如图 4－26 所示。图中，A 为放大器，GT 为可控硅触发器，TG 为测量转速的直流发电机。这个系统的工作原理是这样的：用电位器 W_n 可设定与期望转速量对应的电压 V_n^*，用电位器 W_G 可改变源于测速发电机电压 V_{tg} 的反馈电压 V_n，放大器 A 的输入端则得到设定电压 V_n^* 与反馈电压 V_n 的差值 ΔV_n，放大器 A 的输出 V_{ct} 用来控制可控硅触发器 GT 的导通角，从而改变直流电动机 M 的工作电压 U_d，电抗器 L 用来抑制电流脉动，当电机转速偏离设定转速时，ΔV_n 就有变化，使电机工作电压增加或减小，电机转速随着改变，从而使转速偏差减小。

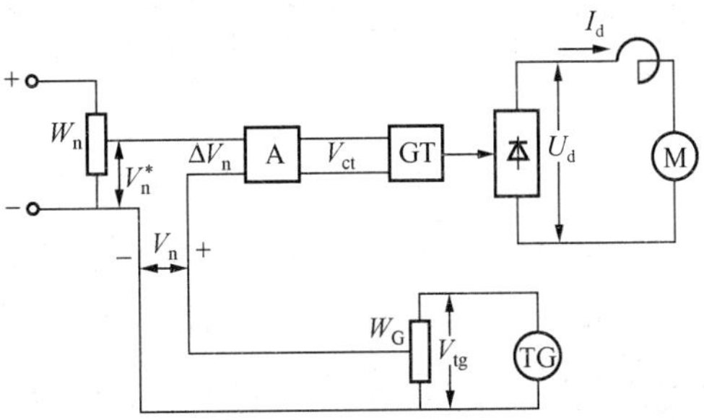

图 4－26　电机直流调速系统

用机理分析建模方法可以分别建立图 4－26 所示调速系统中各环节的动态数学模型：

（1）额定励磁下的直流电动机：

$$\begin{cases}\dfrac{I_d(s)}{U_d(s)-E(s)}=\dfrac{1/R}{T_l s+1}\\[2mm]\dfrac{E(s)}{I_d(s)-I_{dL}(s)}=\dfrac{R}{T_m s}\end{cases}$$

式中，R 为电枢回路电阻，$T_l=\dfrac{L}{R}$为电枢回路电磁时间常数，$T_m=\dfrac{GD^2R}{275C_eC_m}$为机电时间常数（$C_m$、$C_e$ 为转矩电流比，N_m/A；GD^2 为电机轴上的飞轮力矩，N_m^2），E 为感应电动势，$I_{dl}=\dfrac{T_L}{C_m}$为负载电流（T_L 为负载转矩）。

（2）可控硅触发装置：$\dfrac{U_d(s)}{U_{ct}(s)}=K_s e^{-T_s s}\approx\dfrac{K_s}{T_s s+1}$。　式中，$T_s$ 为失控时间。

（3）比例放大器：$\dfrac{U_{ct}(s)}{\Delta U_n(s)}=K_p$。

（4）测速发电机：$\dfrac{U_n(s)}{n(s)}=\alpha$。

于是可整理得到如图 4－27 所示的闭环调速系统数学模型方框图。

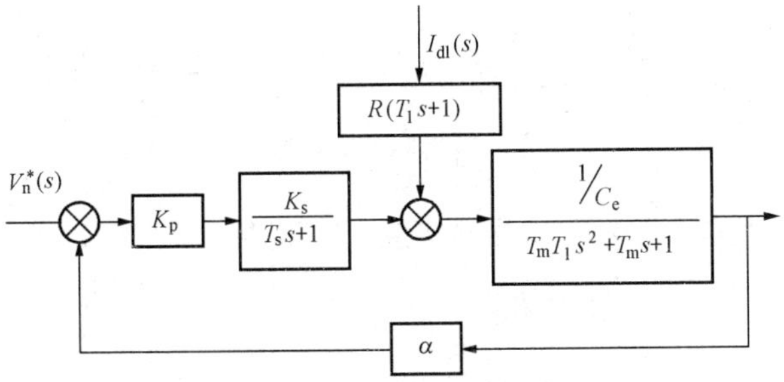

图 4－27　闭环调速系统数字模型方框图

在这个系统中比例放大器起到一个比例控制器的作用。由于受控对象属于 0 型系统，所以，比例控制下将存在静差。若要求无静差，可把比例控制器改为比例积分控制器 PI，这时 K_p 环节改为 $K_p\left(1+\dfrac{1}{T_i s}\right)$。

二、双闭环调速系统举例

在单闭环直流调速系统上再加入一个调节器专门控制电流就形成了双闭环的直流调速系统，如图 4－28 所示。

图 4－28 中，ASR 为转速调节器，ACR 为电流调节器，两个调节器串接在一起，所以

又称串级控制系统。对这样的系统可以模型化为图 4－29 所示的系统。

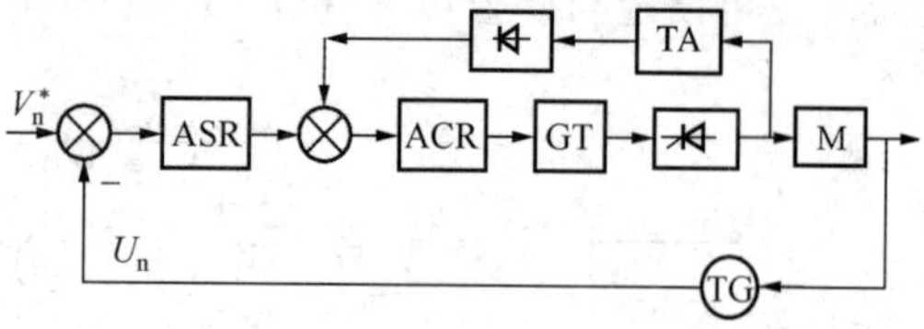

图 4－28　双闭环的直流调速系统

图 4－29 中，$W_{ASR}(s)$ 为转速调节器传递函数，$W_{ACR}(s)$ 为电流调节器。一般这两个调节器要用 PI 调节器。电流调节回路处在转速调节回路内部，故称为内环，转速调节器相应地称为外环。内环的形成使内环内的扰动得到及时抑制，使电机电流迅速跟随转速调节的要求，使外环的调节快速性能得到加强，动态响应加快，从而提高了控制品质。

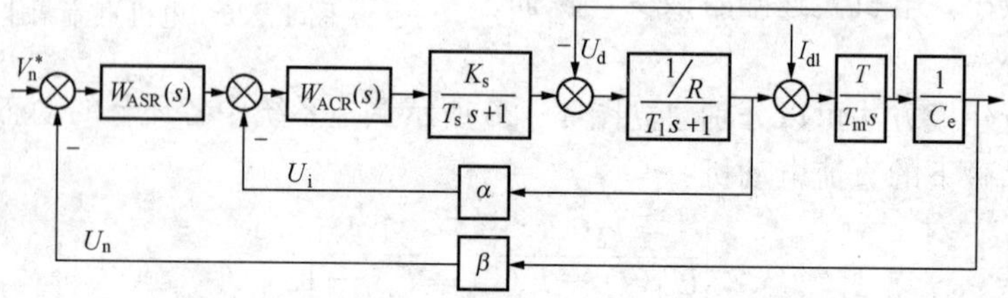

图 4－29　双闭环的直流调速系统模型

上述的双闭环直流调速系统明显改善了控制系统的快速性能，但也容易造成转速的超调，为了减少超调量，可以加入微分作用。这时转速调节器改用 PID 调节器，引用微分作用可有效减少动态偏差。

三、三闭环直流调速系统举例

为了进一步提高控制的及时性，在双闭环直流调速系统上还可再加入一个内环控制。图 4－30 表示的是带电流变化率控制内环的三闭环直流调速系统。在这个系统中新添的调节器是 ADR。ADR 接受来自可控硅电流的微分信号，所以调节的主要变量是电流变化率。这样，ASR 用于调节转速，ACR 用于调节电流，ADR 专用于调节电流变化率，三个调节器串联起来使用，各司其职，使系统的控制作用细化和强化，从而减小了控制对象的惯性影响，及时抑制了各回路中可能出现的扰动，使控制品质比单闭环控制时大为提高。

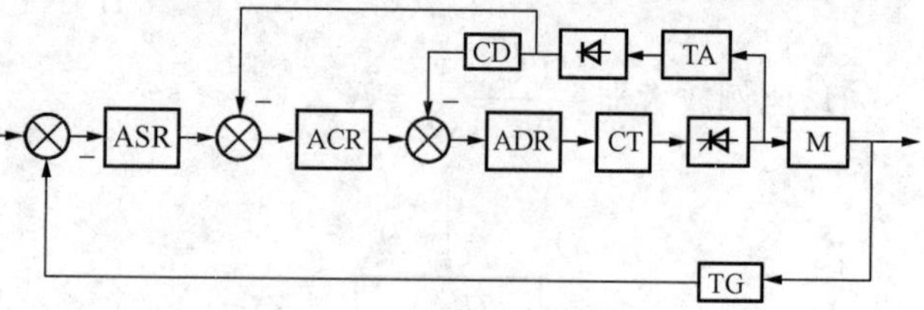

图 4－30　三闭环直流调速系统

4.7 比值控制系统

在生产过程控制中，常需要控制两个参数成一定的比例。这种控制参数比例的系统就被称为比值控制系统。例如，化工生产中，要求两种物料投放流量成一定比例。这是一种定比值控制系统。再如，锅炉燃烧控制中，风量流量的控制要求与燃料量成比例，还要求这个比例值随燃烧工况的好坏而调整，这就是一种变比值控制系统。

一、比值控制系统分析

1. 定比值控制系统

定比值控制系统的结构如图 4-31 所示。设要求维持 Q_1 和 Q_2 的比值不变，即 $\frac{Q_1}{Q_2}=K$，则有 $R(s)=KQ_2(s)$，当 $t\to\infty$时，$Q_1(s)\to R(0)=KQ_2(0)$。

2. 变比值控制系统

变比值控制系统如图 4-32 所示。这时，比值量 $K(s)$ 成为一个变量而非常量。控制的目标是使 $Q_1(s)$ 与 $Q_2(s)$ 的比值 $K(s)$ 可变化。所以有 $Q_1(s)/Q_2(s)=K(s)$。

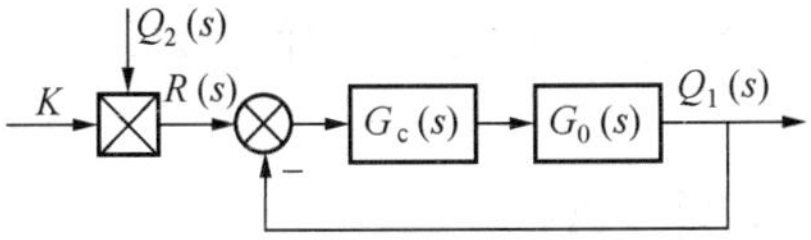

图 4-31　定比值控制系统

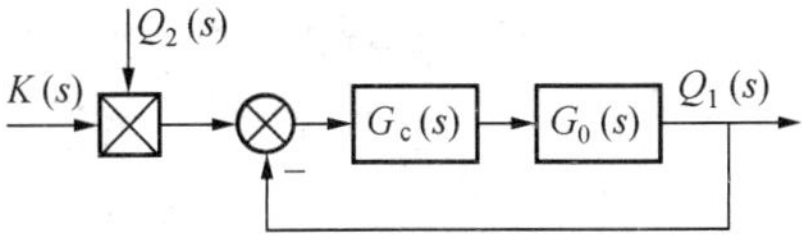

图 4-32　变比值控制系统

二、电厂锅炉燃烧控制系统举例

电厂锅炉燃烧控制系统的任务是使燃料燃烧所提供的热量适应锅炉蒸汽负荷的需求。为此，需要对燃料量、送风量和引风量分别进行控制。相应地，燃料量、送风量和引风量三个协调工作的子系统组成了锅炉燃烧控制系统。

锅炉燃烧控制系统有三个被调量：炉膛压力 p_f、主汽压力 p_T 和烟气含氧量 O_2。这三个被调量与三个控制量：燃料量 B、送风量 V 和引风量 G，构成了燃烧对象的输入和输出。

这是一个三输入三输出的多变量对象，各输入和各输出变量间都有耦合作用，属于较难控制的过程。

燃烧控制的方案可以有许多种，较经典的方案如图 4-33 所示。这是一个据汽压 p_T 调燃料量 B，据燃料量 B 调送风量 V 和据炉压 p_f 调引风量 G 的方案。

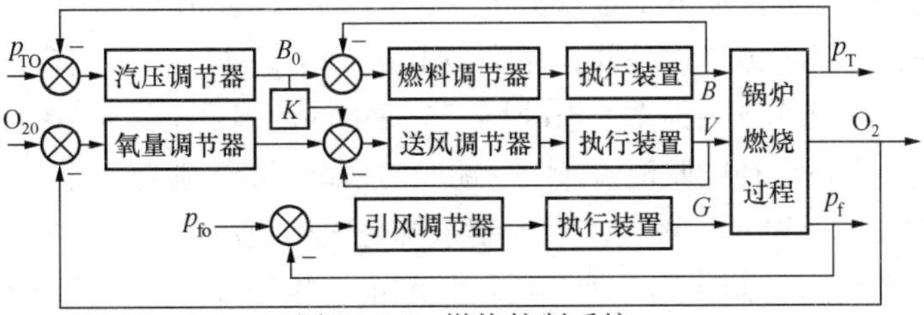

图 4-33　燃烧控制系统

由图 4-33 可见，送风控制子系统是一个变比值控制系统。当实测烟气氧量 O_2 与设定值 O_{20} 相同时，送风量 V 被控制地趋向 KB_0，即燃料量与送风量保持一个给定的比例（这一比例常设在最佳空燃比值上）。当燃烧工况偏离设计值时（如燃料特性、环境特性变化时），烟气含氧量 O_2 偏离设定值，于是氧量调节器发挥作用，调整了送风量与燃料量的比例，从而使燃烧品质提高。

4.8　前馈控制系统

图 4-6 和图 4-7 所示的扰动前馈控制系统和图 4-5 所示的设定值前馈控制系统，是按输入信号的来源分类的。这种分类可以说是前馈控制系统的一个基本分类。图 4-6 和图

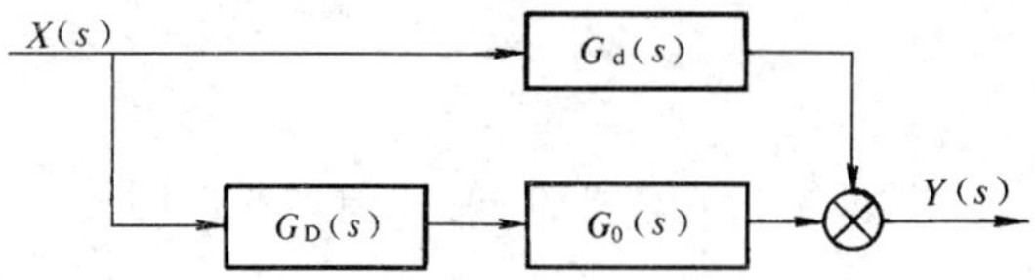

图 4-34 单纯的前馈校正系统

4-7 所示的前馈控制系统都含有反馈回路，所以又将这类系统称为前馈—反馈复合控制系统。前馈—反馈复合控制系统是最常见的前馈校正控制系统。与之相对应的是图 4-34 所示的单纯的前馈控制系统。这种系统虽然在实际中很少见，但却对前馈控制理论的分析很有用。

一、前馈控制全补偿原理

对图 4-34 所示的系统，若输入信号 X 为过程的扰动，则前馈控制的目的是使输出 Y 不受扰动 X 的影响。由于输出 Y 和输入 X 的关系为

$$Y(s)=[G_d(s)+G_D(s)G_0(s)]X(s) \tag{4-8}$$

所以当令

$$G_d(s)+G_D(s)G_0(s)=0 \tag{4-9}$$

则使输出 Y 完全不受扰动 X 的影响，即达到了全补偿。这时的前馈控制环节为

$$G_D(s)=-\frac{G_d(s)}{G_0(s)} \tag{4-10}$$

式（4-10）表明，按照全补偿原理设计的前馈控制环节等于扰动通道传递函数与控制通道传递函数之比的负值。

全补偿原理又称不变性原理。它是设计前馈控制环节的基本依据。在实际应用中，存在着按全补偿原理设计出的前馈控制环节不可实现的问题。例如，当 $G_d(s)=\dfrac{1}{Ts+1}$，$G_0(s)=\dfrac{1}{(Ts+1)(s^2+bs+c)}$ 时，则据式（4-10）有 $G_D(s)=-s^2-bs-c$。这里的一阶微分尚可设法实现，而对高阶微分则难以实际实现了。所以实际中使用的前馈控制环节常不能实现全补偿，有时是半补偿或者说是部分补偿[如 $G_D(s)=-bs-c$]，有时甚至只是静态补偿[如 $G_D(s)=-c$]。不能实现前馈全补偿的另一个可能的原因是干扰通道的传递函数 $G_d(s)$ 常不容易准确建模，所以按全补偿原理设计的前馈控制系统可能不能获得全补偿的效果。

实际上，如图 4-34 所示的单纯前馈控制系统是很少使用的。因为它是一种开环控制系统，对于未知的扰动没有抑制作用。如果所设计的前馈控制环节不能完全实现，那么对于可测的扰动 X 也不能做到完全抑制。所以对于一般的工业过程，单纯的前馈控制也难满足实际需要。因此下面将着重讨论前馈—反馈复合控制系统中的前馈控制问题。

二、扰动前馈控制器设计

对图 4-6 所示的扰动前馈控制系统，若设前馈控制器为 $G_D(s)$，主控制器为 $G_c(s)$，主过程为 $G(s)$，扰动过程为 $G_d(s)$，则可导出系统的输入输出关系为

$$Y(s)=\frac{G_d(s)+G_D(s)G_c(s)G(s)}{1+G(s)G_c(s)}D(s)+\frac{G_c(s)G(s)}{1+G(s)G_c(s)}R(s) \tag{4-11}$$

据全补偿原理应有 $G_d(s)+G_D(s)G_c(s)G(s)=0$，即

$$G_D(s)=-\frac{G_d(s)}{G_c(s)G(s)} \tag{4-12}$$

这就是扰动前馈控制系统的前馈控制器的设计公式。式中主控制器 $G_c(s)$ 为反馈控制器，可

按前述方法进行设计。设计 $G_c(s)$ 时可假定 $D(s)=0$。

扰动前馈控制系统可以应用的前提条件是其前馈信号可以检测得到。

三、设定值前馈控制器设计

对图 4-5 所示的设定值前馈控制系统，若设前馈控制器为 $G_D(s)$，主控制器为 $G_c(s)$ 过程为 $G(s)$，则可导出输出输入关系为

$$Y(s)=\frac{[G_D(s)+G_c(s)]G(s)}{1+G_c(s)G(s)}R(s) \tag{4-13}$$

若要实现全补偿，须使 $Y(s)=R(s)$，即 $\frac{[G_D(s)+G_c(s)]G(s)}{1+G_c(s)G(s)}=1$。于是有

$$G_D(s)=\frac{1}{G(s)} \tag{4-14}$$

设定值前馈控制器的设计与扰动前馈控制器的设计有所不同，但方法类似。对于扰动前馈控制器，依据输出不随扰动变化的原理设计，而对于设定值前馈控制器则是依据输出跟随设定值变化的原理来设计。无论按何种原理来设计，设计结果都存在实现性问题。例如，当 $G(s)$ 为一个标准二阶系统时，则按式（4-14）设计 $G_D(s)$ 就为一个二阶微分多项式，故难以实现。

四、电站锅炉给水控制系统举例

发电厂锅炉汽包给水水位控制系统的任务是使给水量适应锅炉蒸发量需要，同时使汽包水位保持在一定范围内。水位过低将破坏水循环，引起水冷壁的破裂；水位过高将使蒸汽带水，引起过热器结垢和汽轮机叶片腐蚀。

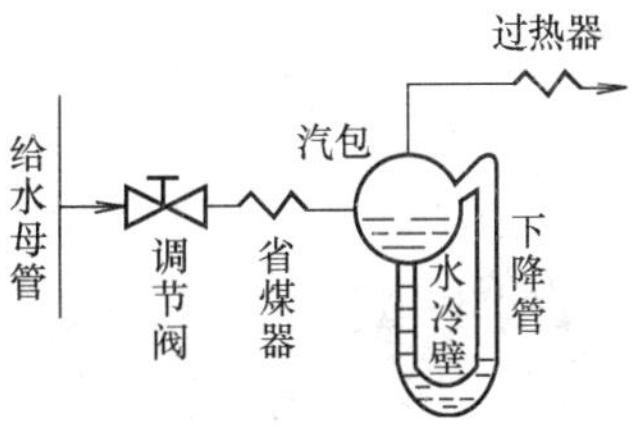

图 4-35　锅炉给水控制对象

锅炉给水控制对象如图 4-35 所示。从给水母管来的补给水经调节阀和省煤器进入汽包。汽包中的水从下降管流进汽包水冷壁，受热后变为蒸汽，上升至汽包中进行汽水分离。然后饱和蒸汽经过热器变为过热蒸汽流向汽轮机。汽包水位的变化不但取决于汽包及水冷壁和下降管构成的水循环管路中的水量，还与水中气泡容积的变化有关。用实验建模方法可以建立锅炉水位对象的动态特性模型为

$$G_D(s)=\frac{H(s)}{D(s)}=\frac{K_2}{1+T_2 s}-\frac{\varepsilon}{s} \tag{4-15}$$

$$G_w(s)=\frac{H(s)}{W(s)}=\frac{\varepsilon}{s(1+T_1 s)} \tag{4-16}$$

在蒸汽量 D 阶跃扰动下的响应曲线如图 4-36 所示。在给水量 W 阶跃扰动下的响应曲线如图 4-37 所示。由图 4-36 可见，当蒸汽量 D 增加时，水位 H 是先上升一段时间再下降的。照理说，蒸汽量 D 大于给水量 W，耗大于供，水位应该下降。所以这种不降反升的

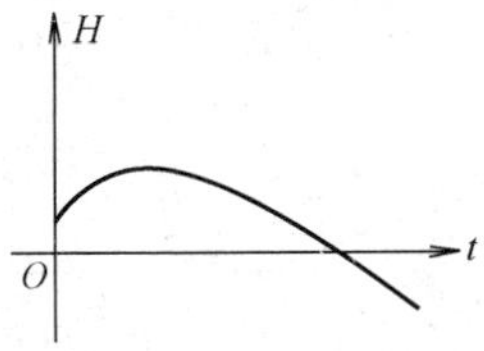

图 4-36　D 阶跃扰动下的响应

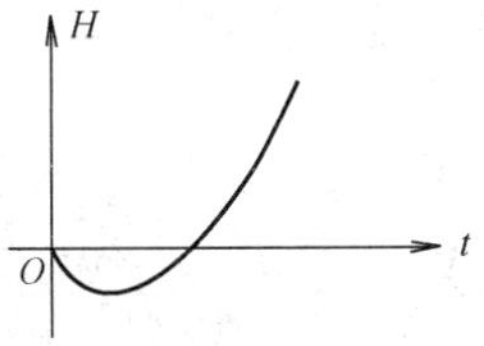

图 4-37　W 阶跃扰动下的响应

动态过程称为虚假水位现象。其实，这是由于 D 增加引起汽压下降，进而引起汽包中水下气泡容积增大所致。这也就是水位控制的难点之一。若只采用常规的反馈控制，则虚假水位出现时将引起错误的控制作用，即应该加大供水时却减少供水，从而使振荡加剧，控制品质变坏，严重时还将失去稳定性。为此，针对虚假水位，常采用前馈—反馈复合控制。

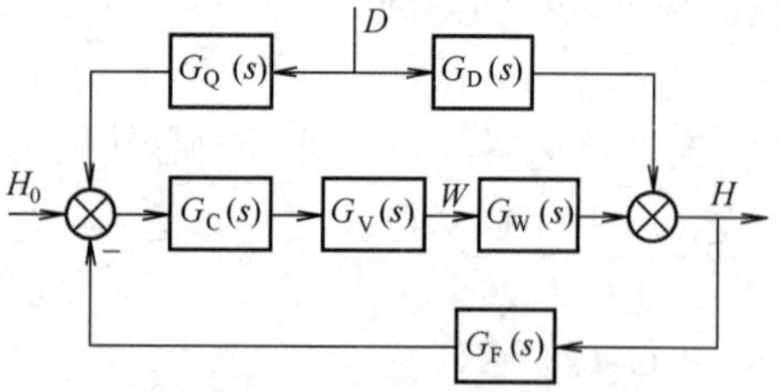

图 4-38 前馈反馈（三冲量）水位控制系统

设计三冲量控制系统如图 4-38 所示。其中 $G_Q(s)$ 为前馈控制器，$G_C(s)$ 为反馈控制器，$G_V(s)$ 为调节阀的传递函数。

前馈控制器可以根据全补偿原理设计。令 $H_0(s)=0$，将图 4-38 变换为图 4-39，所以有 $H(s)=\dfrac{G_D+G_QG_CG_VG_W}{1+G_CG_VG_WG_F}D(s)$。令 $G_D+G_QG_CG_VG_W=0$，得

$$G_Q=-\frac{G_D}{G_CG_VG_W} \tag{4-17}$$

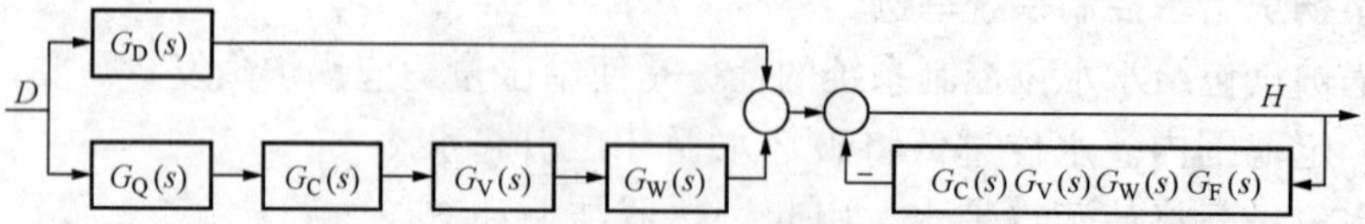

图 4-39 三冲量水位控制系统的简化

【例 4-1】 已知一个汽鼓锅炉给水调节系统如图 4-40 所示。其中已知 $W_{0D}(s)=\dfrac{K_2}{1+T_2s}-\dfrac{\varepsilon}{s}$，$W_{0G}(s)=\dfrac{\varepsilon}{s(1+T_1s)}$，$W_{bG}(s)=\alpha_G$。试设计蒸汽流量前馈控制环节 $W_{bD}(s)$。

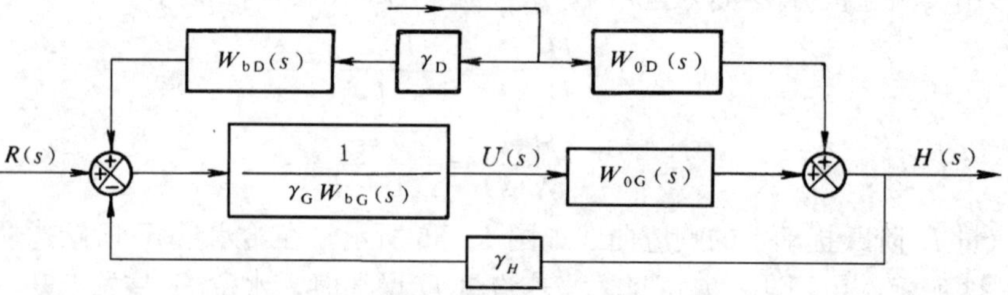

图 4-40 汽鼓锅炉给水调节系统

解 据全补偿原理，有 $\gamma_DW_{bD}(s)\times\dfrac{1}{\gamma_GW_{bG}(s)}\times W_{0G}(s)+W_{0D}(s)=0$。所以

$$W_{bD}(s)=-\frac{\gamma_G}{\gamma_D}W_{bG}(s)\times\frac{W_{0D}(s)}{W_{0G}(s)}=-\frac{\gamma_G\alpha_G}{\gamma_D}\times\frac{\dfrac{K_2}{1+T_2s}-\dfrac{\varepsilon}{s}}{\dfrac{\varepsilon}{s(1+T_1s)}}$$

$$=\frac{\gamma_G\alpha_G}{\gamma_D}\left[1+\frac{K_2}{\varepsilon T_2}(T_1-T_2)\frac{s}{1+T_2s}+\frac{T_1}{T_2}\left(T_2-\frac{K_2}{\varepsilon}\right)s\right]$$

在大多数要求不高的情况下，只用静态补偿就够了。也就是只取上式的前两项，即用比例环节来实现。如果要求更高，则可取前三项，即用比例环节和惯性环节实现。如果要求再高一些，则应采用全补偿，即四项取全，但是第四项是纯微分，实际中较难准确实现。

4.9 解耦控制系统

对于受控过程而言，如果只有一个输入量和一个输出量，那么就很容易控制。加一个控制器，组成了一个简单的反馈控制回路，构成了一个单变量控制系统就可完成控制任务。但是对于具有多个输入和多个输出的受控过程，其控制就不简单了。因为受控过程的某个输入，也就是控制系统中的某个控制量，将会影响受控过程的多个输出，也就是控制系统的多个被控量。这种现象称为变量间的耦合作用。例如，电厂锅炉的一个输入量——燃料量增加时，将会使多个输出量变化：汽压升高，汽温升高，汽包水位下降，……因此，多变量系统控制的关键问题是如何解决耦合问题。如果能有一种方法可将某控制量与某被控量之间的关系解除，那么控制系统的设计就简化为多个独立回路的单变量控制系统的设计了。事实上，实现完全地解除变量间的耦合是十分困难的，常用的解耦器只能实现部分地解除耦合或减弱耦合作用。常见解耦器有静态解耦合器、单向耦合器和近似解耦合器等。

一、串接解耦器的设计

1. 完全解耦

设串接解耦器 $V(s)$ 如图 4-41 (a) 所示。现设计 $V(s)$ 使受控过程的双入对双出间的相互耦合作用完全解除，即达到如图 4-41 (b) 所示的完全解耦效果。

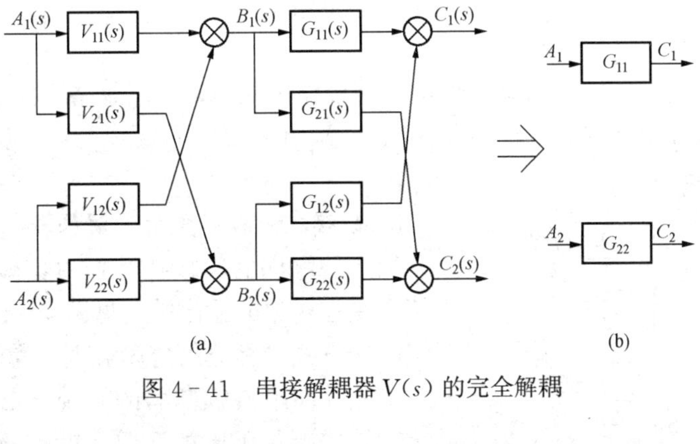

图 4-41　串接解耦器 $V(s)$ 的完全解耦

据图 4-41 (a) 可知以下关系成立：

$$\begin{bmatrix}C_1\\C_2\end{bmatrix}=\begin{bmatrix}G_{11}&G_{12}\\G_{21}&G_{22}\end{bmatrix}\begin{bmatrix}V_{11}&V_{12}\\V_{21}&V_{22}\end{bmatrix}\begin{bmatrix}A_1\\A_2\end{bmatrix}\tag{4-18}$$

为变成图 4-41 (b)，可令

$$\begin{bmatrix}C_1\\C_2\end{bmatrix}=\begin{bmatrix}A_1(G_{11}V_{11}+G_{12}V_{21})+A_2(G_{11}V_{12}+G_{12}V_{22})\\A_1(G_{21}V_{11}+G_{22}V_{21})+A_2(G_{21}V_{12}+G_{22}V_{22})\end{bmatrix}=\begin{bmatrix}G_{11}A_1\\G_{22}A_2\end{bmatrix}\tag{4-19}$$

即使

$$\begin{cases}G_{11}V_{12}+G_{12}V_{22}=0\\G_{21}V_{11}+G_{22}V_{21}=0\end{cases},\quad\begin{cases}G_{11}V_{11}+G_{12}V_{21}=G_{11}\\G_{21}V_{12}+G_{22}V_{21}=G_{22}\end{cases}\tag{4-20}$$

于是解得

$$V_{11}=V_{22}=\frac{G_{11}G_{22}}{G_{11}G_{22}-G_{12}G_{21}}\tag{4-21}$$

$$V_{12}=\frac{G_{12}G_{22}}{G_{11}G_{22}-G_{12}G_{21}}\tag{4-22}$$

$$V_{21}=\frac{G_{21}G_{11}}{G_{11}G_{22}-G_{12}G_{21}}\tag{4-23}$$

当不是双入双出对象时，则求解方程 $[\boldsymbol{G}][\boldsymbol{V}]=\begin{bmatrix}G_{11}&\cdots&0\\\vdots&\ddots&\vdots\\0&\cdots&G_{nn}\end{bmatrix}$。可见，若 $G(s)$ 传递函数较复杂时，$V(s)$ 函数也随之复杂，于是就可能存在着实现困难问题。此时，可考虑采用静态解耦和近似解耦的方法。

2. 静态解耦

所谓静态解耦就是令

$$V(\omega)\big|_{\omega=0}=V(0)\tag{4-24}$$

又称零频解耦。它对于大多数工作在低频段的工业过程十分有效。

3. 近似解耦

所谓近似解耦就是用低阶解耦器代替高阶解耦器。例如 $V_{ij}(s)$ 为 4 阶的，则考虑用 1 阶或 2 阶的函数去近似。近似解耦不如完全解耦作用强，但比静态解耦又多了些动态解耦的作用。

4. 单向解耦

假若受控对象的某一输入对某一输出的耦合作用很弱，可以忽略不计，那么就可以简化解耦器的设计。假如上述的 G_{12} 作用弱，则由式（4－22）可令 $V_{12}=0$，从而出现所谓的单向解耦。

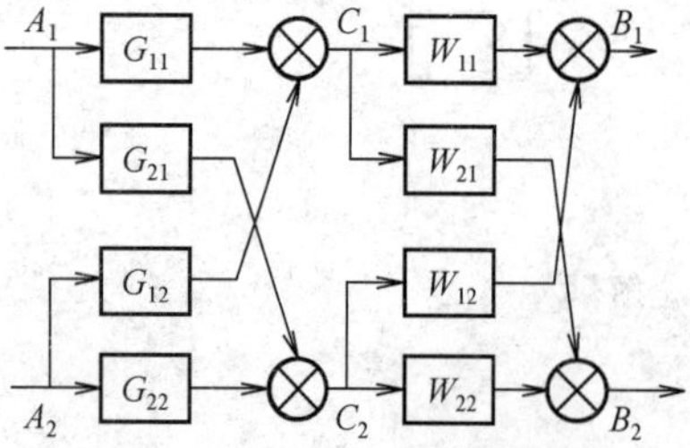

图 4－42　后端串接的解耦器

5. 串接在受控对象后的解耦器

以上的解耦器串接在受控对象输入端。其实还可串接在受控对象的输出端，见图 4－42。这种方式称为后端串接方式。相应的前述解耦器为前端串接方式。

虽然前端串接解耦器的系统与后端串接解调器的系统在结构上是不同的，但是就串接解耦器的设计本质而言则是相同的。所以完全可套用设计前端串接解耦器的方法来设计后端串接解耦器。

二、电厂协调控制系统举例

发电厂的单元发电机组的发电负荷控制有三种基本方案：锅炉跟随方式、汽轮机跟随方式和机炉协调方式。该系统的实发功率 N 和主蒸汽压力 p 为被控量，以燃料量 B 和汽轮机调汽门开度 μ 为控制量，是典型的双入双出对象。在锅炉跟随方式中，汽轮机控制器根据负

荷要求 N_0 与实发功率 N 的差去调节汽门 B，而锅炉控制器根据汽压 p 与设定值 p_0 的差去调节燃料量 B。在汽轮机跟踪方式中，锅炉控制器根据负荷要求去调节燃料量 B，而汽轮机控制器根据汽压变化去调节汽门。这两种方式都不能很好满足既快速响应外界负荷要求，又保证主汽压力波动较小的要求。采用机炉协调方式则是将功率差信号 N_0-N 与压力差信号 p_0-p 同时作用给锅炉控制器和汽轮机控制器，两者采取协调动作同时调汽门和燃料量，从而收到负荷响应快并且汽压波动小的效果。协调控制系统的示意图见图 4-43。

令 GT 代表汽轮机控制器，令 GB 代表锅炉控制器，可用图 4-44 表示一种单向解耦的机炉协调控制系统。

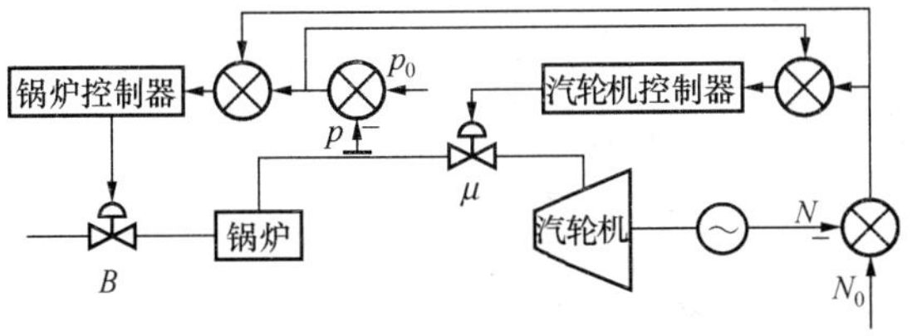

图 4-43　机炉协调控制系统

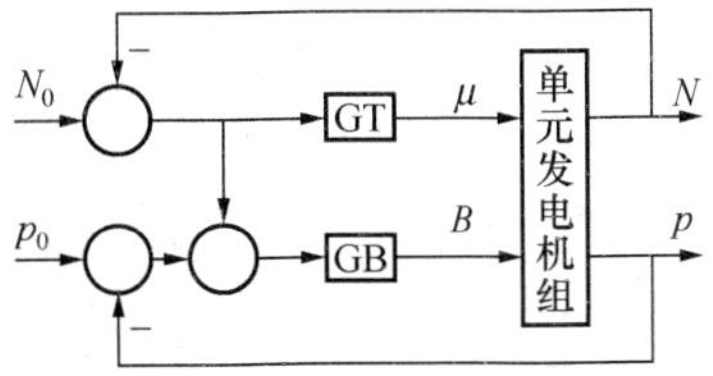

图 4-44　单向解耦的机炉协调控制系统

由图可见，汽压调节器回路考虑了负荷变化信号，而功率调节回路则不计压力变化信号。这是后端串接的单向静态解耦结构。

图 4-45 是一种双向解耦的机炉协调控制系统。与单向解耦系统相比，功率调节回路已计入压力变化信号。这样可以让锅炉控制器 GB 以汽压控制为主兼顾功率，而汽轮机控制器 GT 以功率控制为主兼顾汽压。

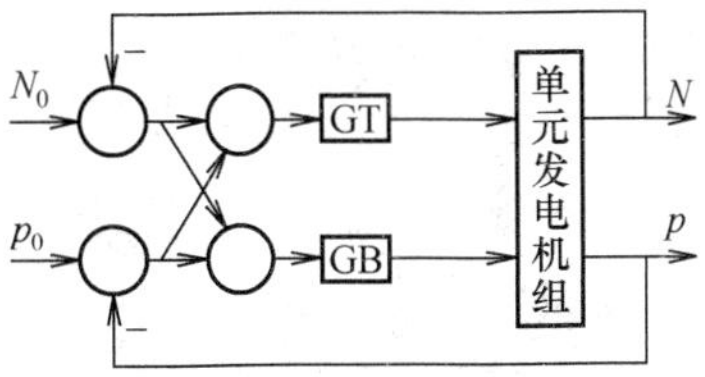

图 4-45　双向解耦的机炉协调控制系统

4.10　迟延补偿控制系统

工业受控过程常含有纯迟延特性。有迟延特性的受控过程可表示为

$$G_0(s)=G(s)\mathrm{e}^{-\tau s} \tag{4-25}$$

$\mathrm{e}^{-\tau s}$ 的存在使过程变得难以控制。因此若能消除迟延的影响，或者说若能补偿或校正 $\mathrm{e}^{-\tau s}$ 的特性，则肯定能使控制品质得到提高。

图 4-46 表示了一个带有纯迟延特性的受控对象的反馈控制系统。可以设想，若反馈信号改从纯迟延环节之前取（见图 4-47），那么就摆脱了纯迟延特性的影响，使控制品质大大提高。虽然纯迟延环节仍存在于输出信号通道，但是由于它移出了反馈回路，所以对反馈控制的特性已无影响。然而图 4-47 所示的方案却不能直接实现。因为 $G_0(s)$ 表示受控过程这个整体，实际并不能

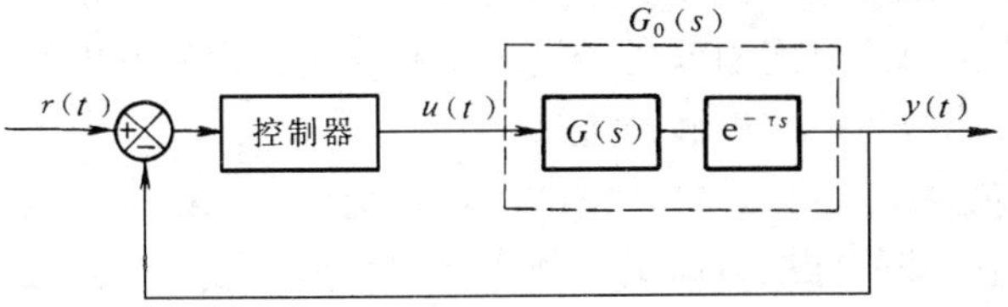

图 4-46　对带有迟延特性过程的反馈控制系统

像方框图所表示的那样拆成两个环节，因此实际上不能取出图示的两个环节间的信号。不过，这个难题早已被 O. J. M. Smith 解决了。他提出了如图 4-48 所示的纯迟延补偿（校正）系统，其效果如图 4-47 所示。

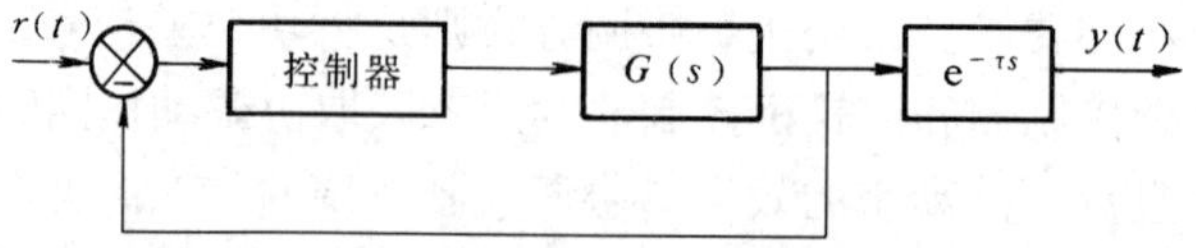

图 4-47　反馈信号取自纯迟延环节之前

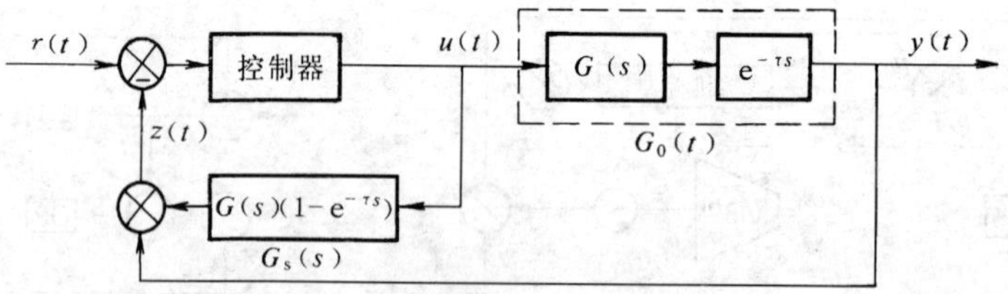

图 4-48　史密斯纯迟延补偿控制系统

图 4-48 中的 $G_s(s)$ 为

$$G_s(s)=G(s)(1-e^{-\tau s}) \tag{4-26}$$

被称为史密斯补偿器或史密斯预测器。由于它的存在使得最后的反馈信号 $Z(s)$ 与纯迟延特性 $e^{-\tau s}$ 无关。因为

$$Z(s)=G(s)(1-e^{-\tau s})U(s)+Y(s)=G(s)(1-e^{-\tau s})U(s)+e^{-\tau s}G(s)U(s)=G(s)U(s)$$

史密斯补偿控制系统的实际应用中可能出现的问题是，若史密斯补偿器设计时所依据的 $G(s)$ 和 $e^{-\tau s}$ 与实际过程的 $G(s)$ 和 $e^{-\tau s}$ 不相符时，则纯迟延特性的影响不能完全补偿，从而使史密斯补偿效果不明显。

4.11　标准传递函数控制器设计

在 4.9～4.11 节中提到了控制器的规律选择问题。当控制系统的大结构确定之后，就需要确定控制器本身的结构和参数，这也就是控制器的设计。已述的最常用 PID 控制器的设计方法就是，其结构选为 PI、PD 或 PID，其参数按经验公式计算或按试验整定方法确定。还有一种简捷又通用的控制器设计方法可以考虑，那就是标准传递函数控制器设计法。只要用过这种设计方法，就不难发现：一旦选定具有最优性能的标准传递函数，再推导出含有已知的受控过程模型参数和待求的控制器参数的闭环系统传递函数，那么，控制器参数就可通过简单的代数运算解出。既不需要复杂的最优化算法，也不需要大量的整定试验。正是因为这种方法的独特思路和设计的简捷性，该方法已经引起了控制理论和控制工程领域内的专家学者和工程技术人员的广泛注意，并且已取得一些突破性进展。

标准传递函数控制器设计法的基本思路是，根据已选定的闭环系统特性来设计控制器的结构和参数。所选定的闭环系统特性用已知的标准传递函数来代表，它具有符合控制系统期望性能要求的零极点分布或称零极点配置。

按照期望的极点分布或使系统性能指标达到最佳的要求获得的闭环系统传递函数被称为

控制系统的标准传递函数。最早提出也是目前最常用的一种标准传递函数是 ITAE 标准传递函数。比 ITAE 标准传递函数晚 8 年提出的 Butterworth 标准传递函数可算是仅次于 ITAE 标准传递函数的第二种常用标准传递函数。近年来还有一种新的标准传递函数被提出，那就是多容惯性（MCP：Multiple Capacity Process）标准传递函数。MCP 标准传递函数具有无超调、无阶数和型次数限制及鲁棒性强并构建简便的优点。

1. 按 ITAE 准则确定的 ITAE 标准传递函数

ITAE 代表时间乘误差绝对值对时间的积分（参见第 3 章）。ITAE 是控制系统常用的一种性能指标。它表示控制系统的误差在一段时间内的累积量，能直观地反映控制系统的优劣程度。ITAE 越小，则表示控制系统性能越好。

ITAE 准则是使 ITAE 最小的优化准则。表 4 - 5 列出了 1 型系统的 ITAE 标准传递函数，该函数是按 ITAE 准则，通过大量的优化仿真试验确定的。表中参数，$\sigma_p\%$ 为超调量；ω_n 为自然频率；t_s 为调整时间。图 4 - 49 所示为相应的阶跃响应曲线。

表 4 - 5　1 型系统的 ITAE 标准传递函数及其性能

n	$\sigma_p\%$	$\omega_n t_s$	标准传递函数$\dfrac{a_0}{s^n+a_{n-1}s^{n-1}+\cdots+a_1 s+a_0}$的分母，其中 $a_0=\omega_n^n$
1			$s+\omega_n$
2	4.6	6.0	$s^2+1.41\omega_n s+\omega_n^2$
3	2	7.6	$s^3+1.75\omega_n s^2+2.15\omega_n^2 s+\omega_n^3$
4	1.9	5.4	$s^4+2.1\omega_n s^3+3.4\omega_n^2 s^2+2.7\omega_n^3 s+\omega_n^4$
5	2.1	6.6	$s^5+2.8\omega_n s^4+5.0\omega_n^2 s^3+5.5\omega_n^3 s^2+3.4\omega_n^4 s+\omega_n^5$
6	5	7.8	$s^6+3.25\omega_n s^5+6.60\omega_n^2 s^4+8.60\omega_n^3 s^3+7.45\omega_n^4 s^2+3.95\omega_n^5 s+\omega_n^6$

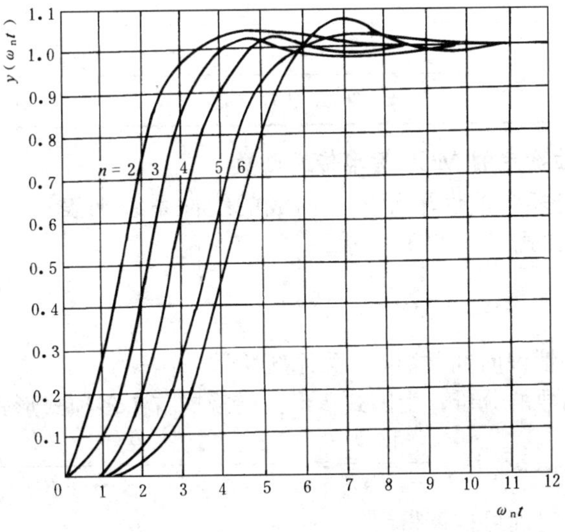

图 4 - 49　1 型 ITAE 标准传递函数的阶跃响应曲线

2. 按白脱瓦尔斯配置确定的 Butterworth 标准传递函数

白脱瓦尔斯（Butterworth）建议将闭环极点均匀地分布在以原点为圆心，ω_n 为半径的圆周上，如图 4-50 所示。这种极点配置称为白脱瓦尔斯配置。

具有这样配置的 1 型系统的传递函数列于表 4-6，相应的阶跃响应曲线如图 4-51 所示。表 4-6 中 $n=2$ 和 $n=3$ 的标准传递函数即是工程上常遇到的二阶和三阶“工程最优系统”的传递函数。

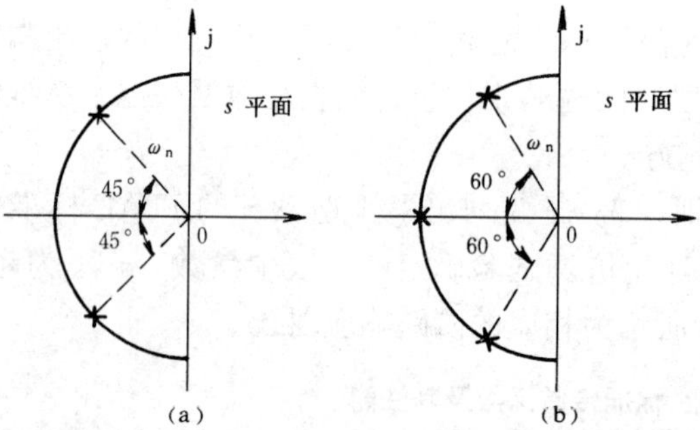

图 4-50 白脱瓦尔斯（Butterworth）极点配置

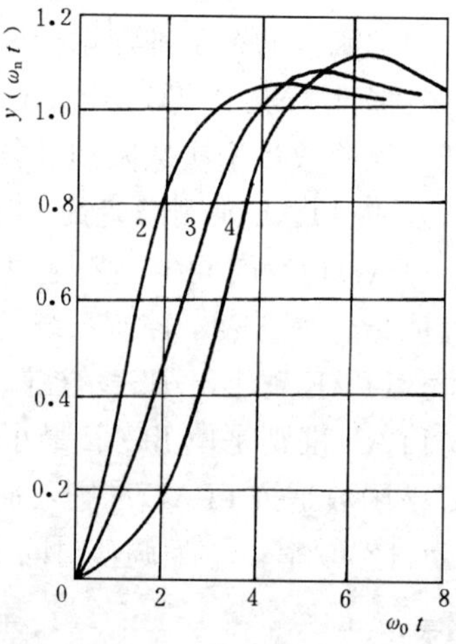

图 4-51 Butterworth 标准传递函数的阶跃响应曲线

表 4-6 1 型系统的 Butterworth 标准传递函数及其性能

n	$\sigma_p\%$ (%)	$\omega_n t_s$	标准传递函数 $\dfrac{a_0}{s^n+a_{n-1}s^{n-1}+\cdots+a_1s+a_0}$ 的分母，其中 $a_0=\omega_n^n$
1			$s+\omega_n$
2	4.6	6.0	$s^2+1.4\omega_n s+\omega_n^2$
3	8	8	$s^3+2.0\omega_n s^2+2.0\omega_n^2 s+\omega_n^3$
4	10	10	$s^4+2.6\omega_n s^3+3.4\omega_n^2 s^2+2.6\omega_n^3 s+\omega_n^4$
5			$s^5+3.24\omega_n s^4+5.24\omega_n^2 s^3+5.24\omega_n^3 s^2+3.24\omega_n^4 s+\omega_n^5$
6			$s^6+3.86\omega_n s^5+7.46\omega_n^2 s^4+9.13\omega_n^3 s^3+7.46\omega_n^4 s^2+3.86\omega_n^5 s+\omega_n^6$

3. 按多容惯性特性确定的 MCP 标准传递函数

多容惯性过程可用多个惯性单元串联而成的线性系统来表达。N 阶 1 型的多容惯性（MCP）标准传递函数如式（4-27）所示。

$$G_{\mathrm{MCP}-1-n}(s)=\frac{1}{(1+Ts)^n} \tag{4-27}$$

式中，T 为惯性单元的惯性时间常数，n 为系统阶数。

若将该系统传递函数的分母，由因式积形式转换成首 1 多项式形式，则有

$$G_{\mathrm{MCP1}-n}(s)=\frac{1}{(1+Ts)^n}=\frac{\beta_0}{s^n+\beta_{n-1}s^{n-1}+\cdots+\beta_1 s+\beta_0} \tag{4-28}$$

根据代数学中的二项式定理可推算得到

$$\frac{1}{(1+Ts)^n}=\frac{\dfrac{1}{T^n}}{s^n+\dfrac{\lambda_{n-1}}{T}s^{n-1}+\cdots+\dfrac{\lambda_1}{T^{n-1}}s+\dfrac{1}{T^n}} \tag{4-29}$$

式中的系数$\{\lambda_i,\ i=1,\ 2,\ \cdots n-1\}$，具体数值如表4-7所示。显见，它们就是代数学中著名的杨辉三角形数阵中不含1的内核部分。每行系数值的推算都遵循一个简单的规则：①左右两端的系数值为阶数n；②中间的每个系数值为上一行相邻的两个系数值之和。例如，$n=4$行的系数值6可用$n=3$行的相邻系数3+3得出，$n=5$行的系数值10可用$n=4$行的相邻系数4+6得出，其余依此类推。表4-7只给出15阶及以内的各系数值。事实上，依据上述简单的推算规则，很容易推算出任意系统阶数值下的系数值。

表4-7　多容惯性标准传递函数中的系数λ_i

n	系数$\{\lambda_i,\ i=1,\ 2,\ \cdots,\ n-1\}$
2	2
3	3　3
4	4　6　4
5	5　10　10　5
6	6　15　20　15　6
7	7　21　35　35　21　7
8	8　28　56　70　56　28　8
9	9　36　84　126　126　84　36　9
10	10　45　120　210　252　210　120　45　10
11	11　55　165　330　462　462　330　165　55　11
12	12　66　220　495　792　924　792　495　220　66　12
13	13　78　286　715　1287　1716　1716　1287　715　286　78　13
14	14　91　364　1001　2002　3003　3432　3003　2002　1001　364　91　14
15	15　105　455　1365　3003　5005　6435　6435　5005　3003　1365　455　105　15

比较式（4-28）和式（4-29），可得参数β_i的计算式，见式（4-30）。

$$\begin{cases}\beta_0=\dfrac{1}{T^n}\\ \beta_i=\dfrac{\lambda_i}{T^{n-i}},\ i=1,\ 2,\ \cdots,\ n-1\end{cases}\tag{4-30}$$

据文献[59]，系统型次为M、阶数为n的MCP标准传递函数如式（4-31）所示，而函数系数仍由式（4-30）确定。

$$G_{\text{MCP}-M-n}(s)=\frac{\beta_{M-1}s^{M-1}+\cdots+\beta_1 s+\beta_0}{s^n+\beta_{n-1}s^{n-1}+\cdots+\beta_1 s+\beta_0}\tag{4-31}$$

4. 控制器的标准传递函数设计法

标准传递函数控制器设计的基本步骤是：第一，根据控制要求和受控过程模型选定标准传递函数；第二，选定控制系统类型；第三，选定已有的控制器的结构或倒推出控制器的结构；第四，推导闭环系统传递函数表达式；第五，对比闭环系统传递函数表达式和标准传递函数表达式求解控制器的参数；第六，校核控制器的稳定性和可实现性，第七，用仿真试验验证所设计的控制器的有效性。

按照标准传递函数设计控制器时，应遵守如下四个设计准则：

（1）线性化准则：若受控过程以非线性模型表示，则需进行线性化转换。因为标准传递函数控制器设计是一种线性系统方法。

（2）标准传递函数特性完全实现性准则：$l=n$（l 为待定参数个数）。因为用 n 阶标准传递函数只能解出 n 个待定参数。

（3）标准传递函数系统型次实现性准则：$k=M-1$（k 为控制系统的零点数）。因为配置了 $M-1$ 个零点的 n 阶动态系统才能实现系统型次为 M。

（4）标准传递函数控制器的可实现性准则：控制器传递函数的分子多项式的阶数小于或等于分母多项式的阶数。因为考虑控制器的物理可实现性，不允许纯微分环节出现。

【例 4-2】 试按照具有白脱瓦尔斯极点配置的 1 型系统的 2 阶标准传递函数设计控制器。设受控过程的传递函数为 $G_0(s)=\dfrac{K}{1+Ts}$。

解 因为二阶 1 型系统标准传递函数为 $G_B(s)=\dfrac{\omega_n^2}{s^2+1.4\omega_n s+\omega_n^2}$，而受控过程的传递函数为 $G_0(s)=\dfrac{K}{1+Ts}$。所以控制器设为一个积分器 $G_c(s)=\dfrac{1}{T_i s}$。于是可导出闭环传递函数为 $G'_B(s)=\dfrac{G_0G_C}{1+G_0G_C}=\dfrac{K}{TT_is^2+T_is+K}=\dfrac{K/(TT_i)}{s^2+\dfrac{1}{T}s+\dfrac{K}{TT_i}}$。

由 $G_B(s)=G'_B(s)$ 可得 $\begin{cases}\dfrac{1}{T}=1.4\omega_n\\ \dfrac{K}{TT_i}=\omega_n^2\end{cases}$，从而解得 $\begin{cases}\omega_n=\dfrac{1}{1.4T}\\ T_i=\dfrac{K}{T\omega_n^2}=1.96KT\end{cases}$。所以 $G_C(s)=\dfrac{1}{1.96KTs}$。

应用案例 4：电站锅炉过热汽温 PID 控制系统

以参考文献［3］提供的电站锅炉过热汽温受控过程为例，分别设计相应的单级和串级 PID 控制器，分析两种控制系统性能区别。

1. 设计电站锅炉过热汽温单级 PID 控制器

由上章中的应用案例 3 可知，受控过程的传递函数为

$$G_{p1}(s)=K_zK_\mu G_2(s)G_1(s)H_1=\frac{0.9}{(1+18.4s)^5}$$

根据第 2 章的表 2-4，可把 $G_{p1}(s)$ 由多容惯性模型转换为单容时滞模型。因为已知

$$\begin{cases}K=0.9\\ n=5\\ T_0=18.4\end{cases}$$

由 $n=5$ 查第 2 章的表 2-4 可得 $\dfrac{\tau}{T_0}=2.1$，$\dfrac{T}{T_0}=5.12$；可推算出

$$\tau=2.1\times18.4=37.8$$

$$T=5.12\times18.4=94.208$$

因为$\frac{\tau}{T}=0.4$，所以查表 4 - 4 来算单级 PID 控制器的各参数：

$$\begin{cases}K_{p1}=\dfrac{0.385\left(\dfrac{\tau}{T}+0.6\right)}{K\left(\dfrac{\tau}{T}-0.15\right)}=1.711\\T_{i1}=0.81T+0.19\tau=83.49048\\T_{d1}=0.25\tau=9.45\end{cases}$$

2. 设计电站锅炉过热汽温串级 PID 控制器

电站锅炉过热汽温串级 PID 控制系统如图 4 - 52 所示。

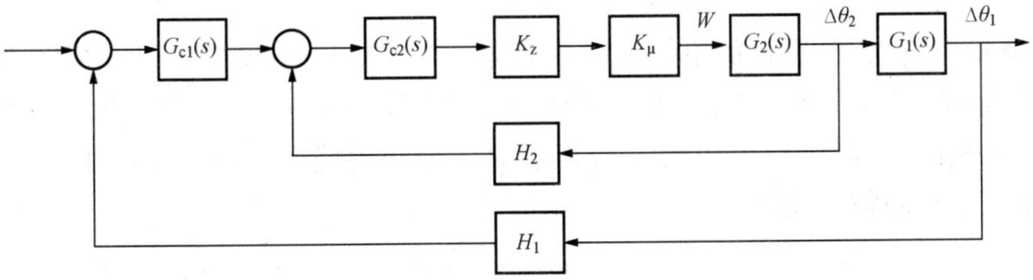

图 4 - 52　过热汽温串级 PID 控制系统

内回路的受控过程的传递函数为

$$G_{p2}(s)=K_zK_\mu G_2(s)H_2=\frac{0.8}{(1+15s)^2}$$

根据第 2 章的表 2 - 4，可把 $G_{p2}(s)$ 由多容惯性模型转换为单容时滞模型。因为已知

$$\begin{cases}K=0.8\\n=2\\T_0=15\end{cases}$$

由 $n=2$ 查第 2 章的表 2 - 4 可得，$\frac{\tau}{T_0}=0.282$，$\frac{T}{T_0}=2.718$；可推算出

$$\tau=0.282\times15=4.23$$

$$T=2.718\times15=40.77$$

因为$\frac{\tau}{T}=0.103753$，所以查表 4 - 3 来算内回路 PID 控制器 $G_{c2}(s)$ 的各参数。为简单起见，选择 $G_{c2}(s)$ 为比例控制器，则有

$$K_{p2}=\frac{T}{K\tau}=12.04787$$

$$G_{c2}(s)=K_{p2}=12.04787$$

于是，外回路的受控过程可求出

$$G_{pc1}(s)=\frac{K_zK_\mu G_2(s)K_{p2}(s)G_1(s)H_1}{1+K_zK_\mu G_2(s)K_{p2}(s)H_2}=\frac{10.843083}{(1+21.085s)^3[(1+15s)^2+9.638296]}$$

根据所求的 $G_{pc1}(s)$，可利用仿真软件做出其单位阶跃响应曲线，再用 1.9 节所述的阶跃响应图解建模法求出外回路受控过程 $G_{pc1}(s)$ 的单容时滞模型参数：

$$\begin{cases} K=1.01925 \\ \tau=28 \\ T=42 \end{cases}$$

因为$\frac{\tau}{T}=0.667$，因此查表 4-4 来算外回路 PID 控制器 $G_{c1}(s)$ 的各参数。选择 $G_{c1}(s)$ 为 PID 型控制器，则有

$$\begin{cases} K_{pc1}=\dfrac{0.385\left(\dfrac{\tau}{T}+0.6\right)}{K\left(\dfrac{\tau}{T}-0.15\right)}=0.9257 \\ T_{ic1}=0.81T+0.19\tau=39.34 \\ T_{dc1}=0.25\tau=7 \end{cases}$$

利用 Simulink，可做得所设计的单级 PID 控制器、串级 PID 控制器以及应用案例 3 中的纯比例 P 控制器用于汽温过程的控制效果如图 4-53 所示。由图可见，仅用比例控制时，稳态误差偏大（见短画线曲线）；用单级 PID 控制时，超调量偏大（见点线曲线）；用串级 PID 控制时，超调小且调整时间短。

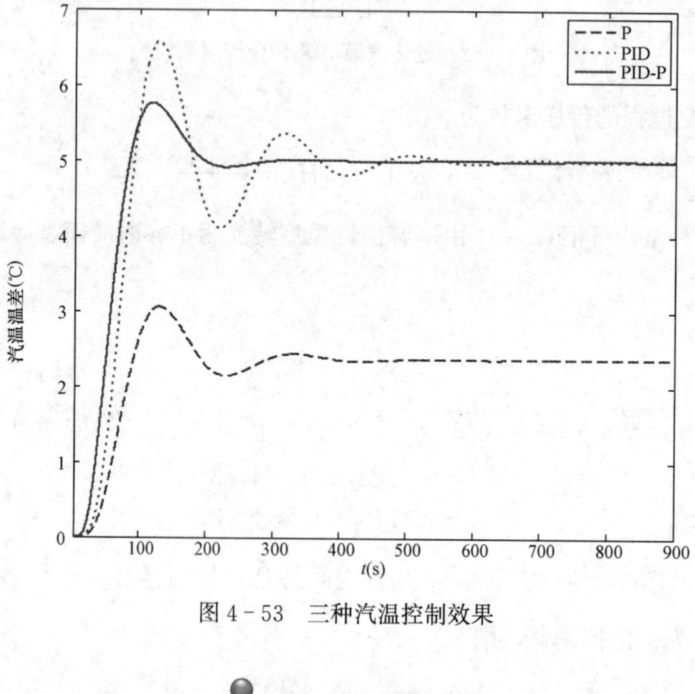

图 4-53　三种汽温控制效果

重要术语 4

前馈—反馈控制（feedforward - feedback control）

串级控制（cascade control）

比值控制（ratio control）

多回路控制（multi - loop control）

解耦控制（decoupling control）

串联校正（series compensation）

迟延补偿控制（dead time compensation control）

标准传递函数（transfer function standard

form）

控制系统设计（control system design）

控制器参数整定（parameter tuning for controllers）

习　题　4

4-1　若观察某个PID控制系统的阶跃响应时发现超调量太大，那么应当怎样调整K_p、T_i和T_D参数值？

4-2　若观察某个PID控制系统的阶跃响应时发现稳态误差偏大，那么应当怎样调整K_p、T_i和T_D参数值？

4-3　若有四种控制器P、PI、PD、PID可选，那么当碰到下列情况时，应当选择何种控制器为佳？

（1）受控对象为0型系统，要求控制到阶跃输入下无稳态误差；

（2）受控对象为1型系统，要求控制到斜坡输入下的稳态误差有界；

（3）受控对象为2型系统，要求控制到斜坡输入下无稳态误差；

（4）受控对象为1型系统，要求控制到阶跃输入下无稳态误差且超调量小；

（5）受控对象输出上叠加有较强的随机扰动。

4-4　设有一个PD控制系统如图4-54所示。求满足下列要求的K_p和K_D值：1）$K_v=1000$，$\zeta=0.5$；2）$K_v=1000$，$\zeta=0.707$；3）$K_v=1000$，$\zeta=1.0$。

4-5　设有一个PID控制系统如图4-55所示。求满足：$K_v=100$，$t_r<0.01s$，$\sigma_p\%<2\%$的K_p、K_I和K_D值。

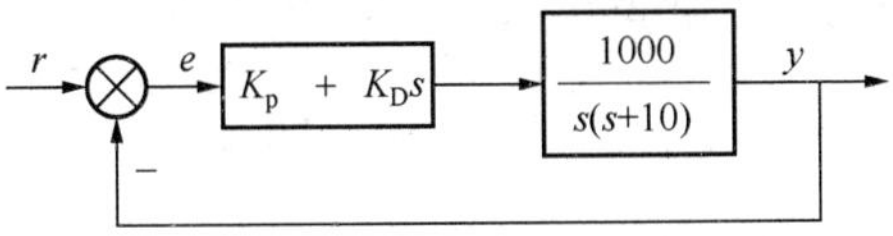

图4-54　题4-4图

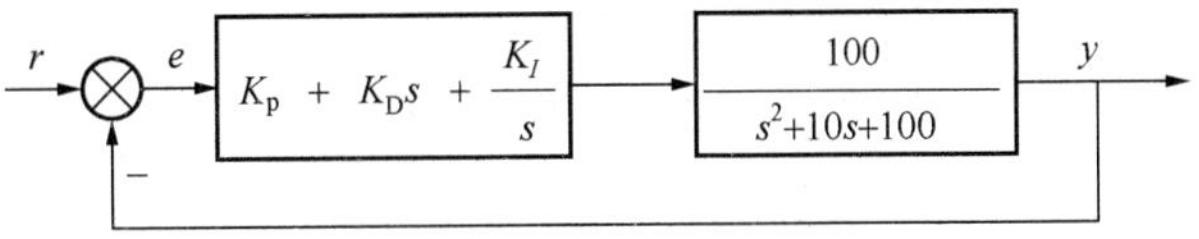

图4-55　题4-5图

4-6　试用按标准传递函数设计控制器的方法确定PI控制器的参数，系统如图4-56所示。

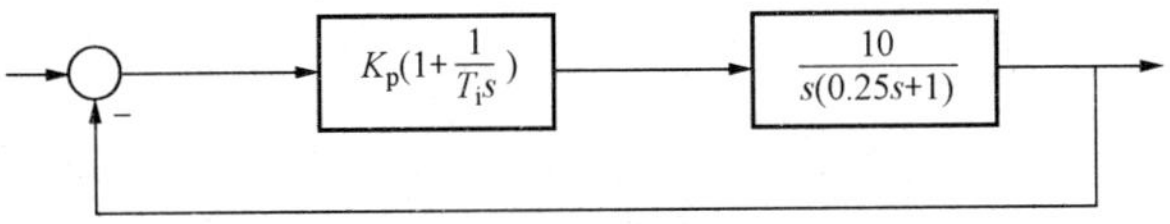

图4-56　题4-6图

4-7　已知系统如图4-7，且已知扰动过程传递函数为$G_d(s)=\frac{1.05}{41s+1}e^{-4s}$，主过程传递函数为$G_0(s)=\frac{0.94}{55s+1}e^{-6s}$，求解前馈控制器的传递函数。

第 5 章　控制系统的根轨迹分析与设计

5.1 引　　言

在第 3 章的控制系统时域分析中，已知控制系统的稳定性由系统闭环传递函数的特征方程式的根（即系统的闭环极点）唯一确定，而系统的动态过程的基本特性，则与系统的闭环零点和极点在根平面（s 平面）上分布的位置有关。本章将讨论系统的某一参数或某几个参数改变时如何影响闭环特征根的变化，从而判定系统是否稳定或是否符合所要求的性能指标，如果不符合又如何予以改进，这一方法称为根轨迹法。根轨迹法也是时域分析方法的一种。根轨迹法非常直观，用它不但可以对系统进行分析，也可解决系统的设计问题。

由于根轨迹和闭环系统的动态响应有直接的联系，所以只要对根轨迹进行观察，用不着进行复杂的计算，就可以看出动态响应的主要特性。

5.2 根轨迹的基本概念

一、根轨迹

为了具体说明根轨迹的概念，先以图 5 - 1 的二阶系统为例，分析系统的一个参数——开环传递系数 K 从 0 变化到∞时，闭环特征方程式的根在根平面（s 平面）上移动的轨迹及相应的系统动态特性的基本特性。

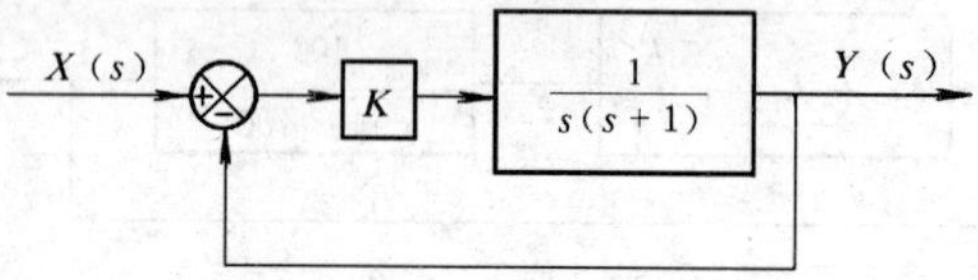

图 5 - 1　二阶系统结构图

按图 5 - 1 可写出系统的闭环传递函数为 $\dfrac{Y(s)}{X(s)}=\dfrac{K}{s^2+s+K}$，该系统的闭环特征方程式为 $s^2+s+K=0$。由这个特征方程式可求出特征根为 $s_1=-\dfrac{1}{2}+\dfrac{1}{2}\sqrt{1-4K}$，$s_2=-\dfrac{1}{2}-\dfrac{1}{2}\sqrt{1-4K}$。于是可分析当 K 从 0 变到∞时特征根（闭环极点）在根平面上移动的轨迹及相应的系统动态过程的基本特征。

由特征根的计算式可看出，闭环极点（特征根）s_1 和 s_2 是随着 K 值的改变而变化的。当 $K\leqslant\dfrac{1}{4}$，s_1 和 s_2 都是负实数；当 $K>\dfrac{1}{4}$时，s_1 和 s_2 都变成了复数。下面具体分析 K 从 0 变到∞时，s_1 和 s_2 在 s 平面上移动的轨迹及其相应的系统动态特性的基本特性。

（1）$K=0$ 时，$s_1=0$，$s_2=-1$，将这两个根（极点）用符号“×”表示在图 5 - 2 中。此外，以后将用符号“○”表示开环传递函数的零点（本例没有零点）。这两个极点就是根轨迹的起始点。

（2）K 从 0 增大到 1/4 时，s_1 和 s_2 都是负实数。随着 K 值的增大，s_1 的绝对值增大，s_2 的绝对值减小$\left(s_1 \text{ 从 } 0 \text{ 变到 } -\dfrac{1}{2}，s_2 \text{ 从 } -1 \text{ 变到 } -\dfrac{1}{2}\right)$。也就是说，随着 K 值从 0 增

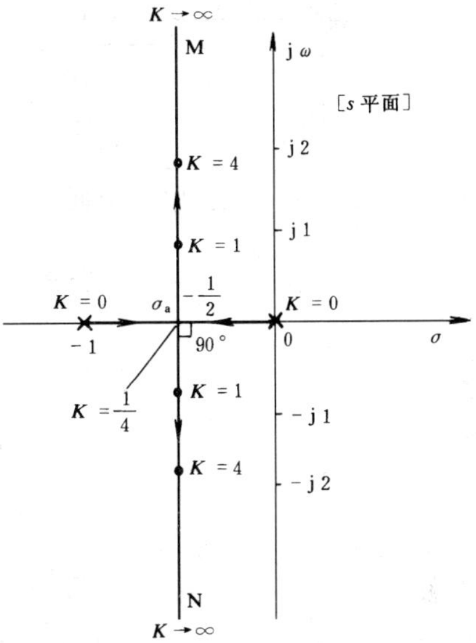

图 5-2　二阶系统的根轨迹

大至$\frac{1}{4}$时，s_1 从坐标原点（0，j0）开始沿负实轴向左方移动；s_2 则从点（−1，j0）开始沿负实轴向右方移动，当到点$\left(-\frac{1}{2},\ j0\right)$处时 s_1 和 s_2 重合。即当 $K=\frac{1}{4}$时，特征根为重根：$s_{1,2}=-\frac{1}{2}$。因此，原点和点（−1，j0）之间的负实轴是根轨迹的一部分。在这种情况下，系统处于过阻尼状态（$\zeta>1$），其阶跃响应是一个非周期的动态过程。

（3）$K=\frac{1}{4}$时，$s_1=s_2=-\frac{1}{2}$，特征方程式有一对重根。在这种情况下，系统处于临界阻尼状态（$\zeta=1$）。其阶跃响应仍然是非周期性的。

（4）K 从$\frac{1}{4}$增大到∞时，s_1 和 s_2 为复数，它们的实数部分都等于$-\frac{1}{2}$，其虚数部分则是随着 K 值的增大而增大。这说明，s_1 和 s_2 是由点$\left(-\frac{1}{2},\ j0\right)$离开负实轴进入复数平面。此后，$s_1$ 沿 $s=-\frac{1}{2}$ 的直线向上移动到点$\left(-\frac{1}{2},\ j\infty\right)$；$s_2$ 则沿 $s=-\frac{1}{2}$的直线向下移动到点$\left(-\frac{1}{2},\ -j\infty\right)$，因此，$s=-\frac{1}{2}$的直线也是根轨迹的一部分。在这种情况下，系统处于欠阻尼状态，其阶跃响应具有衰减振荡性质。

从以上分析及图 5-2 可知，该二阶系统有两个特征根，其根轨迹有两条分支。当 K 从 0 变到∞时，一条分支由 $s_1=0$ 开始，沿负实轴到点$\left(-\frac{1}{2},\ j0\right)$再到点$\left(-\frac{1}{2},\ j\infty\right)$；一条分支由 $s_2=(-1,\ j0)$ 开始，沿负实轴到点$\left(-\frac{1}{2},\ j0\right)$再到点$\left(-\frac{1}{2},\ -j\infty\right)$。一个 n 阶系统的根轨迹则应有 n 条分支。系统的开环极点就是各条根轨迹分支的起点。当 $K\to\infty$ 时的闭环极点则是根轨迹各条分支的终点。此外，特征方程式的重根点就是其根轨迹分支会合或分离的转折点。

在 K 为有限值的范围内，该二阶系统特征根的实部总是负的。从图 5-2 可以看出，当 K 从 0 变到∞时，根轨迹全部在根平面的左半部分，所以系统总是稳定的。

图 5-2 中的根轨迹是利用取不同的 K 值计算出特征根的值描绘出来的。但是，这不是绘制根轨迹的最合适的方法。实际上，闭环系统的特征根的根轨迹都是根据开环传递函数与闭环特征根的关系，以及已知的开环极点和零点在根平面上的分布，按照一定的规则用图解的方法绘制出来的。

二、根轨迹方程式

设控制系统方框图如图 5-3 所示，其闭环传递函数为

$$\frac{Y(s)}{X(s)}=\frac{G(s)}{1+G(s)H(s)} \tag{5-1}$$

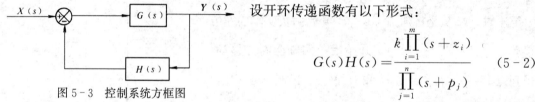

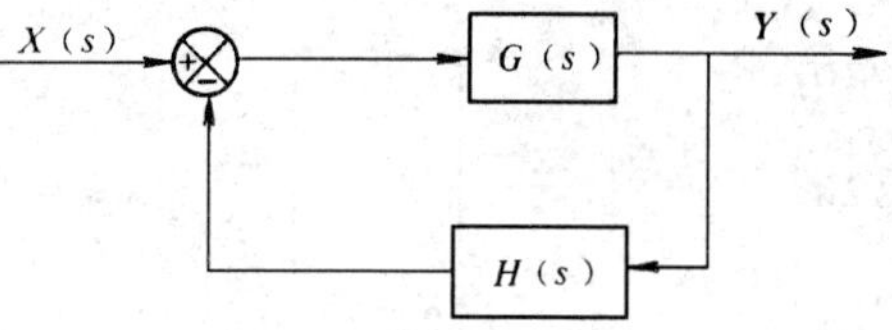

图 5-3 控制系统方框图

设开环传递函数有以下形式：

$$G(s)H(s)=\frac{k\prod_{i=1}^{m}(s+z_i)}{\prod_{j=1}^{n}(s+p_j)} \tag{5-2}$$

式中，$-z_i(i=1, 2, \cdots, m)$ 为系统的开环零点，$-p_j(j=1, 2, \cdots, n)$ 为系统的开环极点，则该系统的闭环特征方程式是

$$1+G(s)H(s)=0 \tag{5-3}$$

即

$$1+\frac{k\prod_{i=1}^{m}(s+z_i)}{\prod_{j=1}^{n}(s+p_j)}=0 \tag{5-4}$$

或

$$\prod_{j=1}^{n}(s+p_j)+k\prod_{i=1}^{m}(s+z_i)=0 \tag{5-5}$$

式（5-4）和式（5-5）又称为根轨迹方程式。

根轨迹方程式中的 k、p_j 和 z_i 都称为系统参数。k 被定义为根轨迹增益（注意，k 与第 3 章定义的开环增益 K 不相同。k 是将开环传递函数规范为分母多项式最高阶次 s 的系数为 1 时的增益，而 K 是将开环传递函数规范为分母多项式常数项系数为 1 时的增益）。显然，系统参数一经确定，其特征方程式的所有根（闭环极点）就完全确定。当系统参数改变时，这些根也随之改变。在用根轨迹法研究控制系统特性时，一般假设根轨迹增益 k 为可变参数（当然其他参数也可作为可变参数）。令 k 从 0 变到∞，研究闭环系统特征根的轨迹，从而可以分析系统的基本特性。令 k 从 0→∞变化可得到**常规根轨迹**（简称**根轨迹**），令 k 从 −∞→0 变化可得到**补根轨迹**（又称**余根轨迹**），令 k 从 −∞→∞变化可得到**完全根轨迹**（简称**全根轨迹**）。补根轨迹的分析详见本章第 7 节，全根轨迹应用较少，本书将不涉及。

将闭环系统的特征方程式 5-3 改写成

$$G(s)H(s)=-1=1\angle\pm(2l+1)\pi \quad (l=0, 1, 2, \cdots) \tag{5-6}$$

该式等号右边的 $1\angle\pm(2l+1)\pi$ 是 −1 的矢量表示方法，它表示矢量 $G(s)H(s)$ 的幅值为 1 和与水平轴（实轴）的夹角（即幅角）为 $\pm(2l+1)\pi$， 此幅角为 π 的奇数倍。于是可导出 k 从 0 变到∞时根轨迹上的点应该满足的幅角条件和幅值条件。

三、幅角条件和幅值条件

1. 幅角条件

由式（5-6）可得 $G(s)H(s)$ 的幅角 $\angle G(s)H(s)$ 为

$$\angle G(s)H(s)=\pm(2l+1)\pi \quad (l=0, 1, 2, \cdots) \tag{5-7}$$

再由式（5-2），$G(s)H(s)$ 的幅角又可表示为

$$\angle G(s)H(s)=\sum_{i=1}^{m}\angle(s+z_i)-\sum_{j=1}^{n}\angle(s+p_j)=\pm(2l+1)\pi \quad (l=0, 1, 2, \cdots) \tag{5-8}$$

式中，$\sum_{i=1}^{m}\angle(s+z_i)$ 表示 m 个开环零点 $\{-z_i, (i=1, 2, \cdots, m)\}$ 到根轨迹上点 s 的矢量与水平正实轴之间沿逆时针方向所形成的幅角之和。设第 i 个零点的幅角用 α_i 表示，如图

5-4 所示，则 m 个幅角之和为 $\sum_{i=1}^{m}\alpha_i$。$\sum_{j=1}^{n}\angle(s+p_j)$ 表示 n 个开环极点 $\{-p_j,(j=1,2,\cdots,n)\}$ 到根轨迹上的点 s 的矢量与水平正实轴之间沿逆时针方向所形成的幅角之和。设第 j 个极点的幅角用 β_j 表示，如图 5-4 所示，则 n 个幅角之和为 $\sum_{j=1}^{n}\beta_j$。于是式(5-8) 又可表示为

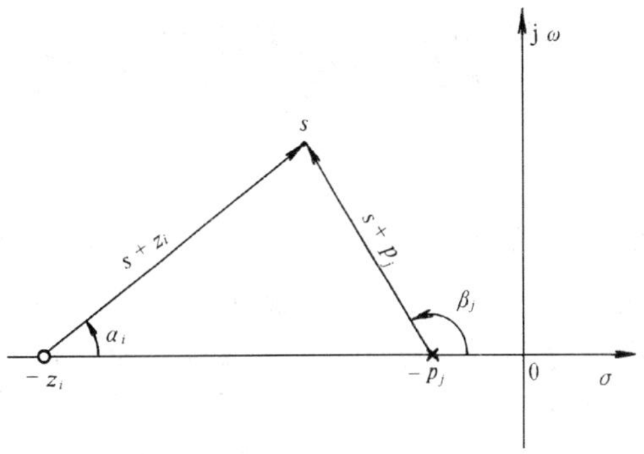

图 5-4　矢量 $s+z_i$ 和矢量 $s+p_j$

$$\sum_{i=1}^{m}\alpha_i-\sum_{j=1}^{n}\beta_j=\pm(2l+1)\pi \quad (5-9)$$

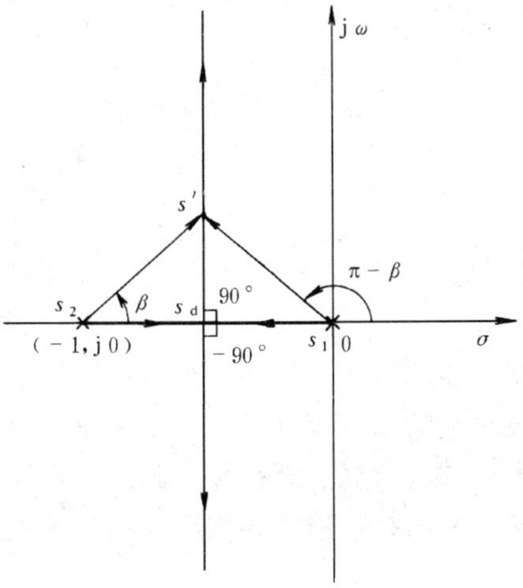

图 5-5　图 5-1 二阶系统的根轨迹

式 (5-9) 表示开环零点到根轨迹上点 s 的矢量的幅角 α_i 之和减去开环极点到点 s 的矢量的幅角 β_j 之和，必须为 π 的奇数倍。这就是绘制根轨迹的幅角条件。换言之，如果 $\sum_{i=1}^{m}\alpha_i-\sum_{j=1}^{n}\beta_j$ 计算的结果是 $\pm\pi$ 的奇数倍，则表明点 s 是根轨迹上的点，否则 s 就不是根轨迹上的点。如果在 s 平面上的其他点作同样的计算和检验，并把所有满足幅角条件的点连接起来，便形成了根轨迹。

仍以图 5-1 的二阶系统为例，利用绘制根轨迹图的幅角条件来检验图 5-2 由分析法求出的根轨迹图，看看它们是否一致。由图 5-1 已知，该二阶系统的开环传递函数为 $G(s)H(s)=\dfrac{K}{s(s+1)}$。该二阶系统有两个开环极点 s_1 和 s_2，$s_1=0$，$s_2=-1$，没有开环零点，如图 5-5 所示。

设在负实轴的 0 到 −1 的垂直平分线上取一点 s'，检验它是否为根轨迹上的点。由图 5-5 可知，两个极点 s_1 和 s_2 到试探点 s' 的幅角之和为

$$\begin{aligned}\angle G(s)H(s)&=\sum_{i=1}^{m}\alpha_i-\sum_{j=1}^{n}\beta_j\\&=-\sum_{j=1}^{n}\beta_j=-[\beta+(\pi-\beta)]\\&=-\pi=-180^\circ\end{aligned}$$

可见 s' 为根轨迹上的一个点。同理可求得垂直于实轴的实部为 $-\dfrac{1}{2}$ 的直线为根轨迹的一部分。

再看负实轴 0 到 (−1, j0) 的直线上的点，设 s'' 为负实轴的 0 到 −1 上的一个点，如图 5-6 所示。由图 5-2 可知，图 5-1 所示二阶系统的两个开环

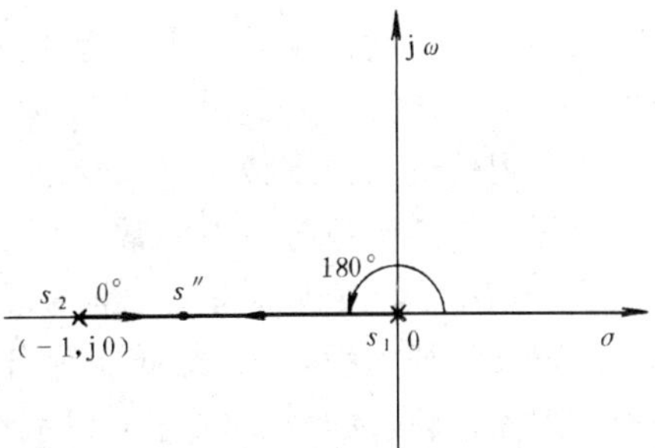

图 5-6　图 5-2 二阶系统的根轨迹检验

极点 s_1 和 s_2 到试探点 s''的幅角之和为

$$\angle G(s)H(s)=\sum_{i=1}^{m}a_i-\sum_{j=1}^{n}\beta_j=-\sum_{j=1}^{n}\beta_j$$
$$=-(0^\circ+180^\circ)=-180^\circ=\pi$$

所以 s''也为根轨迹上的一个点。同理可以求得负实轴上 0 到点（−1，j0）的直线段都是根轨迹的一部分。读者可利用幅角条件自行证明，对于图 5－1 的二阶系统，除了上述两条直线段上的点外，其他的点 s 都不能满足幅角条件，所以都不是根轨迹的一部分。

2. 幅值条件

由式（5－6）可得 $G(s)H(s)$ 的幅值为

$$|G(s)H(s)|=\frac{k\times\prod_{i=1}^{m}|s+z_i|}{\prod_{j=1}^{n}|s+p_j|}=1 \tag{5-10}$$

或写成

$$k=\frac{\prod_{j=1}^{n}|s+p_j|}{\prod_{i=1}^{m}|s+z_i|} \tag{5-11}$$

由式（5－11）可以确定与根轨迹上某一点对应的 k 值，从而可确定能满足系统性能要求的零点和极点分布的 k 值。

由上可见，要把根平面上无限个点都试探一遍是不可能的，因而建立在纯试探基础上的根轨迹绘制法是没有实际意义的。好在还有一些绘制根轨迹的分析规则可用，这不仅避免了无目的、无止境的试探，并且可以比较迅速地描绘出大致的（对局部而言是精确的）根轨迹图来。这些分析的规则将在下一节中详细介绍。这里要指出的是，当需要作出较精确的根轨迹图时，试探法是分析法的一种重要补充。

5.3 绘制根轨迹图的规则和方法

绘制根轨迹图时，并不需要在 s 平面上找很多点来描绘它的精确曲线，只需要根据根轨迹的一些特征描绘它的近似曲线。这些特征是：根轨迹的分支数、各分支的起点和终点、实轴上的根轨迹段、根轨迹的分离点和会合点、根轨迹在无穷远处的形态、根轨迹离开复数极点的出射角或进入复数零点的入射角、根轨迹与虚轴的交点，等等。下面根据开环传递函数 $G(s)H(s)$ 的零点、极点与闭环特征方程式 $1+G(s)H(s)=0$ 的特征根之间的关系，讨论确定上述特征的方法，并提出一些相应的绘制规则。

一、根轨迹的分支数

当开环传递函数的放大系数 k 从 0 变至∞时，闭环特征方程式的一个根会发生变化而在 s 平面上绘出一条根轨迹曲线，称为根轨迹的一个分支。

由闭环特征方程式 5－5 可以看出，由于 $m\leqslant n$，所以闭环特征方程式是 n 阶的，有 n 个根，因而根轨迹的分支数为 n。因此，**根轨迹的分支数就等于开环极点的数目。**

二、根轨迹的起点

前面介绍根轨迹的概念时，已举例介绍了二阶系统的两个开环极点 s_1、s_2，这正是根轨迹的两个分支的起点（见图 5－2、图 5－5）。也就是说，n 条根轨迹都是起始于开环传递函数的 n 个极点，起点处的 $k=0$。这一结论可证明如下：

由根轨迹的幅值条件式（5－10）可得 $\dfrac{\prod_{i=1}^{m}|s+s_i|}{\prod_{j=1}^{n}|s+p_j|}=\dfrac{1}{k}$。当 $k=0$ 时，$\dfrac{1}{k}\to\infty$，所以只有当上式等号左边式子中的分母为零时才成立。即 $\prod_{j=1}^{n}|s+p_j|=0$，也就是 $s=-p_j(j=1,2,\cdots,n)$，$-p_j$ 是开环传递函数的极点。因此可以得出结论：**根轨迹的 n 个分支，分别起始于各自的开环极点（$-p_j$）**。

三、根轨迹的终点

同样根据 $\dfrac{\prod_{i=1}^{m}|s+s_i|}{\prod_{j=1}^{n}|s+p_j|}=\dfrac{1}{k}$，当 $k\to\infty$时，$\dfrac{1}{k}\to 0$，因而只有其分子为零，$\prod_{i=1}^{m}|s+s_i|=0$，也就是 $s=-z_i(i=1,2,\cdots,m)$。这就证明了**根轨迹的终点是开环传递函数的零点**。当 $m<n$ 时，因为有 n 条根轨迹分支，必将有 n 个终点。那么还有 $n-m$ 条根轨迹的分支的终点在何处呢？因为 $s\to\infty$也可使开环传递函数取值为 0，所以 $n-m$ 个分支的终点为 $s\to\infty$，又称之为无穷零点。因此结论是：在**根轨迹的 n 个分支中，有 m 个分支分别终止于各个开环有限零点（$-z_i$），其余 $n-m$ 个分支终止于开环无穷零点，即在根平面的无穷远处。**

四、根轨迹的对称性

一般物理系统的特征方程式中，各项系数都是实数，因此它的根或是实数，或是共轭复数，所以**根轨迹对称于实轴**。这样，只要画出根平面的上半部的根轨迹，就可以得到系统全部根轨迹。

五、确定实轴上的根轨迹

绝大多数系统在 s 平面的实轴上有开环极点和零点，因而有的根轨迹整个分支或者某些段就位于实轴上。确定实轴上的这些根轨迹或根轨迹段可按如下规则求出。

如果实轴上某一段右边的开环实数零点、极点的总个数为奇数，则这一段就是根轨迹或根轨迹段。

六、确定根轨迹的渐近线

如前所述，当系统开环传递函数 $G(s)H(s)$ 的分母多项式的阶次 n 大于分子多项式的阶次 m（即 $n>m$）时，有 $n-m$ 条根轨迹随着 k 值趋近于∞而趋向于 s 平面的无穷远处。那么描述这些趋于无穷远的根轨迹的有效方法就是用其渐近线。

确定渐近线即要确定渐近线与实轴的倾角和交点。

1. 渐近线的倾角

假设在 s 平面无穷远处有特征根 s_d，则 s 平面上所有开环有限零点 $-z_i$ 到 s_d 的矢量幅角 $\alpha_i(i=1,2,\cdots,m)$ 和极点 $-p_j$ 到 s_d 的矢量幅角 $\beta_j(j=1,2,\cdots,n)$ 可近似地认为都等于 φ。即 $a_i=\beta_j=\varphi$。把它代入幅角条件式（5－9），得

$$\sum_{i=1}^{m}\alpha_i-\sum_{j=1}^{n}\beta_j=m\varphi-n\varphi=\pm(2l+1)\pi$$

由此可得渐近线的倾角 φ 为

$$\varphi=\frac{\mp(2l+1)\pi}{n-m}\qquad(l=0,1,2,\cdots,n-m-1)\tag{5-12}$$

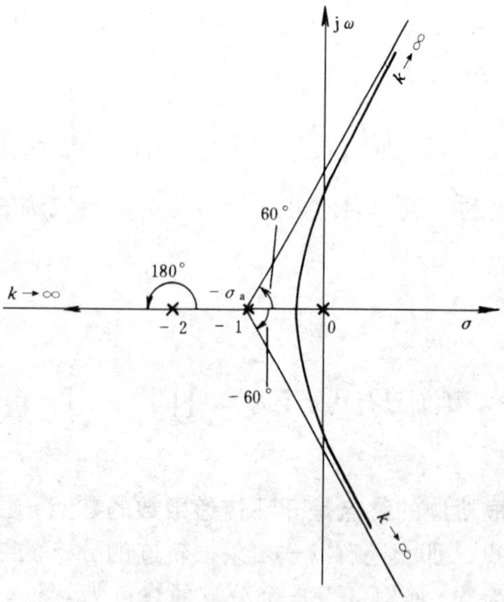

图 5－7　例 5－1 的根轨迹渐近线

2. 渐近线与实轴的交点

假设在无穷远处有特征根 s_d，则 s 平面上所有开环有限零点 $-z_i$ 和极点 $-p_j$ 到 s_d 的矢量长度可近似地认为都相等。于是可以认为，对无穷远特征根 s_d 而言，所有开环零点和极点都汇集在一起，其位置在 $-\sigma_a$ 处，如图 5－7 所示。它就是所求渐近线的交点。

为了计算渐近线与实轴的交点，当 $k\to\infty$，$s_d\to\infty$ 时，可认为 $-z_i=-p_j=-\sigma_a$，则有

$$\frac{\prod_{j=1}^{n}(s+p_j)}{\prod_{i=1}^{m}(s+z_i)}=(s+\sigma_a)^{n-m}\tag{5-13}$$

将式（5－13）中的 $(s+\sigma_a)^{n-m}$ 用二项式展开为

$$(s+\sigma_a)^{n-m}=s^{n-m}+\sigma_a(n-m)s^{n-m-1}+\cdots\tag{5-14}$$

再将式（5－13）中的等号左边用长除法处理为

$$\begin{aligned}\frac{(s+p_1)(s+p_2)\cdots(s+p_n)}{(s+z_1)(s+z_2)\cdots(s+z_m)}&=\frac{s^n+(p_1+p_2+\cdots+p_n)s^{n-1}+\cdots+p_1p_2\cdots p_n}{s^m+(z_1+z_2+\cdots+z_m)s^{m-1}+\cdots+z_1z_2\cdots z_m}\\&=s^{n-m}+[(p_1+p_2+\cdots+p_n)-(z_1+z_2+\cdots+z_m)]s^{n-m-1}+\cdots\end{aligned}\tag{5-15}$$

当 $s\to\infty$ 时，式（5－14）和式（5－15）的等式右边的多项式只保留前两项。将它们代入式（5－14）中就可得到 $\sigma_a(n-m)=[(p_1+p_2+\cdots p_n)-(z_1+z_2+\cdots z_m)]$。由此可得**渐近线的交点 $-\boldsymbol{\sigma}_a$** 为

$$-\sigma_a=\frac{\sum_{j=1}^{n}(-p_j)-\sum_{i=1}^{m}(-z_i)}{n-m}=\frac{\text{极点和}-\text{零点和}}{n-m}\tag{5-16}$$

由于极点和零点必为实数或共轭复数，它们的虚部是互相抵消的，所以 σ_a 必为实数，即渐近线的交点总在实轴上。在用式（5－16）计算时，只要把开环极点和零点的实数部分代入即可（注：对于极点 $s_j=-p_j$ 可表达为极点 s_j，或表达为极点 $-p_j$。单是 p_j 不过是 s_j 的负变量值。类似地，对于零点 $s_i=-z_i$，z_i 是 s_i 的负值）。

【例 5－1】 设系统的开环传递函数为 $G(s)H(s)=\dfrac{k}{s(s+1)(s+2)}$，求渐近线。

解 已知 $m=0$，$n=3$，由渐近线倾角公式得 $\varphi=\dfrac{\mp(2l+1)\pi}{n-m}=-\dfrac{\pi}{3}$，$\dfrac{\pi}{3}$，π。将 $n=3$、$m=0$、$-p_1=0$、$-p_2=-1$、$-p_3=-2$ 代入式（5－16）可得渐近线与实轴的交点 $-\sigma_a=$

$\frac{-1-2+0}{3-0}=-1$。故所求渐近线如图 5-7 所示。

七、确定根轨迹的分离点

两支或两支以上的根轨迹相交于一点时，其交点表示特征方程式在 k 为某一数值时有重根。例如图 5-8（a）、(b）上的点 B 都是对应于重根的点。这些典型的重根点具有各自的特点。

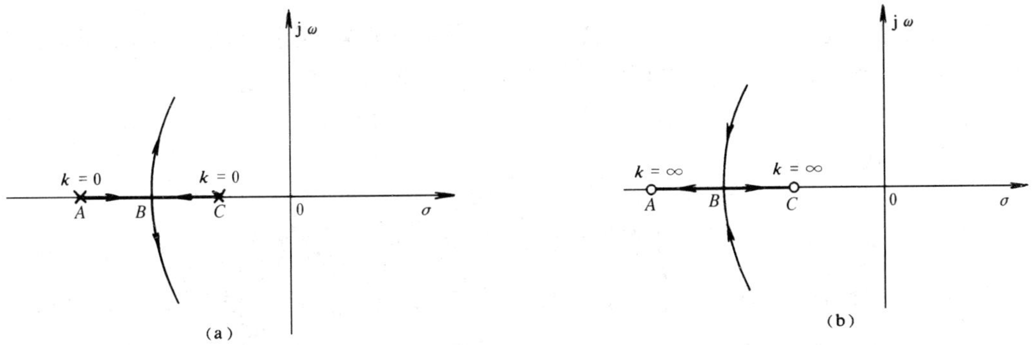

图 5-8　根轨迹上的分离点

(a) 实轴上的分离点；(b) 实轴上的会合点

图 5-8（a）表示两支根轨迹分别从实轴上的开环极点 A 和 C 出发，随 k 值的增大而沿实轴相向移动并在 B 点相遇，然后从实轴分离而进入复平面区域。这一种重根点 B 称为根轨迹在实轴上的**分离点**。

图 5-8（b）表示两支根轨迹从复平面区域会合到实轴上的点 B，然后又沿实轴反向移动。这一种重根点 B 称为根轨迹在实轴上的**会合点**。

无论是分离点还是会合点，都是根平面上的同一重根点，多条根轨迹在这一点上相遇又相离。实质上没有太多的必要进行严格区分，所以，以后的论述将统称为分离点。

如果有四条根轨迹分支离开分离点，那就表示特征方程有一个四重根。图 5-9 表示了一个四重根的分离点。

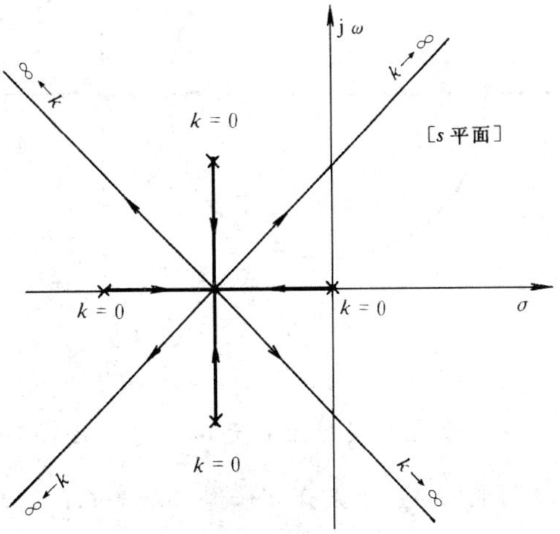

图 5-9　四重根分离点

一个复杂系统的根轨迹图可能有一个以上的分离点，且这些分离点也不一定都在实轴上，但由于根轨迹的对称性，这些分离点或位于实轴上，或出现在共轭复数对中。

如果根轨迹位于实轴上两相邻的开环极点之间，则这两极点之间至少存在一个分离点。同样，如果根轨迹位于实轴上两个相邻的开环零点之间（一个零点可位于无穷远处），那么这两个零点之间至少存在一个会合点。一般情况下，只在实轴上讲究分离点和会合点的区别。

既然分离点是闭环特征方程的重根，那么就可根据函数求极值的原理来确定分离点。由于根轨迹上的变点 s 满足系统的特征方程式（5-4），故可导出 k 的以 s 为函数的表达式为

$$k=-\frac{\prod_{j=1}^{n}(s+p_j)}{\prod_{i=1}^{m}(s+z_i)} \tag{5-17}$$

为求该函数的极值点，可求 k 对 s 的一次导数并令该导数为零，即

$$\frac{dk}{ds}=0 \tag{5-18}$$

求出的 s 值可能有几个，究竟哪个是分离点，可具体结合根轨迹图来判定。可用排除法来判定，先假定是分离点，再看是否在可能的根轨迹上，若不在，则不是。

利用求导数为零的方法还可导出如式（5-19）所示的方程（参见文献［27］），分离点 d 是这个方程的解，即

$$\sum_{i=1}^{m}\frac{1}{d+z_i}=\sum_{j=1}^{n}\frac{1}{d+p_j} \tag{5-19}$$

一般说来，当 $G(s)H(s)$ 为 $\frac{B(s)}{A(s)}$ 的形式时，用式（5-19）解算分离点 d 比较方便；当 $G(s)H(s)$ 为 $\frac{k}{A(s)}$ 的形式时，用式（5-18）解算分离点 d 比较方便。

【例 5-2】 设系统的开环传递函数为 $G(s)H(s)=\frac{k(s+4)}{s(s+2)}$，试求系统根轨迹的分离点。

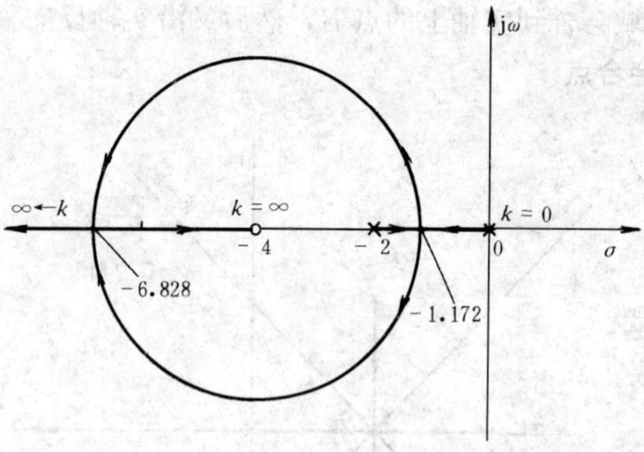

图 5-10 例 5-2 的根轨迹

解 系统的闭环特征方程式为 $1+G(s)H(s)=1+\frac{k(s+4)}{s(s+2)}=0$。

据式（5-19）有 $\frac{1}{d+4}=\frac{1}{d}+\frac{1}{d+2}=\frac{2d+2}{d(d+2)}$。进一步可得出 $d^2+8d+8=0$。可解得 $d_1=-1.172$，$d_2=-6.828$。因为系统的开环极点为 $-p_1=0$，$-p_2=-2$。开环零点为 $-z_1=-4$。由此可知，分离点在两极点 0 与 -2 之间，因而可确定 $d_1=-1.172$ 为分离点。会合点应在两零点之间或一零点与实轴上负无穷之间，因而可确定 $d_2=-6.828$ 为会合点，如图 5-10 所示。

【例 5-3】 设开环传递函数为 $G(s)H(s)=\frac{k}{s(s+4)(s^2+4s+20)}$，试求根轨迹的分离点。

解 系统的闭环特征方程式可求得为

$$s(s+4)(s^2+4s+20)+k=0$$
$$k=-s(s+4)(s^2+4s+20)$$
$$=-(s^4+8s^3+36s^2+80s)$$

求 k 对 s 的导数，并令其为零，得 $s^3+6s^2+18s+20=0$。可解得 $s_1=-2$，$s_2=-2+j2.45$，

$s_3=-2-j2.45$。

因为系统的开环极点为 $-p_1=0$，$-p_2=-4$，$-p_{3,4}=-2\pm j4$，且系统无开环有限零点，可以看出，所求的三个极值点均为分离点。例 5-3 的整个根轨迹如图 5-11 所示。

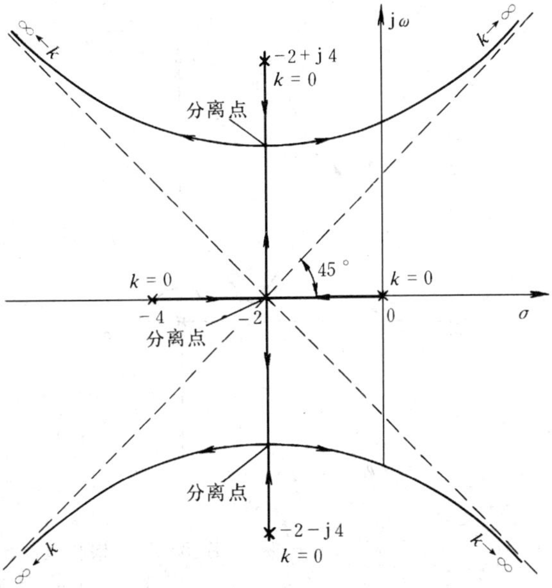

图 5-11　例 5-3 的根轨迹

采用分析法求分离点时，可能要解高阶代数方程。解高阶代数方程，用人工解算的方法至多只能解到四阶方程，而且相当烦琐，但是利用计算机和相应的数值计算软件（如 MATLAB），则很容易解算出各方程根。实际上，可利用计算机直接求特征根，然后利用重根点即是分离点的知识找出分离点。

以上求的是分离点的位置信息。设有 l 条根轨迹在某分离点相遇又相离，那么就有 $2l$ 条根轨迹线到达或离开这个分离点。可以证明，这 $2l$ 条根轨迹线的线与线之间夹角相同，且

$$\Delta\theta_f=\frac{\pi}{l} \tag{5-20}$$

由此可见，这 $2l$ 条根轨迹线的线与线之间夹角为 180°除以重根数。于是，两线相遇又相离时，线线夹角为 90°，三线相遇又相离时，线线夹角为 60°，……，以此类推，如图 5-12 所示。

八、确定根轨迹的出射角和入射角

当系统的开环极点和开环零点是共轭复数，即不在实轴上时，如图 5-13 所示，在起始和终止处的根轨迹就有一定的角度。这个开环共轭复数极点或开环共轭复数零点处根轨迹的切线对正实轴的倾角称为根轨迹的出射角或入射角，如图 5-13（a）的 θ 为出射角，图 5-13（b）的 θ 为入射角。根据根轨迹的幅角条件式（5-8）可得到计算出射角和入射角的公式（设 $l=0, 1, 2, \cdots$）：

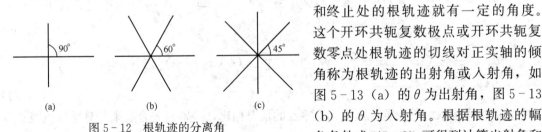

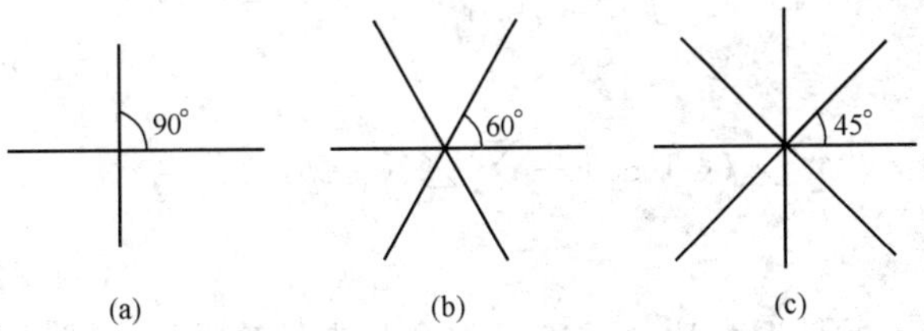

图 5-12　根轨迹的分离角

$$\theta_{p_j}=\mp(2l+1)\pi+\left[\sum_{i=1}^{m}\angle(s+z_i)-\sum_{i=1,\ i\neq j}^{n}\angle(s+p_i)\right]_{s=-p_j} \tag{5-21}$$

$$\theta_{z_j}=\pm(2l+1)\pi-\left[\sum_{i=1,\ i\neq j}^{m}\angle(s+z_i)-\sum_{i=1}^{n}\angle(s+p_i)\right]_{s=-z_j} \tag{5-22}$$

式（5-21）等号右边第二项表示所有有限零点至所求出射角的复数极点的矢量幅角之和，第三项表示所有是除了所求出射角的复数极点外的其他开环极点至该极点的矢量幅角之和。例如，求图 5-13（a）的共轭复数极点 $-p_3$ 的出射角。其他开环零点和开环极点到

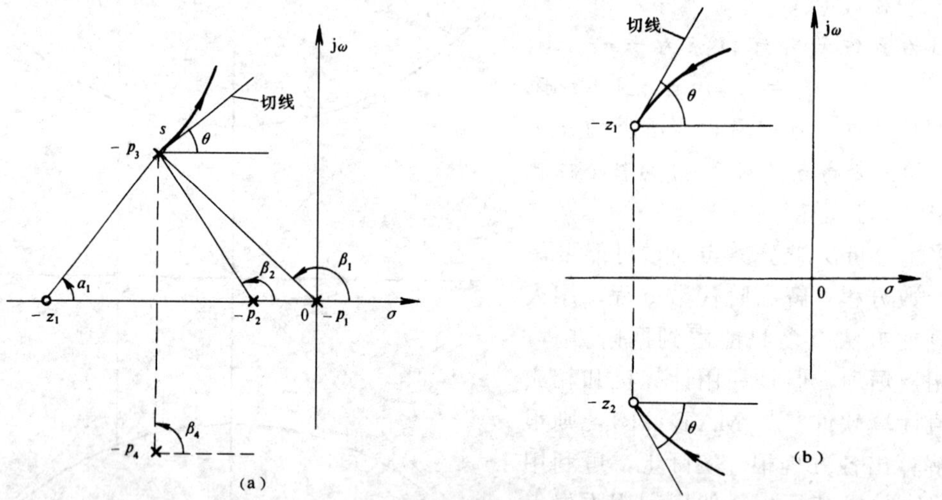

图 5-13　根轨迹的出射角和入射角

(a) 出射角；(b) 入射角

$-p_3$ 的幅角分别为 α_1、β_1、β_2 和 β_4，则据式（5-21）有 $-p_3$ 处的出射角 θ 为

$$\theta_3=\pm 180^\circ+\sum_{i=1}^{1}\alpha_i-\sum_{\substack{j=1\\ j\neq 3}}^{4}\beta_j$$

式（5-22）等号右边第二项是除所求入射角的复数零点外的其他开环有限零点至该零点的矢量幅角之和，第三项是所有开环极点至所求入射角的复数零点的矢量幅角之和。

值得指出，式（5-21）和式（5-22）只适用于无重极点或无重零点的情况。当出现重极点或重零点时，其出射角或入射角的计算可用以下计算公式：

$$\theta_{p_j}=\frac{1}{L}\left\{\mp(2l+1)\pi+\left[\sum_{i=1}^{m}\angle(s+z_i)-\sum_{i=1,\ i\neq j+1,\ \cdots,\ j+L-1}^{n}\angle(s+p_i)\right]_{s=-p_j}\right\} \tag{5-23}$$

$$\theta_{z_j}=\frac{1}{L}\left\{\pm(2l+1)\pi-\left[\sum_{i=1,\ i\neq j+1,\ \cdots,\ j+L-1}^{m}\angle(s+z_i)-\sum_{i=1}^{n}\angle(s+p_i)\right]_{s=-z_j}\right\} \tag{5-24}$$

式中，L 为重根数。与无重极点或无重零点的情况相比，差别是先合起来计算重极点或重零点的出射角或入射角，然后再平分。

【例 5-4】　已知系统的开环传递函数为 $G(s)H(s)=\dfrac{k(s+2)}{s(s+3)(s^2+2s+2)}$，求复数极点的出射角。

解　该系统的开环零点和开环极点分别为：$-z_1=-2$，$-p_1=0$，$-p_2=-3$，$-p_{3,4}=-1\pm \mathrm{j}1$，它们在根平面上的位置如图 5-14 所示。

因共轭复数极点 $-p_3$ 和 $-p_4$ 对实轴对称，故只需求其中一个极点的出射角，另一个对称极点的出射角可用对称规律求得。

试求 $-p_3$ 点的出射角。设 α_1、β_1、β_2 和 β_4 是开环零点、极点到点 $-p_3=-1+\mathrm{j}1$ 的矢

量幅角。由图 5-13 可知 $\alpha_1=45°$，$\beta_1=135°$，$\beta_2=\angle(-1+j+3)=\arctan\left(\frac{1}{2}\right)=26.6°$，$\beta_4=90°$。将这些数据代入计算公式可得 $\theta_3=\pm180°+\sum_{i=1}^{m}\alpha_i-\sum_{\substack{j=1\\j\neq3}}^{n}\beta_j=\pm180°+45°-(135°+26.6°+90°)=180°-206.6°=-26.6°$（在计算中，±180°项应该视后面几项的计算结果取值，这里取值为+180°，目的是最后得到-180～180之间的数值）。因复数极点 $-p_4$ 与 $-p_3$ 对实轴对称，故 $-p_4$ 处的出射角为+26.6°。

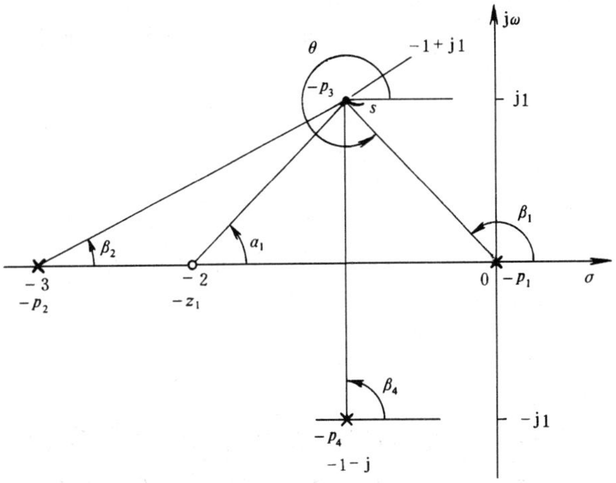

图 5-14　例 5-4 的确定出射角

九、确定根轨迹与虚轴的交点

有许多系统的根轨迹是与 s 平面的虚轴相交的。在根轨迹与虚轴的交点，特征根的实部为零，只有虚部。这时，系统处于临界稳定状态。因此，准确地确定该交点坐标，对分析和设计控制系统非常重要。下面介绍两种确定根轨迹与虚轴交点的方法。

1. s=jω 代入特征方程式来确定根轨迹与虚轴的交点

根轨迹与虚轴相交，意味着系统的闭环特征方程式有共轭虚根 $s=\pm j\omega$。因此可将 $s=j\omega$ 代入特征方程式，得

$$1+G(j\omega)H(j\omega)=0$$

或

$$\mathrm{Re}[1+G(j\omega)H(j\omega)]+j\mathrm{Im}[1+G(j\omega)H(j\omega)]=0$$

由上式可写出实部方程式和虚部方程式

$$\begin{cases}\mathrm{Re}[1+G(j\omega)H(j\omega)]=0\\ \mathrm{Im}[1+G(j\omega)H(j\omega)]=0\end{cases}\tag{5-25}$$

由方程组式（5-25），可解出根轨迹与虚轴的交点的坐标 ω 以及与交点对应的临界值 k 值。

2. 应用劳斯稳定判据来确定根轨迹与虚轴的交点

应用劳斯判据也能求得根轨迹与虚轴的交点。因为劳斯稳定判据表明，劳斯行列表中第一列的元素，有一项为零时，则表明系统处于临界稳定状态，即特征方程式将具有零根或纯虚根 $\pm j\omega$。据此，求出这个纯虚根，就是求出根轨迹与虚轴的交点。

下面通过具体的例子来说明上述两种方法的应用。

【例 5-5】　设开环传递函数为 $G(s)H(s)=\dfrac{k}{s(s+1)(0.5s+1)}$，试确定根轨迹与虚轴的交点，并计算临界稳定的 k 值。

解　［方法 1］先将系统开环传递函数写成

$$G(s)H(s)=\frac{k}{s(s+1)(0.5s+1)}=\frac{2k}{s(s+1)(s+2)}$$

可得系统的特征方程式为

$$s(s+1)(s+2)+k=s^3+3s^2+2s+2k=0$$

将 $s=\mathrm{j}\omega$ 代入得

$$(\mathrm{j}\omega)^3+3(\mathrm{j}\omega)^2+2(\mathrm{j}\omega)+2k=0$$

把实部和虚部分开，得

$$2k-3\omega^2+\mathrm{j}(2\omega-\omega^3)=0$$

令实部和虚部分别等于零，得方程组

$$\begin{cases}2k-3\omega^2=0\\2\omega-\omega^3=0\end{cases}$$

解上述方程组，得

$$\begin{cases}\omega=0\\k=0\end{cases}\text{或}\begin{cases}\omega=\pm\sqrt{2}\\k=3\end{cases}$$

前一组解为坐标原点，后一组解对应于两支根轨迹从 s 平面左半部分进入右半部分时与虚轴的交点，交点的坐标为 $\pm\sqrt{2}$。这时系统为临界稳定，临界稳定的 k 值为 $k=3$。

［方法 2］用劳斯稳定性判据计算根轨迹与虚轴的交点以及临界稳定的 k 值。

根据特征方程列出劳斯行列表

$$\begin{array}{c|cc} s^3 & 1 & 2\\ s^2 & 3 & 2k\\ s^1 & \dfrac{6-2k}{3} & 0\\ s^0 & 2k & 0\end{array}$$

令第一列 s^1 行的元素 $\dfrac{6-2k}{3}$ 为零，可得临界稳定的 k 值为 3。再由 s^2 行各元素组成方程式 $3s^2+2k=0$。将 $k=3$ 代入上式，即可求得根轨迹与虚轴的交点为 $s_{1,2}=\pm\mathrm{j}\sqrt{2}=\pm\mathrm{j}\omega$（这里 $\omega=\sqrt{2}$）。

由上可见，两种方法得到的结果是一样的，而后一种方法更简洁。特别对于高阶系统，更是如此。

十、计算根轨迹上某点所对应的 k 值

在根轨迹的一些点上应标出可变参数 k 的数值，以便定量地分析可变参数对闭环极点的影响。为此，可利用幅值条件式（5-11）进行计算，求得根轨迹上不同 s 点的 k 值。

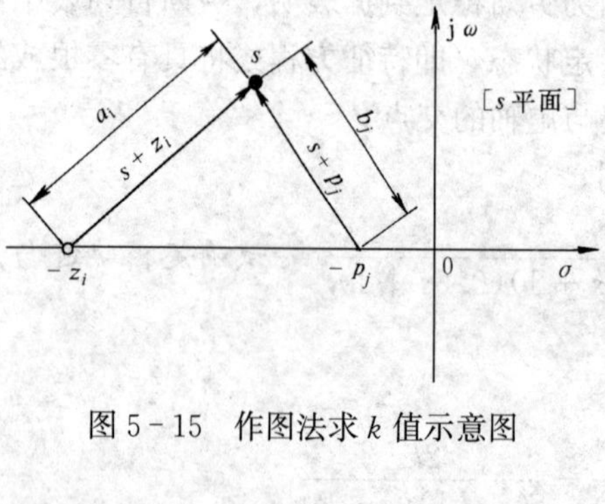

图 5-15　作图法求 k 值示意图

不同特征根的 k 值还可用作图法求取。设图 5-15 上的点 s 为根轨迹上的点，则可从图 5-15 中所有的开环极点和开环零点（包括开环复数极点和复数零点）向点 s 作矢量，其矢量的模为 a_i 和 b_j。将这些矢量的模代入式 $k=\dfrac{\prod_{j=1}^{n}b_j}{\prod_{i=1}^{m}a_i}$，便可求出 s 点的 k 值。

十一、开环系统根与闭环系统根的关系

根轨迹是闭环系统的特征根随 k 变化的轨迹。根轨迹又是起于开环极点终于开环零点。开环根与闭环根之间显然有密不可分的关系。根据代数学中根与系数的理论可以证明，**若 $n-m\geqslant 2$，则系统所有闭环特征根之和等于开环特征根之和并等于常数，即**

$$\sum_{j=1}^{n}(-q_j)=\sum_{j=1}^{n}(-p_j)=\text{常数}\quad (n-m\geqslant 2)\tag{5-26}$$

若 $n>m$，则系统所有闭环特征根之积乘以 $(-1)^n$ 等于闭环特征方程常数项，即

$$(-1)^n\prod_{j=1}^{n}(-q_j)=\prod_{j=1}^{n}p_j+k\prod_{i=1}^{m}z_i\quad (n>m)\tag{5-27}$$

若 $n=m$，则系统所有闭环特征根之积乘以 $(-1)^n$ $(1+k)$ 等于闭环特征方程常数项，即

$$(-1)^n(1+k)\prod_{j=1}^{n}(-q_j)=\prod_{j=1}^{n}p_j+k\prod_{i=1}^{m}z_i\quad (n=m)\tag{5-28}$$

上三式中 $-p_j$ 为开环极点，$-z_i$ 为开环零点，$-q_j$ 为闭环根。

根据式（5-26），对于 $n-m\geqslant 2$ 的系统，闭环根的和等于常数，那么意味着，无论 k 如何变化，闭环根的和总是不变。当有一条根轨迹分支向右移动时，应当有一条根轨迹分支向左移动。当有一条根轨迹分支向上移动时，应当有一条根轨迹分支向下移动。总之，根轨迹曲线的图形将会与实轴对称地平衡发展，始终保持图形的某个重心不变。这个重心常用 $\frac{1}{n}\sum_{j=1}^{n}(-p_j)$ 表示。这里揭示的**根轨迹对称地延伸**的规律将有助于预测根轨迹的走势。在只知道部分根轨迹信息时就能正确地勾画出根轨迹图形的全貌。

根据式（5-27），对于 $n>m$ 的系统，闭环根的积等于闭环特征方程常数项。那么，当系统是 1 型及以上系统时，总有一个开环极点为零，则有 $(-1)^n\prod_{j=1}^{n}(-q_j)=k\prod_{i=1}^{m}z_i$。这时闭环根的积就可简单地根据开环零点的积来计算。

十二、根轨迹绘制规则总结

综上所述，为了便于绘制如图 5-3 反馈控制系统的闭环特征方程式的根轨迹图，将上述绘制根轨迹的规则扼要地总结如下：

（1）根轨迹的分支数等于开环极点数 n，每一条根轨迹分支起始于一个开环极点。其中 m 条根轨迹终止于 m 个开环有限零点，其余 $n-m$ 条根轨迹则终止在无穷远处（无限零点处）。

（2）根轨迹与实轴对称。

（3）若为实轴上的根轨迹，则其右边的开环实数零点和实数极点的总数为奇数。

（4）当 s 值很大时，$n-m$ 条根轨迹将趋近于它们的渐近线。渐近线的倾角 φ 为

$$\varphi=\mp\frac{(2l+1)\pi}{n-m}\quad (l=0,\ 1,\ 2,\ \cdots)\tag{5-29}$$

渐近线的交点总在实轴上。交点 $-\sigma_a$ 计算式为

$$-\sigma_a=\frac{\sum_{j=1}^{n}(-p_j)-\sum_{i=1}^{m}(-z_i)}{n-m}=\frac{\text{极点和}-\text{零点和}}{n-m}\tag{5-30}$$

（5）根轨迹上的分离点可通过解方程 $dk/ds=0$ 的根的方法求出，也可利用下式求解。

$$\sum_{i=1}^{m}\frac{1}{d+z_i}=\sum_{j=1}^{n}\frac{1}{d+p_j} \tag{5-31}$$

一般说来，当 $G(s)H(s)$ 为 $\frac{B(s)}{A(s)}$ 的形式时，用式（5－31）解算比较方便；当 $G(s)H(s)$ 为 $\frac{k}{A(s)}$ 的形式时，用 $\mathrm{d}k/\mathrm{d}s=0$ 解算比较方便。

（6）根轨迹复数极点的出射角和复数零点的入射角可分别由下述两式计算确定：

$$\theta_{p_j}=\mp(2l+1)\pi+\left[\sum_{i=1}^{m}\angle(s+z_i)-\sum_{i=1,\ i\neq j}^{n}\angle(s+p_i)\right]_{s=-p_j} \tag{5-32}$$

$$\theta_{z_j}=\pm(2l+1)\pi-\left[\sum_{i=1,\ i\neq j}^{m}\angle(s+z_i)-\sum_{i=1}^{n}\angle(s+p_i)\right]_{s=-z_j} \tag{5-33}$$

（7）根轨迹与虚轴的交点可应用劳斯稳定性判据或令特征方程式中 $s=\mathrm{j}\omega$ 求得。

（8）根轨迹上任一点 s 的 k 值可由下式求出：$k=\dfrac{\prod_{j=1}^{n}|s+p_j|}{\prod_{i=1}^{m}|s+z_i|}$ (5－34)

（9）根轨迹不但与实轴对称，也与某个重心轴对称延伸。

下面举例说明如何应用上述绘制根轨迹的各条规则来绘制一个完整的根轨迹图。

【例 5－6】 设系统的开环传递函数为 $G(s)H(s)=\frac{k(s+3)}{s(s+5)(s+6)(s^2+2s+2)}$，试绘制闭环特征方程根的根轨迹图。

解 先确定根轨迹的特征方程式，然后绘制根轨迹图。

（1）系统的特征方程式为 $s(s+5)(s+6)(s^2+2s+2)+k(s+3)=0$。由于特征方程式是五阶的，所以根轨迹有五条分支。

（2）五条根轨迹的起点分别为开环传递函数 $G(s)H(s)$ 的五个开环极点，即 $-p_1=0$，$-p_2=-5$，$-p_3=-6$，$-p_4=-1+\mathrm{j}1$，$-p_5=-1-\mathrm{j}1$。

（3）五条根轨迹的终点为开环传递函数的零点，即一个有限零点 $-z_1=-3$，四个无限零点（在无穷远处）。

（4）因有四条根轨迹趋向于无穷远处，故有四条渐近线。它们的倾角可按式（5－29）计算，即

$$\theta=\frac{\mp(2l+1)\pi}{n-m}=\frac{\mp(2l+1)\pi}{5-1}\quad(l=0,\ 1,\ 2,\ \cdots)$$

令上式中 $l=0$，1，得 $\theta_1=45°$，$\theta_2=-45°$，$\theta_3=135°$，$\theta_4=-135°$。

（5）四条渐近线在实轴上的交点为

$$-\sigma_{\mathrm{a}}=\frac{\sum_{j=1}^{n}(-p_j)-\sum_{i=1}^{m}(-z_i)}{n-m}=\frac{(0-5-6-1-\mathrm{j}-1+\mathrm{j})+3}{5-1}=-2.5$$

根据上面求得的结果可以确定四条根轨迹趋向于无穷远处的根轨迹的大致趋向，如图 5－16 所示。图中所画根轨迹仅是示意，现在还不能确定根轨迹位于渐近线的上边还是下边，只有在所有结果知道后才能准确地画出。

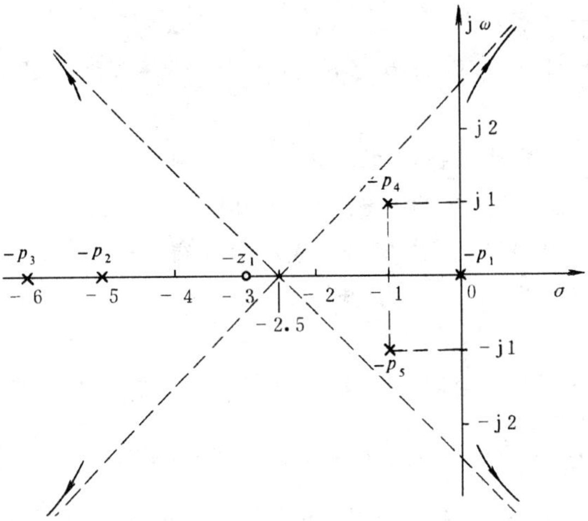

图 5－16　例 5－6 根轨迹的趋向

(6) 实轴上的根轨迹位于$-p_1=0$和$-z_1=-3$，$-p_2=-5$和$-p_3=-6$之间，如图 5－17 所示。

(7) 根轨迹离开复数极点$-p_4=-1+\mathrm{j}$和$-p_5=-1-\mathrm{j}$的出射角θ按式（5－32）计算。由各开环极点和开环零点至$-p_4=-1+\mathrm{j}1$作矢量，各矢量的夹角如图 5－18 所示。把由图 5－18 中测得的a_1、β_1、β_2、β_3和β_5代入可得$\theta=\pm180°+26.6°-(135°+14°+11.4°+90°)\approx-43.8°$。

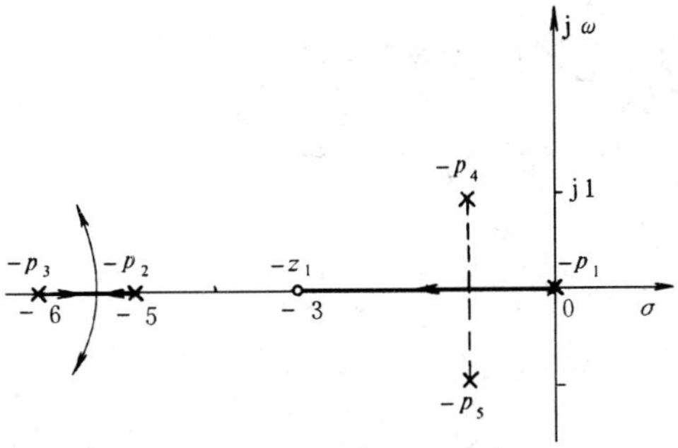

图 5－17　例 5－6 实轴上的根轨迹

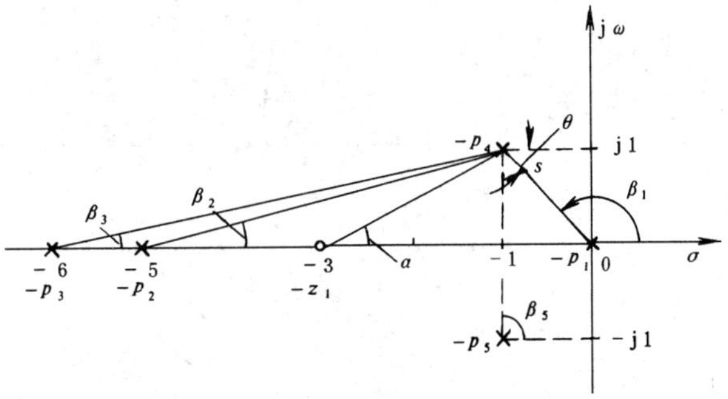

图 5－18　例 5－6 的根轨迹的出射角

(8) 根轨迹与虚轴的交点可利用劳斯判据来确定。为此，将特征方程式写成$s^5+13s^4+54s^3+82s^2+(60+k)s+3k=0$。并求出劳斯行列表

s^5	1	54	$60+k$
s^4	13	82	$3k$
s^3	47.7	$60+0.769k$	0
s^2	$65.6-0.212k$	$3k$	0
s^1	$\dfrac{3\,940-105k-0.163k^2}{65.6-0.212k}$	0	
s^0	$3k$	0	

为使劳斯行列表中第一列都为正值，以下不等式必须成立：

$65.6-0.212k>0$　　　　即 $k<309$

$3\,940-105k-0.163k^2>0$　　　　$-679.7<k<35$

$k>0$

因此可知，k 在 0 和 35 之间时，特征根都具有负实部，即系统稳定。根轨迹在 $k=0$ 和 $k=35$ 时与虚轴相交，相应于 $k=35$ 时与虚轴的交点可由辅助方程 $(65.6-0.212k)s^2+3k=0$ 确定。将 $k=35$ 代入上式得

$$58.2s^2+105=0$$

可解得 $s=\pm j1.34$。

(9) 确定根轨迹的分离点。由图 5-17 可知，系统只有一个分离点，而且一定在两个开环极点 $-p_2=-5$ 和 $-p_3=-6$ 之间。将特征方程式写成 $k=\dfrac{s^5+13s^4+54s^3+82s^2+60s}{s+3}$。求 k 对 s 的导数，并令其为零，可得 $s^5+13.5s^4+66s^3+142s^2+123s+45=0$。由于该式为高阶代数方程式，不易求解，因此可用试探法。在 $s=-5$ 到 $s=-6$ 之间试探，可解得分离点 $s=-5.53$。

按上面求得的结果可绘出较精确且完整的根轨迹图，如图 5-19 所示。

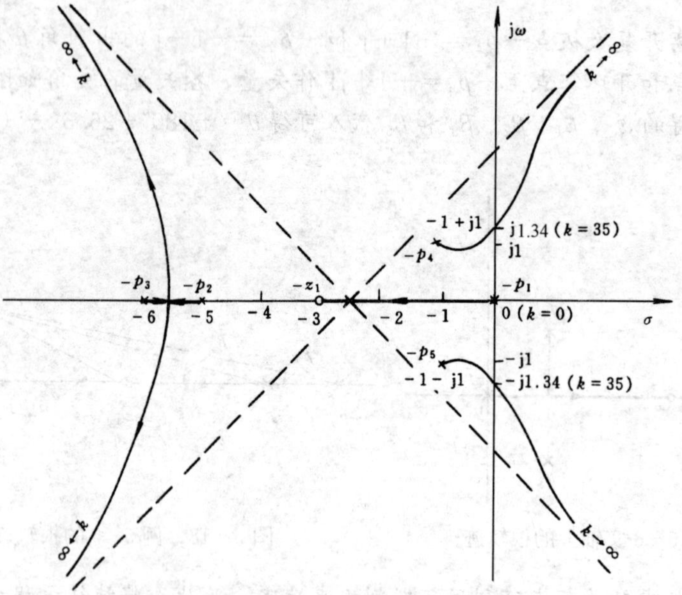

图 5-19　例 5-6 的完整的根轨迹图

注：在 Matlab 中，可利用 rlocus 函数绘制根轨迹。如求例 5-6 系统的根轨迹时，可用命令："num=[13]; den=conv [150], conv ([16], [122]); rlocus (num, den)"。还可利用命令"[r, K] =rlocus (num, den)"求取系统的根轨迹和 K 值数据组，以便找出特征点，如分离点、与虚轴交点等。

利用 rlocufind 函数，可在绘出的根轨迹图上，用鼠标点击特征点来得到相关的参数。

5.4　开环零极点对根轨迹的影响

一、增加零点对系统的影响

为观察并分析增加零点后对原系统性能的影响，在图 5 - 1 的二阶系统上增加一个开环零点。新系统的开环传递函数为 $G(s)H(s)=\dfrac{k(s+2)}{s(s+1)}$。新增加的开环零点为 $-z_1=-2$。新系统的根轨迹绘制和分析如下：

(1) 系统仍为二阶系统，根轨迹的分支数为 2。分别以 $-p_1=0$，$-p_2=-1$ 作为起点。

(2) 一条根轨迹的终点在 $-z_1=-2$ 处，一条趋向无穷远处（无限零点）。

(3) 实轴上的根轨迹在 $-p_1=0$ 和 $-p_2=-1$ 之间，以及 $-z_1=-2$ 到负实轴的无穷远处。

(4) 因无开环复数极点和复数零点，故不需要计算出射角和入射角。

(5) 求根轨迹的分离点和会合点。据闭环特征方程式 $1+G(s)H(s)=1+\dfrac{k(s+2)}{s(s+1)}=0$，可得 $\dfrac{k(s+2)}{s(s+1)}=-1$，或 $k=-\dfrac{s(s+1)}{s+2}$。令 $\dfrac{\mathrm{d}k}{\mathrm{d}s}=0$，得 $s^2+4s+2=0$。可解得 $s_1=-0.586$ 和 $s_2=-3.414$。由于两开环极点之间为分离点。故分离点为 $s_1=-0.586$；会合点为 $s_2=-3.414$。

(6) 该系统没有与虚轴的交点。

(7) 新系统的根轨迹图如图 5 - 20 所示。与图 5 - 1 系统的根轨迹图 5 - 2 相比，可看出：

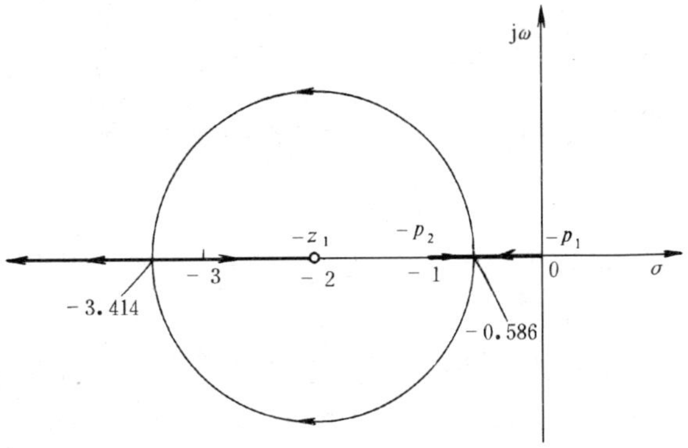

图 5 - 20　$GH=\dfrac{k(s+2)}{s(s+1)}$ 的根轨迹图

1) 由于新加的零点 $(-z_1=-2)$ 位于开环极点 $-p_1$、$-p_2$ 的左方，所以它对 $-z_1$ 点右方的实轴上的根轨迹分布不产生影响，即仍在原点 0 与 -1 之间。

2) 但是新的分离点为 $s_1=-0.586$，比原来的 -0.5 离虚轴更远了。

3) 离分离点后的根轨迹为一向左弯曲的圆形，已不是图 5 - 2 的直线了，而且两条根轨迹的终点也都起了变化。其中一条终止于新加零点 $-z_1$ 处，另一条终止于负实轴的无穷远处，其渐近线的倾角可求得为 $\varphi=\dfrac{\mp(2l+1)\pi}{n-m}=\dfrac{\mp 180^\circ}{2-1}=\mp 180^\circ$，而图 5 - 1 系统渐近线（见图 5 - 2）的倾角为 $\varphi=\dfrac{\mp(2l+1)\pi}{n-m}=\dfrac{\mp 180^\circ}{2-0}=\mp 90^\circ$。利用幅角条件可以证明，图 5 - 20 中根轨迹的弯曲部分的轨迹是一个圆，圆心在 $-z_1=-2$ 处，半径为 $\sqrt{2}$。

4) 原系统根轨迹在复平面内是一条 $-\sigma_a=-0.5$ 的垂直线，靠近虚轴，动态特性较差，增加零点 $-z_1$ 后，在复平面内的共轭复根的根轨迹向左弯曲，而且分离点左移，故输出响应的动态过程衰减较快，超调量减小，系统的相对稳定性较好。这种增加零点改善动态特性的方法在控制系统设计中常被采用。采用比例微分（PD）控制器或者引入速度反馈校正，都将会增加零点，故而可改善系统的动态性能，增加稳定性。**增加的零点会对原来的根轨迹产生吸引作用，**从而使原根轨迹变形。

二、增加极点对系统的影响

与上面的做法相同，在图 5－1 的二阶系统上增加一个开环极点来分析增加极点（$-p_3=-2$）后对原系统性能的影响。这时新系统的开环传递函数为

$$G(s)H(s)=\frac{k}{s(s+1)(s+2)}$$

下面，先用根轨迹法分析新系统的稳定性，并计算具有阻尼系数为 $\zeta=0.5$ 的共轭闭环主导极点以及相应的值，然后将新系统与图 5－1 的系统的动态特性进行比较。

1. 绘制新系统的根轨迹图

（1）新系统已成为三阶，根轨迹的分支数为 3，分别以开环极点 $-p_1=0$ 和 $-p_2=-1$，$-p_3=-2$ 作为起点。

（2）因为系统无开环零点，故三条根轨迹的终点均在无穷远处。

（3）实轴上的根轨迹在 $-p_1=0$ 和 $-p_2=-1$ 之间，以及 $-p_3=-2$ 到实轴的无穷远处。

（4）渐近线的倾角 φ 和与实轴的交点 $-\sigma_a$ 为

$$\varphi=\frac{(2l+1)\pi}{n-m}=\pm 60^\circ,\ 180^\circ$$

$$-\sigma_a=\frac{\sum_{j=1}^{n}(-p_j)-\sum_{i=1}^{m}(-z_i)}{n-m}=\frac{0-1-2}{3-0}=-1$$

（5）求根轨迹的分离点。据闭环特征方程 $1+G(s)H(s)=1+\frac{k}{s(s+1)(s+2)}=0$，可对 $k=-s(s+1)(s+2)=-(s^3+3s^2+2s)$ 求 k 对 s 的导数，并令其为零，可得 $3s^2+6s+2=0$，可解得 $s_1=-0.423$，$s_2=-1.58$。因为 $s_2=-1.58$ 不在实轴的根轨迹段上，应舍去。故分离点为 $s_1=-0.423$。

（6）确定根轨迹与虚轴的交点。由闭环特征方程式可得 $s^3+3s^2+2s+k=0$。令 $s=\mathrm{j}\omega$ 并代入上式，得 $(\mathrm{j}\omega)^3+2(\mathrm{j}\omega)^2+2(\mathrm{j}\omega)+k=0$。 将上式的实部和虚部分别等于零，可得方程组

$$\begin{cases}-\omega^3+2\omega=0\\ -3\omega^2+k=0\end{cases}$$

解方程组，得

$$\begin{cases}\omega_1=0\\ k=0\end{cases},\quad \begin{cases}\omega_{2,3}=\pm\sqrt{2}=\pm 1.414\\ k=6\end{cases}$$

根据以上得到的结果，可绘出完整的根轨迹图如图 5－21 所示。

2. 分析系统的稳定性

当系统的根轨迹增益 $k<6$ 时，根轨迹都在 s 平面的左半部分，系统是稳定的。当系统开环增益 $k>6$ 时，根轨迹将有两条分支走向 s 平面的右半部分，这时系统将不稳定。当 $k=6$ 时，根轨迹的两条分支与虚轴相交，这时系统将处于临界状态。所以系统稳定的开环

增益 k 的范围为 $0<k<6$。

3. 根据对阻尼系数 $\zeta=0.5$ 的要求，确定闭环主导极点 s_1 和 s_2 的位置，以及进一步估算系统的动态性能指标

在 s 平面上画出 $\zeta=0.5$ 的阻尼线，使其与实轴负方向的夹角 $\beta=\cos^{-1}\zeta=\cos^{-1}0.5=60°$，如图 5-21 所示。设阻尼线与根轨迹相交点的坐标为 s_1 和 s_2，则在图 5-21 的根轨迹图中可测得一对共轭复数极点 s_1 和 s_2 分别为 $s_1=-0.33+\mathrm{j}0.58$，$s_2=-0.33-\mathrm{j}0.58$。

利用根轨迹图和幅值条件式求得 $s_{1,2}$ 对应的开环增益 k 值

$$k=|s_1|\times|s_1+p_2|\times|s_1+p_3|$$
$$=0.667\times0.886\times1.77$$
$$=1.05$$

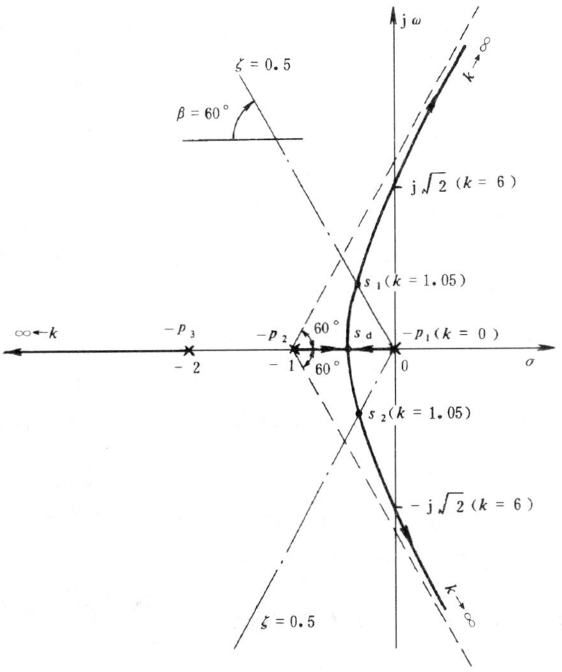

图 5-21　$G(S)H(S)=\dfrac{k}{s(s+1)(s+2)}$ 的根轨迹图

由闭环特征方程式可得 $s^3+3s^2+2s+k=0$ 和已知两极点 $s_{1,2}=-0.33\pm\mathrm{j}0.58$ 及 $k=1.05$，用综合除法可求出第三个极点 $s_3=-2.34$。由于 s_3 离虚轴的距离是 $s_{1,2}$ 离虚轴距离的 7 倍，所以 $s_{1,2}$ 可认为是主导极点。这样，可根据闭环主导极点 $s_{1,2}$ 来估算系统的性能指标。由主导极点 $s_{1,2}=-0.33\pm\mathrm{j}0.58$ 近似的二阶系统的无阻尼自振频率为

$$\omega_n=\sqrt{(0.33)^2+(0.58)^2}=0.667$$

由已知的 $\zeta=0.5$ 和 ω_n 值就可以估算该系统在单位阶跃输入下的性能指标：

(1) 超调量：$\sigma_p\%=\mathrm{e}^{-\zeta\pi/\sqrt{1-\zeta^2}}=\mathrm{e}^{-0.5\times3.14\times\sqrt{1-(0.5)^2}}=16.3\%$；

(2) 峰值时间：$t_p=\dfrac{\pi}{\omega_n\sqrt{1-\zeta^2}}=\dfrac{\pi}{0.667\sqrt{1-(0.5)^2}}=5.44$ (s)；

(3) 调整时间：$t_s=\dfrac{3.5}{\zeta\omega_n}=\dfrac{3.5}{0.5\times0.667}=10.5$ (s)；

(4) 上升时间：$t_r=\dfrac{\pi-\theta}{\omega_n\sqrt{1-\zeta^2}}=\dfrac{\pi-\arctan\left(\dfrac{\sqrt{1-\zeta^2}}{\zeta}\right)}{\omega_n\sqrt{1-\zeta^2}}=\dfrac{3.14-1.047}{0.667\times\sqrt{1-(0.5)^2}}\approx3.6$ (s)。

4. 新增加极点后的系统与原系统图 5-1 的动态性能比较

(1) 由于增加的开环极点 $-p_3=-2$ 位于原来两个开环极点的左方，因此对实轴根轨迹范围并无影响。但分离点从原来的 $s_d=-0.5$ 变成了 $s_d=-0.423$，更靠近虚轴，这对系统稳定性是不利的。

(2) 在图 5-2 中，渐近线的倾角为 90°，而在图 5-21 中，由于增加了极点 $-p_3$，渐近

线的倾角成为 $\varphi_{1,2}=\frac{\pm180^{\circ}}{3-0}=\pm60^{\circ}$。所以两条根轨迹从分离点进入复平面后，必然向 s 右半平面发展，因而使系统的稳定性变坏。原来的二阶系统（见图 5－1），不论 k 值如何变化，系统都是稳定的。增加了开环极点 $-p_3$ 后的三阶系统，当 $k=6$ 时，系统已处于临界稳定状态，当 $k>6$ 时，根轨迹进入 s 右半平面，系统就不稳定了。保证系统稳定的根轨迹增益范围是 $0<k<6$。

（3）当 $k<6$ 时，系统虽然是稳定的，但和原二阶系统（见图 5－1）相比，其快速性已大为下降。这是因为：①由两条弯曲根轨迹所确定的共轭复数根 $s_{1,2}$ 的实部绝对值小于图 5－2 由直线 MN 所确定的实部，因此，当两系统都出现衰减振荡时，图 5－21 所示的系统衰减较小，响应较慢；②在图 5－21 出现分离点时所对应的 k 值为 0.385（可用幅值条件求出），而在图 5－2 中出现分离点时所对应的 k 值为 0.25。因此在相同的 k 值情况下，图 5－21 中共轭复数极点 $s_{1,2}$ 的虚部也较小，即其衰减振荡频率 $\omega_d=\omega_n\sqrt{1-\zeta^2}$ 较小，当 ζ 相同时，ω_n 就小，则其调整时间 t_s 较大，系统的响应变慢。

因此可见，在开环传递函数中增加一个极点后将恶化系统的动态性能。例如，在系统中采用比例积分（PI）控制器，$G_c(s)=k_p\left(1+\frac{1}{T_i s}\right)$，则系统将会既增加零点，又增加极点，增加极点的部分将对系统的动态性能产生不利影响。

总结以上的分析可以得到一个重要的概念：**增加的极点将对原根轨迹产生排斥作用，使原根轨迹向背离所增极点的方向变形。**

5.5 控制系统根轨迹图分析

如前所述，任一线性系统的动态特性取决于其零极点在根平面的分布，特别是取决于其极点的分布，而根轨迹则是系统极点在系统某参数变化时在根平面上的变化轨迹。因此可以说，观察系统根轨迹就可确定系统的动态特性。换句话说，从某系统的根轨迹图可解读出该系统的动态特性及性能信息。以下给出一种较通用的根轨迹图的控制系统特性与性能分析方法。

首先，根平面被虚轴分为两个区域：左半平面和右半平面。根据前述的稳定性理论，左半平面区为稳定区，右半平面区为不稳定区。若是待分析系统的某段根轨迹处在右半平面区内，不管处在哪个位置，都可判定为该系统是不稳定的。若是待分析系统的某段根轨迹处在左半平面区内，除了判定该系统是稳定的以外，还需关注该段根轨迹处在左半平面具体方位，以便分析出该稳定系统的其他特性，如振荡性或衰减率等。

其次，根据根轨迹的与实轴对称的特性，对根平面左半平面的分析可简化为对正虚轴和负实轴以及正虚轴以左和负实轴以上的区域，即两线一区的分析。若是待分析系统的某段根轨迹处在正虚轴上，则该系统具有无阻尼（临界等幅振荡）特性。若是待分析系统的某段根轨迹处在负实轴上，则该系统具有过阻尼（非周期）特性。若是待分析系统的某段根轨迹处在正虚轴以左和负实轴以上的区域内，则该系统具有欠阻尼（衰减振荡）特性。若是待分析系统有多条根轨迹，且当某参数为定值时多条根轨迹上的多个根轨迹点分别处于多个方位，则该系统总特性是各根轨迹点对应特性的总和。若只是定性分析，无阻尼特性重于欠阻尼特性，欠阻尼特性重于过阻尼特性。所以，当无阻尼特性和欠阻尼特性的根轨迹点都有时，系统总特性被判定为无阻尼特性。当欠阻尼特性和过阻尼特性的根轨迹点都有时，系统总特性被判定为欠阻尼特性。若要定量分析，则除了考虑各根轨迹点在稳定区的具体方位以外，还须考虑各根轨迹点与虚轴的距离。若能找出系统的主导极点，则可根据系统主导极点的方位来确定系统总特性。

第三，若系统的主导极点确定后，则主导极点所处的方位就决定了该系统的动态特性，并且其动态性能指标还可借助标准二阶系统的时域方法理论近似计算出来。假设系统的主导极点由式（5－35）确定，则由主导极点坐标｛$-X$，$\pm jY$｝可换算出参数 ω_n（自然振荡频率）和 ζ（阻尼系数），见式（5－36），进而可由式（5－37）计算系统的快速性性能指标 t_s 和动态准确性性能指标 σ_p。

$$s_{1,2}=-X\pm jY=-\zeta\omega_n\pm j\omega_n\sqrt{1-\zeta^2} \tag{5-35}$$

$$\begin{cases}\omega_n=\sqrt{X^2+Y^2}\\ \zeta=\dfrac{X}{\omega_n}\end{cases} \tag{5-36}$$

$$\begin{cases}\sigma_p=e^{-\frac{\zeta\pi}{\sqrt{1-\zeta^2}}}\\ t_s=\dfrac{4}{\zeta\omega_n}\end{cases} \tag{5-37}$$

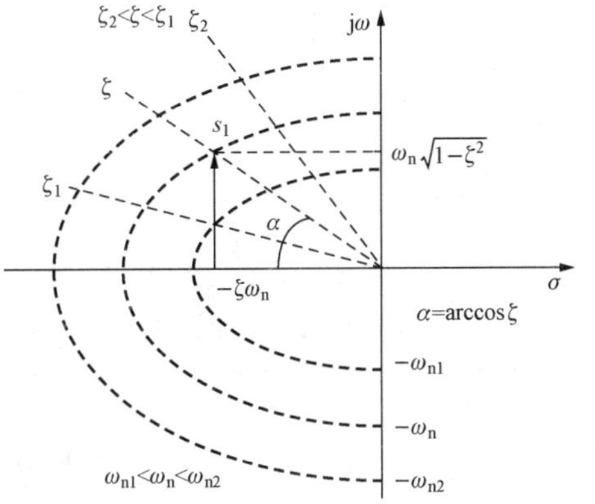

图 5－22　主导极点与 ζ 和 ω_n 等值特征线

由式（5－35）还可看出，系统的主导极点坐标可由参数 ω_n 和 ζ 来确定。因此，系统的主导极点坐标也可用 ω_n 和 ζ 的等值特征线来定位。参见图 5－22，ω_n 等值特征线是以 ω_n 为半径以原点为圆心在根平面左半平面画出的半圆线；ζ 等值特征线是从原点射出与负实轴夹角为 α 角的射线，其中 α 是 ζ 的函数［见式（5－38）］。可见，用由参数 ω_n 和 ζ 来确定的主导极点直角坐标为$(-\zeta\omega_n,\ j\omega_n\sqrt{1-\zeta^2})$。

$$\alpha=\arccos\zeta \tag{5-38}$$

5.6　控制系统的根轨迹设计

根据上节所述的控制系统根轨迹图的分析理论，任一控制系统的根轨迹都可反映该系统的特性和性能，待分析系统的根轨迹段在根平面上所处的方位将决定该系统的动态特性。假若控制系统的期望特性已定，那么期望控制系统对应的根轨迹应该处在根平面上的期望区域也能确定。这时，通过控制器的设计使控制系统的根轨迹处在这个期望区域，就可使所设计的控制系统具有所期望的特性。这个方法就是下述的控制系统的根轨迹设计法。

一、控制系统的根平面期望性能区域

因为任何高阶的控制系统有可能简化为用主导极点定义的二阶系统，所以控制系统的根平面期望性能区域也可利用标准二阶系统与时域动态性能指标的关系来近似确定。

由于主导极点的坐标｛$-X$，$\pm jY$｝决定了系统的自然振荡频率 ω_n 和阻尼系数 ζ，而 ω_n 和 ζ 又决定了系统的快速性性能指标 t_s 和动态准确性性能指标 σ_p，因此只要给定期望的性

能指标要求就可倒推出控制系统的根平面期望性能区域。

假设给定期望的性能指标要求如式（5－39）所示，即，超调量 σ_p 不大于某限值 σ_{p-max} 而调整时间 t_s 在最大限值 t_{s-max} 和最小限值 t_{s-min} 之间。最大限值 t_{s-max} 是期望的控制系统快速性指标下限，意即系统调整时间至少短于此限值。最小限值 t_{s-min} 的设定则是兼顾控制系统的可实现性、经济性和鲁棒性的考虑。因为，由于任何执行器都有上下限物理约束和速度约束，过于快速的控制系统设计实际上不可实现；还有过于快速的控制系统的实现成本高并且抗干扰性弱。

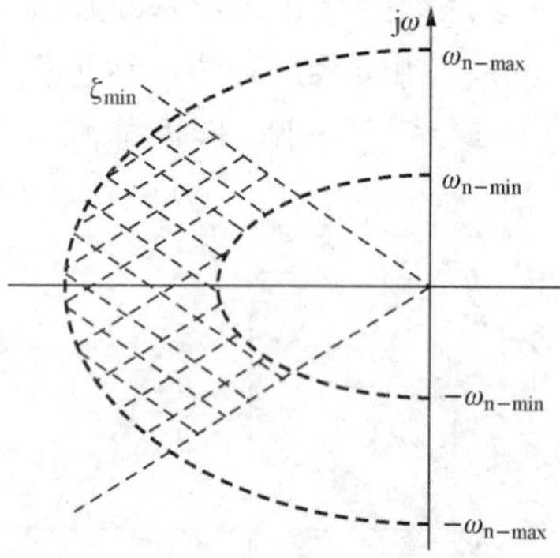

图 5－23　根平面期望性能区域

$$\begin{cases}\sigma_p < \sigma_{p-max} \\ t_{s-min} < t_s < t_{s-max}\end{cases} \tag{5-39}$$

根据式（5－37），式（5－39）性能指标要求可转化为根平面特征线边界的要求，见式（5－40）。

$$\begin{cases}\zeta_{min} = \dfrac{1}{\sqrt{1+\left(\dfrac{\pi}{\ln\sigma_{p-max}}\right)^2}} \\ \omega_{n-min} = \dfrac{4}{\zeta_{min} t_{s-max}} \\ \omega_{n-max} = \dfrac{4}{\zeta_{min} t_{s-min}}\end{cases} \tag{5-40}$$

根据式（5－40）所确定的三条根平面特征线边界线，可画出控制系统的根平面期望性能区域如图 5－23 所示。

二、串联校正控制器的根轨迹设计步骤

考虑如图 5－24 所示的典型串联校正控制系统，其中，$G_c(s)$ 为串联校正控制器，$G_0(s)$ 为受控过程。

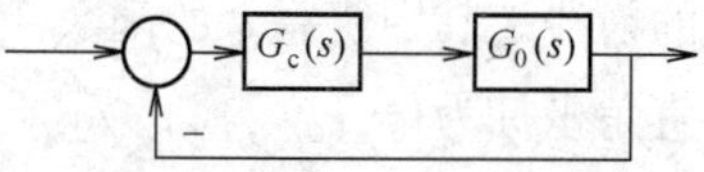

图 5－24　典型串联校正控制系统

对于串联校正控制器 $G_c(s)$ 的根轨迹设计的中心思路就是使被控制系统的根轨迹通过期望主导极点。为此，根轨迹设计的第一步就是确定期望主导极点在 s 平面上的位置，即将期望主导极点设在由性能指标要求框定的期望性能区内。根轨迹设计的第二步就是尝试作出串联校正控制器为比例环节时的根轨迹［令 $G_c(s)=k_c$］。根轨迹设计的第三步就是根据比例控制系统根轨迹和期望极点的位置来选择串联校正控制器的结构类型。从改造根轨迹使之通过期望主导极点的思路出发，则可当期望主导极点在比例控制系统根轨迹的左边时，则需要使根轨迹左移，所以应选超前控制器。当期望主导极点在比例控制系统根轨迹的右边时，则需要使根轨迹右移，故应选滞后控制器。也可从改善原系统的动态性能或稳态性能的需要出发来选择控制器类型。当原系统的动态性能不好甚至不稳定时，应选用超前控制器。当比例控制系统的动态性能良好，但稳态精度不满足要求时，则可以选用滞后控制器。滞后控制器的一对零极点将像偶极子那样被布置在原点附近。这样可在增大系统开环增益同时保证其动态性能基本不变。如果单独采用超前控制器或单独采用滞后控制器仍然不能满足系统设计要求时，如动态性能指标满足但稳态性能指标不满足或者反过来，则可选用滞后—超前控制器。接下去的根轨迹设计步骤就是计算串联校正控制器的零极点和根轨迹增益，然后校核是否满足设计要求。

用根轨迹法设计串联校正控制器的步骤可归纳如下：

（1）根据给定的性能指标确定根平面的期望性能区并设置期望主导极点。

（2）作出比例控制系统根轨迹。

（3）根据比例控制系统根轨迹与期望主导极点的相对方位确定控制器的类型和结构。

（4）根据幅角条件、幅值条件和所要求的性能指标确定控制器的参数（零极点及增益）。

（5）绘制控制器接入后系统的根轨迹，并校核主导极点是否符合要求。

（6）若控制器接入后系统仍不能满足设计要求，则考虑改变控制器的类型、结构或参数，重新设计。

三、典型超前控制器的根轨迹设计

对于图5-24所示串联校正控制系统，若串联校正控制器 $G_c(s)$ 选型为相位超前型控制器，则可按以下7步完成超前控制器的根轨迹法设计。

（1）根据性能指标，确定系统主导极点 $s_{1,2}$。确定方法是先根据时域性能指标换算出阻尼系数 ζ 和自然振荡频率 ω_n，然后由式（5-35）求期望系统主导极点。

（2）假定 $G_c(s)=K_c$，$G_0(s)=\dfrac{k_0\prod\limits_{i=1}^{m}(s+z_i)}{\prod\limits_{j=1}^{n}(s+p_j)}$。画出开环传递函数如式（5-41）所示的根轨迹。并观察此根轨迹（以后称为比例控制系统根轨迹）与主导极点 $s_{1,2}$ 的相对方位。

$$G(s)H(s)=K\frac{\prod\limits_{i=1}^{m}(s+z_i)}{\prod\limits_{j=1}^{n}(s+p_j)}\qquad K=K_cK_0 \tag{5-41}$$

（3）为使闭环极点通过所确定的主导极点 $s_{1,2}$，则根据根轨迹的幅角条件可算出 $G_c(s_1)$ 应当承担的幅角缺额。即

$$\varphi=\angle G_c(s_1)=\pm(2k+1)180^\circ-\angle G_0(s) \tag{5-42}$$

若 $\varphi<0$，则说明该系统不需要相位超前补偿；若 $\varphi>90^\circ$ 则说明用下述的一阶相位超前控制器还不足以补足所要的幅角缺额，需要用二阶相位超前控制器。若 $0<\varphi<90^\circ$，则选用一阶相位超前控制器正合适。

（4）若设 $G_c(s)$ 为一阶相位超前控制器，取

$$G_c(s)=k_c\frac{s+z}{s+p}\quad p>z \tag{5-43}$$

式中，k_c 为控制器的根轨迹增益；p 为控制器的极点负值；z 为控制器的零点负值。可以证明，当 $p>z$ 时，那么控制器的幅角 $\angle G_c(s)=\angle(s_1+z)-\angle(s_1+p)>0$。控制器的幅角大于零意味着使控制系统的幅角增加，也就是频率分析中的相位超前。所以，称式（5-43）定义的控制器为相位超前控制器，简称超前控制器。

若让超前控制器补足所要的幅角缺额，其零极点的设置应满足

$$\angle(s_1+z)-\angle(s_1+p)=\varphi \tag{5-44}$$

若 $\varphi>90^\circ$，则可用典型二阶超前控制器来承担这个大的幅角缺额。不妨设

$$G_c(s)=k_c\frac{s+z_1}{s+p_1}\frac{s+z_2}{s+p_2}\quad p_1>z_1,\quad p_2>z_2 \tag{5-45}$$

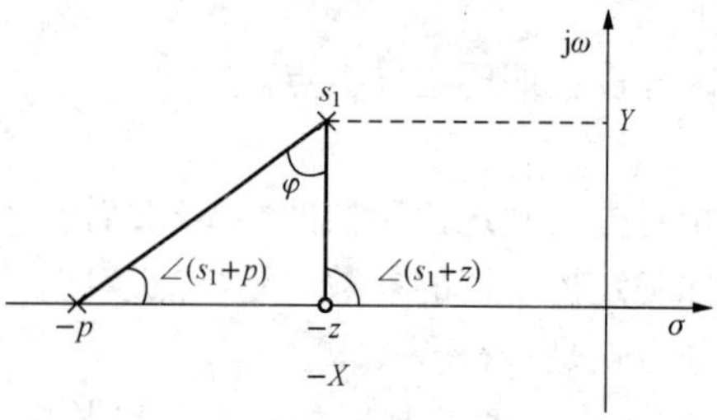

图 5-25 超前控制器的直角三角形法根轨迹设计图

对于用式（5-44）一个方程求解两个未知数 p 和 z 的问题，已出现多种解法。例如，预设零极比法、角等分法、斜三角形法和直角三角形法。其中一种简便又实用的解法是直角三角形法。以下就介绍设计超前控制器零极点的直角三角形解法。

假设已知主导极点为 $s_{1,2}=-X\pm jY$，令零点负值 $z=X$，根据图 5-25 所示的直角三角形可知 $\dfrac{p-z}{Y}=\tan\varphi$，所以有

$$p=z+Y\tan\varphi=X+Y\tan\varphi \tag{5-46}$$

（5）据根轨迹的幅值条件确定控制器根轨迹增益 k_c。因为

$$|G_0(s_1)G_c(s_1)|=|G_0(s_1)|k_c\left|\frac{s_1+z}{s_1+p}\right|=1，因此有$$

$$k_c=\frac{|s_1+p|}{|G_0(s_1)||s_1+z|} \tag{5-47}$$

（6）若系统对稳态特性有要求，如要求 $K_v>\delta$，则要利用终值定理计算系统的稳态误差系数

$$K_v=\lim_{s\to0}sG_0(s)G_c(s)=\lim_{s\to0}sG_0(s)\frac{k_cz}{p} \tag{5-48}$$

如计算出的 $K_v>\delta$，则说明系统的稳态特性符合设计要求。若计算出的 $K_v\leqslant\delta$，则说明虽然超前控制器使动态特性满足要求，但是稳态特性仍不满足要求，这时可考虑用相位滞后控制器。

（7）进行性能要求校核。由于按照主导极点设计的前提是主导极点确实存在，若存在的条件不充分，则可能有偏差，所以需要专门校核。若动态特性不满足性能指标，则需重新调整主导极点或直接调整控制器零极点，或采用二阶超前控制器。若稳态特性不满足设计要求，则可考虑采用滞后控制器。

【例 5-7】 设被控系统为 $G_0(s)=\dfrac{4}{s(s+2)}$，求使控制系统的阻尼比 $\zeta=0.5$、自然频率 $\omega_n=4\text{rad/s}$ 和速度误差系数 $K_v>2$ 的控制器 $G_c(s)$。

解 （1）求期望的主导极点并绘制开环系统 $\dfrac{k}{s(s+2)}$ 的根轨迹和标出主导极点。

$$s_{1,2}=-\zeta\omega_n\pm j\omega_n\sqrt{1-\zeta^2}=-4\times0.5\pm j4\sqrt{1-\left(\frac{1}{2}\right)^2}=-2\pm j2\sqrt{3}$$

（2）求 $G_c(s)$ 需承担的幅角缺额：

$$\varphi=-180°-\angle G_0(s_1)=-180°-\angle\left.\frac{4}{s_1(s_1+2)}\right|_{s_1=-2+j2\sqrt{3}}$$

$$=-180°-(-210°)=30°$$

（3）求控制器零极点：设 $G_c(s)=k_c\dfrac{s+z}{s+p}$，取 $z=X=2$，计算 $p=z+Y\tan\varphi=2+2\sqrt{3}\tan30°=4$。因此有 $G_c(s)=k_c\dfrac{s+2}{s+4}$。

(4) 求 k_c：

$$k_c = \frac{|s+p|}{|G_0(s)||s+z|}\bigg|_{s=-2+j2\sqrt{3}} = 4$$

(5) 求误差系数 K_v：

$$K_v = \lim_{s\to 0} s\,G_0(s)G_c(s) = \lim_{s\to 0}\frac{4s}{s(s+2)}\times\frac{4(s+2)}{s+4}$$

$$= \lim_{s\to 0}\frac{16(s+2)}{(s+2)(s+4)} = \frac{16\times 4}{16} = 4$$

可见 K_v 值大于要求值，所设计的控制器满足要求。

四、典型滞后控制器的根轨迹法设计

如前所述，选用滞后控制器的目的是改善系统的稳态性能而尽量不影响原系统的动态性能，为此可设计滞后控制器的滞后相角很小，一般限制在5°以内。这就是说，要求滞后控制器的零极点尽量靠近，相当于一对偶极子。设典型滞后控制器如式（5-48）所示。

$$G_c(s) = k_c\frac{s+z}{s+p} = k_c\frac{s+\beta p}{s+p}\quad(\beta>1) \tag{5-49}$$

若 $-p$ 为定值，则 β 要接近于1。若 β 为定值，则 $|p|$ 越小越好，其对应的零极点越靠近原点。总之，滞后控制器的设计与超前控制器的设计不同，它要求把滞后控制器的零极点布置在原点附近并且尽可能彼此靠近。由于 $z=\beta p>p$，控制器的幅角 $\angle G_c(s)=\angle(s+z)-\angle(s+p)<0$。控制器的幅角小于零意味着使控制系统的幅角减少，也就是相位滞后。所以，称式（5-49）定义的控制器为相位滞后控制器，简称滞后控制器。

典型滞后控制器的设计一般按经验方法进行。通常，取控制器的零点到原点的距离为闭环主导复极点到虚轴的距离 $|\sigma|$ 的 $\frac{1}{5}\sim\frac{1}{10}$，即 $|z|=\left(\frac{1}{5}\sim\frac{1}{10}\right)|\sigma|$。

可根据幅值条件来确定 k_c。所要求的 K_v 已知时，则有

$$K_v = \lim_{s\to 0} s\,G_c(s)G_0(s) = \lim_{s\to 0}\beta k_c s\,G_0(s) = \beta k_c\lim_{s\to 0} s\,G_0(s) \tag{5-50}$$

可用此式校核是否满足 K_v 要求，也可用来先求 β 值。

【例5-8】 设有单位反馈控制系统的开环传递函数为 $G_0(s)=\dfrac{1}{s(s+1)(s+5)}$，其根轨迹如图5-26所示。试求闭环主导极点的阻尼比 $\zeta=0.45$，速度误差系数 $K_v=7(1/s)$ 的滞后校正环节。

解 利用作图法可在比例控制系统的根轨迹图上找到闭环主导极点 $s_{1,2}=-0.4+j0.8$（以原点为起点作角度为 $\theta=\arccos\zeta$ 的直线，与根轨迹相交得 s_1 点，s_1 与实轴相对称的点即为 s_2）。

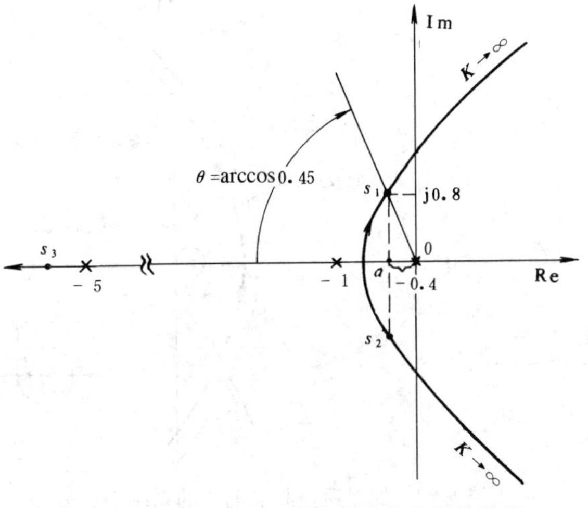

图5-26　例5-8比例控制系统的根轨迹图

按照幅值条件可确定开环放大系数

K 为

$$
\begin{aligned}
K &= |s_1| \times |s_1+1| \times |s_1+5| \\
&= |-0.4+\mathrm{j}0.8| \times |0.6+\mathrm{j}0.8| \times \\
&\quad |4.6+\mathrm{j}0.8| = 4.17
\end{aligned}
$$

故知比例控制系统的稳态速度误差系数为

$$
\begin{aligned}
K_{\mathrm{v}} &= \lim_{s\to 0} s\,G_0(s) \\
&= \lim_{s\to 0} \frac{4.17}{(s+1)(s+5)} \\
&= 0.83(1/\mathrm{s})
\end{aligned}
$$

可见不符合设计要求。

设滞后控制器为 $G_{\mathrm{c}}(s)=k_{\mathrm{c}}\dfrac{s+\beta p}{s+p}$。因为纯比例控制系统闭环主导极点的实部为 $\sigma=-0.4$，所以取 $z=\dfrac{1}{4}|\sigma|=0.1$。若取 $\beta=10$，则 $p=\dfrac{z}{\beta}=0.01$。于是 $G_{\mathrm{c}}(s)=k_{\mathrm{c}}\left(\dfrac{s+0.1}{s+0.01}\right)$。加控制器后的开环传递函数变为

$$
G(s)=k_{\mathrm{c}} \times \frac{s+0.1}{s(s+0.01)(s+1)(s+5)}
$$

据 $G(s)$ 可作出新的根轨迹如图 5-27 中实线所示。再用图解法可找出新的闭环主导极点 $s'_{1,2}=-0.36\pm \mathrm{j}0.71$。可见，$s'_{1,2}$ 和 $s_{1,2}$ 差不大。根据幅值条件，在新的主导极点 $s'_{1,2}$ 下，有

$$
\begin{aligned}
k_{\mathrm{c}} &= \frac{|s'_1| \times |s'_1+1| \times |s'_1+5| \times |s'_1+0.01|}{|s'_1+0.1|} \\
&= \frac{|-0.36+\mathrm{j}0.71| \times |0.64+\mathrm{j}0.71| \times |4.64+\mathrm{j}0.71| \times |-0.35+\mathrm{j}0.71|}{|-0.26+\mathrm{j}0.71|} \\
&= 3.75
\end{aligned}
$$

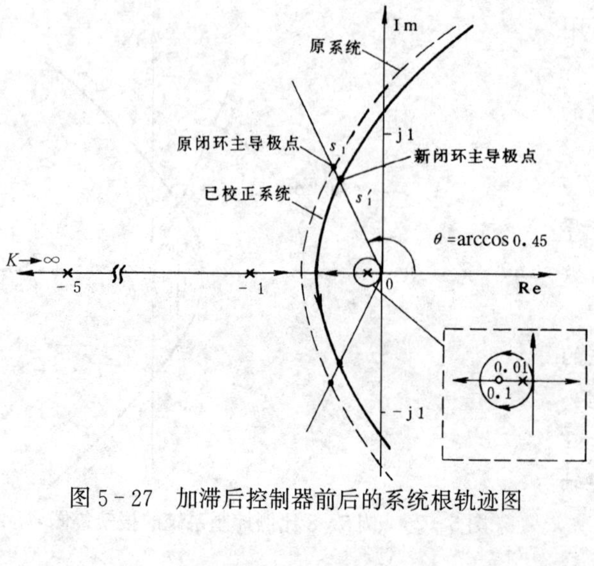

图 5-27 加滞后控制器前后的系统根轨迹图

故校正后系统的稳态误差系数为

$$
\begin{aligned}
\widetilde{K}_{\mathrm{v}} &= \lim_{s\to 0} sG(s) \\
&= \lim_{s\to 0} s\,\frac{3.75(s+0.1)}{s(s+0.01)(s+1)(s+5)} \\
&= 7.5\mathrm{s}^{-1}
\end{aligned}
$$

可见，比要求的还大 $0.5\mathrm{s}^{-1}$，已满足关于稳态误差的要求。

若不先设 $\beta=10$，则可先求 k_{c}。假定在主导极点下 $|G_{\mathrm{c}}(s_1)|\approx k_{\mathrm{c}}$，则有 $k_{\mathrm{c}}|G_0(s_1)|=1$，推得 $k_{\mathrm{c}}=4.17$。然后利用式（5-50），可得 $\beta k_{\mathrm{c}}\lim\limits_{s\to 0} s\,G_0(s)=\dfrac{\beta k_{\mathrm{c}}}{5}=\dfrac{4.17}{5}\beta=7$，则

得 $\beta=\frac{35}{4.17}=8.39$。

五、典型滞后—超前控制器的根轨迹法设计

如上所述，超前控制适用于动态性能不符合要求的系统，但它对稳态性能的改善是有限的。如果原系统的稳态性能很差，则超前控制就无能为力。滞后控制适用于具有满意的动态性能和较差的稳态性能的系统。但是，如果原系统动态性能和稳态性能都较差，那么单用超前控制或单用滞后控制均无法达到设计要求。这时就应采用滞后—超前控制。采用典型滞后—超前控制器时，其传递函数可设为

$$G_c(s)=K_c\left(\frac{s+z_1}{s+\alpha z_1}\right)\left(\frac{s+\beta p_2}{s+p_2}\right)\quad(\alpha>1,\ \beta>1)\tag{5-51}$$

典型滞后—超前控制器的根轨迹法设计可采用两种做法：逐次设计法和组合设计法。逐次设计法是先设计超前控制器再把超前控制器和受控过程看成新的受控过程进行滞后控制器的设计。组合设计法是将前述的两种典型控制器的设计方法组合起来进行设计。

（1）根据给定的性能指标，确定期望的闭环主导极点坐标。

（2）为使闭环主导极点位于期望的位置，计算相位超前角 φ。

（3）假定有足够小的 p_2 使

$$\frac{|s_1+\beta p_2|}{|s_1+p_2|}\approx 1\quad(s_1\text{ 为闭环主导极点})\tag{5-52}$$

成立，则根据幅值条件有

$$\frac{|s_1+z_1|}{|s_1+p_1|}\times k_c|G_0(s_1)|=1\tag{5-53}$$

根据相角条件有

$$\angle(s_1+z_1)-\angle(s_1+p_1)=\varphi\tag{5-54}$$

可据式（5-54）确定 z_1 值和 p_1，再由式（5-53）可确定 k_c 值。

（4）设 $\beta=10$，选取 p_2 值使得式（5-52）和下式都成立。

$$0^\circ<[\angle(s_1+p_2)-\angle(s_1+\beta p_2)]<3^\circ\tag{5-55}$$

（5）校核 K_v 是否满足性能要求。

$$K_v=\frac{\beta z_1}{p_1}k_c\lim_{s\to 0}s\,G_0(s)\tag{5-56}$$

若不满足，可调整 β 值。

注：在 Matlab 中，有专为控制系统的根轨迹设计和频域设计的工具软件 Rltool。利用这个设计平台，可使试凑式的设计工作效率大大提高。设计者可以同时看到根轨迹图、阶跃响应图和频率特性图以及图中的特征参数。每修改一次设计，立刻可见设计效果。进入 Rltool 设计平台，需要在 Matlab 命令窗中先将受控过程的传递函数输入，如 $G_0(s)=\frac{16}{s(s+0.8)}$，可用命令："num=［16］；den=［1 0.8 0］；G=tf（num，den）"，然后键入命令"rltool（G）"就进入了 Rltool 设计平台。进入 Rltool 设计平台后，可通过下拉菜单"Compensators—Edit—C"进入控制器设置窗，设置串联控制器的零极点和增益；可通过下拉菜单"View—Root Locus"打开根轨迹观察窗，看根轨迹曲线变化；可通过下拉菜单"Analysis—Response to step command"进入阶跃响应观察窗，看超调量和稳态误差大小。

5.7 参变量根轨迹族

前面给出了一个可变参数（根轨迹增益 k）变化时的根轨迹分析，实际上还经常会碰到需要分析系统中两个参数（例如根轨迹增益 k 和某一时间常数 T）同时改变时的动态特性情况。这时，最好绘制具有两个可变参数的根轨迹图，即应用所谓绘制几个参变量的根轨迹族的方法。这种方法又称为嵌入法。前述的关于根轨迹的绘制方法和规则基本上仍可适用。

设闭环系统的特征方程式中含有两个可变参数 K_1 和 K_2，则应先将闭环特征方程式改写成如下形式：

$$Q(s)+K_1P_1(s)+K_2P_2(s)=0 \tag{5-57}$$

式中，$Q(s)$ 为不含可变参数 K_1 和 K_2 的 s 的多项式；$P_1(s)$ 为与可变参数 K_1 有关的 s 的多项式；$P_2(s)$ 为与可变参数 K_2 有关的 s 的多项式。不管原来的开环传递函数或闭环特征方程式是何种形式，总可以使之化成式（5-57）的形式。这就完成了绘制含有两个可变参数的系统根轨迹图的主要准备工作。接下来的工作可分为两步：

第一步，设一个可变参数为零，如使 $K_2=0$。则式（5-57）变成

$$Q(s)+K_1P_1(s)=0 \tag{5-58}$$

用 $Q(s)$ 去除上式等号的两边，得

$$1+\frac{K_1P_1(s)}{Q(s)}=0 \tag{5-59}$$

或写成

$$1+G_1(s)H_1(s)=0 \tag{5-60}$$

当 K_1 从 0 变到∞时，绘制根轨迹所依据的开环传递函数为

$$G_1(s)H_1(s)=\frac{K_1P_1(s)}{Q(s)} \tag{5-61}$$

依据该式便可求得 K_1 变化时的根轨迹。这里，$G_1(s)H_1(s)$ 又称为等效开环传递函数。

第二步，将 K_2 作为一个可变参数。将前述根轨迹上某一点上的 K_1 值作为常数，仍用前述方法将式（5-57）改写成如下的闭环特征方程式

$$1+\frac{K_2P_2(s)}{Q(s)+K_1P_1(s)}=0 \tag{5-62}$$

或写成

$$1+G_2(s)H_2(s)=0 \tag{5-63}$$

于是得到新的等效开环传递函数（K_1 为常数）

$$G_2(s)H_2(s)=\frac{K_2P_2(s)}{Q(s)+K_1P_1(s)} \tag{5-64}$$

针对某一个 K_1 值，可根据 $G_2(s)H_2(s)$ 的零点、极点绘制一套闭环特征方程式的根轨迹，针对若干个 K_1 值，则可绘制一簇闭环根轨迹。注意，$G_2(s)H_2(s)$ 的极点与式（5-58）或式（5-60）的根是一致的。这意味着式（5-62）或式（5-63）所表述的根轨迹族的全部起点（$K_2=0$）必然都在式（5-60）的根轨迹上。也就是说根轨迹族是镶接在式（5-60）的根轨迹上的。这种方法可以推广到可变参数多于两个的情况。下面举例说明有两个可变参数

的根轨迹族的绘制方法。

【例5-9】 设反馈控制系统的开环传递函数为$G(s)H(s)=\dfrac{K_1(1+Ts)}{s(s+1)(s+2)}$。试绘制$K_1$和$T$同时变化时系统的根轨迹族。绘制$T$变化时的根轨迹就是研究微分控制作用对系统性能的影响。

解 写出闭环系统的特征方程式

$$1+G(s)H(s)=1+\frac{K_1(1+Ts)}{s(s+1)(s+2)}=0 \quad 或\ s(s+1)(s+2)+K_1+K_1Ts=0$$

第一步，令$T=0$画出以K_1为可变参数时的根轨迹。这时，特征方程为

$$s(s+1)(s+2)+K_1=0\ 或\ 1+G_1(s)H_1(s)=0$$

将上式两边同除以$s(s+1)(s+2)$，得

$$1+\frac{K_1}{s(s+1)(s+2)}=0 \quad 或\ G_1(s)H_1(s)=\frac{K_1}{s(s+1)(s+2)}$$

式中，$G_1(s)H_1(s)$为第一个等效开环传递函数。根据它可用前述的绘制根轨迹的法则绘制根轨迹图如图5-28所示。

第二步，将T作为一个可变参数，即$T\neq 0$，把特征方程式改写成

$$1+\frac{K_1Ts}{s(s+1)(s+2)+K_1}=0 \quad 或\ 1+G_2(s)H_2(s)=0$$

其中

$$G_2(s)H_2(s)=\frac{K_1Ts}{s(s+1)(s+2)+K_1}$$

式中，$G_2(s)H_2(s)$为第二个等效开环传递函数。

由于第二个等效开环传递函数的极点和第一个等效开环传递函数系统的闭环特征根相同，所以第二个等效开环传递函数系统的根轨迹族的起点都在第一个等效开环系统的根轨迹（图5-28）上。当$K_1=20$时，第二个等效开环系统的零点、极点为$-z_1=0$，$-p_1=-3.85$，$-p_{2,3}=0.425\pm j2.235$，如图5-29所示。

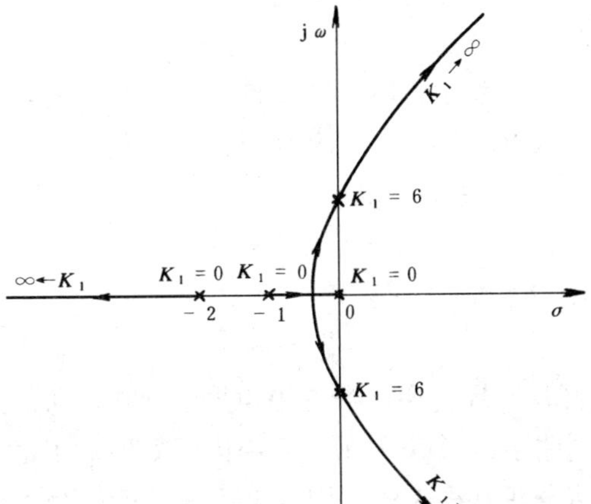

图5-28　$G_1(s)H_1(s)=\dfrac{K_1}{s(s+1)(s+2)}$的根轨迹

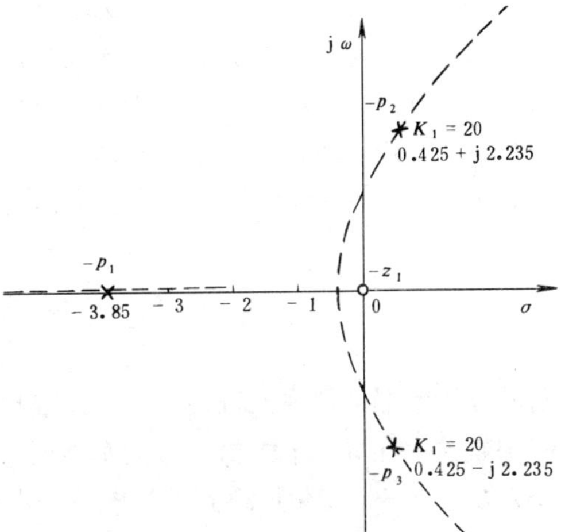

图5-29　$G_2(s)H_2(s)=\dfrac{K_1Ts}{s(s+1)(s+2)+K_1}$在$K_1=20$时的零、极点分布图

当 T 从 0 变到∞时，对应于三个 K_1 值（$K_1=3$，6，20）的根轨迹族绘于图 5-30。

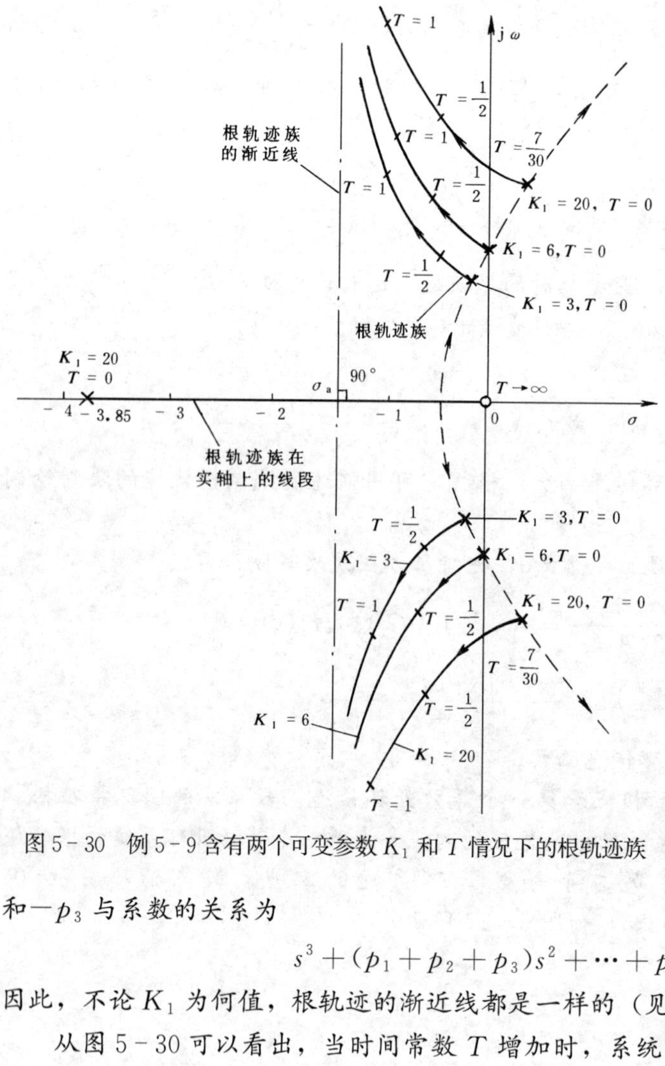

图 5-30　例 5-9 含有两个可变参数 K_1 和 T 情况下的根轨迹族

这些根轨迹渐近线的倾角为

$$\varphi=\frac{\pm(2l+l)\pi}{n-m}$$
$$=\frac{\pm 180^\circ}{3-1}$$
$$=\pm 90^\circ(\text{取 } l=0)$$

渐近线与实轴的交点为

$$-\sigma_a=\frac{\sum_{j=1}^{n}(-p_j)-\sum_{i=1}^{m}(-z_i)}{n-m}$$
$$=\frac{-3.85+0.425+0.425-0}{3-1}$$
$$=-1.5$$

可求出 $G_2(s)H_2(s)$ 的零点方程为 $TK_1s=0$，极点方程为

$$s(s+1)(s+2)+K_1$$
$$=s^3+3s^2+2s+K_1$$
$$=0$$

可知，$G_2(s)H_2(s)$ 的零点之和总是等于零，因只有一个 $-z_1=0$；而它的极点之和总是等于 -3，这是因为极点方程的三个根 $-p_1$、$-p_2$ 和 $-p_3$ 与系数的关系为

$$s^3+(p_1+p_2+p_3)s^2+\cdots+p_1p_2p_3=0$$

因此，不论 K_1 为何值，根轨迹的渐近线都是一样的（见图 5-30）。

从图 5-30 可以看出，当时间常数 T 增加时，系统的微分作用加强了，使系统的特征根（闭环极点）向 s 平面的左半部分移动，从而改善了控制系统的相对稳定性。图 5-30 还表明，在 $K_1=20$ 的情况下，如果 $T>0.233$，则系统就是稳定的。

5.8　零度根轨迹

前面分析的都是常规根轨迹，因为其幅角条件是开环传递函数的幅角等于 180°，所以又称 180°根轨迹。在 5.2 节“根轨迹的基本概念”中指出，令 k 从 0→∞变化可得到常用根轨迹，令 k 从 −∞→0 变化可得到补根轨迹。本节将分析补根轨迹。因为补根轨迹的幅角条件可表示为开环传递函数的幅角等于 0°，所以，常称为零度根轨迹（简写为 0°根轨迹）。

如果回顾一下绘制常规根轨迹图的基本原理就可以发现，它是针对控制系统是负反馈系统的情况。如前面图 5-3 及式（5-3）～式（5-5）所示。如果所研究的控制系统具有局部正反馈内回路，如图 5-31 所示。这时，正反馈内回路的传递函数为

$$\frac{Y(s)}{X(s)}=\frac{G(s)}{1-G(s)H(s)} \tag{5-65}$$

如果要用根轨迹法研究内回路的特性及设计内回路的控制器参数，就需要绘制正反馈回路的根轨迹图。由式（5－65）可知，正反馈系统的特征方程为

$$1-G(s)H(s)=0$$

将上式改写成

$$G(s)H(s)=1 \tag{5-66}$$

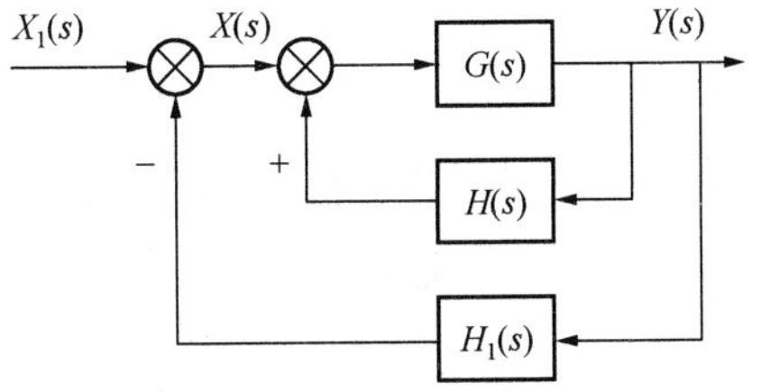

图 5－31　具有正反馈内回路的控制系统图

即为正反馈系统的根轨迹方程式。

设正反馈系统的开环传递函数仍为前面式（5－2）的形式，式中各符号的意义也如前所述。则正反馈系统的根轨迹方程式可写成

$$G(s)H(s)=\frac{k\prod_{i=1}^{m}(s+z_i)}{\prod_{j=1}^{n}(s+p_j)}=1 \tag{5-67}$$

因而有

$$\angle G(s)H(s)=\sum_{i=1}^{m}(s+z_i)-\sum_{j=1}^{n}(s+p_j)=2l\pi \tag{5-68}$$

$$|G(s)H(s)|=\frac{k\prod_{i=1}^{m}|s+z_i|}{\prod_{j=1}^{m}|s+p_j|}=1 \tag{5-69}$$

式（5－68）与式（5－69）即为绘制零度根轨迹的幅角条件和幅值条件。注意，式（5－68）中的 k 的变化范围仍是 $0\to\infty$。与前面常规根轨迹的幅角条件和幅值条件的式（5－8）、式（5－10）对比可知，幅值条件不变，仅仅是幅角条件有所不同。因此。绘制 0°根轨迹时，只要将常规根轨迹绘制规则中有关幅角条件的某些规则作适当的调整即可。绘制 0°根轨迹时应调整的规则有三条：

（1）实轴上的根轨迹的分布判别：**若实轴上某一区域的右边的开环实数零点、极点的总个数为偶数，则这一区域就是根轨迹。**

（2）0°根轨迹渐近线与实轴正方向的夹角为

$$\varphi=\frac{2k\pi}{n-m}\quad(k=0,\ 1,\ \cdots) \tag{5-70}$$

（3）0°根轨迹的出射角和入射角分别为

$$\theta_{p_j}=0°+\left[\sum_{i=1}^{m}\angle(s+z_i)-\sum_{i=1,\ i\neq j}^{n}\angle(s+p_i)\right]_{s=-p_j} \tag{5-71}$$

$$\theta_{z_j}=0°-\left[\sum_{i=1,\ i\neq j}^{m}\angle(s+z_i)-\sum_{i=1}^{n}\angle(s+p_i)\right]_{s=-z_j} \tag{5-72}$$

【例 5－10】　设系统的结构如图 5－32 所示，其中，$G(s)=\dfrac{k(s+2)}{(s+3)(s^2+2s+2)}$，

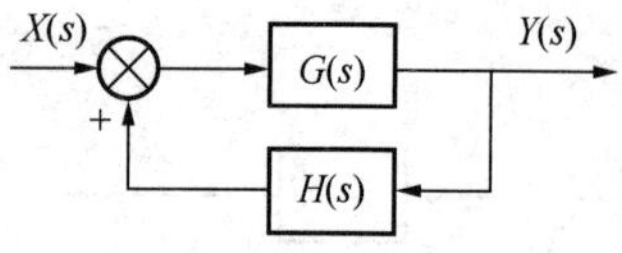

图 5-32 正反馈系统

$H(s)=1$，试绘制系统的根轨迹图。

解 由图可知，系统为正反馈系统，故应绘制 0°根轨迹。系统的开环传递函数为 $G(s)H(s)=\dfrac{k(s+2)}{(s+3)(s^2+2s+2)}$，0°根轨迹的绘制步骤如下：

(1) 根轨迹的起始点为 $-p_1=-3$，$-p_2=-1+\mathrm{j}1$，$-p_3=-1-\mathrm{j}1$。根轨迹的终点为 $-z_1=-2$，$-z_{2,3}=\infty$。

(2) 实轴上的根轨迹：$(-\infty，-3]$，$[-2，\infty)$。

(3) 渐近线：$\varphi=\dfrac{2k\pi}{n-m}=\dfrac{2k\pi}{3-1}=0°，180°$（$k=0，1$）。$-\sigma_a=\dfrac{-3-1+\mathrm{j}-1-\mathrm{j}+2}{3-1}=-\dfrac{3}{2}$（无意义）。

(4) 分离点：用前述求分离点的解法可得 $\dfrac{1}{d+3}+\dfrac{1}{d+1-\mathrm{j}1}+\dfrac{1}{d+1+\mathrm{j}1}=\dfrac{1}{d+2}$。整理得 $(d+0.8)(d^2+4.7d+6.24)=0$，显然分离点应位于实轴上，故取分离点 $d=-0.8$。

(5) 出射角：因已知开环极点有两个为共轭复数极点，故应有出射角。根据绘制 0°根轨迹的法则，对应开环极点 $p_2=-1+\mathrm{j}1$ 的根轨迹的出射角为 $\theta_{p_2}=0°+45°-(90°+26.6°)=-71.6°$。根据对称性，开环极点 $p_3=-1-\mathrm{j}1$ 的出射角 $\theta_{p_3}=71.6°$，系统最终的根轨迹图如图 5-33 所示。

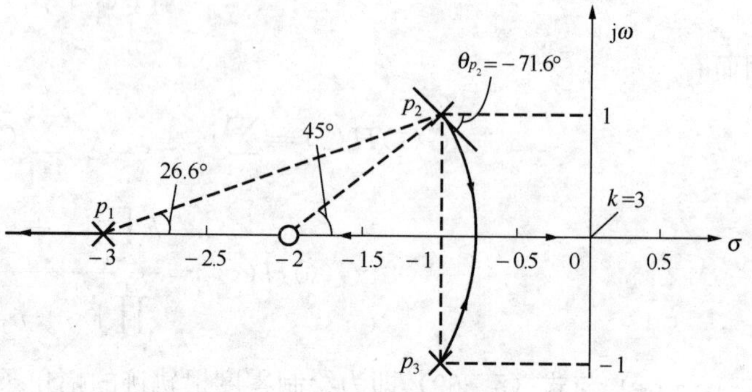

图 5-33 例 5-10 根轨迹图

(6) 求临界开环增益：由图 5-33 可知，坐标原点对应的根轨迹增益为临界值，可由幅值条件求得

$$k=\frac{|0-(-1+\mathrm{j}1)|\times|0-(-1-\mathrm{j}1)|\times|0-(-3)|}{|0-(-2)|}=3$$

【**例 5-11**】设单位负反馈控制系统的开环传递函数为 $G(s)=\dfrac{k(1-s)}{s(s+2)}$，试绘制根轨迹图及使闭环系统稳定的 k 值取值范围。

解 将 $G(s)$ 改写成 $G(s)=-\dfrac{k(s-1)}{s(s+2)}$，绘制 0°根轨迹。

(1) 开环极点为 $-p_1=0$，$-p_2=-2$，开环零点为 $-z_1=1$，$-z_2=\infty$。

(2) 实轴上的根轨迹：$[1，\infty)$，$[-2，0]$。

(3) 渐近线：$\varphi=\dfrac{2k\pi}{n-m}=\dfrac{2k\pi}{3-1}=0°$（$k=0$），$-\sigma_a=\dfrac{0-2-1}{2-1}=-3$（无意义）。

(4) 分离点：由 $\dfrac{\mathrm{d}k}{\mathrm{d}s}=0$，可得 $s^2-2s-2=0$，解此方程得 $s_1=-0.732$，$s_2=2.732$。其中，s_1 为分离点，s_2 为会合点。

(5) 求根轨迹与虚轴的交点和相应的 k 值：系统的特征方程为 $1+G(s)=1-\frac{k(s-1)}{s(s+2)}=0$，即 $s(s+2)-k(s-1)=0$，将 $s=j\omega$ 代入上式，可得实部方程和虚部方程为 $k-\omega^2=0$，$2-k=0$。解这两式可得：与虚部的交点为 $\omega=\pm 1.41$，$k=2$。根据上述计算结果，可绘出根轨迹图如图 5-34 所示。

(6) 由根轨迹图可知，使闭环系统稳定的 k 值取值范围为 $0<k<2$。

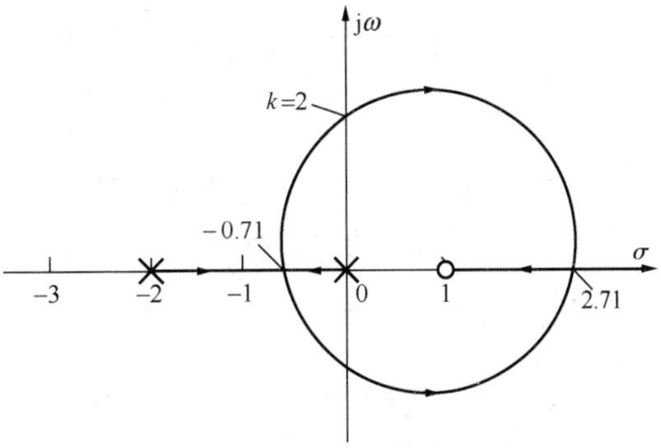

图 5-34　例 5-11 根轨迹图

应用案例 5：电站锅炉水位控制系统根轨迹法分析与设计

电站锅炉有汽包锅炉和直流锅炉两类。对于汽包锅炉必须配置汽包水位控制回路。因为，汽包水位状态代表了发电机组的稳定经济运行的状态。汽包水位偏低时将加大锅炉爆管事故的风险；汽包水位偏高时将可能使水蒸气进入汽轮机，侵蚀汽轮机叶片。所以，汽包水位控制回路是汽包锅炉中最重要的控制回路之一。

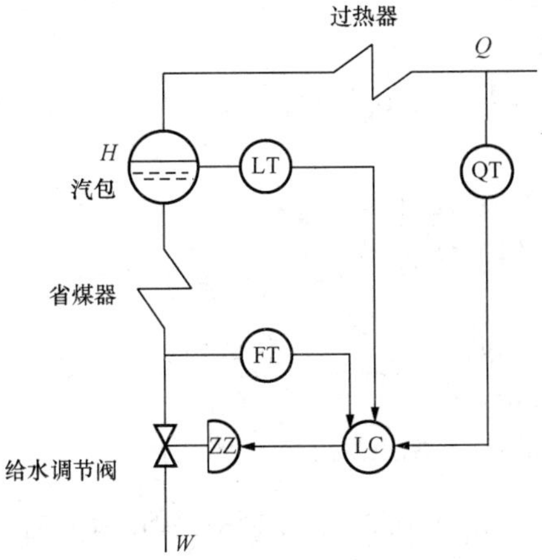

图 5-35　典型汽包水位控制系统

一个典型的汽包水位三冲量控制系统如图 5-35 所示。由图可见，水位控制器（LC）将接受来自水位传感器（LT）、蒸汽流量传感器（QT）和给水流量传感器（FT）的信号，按照预定的控制律，通过执行器（ZZ）操作给水流量调节阀来控制汽包水位 H。

汽包水位控制系统的受控过程的可控通道可用传递函数 $G_W(s)$ 表示，而主要的干扰通道可用传递函数 $G_Q(s)$ 表示。这样，一个简单的汽包水位控制系统可用图 5-36 表示。在实际工程中，$G_W(s)$ 和 $G_Q(s)$ 可用实验建模法获得，如式（5-73）和式（5-74）所示。

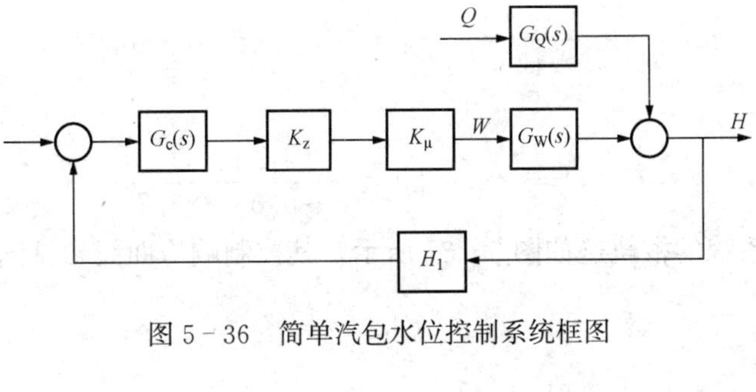

图 5-36　简单汽包水位控制系统框图

$$G_W(s)=\frac{H(s)}{W(s)}=\frac{K_1}{s(1+T_1s)} \tag{5-73}$$

$$G_Q(s)=\frac{H(s)}{Q(s)}=\frac{K_2}{1+T_2s}-\frac{K_1}{s} \tag{5-74}$$

根据参考文献［37］，对于300MW及以下的发电机组，电站锅炉水位控制系统性能指标规定为：在40mm的定值扰动下，衰减率ψ在0.7～0.8间，调整时间$t_s<3\text{min}$，稳态误差$|e_{ss}|\leqslant 20\text{mm}$。

据参考文献［55］，有

执行器传递函数为 $K_z=1\quad \%/\text{mA}$

调节阀传递函数为 $K_\mu=1\quad \text{t/h}/\%$

可控通道传递函数为 $G_W(s)=\dfrac{0.037}{s(1+30s)}\quad \text{mm/t/h}$

干扰通道传递函数为 $G_Q(s)=\dfrac{3.6}{1+15s}-\dfrac{0.037}{s}\quad \text{mm/ t/h}$

给水流量传感器传递函数为 $H_1(s)=0.033\quad \text{mA /mm}$

对于如图5－36所示的控制系统，若用根轨迹法设计控制器$G_c(s)$，则先确定期望系统主导极点。设$\psi=0.8$，则有$\zeta=0.2481388$。设$t_s=100\text{s}$，则有$\omega_n=0.1612$。所以确定期望系统主导极点为

$$s_{1,2}=-\zeta\omega_n\pm j\omega_n\sqrt{1-\zeta^2}=-0.04\pm j0.1561584$$

对应的受控过程可综合为

$$G_0(s)=\frac{0.037\times 0.033}{s(1+30s)}=\frac{0.001221}{s(1+30s)}$$

确定$G_c(s)$应承担的幅角缺额

$$\varphi=180^\circ-\angle G_0(s)=180^\circ-\left(-\arctan\frac{0.1561584}{-0.04}-\arctan\frac{4.684752}{-0.2}\right)$$

$$=180^\circ+(180^\circ-75.6326^\circ)+(180^\circ-87.555^\circ)=376.8124^\circ=16.8124^\circ$$

设$G_c(s)=k_c\dfrac{s+z}{s+p}$，取$z=0.04$，计算$p=z+Y\tan\varphi=0.04+0.1561584\tan 16.8124^\circ=0.087183879$。所以

$$G_c(s)=k_c\frac{s+0.04}{s+0.087183879}$$

求k_c：

$$k_c=\left.\frac{|s+p|}{|G_0(s)||s+z|}\right|_{s=-0.04+j0.1561584}=646.6929$$

设计结果为

$$G_c(s)=646.6929\times\frac{s+0.04}{s+0.087183879}$$

所设计的控制系统的根轨迹如图5－37所示，其控制响应曲线参见图6－69。

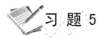

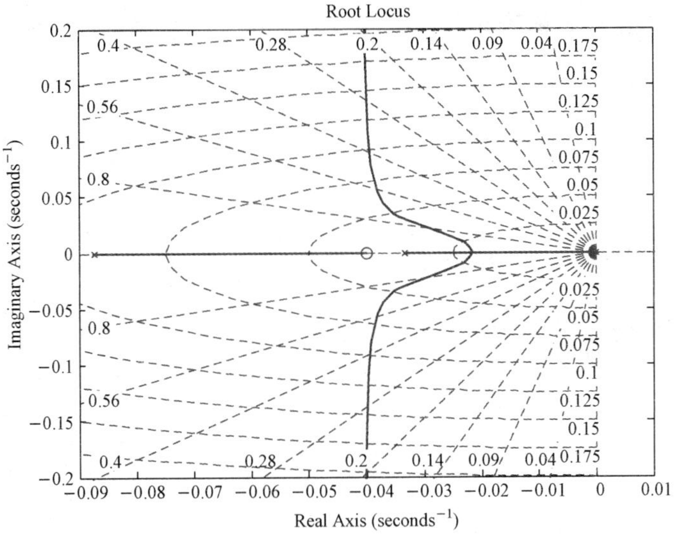

图 5 - 37　所设计的汽包水位控制系统的根轨迹图

重要术语 5

根轨迹（root locus）
根轨迹方程（root locus function）
幅值条件（magnitude criterion）
相角条件（angle criterion）
根轨迹绘制规则（rule of root locus sketching）
根轨迹增益（root locus gain）
根轨迹分析（root locus analysis）
根轨迹设计（root locus design）
参变量根轨迹（parameter root locus）
零度根轨迹（negative root locus）
出射角（angle of departure）
入射角（angle of arrival）
分离点（breakaway point）
复极点（complex pole）
实极点（real pole）
渐近线（asymptote）

习题 5

5 - 1　设闭环系统的开环传递函数为 $G(s)H(s)=\dfrac{k(s+5)}{s(s^2+4s+8)}$。试用幅角条件检验下列 s 平面上的点是不是根轨迹上的点，如是，则用幅值条件计算该点所对应的 k 值。

（1）点（−1，j0）；（2）点（−1.5，j2）；（3）点（−6，j0）；（4）点（−4，j3）；（5）点（−1，j2.37）。

5 - 2　设闭环系统的开环传递函数为 $G(s)H(s)=\dfrac{k(0.8s+1)}{s^2(0.4s+1)(0.2s+1)}$，试绘制系统的根轨迹图。

5－3　设系统的开环传递函数为 $G(s)H(s)=\dfrac{k}{s(s+4)(s^2+2s+2)}$，试绘制系统的根轨迹图。

5－4　设控制系统的开环传递函数为 $G(s)H(s)=\dfrac{k}{s(s+0.5)(s^2+0.6s+1)}$，试绘制系统的根轨迹图。

5－5　控制系统的开环传递函数为 $G(s)H(s)=\dfrac{k}{s(s+2)(s+7)}$

（1）试绘制系统的根轨迹图；

（2）试确定系统稳定情况下 k 的取值范围；

（3）试确定阻尼系数 $\zeta=0.707$ 时的 k 值。

5－6　已知单位反馈控制系统的开环传递函数为 $G(s)=\dfrac{k(s+1)}{s(s-3)}$，试绘制系统的根轨迹图，并求出使系统稳定的 k 值范围。

5－7　设控制系统的开环传递函数为 $G(s)H(s)=\dfrac{k}{s(s+a)}$，试绘制系统以 k 和 a 作为参变量情况下的根轨迹族。

5－8　设有一单位反馈系统的开环传递函数为 $G(s)=\dfrac{28(1+0.05s)}{s(1+s)}$，试求使该系统的阻尼系数为 1 的控制器 $G_c(s)$，设 $G_c(s)=K_p(1+T_d s)$。

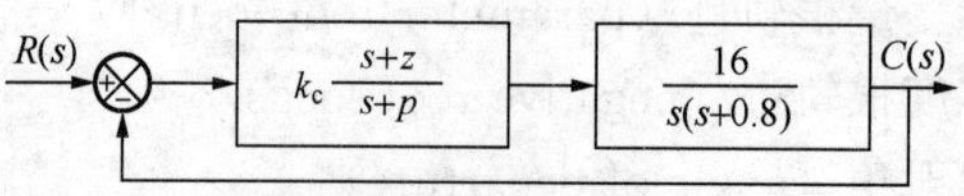

图 5－38　题 5－9 图

5－9　试确定图 5－38 所示系统中的 k_c、p 和 z，要求闭环主导极点具有 $\zeta=0.5$ 和 $\omega_n=10\text{rad/s}$。

5－10　设有一单位反馈系统，其开环传递函数为 $G(s)=\dfrac{1}{(s+0.5)(s+0.1)(s+0.2)}$。试用根轨迹设计一个滞后控制器，要求对应主导极点的 $\zeta=0.5$，$K_p=10$，以满足性能指标的要求。

5－11　设一单位正反馈系统的开环传递函数为 $G(s)=\dfrac{k(s+1)}{(s+2)^3}$ 试绘制系统的根轨迹图。

5－12　已知控制系统的开环传递函数为 $G(s)H(s)=\dfrac{-k(s+2)(s-1)}{s(s^2+4s+8)}$。

（1）绘制根轨迹图；

（2）求使闭环系统稳定的 k 值取值范围。

5－13　已知负反馈控制系统的开环传递函数为 $G(s)H(s)=\dfrac{-k(s^2+2s-1.25)}{s(s^2+3s+15)}$，试绘制根轨迹图。

第 6 章　控制系统的频域分析与设计

6.1 引　言

对于控制系统，除了可作时域分析外，还可以在频域中进行研究。频域分析方法是根据系统的频率特性来分析系统的性能，也常称为**频率特性法**或**频率法**。这种方法是经典控制理论的一个重要组成部分，曾在自动控制的历史发展过程中起过重要的推动作用。至今它仍是每个控制专业人员应当了解和掌握的基本方法之一。

用时域法分析控制系统性能非常直观，其时域性能指标都有着明确的意义。但是，用时域方法不容易分析出系统结构和参数对动态性能的影响。因此也未能找到统一的设计方法使系统满足特定的性能指标，特别是针对那些难以用时域方法解析的高阶系统。相对于时域法，用频域法分析和设计控制系统就有其独特的优点。首先是频率特性有明确的物理意义。系统的频率响应可用其数学模型算出，也可通过实际的频率特性实验测出。所以无论是已建模的系统还是未建模的系统，无论是线性系统还是非线性系统都可用频域法分析。其次是在控制系统设计上基于频域分析提出了许多图解化的通用方法。这些方法非常直观、计算量也不大，深受工程技术人员的欢迎。总之，用频域分析这一在信息处理领域中通用的分析技术，可使人们换一种视角观察控制系统的特性，从而更有效地分析和设计控制系统。

6.2 频率特性的基本概念

对于线性定常系统，若输入 $x(t)$ 为正弦信号

$$x(t)=A\sin\omega t \tag{6-1}$$

则系统输出 $y(t)$ 在稳态时也为正弦信号

$$y(t)=B\sin(\omega t+\theta) \tag{6-2}$$

虽然输入和输出两者频率相同，但振幅与相位不一定相同，并且随着输入信号的角频率 ω 的改变，两者之间的振幅与相位关系也随之改变。这种基于频率 ω 的系统输入和输出之间的关系称为系统的频率特性。

【频率特性函数定义】　一个系统的频率特性函数 $G(\mathrm{j}\omega)$ 为它的稳态输出函数 $Y(\omega)$ 与正弦输入函数 $X(\omega)$ 之比，即

$$G(\mathrm{j}\omega)=\frac{Y(\omega)}{X(\omega)} \tag{6-3}$$

由上面的定义可知，频率特性函数 $G(\mathrm{j}\omega)$ 为一复变量函数。可把 $G(\mathrm{j}\omega)$ 以极坐标形式表示为

$$G(\mathrm{j}\omega)=M(\omega)\mathrm{e}^{\mathrm{j}\theta(\omega)} \tag{6-4}$$

其中

$$M(\omega)=|G(\mathrm{j}\omega)|,\qquad \theta(\omega)=\angle G(\mathrm{j}\omega) \tag{6-5}$$

这时，$M(\omega)$ 被称为幅频特性函数，$\theta(\omega)$ 被称为相频特性函数。两者也是表示系统频率特性的一种形式。

$G(\mathrm{j}\omega)$ 还可以用直角坐标形式表示为

$$G(\mathrm{j}\omega)=R(\omega)+\mathrm{j}I(\omega) \tag{6-6}$$

式中，$R(\omega)$ 为频率特性 $G(\mathrm{j}\omega)$ 的实部，被称为实频特性；$I(\omega)$ 为 $G(\mathrm{j}\omega)$ 的虚部，被称为虚频特性。

显然，频率特性的极坐标和直角坐标表示方式可以互相转换。

直角坐标转换为极坐标：

$$\begin{cases} M(\omega)=|G(\mathrm{j}\omega)|=\sqrt{R^2(\omega)+I^2(\omega)} \\ \theta(\omega)=\angle G(\mathrm{j}\omega)=\arctan\dfrac{I(\omega)}{R(\omega)} \end{cases} \tag{6-7}$$

极坐标转换为直角坐标：

$$\begin{cases} R(\omega)=M(\omega)\cos\theta(\omega) \\ I(\omega)=M(\omega)\sin\theta(\omega) \end{cases} \tag{6-8}$$

由拉普拉斯变换和传递函数的定义可以看出，当取复变量 $s=\mathrm{j}\omega$ 时（定义 $s=\sigma+\mathrm{j}\omega$，取 $\sigma=0$），传递函数 $G(s)$ 就变为频率特性 $G(\mathrm{j}\omega)$，即

$$G(s)\big|_{s=\mathrm{j}\omega}=G(\mathrm{j}\omega) \tag{6-9}$$

显然可以把频率特性当作传递函数的一个特例，它反映系统在复频率 $\mathrm{j}\omega$ 下的输入输出传递关系。式（6-9）是由传递函数 $G(s)$ 求取频率特性的直接计算式。

【例 6-1】 求一惯性环节的频率特性。设该惯性环节为 $G(s)=\dfrac{Y(s)}{X(s)}=\dfrac{k}{Ts+1}$。

解 据式（6-9），令 $s=\mathrm{j}\omega$，代入 $G(s)$ 有 $G(\mathrm{j}\omega)=\dfrac{k}{\mathrm{j}\omega T+1}=\dfrac{k}{\sqrt{(\omega T)^2+1}}\mathrm{e}^{-\mathrm{j}\arctan\omega T}$。

若换一种方式，设输入 $x(t)=A\sin\omega t$，则用拉氏反变换可求出输出 $y(t)$ 为

$$\begin{aligned} y(t)&=\mathrm{L}^{-1}[G(s)X(s)]=\mathrm{L}^{-1}\left(\frac{k}{Ts+1}\times\frac{A\omega}{s^2+\omega^2}\right) \\ &=\mathrm{L}^{-1}\left\{kA\left[\frac{T^2\omega}{1+T^2\omega^2}\times\frac{1}{Ts+1}+\frac{\omega}{1+T^2\omega^2}\left(\frac{1}{s^2+\omega^2}-\frac{Ts}{s^2+\omega^2}\right)\right]\right\} \\ &=\frac{kAT\omega}{1+T^2\omega^2}\mathrm{e}^{-\frac{t}{T}}+\frac{kA}{\sqrt{1+T^2\omega^2}}\sin(\omega t+\theta)\quad(\theta=-\arctan\omega T) \end{aligned}$$

在稳态时（即 $t\to\infty$），输出 $y(t)$ 中的第一项（系统的瞬态响应）将等于零。所以有 $\overline{y}=\dfrac{kA}{\sqrt{1+(T\omega)^2}}\sin(\omega t+\theta)$。用正弦量的矢量表示法有 $Y(\omega)=\dfrac{kA}{\sqrt{1+(T\omega)^2}}\mathrm{e}^{\mathrm{j}\theta}$，输入 $x(t)$ 也可用正弦量的矢量表示法表示为 $X(\omega)=A\mathrm{e}^{\mathrm{j}0}$，则有 $G(\mathrm{j}\omega)=\dfrac{Y(\omega)}{X(\omega)}=\dfrac{k}{\sqrt{(T\omega)^2+1}}\mathrm{e}^{\mathrm{j}\theta}$。这个结果与用 $s=\mathrm{j}\omega$ 代入 $G(s)$ 的方法求出的结果是完全相同的。

6.3 频率特性的极坐标图

一、基本概念

工程上用频率法研究控制系统时，主要采用的是图解法。因为用图解法可方便、迅速地

获得问题的近似解答。每一种图解法都基于某一形式的坐标图表示法。常用的频率特性图示方法可分为两类：极坐标图示法和对数坐标图示法。在本节中介绍极坐标图示法，在下一节中将介绍对数坐标图示法。

由于频率特性 $G(j\omega)$ 是复数，所以它可看成其复平面中的矢量。频率特性 $G(j\omega)$ 可看成是幅角为 $\angle G(j\omega)$、幅值为 $|G(j\omega)|$ 极坐标图中的矢量 $\overrightarrow{0A}$，如图 6-1（a）所示。与矢量 $\overrightarrow{0A}$ 对应的数学表达式为

$$G(j\omega)=|G(j\omega)|e^{j\angle G(j\omega)} \tag{6-10}$$

当频率 ω 从 0 连续变化至∞时，矢量端点 A 的位置也随之连续变化，并形成轨迹曲线，如图 6-1（a）中的 $G(j\omega)$ 曲线所示。由这条曲线形成的图像就是频率特性的极坐标图，或称为 $G(j\omega)$ 的幅相特性。

如果 $G(j\omega)$ 以直角坐标形式表示，即

$$G(j\omega)=R(\omega)+jI(\omega) \tag{6-11}$$

则在直角坐标复平面上也可以作出 ω 从 0 变化至∞的 $G(j\omega)$ 曲线，如图 6-1（b）所示。如果将两坐标图重叠起来，使得 0 点重合，极轴与实轴重合，则在两个坐标平面上分别作出的 $G(j\omega)$ 曲线也将重合。因此，习惯上把在直角坐标复平面上作出的 $G(j\omega)$ 曲线也称为 $G(j\omega)$ 的极坐标图。

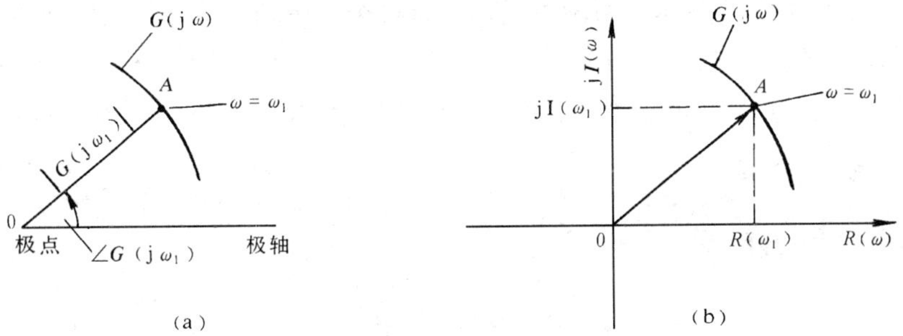

图 6-1　$G(j\omega)$ 的图示法

(a) $G(j\omega)$ 的极坐标表示；(b) $G(j\omega)$ 的直角坐标表示

二、典型环节频率特性的极坐标图

一个控制系统可由若干典型环节组成。因此，要用频率特性的极坐标图示法分析一个系统的性能，先熟悉一下各典型环节频率特性的极坐标图是很有必要的。

1. 比例环节 $G(s)=K$

比例环节的频率特性可表示为

$$G(j\omega)=K+j0=Ke^{j0} \tag{6-12}$$

其频率特性极坐标图如图 6-2 所示，仅为 $G(j\omega)$ 平面中正实轴上的一个点且与 ω 无关。

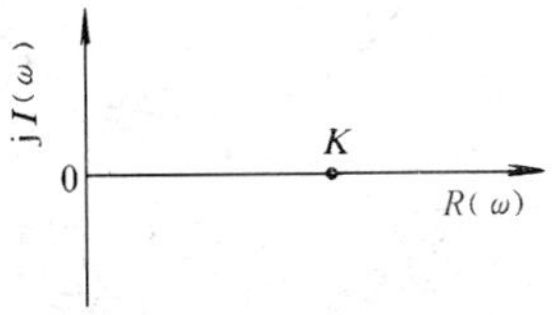

图 6-2　比例环节频率特性极坐标图

2. 积分环节 $G(s)=\dfrac{1}{s}$

积分环节的频率特性可表示为

$$G(\mathrm{j}\omega)=\frac{1}{\mathrm{j}\omega}=0-\mathrm{j}\,\frac{1}{\omega}=\frac{1}{\omega}\mathrm{e}^{-\mathrm{j}\frac{\pi}{2}} \tag{6-13}$$

所以其极坐标图如图 6－3 所示。由图可见，它是整个负虚轴，且当 $\omega\rightarrow\infty$ 时趋向原点 0。显然积分环节是一个相位滞后环节，每当信号通过一个积分环节时，其相位将滞后 90°。

3. 微分环节 $G(s)=s$

微分环节的频率特性可表示为

$$G(\mathrm{j}\omega)=\mathrm{j}\omega=0+\mathrm{j}\omega=\omega\,\mathrm{e}^{\mathrm{j}\frac{\pi}{2}} \tag{6-14}$$

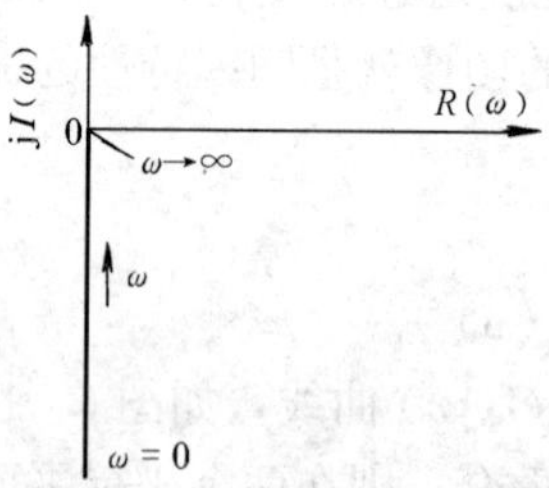

图 6－3 积分环节频率特性极坐标图

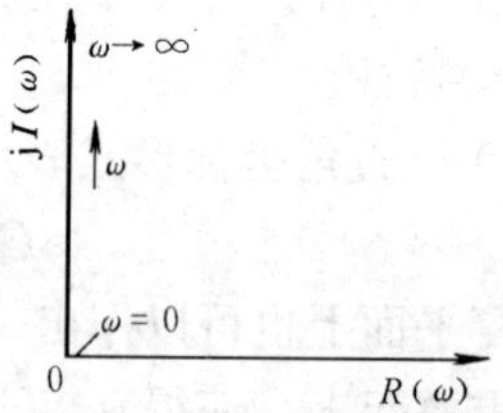

图 6－4 微分环节频率特性极坐标图

其极坐标图如图 6－4 所示。由图可见，它是整个正虚轴，恰好与积分环节的特性相反，其幅值变化与 ω 变化成正比，当 $\omega=0$ 时，幅值 $M(\omega)$ 也为 0；当 $\omega\rightarrow\infty$ 时，$M(\omega)$ 也趋于无穷大。微分环节是一个相位超前环节。系统中每增加一个微分环节将使相位超前 90°。

4. 惯性环节 $G(s)=\dfrac{1}{Ts+1}$

惯性环节的频率特性为

$$G(\mathrm{j}\omega)=\frac{1}{1+\mathrm{j}T\omega} \tag{6-15}$$

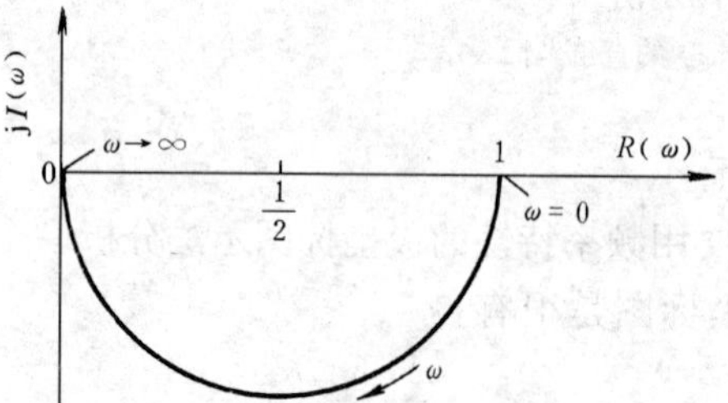

图 6－5 惯性环节频率特性极坐标图

可导出其幅频特性和相频特性为

$$\begin{cases}M(\omega)=\dfrac{1}{\sqrt{1+T^2\omega^2}}\\ \phi(\omega)=-\arctan T\omega\end{cases} \tag{6-16}$$

当 ω 从 $0\rightarrow\infty$ 时，$M(\omega)$ 从 $1\rightarrow0$，$\phi(\omega)$ 从 $0°\rightarrow-90°$，由此可见，惯性环节的频率特性曲线位于直角坐标的第四象限，如图 6－5 所示。

还可导出其实频特性和虚频特性为

$$\begin{cases}R(\omega)=\dfrac{1}{1+T^2\omega^2}\\ I(\omega)=-\dfrac{T\omega}{1+T^2\omega^2}\end{cases} \tag{6-17}$$

并证明有圆方程

$$\left[R(\omega)-\frac{1}{2}\right]^2+I^2(\omega)=\left(\frac{1}{2}\right)^2 \tag{6-18}$$

成立，所以惯性环节频率特性曲线轨迹在圆形轨迹上。

惯性环节是一个相位滞后环节，其最大滞后相角为 90°。可把它看成是一个低通滤波器，因为 ω 越高则 $M(\omega)$ 越小，当 $\omega > \frac{5}{T}$ 时，$M(\omega)$ 已趋于 0；而当 ω 从 0 变至 $\frac{1}{T}$ 时，$M(\omega)$ 变化很小。

5. 二阶环节 $G(s)=\dfrac{1}{T^2s^2+2\zeta Ts+1}$

二阶环节的频率特性为

$$G(\mathrm{j}\omega)=\frac{1}{T^2(\mathrm{j}\omega)^2+2\zeta T(\mathrm{j}\omega)+1} \tag{6-19}$$

相应的幅频特性和相频特性为

$$\begin{cases} M(\omega)=\dfrac{1}{\sqrt{(1-T^2\omega^2)^2+(2\zeta T\omega)^2}} \\ \phi(\omega)=-\arctan\dfrac{2\zeta T\omega}{1-T^2\omega^2} \end{cases} \tag{6-20}$$

二阶环节频率特性的极坐标图如图 6－6 所示。

当 $\omega=0$ 时，$M(\omega)=1$，$\phi(\omega)=0°$；当 $\omega=\frac{1}{T}$ 时，$M(\omega)=\frac{1}{2\zeta}$，$\phi(\omega)=-90°$，特性曲线与负虚轴相交，相交处的频率 $\omega=\frac{1}{T}=\omega_n$，为无阻尼自然振荡频率。当 $\omega\to\infty$ 时，$M(\omega)\to 0$，以 $\phi(\omega)\to -180°$，特性曲线与实轴相切。显然二阶环节是一个相位滞后环节，其最大滞后相位为 180°。

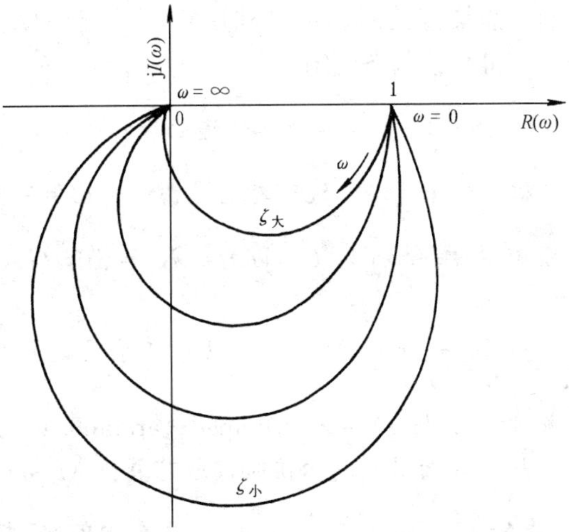

图 6－6　二阶振荡环节频率特性极坐标图

图 6－6 的曲线簇表明，频率特性和阻尼比 ζ 有关。ζ 大时，幅值 $M(\omega)$ 变化小；ζ 小时，幅值 $M(\omega)$ 变化大。此外，对于不同的 ζ 值（$0<\zeta<0.707$）的特性曲线都有一个最大幅值 M_r，这个 M_r 被称为谐振峰值，对应的频率 ω_r 被称为谐振频率。

当 $\zeta>1$ 时，幅相频率特性将近似为一个半圆。这是因为，在过阻尼系统中，特征根将全部为负实数，且其中一个根比另一个根小得多。所以当 ζ 的值足够大时，绝对值大的根对动态响应的影响很小，因此这时的二阶环节可以近似为一阶惯性环节。

6. 迟延环节 $G(s)=\mathrm{e}^{-\tau s}$

迟延环节的频率特性为

$$G(\mathrm{j}\omega)=\mathrm{e}^{-\mathrm{j}\tau\omega} \tag{6-21}$$

相应的幅频特性和相频特性为

$$\begin{cases} M(\omega)=1 \\ \phi(\omega)=-\tau\omega \end{cases} \tag{6-22}$$

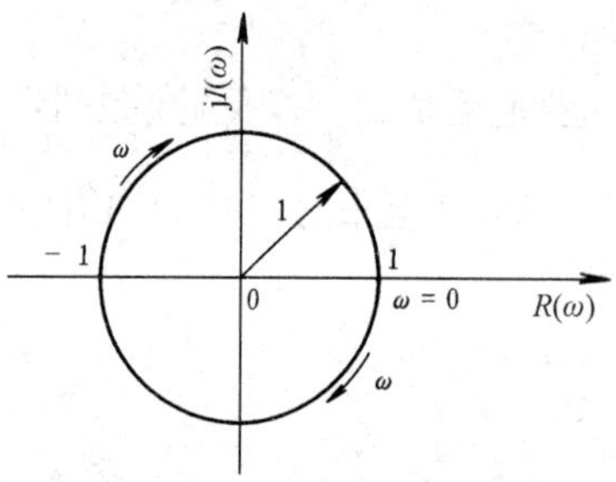

图 6－7 迟延环节频率特性极坐标图

由于 $G(j\omega)$ 的幅值恒为 1，而相角与 ω 成比例变化，所以迟延环节的极坐标图是一个单位圆，如图 6－7 所示。

三、开环系统频率特性极坐标图（奈氏图）

对于图 6－8 所示的闭环控制系统，可求出其开环系统传递函数为 $G(s)H(s)$，进而可得开环系统频率特性 $G(j\omega)H(j\omega)$。将开环系统频率特性以极坐标图表示，则得到开环系统频率特性极坐标图或奈奎斯特（Nyquist）图，简称为开环极坐标图和奈氏图。

奈氏图在控制系统的频率法分析和设计中非常有用。用它可以根据简单而又易得的开环频率特性去分析闭环控制系统的性能（详见本章第五节）。

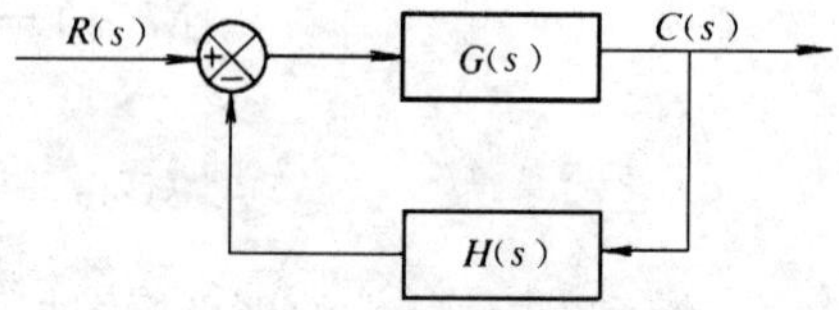

图 6－8 闭环控制系统

奈氏图的绘制可利用两种方法：按幅频特性和相频特性来计算曲线点对应的幅值和相角，并描点绘线或按实频特性和虚频特性来计算曲线点的 X、Y 轴坐标并描点绘线。也可利用相应的应用软件由电子计算机来绘制奈氏图。

【例 6－2】 绘制开环传递函数 $G(s)=\dfrac{10}{(1+s)(1+0.1s)}$ 的极坐标图。

解 这个开环系统可看成是由一个比例环节和两个惯性环节串接组成。这三个环节的幅相频率特性分别为 $G_1(j\omega)=K=10$，$G_2(j\omega)=\dfrac{1}{1+j\omega}=\dfrac{1}{\sqrt{1+\omega^2}}e^{-j\arctan\omega}$，$G_3(j\omega)=\dfrac{1}{\sqrt{1+(0.1\omega)^2}}e^{-j\arctan 0.1\omega}$。所以开环系统的幅频特性为 $M(\omega)=\dfrac{10}{\sqrt{1+\omega^2}\sqrt{1+(0.1\omega)^2}}$，相频特性为 $\phi(\omega)=-\arctan\omega-\arctan 0.1\omega$。

当取 ω 为若干具体值时，就可算得 $M(\omega)$ 和 $\phi(\omega)$，见表 6－1。

表 6－1 **例 6－2 的频率特性曲线点数据**

ω	0	0.5	1	2	3	4	5	6	7	8	9	10
$M(\omega)$	10	8.9	7.03	4.4	3.04	2.26	1.76	1.4	1.15	0.97	0.83	0.71
$\phi(\omega)$ (°)	0	−29.4	−50.7	−74.7	−88.2	−97.7	−105.2	−111.5	−116.8	−121.5	−125.5	−129.3

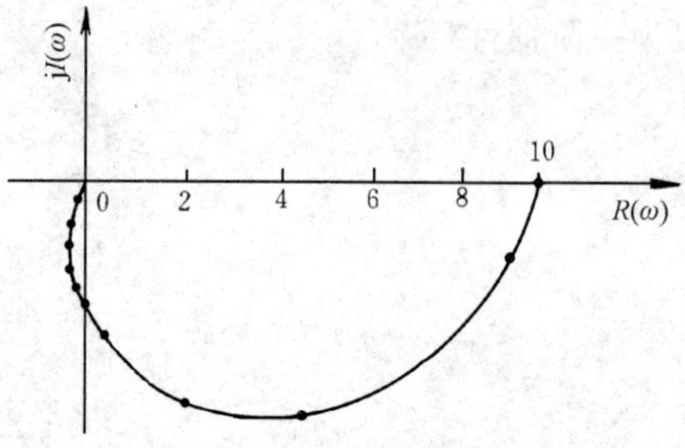

图 6－9 例 6－2 的奈氏图

根据表 6－1 的数据就可绘出例 6－2 的奈氏图，如图 6－9 所示。

四、典型开环系统的奈氏图

根据开环系统中串接积分环节的数目可把常见的闭环控制系统分为三类：0 型、1 型和 2 型。下面将给出这三类系统的开环系统频率特性极坐标图（奈氏图）。这些典型系统的奈氏图的特性将有助于用奈氏图方法分析和设计控制系统。

1. 0 型系统的奈氏图

设 0 型系统的开环传递函数为

$$G(s)H(s)=\frac{K\prod_{i=1}^{m}(\tau_i s+1)}{\prod_{k=1}^{n}(T_k s+1)}\quad (m<n) \tag{6-23}$$

其频率特性为

$$G(j\omega)H(j\omega)=\frac{K\prod_{i=1}^{m}(\tau_i j\omega+1)}{\prod_{k=1}^{n}(T_k j\omega+1)}=M(\omega)e^{j\phi(\omega)} \tag{6-24}$$

其中

$$\begin{cases} M(\omega)=\dfrac{K\prod_{i=1}^{m}\sqrt{(\tau_i\omega)^2+1}}{\prod_{k=1}^{n}\sqrt{(T_k\omega)^2+1}} \\ \phi(\omega)=\sum_{i=1}^{m}\arctan\tau_i\omega-\sum_{k=1}^{n}\arctan T_k\omega \end{cases} \tag{6-25}$$

显然当$\omega=0$时，$M(\omega)=K$，$\phi(0)=0°$。这就是说，0 型系统的奈氏曲线从实轴上的点（K，0）开始。当$\omega\to\infty$时，又有$M(\infty)=0$，$\phi(\infty)=(n-m)(-90°)$。所以，当$\omega\to\infty$时奈氏曲线将与直角坐标的某一轴相切并终止于原点。例如当$n-m=2$时，奈氏曲线相切于负实轴。当$n-m=3$时，奈氏曲线相切于正虚轴，如图 6-10 中的曲线 a 和 b 所示。

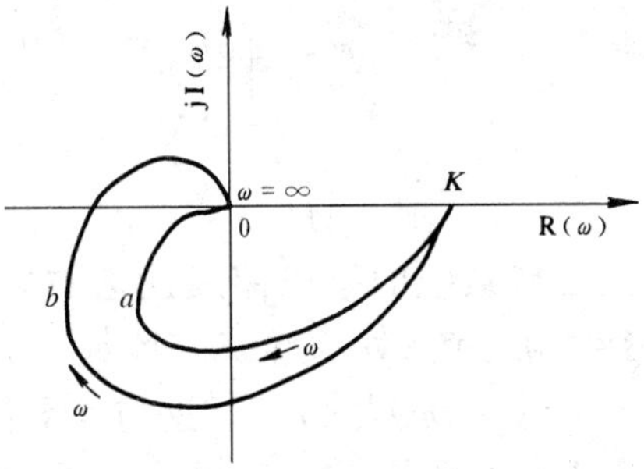

图 6-10　0 型系统的奈氏图

a—$\dfrac{K}{(T_1j\omega+1)(T_2j\omega+1)}$；

b—$\dfrac{K}{(T_1j\omega+1)(T_2j\omega+1)(T_3j\omega+1)}$

2. 1 型系统的奈氏图

设 1 型系统的开环传递函数为

$$G(s)H(s)=\frac{K\prod_{i=1}^{m}(\tau_i s+1)}{s\prod_{k=1}^{n-1}(T_k s+1)}\quad (m<n) \tag{6-26}$$

其频率特性为

$$G(j\omega)H(j\omega)=\frac{K\prod_{i=1}^{m}(\tau_i\omega j+1)}{j\omega\prod_{k=1}^{n-1}(T_k\omega j+1)}=M(\omega)e^{j\phi(\omega)} \tag{6-27}$$

其中

$$\begin{cases} M(\omega)=\dfrac{K\prod_{i=1}^{m}\sqrt{(\tau_i\omega)^2+1}}{\omega\prod_{k=1}^{n-1}\sqrt{(T_k\omega)^2+1}} \\ \phi(\omega)=-90°+\sum_{i=1}^{m}\arctan\tau_i\omega-\sum_{k=1}^{n-1}\arctan T_k\omega \end{cases} \tag{6-28}$$

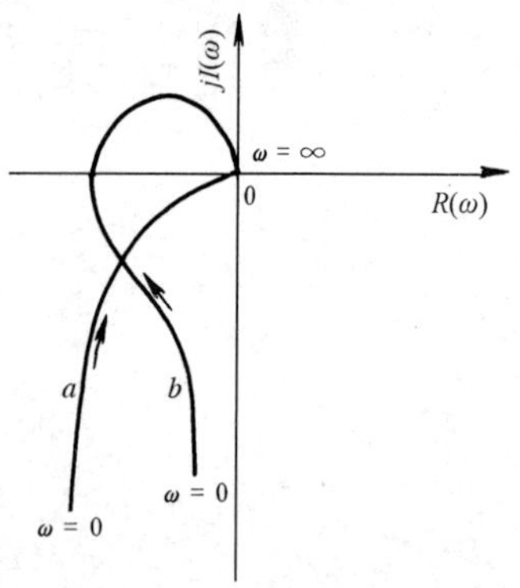

图 6-11 1 型系统的奈氏图

a—$\frac{K}{j\omega(T_1 j\omega+1)}$；

b—$\frac{K}{j\omega(T_1 j\omega+1)(T_2 j\omega+1)}$

当 $\omega=0$ 时，$M(0)=\infty$，$\phi(0)=-90°$，所以 1 型系统的奈氏曲线的起点在相角为 $-90°$ 的无限远处。当 $\omega\to\infty$ 时，$M(\infty)=0$，$\phi(\infty)=(n-m)(-90°)$。这与 0 型系统的奈氏曲线终点状态完全一样。因此可知，当 $\omega\to\infty$ 时，1 型系统的奈氏曲线将与某一直角坐标轴相切并终止于原点。例如当 $n-m=2$ 时，曲线相切于负实轴，当 $n-m=3$ 时，曲线相切于正虚轴，如图 6-11 中的曲线 a 和 b 所示。

3.2 型系统的奈氏图

设 2 型系统的开环传递函数为

$$G(s)H(s)=\frac{K\prod_{i=1}^{m}(\tau_i s+1)}{s^2\prod_{k=1}^{n-2}(T_k s+1)}\quad (m<n) \tag{6-29}$$

其频率特性为

$$G(j\omega)H(j\omega)=\frac{K\prod_{i=1}^{m}(\tau_i\omega j+1)}{(j\omega)^2\prod_{k=1}^{n-2}(T_k\omega j+1)}=M(\omega)e^{j\phi(\omega)} \tag{6-30}$$

其中

$$\begin{cases} M(\omega)=\dfrac{K\prod_{i=1}^{m}\sqrt{(\tau_i\omega)^2+1}}{\omega^2\prod_{k=1}^{n-2}\sqrt{(T_k\omega)^2+1}} \\ \phi(\omega)=-180°+\sum_{i=1}^{m}\arctan\tau_i\omega-\sum_{k=1}^{n-2}\arctan T_k\omega \end{cases} \tag{6-31}$$

当 $\omega=0$ 时，$M(0)=\infty$，$\phi(0)=-180°$，所以 2 型系统的奈氏曲线的起点在相位角为 $-180°$ 的无穷远处。当 $\omega\to\infty$ 时，$M(\infty)=0$，$\phi(\infty)=(n-m)(-90°)$。这与 0 型和 1 型系统的奈氏曲线终点状态完全相同。因此，当 $\omega\to\infty$ 时，2 型系统的奈氏曲线将与某一直角坐标轴相切并终止于原点。例如当 $n-m=2$ 时，曲线相切于负实轴；当 $n-m=3$ 时，曲线相切于正虚轴，如图 6-12 中的曲线 a 和 b 所示。总而言之，0 型、1 型和 2 型系统的奈氏曲线都将相切于某一直角坐标轴并终止于原点。具体与哪一个坐标轴相切则取决于开环传递函数分母与分子的阶数差（$n-m$）。然而 0 型、1 型和 2 型系统的奈氏曲线的起点（$\omega=0$ 时）各不相同：0 型系统奈氏曲线的起点是正实轴上的点（K，0），1 型系统奈氏曲线的起点在相角为 $-90°$ 的无限远处，2 型系统奈氏曲线的起点在相角为 $-180°$ 的无限远处。

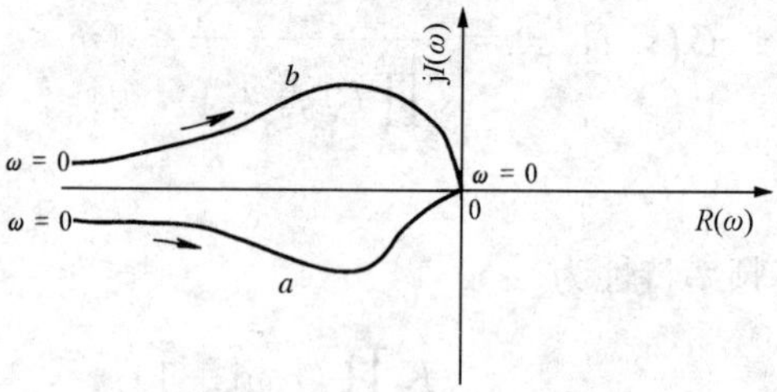

图 6-12 2 型系统的奈氏图

a—$\frac{K(\tau\omega j+1)}{(j\omega)^2(T\omega j+1)}$；

b—$\frac{K}{(j\omega)^2(T\omega j+1)}$

6.4　频率特性的对数坐标图

一、基本概念

频率特性的对数坐标图是频率特性的另一种重要的图示方式。与极坐标图方式相比，对数坐标图方式更为优越。在以后的控制系统频域分析的论述中可以看出，用对数坐标图不但计算简单，绘图容易，而且能直观地表现时间常数等参数变化对系统性能的影响。

对于频率特性

$$G(j\omega)=M(\omega)e^{j\phi(\omega)} \tag{6-32}$$

取以 10 为底的对数，便得到对数频率特性

$$\lg G(j\omega)=\lg M(\omega)+j\phi(\omega)\lg e \tag{6-33}$$

显然，对数频率特性也是一个复变量。式（6－33）中 $\lg M(\omega)$ 为其实部，$\phi(\omega)\lg e$ 为其虚部。

一般说来，人们习惯以两种方式用坐标图表示对数频率特性。第一种方式是用两个坐标图分别表示对数幅频特性和对数相频特性。这是最常见的方式，又称**伯德图**。第二种方式是用一个坐标图表示对数幅相频率特性，又称**对数幅相图**。

在**伯德图**方式中，用 $L(\omega)$ 表示对数幅频特性，定义为

$$L(\omega)=20\lg M(\omega) \tag{6-34}$$

它以分贝（dB）为单位。当以 $L(\omega)$ 为纵坐标，以 $\lg\omega$（频率的对数）为横坐标，不过仍以 ω 标记刻度，就可得到如图 6－13（a）所示的对数幅频特性图。

图 6－13（b）所示的为对数相频特性图，它以 $\phi(\omega)$ 为纵坐标（不计常数 $\lg e$），以 $\lg\omega$ 为横坐标（这一点与对数幅频特性图相同）。此外还可以注意到，图 6－13 中的纵坐标都是均匀刻度的，而横坐标则按对数标尺刻度，这样的坐标系称为半对数坐标系。

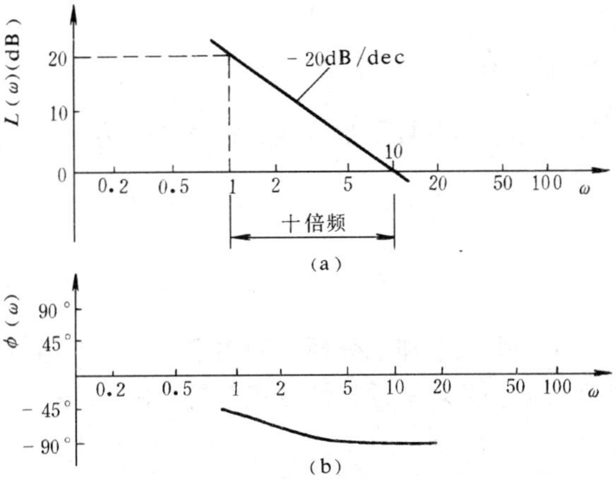

图 6－13　对数频率特性第一种图示

（a）对数幅频特性；（b）对数相频特性

在 ω 轴上，对应于频率每增大至 10 倍的频率范围称为十倍频或**十倍频程**（dec）。例如从 0.1 到 1 的范围，从 5 到 50 的范围都是十倍频程。对应于频率每增大至 2 倍的频率范围称为**倍频程**，或称**一倍频程**。例如从 5 到 10，或从 10 到 20 的范围，都是倍频程。

对于 $L(\omega)$ 曲线，习惯上以十倍频程为单位计算斜率。如图 6－13（a）所示的曲线，当 ω 从 1 变至 10 时，$L(\omega)$ 的值下降 20dB，则认为 $L(\omega)$ 的斜率为－20dB/dec，单位即为分贝/十倍频程，记为 dB/dec。

在用**对数幅相图**方式图示对数频率特性时，常先作出 $L(\omega)$ 曲线和 $\phi(\omega)$ 曲线，再以 $L(\omega)$ 为纵坐标，以 $\phi(\omega)$ 为横坐标，作出 $L(\omega)-\phi(\omega)$ 曲线。这种曲线图常称为对数幅相图，如图 6－14 所示。

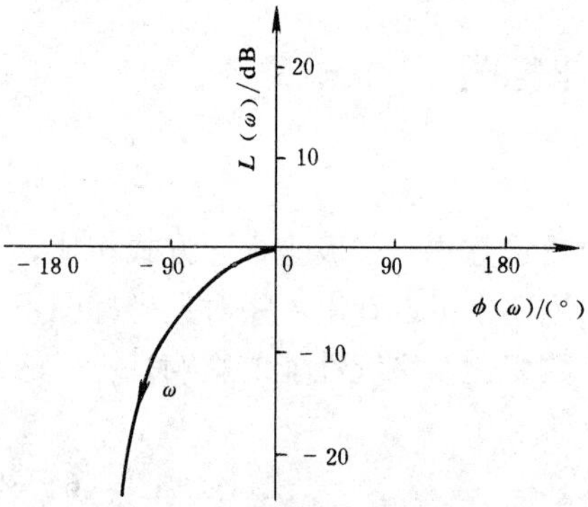

图 6-14 对数频率特性第二种图示（对数幅相图）

设频率特性 $G_1(j\omega)$ 和 $G_2(j\omega)$ 互为倒数，即

$$G_1(j\omega)=\frac{1}{G_2(j\omega)} \tag{6-35}$$

则有

$$\begin{cases}L_1(\omega)=20\lg|G_1(j\omega)|=-20\lg|G_2(j\omega)|=-L_2(\omega)\\ \angle G_1(j\omega)=-\angle G_2(j\omega)\end{cases} \tag{6-36}$$

这就意味着，两个互为倒数的频率特性，它们的对数幅值变量 $L(\omega)$ 和相角变量 $f(\omega)$ 都是大小相等而符号相反。或者说，它们的 $L(\omega)$ 曲线和 $\phi(\omega)$ 曲线都是互相对称于 ω 轴。这一性质将为对数坐标图的绘制和分析提供极大便利。

二、典型环节频率特性的对数坐标图

1. 比例环节（K）

比例环节的对数幅频特性和相频特性分别为

$$\begin{cases}L(\omega)=20\lg K \quad (\text{dB})\\ \phi(\omega)=0^\circ\end{cases} \tag{6-37}$$

显然，当 $K=1$ 时，$L(\omega)=0$，其 $L(\omega)$ 曲线即为 ω 轴线；当 $K>1$ 时，$L(\omega)>0$，其 $L(\omega)$ 曲线则为 ω 轴上方的一条平行直线，而 $f(\omega)$ 曲线始终为 ω 轴线，如图 6-15 所示。

2. 积分环节 $\left(\frac{1}{s}\right)$ 和微分环节（s）

积分环节的对数幅频特性和相频特性为

$$\begin{cases}L(\omega)=20\lg\left|\frac{1}{j\omega}\right|=-20\lg\omega\\ \phi(\omega)=\arctan\left(-\frac{1}{\omega}/0\right)=-90^\circ\end{cases} \tag{6-38}$$

由于微分环节和积分环节的频率特性有互为倒数的关系，所以微分环节的幅频特性和相频特性根据积分环节的特性就很容易写出

$$\begin{cases}L(\omega)=20\lg\omega\\ \phi(\omega)=90^\circ\end{cases} \tag{6-39}$$

积分环节的幅频曲线和相频曲线，如图 6-16 中 b 曲线所示。对于互为倒数的微分环节，其曲线正是与积分环节的曲线相对于 ω 轴对称的曲线，见图 6-16 中的曲线 a。

3. 惯性环节 $\left(\frac{1}{1+Ts}\right)$ 和比例微分环节（$1+Ts$）

惯性环节的幅频特性和相频特性分别为

$$\begin{cases}L(\omega)=-20\lg\sqrt{1+(T\omega)^2}\\ \phi(\omega)=-\arctan T\omega\end{cases} \tag{6-40}$$

惯性环节的对数幅频曲线和相频曲线，如图 6-17 所示。

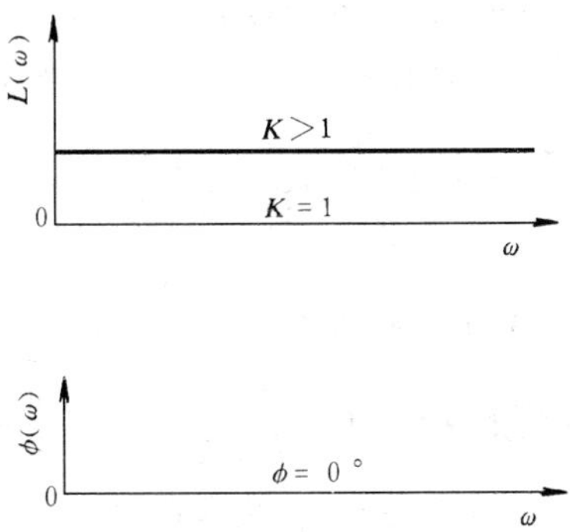

图 6－15 比例环节的对数坐标图

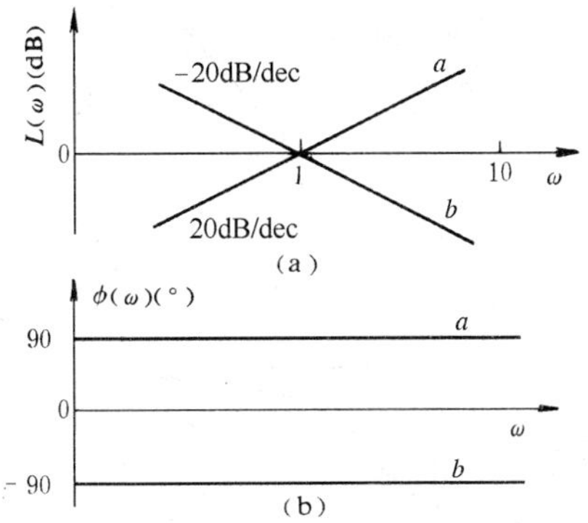

图 6－16 微分环节和积分环节的对数坐标图

(a) 微分环节；(b) 积分环节

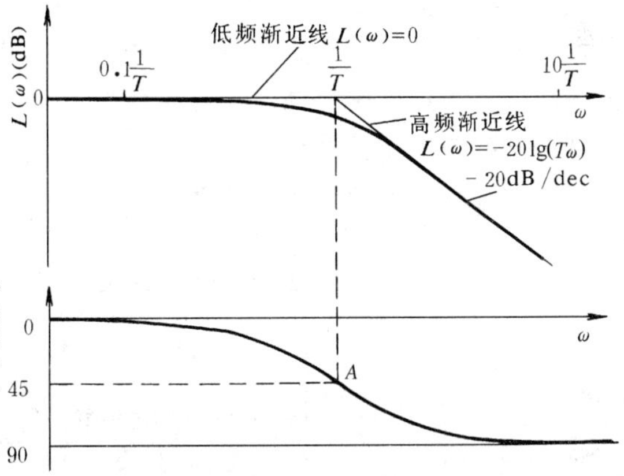

图 6－17 惯性环节的对数坐标图

图 6－17 中，$L(\omega)$ 曲线有两条渐近线：一条称为低频渐近线，一条称为高频渐近线。

当 $\omega \ll \dfrac{1}{T}$ 时

$$L(\omega) \approx -20\lg\sqrt{1} = 0 \quad (6-41)$$

这表明低频渐近线与 ω 轴重合。

当 $\omega \gg \dfrac{1}{T}$ 时

$$L(\omega) \approx -20\lg T\omega \quad (6-42)$$

显然高频渐近线是一条斜率为 -20dB/dec 且与 ω 轴交于点 $\omega = \dfrac{1}{T}$ 的直线。两条渐近线交点处的频率为 $\omega = \dfrac{1}{T}$，称为**转角频率**。

掌握上述渐近线的性质，可进行快速作图。对于环节 $\dfrac{1}{1+Ts}$，时间常数 T 已知，转角频率即为 $\dfrac{1}{T}$。在 ω 轴上找到频率 $\omega = \dfrac{1}{T}$ 的点以后，即可作出渐近线来。在一般的工程设计中或粗略的性能估算中，用渐近线代替 $L(\omega)$ 曲线是经常的事。当有必要按精确的 $L(\omega)$ 曲线计算时，还可在已画出的渐近线基础上确定出精确曲线上的若干点，再描绘出精确的 $L(\omega)$ 曲线。因为渐近线与精确曲线的最大误差发生在转角频率处。所以只要在转角频率附近处确定出精确曲线上的若干点就可绘出精确曲线。不难验证，渐近线与精确曲线在转角频率及附近左右倍频程处的关系为 $\omega = \dfrac{1}{T}$ 时精确曲线比渐近线低 3dB，在 $\omega = 0.5/T$ 和 $\omega = 2/T$ 处，精确曲线比渐近线低 1dB。

根据互为倒数的频率特性的轴对称性质，容易根据上述的惯性环节的频率特性得到一阶微分环节（$1+Ts$）的频率特性函数

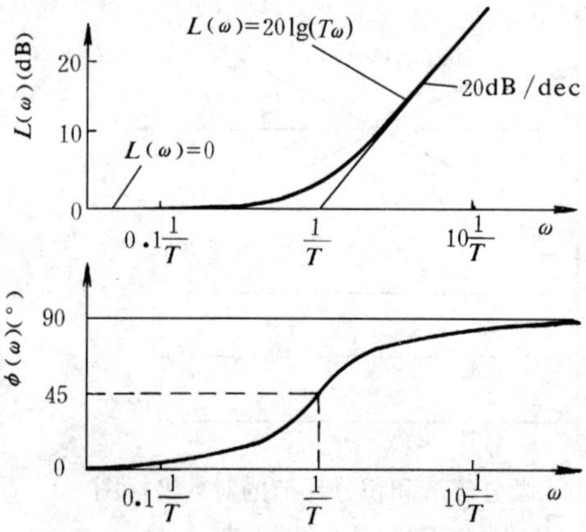

图 6-18 比例微分环节的对数频率特性

$$\begin{cases} L(\omega)=20\lg\sqrt{1+(T\omega)^2} \\ \phi(\omega)=\arctan T\omega \end{cases} \tag{6-43}$$

及对数幅频和相频曲线，如图 6-18 所示。

4. 二阶环节 $\left(\dfrac{\omega_n^2}{s^2+2\zeta\omega_n s+\omega_n^2}\right)$ 或 $\dfrac{1}{\omega_n^2}(s^2+2\zeta\omega_n s+\omega_n^2)$

二阶环节中参数 ζ 若大于 1，则可用两个一阶惯性环节的乘积 $\left(\dfrac{1}{T_1 s+1}\times\dfrac{1}{T_2 s+1}\right)$ 来表示，或两个一阶微分环节的乘积 $(T_1 s+1)\times(T_2 s+1)$ 来表示。于是可按一阶惯性或一阶微分环节处理。如果 $0<\zeta<1$，则构成二阶振荡环节或二阶微分环节。由于二阶振荡环节和二阶微分环节具有互为倒数的关系，所以只要知道其中一个的对数频率特性，就容易获得另一个的对数频率特性。因此，下面将只讨论二阶振荡环节的对数频率特性。

二阶振荡环节的对数频率特性为

$$\begin{cases} L(\omega)=-20\lg\sqrt{\left(1-\dfrac{\omega^2}{\omega_n^2}\right)^2+\left(2\zeta\dfrac{\omega}{\omega_n}\right)^2} \\ \phi(\omega)=-\arctan\left[\dfrac{2\zeta\dfrac{\omega}{\omega_n}}{1-\left(\dfrac{\omega}{\omega_n}\right)^2}\right] \end{cases} \tag{6-44}$$

可绘出二阶振荡环节的对数幅频和相频特性曲线，如图 6-19 所示。

像惯性环节一样，二阶振荡环节的幅频特性曲线也有两条渐近线。当 $\omega\ll\omega_n$ 时，可导出

$$L(\omega)\approx-20\lg\sqrt{1}=0(\text{dB}) \tag{6-45}$$

这是低频渐近线方程。该渐近线与 ω 轴重合。

当 $\omega\gg\omega_n$ 时，有

$$L(\omega)\approx-20\lg\left(\frac{\omega}{\omega_n}\right)^2 \tag{6-46}$$

这是高频渐近线方程。高频渐近线是一条斜率为 -40（dB/dec）并与横轴相交于频率 ω_n 点的直线。交点 ω_n 被称为二阶振荡环节的转角频率。

由图 6-19 可见，阻尼比 ζ 对幅频和相频特性曲线的形状影响很大。当 ζ 值在一定范围内时，$L(\omega)$ 曲线都有峰值，这个峰值可按求函数极值的方法由式（6-44）求得。令 $\dfrac{dL(\omega)}{d\omega}=0$，可得

$$\frac{dL(\omega)}{d\omega}=\frac{-10\lg e}{\left\{\left[1-\left(\dfrac{\omega}{\omega_n}\right)^2\right]^2+\left(2\xi\dfrac{\omega}{\omega_n}\right)^2\right\}}\times\frac{d\left\{\left[1-\left(\dfrac{\omega}{\omega_n}\right)^2\right]^2+\left(2\xi\dfrac{\omega}{\omega_n}\right)^2\right\}}{d\omega}$$

$$=\frac{-10\lg e}{\left\{\left[1-\left(\frac{\omega}{\omega_n}\right)^2\right]^2+\left(2\xi\frac{\omega}{\omega_n}\right)^2\right\}}\times\frac{4\omega}{\omega_n^2}\left[\left(\frac{\omega}{\omega_n}\right)^2+2\zeta^2-1\right]=0 \tag{6-47}$$

则

$$\left(\frac{\omega}{\omega_n}\right)^2+2\zeta^2-1=0 \tag{6-48}$$

于是可知，$L(\omega)$ 取得峰值的频率 ω_r 为

$$\omega_r=\omega_n\sqrt{1-2\zeta^2} \tag{6-49}$$

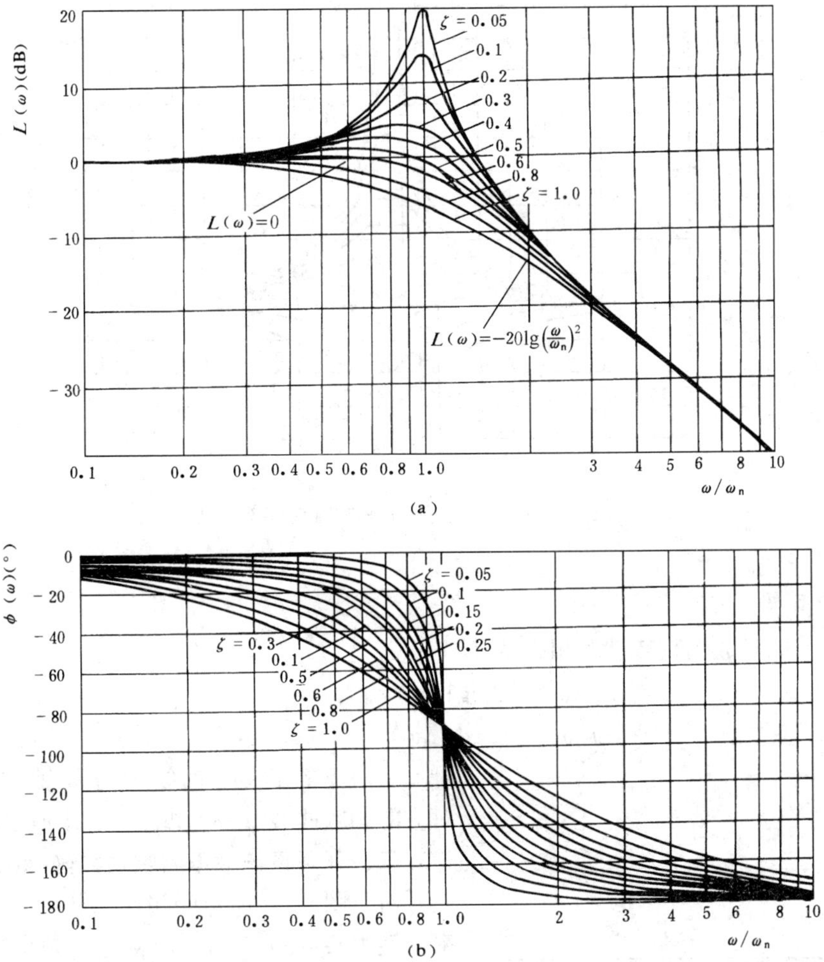

图 6-19　二阶振荡环节的对数频率特性

(a) 对数幅频特性曲线；(b) 相频特性曲线

此 ω_r 被称为谐振频率，而对应的幅值 M_r 称为谐振幅值，即

$$M_r=\frac{1}{\sqrt{\left[1-\left(\frac{\omega_r}{\omega_n}\right)^2\right]^2+\left(2\zeta\frac{\omega_r}{\omega_n}\right)^2}}=\frac{1}{2\zeta\sqrt{1-\zeta^2}} \tag{6-50}$$

由式 (6-49) 可知，只有 $0\leqslant\zeta\leqslant0.707$ 时，ω_r 才为实数。因此只有当 $0\leqslant\zeta\leqslant0.707$ 时，二阶振荡环节的对数幅频特性曲线才有峰值。从图 6-19 可以看到，当 $\zeta>0.707$ 后，

$L(\omega)$ 曲线没有峰值，且均在渐近线的下方。

由图 6-19 可以看出，相频特性曲线也与 ζ 值有关。每条曲线都以点（ω_n，$-90°$）为对称点而斜对称。

图 6-20 为二阶振荡环节幅频特性的渐近线与精确曲线之间的误差曲线。根据此图，可以在渐近线基础上描绘出精确曲线。从图 6-20 可明显地看出渐近线与精确曲线的误差在转角频率 ω_n 处为最大。

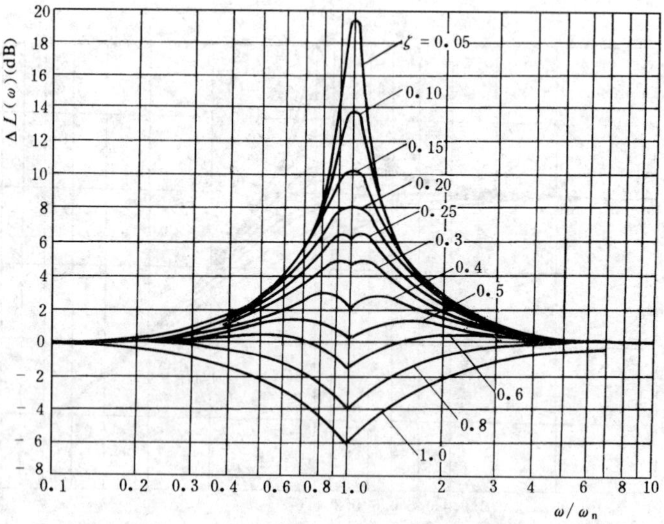

图 6-20　二阶振荡环节幅频特性误差曲线

5. 迟延环节（$e^{-\tau s}$）

迟延环节的对数幅频特性和相频特性为

$$\begin{cases} L(\omega)=20\lg 1=0 \\ \phi(\omega)=-\tau\omega(\text{rad})=-57.3\tau\omega(°) \end{cases} \tag{6-51}$$

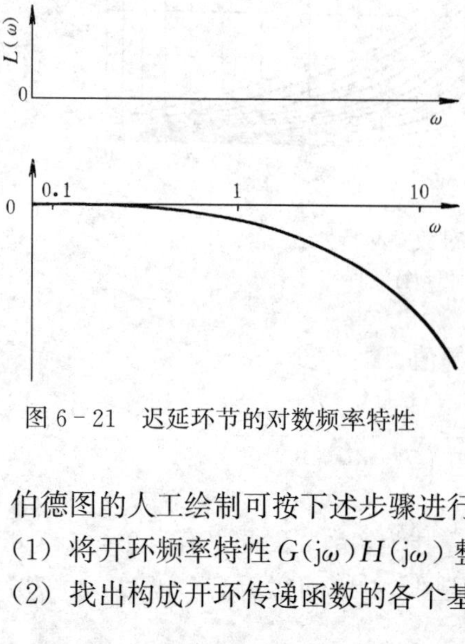

图 6-21　迟延环节的对数频率特性

可见，对应的 $L(\omega)$ 曲线为与 ω 轴重合的直线，对应的相频曲线 $\phi(\omega)$ 如图 6-21 所示。

三、开环系统频率特性对数坐标图（伯德图）

对于图 6-8 所示的闭环控制系统，其开环频率特性为 $G(j\omega)H(j\omega)$，将这个频率特性以对数坐标图的形式表示，则称为**开环频率特性对数坐标图**，又常称为**伯德（Bode）图**。

伯德图与奈氏图相对应，都是由开环系统分析和设计闭环控制系统的有用工具。由于有对数坐标的优势，伯德图比奈氏图更好用，更常用。具体应用方法详见本章第六节。

伯德图的人工绘制可按下述步骤进行：

(1) 将开环频率特性 $G(j\omega)H(j\omega)$ 整理成典型环节的乘积形式。

(2) 找出构成开环传递函数的各个基本环节的转角频率。

(3) 画出对数幅频特性的最左端渐近线：计算 $L(\omega=1)=20\lg K$，过 $L(1)$ 点以最左渐近线斜率向左画延长线，则最左端渐近线在这条线上，从最低转角频率向左开始。最左渐近线斜率取决于开环系统的积分环节数或者说系统型次数，如0型系统（无积分环节）的斜率为0dB/dec，1型系统（有一个积分环节）的斜率为-20dB/dec，2型系统的斜率为-40dB/dec。

(4) 画出对数幅频特性的其余渐近线。顺序是自左至右。从低频段做起，每遇一个转角频率便根据相应的典型环节类型改变一次渐近线的斜率。具体地说，就是当遇到 $(1+T_is)$ 时，斜率改变 $+20$dB/dec；遇到 $\dfrac{1}{T_is+1}$，斜率改变 -20dB/dec；遇到二阶环节 $\dfrac{\omega_n^2}{s^2+2\zeta\omega_ns+\omega_n^2}$ 时，斜率改变-40dB/dec。如果遇到迟延环节 $e^{-\tau s}$，则不予考虑，因为迟延环节的 $L(\omega)=0$。

(5) 在转角频率处以及转角频率的2倍频或 $\dfrac{1}{2}$ 倍频处加上误差值的修正。对一阶典型环节，转角频率处的修正值为 ± 3dB，在2倍频或 $\dfrac{1}{2}$ 倍频处的修正值为 ± 1dB。对于二阶典型环节，可按图6-20来修正，这样就可得到幅频特性的精确曲线。

(6) 选若干计算点 $\{\omega_i,\ i=1,\ 2,\ \cdots,\ n\}$，分别计算各环节在各选点上的幅角 $\{\phi_j(\omega_i), i=1,2,\cdots,n, j=1,2,\cdots,l\}$，再计算在各选点上的总幅角 $\{\Phi(\omega_i)=\sum\limits_{j=1}^{l}\phi_j(\omega_i),\ i=1,\ 2,\ \cdots,\ n\}$，逐点描线就可画出系统的开环相频曲线。

设开环频率特性 $G(j\omega)H(j\omega)=\dfrac{K\prod\limits_{i=1}^{m}(\tau_i\omega j+1)}{(j\omega)^{\upsilon}\prod\limits_{k=1}^{n-\upsilon}(T_k\omega j+1)}$，则有

$L(\omega)=20\lg|G(j\omega)H(j\omega)|=20\lg K+20\lg\sum\limits_{i=1}^{m}|\tau_i\omega j+1|-20\upsilon\lg\omega-20\lg\sum\limits_{k=1}^{n-\upsilon}|T_k\omega j+1|$，

$\phi(\omega)=\sum\limits_{i=1}^{m}\angle(\tau_i\omega j+1)-\upsilon(90°)-\sum\limits_{k=1}^{n-\upsilon}\angle(T_k\omega j+1)$。这就是以上人工绘制伯德图的基本依据。可看出，总的对数幅值为各基本环节的对数幅值之代数和，总的相角值为各基本环节的相角值之代数和。

再者，根据前述基本环节的渐近线方程，总的对数幅值的渐近线方程为

$$L(\omega)\approx\begin{cases}20\lg\dfrac{K}{\omega^{\upsilon}} & (\omega<\omega_1)\\ 20\lg\dfrac{K}{\omega^{\upsilon}}\pm 20\lg(x\omega) & (\omega_1\leqslant\omega<\omega_2)\\ \vdots & (\omega_p\leqslant\omega<\omega_{p+1})\\ 20\lg\dfrac{K\prod\limits_{i=1}^{m}(\tau_i\omega)}{\omega^{\upsilon}\prod\limits_{k=1}^{n-\upsilon}(T_k\omega)} & (\omega_q\leqslant\omega)\end{cases}\tag{6-52}$$

式中，$\{\omega_i,\ i=1,\ 2,\ \cdots,\ q\}$ 为自左至右顺序的转角频率；$\pm 20\lg(x\omega)$ 对应于可能遇到的基本环节变化，当遇到一阶微分环节时，取＋号，x 代表τ；当遇到一阶惯性环节时，取－号，x 代表T。

【例 6－3】 设开环传递函数为 $G(s)H(s)=\dfrac{10(0.5s+1)}{s(2s+1)(10s+1)}$，试绘出其对数频率特性坐标图。

解 上式的频率特性可写成

$$G(\mathrm{j}\omega)H(\mathrm{j}\omega)=\underset{\textcircled{1}}{10}\times\underset{\textcircled{2}}{\frac{1}{\mathrm{j}\omega}}\times\underset{\textcircled{3}}{\frac{1}{10\mathrm{j}\omega+1}}\times\underset{\textcircled{4}}{\frac{1}{2\mathrm{j}\omega+1}}\times\underset{\textcircled{5}}{(0.5\mathrm{j}\omega+1)}$$

式中，①为比例环节；②为积分环节；③、④为惯性环节；⑤为比例微分环节。环节③、④和⑤的转角频率依次为 0.1、0.5 和 2。将这些频率值标在 ω 轴上（见图 6－22）。

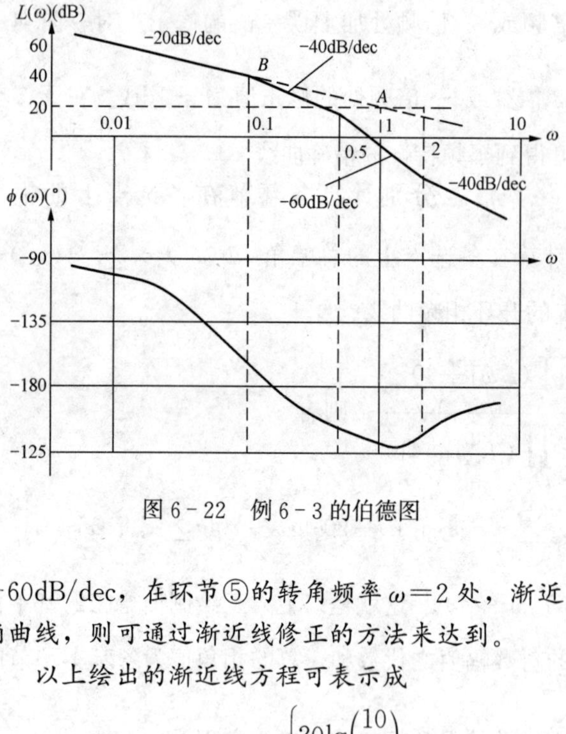

图 6－22　例 6－3 的伯德图

绘制对数幅频特性曲线的渐近线的步骤如下：

首先作出低频段的幅频曲线，只考虑环节①的幅频曲线为纵坐标是 20 的水平线。在此基础上的环节②的幅频曲线则是过点 A 斜率为 －20dB/dec 的斜线［点 A 为 $\omega=1$ 的垂线与 $L(\omega)=20$ 的水平线的交点］。接着可作环节③的幅频曲线渐近线：过点 B 斜率为 －40dB/dec 的斜线（点 B 为 $\omega=0.1$ 的垂线与环节②的幅频曲线的交点）。然后可用类似的做法连贯地作出每两相邻转角频率间的线段直至高频段，即在环节④的转角频率 $\omega=0.5$ 处，渐近线斜率改变为 －60dB/dec，在环节⑤的转角频率 $\omega=2$ 处，渐近线斜率改变为 －40dB/dec。若需要给出精确曲线，则可通过渐近线修正的方法来达到。

以上绘出的渐近线方程可表示成

$$L(\omega)\approx\begin{cases}20\lg\left(\dfrac{10}{\omega}\right) & (\omega<0.1)\\[2ex] 20\lg\left(\dfrac{10}{\omega}\ \dfrac{1}{10\omega}\right) & (0.1\leqslant\omega<0.5)\\[2ex] 20\lg\left(\dfrac{10}{\omega}\ \dfrac{1}{10\omega}\ \dfrac{1}{2\omega}\right) & (0.5\leqslant\omega<2)\\[2ex] 20\lg\left(\dfrac{10}{\omega}\ \dfrac{1}{10\omega}\ \dfrac{1}{2\omega}\ \dfrac{0.5\omega}{1}\right) & (2\leqslant\omega)\end{cases}$$

绘制本例的开环相角曲线时，先选若干计算点，如 0.01，0.1、0.5 和 2，分别计算各环节的幅角［$\phi_1=0$，$\phi_2=-90°$，$\phi_3=-\arctan(10\omega)$，$\phi_4=-\arctan(2\omega)$，$\phi_5=\arctan(0.5\omega)$］，

再计算各点的总幅角 $\{\Phi(\omega_i)=\sum_{j=1}^{5}\phi_j(\omega_i)$，$i=1, 2, 3, 4$；$\omega_1=0.01$，$\omega_2=0.1$，$\omega_3=0.5$，$\omega_4=2\}$，再逐点描线画出系统的开环相频曲线，如图 6－22 所示。

四、最小相位系统和非最小相位系统

如果系统的开环传递函数在 s 平面右半部分上没有极点和零点，则称为最小相位传递函数。具有最小相位传递函数的系统称为**最小相位系统**。

相应地，如果系统的开环传递函数在 s 平面右半部分上有一个或多个零点或极点，则称为非最小相位传递函数。具有非最小相位传递函数的系统则称为非最小相位系统。

一般情况下，如果最小相位系统和非最小相位系统的幅频特性相同，那么最小相位系统的相角变化范围要比非最小相位系统的小，即所谓“最小相位”。例如有两个控制系统的开环传递函数分别为 $G_1(s)=\dfrac{1+T_2s}{1+T_1s}$ $(T_1>T_2>0)$，$G_2(s)=\dfrac{1-T_2s}{1+T_1s}$ $(T_1>T_2>0)$。它们的伯德图如图 6－23 所示。两者的幅频特性完全相同，但相频特性有很大差别。很明显，$\phi_1(\omega)$ 变化范围很小，而 $\phi_2(\omega)$ 变化范围却很大。当 $\omega\to\infty$ 时，在 $\phi_1(\omega)$ 变为 0°，而 $\phi_2(\omega)$ 变为 $-180°$。然而，也有反例存在，其非最小相位系统的相角变化范围比最小相位系统的要小。这说明我们还不能顾名思义地理解“最小相位”这个概念，把它当作控制系统的一个重要的分类名称记住更为适宜。

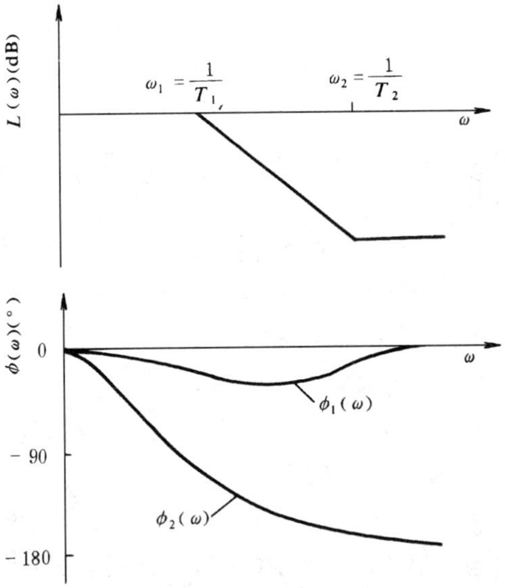

图 6－23　最小相位与非最小相位系统的伯德图

对于最小相位系统，当 $\omega\to\infty$ 时，最小相位系统的相角总是等于 $(n-m)(-90°)$，而非最小相位系统的相角不一定等于 $(n-m)(-90°)$。如上例情况，有一个开环右零点时，当 $\omega\to\infty$ 时相角为 $-180°$。但是，若其极点是右极点时，当 $\omega\to\infty$ 时相角为 0°。

在自动控制系统中，含有迟延环节的系统是最常见的非最小相位系统。非最小相位系统的相位滞后一般较大，这不利于系统的稳定性和系统的快速响应。因此，非最小相位系统属于较难控制的系统。

非最小相位系统和最小相位系统的区分很重要。许多控制系统分析结论和方法适用于最小相位系统，但是一用到非最小相位系统上就不能成立。

6.5　控制系统的奈氏图分析

一、奈奎斯特判据的基本原理

利用奈氏图可以根据开环系统频率特性来分析闭环控制系统的性能，最主要的是稳定性性能。利用奈氏图判断闭环系统的稳定性，关键是理解和掌握奈奎斯特稳定判据。为此，首先要明确几个重要的概念。

1. 特征函数 $F(s)=1+G(s)H(s)$ 的零点和极点

对于图 6-8 所示的闭环控制系统，其闭环系统传递函数为

$$\frac{C(s)}{R(s)}=\frac{G(s)}{1+G(s)H(s)}$$

定义特征函数 $F(s)$

$$F(s)=1+G(s)H(s) \tag{6-53}$$

$F(s)=0$ 即为闭环系统的特征方程式。

若设 $G(s)H(s)=\dfrac{B(s)}{A(s)}$，式中，$A(s)$ 为 s 的 n 阶多项式，$B(s)$ 为 s 的 m 阶多项式

则
$$F(s)=1+\frac{B(s)}{A(s)}=\frac{A(s)+B(s)}{A(s)}=\frac{K\prod_{i=1}^{n}(s+z_i)}{\prod_{i=1}^{n}(s+p_i)} \tag{6-54}$$

可见 $F(s)$ 的分子和分母均为 n 阶多项式。而且 $F(s)$ 的极点就是开环传递函数的极点，$F(s)$ 的零点恰是闭环传递函数的极点。因此，要使闭环系统稳定，$F(s)$ 的全部零点必须位于 s 平面的左半平面。

2. 幅角原理

奈奎斯特稳定性判据的理论基础是复变函数理论中的幅角原理。应用幅角原理就可导出奈氏判据所依据的重要公式：

$$N=P-Z \tag{6-55}$$

式中，N 为 F 平面中封闭曲线 C' 逆时针方向包围原点的次数；P 为 s 平面上被顺时针绕行封闭曲线 C 包围的 $F(s)$ 的极点数；Z 为 s 平面上被顺时针绕行封闭曲线 C 包围的 $F(s)$ 的零点数。当 $N>0$ 时，表示 $F(s)$ 端点按逆时针方向包围坐标原点；当 $N<0$ 时，表示 $F(s)$ 端点按顺时针方向包围坐标原点；当 $N=0$ 时，表示 $F(s)$ 端点的轨迹不包围坐标原点。

【式（6-55）的证明】

在 s 平面上任取一条顺时针绕行封闭曲线 C［见图 6-24（a）］，使它不通过 $F(s)$ 的任一零点和极点，并且包围了 $F(s)$ 的 Z 个零点和 P 个极点，记为 $\{-Z_i{}^{\mathrm{I}},\ i=1,\ 2,\ \cdots,\ Z\}$ 和 $\{-P_i{}^{\mathrm{I}},\ i=1,\ 2,\ \cdots,\ P\}$。没有被 C 曲线包围的 $F(s)$ 的（$n-Z$）个零点和（$n-P$）个极点记为 $\{-Z_i{}^{\mathrm{II}},\ i=Z+1,\ \cdots,\ n\}$ 和 $\{-P_i{}^{\mathrm{II}},\ i=P+1,\ \cdots,\ n\}$。

对于任一点 s，均可计算得出复变量 $F(s)$，并可用复平面上对应的点表示。这一过程称为 s 点通过 $F(s)$ 的映射。表示 $F(s)$ 的复平面被称为 F 平面。所以又称 s 平面上的点向 F 平面的映射。

现在考虑上述封闭曲线 C 在 F 平面的映射。这时 $F(s)$ 可写为

$$F(s)=\frac{K\prod_{i=1}^{Z}(s+z_i{}^{\mathrm{I}})\prod_{i=z+1}^{n}(s+z_i{}^{\mathrm{II}})}{\prod_{i=1}^{P}(s+p_i{}^{\mathrm{I}})\prod_{i=P+1}^{n}(s+p_i{}^{\mathrm{II}})} \tag{6-56}$$

则 $F(s)$ 的相角为

$$\angle F(s)=\sum_{i=1}^{Z}\angle(s+z_i{}^{\mathrm{I}})+\sum_{i=Z+1}^{n}\angle(s+z_i{}^{\mathrm{II}})-\sum_{i=1}^{P}\angle(s+p_i{}^{\mathrm{I}})-\sum_{i=P+1}^{n}\angle(s+p_i{}^{\mathrm{II}})\tag{6-57}$$

当 s 平面上的变点 s 从封闭曲线 A 点出发，沿曲线顺时针移动一周时，被曲线 C 包围着的每个零点和每个极点至变点 s 的矢量 $\overrightarrow{s+Z_i{}^{\mathrm{I}}}$ 和 $\overrightarrow{s+P_i{}^{\mathrm{I}}}$ 也将顺时针旋转一周，所以每个相角改变量为 $-360°$，而其他不被 C 包围的极点和零点至变点 s 的 $\overrightarrow{s+Z_i{}^{\mathrm{II}}}$ 和 $\overrightarrow{s+P_i{}^{\mathrm{II}}}$ 将上下摆动一定角度，最后回到原位，所以其相角改变量为 0°。所以总的 $F(s)$ 的相角改变量为

$$\Delta\angle F(s)=Z(-360°)-P(-360°)=(P-Z)\times 360°\tag{6-58}$$

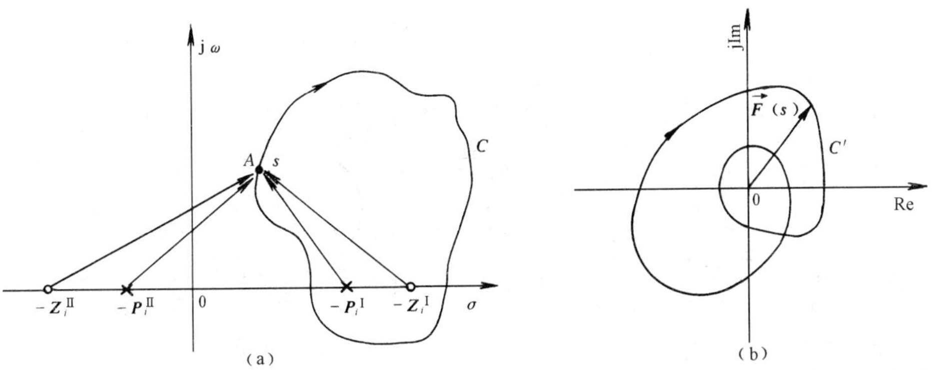

图 6-24　从 s 平面到 F 平面的映射

(a) s 平面；(b) F 平面

矢量 $F(s)$ 的相角每改变 360°（或 $-360°$），则表明 $\overrightarrow{F(s)}$ 的端点沿封闭曲线 C' 按逆时针方向（或顺时针方向）环绕坐标原点一周。所以式（6-58）表明，当 s 平面上变点 s 沿曲线 C 顺时针绕行一周时，F 平面上对应的曲线 C' 将按逆时针方向包围坐标原点（$P-Z$）次。

图 6-24（a）示意了封闭曲线 C 包围了部分零点和极点。图 6-24（b）示意了可能产生的封闭曲线 C'，因为是顺时针绕行两周，所以对应于封闭曲线 C 包围的极点和零点差 $P-Z=-2$。图 6-24 仅用于示意，不存在具体对应关系。

式（6-55）可改写成

$$Z=P-N\tag{6-59}$$

当 s 平面上被 C 曲线包围的 $F(s)$ 极点数 P 已知，F 平面上 C' 曲线包围原点的次数 N 也求得时，s 平面上被 C 曲线包围的 $F(s)$ 的零点数 Z 就可确定。式（6-59）是奈氏判据的重要依据。

3. 奈氏轨迹及其映射

为了使特征函数 $F(s)$ 在 s 平面上的零点、极点分布及在 F 平面上的映射情况与控制系统稳定性分析联系起来，必须选择适当的封闭曲线 C，使它包围整个右半 s 平面。这样一来，式（6-59）中的 P 就是开环传递函数位于右半 s 平面上的极点个数，Z 就是闭环传递函数位于右半 s 平面上的极点个数。对于稳定的控制系统来说，显然 Z 应等于零。

包围整个右半 s 平面的封闭曲线如图 6-25 所示。它是由整个虚轴和半径为∞的右半圆

组成。变点 s 按顺时针方向移动一周，这样的封闭曲线称为奈奎斯特轨迹（简称奈氏轨迹）。奈氏轨迹在 F 平面的映射也是一条封闭曲线，称为奈奎斯特曲线（简称奈氏曲线），如图 6-26 所示（图中曲线只示意一条可能的曲线，具体曲线形状可能不同）。对于图 6-25 中的整个虚轴，$s=\mathrm{j}\omega$，它在 F 平面的映射就是曲线 $F(\mathrm{j}\omega)$（ω 从 $-\infty\to+\infty$）。图 6-26 中，对应于 $\omega=0\to\infty$ 的曲线以实线表示，对应于 $\omega=-\infty\to0$ 的曲线以虚线表示，它们以实轴为对称轴。对于 s 平面中半径为∞的右半圆，映射到 F 平面上为点（1，0），因为 $F(\infty)=1+G(\infty)H(\infty)=1$。一般开环传递函数 $G(s)H(s)$ 的分子阶数 m 小于分母阶数 n，故 $G(\infty)H(\infty)=0$。

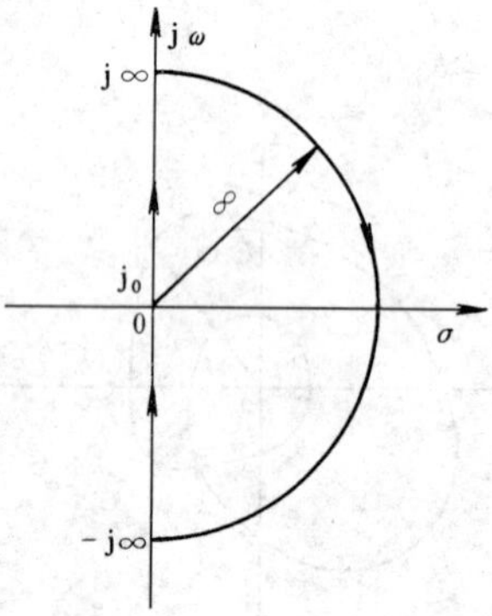

图 6-25　s 平面的奈氏轨迹

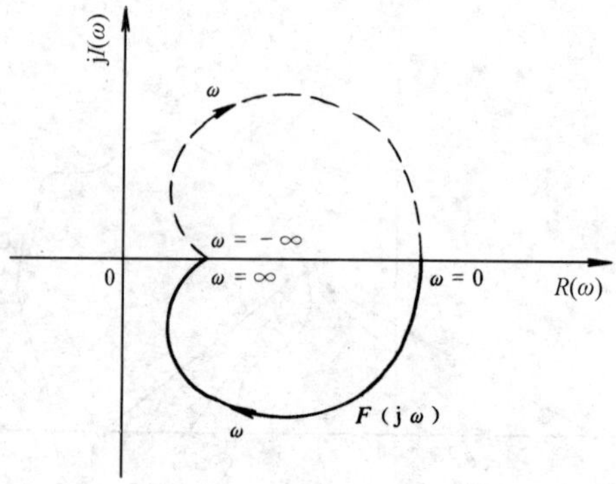

图 6-26　F 平面的奈氏曲线

综上所述，判别闭环系统是否稳定的方法是：s 平面的奈氏轨迹在 F 平面的映射 $F(\mathrm{j}\omega)$，当 ω 从 $-\infty\to+\infty$ 时，若逆时针包围坐标原点的次数 N 等于位于右半 s 平面上的开环极点个数 P 时，即 $Z=P-N=0$，则闭环系统是稳定的，否则是不稳定的。

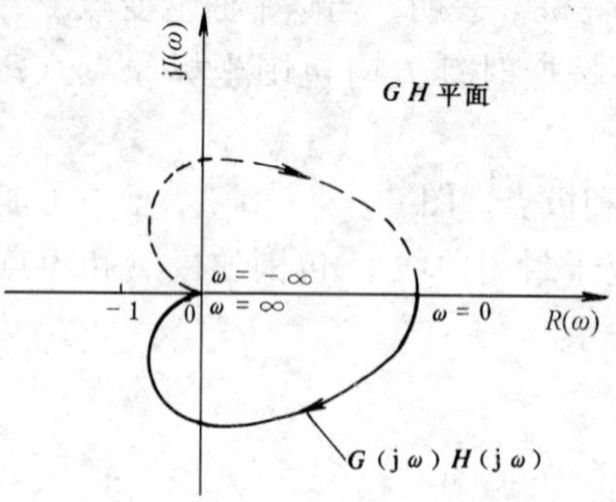

图 6-27　GH 平面的奈氏曲线

若把 F 平面上的 $F(\mathrm{j}\omega)$ 曲线通过

$$G(\mathrm{j}\omega)H(\mathrm{j}\omega)=F(\mathrm{j}\omega)-1 \tag{6-60}$$

转换到 GH 平面上的 $G(\mathrm{j}\omega)H(\mathrm{j}\omega)$ 曲线，即 F 平面上的 $F(\mathrm{j}\omega)$ 曲线整个地向左平移一个单位时，则得到前述的开环幅相频率特性极坐标图，或称奈氏图。相应地判别闭环稳定的方法也改为判别 $G(\mathrm{j}\omega)H(\mathrm{j}\omega)$ 曲线包围点（-1，j0）的次数 N 是否等于 P。因为原先 F 平面的原点对应于 GH 平面的点（-1，j0），见图 6-27。

二、奈奎斯特稳定性判据一

当开环传递函数 $G(s)H(s)$ 在 s 平面的原点和虚轴上没有极点时，奈奎斯特稳定性判据可表述为奈奎斯特稳定性判据一。

【奈奎斯特稳定性判据一】　若奈氏曲线 $G(\mathrm{j}\omega)H(\mathrm{j}\omega)$（当 ω 从 $-\infty\to\infty$ 时）逆时针包围点（-1，j0）的次数 N 等于位于右半 s 平面上的开环极点数 P，则闭环系统是稳定的，否则是不稳定的；若奈氏曲线正好通过点（-1，j0），这表示闭环系统处于稳定的边界，一般也归属于不稳定情况。

应用奈氏稳定性判据一的一般步骤如下：

(1) 绘制开环频率特性 $G(j\omega)H(j\omega)$ 的奈氏图。作图时可先绘出对应于 ω 从 $0\to\infty$ 的一段，然后按以实轴对称的关系添上对应于 ω 从 $-\infty\to0$ 的一段。

(2) 计算奈氏曲线 $G(j\omega)H(j\omega)$ 对点（-1，j0）的包围次数 N。为此可从点（-1，j0）向曲线 $G(j\omega)H(j\omega)$ 上的点作一矢量，并计算该矢量当 ω 从 $-\infty\to0\to\infty$ 时转过的净角度，并按每逆时针转过 360°为 1 次的方法计算 N 值。

(3) 由给定的开环传递函数确定位于右半 s 平面的开环极点数 P。

(4) 应用奈氏稳定性判据一判别闭环稳定性。

【例 6-4】 控制系统的开环传递函数为 $G(s)H(s)=\dfrac{K(T_a s+1)}{(T_1 s-1)(T_2 s+1)(T_3 s+1)}$，试判别其闭环稳定性。

解 作 $G(j\omega)H(j\omega)$ 奈氏曲线，见图 6-28。显然当 ω 从 $-\infty\to0\to\infty$ 时，$G(j\omega)H(j\omega)$ 曲线逆时针包围点（-1，j0）1 次，即 $N=1$。而由开环传递函数可知有一个极点在 s 右半平面，故 $P=1$。于是有 $Z=P-N=0$，因此该闭环系统是稳定的。

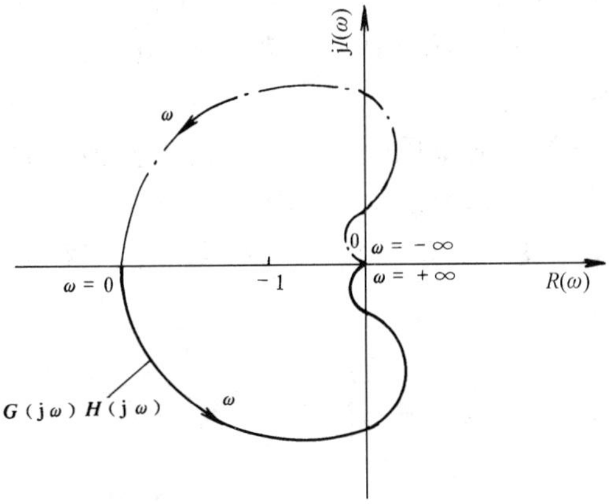

图 6-28　例 6-4 的奈氏图

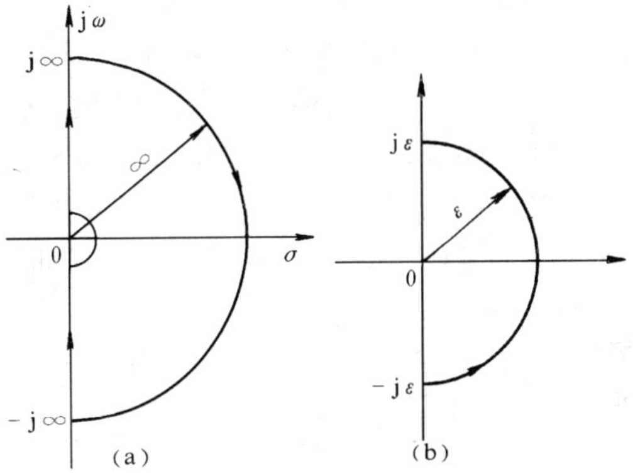

图 6-29　修改后的奈氏轨迹

(a) s 平面修改后的奈氏轨迹；(b) 奈氏轨迹增补部分

三、奈奎斯特稳定性判据二

当开环传递函数 $G(s)H(s)$ 在 s 平面的原点或虚轴上有极点时，上述的奈奎斯特稳定性判据一就不适用了。这时可用下述的奈奎斯特稳定性判据二。

【奈奎斯特稳定性判据二】 若增补开环频率特性曲线 $G(j\omega)H(j\omega)$（当 ω 从 $-\infty\to\infty$）逆时针包围点（-1，j0）的次数 N 等于右半 s 平面的开环极点数 P，则闭环系统是稳定的，否则是不稳定的。

判据二比判据一只多了“增补”二字。因此下面只需阐明“增补”的含义。

实际中的控制系统常有开环极点位于 s 平面的原点处或虚轴上，尤其位于原点上。例如，1 型系统或 2 型系统的开环极点就在原点处。

这时为了使包围整个右半 s 平面的封闭曲线不通过原点，则可以对前述的奈氏轨迹（图 6-25）略加修改。修改方法是作一个圆心在原点、半径为无限小 ε 的右半圆，见图 6-29。让这一右半圆成为修改后的奈氏轨迹的一部分，即增补部分。变点 s 的移动路径是从 $-j\infty$ 出发至 $-j\varepsilon$，然后经增补的很小的右半圆至 $j\varepsilon$，再从 $j\varepsilon$ 至 $j\infty$，最后是沿半径为 ∞ 的右半圆回到出发点 $-j\infty$。这样一来修改后的奈氏轨迹就避开了原点上的开环极点，没有违背奈氏

轨迹不能通过 $G(s)H(s)$ 的零点、极点的规定。

由于修改后的奈氏轨迹只是 s 平面原点附近的轨迹有所不同，所以可推知映射在 GH 平面的奈氏曲线也只是奈氏轨迹增补部分的映射有所不同，其余均相同。

设开环传递函数为

$$G(s)H(s)=\frac{K\prod_{i=1}^{m}(\tau_i s+1)}{s^M\prod_{i=1}^{n-M}(T_i s+1)} \tag{6-61}$$

当 s 平面原点附近的奈氏轨迹上的变点 s 为

$$s=\varepsilon e^{j\theta} \tag{6-62}$$

式中 θ 从 $-90°\to0\to90°$。考虑到 s 为无限小，代入式（6-61）就有

$$G(s)H(s)=\frac{K}{\varepsilon^M e^{jM\theta}}=\infty e^{-jM\theta} \tag{6-63}$$

由此可见，上述增补的奈氏轨迹（s 平面上原点附近、半径为无限小的右半圆）在 GH 平面的映射，是半径为无限大的圆弧。该圆弧从角度为 $+M90°$ 的点（即 $-j\varepsilon$ 的映射点）开始，经点 0°到点 $-M90°$ 的点（即 $j\varepsilon$ 的映射点）终止。

对于 1 型系统，$M=1$，据式（6-63）可知增补段的奈氏轨迹的映射为半径为 ∞ 的圆弧，角度从 90°开始经 0°至 $-90°$。除增补段外的奈氏曲线用前述方法作出，见图 6-30。

对于 2 型系统，$M=2$，增补段的奈氏曲线为从 180°开始经 0°～$-180°$ 终止的半径为无限大的圆弧，见图 6-31。

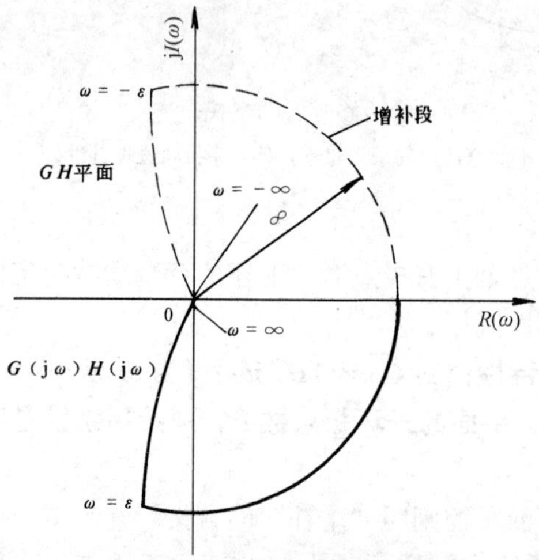

图 6-30　1 型系统的奈氏曲线

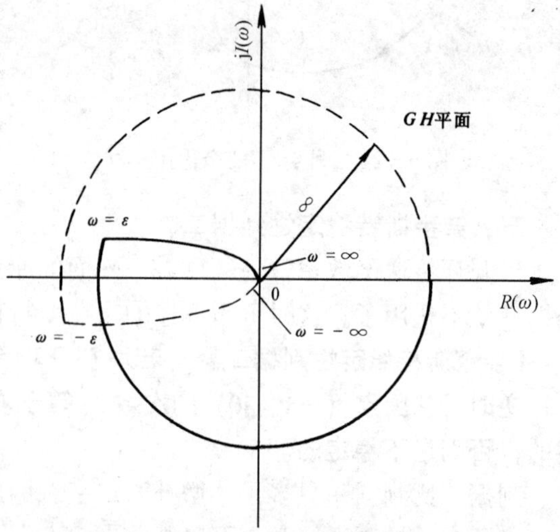

图 6-31　2 型系统的奈氏曲线

如果开环传递函数是非最小相位的，则式（6-61）中将含有诸如 $\tau s-1$ 或 $Ts-1$ 的项。这时式（6-63）中的角度不再是 $-M\theta$，而要作相应的改变。

如果开环传递函数中含有无阻尼振荡因子 $\frac{1}{T^2s^2+1}$，即有位于虚轴上的开环极点 $\pm j\frac{1}{T}$ 时，则问题的处理可仿照有开环极点位于原点的情况。

【例 6-5】 设 1 型控制系统的开环传递函数为 $G(s)H(s)=\dfrac{10}{s(s+1)(s+2)}$，试判别其闭环系统的稳定性。

解 该 1 型控制系统的增补奈氏曲线如图 6-32 所示。由图可见，当 ω 从 $-\infty\to\infty$ 变化时，奈氏曲线顺时针包围点（-1，j0）两次，即 $N=-2$，而开环系统没有位于右半 s 平面上的极点，即 $P=0$。由于 $N\neq P$，所以可判定这个闭环系统是不稳定的。

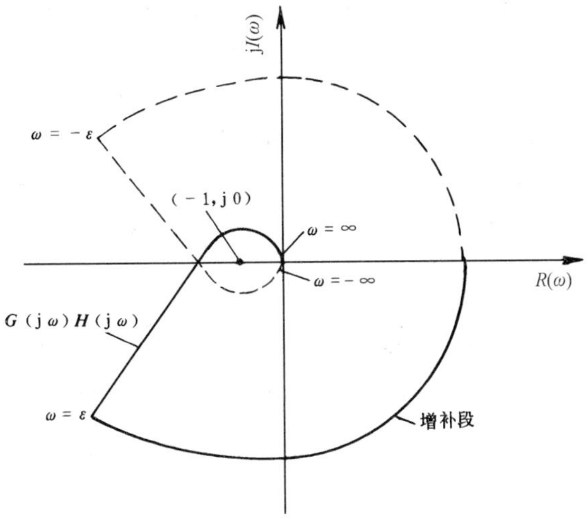

图 6-32　例 6-5 的奈氏图

【例 6-6】 设 2 型控制系统的开环传递函数为 $G(s)H(s)=\dfrac{(s+0.2)(s+0.3)}{s^2(s+0.1)(s+1)(s+2)}$，试判别其闭环系统的稳定性。

解 该 2 型控制系统的增补奈氏曲线如图 6-33 所示。由图可见，当 ω 从 $-\infty\to\infty$ 时，$G(j\omega)H(j\omega)$ 曲线不包围点（-1，j0），即 $N=0$，开环传递函数也没有位于右半 s 平面上的极点，即 $P=0$。由于 $N=P$，所以判定该闭环系统是稳定的。

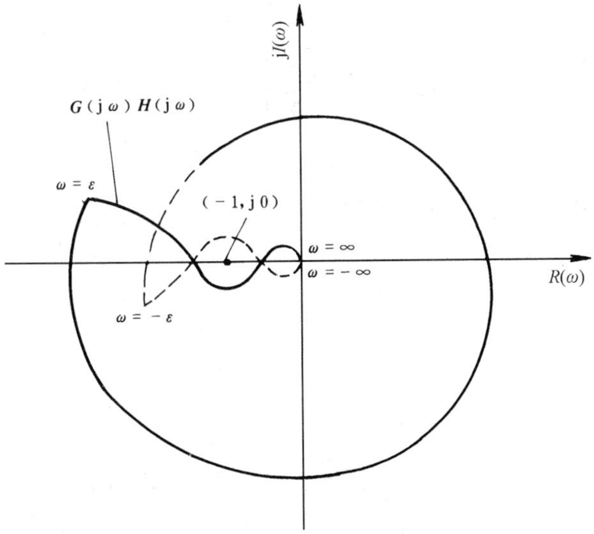

图 6-33　例 6-6 的奈氏图

四、一种实用的奈奎斯特稳定性判据

在应用上述的奈奎斯特稳定性判据一或二时，必须画出 ω 从 $-\infty\to\infty$ 的完整奈氏曲线，然后还得仔细数出逆时针包围点（-1，j0）的次数 N。这对于较复杂的系统或只给出 ω 从 $0\to\infty$ 的不完整奈氏曲线的场合，就有烦琐、易出错的缺点。因此，根据奈氏曲线对称于实轴和计算奈氏曲线穿越负实轴的次数等价于数包围圈数的特点，可给出一种实用的奈氏判据：

【实用的奈氏判据】 开环系统有 P 个极点位于 s 右半平面时，若 ω 从 $0\to\infty$ 时奈氏曲线 $G(j\omega)H(j\omega)$ 穿越负实轴（$-\infty$，-1）段的次数 $\widetilde{N}=P/2$，则闭环系统是稳定的，否则是不稳定的。

这个实用奈氏判据的判别公式可写为

$$\widetilde{N}=\frac{P}{2} \tag{6-64}$$

式（6-64）中穿越次数 $\widetilde{N}$ 的计算式为

$$\widetilde{N}=\sum_{i=1}^{l}N_i^{+}-\sum_{j=1}^{k}N_j^{-} \tag{6-65}$$

式中，N_i^{+} 定义为第 i 次逆时针穿越负实轴（$-\infty$，-1）段的变量，N_j^{-} 定义为第 j 次顺时针穿越负实轴（$-\infty$，-1）段的变量，l 或 k 分别为逆时针或顺时针穿越累计数。当奈氏曲线穿越负实轴时（又称全穿越），则 N_i^{+} 或 N_j^{-} 的值取 1。当奈氏曲线只到负实轴为止或从负实轴出发时（又称半穿越），则 N_i^{+} 或 N_j^{-} 的值取$\frac{1}{2}$。

【例 6-7】 设有如图 6-34 的一些系统的奈氏曲线图，各系统开环传递函数在右半 s 平面的极点数 P 如图 6-34 中所示，试利用式（6-64）、式（6-65）判别各系统在右半 s 平面的闭环极点数 Z 和闭环系统的稳定性。

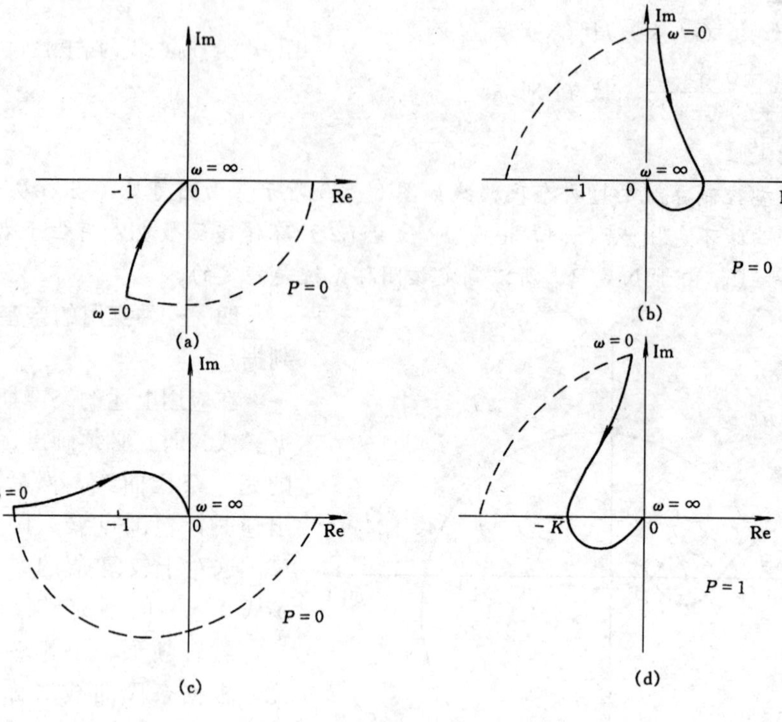

图 6-34 例 6-7 的奈氏图

解 （1）对于图 6-34（a），$N_1^{+}=0$，$N_1^{-}=0$，所以 $\widetilde{N}=0-0=0$。又已知 $P=0$，所以 $\widetilde{N}=P/2$ 成立，故可判定系统闭环稳定。

（2）对于图 6-34（b），$N_1^{+}=0$，$N_1^{-}=\frac{1}{2}$，$\widetilde{N}=0-\frac{1}{2}=-\frac{1}{2}$。已知 $P=0$，所以 $\widetilde{N}\neq P/2$，故可判定系统闭环不稳定。

（3）对于图 6-34（c），$N_1^{+}=0$，$N_1^{-}=1$，$\widetilde{N}=0-1=-1$。已知 $P=0$，所以 $\widetilde{N}\neq P/2$，故可判定系统闭环不稳定。

（4）对于图 6-34（d），又分两种情况：

当 $K>1$ 时，$N_1^+=1$，$N_1^-=\frac{1}{2}$，$\widetilde{N}=1-\frac{1}{2}=\frac{1}{2}$。现已知 $P=1$，所以 $\widetilde{N}=\frac{P}{2}$，故可判定系统闭环稳定。

当 $K<1$ 时，$N_1^+=0$，$N_1^-=\frac{1}{2}$，$\widetilde{N}=0-\frac{1}{2}=-\frac{1}{2}$。已知 $P=1$，所以 $\widetilde{N}\neq\frac{P}{2}$，故可判定系统闭环不稳定。

五、奈氏判据的应用问题

1. 最小相位系统的稳定性判别

对于最小相位系统，在右半 s 平面无开环极点（所以又称为开环稳定系统），即 $P=0$。因此，**只要奈奎斯特曲线或增补奈奎斯特曲线不包围点（-1，j0），闭环系统就是稳定的**，也不必再计算包围的次数，就可认定闭环系统不稳定。这时作图步骤可以简化，只要作出（增补）开环奈氏曲线对应于 $\omega>0$ 的那一半就够了。

图 6－35 给出了开环稳定（最小相位系统）的 0 型、1 型和 2 型系统的简化奈氏图示例。图 6－35（a）所示的奈氏曲线不包围点（-1，j0），所以其闭环系统是稳定的。图 6－35（b）所示的奈氏曲线也不包围点（-1，j0），所以其闭环系统也是稳定的。图 6－35（c）所示的奈氏曲线包围了点（-1，j0），所以其系统是不稳定的。

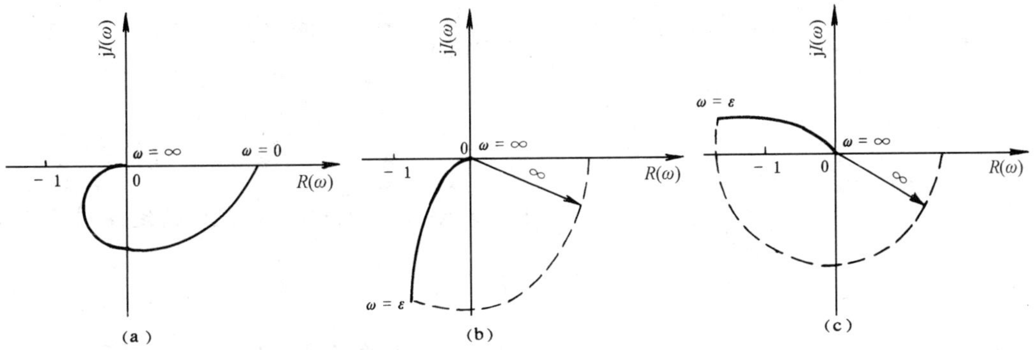

图 6－35　简化奈氏图作图与稳定性判别示例

(a) 0 型系统；(b) 1 型系统；(c) 2 型系统

如果不计及纯迟延环节，那么绝大多数自动控制系统属于最小相位系统或开环稳定的系统。所以就可以应用上述的简化奈氏曲线作图和判别方法。

2. 利用奈氏判据确定稳定系统可变参数的取值范围

如果系统中有某一个参数或某几个参数可以在一定范围内选择，其取值范围可以根据奈氏稳定性判据的要求来选定。即为了使闭环系统稳定，可以根据开环幅相频率特性曲线通过点（-1，j0）这一条件来选定，见例 6－8。

【例 6－8】　设有如图 6－36 的闭环控制系统。为使闭环系统稳定，试用奈氏稳定性判据求出比例控制器 K_p 的取值范围（$K_p>0$）。被控对象的传递函数为 $G_0(s)=\frac{1}{s(T_1s+1)(T_2s+1)}$。

解　系统的开环传递函数为

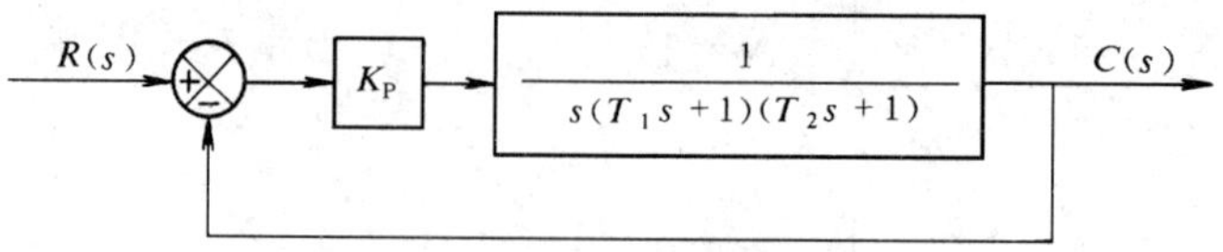

图 6－36 例 6－8 的控制系统

$$G(s)H(s)=\frac{K_P}{s(T_1s+1)(T_2s+1)}$$

故开环频率特性为

$$G(j\omega)H(j\omega)=\frac{K_P}{j\omega(T_1j\omega+1)(T_2j\omega+1)}$$

实频特性和虚频特性为

$$R(\omega)=\frac{-K_P(T_1+T_2)}{(1+T_1^2\omega^2)(1+T_2^2\omega^2)}$$

$$I(\omega)=\frac{-K_P(1-T_1T_2\omega^2)}{\omega(1+T_1^2\omega^2)(1+T_2^2\omega^2)}$$

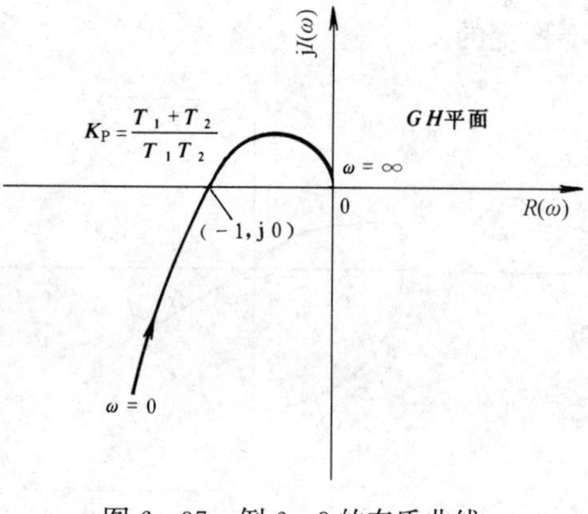

图 6－37 例 6－8 的奈氏曲线

设奈氏曲线通过点（−1，j0），如图 6－37 所示，则有

$$R(\omega)=\frac{-K_P(T_1+T_2)}{(1+T_1^2\omega^2)(1+T_2^2\omega^2)}=-1$$

$$I(\omega)=\frac{-K_P(1-T_1T_2\omega^2)}{\omega(1+T_1^2\omega^2)(1+T_2^2\omega^2)}=0$$

可解得 $K_P=\frac{T_1+T_2}{T_1T_2}$。据奈氏稳定性判据可知，当 $K_P<\frac{T_1+T_2}{T_1T_2}$ 时，$N=0$，而 $P=0$，所以闭环系统是稳定的。因此 K_P 的取值范围为

$$0<K_P<\frac{T_1+T_2}{T_1T_2}$$

3. 具有迟延环节的系统稳定性分析

对于有迟延环节的控制系统，其开环传递函数为

$$G(s)H(s)=G_1(s)H_1(s)e^{-\tau s}$$

式中 $G_1(s)H_1(s)$ 为不含迟延环节的传递函数。则其开环频率特性为

$$G(j\omega)H(j\omega)=G_1(j\omega)H_1(j\omega)e^{-j\tau\omega}$$

相应的幅值和相角为

$$\begin{cases}|G(j\omega)H(j\omega)|=|G_1(j\omega)H_1(j\omega)| \\ \angle G(j\omega)H(j\omega)=\angle G_1(j\omega)H_1(j\omega)-\tau\omega\end{cases} \tag{6-66}$$

这表明 $G(j\omega)H(j\omega)$ 的幅值等于 $G_1(j\omega)H_1(j\omega)$ 的幅值，$G(j\omega)H(j\omega)$ 的相角等于 $G_1(j\omega)H_1(j\omega)$ 的相角减去 $\tau\omega$，或者说顺时针转动角度 $\tau\omega$。因此，在作曲线 $G(j\omega)H(j\omega)$ 时可先作出曲线 $G_1(j\omega)H_1(j\omega)$，再选若干点的 $\{\omega_i\}$，通过将 $G_1(j\omega_i)H_1(j\omega_i)$ 顺时针旋转角度 $\{\tau\omega_i\}$ 的方法得到曲线 $G(j\omega)H(j\omega)$ 的若干点 $\{G(j\omega_i)H(j\omega_i)\}$，最后得到曲线

$G(j\omega)H(j\omega)$。

当 $\omega \to \infty$ 时，曲线 $G_1(j\omega)H_1(j\omega)$ 一般与某一坐标轴相切地趋于原点，而含有迟延环节系统的奈氏曲线将以螺旋状趋于原点，见图 6-38。

【例 6-9】 设有一控制系统的开环传递函数为 $G(s)H(s)=\dfrac{1}{s(s+1)(s+2)}e^{-\tau s}$，$\tau=0$，2，4，试绘出各自的奈奎斯特曲线，并分析闭环系统的稳定性。

解 作出当 $\tau=0$，2，4 时的奈氏曲线如图 6-38 所示。由图可见，当 $\tau=0$ 时，相当于系统无迟延环节，曲线 $G(j\omega)H(j\omega)$ 不包围点（-1，j0)，所以闭环系统是稳定的。当 $\tau=2$ 时，因奈氏曲线刚好通过点（-1，j0)，所以闭环系统处在稳定边界。当 $\tau=4$ 时，奈氏曲线包围了点（-1，j0)，所以闭环系统是不稳定的。从本例也可以看出，迟延环节的存在不利于系统的稳定性，迟延时间 τ 越大，系统稳定性越差。

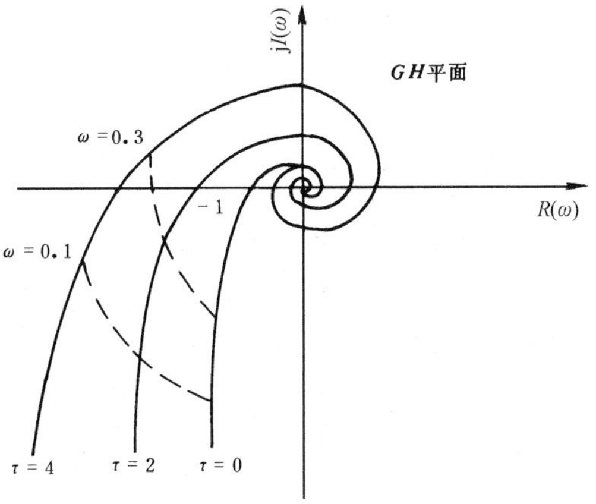

图 6-38　不同迟延时间 τ 的奈氏曲线

6.6　控制系统的伯德图分析

一、控制系统相对稳定性及其判别

如前所述，控制系统的稳定性可用各种稳定性判据来判别，如劳斯判据和奈奎斯特判据。但是这些方法只能判别系统稳定与否，即判别绝对稳定性问题，不能判断系统稳定的程度，或者说稳定的深度，即系统的**相对稳定性**。在实际的控制系统分析和设计中，知道系统的相对稳定性是非常需要的。因为一个虽然稳定但一经扰动就会不稳定的系统是不能投入实际使用的。我们总是希望所设计的控制系统不仅是稳定的，而且具有一定的**稳定裕量**。在用频域分析法分析和设计控制系统时，稳定裕量这个概念又可用下面将要介绍的**增益稳定裕量**和**相位稳定裕量**来具体体现。利用前述的奈氏图和伯德图都可得到闭环系统的相位裕量和增益裕量。相比之下用伯德图较为直观和方便。

在讨论稳定裕量问题之前，首先要假定开环系统是稳定的，或者说是最小相位系统。因为当开环系统在 s 平面右半平面有极点和零点时，将使奈氏曲线或者伯德图出现不规则的变化，使得下述稳定裕量的论述失去意义。

所谓稳定裕量，是指系统离开它边界稳定状态的距离。这个距离通常用下面定义的相位裕量和增益裕量来度量。

【相位裕量的定义】 相位裕量（Phase Margin，简写为 PM）定义为奈氏曲线（开环幅相频率特性曲线）与单位圆相交处的相角 ϕ（ω）与$-180°$（负实轴）的相角差 γ，即

$$PM=\gamma=\phi(\omega_c)-(-180°)=180°+\phi(\omega_c) \tag{6-67}$$

式中，ω_c 为奈氏曲线与单位圆相交处的频率，称为增益穿越频率，又称剪切频率、截止频

率。当 $\omega=\omega_c$ 时，有

$$|G(j\omega_c)H(j\omega_c)|=1 \tag{6-68}$$

当 γ（或 PM）>0 时，表示相位裕量为正，闭环系统是稳定的。当 $\gamma=0$ 时，表示奈氏曲线恰好通过点（-1，j0），系统处于临界稳定状态。当 $\gamma<0$ 时，表示相位裕量为负，闭环系统是不稳定的，参见图 6－39。

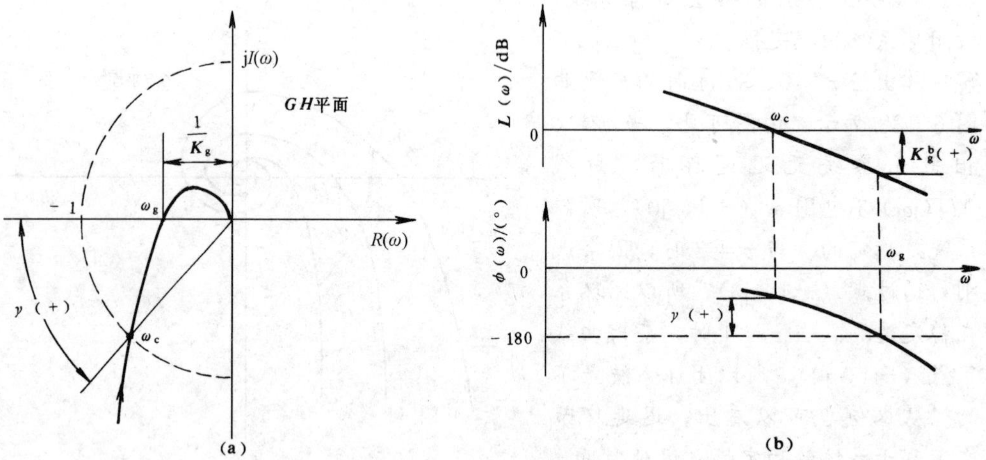

图 6－39　稳定闭环系统对应的相位裕量和增益裕量

（a）奈氏图；（b）伯德图

【增益裕量的定义】　增益裕量（Gain Margin，简写为 GM）定义为奈氏曲线与负实轴相交处的幅值的倒数，即

$$GM=K_g=\frac{1}{|G(j\omega_g)H(j\omega_g)|} \tag{6-69}$$

式中，ω_g 为相位穿越频率。

在 ω_g 处的相角

$$\phi(\omega_g)=\angle G(j\omega_g)H(j\omega_g)=-180^\circ \tag{6-70}$$

当 $K_g>1$ 时，表明闭环系统是稳定的。当 $K_g=1$ 时，表明闭环系统正处在临界稳定状态。当 $K_g<1$ 时，则表明闭环系统是不稳定的，参见图 6－39。

上述的相位裕量和增益裕量均在奈氏图上定义，这从图 6－39（a）和图 6－40（a）的图中可明显看出。若将相位裕量和增益裕量在伯德图上表示，如图 6－39（b）和图 6－40（b）所示。

在伯德图上增益裕量的表示稍有不同

$$GM^b=K_g^b=20\lg\frac{1}{|G(j\omega_g)H(j\omega_g)|}=-20\lg|G(j\omega_g)H(j\omega_g)| \tag{6-71}$$

当 $K_g^b>0$ 时，则表示闭环系统是稳定的。当 $K_g^b=0$ 时，则表示闭环系统处于稳定的边界。当 $K_g^b<0$ 时，则表明闭环系统是不稳定的。

增益裕量和相位裕量通常作为设计控制系统的频域性能指标。增益裕量和相位裕量的数值较大则表明控制系统非常稳定，但通常这种系统响应速度较慢。增益裕量和相位裕量较小，则表示为一个高度振荡的系统。所以增益裕量和相位裕量过大和过小都不好。较好的经

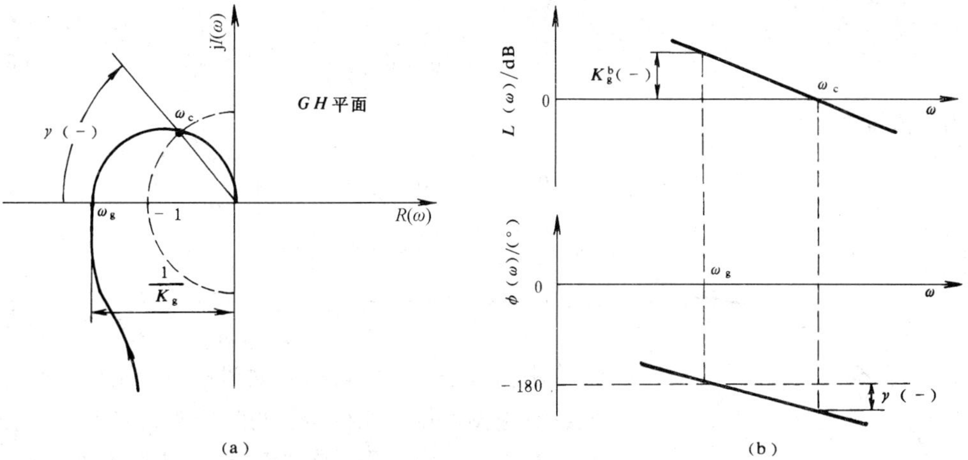

图6－40　不稳定闭环系统对应的相位裕量和增益裕量

(a) 奈氏图；(b) 伯德图

验数值范围是

$$PM=\gamma=30^\circ\sim60^\circ,\quad GM^b=K_g^b\geqslant 6(\mathrm{dB}) \tag{6-72}$$

注意，增益裕量和相位裕量虽然都是反映稳定裕量的两种度量，但是它们定义的量测基点却不是一个状态点，所用的量测方法也不相同。因此，两者之间并没有固定的简单比例关系。当 PM 大时，未必 GM 也大；当 PM 小时，未必 GM 也小。有时恒有 $GM=\infty$，如开环系统为惯性环节时。有时只有 PM 值，没有 GM 值，如开环系统为迟延环节时。总之在进行系统的相对稳定性判断时，应当同时考虑增益裕量和相位裕量，不应当只用其中一项，除非有一项无法考虑。

二、相位裕量与时域指标的关系

当利用伯德图来分析控制系统时，人们常利用相位裕量 γ 和穿越频率 ω_c 来估计系统的动态性能。一般说来，ω_c 越大，表示系统的频带越宽，惯性越小，系统的过渡过程就越快，或者说，调整时间越短。相位裕量 γ 与二阶系统的阻尼系数 ζ 有一一对应的关系。当 $\gamma=30^\circ\sim70^\circ$ 时，相应于阻尼系数 $\zeta=0.3\sim0.8$。通过 γ 与 ζ 的关系，又可推知相位裕量与超调量 σ_P 之间存在的反比关系。

对于一般的系统，阶数不超过两阶的均容易直接进行分析。对于阶数高于两阶的高阶系统又可认为它存在一对主导极点，其系统性能主要由这一对主导极点所决定，所以下面针对标准二阶系统分析所得到的结论也同样适用于这样的高阶系统。

设标准二阶系统的开环频率特性为

$$G(\mathrm{j}\omega)H(\mathrm{j}\omega)=\frac{\omega_n^2}{\mathrm{j}\omega(\mathrm{j}\omega+2\zeta\omega_n)} \tag{6-73}$$

当 $\omega=\omega_c$（增益穿越频率）时，有

$$|G(\mathrm{j}\omega_c)H(\mathrm{j}\omega_c)|=\left|\frac{\omega_n^2}{\mathrm{j}\omega_c(\mathrm{j}\omega_c+2\zeta\omega_n)}\right|=\frac{\omega_n^2}{\omega_c\sqrt{\omega_c^{\ 2}+(2\zeta\omega_n)^2}}=1 \tag{6-74}$$

由此可解得增益穿越频率为

$$\omega_c=\omega_n\sqrt{\sqrt{1+4\zeta^4}-2\zeta^2} \tag{6-75}$$

当 $\omega=\omega_c$ 时，相位

$$\phi(\omega_c)=-90^\circ-\arctan\frac{\omega_c}{2\zeta\omega_n} \tag{6-76}$$

所以相位裕量为

$$\gamma=180^\circ+\phi(\omega_c)=90^\circ-\arctan\frac{\omega_c}{2\zeta\omega_n}=\arctan\frac{2\zeta\omega_n}{\omega_c} \tag{6-77}$$

式（6-75）代入式（6-77），可得

$$\gamma=\arctan\frac{2\zeta}{\sqrt{\sqrt{1+4\zeta^4}-2\zeta^2}} \tag{6-78}$$

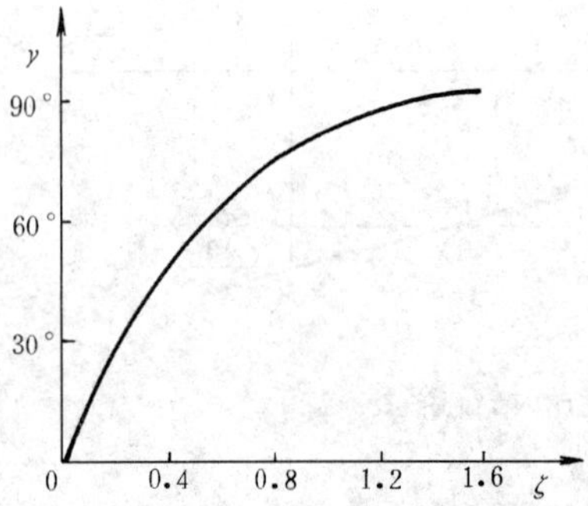

图 6-41 γ—ζ 关系曲线

根据这个关系式可得到如图 6-41 所示的 γ—ζ 关系曲线。由图可见，相位裕量与阻尼系数成正比关系。

在第 3 章中给出了超调量 $\sigma_p\%$ 和阻尼比 ζ 的关系为 $\sigma_p\%=e^{-\pi\zeta/\sqrt{1-\zeta^2}}\times100\%$。将这个函数关系和 γ—ζ 的函数关系绘制在同一坐标图上，则可得到如图 6-42 所示的 γ—$\sigma_p\%$ 关系。根据这个图可以由 γ 直接得到对应的超调量 $\sigma_p\%$，反之，也可由要求的 $\sigma_p\%$ 求得应有的相位裕量 γ。

由第 3 章中给出的二阶系统的调整时间的近似算式

$$\begin{cases} t_s(\Delta=5\%)\approx\dfrac{3}{\zeta\omega_n} \\ t_s(\Delta=2\%)\approx\dfrac{4}{\zeta\omega_n} \end{cases} \quad (0<\zeta<0.9) \tag{6-79}$$

以及式(6-75)，可导出

$$\begin{cases} t_s\omega_c=\dfrac{3}{\zeta}\sqrt{\sqrt{1+4\zeta^4}-2\zeta^2} & (\Delta=5\%) \\ t_s\omega_c=\dfrac{4}{\zeta}\sqrt{\sqrt{1+4\zeta^4}-2\zeta^2} & (\Delta=2\%) \end{cases} \tag{6-80}$$

再据式（6-78）可得

$$t_s\omega_c=\begin{cases} \dfrac{6}{\tan\gamma} & (\Delta=5\%) \\ \dfrac{8}{\tan\gamma} & (\Delta=2\%) \end{cases} \tag{6-81}$$

这就是调整时间 t_s 与相位裕量 γ 的定量关系。这个关系如图 6-43 的曲线所示。当 ω_c 不变时，γ 和 t_s 成反比关系；当 γ 不变时，ω_c 和 t_s 也成反比关系。

三、伯德图与系统稳态误差的关系

第三章中关于系统稳态误差的论述表明：对于给定的输入信号，一个系统的稳态误差和稳态误差系数与这个系统的类型和开环增益 K 值直接相关。下面的分析将表明：**由伯德图中幅频特性渐近线的低频段特性可完全确定系统的类型和开环增益 $\boldsymbol{K}$**。由低频段渐近线的斜率可确定系统的类型。由伯德图幅频特性低频段渐近线上对应于 $\omega=1$ 的值，或该渐近线与实轴的交点 ω_K 的值可以确定稳态误差系数，具体的关系如表 6-2 所示。图 6-44～图 6-46 是这些关系的示意图。注意，若低频段渐近线还未与实轴相交时就有转折，则 ω_K 指

的是低频段渐近线的延长线与实轴的交点。

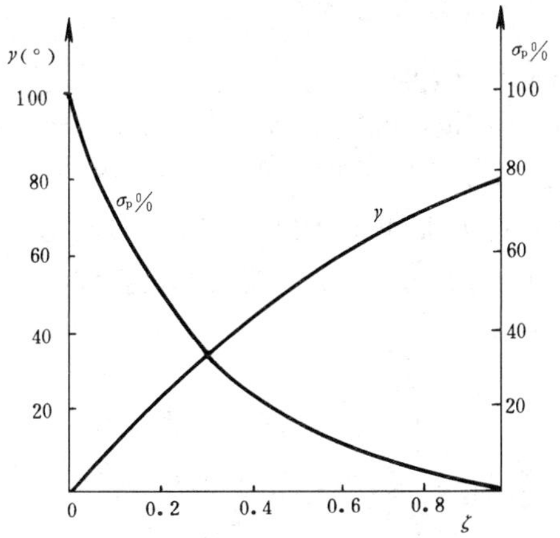

图 6-42　γ，$\sigma_{p}\%$ 与 ζ 的关系

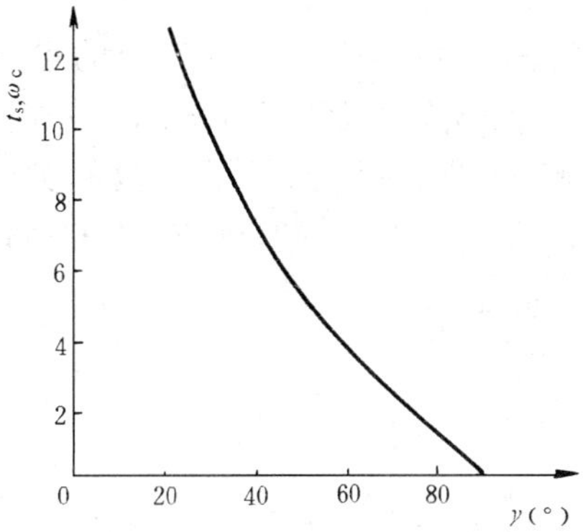

图 6-43　t_{s}，ω_{c} 与 γ 的关系

表 6-2　伯德图幅频特性与系统稳态性能的关系

系统类型＼低频段渐近线特征	斜率 (dB/dec)	$L(\omega=1)$	与横轴的交点 ω_{K}
0 型	0	$20\lg K_{p}$	无交点
1 型	−20	$20\lg K_{v}$	K_{v}
2 型	−40	$20\lg K_{a}$	$\sqrt{K_{a}}$

设开环系统传递函数为

$$G(s)H(s)=\frac{K}{s^{N}(1+Ts)} \tag{6-82}$$

对于 0 型系统（$N=0$）

$$G(j\omega)H(j\omega)=\frac{K_{p}}{1+Tj\omega} \tag{6-83}$$

对数幅频特性为

$$L(\omega)=20\lg K_{P}-20\lg\sqrt{1+(T\omega)^{2}} \tag{6-84}$$

在低频段（$\omega\to 0$）

$$L(\omega)=20\lg K_{p} \tag{6-85}$$

是一条高度为 $20\lg K_{p}$、平行于 ω 轴的直线，如图 6-44 所示。由图可见，0 型系统的对数幅频特性低频段的特征是：渐近线斜率为 0dB/dec，高度为 $20\lg K_{p}$。

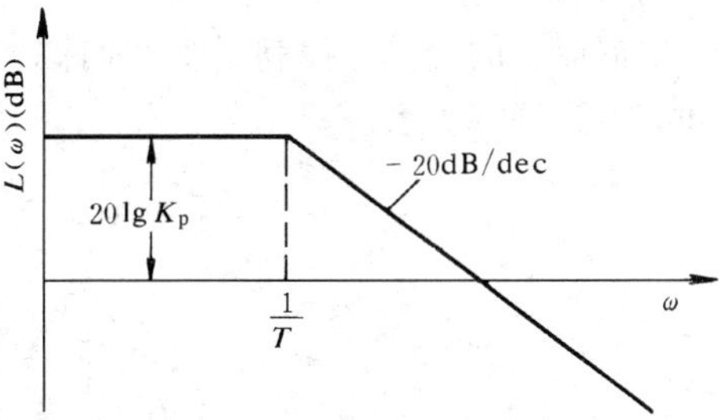

图 6-44　0 型系统的对数幅频特性

对于 1 型系统（$N=1$）：

$$G(j\omega)H(j\omega)=\frac{K_{v}}{j\omega(1+Tj\omega)} \tag{6-86}$$

对数幅频特性为

$$L(\omega)=20\lg K_{\mathrm{v}}-20\lg\omega-20\lg\sqrt{1+(T\omega)^2} \tag{6-87}$$

在低频段

$$L(\omega)=20\lg K_{\mathrm{v}}-20\lg\omega \tag{6-88}$$

式中，$20\lg K_{\mathrm{v}}$ 项对应于 $L(\omega)$ 图上的水平线，$-20\lg\omega$ 对应于斜率为 -20dB/dec 的直线，所以 $L(\omega)$ 低频段曲线斜率为 -20dB/dec。而且当 $L(\omega)=0$ 时，据式（6-88）有 $\omega=K_{\mathrm{v}}$。由图 6-45 可见，1 型系统的对数幅频特性曲线在低频段的特征是：①渐近线斜率为 -20dB/dec；②渐近线或其延长线与横轴的交点 $\omega=K_{\mathrm{v}}$；③渐近线或其延长线在 $\omega=1$ 时的幅值为 $20\lg K_{\mathrm{v}}$。

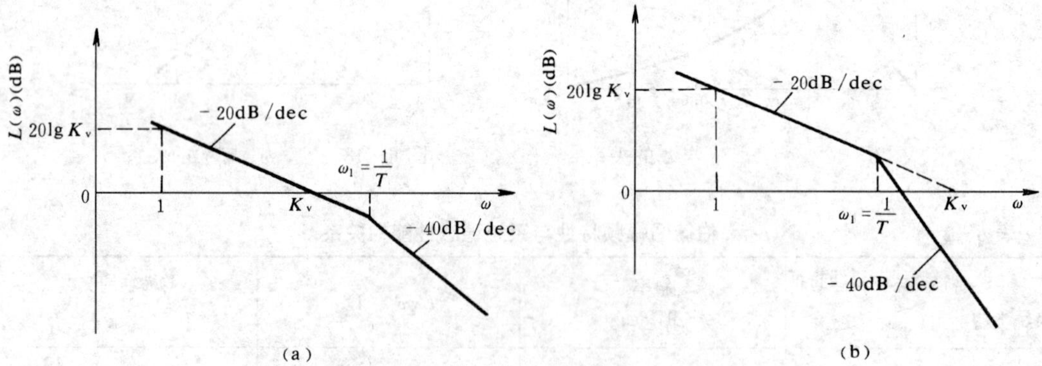

图 6-45　1 型系统的对数幅频特性

(a) $\omega_1>K_{\mathrm{v}}$；(b) $\omega_1<K_{\mathrm{v}}$

对于 2 型系统（$N=2$）

$$G(\mathrm{j}\omega)H(\mathrm{j}\omega)=\frac{K_{\mathrm{a}}}{(\mathrm{j}\omega)^2(1+T\mathrm{j}\omega)} \tag{6-89}$$

对数幅频特性为

$$L(\omega)=20\lg K_{\mathrm{a}}-40\lg\omega-20\lg\sqrt{1+(T\omega)^2} \tag{6-90}$$

在低频段（$\omega\to0$）

$$L(\omega)=20\lg K_{\mathrm{a}}-40\lg\omega \tag{6-91}$$

可见低频段 $L(\omega)$ 的斜率为 -40dB/dec。当 $\omega=1$ 时，$L(\omega)=20\lg K_{\mathrm{a}}$，当 $\omega=\sqrt{K_{\mathrm{a}}}$ 时，$L(\omega)=0$。由图 6-46 可知，2 型系统的伯德图幅频特性低频段的特征是：①渐近线斜率为 -40dB/dec；②渐近线或其延长线与横轴的交点为 $\omega=\sqrt{K_{\mathrm{a}}}$；③渐近线或其延长线在 $\omega=1$ 时的幅值为 $20\lg K_{\mathrm{a}}$。

根据以上的分析，控制系统的伯德图低频渐近线特征与系统的型次 N 和稳态误差 K_x 之间有下列换算关系。

$$\text{系统类型 } N=\frac{|\text{低频渐近线斜率}|}{20} \tag{6-92}$$

$$K_p=10^{\frac{L_0}{20}} \tag{6-93}$$

$$K_N=\omega_0^N \tag{6-94}$$

式（6-93）中的 L_0 为 0 型系统的伯德图低频渐近线与 L（ω）轴的交点坐标值。式

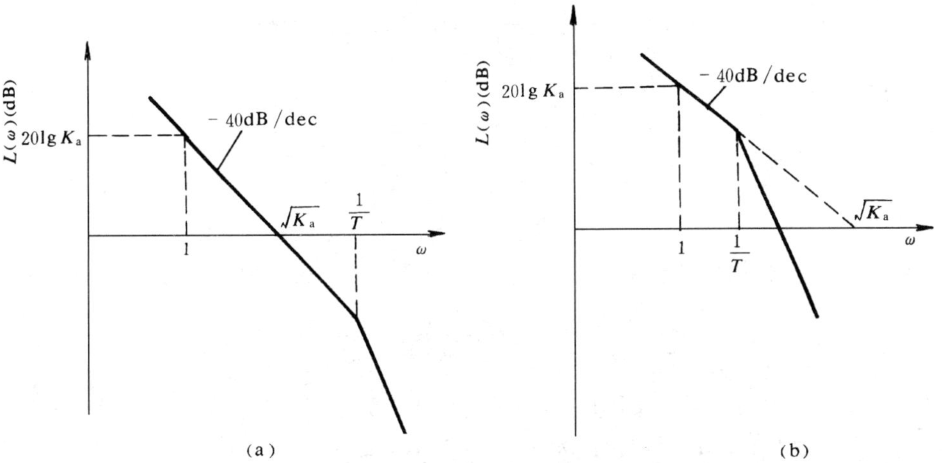

图 6-46　2 型系统的对数幅频特性

(a) $\frac{1}{T} > \sqrt{K_a}$；(b) $\frac{1}{T} < \sqrt{K_a}$

(6-94) 中的 ω_0 为 0 型以上系统的伯德图低频渐近线或其延长线与零分贝线 [$L(\omega)=0$] 的交点坐标值。

6.7　闭环系统频率特性分析

一、闭环频率特性与时域响应特性的关系

控制系统的频率特性分析，除了前面所用的开环频率特性分析方法以外，还可直接对闭环系统频率特性进行分析。为此，明确闭环频率特性的性能指标以及和时域性能指标间的函数关系是很有必要的。

1. 闭环频率特性的性能指标

对于如图 6-47 所示的闭环幅频特性，常用下述三种频域性能指标来评价：

(1) 谐振频率 ω_r 和谐振峰值 M_r：闭环系统的幅值在谐振频率 ω_r 处将取得最大值 M_r，即谐振峰值。

(2) 截止频率和频带宽度 ω_b：当闭环系统的对数幅值 $L(\omega)$ 比初值 $L(0)$ 小 3dB 时，或者说，当闭环系统的幅值 $M(\omega)$ 降至初值 $M(0)$ 的 0.707 倍时的 ω 值称为截止频率 ω_b。由图可见，高于截止频率 ω_b 的信号分量将被滤去，而在 $0\sim\omega_b$ 范围内的信号将允许通过，所以 ω_b 又称为频带宽度或简称带宽。

一般说来，谐振峰值 M_r 不希望过大，因为 M_r 过大时系统振荡剧烈，稳定性差。频带宽度 ω_b 则希望尽可能大一些，因为 ω_b 大则系统具有较快的响应。

2. 闭环频域性能指标与时域性能指标的关系

闭环系统的时域性能常以标准二阶系统的时域性能指标来衡量。下面将给出三种常用的时域性能指标与频域性能指标之间的关系。

(1) 谐振峰值 M_r 和超调量 $\sigma_P\%$ 的关系。

在 6.4 节中已导出谐振峰值 M_r 和阻尼比 ζ 的关系为

$$M_r=\frac{1}{2\zeta\sqrt{1-\zeta^2}}\quad(0<\zeta<0.707)\tag{6-95}$$

该关系又可表示为

$$\zeta=\sqrt{\frac{1-\sqrt{1-\frac{1}{M_r^2}}}{2}}\tag{6-96}$$

将它代入到第3章中给出的ζ与$\sigma_P\%$关系$\sigma_P\%=e^{-\pi\zeta/\sqrt{1-\zeta^2}}\times100\%$中就得到$M_r$和$\sigma_P\%$的关系式

$$\sigma_P\%=e^{-\pi\sqrt{\frac{M_r-\sqrt{M_r^2-1}}{M_r+\sqrt{M_r^2-1}}}}\times100\%\tag{6-97}$$

据此式可得$M_r\sim\sigma_P\%$关系图，如图6-48所示，M_r为1.2～1.5时，$\sigma_P\%$为20%～30%，较为合适。当$M_r>2$时，$\sigma_P\%$将超过40%，一般不可取。

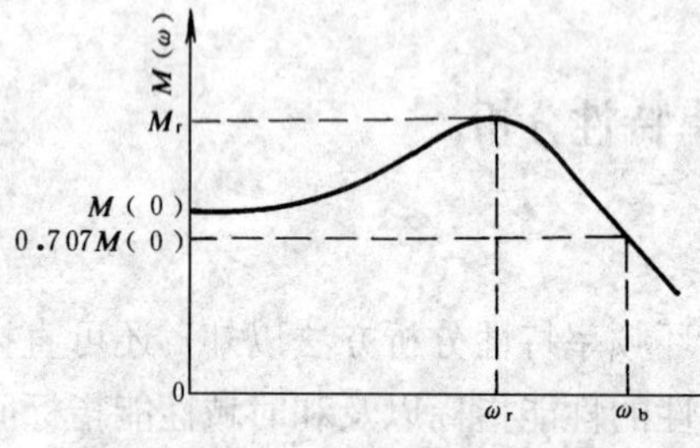

图6-47 闭环系统频域指标定义

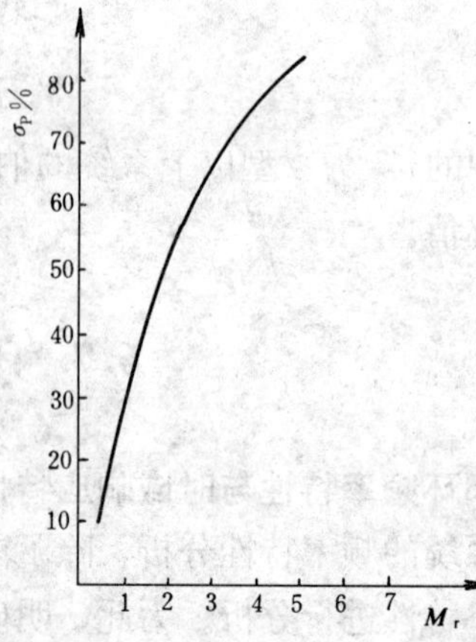

图6-48 $M_r\sim\sigma_P\%$关系曲线

（2）谐振峰值M_r和调整时间t_s的关系。

据第3章中给出的调整时间计算式$t_s\approx\begin{cases}\dfrac{3}{\zeta\omega_n} & (\Delta=5\%)\\[2mm]\dfrac{4}{\zeta\omega_n} & (\Delta=2\%)\end{cases}$，将式（6-94）代入上式后可得

$$t_s\omega_n\approx\begin{cases}3\sqrt{\dfrac{2M_r}{M_r-\sqrt{M_r^2-1}}} & (\Delta=5\%)\\[2mm]4\sqrt{\dfrac{2M_r}{M_r-\sqrt{M_r^2-1}}} & (\Delta=2\%)\end{cases}\tag{6-98}$$

代入ω_n和ω_r的关系$\omega_r=\omega_n\sqrt{1-2\zeta^2}$，可得

$$\omega_r t_s\approx\begin{cases}3\sqrt{\dfrac{2\sqrt{M_r^2-1}}{M_r-\sqrt{M_r^2-1}}} & (\Delta=5\%)\\[2mm]4\sqrt{\dfrac{2\sqrt{M_r^2-1}}{M_r-\sqrt{M_r^2-1}}} & (\Delta=2\%)\end{cases}\tag{6-99}$$

当 $\Delta=5\%$ 时，$\omega_r t_s \sim M_r$ 关系如图 6-49 所示。可见 M_r 和 t_s 成正比，而 ω_r 与 t_s 成反比。

（3）频带宽度 ω_b 与阻尼比 ζ 的关系。

对于标准二阶系统，当 $\omega=\omega_b$ 时，有

$$\left|\frac{\omega_n^2}{(j\omega_b)^2+2\zeta\omega_n(j\omega_b)+\omega_n^2}\right|=0.707 \tag{6-100}$$

从而解得

$$\frac{\omega_b}{\omega_n}=\sqrt{1-2\zeta^2+\sqrt{2-4\zeta^2+4\zeta^4}} \tag{6-101}$$

据此式可得 $\frac{\omega_b}{\omega_n}\sim\zeta$ 关系曲线，如图 6-50 所示。它表明，当 ω_n 为定值时，ω_b 与 ζ 成反比关系。或者说，带宽 ω_b 越大，则系统的阻尼比越小，系统响应越快。

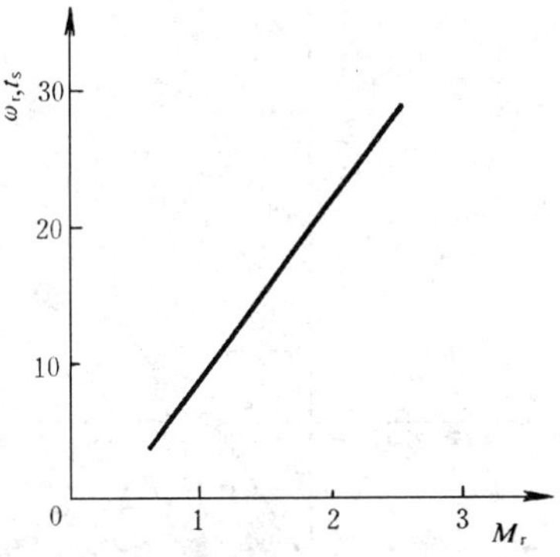

图 6-49　$M_r\sim\omega_r t_s$ 关系曲线

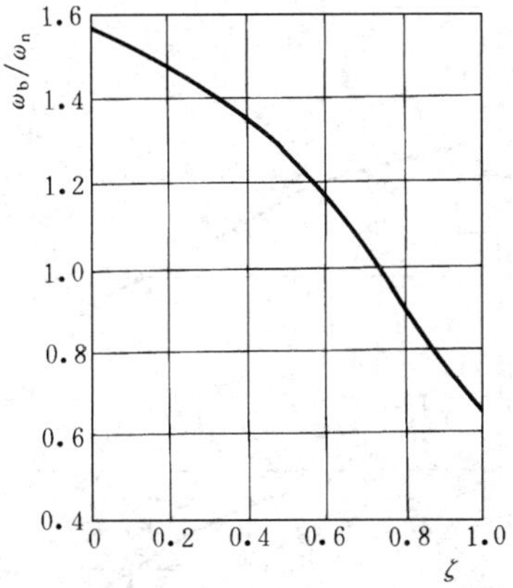

图 6-50　$\frac{\omega_b}{\omega_n}\sim\zeta$ 关系曲线

二、闭环频率特性的求法

1. 第一种方法

对于一个实际的控制系统，若已知它的闭环传递函数 $W(s)$，则可通过代入 $s=j\omega$ 直接求得闭环系统的频率特性 $W(j\omega)$。然后可作出曲线 $W(j\omega)$ 进行前述的闭环频率特性分析。

2. 第二种方法

若已知一个闭环控制系统的开环传递函数为 $G(s)H(s)$，则可通过传递函数的综合计算求得闭环传递函数 $W(s)$，进而得到闭环频率特性 $W(j\omega)$。

3. 第三种方法

若已知一个闭环控制系统的开环频率特性为 $G(j\omega)H(j\omega)$ 的奈氏图或伯德图，则可利用标有等 M 圆和等 N 圆的奈氏图由奈氏曲线推算出闭环频率特性 $W(j\omega)$ 的曲线。这里，M 为闭环频率特性的幅值，N 为闭环频率特性的相角正切函数，α 为闭环频率特性的相角)。

4. 第四种方法

利用尼科尔斯线图由伯德图综合得到的对数幅相特性曲线推算出闭环频率特性 $W(j\omega)$ 的曲线。

上述第一、第二种方法只适用于所分析系统的数学模型已知的情况。第三、第四种方法

只要求开环频率特性曲线已知。当开环频率特性曲线可由实验获得时，则不要求知道系统的数学模型。因此第三、第四种方法更适合于工程实际。又因对数坐标图的优势性，使得第四种方法比第三种方法更为简便实用。所以利用尼氏线图的方法是传统上最常用的方法。不过，第三和第四种方法还只能算手工绘制的方法，耗费人工。由于利用计算机辅助分析软件如 MATLAB，可以很方便地根据已知的开环频率特性曲线推算出闭环系统的数学模型，于是利用第一种和第二种方法就可求取闭环频率特性。

三、对数幅相图与尼科尔斯（Nichols）图

对数幅相图是以频率特性幅值为纵坐标，以相角为横坐标的直角坐标图，它可看成是伯德图的幅频特性图和相频特性图的合并。当伯德图已知时，对数幅相图很容易得到。具体做法是：在伯德图上读取若干点$\{\omega_i\}$的$\{L(\omega_i),\ \phi(\omega_i)\}$，再以$L(\omega_i)$为纵坐标值以$\phi(\omega_i)$为横坐标值在对数幅相图上标出这些点$\{L(\omega_i),\ \phi(\omega_i)\}$，连接这些点就得到对数幅相曲线，见图 6-51。

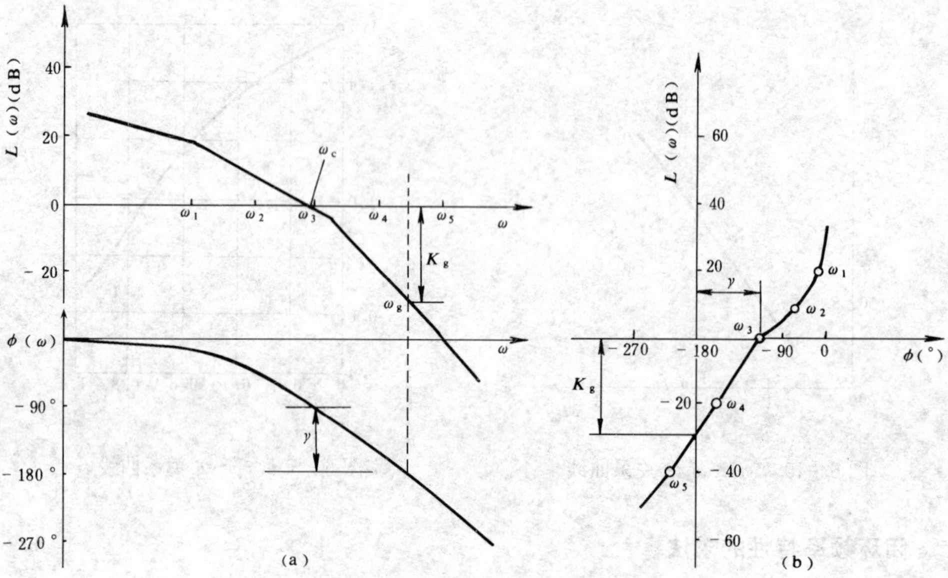

图 6-51　伯德图和相应的对数幅相图

(a) 伯德图；(b) 对数幅相图

在对数幅相图上表示相位裕量γ和增益裕量K_g更为直接。图 6-52 给出了极坐标图（a）、伯德图（b）和对数幅相图（c）三种图示方式下的相位裕量和增益裕量。由图可见，当用对数幅相图表示时，相位裕量就是曲线与实轴的交点至原点的距离（当交点在正实轴上时为正值），而增益裕量就等于曲线与虚轴的交点至原点的距离（当交点在负虚轴上时为正值）。

对于开环系统而言，其奈氏图是它的频率特性的极坐标图示，其伯德图是它的频率特性的对数坐标图示，其对数幅相图则是它的频率特性的对数幅相图示。为了能从开环频率特性的对数幅相图上解读出闭环频率特性信息，将奈氏图上的等M圆和等N圆变换到对数幅相图上。为此有作图法和分析法两种途径。当用作图法时，可在每个M圆上设点，读取每点的幅值和相角，然后在对数幅相图上确定映射点，最后连点成线。若用分析法时，则从圆方程出发，将直角坐标转换为幅相坐标，求得对数幅相图下的轨迹方程，然后依据方程描线。

可以证明等M圆在对数幅相图上的轨迹方程为

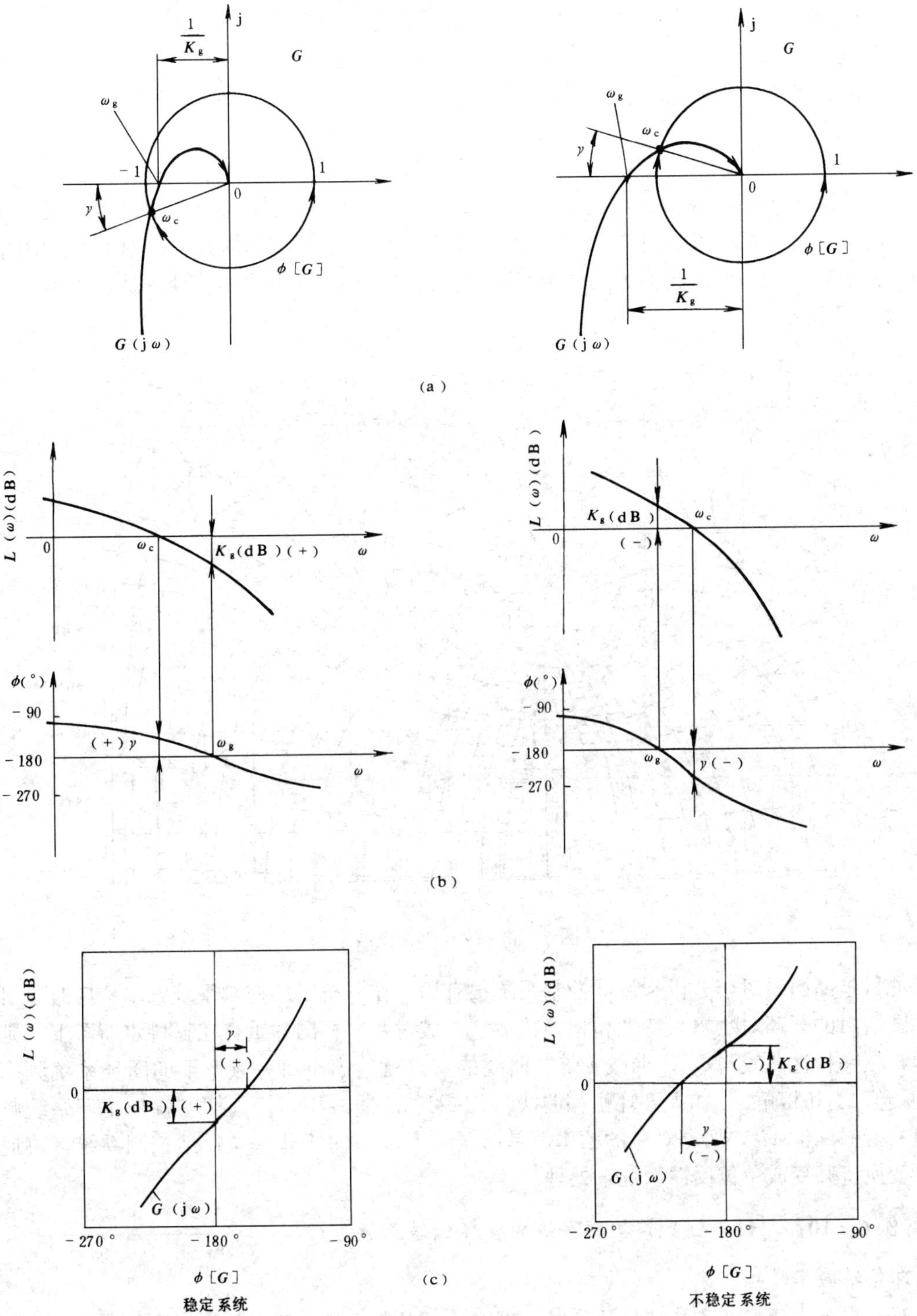

图 6-52　相位裕量和增益裕量

(a) 极坐标图；(b) 伯德图；(c) 对数幅相图

$$L(\omega)=20\lg\left[\frac{-M^2}{M^2-1}\cos\phi\pm\sqrt{\left(\frac{M^2}{M^2-1}\right)^2\cos^2\phi-\frac{M^2}{M^2-1}}\right] \quad (6-102)$$

以 M 为参变量，令 ϕ 从 $-0\to-180°$，就可得等 M 曲线簇。

还可以证明等 N 圆在对数幅相图中的轨迹方程为

$$L(\omega)=20\lg\frac{\sin(\phi-\alpha)}{\sin\alpha} \quad (6-103)$$

当以闭环相角 α 为参变量时，令 ϕ 从 $0\to180°$，就可得到等 N（等 α）曲线簇。如图 6-53 所示，对数幅相图中的等 M 曲线和等 N 曲线已不是圆形的轨迹了。对数幅相图中的等 M 曲线簇和等 N 曲线簇称为**尼科尔斯图线**。具有尼科尔斯图线的特性图称为**尼科尔斯图**或简称为**尼氏图**。

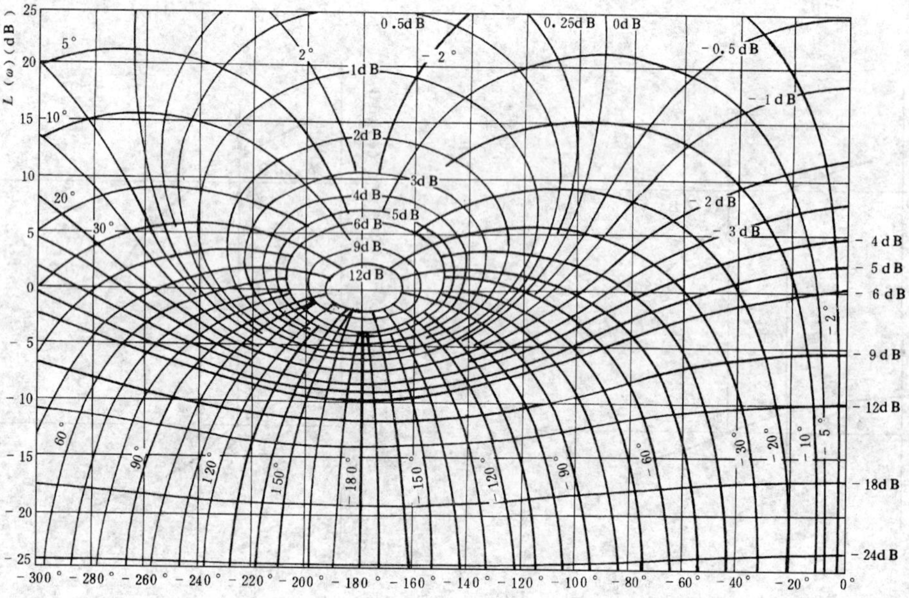

图 6-53　尼科尔斯图线

尼科尔斯图线对于分析和设计控制系统很有用。在分析闭环控制系统频率特性时，可将伯德图给出的开环对数幅频特性和相频特性合并成对数幅相图并重叠在尼科尔斯图上，则开环幅相频率特性曲线与等 M 曲线和等 α 曲线的交点就给出了每一频率下的闭环系统频率特性的幅值 M 和相角 α。如果开环幅相曲线与某一等 M 曲线相切，则切点就是闭环系统频率特性的谐振峰值 M_r，切点对应的频率就是谐振频率 ω_r。对于非单位反馈控制系统，可通过等效变换将其变成单位反馈系统来处理。

【例 6-10】　设单位反馈控制系统的开环传递函数为 $G(s)=\dfrac{1}{s(s+1)(0.5s+1)}$，试求闭环系统频率特性。

解　先画出开环频率特性的伯德图，再将伯德图的幅频特性和相频特性合并为开环对数幅相特性曲线并叠加在尼氏图上，如图 6-54（a）上的粗实线。从这条曲线与等 M 线和等 N 线的交点或切点可读取相应的闭环 M、α 及 ω。根据这些数据就可画出闭环幅频特性和相频特性曲线，如图 6-54（b）所示。当 $\omega=0.8$ 时，开环曲线与 $M=5$(dB) 的等 M 曲线相切，所以可得到闭环幅频特性的谐振峰值为 $M_r=5(\mathrm{dB})$，谐振频率 $\omega_r=0.8(\mathrm{rad/s})$。

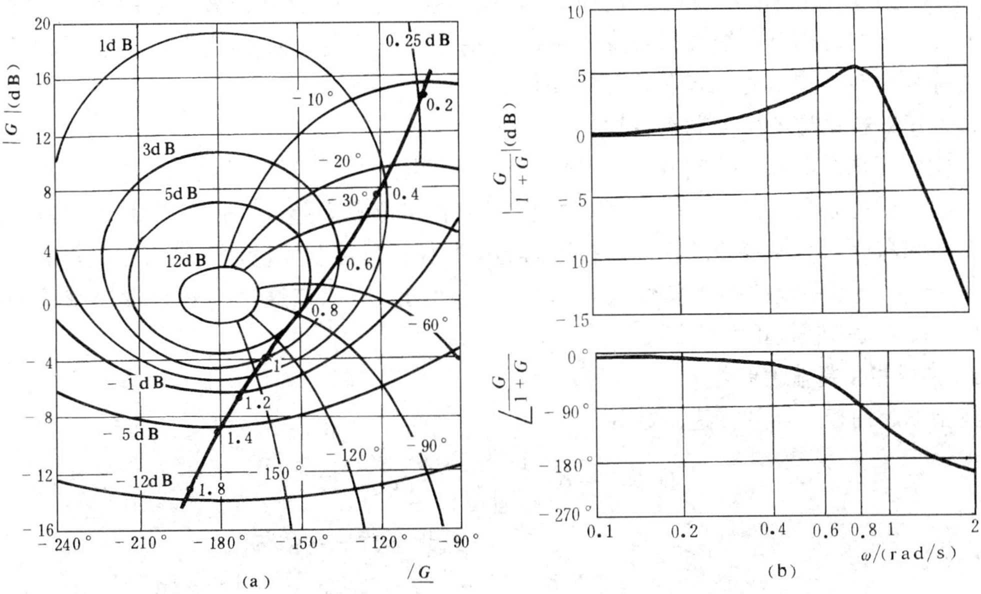

图 6－54　由尼氏图求闭环频率特性

(a) 重叠在尼氏图上的开环对数幅相曲线 $G(\mathrm{j}\omega)$；(b) 闭环幅频和相频特性曲线

6.8　控制系统的频域设计

若系统的性能指标以稳态误差、相位裕量和增益裕量等频域指标表示，那么用频率特性法设计控制器是很方便的。应用频域法设计控制器最经典的范例是典型串联校正型控制器频域设计（其控制系统结构参见图 5－24）。下面将给出典型超前控制器、典型滞后控制器和典型滞后—超前控制器的频率特性设计方法。其中的设计原理和方法可以推广应用于其他类型的控制器设计。

一、控制系统期望频率特性（期望伯德图）

通常所期望的开环频率特性是：低频段增益应足够大，以保证稳态精度的要求；中频段一般以－20dB/dec 的斜率穿越零分贝线，并维持一定的宽度，以保证合适的相位裕量和增益裕量，从而使系统具有良好的动态性能；高频段的增益要尽可能地小，以便使系统噪声影响降低到最小。如图 6－55 所示。通常，称 A 区为稳态误差禁区，因为系统的幅频特性曲线一旦落进该区，则系统的稳态误差将超出期望指标。而 B 区可认为是抗干扰性能（鲁棒性）禁区，虽然尚无具体的指标约束，但设计时也应尽量使系统幅频曲线不进

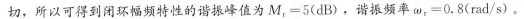

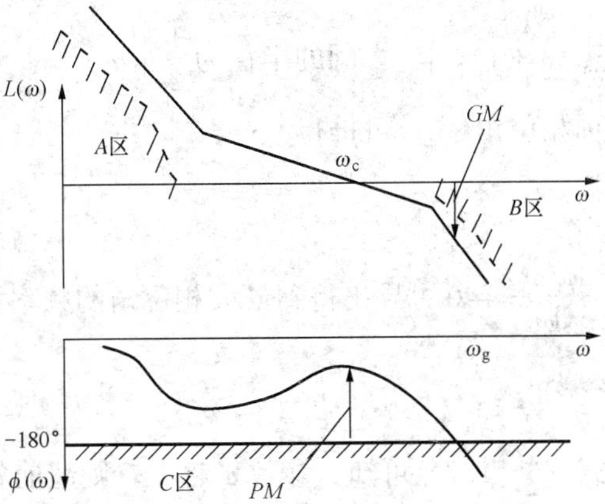

图 6－55　期望频率特性

入。至于 C 区则显然是不稳定区。可见，频域设计的目的就是使系统幅频曲线在低频段抬高到 A 区之上，在高频段压低至 B 区以下，在中频段拉平，使之以较小的斜率穿越零分贝线。此外，还要使相频曲线在增益穿越频率处抬高到期望的 PM 值之上，再压低相位穿越频率使幅频曲线上测出的 GM 值大于期望值。

二、串联校正型典型控制器特性

串联校正是最常用的控制方式。串联校正型控制器的特性按照其频率特性上的相位超前或滞后的性质可分为三类：相位超前、相位滞后和相位滞后超前。以下分别介绍典型的超前、滞后和滞后超前控制器的特性。在后面的串联校正型控制器设计中，将看到控制器的增益 K_c 主要是根据系统的稳态特性要求来单独设计的，所以在这里不妨暂设控制器的增益 $K_c=1$，只考虑串联校正型控制器的动态特性。

1. 典型相位超前控制器

典型的超前控制器的传递函数为

$$G_c(s)=K_c\frac{1+\alpha Ts}{1+Ts}\quad(\alpha>1)\tag{6-104}$$

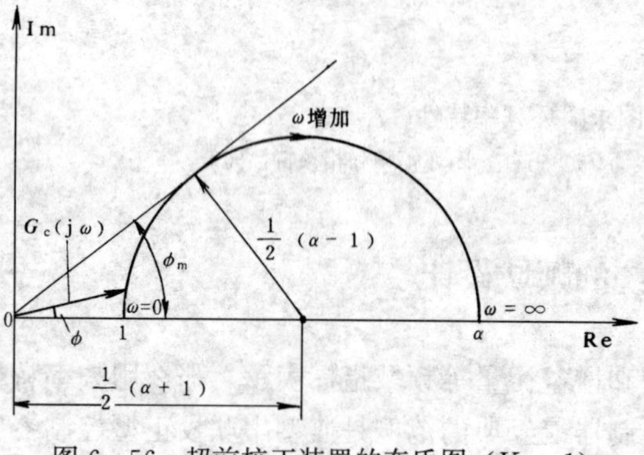

图 6-56 超前校正装置的奈氏图（$K_c=1$）

其频率特性函数为

$$G_c(j\omega)=K_c\frac{1+\alpha T\omega j}{1+T\omega j}\quad(\alpha>1)\tag{6-105}$$

其幅频特性和相频特性为

$$\begin{cases}M(\omega)=K_c\sqrt{\dfrac{1+(\alpha T\omega)^2}{1+(T\omega)^2}}\\ \phi(\omega)=\arctan\dfrac{T\omega(\alpha-1)}{1+\alpha T^2\omega^2}\end{cases}\tag{6-106}$$

设 $K_c=1$，据以上关系可画出超前控制器特性的奈氏图（见图 6-56）和伯德图（见图 6-57）。

由图 6-56 可见，超前控制器的奈氏曲线为一个处在第一象限的半圆，圆心坐标为 $\left[\frac{1}{2}(\alpha+1),\ j0\right]$，圆的半径为 $\frac{1}{2}(\alpha-1)$。从原点到半圆作切线，它与正实轴的夹角为最大超前相位角 ϕ_m，可推得

$$\phi_m=\arcsin\frac{\alpha-1}{\alpha+1}\tag{6-107}$$

令 $\frac{d\phi(\omega)}{d\omega}=0$ 可导出得到最大相位角的频率为

$$\omega_m=\frac{1}{T\sqrt{\alpha}}\tag{6-108}$$

由式（6-107）可知，参数 α 越大，则超前相位角 ϕ_m 越大。

由图 6-57 所示的伯德图可以看出，当 $\omega\to0$ 时，$M(\omega)\to1$，而当 $\omega\to\infty$ 时，$M(\omega)$ 趋于最大值。所以超前控制器是一个高通滤波器（高频通过，低频被衰减）。

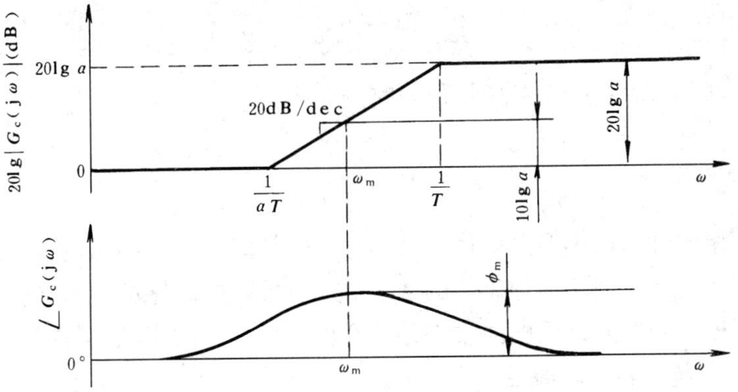

图 6-57　超前校正装置的伯德图（$K_c=1$）

2. 典型相位滞后控制器

典型的滞后控制器的传递函数为

$$G_c(s)=K_c\frac{1+Ts}{1+\alpha Ts}\quad(\alpha>1)\tag{6-109}$$

其频率特性函数为

$$G_c(j\omega)=K_c\frac{1+T\omega j}{1+\alpha T\omega j}\quad(\alpha>1)\tag{6-110}$$

相应的幅频特性和相频特性为

$$\begin{cases}M(\omega)=K_c\sqrt{\dfrac{1+(T\omega)^2}{1+(\alpha T\omega)^2}}\\ \phi(\omega)=\arctan\dfrac{T\omega(1-\alpha)}{1+\alpha T^2\omega^2}\end{cases}\tag{6-111}$$

设 $K_c=1$，典型滞后控制器的奈氏图见图 6-58，伯德图见图 6-59。

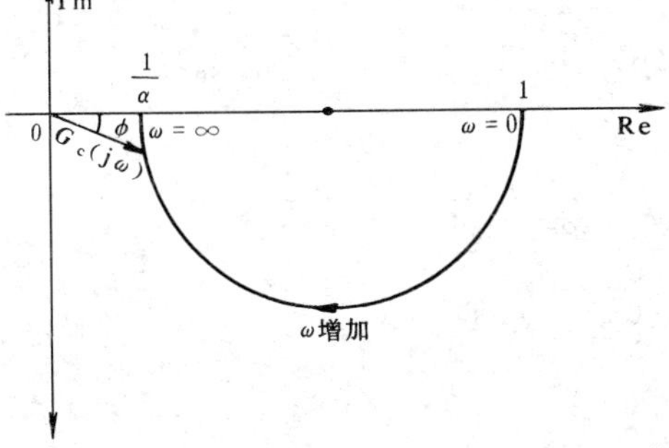

图 6-58　滞后校正装置的奈氏图（$K_c=1$）

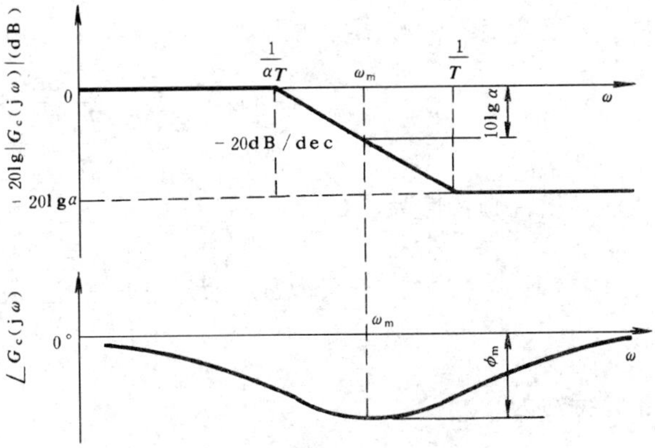

图 6-59　滞后校正装置的伯德图（$K_c=1$）

由图 6-58 可见，其奈氏曲线为一个处在第四象限的半圆，其圆心在 $\left[\frac{1}{2}\left(1+\frac{1}{\alpha}\right),\ j0\right]$，半径为 $\frac{1}{2}\left(1-\frac{1}{\alpha}\right)$。从原点到半圆作切线，它与正实轴的夹角为最大滞后相位角 ϕ_m，可推得

$$\phi_{\mathrm{m}}=\arcsin\frac{\alpha-1}{\alpha+1} \tag{6-112}$$

令$\dfrac{\mathrm{d}\phi\ (\omega)}{\mathrm{d}\omega}=0$，可导出达到最大滞后相位角时的频率为

$$\omega_{\mathrm{m}}=\frac{1}{T\sqrt{\alpha}} \tag{6-113}$$

与式（6-108）相比可知，典型滞后控制器的 ω_{m} 和典型超前控制器的 ω_{m} 与参数 α 的关系相同。此外，相比可知典型超前控制器的 ϕ_{m} 和典型滞后控制器的 ϕ_{m} 与参数 α 的关系也是相同的。而且两种控制器的奈氏图曲线都是靠在横坐标轴上的半圆。

3. 典型滞后—超前控制器特性

在控制系统中，常用的比例积分微分（PID）控制器也是一种滞后超前控制器。PID 控制器的传递函数为 $G_{\mathrm{c}}(s)=K_{\mathrm{p}}\left(1+T_{\mathrm{d}}s+\dfrac{1}{T_{\mathrm{i}}s}\right)$。很明显，该控制器的输出是输入信号的比例、积分、微分三种作用的叠加。微分使相角超前、积分又使相角滞后。微分环节相当于高通滤波器，积分环节又相当于低通滤波器。总的效果是，在 ω 增大方向上先相位滞后，后相位超前，高频信号和低频信号均通过，而中间频段的信号被衰减。虽然 PID 控制器是一种相位滞后超前的校正环节，但是在传统上所论及的和用频域法来设计的却是下面所述的典型滞后—超前控制器。

设典型滞后—超前控制器的传递函数为

$$G_{\mathrm{c}}(s)=K_{\mathrm{c}}\frac{(T_1s+1)(T_2s+1)}{\left(\dfrac{T_1}{\beta}s+1\right)(\beta T_2s+1)}\quad(\beta>1) \tag{6-114}$$

式中，前半部分$\dfrac{T_1s+1}{\dfrac{T_1}{\beta}s+1}$为超前校正，后半部分$\dfrac{T_2s+1}{\beta T_2s+1}$为滞后校正。令 $s=\mathrm{j}\omega$，可得典型滞后—超前控制器的频率特性为

$$G_{\mathrm{c}}(\mathrm{j}\omega)=K_{\mathrm{c}}\frac{(T_1\omega\mathrm{j}+1)(T_2\omega\mathrm{j}+1)}{\left(\dfrac{T_1}{\beta}\omega\mathrm{j}+1\right)(\beta T_2\omega\mathrm{j}+1)} \tag{6-115}$$

从而导出幅频特性为

$$M(\omega)=K_{\mathrm{c}}\frac{\sqrt{(T_1\omega)^2+1}\sqrt{(T_2\omega)^2+1}}{\sqrt{\left(\dfrac{T_1}{\beta}\omega\right)^2+1}\sqrt{(\beta T_2\omega)^2+1}} \tag{6-116}$$

相频特性为

$$\phi(\omega)=\arctan\frac{T_1\omega\left(1-\dfrac{1}{\beta}\right)}{1+\dfrac{(T_1\omega)^2}{\beta}}+\arctan\frac{T_2\omega(1-\beta)}{1+\beta(T_2\omega)^2} \tag{6-117}$$

当 $K_{\mathrm{c}}=1$ 时，可绘得滞后—超前控制器的奈氏图（如图 6-60 所示）和伯德图（如图 6-61 所示）。由图可见，当角频率 ω 在 $0\to\omega_1$ 变化时，滞后超前控制器起相位滞后校正作用；当

ω 在 $\omega_1 \to \infty$ 之间变化时，它起超前校正作用。另外不难算出对应于相位角为零的频率 ω_1 为

$$\omega_1 = \frac{1}{\sqrt{T_1 T_2}} \tag{6-118}$$

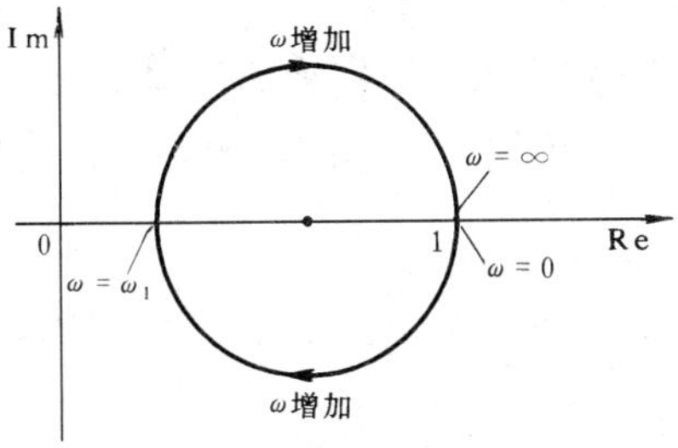

图 6-60　相位滞后—超前校正装置的奈氏图（$K_c=1$）

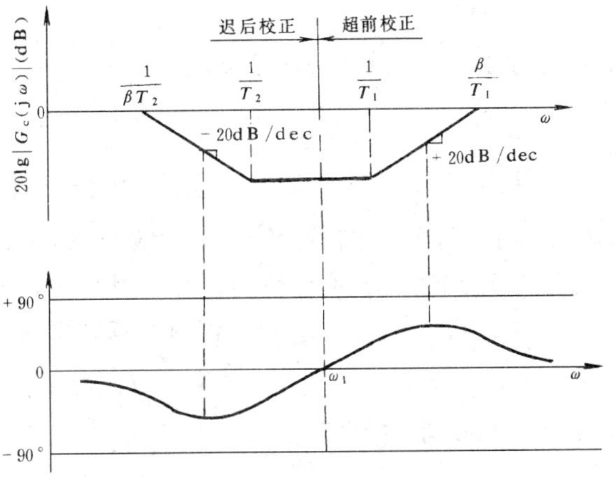

图 6-61　相位滞后—超前校正装置的伯德图（$K_c=1$）

三、基于串联校正型典型控制器的频率特性法设计

串联校正型典型控制器的频率特性法设计思路是先稳态后动态。具体就是先进行稳态特性设计，确定 K_c，再根据仅串接 K_c 比例控制器的控制系统频率特性性能和系统控制要求来决策采用何种动态校正环节（动态校正环节指 $K_c=1$ 的串联校正控制器，如超前动态校正环节 $\frac{1+\alpha Ts}{1+Ts}$）。例如，仅串接 K_c 的控制系统的频带不够宽，或者说响应不够快，则可采用超前动态校正。若是仅串接 K_c 的控制系统的频带够宽了但相位裕量不够，则可采用滞后动态校正。若是仅串接 K_c 的控制系统的频带不够宽，且相位裕量也不够，则可先进行超前动态校正，再把超前控制器和受控过程串在一起看成新的受控过程，再进行滞后动态校正。或者直接进行滞后超前动态校正。

串联校正型典型控制器的频率特性法设计步骤可概括为下列四步：

第一步是根据稳态误差性能指标的要求确定 K_c。所依据的设计公式为

$$K_c = \frac{K_M}{\lim\limits_{s \to 0} s^M G_0(s)} \tag{6-119}$$

式中，M 为控制系统的型次，K_M 为期望的稳态误差系数。

第二步是绘出仅串接 K_c 的控制系统 $[G_1(s) = K_c G_0(s)]$ 的伯德图。

第三步是分析已绘的伯德图，决策采用何种动态校正环节。具体决策原则可简述为：①若 $G_1(s)$ 的 ω_{c1} 小于期望的 ω_{cq}，则选超前校正动态环节；②若 $G_1(s)$ 的 ω_{c1} 大于期望的 ω_{cq}，或者系统对期望 ω_{cq} 无要求，则选滞后校正动态环节；③若所选的超前角大于 90 度或者选滞后校正后又需要相位超前，则选滞后一超前校正动态环节。

第四步是动态校正环节设计。按所选择的动态校正环节类型进行下述的具体设计。

1. 典型超前控制器动态校正环节的频域法设计

（1）测取相位裕量，确定使相位裕量达到规定值所需要增加的相位超前角 ϕ_m。

（2）计算系数 α，$\alpha=\dfrac{1+\sin\phi_m}{1-\sin\phi_m}$。

（3）将 ω_m 作为校正后新的幅频特性的穿越频率 ω_c'，即 $\omega_c'=\omega_m$，利用作图法可求出 ω_m。因为 $\omega=\omega_m$ 的幅值为$\left(考虑\ \omega_m=\dfrac{1}{T\sqrt{\alpha}}\right)\left|\dfrac{1+j\alpha\omega T}{1+j\omega T}\right|_{\omega=\omega_m}=\left|\dfrac{1+j\alpha\dfrac{T}{T\sqrt{\alpha}}}{1+j\dfrac{T}{T\sqrt{\alpha}}}\right|=\sqrt{\alpha}$。所以可知 $L(\omega)$ 曲线上的穿越频率 ω_c 的右侧距横轴 $-20\lg\sqrt{\alpha}$ 处即为新的穿越频率对应点。可以作一条离横轴为 $-20\lg\sqrt{\alpha}$ 的平行线，从此线与原 $L(\omega)$ 线的交点作垂线至横轴即得到 ω_m。

用作图法求解 ω_m 不够精确，可改用方程求解计算法。根据上述作图法原理可推导出式（6－120）所示的方程，ω_m 可根据该方程解出。

$$\sqrt{\alpha}\,|G_1(\omega_m)|=1 \tag{6-120}$$

（4）由 ω_m 求参数 T，

$$T=\frac{1}{\omega_m\sqrt{a}} \tag{6-121}$$

（5）画出已动态校正后系统的伯德图或尼氏图，检验性能指标是否满足设计要求。

【例 6－11】 设有一单位反馈系统，其开环传递函数为 $G_0(s)=\dfrac{4}{s(s+2)}$，试求性能指标为 $K_v=20(1/s)$，$PM>50°$，$GM>10\text{dB}$ 的校正环节。

解 先据 K_v 值求 K_c。$K_v=\lim\limits_{s\to0}sG_0(s)K_c=\lim\limits_{s\to0}s\ \dfrac{4K_c}{s(s+2)}=2K_c=20$。可求出 $K_c=10$。可绘出只串接 K_c 系统 $G_1(s)=K_cG_0(s)=\dfrac{40}{s(s+2)}$ 的伯德图，如图 6－62 所示。由图可见，该系统的相位裕量为 17°，不满足要求，而增益裕量为∞dB，已满足要求。据题意超前相角至少为 50°－17°＝33°，考虑到校正后系统的穿越频率要向右移使原有的 17°减少几度，这里估算为 5°，这样超前相位角暂定为 $\phi_m=33°+5°=38°$。由 ϕ_m 计算 α 值，

$$\alpha=\frac{1+\sin\phi_m}{1-\sin\phi_m}=4.17$$

用作图法确定 ω_m。因为 $20\lg\sqrt{\alpha}=6.2\text{dB}$，所以在 $L(\omega)$ 曲线上找出与 -6.2dB 线的交点，就可确定 $\omega_m=\omega_c'=9$（rad/s），于是参数 $T=\dfrac{1}{\omega_m\sqrt{\alpha}}=\dfrac{1}{9\sqrt{4.17}}=0.054$，最后确定校正环节为

$$G_c(s)=K_c\,\frac{1+aTs}{1+Ts}=10\times\frac{1+0.225s}{1+0.054s}$$

作出校正后系统 $G_c(s)G_0(s)$ 的伯德图，如图 6－62 中的实线所示。由图可见，校正后系统的穿越频率 ω_c 从 6.3rad/s 增至 9rad/s 从而增加了系统的带宽和反应速度，还使相位裕量增加到 50°，系统满足了期望的性能指标。

图 6－63 是动态校正后系统的尼科尔斯图。由图可见，系统的谐振峰值 M_r 从 9dB 左右变为 1.3dB。这说明校正后系统的相对稳定性得到了改善，超调量大大减小。

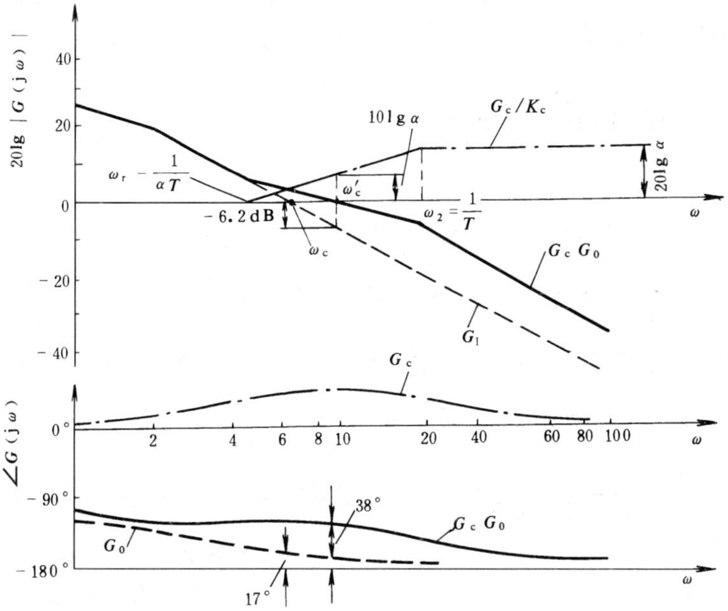

图 6-62　超前校正装置及动态校正前后系统的伯德图

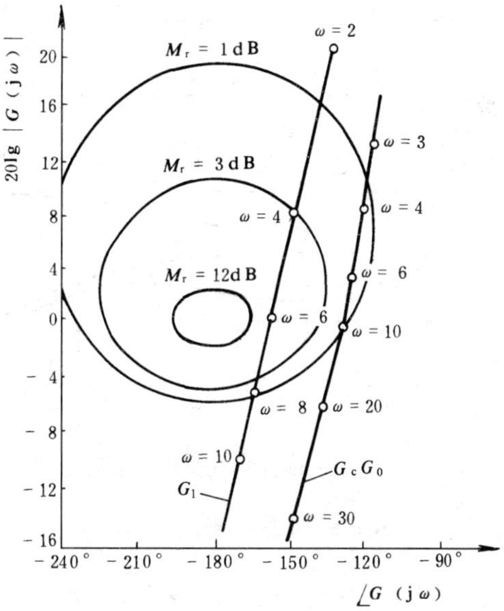

图 6-63　动态校正前后系统的尼科尔斯图

由上例可以看出，超前校正对系统性能有下列影响：

（1）增加了开环频率特性在幅值穿越频率附近的正相角和相位裕量；

（2）减少了开环对数幅频曲线在幅值穿越频率上的负斜率，提高了系统的相对稳定性；

（3）增大了系统的频带宽度；

（4）减少了阶跃响应的超调量。

2. 典型滞后控制器动态校正环节的频域法设计

（1）分析该系统的伯德图，求出其增益裕量和相位裕量。

（2）寻找一个新的幅值穿越频率 ω'_c，在 ω'_c 处 $G_0(j\omega)$ 的相角应等于 $-180°$ 加上所要求的相位裕量再加 5°～12°（补偿滞后控制器造成的相位滞后）。见式（6-122）。

$$\angle G_0(j\omega'_c)=-180+PM+\varepsilon,\quad \varepsilon=5\sim12 \tag{6-122}$$

（3）为使滞后校正对系统的相位滞后影响较小（一般限制在 5°～12°），取滞后控制器的第一个转角频率

$$\omega_1=\frac{1}{T}=\left(\frac{1}{5}\sim\frac{1}{10}\right)\omega'_c \tag{6-123}$$

（4）为解出 α，令滞后动态校正所能产生的最大衰减幅值等于只串接 K_c 系统在 ω_c' 处降至 0dB 所需的衰减幅值，即

$$\alpha = |G_1(\omega_c')| \tag{6-124}$$

（5）确定滞后控制器的第二转角频率 ω_2

$$\omega_2 = \frac{1}{\alpha T} \tag{6-125}$$

（6）绘制动态校正后系统的伯德图，检验性能指标是否达标。

【例 6-12】 设有一单位反馈系统的开环传递函数为 $G_0(s) = \dfrac{1}{s(s+1)(0.5s+1)}$，试求使系统具有性能指标为 $K_v=5$（1/s），$PM \geqslant 40°$，$GM \geqslant 10\text{dB}$ 的滞后校正环节。

解 首先求 K_c，$K_v = \lim\limits_{s\to 0} sG_0(s)K_c = \lim\limits_{s\to 0} s\dfrac{K_c}{s(s+1)(0.5s+1)} = K_c = 5$。

再画 $K_cG_0(s) = \dfrac{5}{s(s+1)(0.5s+1)}$ 的伯德图，如图 6-64 中虚线所示。由图可见，系统的相位裕量为 $-20°$，增益裕量为 -9dB，均不符合要求。今需要的相位裕量为 $40°+12°=52°$。据此在系统的相频曲线上找出 $-180°+52°=-128°$ 处的频率 $\omega=0.5$（rad/s），此值选为新的增益穿越频率 ω_c'。为使系统在 ω_c' 处的幅值降至 0dB，令滞后校正环节的最大衰减量与需要量 20dB 相等，即 $20\lg\alpha=20$，所以得 $\alpha=10$。

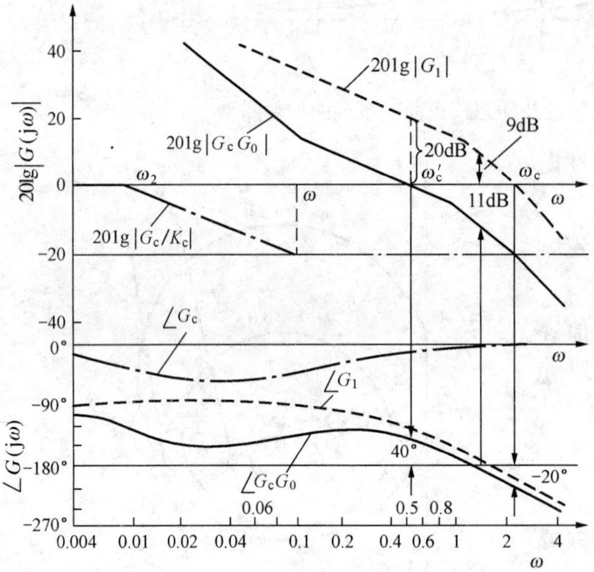

图 6-64 滞后校正装置及校正前后系统的伯德图

取滞后校正环节的第一转角频率，$\omega_1 = \dfrac{1}{5}\omega_c' = \dfrac{0.5}{5} = 0.1\text{(rad/s)}$，可得 $T = \dfrac{1}{0.1} = 10\text{(s)}$。第二转角频率的 $\omega_2 = \dfrac{1}{\alpha T} = \dfrac{1}{10\times 10} = 0.01$。于是所求滞后校正环节的传递函数为

$$G_c(s) = K_c\frac{1+Ts}{1+\alpha Ts} = 5\times\frac{1+10s}{1+100s}$$

校正后系统的开环传递函数为

$$G(s) = G_c(s)G_0(s) = \frac{5(1+10s)}{s(s+1)(1+0.5s)(1+100s)}$$

最后画出校正后系统的伯德图（如图 6-64 中实线所示）和尼科尔斯图（如图 6-65 所示）。由图 6-64 可见，校正后系统的相位裕量约为 40°，增益裕量为 11dB，故已满足设计要求。由图 6-65 可见，只串接 K_c 系统的相位裕量和增益裕量均为负值，所以是不稳定的，经校正以后，相位裕量为 40°，增益裕量为 11dB，谐振峰值为 $M_r=3\text{dB}$，相当于超调量

40%。

由上例可知，滞后校正器对系统的性能有下列影响：

(1) 减小了开环频率特性的幅值穿越频率数值，从而增大了相角裕量、减小了谐振峰值。

(2) 降低了幅值穿越频率，因而也减小了系统的频带宽度。

(3) 由于减小了系统的频带宽度，从而使它的上升时间增长。若把超调量减少得越多，则上升时间拖得就越长。

滞后控制器对系统性能的上述影响表明，它不能用于要求增加频带宽度，提高快速性的场合。

3. 典型滞后—超前控制器动态校正环节的频域法设计

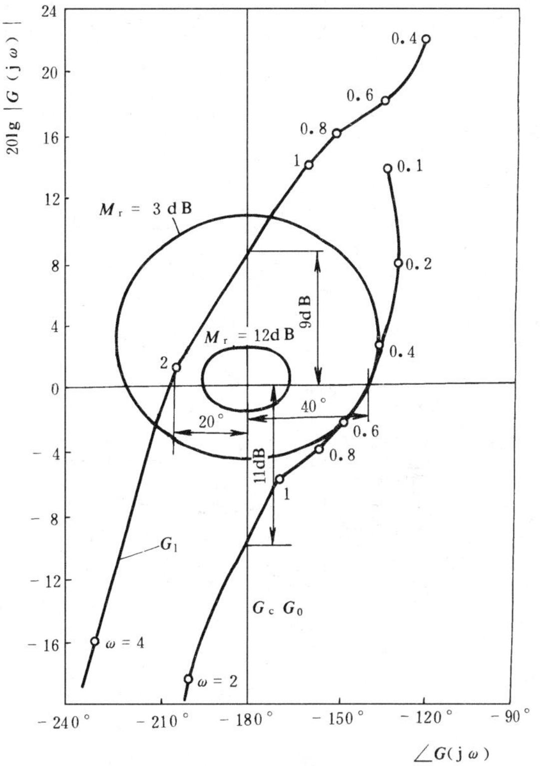

图 6-65　校正前后系统的尼科尔斯图

相位超前控制能减少系统的上升时间和超调量，但加大了系统频带宽度，从而易受噪声的影响；相位滞后控制能减少系统的超调量，提高它的稳定性，但使系统频带变窄，延长了上升时间。对有些系统来说，当只用相位超前控制或滞后控制均得不到满意结果时，就可尝试采用滞后超前控制。典型滞后超前控制器的频率特性设计法应当是前述两种方法的结合，但是因为考虑因素较多，实际所用方法有更多的经验和试探的成分，所以较难归纳出通用的操作程序。这里仅举下面的例子做简单的说明。

【例 6-13】　设有一单位反馈系统，其开环传递函数为 $G_0(s)=\dfrac{1}{s(s+1)(0.5s+1)}$。要求 $K_v=10(1/s)$，相位裕量为 50°，增益裕量大于 10dB。试设计一个串联滞后—超前控制器。

解　根据 K_v 的要求，求 K_c。$K_v=\lim\limits_{s\to 0}sG_0(s)K_c=\lim\limits_{s\to 0}s\dfrac{K_c}{s(s+1)(0.5s+1)}=K_c=10$。

画出 $G_1(s)=K_cG_0(j\omega)$ 的伯德图，如图 6-66 中虚线所示。由图可知，只串接 K_c 系统 $G_1(s)$ 的相位裕量为 −32°，增益裕量为 −13dB，因此是不稳定的。

首先要选择新的幅值穿越频率。在对系统的反应速度未提出明确的要求时，一般只串接 K_c 系统 $G_1(s)$ 相频特性上相角等于 −180° 的频率为校正后系统的穿越频率 ω_c'。由图 6-66 可得 $\omega_c'=1.5$ (rad/s)。在 ω_c' 处原系统的相角裕度为 0°，故需要相位超前至少 50°。

其次选择滞后校正部分的转角频率 $\omega_1=\dfrac{1}{10}\omega_c'=0.15$，$T_2=\dfrac{1}{\omega_1}=6.67(\mathrm{s})$。设 $\beta=10$，则 $\omega_2=\dfrac{1}{\beta T_2}=\dfrac{0.15}{10}=0.015(\mathrm{rad/s})$。这样，滞后校正部分可确定为 $G_c'=\dfrac{6.67s+1}{66.7s+1}$。核算滞后

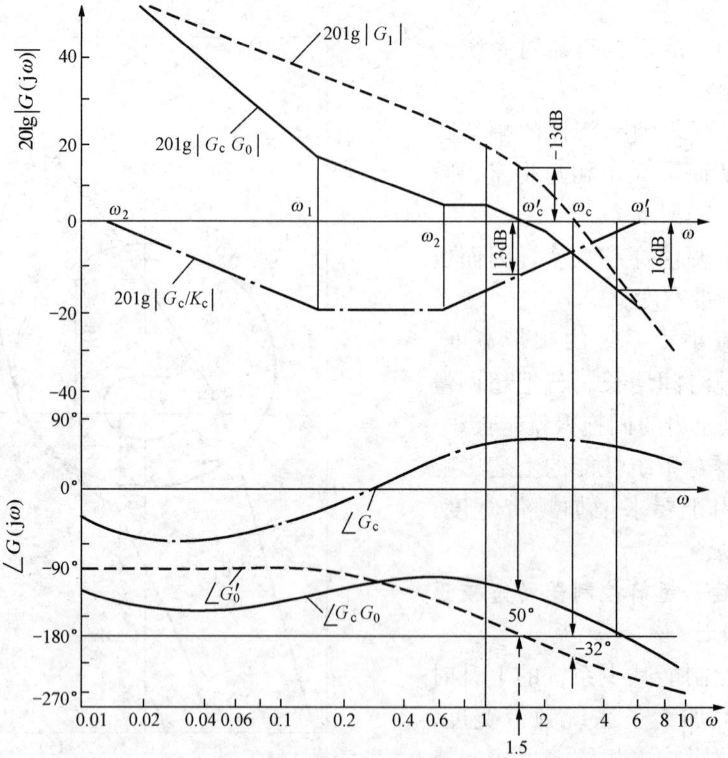

图 6 - 66　滞后—超前校正装置及校正前后系统的伯德图

校正部分在 ω_c'处造成的相位滞后角为$\angle(j\omega_c'+0.15)-\angle(j\omega_c'+0.015)=\arctan\dfrac{\omega_c'}{0.15}-\arctan\dfrac{\omega_c'}{0.015}=\arctan\dfrac{1.5}{0.15}-\arctan\dfrac{1.5}{0.015}\approx-5°$，满足设计要求。

由图 6 - 66 可知，要实现 ω_c'为新的穿越频率的要求，则应使滞后—超前校正环节在 ω_c'处产生 13dB 的增益。此外，超前校正部分的转角频率可这样来确定：通过点（1.5，－13）画一条斜率为＋20dB/dec 的直线，此线与 0dB 线及－20dB 线分别交于 $\omega=7(\text{rad/s})$ 和 $\omega=0.7(\text{rad/s})$处，这两处即定为超前校正部分的两个转角频率，即有 $\omega_1'=\dfrac{\beta}{T_1}=7(\text{rad/s})$，所以 $T_1=\dfrac{1}{0.7}=1.43(\text{s})$，$\omega'_2=\dfrac{1}{T_1}=0.7(\text{rad/s})$，$\dfrac{T_1}{\beta}=\dfrac{1.43}{10}=0.143(\text{s})$。于是可得超前校正部分 $G''_c=\dfrac{1.43s+1}{0.143s+1}$。

综合得到滞后—超前校正环节传递函数为

$$G_c(s)=K_cG'_c(s)G''_c(s)=10\times\frac{6.67s+1}{66.7s+1}\times\frac{1.43s+1}{0.143s+1}$$

滞后—超前校正环节的伯德图如图 6 - 66 中的点画线所示。

校正后的系统的伯德图如图 6 - 66 中的实线所示。由图可见，相位裕量为 50°，增益裕量为 16dB，已满足设计要求。

图 6 - 67 给出了校正后系统的尼科尔斯图。由图可见，谐振峰值 M_r 约为 1.2，对应于

超调量 14.8%，谐振频率 ω_r 约为 2rad/s。显然校正后系统具有较好的性能。

注：Matlab 专为控制系统的根轨迹设计和频域设计的工具软件 Rltool，可使试凑式的设计工作效率大大提高。用 Rltool 设计平台进行频域设计时，设计者可以同时看到伯德图、乃氏图、尼氏图和阶跃响应图等以及图中的特征参数。每修改一次设计，立刻可见设计效果。进入 Rltool 设计平台，需要在 Matlab 命令窗中先将受控过程的传递函数输入，如 $G_0(s)=\dfrac{16}{s\ (s+0.8)}$，可用命令："num=[16];den=[1　0.8　0];G=tf(num,den)"，然后键入命令 "rltool(G)" 就进入了 Rltool 设计平台。进入 Rltool 设计平台后，可通过下拉菜单 "Compensators - Edit - C" 进入控制器设置窗，设置串联控制器的零极点和增益；可通过下拉菜单 "View - Open - Loop Bode" 打开伯德图观察窗，看伯德图曲线变化；可通过下拉菜单 "Analysis - Response to step command" 进入阶跃响应观察窗，看超调量和稳态误差大小。

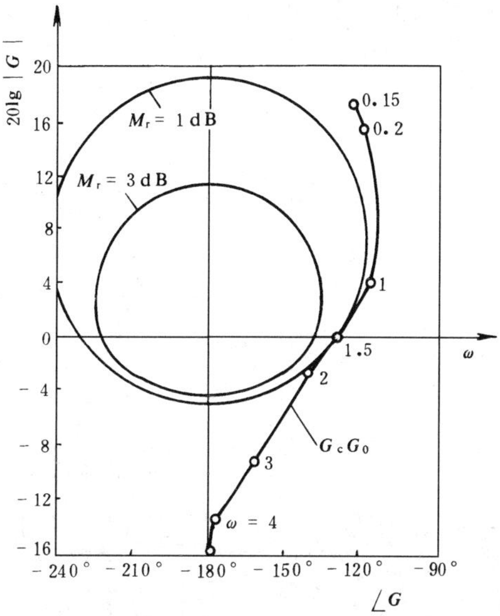

图 6-67　校正后系统的尼科尔斯图

应用案例 6：电站锅炉水位控制系统频域法分析与设计

对于如图 5-36 所示的控制系统，若用频域法设计控制器 $G_c(s)$，则先确定期望的频域性能指标。设 $\psi=0.8$，则有 $\zeta=0.2481388$。相应有

$$PM=\arctan\frac{2\zeta}{\sqrt{\sqrt{1+4\zeta^4}-2\zeta^2}}=27.82^\circ$$

设 $t_s=100\text{s}$，则有 $\omega_c=\dfrac{8}{t_s\tan PM}=\dfrac{8}{100\times\tan 27.82}=0.1516052$

令 $e_{ss}=20$，并考虑控制系统型次为 1，可推得 $K_v=\dfrac{1}{20}=0.05$

对应的受控过程可综合为 $G_0(s)=\dfrac{0.037\times0.033}{s(1+30s)}=\dfrac{0.001221}{s(1+30s)}$

可设计 $G_c(s)$ 的增益 $K_c=\dfrac{K_v}{\lim\limits_{s\to0}sG_0\ (s)}=\dfrac{0.05}{0.001221}=40.95$

则有 $G_1(s)=K_cG_0(s)=\dfrac{0.05}{s(1+30s)}$。

绘制 $G_1(s)$ 的伯德图可测得 $PM_1=43.9^\circ$，但 $\omega_{c1}=0.0436$。

重设 $K_v=0.5$。可设计 $G_c(s)$ 的增益 $K_c=\dfrac{K_v}{\lim\limits_{s\to0}sG_0(s)}=\dfrac{0.5}{0.001221}=409.5$，则有 $G_1(s)=\dfrac{0.5}{s(1+30s)}$。

绘制 $G_1(s)$ 的伯德图可测得 $PM_1=14.7^\circ$，$\omega_{c1}=0.127$。

所以设所需增加的超前角为 $\phi_m = 27.82° - 14.7° + 5° = 18.12°$

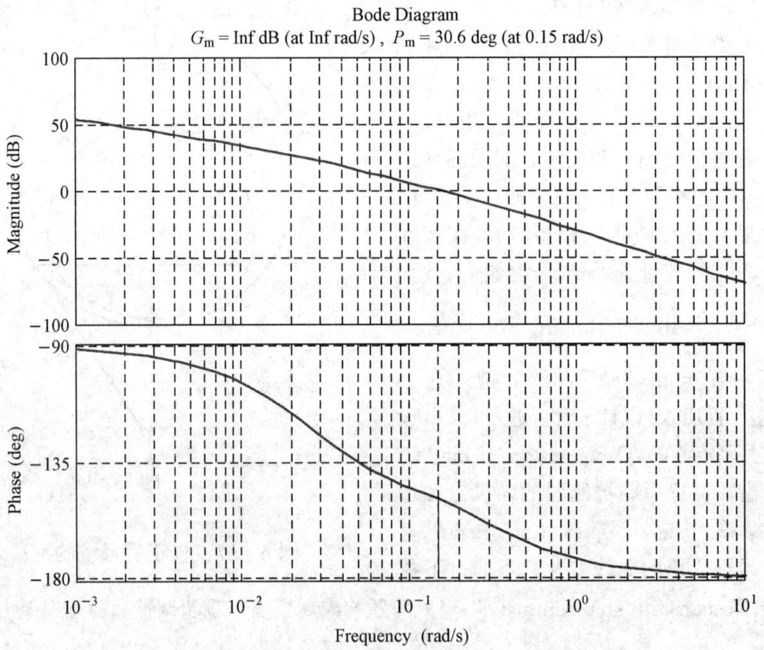

图 6-68 所设计的控制系统的伯德图

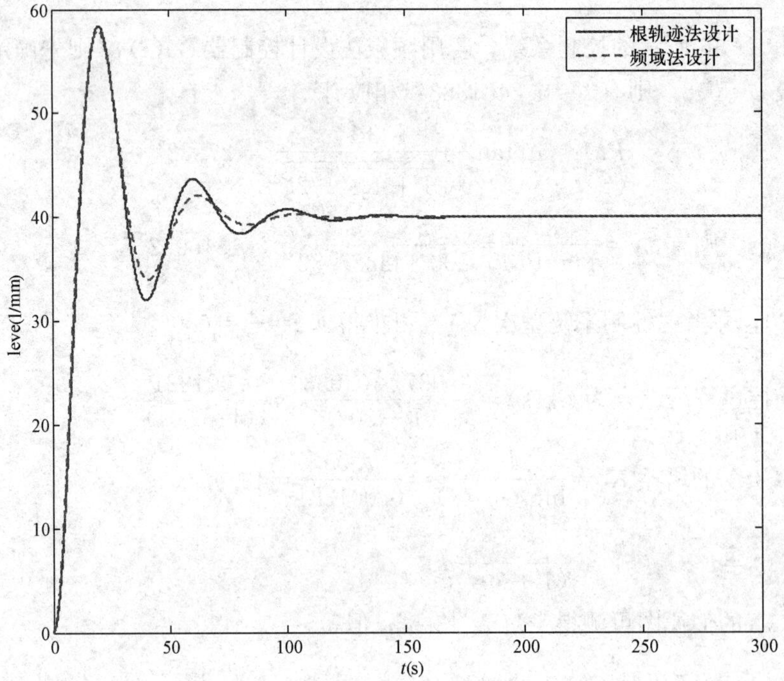

图 6-69 频域法和根轨迹法设计的系统控制响应比较

可得系数 $\alpha = \dfrac{1+\sin\phi_m}{1-\sin\phi_m} = 1.9$。解方程

$$\sqrt{\alpha}\left|G_1(\omega_m)\right|=\sqrt{1.9}\left|\frac{0.5}{j\omega_m(1+30j\omega_m)}\right|=1$$

可得 $\omega_m=0.14975$。于是 $T=\dfrac{1}{\omega_m\sqrt{\alpha}}=\dfrac{1}{0.14975\sqrt{1.9}}=4.8446$

设计结果为

$$G_c(s)=K_c\frac{1+\alpha Ts}{1+Ts}=409.5\times\frac{1+9.20474s}{1+4.8446s}$$

所设计的控制系统的伯德图如图6-68所示。对应的控制响应曲线如图6-69所示。图6-69中，点线曲线为频域法设计系统的控制响应，实线曲线为根轨迹法设计系统（参见应用案例5）的控制响应；可见两者效果几乎一样，均达到了预定设计指标要求。

重要术语6

频率响应（frequency response）
频率特性（frequency characteristic）
极坐标图（polar plot）
奈氏图（Nyquist plot）
对数坐标图（logarithmic plot ）
伯德图（Bode plot）
转角频率（corner frequency）
谐振频率（resonant frequency）
渐近线（asymptotic approximation）
穿越频率（crossover frequency）
奈氏稳定性判据（Nyquist stability criterion）
幅频特性（gain-frequency characteristic）
相频特性（phase-frequency characteristic）
相位裕量（Phase Margin，PM）
幅值裕量（Gain Margin，GM）
相位超前（phase lead）
相位滞后（phase lag）
滞后—超前（lag-lead）
超前角（lead phase）
最小相位系统（minimum-phase system）
非最小相位系统（nonminimum-phase system）
尼氏图（Nichols chart）
带宽（bandwidth）
谐振峰值（resonant peak）

习题6

6-1　设某环节的传递函数为 $G(s)=\dfrac{K}{Ts+1}$。现测得其频率响应为：当 $\omega=1\text{rad/s}$ 时，幅频 $M(1)=12\sqrt{2}$，相频 $f(1)=-\dfrac{\pi}{4}$，求此环节的放大系数 K 和时间常数 T。

6-2　已知某蒸汽过热器的传递函数为 $G(s)=\dfrac{3.2}{(30s+1)^2(45s+1)}$，若输入信号为 $x(t)=0.8\sin 0.1t$，求蒸汽过热器输出 $y(t)$ 的稳态响应。

6-3　设单位反馈控制系统的开环传递函数为 $G_o(s)=\dfrac{5}{s+1}$，当把下列输入信号作用在闭环系统上时，试求系统的稳态输出。

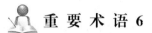

（1）$x(t)=\sin(t+30°)$；

（2）$x(t)=2\cos(2t-45°)$；

（3）$x(t)=\sin(t+30°)-2\cos(2t-45°)$。

6－4　闭环系统的开环传递函数为

（1）$G(s)H(s)=\dfrac{5(s+1)}{(0.1s+1)(0.2s+1)(2s+1)}$；

（2）$G(s)H(s)=\dfrac{0.2s+1}{s^2(s+1)}$；

（3）$G(s)H(s)=\dfrac{1}{s}e^{-s}$。

试分别画出它们的奈奎斯特图并判别各闭环系统的稳定性。

6－5　试求图6－70所示电路的频率特性$G(j\omega)=\dfrac{E_o(j\omega)}{E_i(j\omega)}$，并画出其对数幅频渐近线。

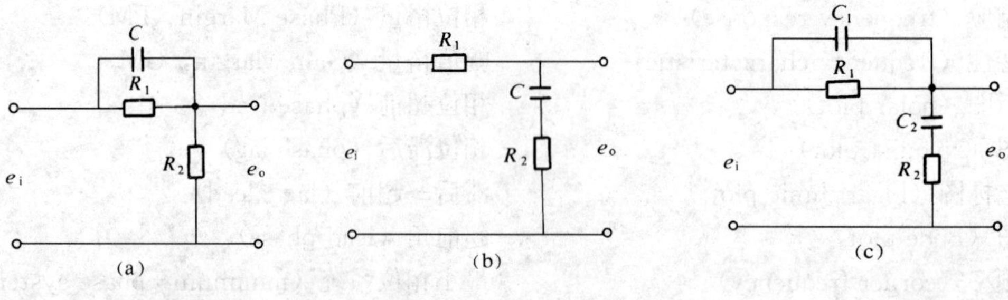

图6－70　题6－5图

6－6　已知一些元件的对数幅频特性曲线如图6－71所示，试写出它们的传递函数，并计算出各参数值。

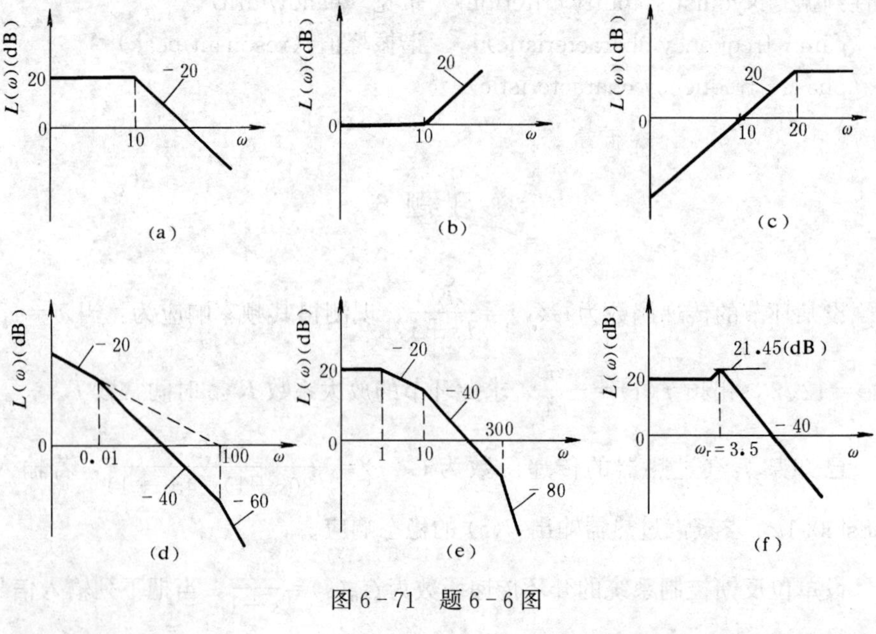

图6－71　题6－6图

6-7　设有开环传递函数$G(s)H(s)$的奈氏曲线图如图6-72所示，图中p是$G(s)H(s)$分母中实部为正根的数目，试说明闭环系统是否稳定，为什么？

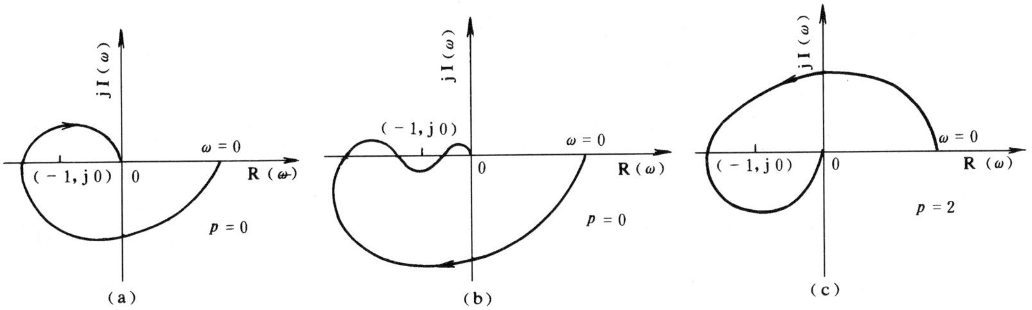

图6-72　题6-7图

6-8　画出下列开环传递函数的对数幅频特性和对数相频特性，并判别闭环系统的稳定性。

(1) $G(s)H(s)=\dfrac{2}{(2s+1)(8s+1)}$；

(2) $G(s)H(s)=\dfrac{50}{s^2(s^2+s+1)(6s+1)}$；

(3) $G(s)H(s)=\dfrac{8(s+0.1)}{s^2(s^2+s+1)(s^2+4s+25)}$。

6-9　画出下列开环传递函数的幅相特性，并判断其闭环系统的稳定性。

(1) $G(s)H(s)=\dfrac{250}{s(s+50)}$；

(2) $G(s)H(s)=\dfrac{250}{s(s+5)(s+15)}$；

(3) $G(s)H(s)=\dfrac{250(s+1)}{s^2(s+5)(s+15)}$。

6-10　设单位反馈控制系统的开环传递函数为$G(s)=\dfrac{K}{(0.01s+1)^3}$，要求系统有相位裕量$\gamma=45°$，求$K$值应为多少？

6-11　设单位反馈控制系统的开环传递函数为$G(s)=\dfrac{K}{(s+1)(3s+1)(7s+1)}$，要求增益裕量$K_g^b=20(\text{dB})$，求$K$值应为多少？

6-12　设一单位反馈控制系统的开环传递函数为$G(s)=\dfrac{Ke^{-0.2s}}{s(s+1)}$，试确定使系统稳定的$K$值的临界值。

6-13　绘制习题6-4中各系统的伯德图，分析各系统的稳定性，并求各系统的相位裕量和增益裕量。

6-14　已知单位反馈系统的开环传递函数为$G(s)=\dfrac{5.3}{(2s+1)(5s+1)(10s+1)}$，

(1) 求闭环幅频特性；

（2）确定谐振峰值 M_r 和谐振频率 ω_r；

（3）估计单位阶跃响应的超调量 $\sigma_p\%$ 和调整时间 t_s。

6-15　设一单位反馈系统的开环传递函数为 $G(s)=\dfrac{K_v}{s(1+0.01s)(1+0.2s)}$，

（1）求 K_v 分别为 10、20、40 时的相位裕量；

（2）如果要求相位裕量 $\gamma \geqslant 50°$，问增益穿越频率 ω_c 处的对数幅频特性曲线的斜率是多少？

6-16　设有一单位反馈系统的开环传递函数为 $G(s)=\dfrac{0.08}{s(s+0.5)}$，试用频率特性法设计一个滞后控制器，使得 $K_v \geqslant 4$，相位裕量为 50°。

6-17　针对题 6-16 的系统，试设计一个超前校正装置以满足下列性能指标：$K_v \geqslant 8$，相位裕量 50°。

6-18　设一单位反馈控制系统的开环传递函数为 $G_0(s)=\dfrac{1}{s(0.1s+1)(0.2s+1)}$。试设计一个滞后—超前控制器，满足下列性能指标：$K_v=30(1/s)$，相位裕量>50°。

6-19　设一单位反馈控制系统的开环传递函数为 $G_0(s)=\dfrac{10}{s(0.2s+1)(0.5s+1)}$。试设计一个滞后—超前校正装置，使相位裕量 $\gamma=50°$，幅值裕量为 $K_g=6$（dB）。

第 7 章　离散控制系统的分析与设计

7.1 引　　言

在前面几章中所讨论的系统都是连续系统。连续系统中任一点的信号在时间上都是连续的，本章中将讨论系统中至少有一个信号在时间上是不连续的，或者说有一个信号不是连续信号而是一个离散时间信号序列 $\{x(t_i), i=1, 2, \cdots\}$。这样的系统被称为**离散系统**（与**连续系统**相对应），或称为**采样系统**（因为离散信号多是由对连续信号采样所得），或称**数字系统**（与模拟系统相对应）。当所研究的离散系统是用于控制目的时，这种系统又称为**离散控制系统**或**数字控制系统**或**计算机控制系统**（因为计算机是离散系统的主要部件）。

设一离散控制系统如图 7-1 所示。这是一个用数字电子计算机作为控制器的反馈控制系统。由图可见，连续的误差信号 $e(t)$ 经过 A/D 接口变换为离散的数字信号 $e(kT)$，再经过数字计算机的处理得到控制信号 $u(kT)$ 送至 D/A 接口，D/A 接口把数字信号 $u(kT)$ 转换为连续的模拟信号 $u(t)$ 去控制受控对象，受控对象的输出信号 $y(t)$ 经传感器反馈回来成为 $f(t)$，输入信号（或称设定信号）$r(t)$ 与反馈信号相减即得误差信号 $e(t)$。在信号传递过程中，A/D 接口将连续信号 $e(t)$ 变成了离散信号 $e(kT)$ $[e(kT)=e(t=kT)]$。这个变换过程称为信号的**采样**，而且是等时间间隔的采样。这个固定的时间间隔记为 T，常称为**采样周期**。它是离散控制系统中一个重要的参数。以下讨论的离散系统均为等时间间隔采样的系统。至于不等间隔采样的采样系统是比较特殊的一类系统，本书将不予讨论。采样周期 T 的确定依据于后述的**采样定理**。

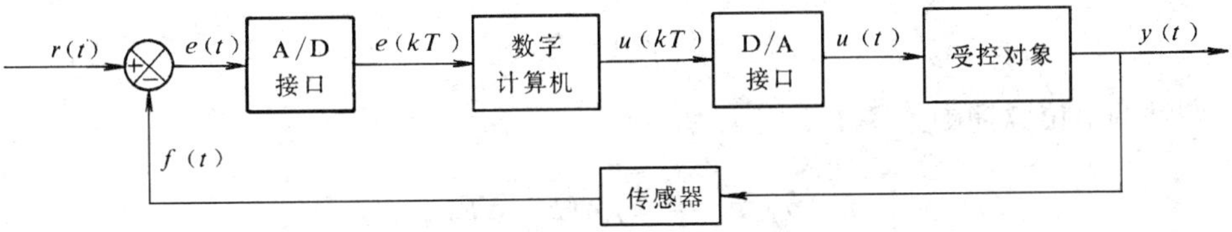

图 7-1　计算机控制系统框图

在图 7-1 的系统中，D/A 接口的作用和 A/D 接口刚好相反，它是把离散的数字信号 $u(kT)$ 变换为连续的模拟信号 $u(t)$。这个变换过程被称为信号的**复现**或**保持**。在 $kT \leqslant t < (k+1)T$ 期间，$u(t)$ 的取值将取决于**保持器**的特性和 $u(kT)$ 及 kT 时刻以前的离散信号序列。若采用**零阶保持器**，则在一个采样周期内，即 $kT \leqslant t < (k+1)T$ 期间，$u(t) = u(kT)$，保持不变。在计算机控制系统中几乎都是采用**零阶保持器**。

正如拉氏变换方法是分析和设计连续控制系统的有力工具一样，后面给出的 Z 变换将是分析和设计离散控制系统的有力工具。通过 Z 变换，时域的问题变换为频域的问题，类似于连续系统的传递函数——**脉冲传递函数**（或称**离散传递函数**）可方便地建立起来。如上例中数字计算机将 $e(kT)$ 变为 $u(kT)$ 的特性就可用脉冲传递函数 $G_d(z) = U(z)/E(z)$ 来表示。同样，整个闭环控制系统的动态特性也可以用一个脉冲传递函数 $G_B(z) = Y(z)/R(z)$ 来表示。根据

$G_B(z)$ 的零点和极点在 z **平面**上的分布即可分析出其动态性能，诸如，稳定性、超调量等。据此分析又可修改**数字控制器** $G_d(z)$ 的设计。用Z变换和脉冲传递函数分析和设计离散控制系统将是本章论述的主要内容。

7.2 连续信号的采样和复现

在图7-1中，A/D接口将连续信号变换成了离散信号。这种连续信号的采样过程可以理想化地用图7-2表示。连续信号 $x(t)$ 经**采样器**得到采样信号 $x^*(t)$。采样器可认为是一个周期性的开关。每当 $t=kT$，$k=0$，1，…时，采样开关瞬间闭合。这个理想的采样开关特性可以用周期性的单位脉冲函数 $\delta_T(t)$ 来描述，于是有

$$x^*(t)=x(t)\delta_T(t) \tag{7-1}$$

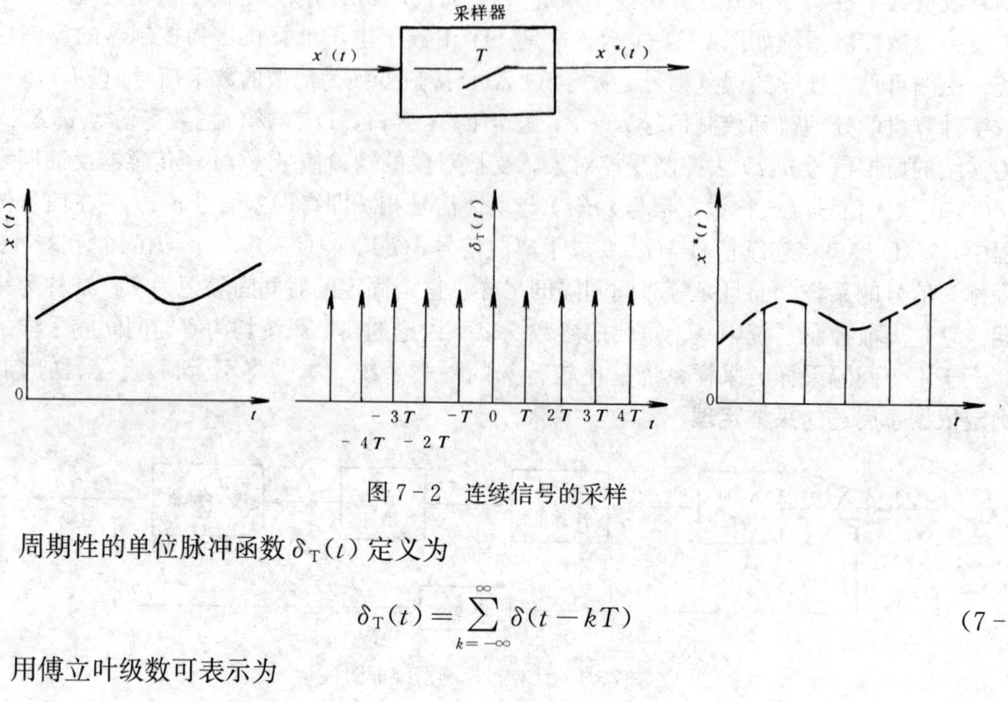

图7-2 连续信号的采样

周期性的单位脉冲函数 $\delta_T(t)$ 定义为

$$\delta_T(t)=\sum_{k=-\infty}^{\infty}\delta(t-kT) \tag{7-2}$$

用傅立叶级数可表示为

$$\delta_T(t)=\frac{1}{T}\sum_{k=-\infty}^{\infty}e^{jk\omega_s t} \tag{7-3}$$

式中，ω_s 为角频率（$\omega_s=2\pi/T$）。

据式（7-2）有

$$\begin{aligned}x^*(t)&=\sum_{k=-\infty}^{\infty}x(kT)\delta(t-kT)\\&=\cdots+x(0)\delta(t)+x(T)\delta(t-T)+x(2T)\delta(t-2T)+\cdots\end{aligned} \tag{7-4}$$

据式（7-3），又有

$$x^*(t)=\frac{1}{T}\sum_{k=-\infty}^{\infty}x(t)e^{jk\omega_s t} \tag{7-5}$$

分别对式（7-4）和式（7-5）取拉氏变换，则有

$$X^*(s)=\sum_{k=-\infty}^{\infty}x(kT)\mathrm{e}^{-kTs} \tag{7-6}$$

$$X^*(s)=\frac{1}{T}\sum_{k=-\infty}^{\infty}X(s-\mathrm{j}k\omega_s) \tag{7-7}$$

式（7－6）表示 $X^*(s)$ 与 $x(kT)$ 的联系，式（7－7）表示 $X^*(s)$ 与 $X(s)$ 的联系。

若将 $s=\mathrm{j}\omega$ 代入式（7－7），则得到采样信号 $x^*(t)$ 的频谱函数

$$X^*(\mathrm{j}\omega)=\frac{1}{T}\sum_{k=-\infty}^{\infty}X[\mathrm{j}(\omega-k\omega_s)] \tag{7-8}$$

通常，$x(t)$ 的频带宽度有限，故 $X^*(\mathrm{j}\omega)$ 为一孤立的频谱，其截止频率为 $\omega_{\max}$，如图7－3(a) 所示。由式(7－8) 显见，采样以后的 $x^*(t)$ 的频谱是无限多个频谱 $\{X[\mathrm{j}(\omega-k\omega_s)],\ k=\cdots,-1,0,1,2,\cdots\}$ 的周期重复，其幅值为 $\frac{1}{T}|X(\mathrm{j}\omega)|$，周期为 ω_s($k=0$) 的频谱，称为主频谱或称基带频谱，k 不为0时的频谱 $\frac{1}{T}X[\mathrm{j}(\omega-k\omega_s)]$ 称为谐波频谱。根据采样频率的大小，频谱曲线 $X(\mathrm{j}\omega)$ 可能出现两种情况：如图7－3(b) 所示的各频谱曲线不重叠的情况和如图7－3(c) 所示的各频谱曲线重叠的情况。当各频谱曲线不重叠时，就可通过低通滤波器滤去主频谱以外的频谱［图7－3(b) 中虚线外侧］，从而获得与原信号频谱 $X(\mathrm{j}\omega)$ 成比例的频谱，使得有可能由采样后的信号无失真地重现 $x(t)$。当频谱曲线发生重叠时，则显然由于采样信号的频谱已不同于原信号的频谱而失去复现原信号的可能。由图7－3容易看出，当 $\omega_s<2\omega_{\max}$ 时，就发生频谱曲线重叠现象。为了避免频谱曲线重叠情形的发生，在选择采样周期或采样频率时，应当依据下面给出的著名的香农（Shannon）采样定理。

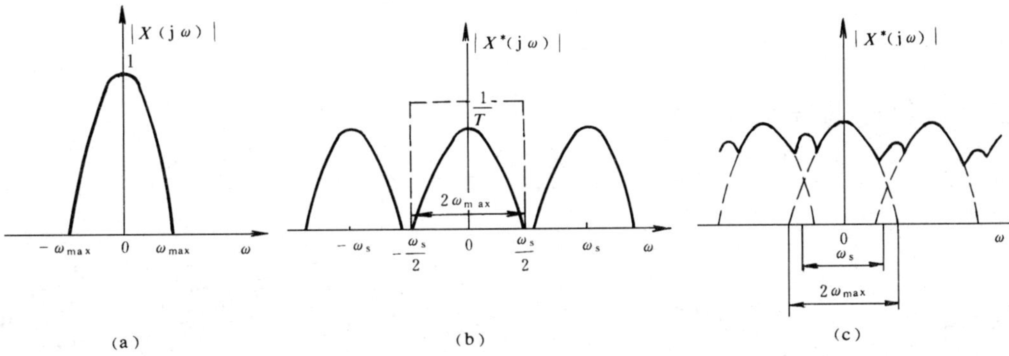

图7－3　信号采样前后的频谱

(a) 一孤立频谱；(b) 各频谱曲线不重叠的情况；(c) 各频谱曲线重叠的情况

【香农采样定理】　如果选择的采样角频率 ω_s 是信号频谱中最高频率 $\omega_{\max}$ 的2倍以上，即

$$\omega_s\geqslant 2\omega_{\max} \tag{7-9}$$

或

$$T\leqslant\frac{\pi}{\omega_{\max}} \tag{7-10}$$

则经过等周期后，采样信号中将包含原信号的全部信息，从而有可能通过低通滤波手段复现原信号。

连续信号经过采样后的信号，其频谱多出了无限多个主频谱以外的频谱，这些成分在系统中起着高频干扰的不利作用。为了除去高频分量而保留低频分量，以便复现原信号，需要外加低通滤波器。最常用的低通滤波器就是零阶保持器。计算机中的数据寄存器和 D/A 接口就具有零阶保持器的功能。

零阶保持器的作用是把采样时刻 kT 的采样值恒定不变地保持到时刻$(k+1)T$ 。这样，离散信号经过零阶保持器就复现成一个阶梯形的连续信号，如图 7－4 所示。

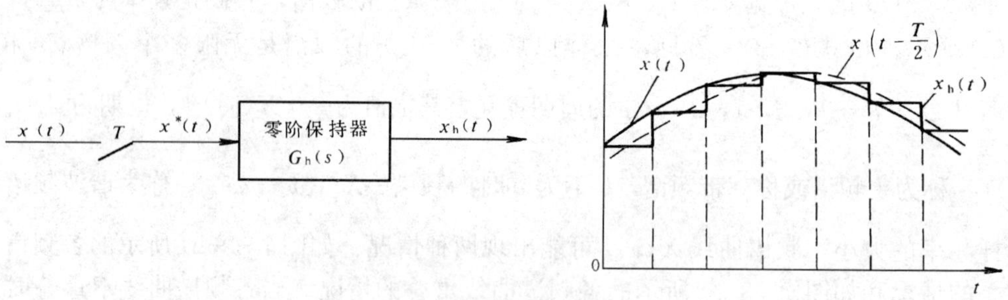

图 7－4　采样和保持前后的信号

离散信号经零阶保持器后的 $x_{\mathrm{h}}(t)$ 可表示为

$$x_{\mathrm{h}}(t)=\sum_{k=0}^{\infty}x(kT)\{1(t-kT)-1[t-(k+1)T]\} \tag{7-11}$$

它的拉氏变换为

$$X_{\mathrm{h}}(s)=\sum_{k=0}^{\infty}x(kT)\mathrm{e}^{-kTs}\times\frac{1-\mathrm{e}^{-Ts}}{s}$$

$$=X^{*}(s)\times\frac{1-\mathrm{e}^{-Ts}}{s} \tag{7-12}$$

由此可知，零阶保持器的传递函数为

$$G_{\mathrm{h}}(s)=\frac{X_{\mathrm{h}}(s)}{X^{*}(s)}=\frac{1-\mathrm{e}^{-Ts}}{s} \tag{7-13}$$

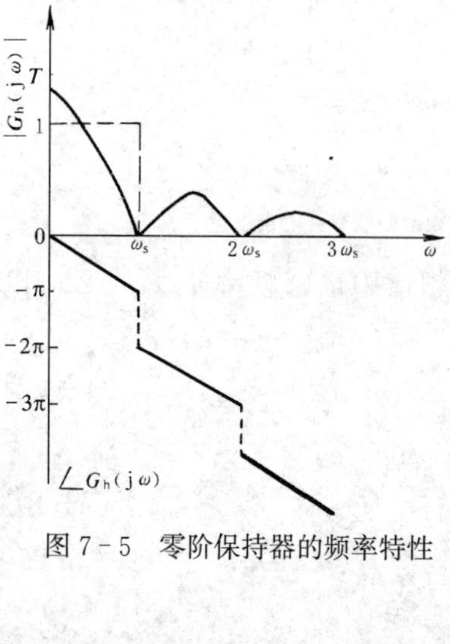

图 7－5　零阶保持器的频率特性

频率特性分别为

$$G_{\mathrm{h}}(\mathrm{j}\omega)=\frac{1-\mathrm{e}^{-\mathrm{j}\omega T}}{\mathrm{j}\omega}=\frac{T\sin\frac{\omega T}{2}\mathrm{e}^{-\mathrm{j}\frac{\omega T}{2}}}{\frac{\omega T}{2}}$$

$$=\frac{2\pi}{\omega_{\mathrm{s}}}\times\frac{\sin\frac{\pi\omega}{\omega_{\mathrm{s}}}}{\frac{\pi\omega}{\omega_{\mathrm{s}}}}\times\mathrm{e}^{-\mathrm{j}\frac{\pi\omega}{\omega_{\mathrm{s}}}} \tag{7-14}$$

零阶保持器的频率特性曲线如图 7－5 所示。显然零阶保持器是一个低通滤波器，但并不是一个理想的低通滤波器（如图中虚线所示特性），仍能通过一部分高频分量。所以用零阶保持器复现的信号与原信号相比是有畸变的。不过由于控制系统中的被控对象一般都有低通滤波特性，所以这种影响并不严重。此外，当信号通过零阶保持器后还产生了相位滞后，由图 7－4 中的虚线曲线可知，$x_h(t)$ 比 $x(t)$ 平均滞后$\frac{T}{2}$。这种相位滞后不利于闭环系统的稳定性。

除了零阶保持器以外，还有多种类型的保持器，如一阶保持器、三角保持器等。但是由于这些保持器，结构较复杂，实现较困难，适用范围也有限，所以很少在控制系统中实际使用。

7.3　离散控制系统的数学模型

一个离散控制系统可用多种数学模型来描述。常见的三种数学模型是**差分方程、脉冲传递函数和离散状态方程**。本节将介绍差分方程和脉冲传递函数。离散状态方程将在第八章中介绍。

一、差分方程

描述 n 阶线性离散动态系统的差分方程的一般式为

$$\begin{aligned}&y(k)+a_1y(k-1)+a_2y(k-2)+\cdots+a_{n-1}y(k-n+1)+a_ny(k-n)\\&=b_0x(k)+b_1x(k-1)+\cdots+b_{n-1}x(k-n+1)+b_nx(k-n)\end{aligned}\tag{7-15}$$

或用级数和形式写成

$$y(k)+\sum_{i=1}^{n}a_iy(k-i)=\sum_{i=0}^{n}b_ix(k-i)\tag{7-16}$$

或为便于计算机运算而表示成

$$y(k)=\sum_{i=0}^{n}b_ix(k-i)-\sum_{i=1}^{n}a_iy(k-i)\tag{7-17}$$

使用式（7－17）时，一般认为等式右边各项均已知，所以可用来推算等式左边的未知项。

由上述差分方程表达式可知：差分方程模型是通过直接建立输入信号序列 $\{x(k),x(k-1),\cdots,x(k-n)\}$ 和输出信号序列 $\{y(k),y(k-1),\cdots,y(k-n)\}$ 的联系（通过系数 $\{a_i\}$ 和 $\{b_i\}$）来表示系统动态特性的。所以它具有直观和便于计算机实现的特点，但也像连续系统的微分方程一样不便于进一步分析与求解。为此才有了后面将阐述的脉冲传递函数。

实际上，对式（7－15）两边取 Z 变换并利用 Z 变换的位移定理就可得到差分方程的 Z 变换表达式

$$Y(z)(1+a_1z^{-1}+a_2z^{-2}+\cdots+a_nz^{-n})=X(z)(b_0+b_1z^{-1}+\cdots+b_nz^{-n})\tag{7-18}$$

若要求得输出 $y(k)$ 的解，只需对式（7－18）稍加变化，即

$$Y(z)=\frac{b_0+b_1z^{-1}+\cdots+b_nz^{-n}}{1+a_1z^{-1}+\cdots+a_nz^{-n}}X(z)\tag{7-19}$$

再对上式取 Z 反变换即可。由式（7－19）还可直接得到脉冲传递函数

$$G(z)=\frac{Y(z)}{X(z)}=\frac{b_0+b_1z^{-1}+\cdots+b_nz^{-n}}{1+a_1z^{-1}+\cdots+a_nz^{-n}}\tag{7-20}$$

由此可见，差分方程和脉冲传递函数有着直接对应的关系。由差分方程的系数 $\{a_i\}$ 和

$\{b_i\}$ 可直接写出相应的脉冲传递函数。反过来也可由脉冲传递函数直接写出相应的差分方程。这种情形与连续系统的微分方程和传递函数的关系几乎一样。

微分方程被用来描述连续系统，差分方程被用来描述离散系统。“差分”与“微分”本来就有着相互对应和相互联系的关系。正如高等数学课程中表述的那样：“差分”的极限即是微分：

$$\mathrm{d}y=\left[\lim_{\Delta x\to 0}\frac{y(x+\Delta x)-y(x)}{\Delta x}\right]\Delta x \tag{7-21}$$

由于微分并不能直接进行数值计算，所以就有了**数值微分**或**差分**的定义：

$$\begin{cases}\mathrm{d}y=\Delta y=y(k)-y(k-1)\\ \mathrm{d}^2y=\Delta(\Delta y)=\Delta y(k)-\Delta y(k-1)=y(k)-2y(k-1)+y(k-2)\\ \vdots\\ \mathrm{d}^n y=\Delta^n y=\Delta^{n-1}y(k)-\Delta^{n-1}y(k-1)\end{cases} \tag{7-22}$$

据此关系，一个微分方程可以很容易地用差分方程来近似。同样，这些关系也可用来解决连续系统离散化的问题。即当一个用微分方程表示的连续系统的输入和输出被周期地采样时就变为一个离散系统。这个离散系统的差分方程可用以差分代替微分的方法由原微分方程导出。

【例 7-1】 求一惯性环节的离散化模型并求其阶跃响应。

解 设惯性环节的微分方程为

$$T_0\frac{\mathrm{d}y(t)}{\mathrm{d}t}+y(t)=K_0x(t)，令\frac{\mathrm{d}y(t)}{\mathrm{d}t}=\frac{y(k)-y(k-1)}{T}（T 为离散化步长）$$

其中 $y(t)=y(k-1)$，$x(t)=x(k-1)$。则有 $y(k)=\left(1-\frac{T}{T_0}\right)y(k-1)+K_0\frac{T}{T_0}x(k-1)$。

若对上式取 Z 变换，则得

$$Y(z)\left[1-\left(1-\frac{T}{T_0}\right)z^{-1}\right]=K_0\frac{T}{T_0}z^{-1}X(z)$$

当 $x(kT)=1(kT)$ 时，有 $X(z)=\frac{1}{1-z^{-1}}$。所以由上式可推得

$$Y(z)=\frac{K_0\frac{T}{T_0}z^{-1}}{\left[1-\left(1-\frac{T}{T_0}\right)z^{-1}\right](1-z^{-1})}=\frac{bz^{-1}}{(1-az^{-1})(1-z^{-1})}$$

$$=\frac{bz}{(z-a)(z-1)}=\frac{b}{1-a}\left(\frac{z}{z-1}-\frac{z}{z-a}\right)$$

所以

$$y(kT)=Z^{-1}[Y(z)]=\frac{b}{1-a}(1^k-a^k)=\frac{b}{1-a}(1-a^k)$$

式中，$a=1-\frac{T}{T_0}$，$b=K_0\frac{T}{T_0}$。

二、脉冲传递函数

对于连续系统，可用拉氏变换把微分方程变为代数方程，把时域问题转换为频域问题，还可导出传递函数，更方便地分析和设计连续系统。类似地，对于离散系统，可用 Z 变换将差分方程化为代数方程，并导出脉冲传递函数作为离散系统的数学模型。下面直接给出脉冲

传递函数的定义。

【脉冲传递函数定义】 在零初始条件下，线性定常离散控制系统的输出序列的Z变换和输入序列的Z变换之比称为该系统的脉冲传递函数，或称为Z传递函数，或称为离散传递函数。

若设 $y(kT)$ 为输出，$u(kT)$ 为输入，则系统的脉冲传递函数的一般表达式为

$$G(z)=\frac{Y(z)}{U(z)}=\frac{b_0+b_1z^{-1}+b_2z^{-2}+\cdots+b_nz^{-n}}{1+a_1z^{-1}+a_2z^{-2}+\cdots+a_nz^{-n}}$$

$$=\frac{b_0z^n+b_1z^{n-1}+\cdots+b_n}{z^n+a_1z^{n-1}+a_2z^{n-2}+\cdots+a_n} \tag{7-23}$$

有时也常表示为

$$G(z)=\frac{b_0z^m+b_1z^{m-1}+\cdots+b_{m-1}z+b_m}{z^n+a_1z^{n-1}+\cdots+a_{n-1}z+a_n}\quad (m<n) \tag{7-24}$$

式（7-24）表示有理函数形式的脉冲传递函数。

当在系统输入端加一个单位脉冲 $\delta(t)$ 时，即令

$$u^*(t)=\delta(t) \tag{7-25}$$

则

$$U(z)=1 \tag{7-26}$$

$$Y(z)=G(z)\times U(z)=G(z) \tag{7-27}$$

也就是说，单位脉冲响应为

$$g(kT)=Z^{-1}[Y(z)]=Z^{-1}[G(z)] \tag{7-28}$$

或者说 $G(z)$ 即是单位脉冲响应的Z变换

$$Z[g(kT)]=G(z) \tag{7-29}$$

于是**脉冲传递函数**由此得名。

当施加于系统输入的是任意脉冲序列 $u(k)$ 时，它的输出响应序列可用脉冲响应序列 $g(k)$ 和输入信号 $u(k)$ 的卷积和表示为

$$y(k)=g(k)u(0)+g(k-1)u(1)+g(k-2)u(2)+\cdots+g(0)u(k)$$

$$=\sum_{m=0}^{k}g(k-m)u(m)=g(k)^*u(k) \tag{7-30}$$

利用Z变换的实域卷积定理对上式取Z变换可得

$$Y(z)=G(z)U(z) \tag{7-31}$$

恰为定义式（7-23）的变形。

三、串联环节的脉冲传递函数

在连续系统中，若环节 $G_1(s)$ 与环节 $G_2(s)$ 串联，则总的传递函数 $G(s)=G_1(s)G_2(s)$。而在离散系统中并不如此简单。可分两种情况来考虑(参见图7-6)。

1. 串联环节之间无采样器

传递函数分别为 $G_1(s)$ 和 $G_2(s)$ 的两个环节之间无采样器时，如图7-6(a)所示，其离散输出 $y^*(t)$ 与离散输入信号 $x^*(t)$ 之间的脉冲传递函数为

$$G(z)=\frac{Y(z)}{X(z)}=Z[G_1(s)G_2(s)]=\overline{G_1G_2}(z) \tag{7-32}$$

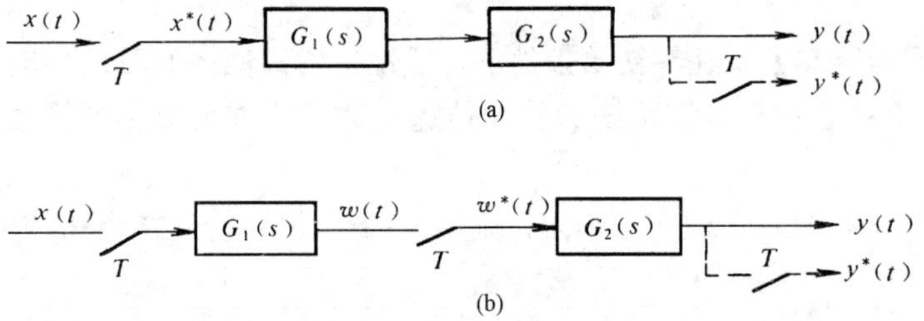

图 7-6 环节的串联

(a) 串联环节之间无采样器；(b) 串联环节之间有采样器

2. 串联环节之间有采样器

如图 7-6（b）所示，因有离散变量 $w^*(t)$ 的存在，使系统脉冲传递函数为

$$G(z)=\frac{Y(z)}{X(z)}=\frac{W(z)}{X(z)}\times\frac{Y(z)}{W(z)}=G_1(z)G_2(z) \tag{7-33}$$

【例 7-2】 求图 7-6 所示的两种串联环节的脉冲传递函数。设有 $G_1(s)=\dfrac{1}{s+a}$，$G_2(s)=\dfrac{1}{s+b}$。

解 (1) 当串联环节间无采样器时，

$$\begin{aligned}G(z)&=Z[G_1(s)G_2(s)]=Z\left[\frac{1}{(s+a)(s+b)}\right]\\&=Z\left[\frac{1}{b-a}\times\left(\frac{1}{s+a}-\frac{1}{s+b}\right)\right]\\&=\frac{1}{b-a}\times\left(\frac{z}{z-e^{-aT}}-\frac{z}{z-e^{-bT}}\right)\\&=\frac{1}{b-a}\times\frac{z(e^{-aT}-e^{-bT})}{(z-e^{-aT})(z-e^{-bT})}\end{aligned}$$

(2) 当串联环节间有采样器时，

$$\begin{aligned}G(z)&=G_1(z)G_2(z)=Z\left[\frac{1}{s+a}\right]Z\left[\frac{1}{s+b}\right]\\&=\frac{z}{z-e^{-aT}}\times\frac{z}{z-e^{-bT}}\\&=\frac{z^2}{(z-e^{-aT})(z-e^{-bT})}\end{aligned}$$

四、闭环系统的脉冲传递函数

对于离散控制系统，根据子系统（环节）的传递函数，求闭环系统的总的脉冲传递函数的运算规则基本上和连续系统中的运算规则相同，但是要注意系统中采样开关所在的位置，求串联环节的脉冲传递函数时要应用前述的方法。从表 7-1 给出的几个例子可以看出，尽管它们的结构除采样开关以外都是相同的，但是仅由于采样开关设立的位置不同，结果也各不相同。尤其是最后一种情况，甚至无法获得闭环系统的脉冲传递函数，只能得到输出的 Z 变换。因为

$$U(z)=\overline{RG_1}(z)-U(z)\overline{G_2FG_1}(z) \tag{7-34}$$

$$Y(z)=G_2(z)U(z) \tag{7-35}$$

所以

$$Y(z)=\frac{\overline{RG_1}(z)G_2(z)}{1+\overline{G_2FG_1}(z)} \tag{7-36}$$

表 7-1　求离散系统闭环脉冲传递函数举例

闭环系统结构图	$G(z)$ 或 $Y(z)$
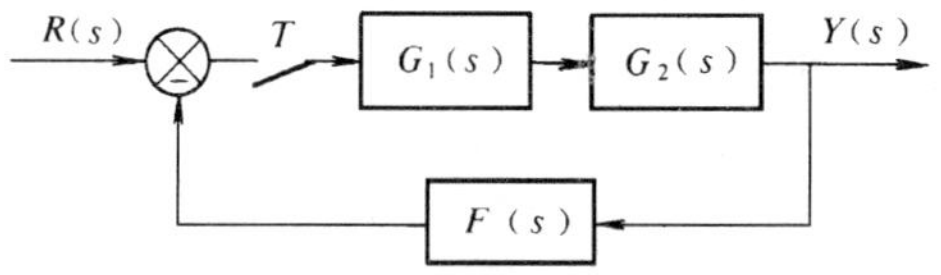	$G(z)=\dfrac{\overline{G_1G_2}(z)}{1+\overline{G_1G_2F}(z)}$
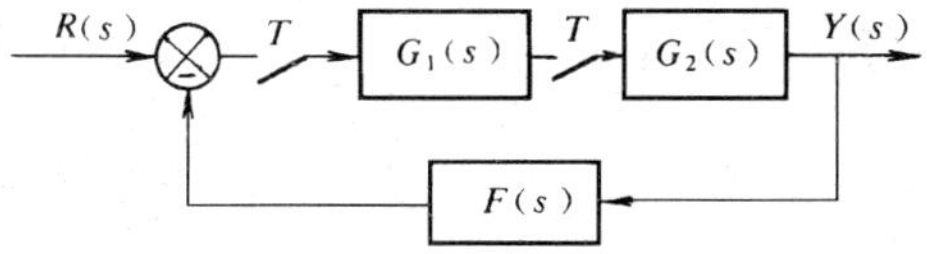	$G(z)=\dfrac{G_1(z)G_2(z)}{1+G_1(z)\overline{G_2F}(z)}$
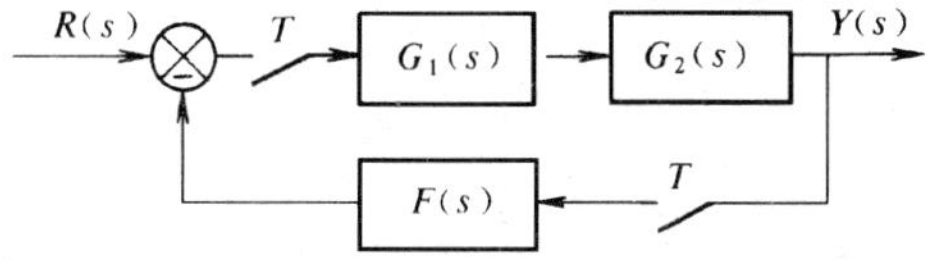	$G(z)=\dfrac{\overline{G_1G_2}(z)}{1+\overline{G_1G_2}(z)F(z)}$
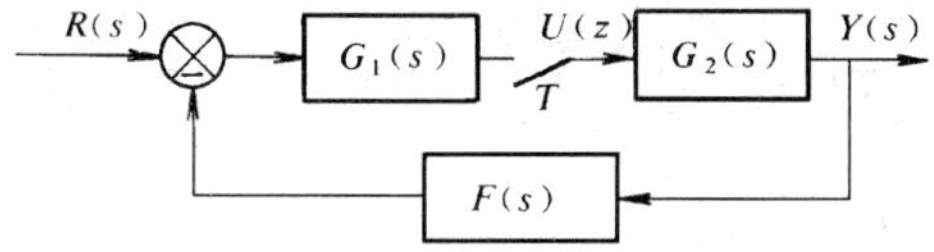	$Y(z)=\dfrac{\overline{RG_1}(z)G_2(z)}{1+\overline{G_2FG_1}(z)}$

五、连续系统的离散化

在离散控制系统的分析、设计和仿真试验中，经常需要把连续时间的子系统或环节离散化。这是一个将 $G(s)$ 变为 $G(z)$ 的问题。一般的要求是离散化后的系统仍具有原连续系统的动态特性。具体地说，就是要求 $G(z)$ 接受离散的 $x^*(t)$ 后产生的离散的 $y(kT)$ 应等于 $y^*(t)$。这里假设 $G(s)$ 的连续输入为 $x(t)$，连续输出为 $y(t)$。$x^*(t)$ 和 $y^*(t)$ 分别为 $G(s)$ 的输入和输出的采样信号。如图 7-7 所示。

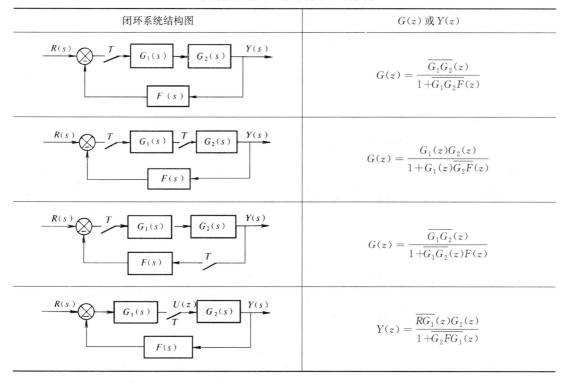

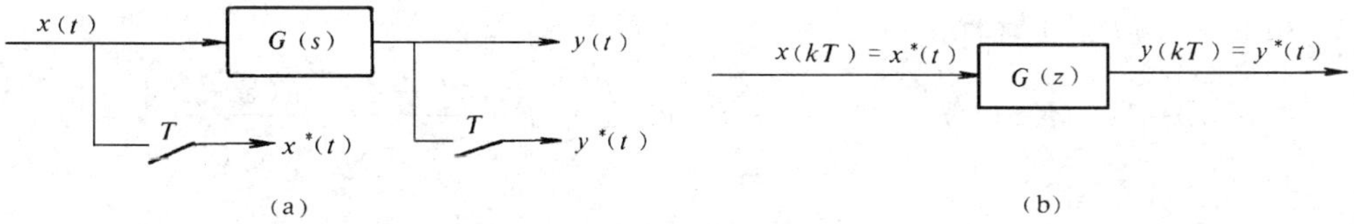

图 7-7　连续系统离散化的要求

(a) 待离散化的连续系统；(b) 等价的离散系统

连续系统离散化的方法有许多种。下面将介绍其中常用的四种求脉冲传递函数模型的方法。在第八章中将介绍求离散化系统的离散状态方程模型的方法。

1. 数值微积分法

当离散化的连续系统以微分方程或积分方程表示时，这种方法就可直接应用。只要把连续系统表达式中的微分项或积分项用下面给出的相应的差分式替换，然后加以整理即可得离散化系统的差分方程。再应用 Z 变换方法就可得到离散化系统的 $G(z)$ 表达式。可以注意到，下面给出的数值微分公式只适用于一阶和二阶的微分。所以一般说来，此方法只适用于低阶的连续系统。

常用的数值积分公式有：

(1) 前向矩形公式：$\int_0^{mT} e(t)\mathrm{d}t = \sum_{j=1}^{m} e(j-1)\times T$ (7-37)

(2) 后向矩形公式：$\int_0^{mT} e(t)\mathrm{d}t = \sum_{j=1}^{m} e(j)\times T$ (7-38)

(3) 梯形公式：$\int_0^{mT} e(t)\mathrm{d}t = \sum_{j=1}^{m} \frac{T}{2}[e(j)+e(j-1)]$ (7-39)

常用的数值微分公式有：

(1) 前向差分公式：$\dot{e}(t)=\frac{1}{T}[e(i+1)-e(i)]$ (7-40)

$$\ddot{e}(t)=\frac{1}{T^2}[e(i+2)-2e(i+1)+e(i)] \quad (7-41)$$

(2) 后向差分公式：$\dot{e}(t)=\frac{1}{T}[e(i)-e(i-1)]$ (7-42)

$$\ddot{e}(t)=\frac{1}{T^2}[e(i)-2e(i-1)+e(i-2)] \quad (7-43)$$

(3) 中心差分公式：$\dot{e}(t)=\frac{1}{2T}[e(i+1)-e(i-1)]$ (7-44)

$$\ddot{e}(t)=\frac{1}{T^2}[e(i+1)-2e(i)+e(i-1)] \quad (7-45)$$

【例 7-3】 试将连续 PID 控制器离散化。已知 PID 控制器的输出 $u(t)$ 和输入 $e(t)$ 有以下关系：$u(t)=K_{\mathrm{p}}\left[e(t)+\frac{1}{T_i}\int_0^t e(\tau)\mathrm{d}\tau + T_{\mathrm{d}}\frac{\mathrm{d}e(t)}{\mathrm{d}t}\right]$。

解 设 $t=kT$，利用式 (7-38) 和式 (7-42)，可得

$$u(k)=K_{\mathrm{p}}\left[e(k)+\frac{1}{T_i}\sum_{j=0}^{k}e(j)T+T_{\mathrm{d}}\frac{e(k)-e(k-1)}{T}\right]$$

设 $t=(k-1)T$，又可得

$$u(k-1)=K_{\mathrm{p}}\left[e(k-1)+\frac{1}{T_i}\sum_{j=0}^{k-1}e(j)T+T_{\mathrm{d}}\frac{e(k-1)-e(k-2)}{T}\right]$$

将两式相减并整理，可得

$$u(k)=u(k-1)+K_{\mathrm{p}}\Big\{e(k)-e(k-1)+\frac{T}{T_i}e(k) + \frac{T_{\mathrm{d}}}{T}[e(k)-2e(k-1)+e(k-2)]\Big\}$$

或写成

$$u(k)=u(k-1)+b_0e(k)+b_1e(k-1)+b_2e(k-2)$$

式中，$b_0=K_p\left(1+\frac{T}{T_i}+\frac{T_d}{T}\right)$；$b_1=-K_p\left(1+\frac{2T_d}{T}\right)$；$b_2=K_p\frac{T_d}{T}$。

2. 替换法

将关系式

$$s=f(z) \tag{7-46}$$

代入 $G(s)$ 从而推得 $G(z)$ 的作法就是连续系统离散化的**替换法**。式（7-46）称为替换关系式。最常用的替换关系式是**图斯汀**（Tustin）关系式（又称双线性替换）：

$$s=\frac{2}{T}\times\frac{z-1}{z+1} \tag{7-47}$$

从 Z 变换的定义可知

$$s=\frac{1}{T}\ln z \tag{7-48}$$

将 $\ln z$ 展开为无穷级数，则有

$$s=\frac{2}{T}\left[\frac{z-1}{z+1}+\frac{1}{3}\left(\frac{z-1}{z+1}\right)^3+\cdots+\frac{1}{2n+1}\left(\frac{z-1}{z+1}\right)^{2n+1}+\cdots\right] \tag{7-49}$$

当只取第一项近似时就得到了图斯汀替换式（7-47）。由此可见图斯汀替换是一种近似的替换。

还可导出其他的替换关系式，它们具有各自的替换精度和替换稳定性（替换稳定性是指替换前后系统稳定性的变化特性）。相比之下，图斯汀替换具有线性变换、替换稳定性好及一定替换精度的特点。

【例 7-4】 试用图斯汀替换法将 $G(s)=\frac{1}{s^2+0.2s+1}$ 变为 $G(z)$。

解　代入 $s=\frac{2}{T}\times\frac{z-1}{z+1}$，可得

$$G(z)=\frac{1}{\left(\frac{2}{T}\times\frac{z-1}{z+1}\right)^2+0.2\left(\frac{2}{T}\times\frac{z-1}{z+1}\right)+1}$$

$$=\frac{T^2(z^2+2z+1)}{(T^2+0.4T+4)z^2+(2T^2-8)z+(T^2-0.4T+4)}$$

3. 根匹配法

设原系统表示为

$$G(s)=\frac{K(s-q_1)(s-q_2)\cdots(s-q_m)}{(s-p_1)(s-p_2)\cdots(s-p_n)} \tag{7-50}$$

则其系统特性取决于增益 K 及零点 q_1，q_2，…，q_m 和极点 p_1，p_2，…，p_n 在 s 平面的位置。若利用关系式 $z=e^{sT}$，就可构造出一个与 $G(s)$ 有一一对应零极点的脉冲传递函数

$$G(z)=\frac{K_z(z-e^{q_1T})(z-e^{q_2T})\cdots(z-e^{q_mT})f_1(z)f_2(z)\cdots f_{n-m}(z)}{(z-e^{p_1T})(z-e^{p_2T})\cdots(z-e^{p_nT})} \tag{7-51}$$

式中，增益 K_z 可用 Z 变换和拉氏变换的终值定理确定，即适当地选取输入信号 $e(t)$ 使 $y(\infty)$ 为一有限值，由等式关系

$$y(\infty)=\lim_{s\to 0} sG(s)E(s)=\lim_{z\to 1}\frac{z-1}{z}G(z)E(z) \tag{7-52}$$

解出 K_z。式（7-51）中的 $\{f_i(z), i=1, 2, \cdots, n-m\}$ 是为了匹配 $n-m$ 个无穷远处零点而设置的。根据 $z=e^{Ts}$ 和使式子尽可能简单、准确、稳定匹配的考虑，$f_i(z)$ 可由以下式确定

$$f_i(z)=\begin{cases} z & (s_i=-\infty\pm j\omega, \ \omega \text{ 为一任意值}) \\ z+e^{aT} & (s_i=\sigma\pm j\omega, \ \omega \text{ 为一有限值}) \\ 1 & (s_i=+\infty\pm j\omega, \ \omega \text{ 为一任意值}) \end{cases} \tag{7-53}$$

式中，s_i 为各无限零点的趋向。s_i 可由根轨迹作图法确定。

【例 7-5】 求 $G(s)=\dfrac{K}{s+a}$ 的根匹配模型。

解 因知极点 $p=-a$，零点 $q=-\infty+j0$，所以匹配 $G(z)$ 为 $G(z)=\dfrac{K_z z}{z-e^{-aT}}$。

设 $E(s)=\dfrac{1}{s}$，$E(z)=\dfrac{z}{z-1}$[即 $e(t)=1(t)$]，则据式（7-52）有 $\dfrac{K}{a}=\dfrac{K_z}{1-e^{-aT}}$，即 $K_z=\dfrac{K}{a}(1-e^{-aT})$。最后得 $G(z)=\dfrac{K}{a}(1-e^{-aT})\times\dfrac{z}{z-e^{-aT}}$。

4. 保持器等价法

因为直接对要离散化的 $G(s)$ 进行 Z 变换意味着 $G(s)$ 将接受脉冲序列 $x^*(t)$ 而不是连续信号 $x(t)$，故知这样求得的 $G(z)$ 的响应与原系统的响应不同。若让 $G(s)$ 仍得到连续的输出信号，则可利用保持器 $H(s)$ 使脉冲信号又变成连续信号。这样得到的离散系统，其特性才能与原系统等效。如图 7-8 所示的离散化过程，先将连续系统的输入串接一个保持器再求 Z 变换，即得所求 $G(z)$

$$G(z)=Z[H(s)G(s)] \tag{7-54}$$

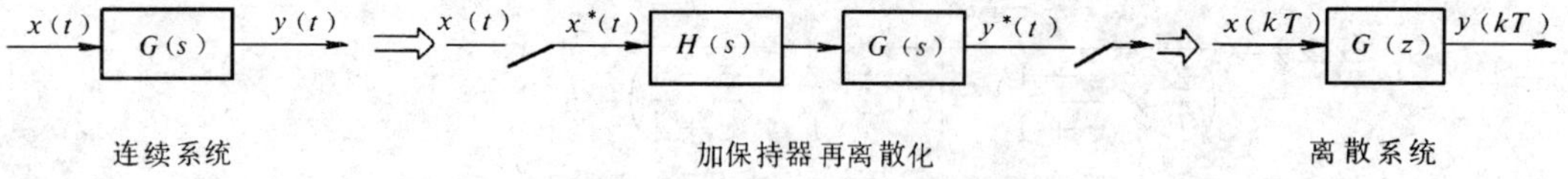

图 7-8 连续系统离散化的保持器等价法

这种作法就是连续系统离散化的保持器等价法。

最简单也是最常用的保持器是零阶保持器，其传递函数为

$$H(s)=\frac{1-e^{-Ts}}{s} \tag{7-55}$$

用零阶保持器等价法求 $G(z)$，则有公式

$$G(z)=Z\left[\frac{1-e^{-Ts}}{s}G(s)\right]=(1-z^{-1})Z\left[\frac{G(s)}{s}\right] \tag{7-56}$$

【例 7-6】 用零阶保持器等价法求 $G(s)=\dfrac{10}{s(s+10)}$ 的 $G(z)$。

解 据式（7-56）有

$$G(z)=(1-z^{-1})Z\left[\frac{10}{s^2(s+10)}\right]$$
$$=(1-z^{-1})Z\left[\frac{1}{s^2}-\frac{1}{10}\times\left(\frac{1}{s}-\frac{1}{s+10}\right)\right]$$
$$=(1-z^{-1})\left[\frac{Tz}{(z-1)^2}-\frac{z(1-e^{-10T})}{10(z-1)(z-e^{-10T})}\right]$$
$$=\frac{T}{z-1}-\frac{1-e^{-10T}}{10(z-e^{-10T})}$$

注：利用 MATLAB 的 c2d 函数可以将 $G(s)$ 转换成 $G(z)$。 c2d 函数的调用格式为Gz=c2d（Gs，Ts，method)，其中，Ts 为采样周期，method 指所采用的离散化方法。若令 method='zoh'，则用零阶保持器法。若令 method='tustin'，则用图斯汀替换法。例如，若将 $G(s)=\frac{1}{s(s+1)}$ 用零阶保持器法离散化为 $G(z)$，则可用命令："Ts=.1；Gs=tf（1，[1，1，0]）；Gz=c2d（Gs，Ts，'zoh'）"。

7.4　离散控制系统的性能分析

和连续控制系统一样，离散控制系统的性能分析也包括三个方面：稳定性、稳态性能和动态性能。并且许多离散系统的分析方法和连续系统所用的方法类似。许多在连续系统性能分析中建立起来的概念依然适用，需要注意的仅是那些由于离散特性造成的不同于连续系统的特殊性质和方法。

一、稳定性分析

如前所述，线性定常连续系统稳定的充要条件是：系统的闭环特征方程式所有的根均具有负的实部。如果系统的闭环传递函数无零点极点相消因子，则系统闭环传递函数的极点与闭环特征方程式的根是一致的。因此线性定常连续系统的一些稳定性判据（如劳斯判据、奈奎斯特判据以及根轨迹等）都是检验闭环传递函数的极点或闭环特征方程的根是否全部位于 s 平面的左半开平面内（左半开平面不包括虚轴）。

对于线性定常离散系统，根据 s 平面到 z 平面的映射关系，其稳定的充要条件是闭环脉冲传递函数的全部极点或特征方程式的全部根均位于 z 平面中以原点为圆心的单位圆内。根据这个充要条件可导出朱里（Jury）代数判据和 z 域的根轨迹分析。若通过图斯汀变换将 z 平面映射为 w 平面，则对于以复变量 w 表示的离散系统均可以直接利用劳斯判据、奈奎斯特判据及伯德图等成熟的方法来分析。

1. s 平面到 z 平面的映射

设

$$s=\sigma+j\omega \tag{7-57}$$

$$T=\frac{2\pi}{\omega_s}\quad（T\text{ 为采样周期}） \tag{7-58}$$

则通过 z 与 s 的关系式 $z=e^{Ts}$ 可知

$$z=e^{T\sigma}e^{j\omega T} \tag{7-59}$$

$$|z|=e^{T\sigma} \tag{7-60}$$

$$\angle z=T\omega=\frac{2\pi}{\omega_s}\omega \tag{7-61}$$

式（7-60）和式（7-61）即是 s 平面到 z 平面的映射关系式。据此可知，s 平面上的 $j\omega$ 轴映射到 z 平面是以 z 平面原点为圆心的单位圆。当 s 平面上 $j\omega$ 轴上的点从 $\left(0,\ -j\dfrac{\omega_s}{2}\right)$ 移至 $\left(0,\ +j\dfrac{\omega_s}{2}\right)$ 的轨迹映射到 z 平面上就是从点（−1，j0）开始沿单位圆圆周反时针转一圈回到点（−1，j0）为止的轨迹。这说明 s 平面的 $j\omega$ 轴映射到 z 平面为无数个单位圆，它们都重合在一起。

据 s 平面到 z 平面的映射关系还可分别求得：s 平面中整个实轴映射在 z 平面上只是右半个实轴；s 平面的原点映射在 z 平面上为点（1，j0）；s 平面的左半开平面映射在 z 平面中是以 z 平面原点为圆心的单位圆内部区域；……。参见图 7-9。

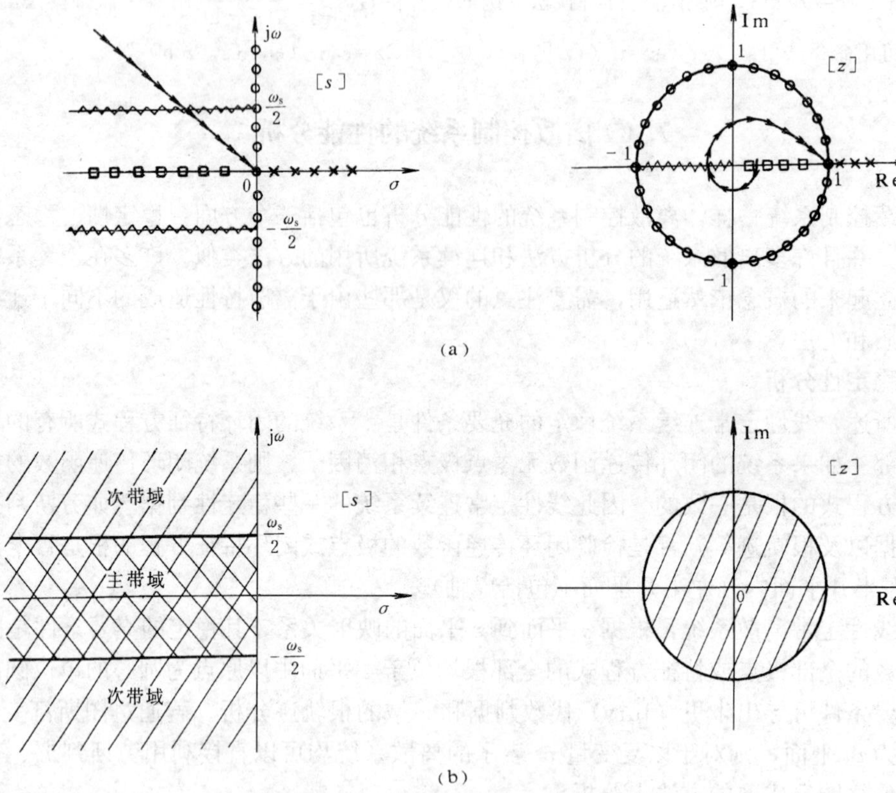

图 7-9 s 平面到 z 平面的映射

事实上，s 平面中左半开平面可分为无穷条宽度为 ω_s 的带状域，每一条带状域映射到 z 平面都是单位圆内区域。常把 s 平面中包含负实轴的带状域称为主带域，其余的都称为次带域。如图 7-9（b）所示。

显然，连续系统的稳定域——s 平面的左半开平面映射在 z 平面为以 z 平面原点为圆心的单位圆内区域，此区域即是离散系统的稳定域。由此可得下述的离散系统稳定的充要条件。

【线性定常离散系统稳定的充要条件】 **离散系统的闭环系统脉冲传递函数 $G(z)$ 的全部极点或闭环特征方程式 $1+G_0(z)=0$ 的全部根均位于 z 平面以原点为圆心的单位圆的内部**

区域，该单位圆为稳定边界。

2. 朱里判据

朱里判据是确定离散系统稳定性的一种代数判据。它可依据闭环特征多项式的系数判断出特征方程的根是否全部位于 z 平面以原点为圆心的单位圆内。

设离散系统的闭环特征多项式为

$$P(z)=1+G_0(z)=a_nz^n+a_{n-1}z^{n-1}+\cdots+a_1z+a_0 \quad (a_n>0) \tag{7-62}$$

则可用多项式的系数 a_i 及计算系数排成朱里阵列。第 1、2 行元素由 a_i 构成，其余各行元素为计算系数，一直排到第（$2n-3$）行为止。

朱 里 阵 列

行＼列	z^0	z^1	z^2	$\cdots$	z^{n-k}	$\cdots$	z^{n-2}	z^{n-1}	z^n
1	a_0	a_1	a_2	$\cdots$	a_{n-k}	$\cdots$	a_{n-2}	a_{n-1}	a_n
2	a_n	a_{n-1}	a_{n-2}	$\cdots$	a_k	$\cdots$	a_2	a_1	a_0
3	b_0	b_1	b_2	$\cdots$	b_{n-k}	$\cdots$	b_{n-2}	b_{n-1}	
4	b_{n-1}	b_{n-2}	b_{n-3}	$\cdots$	b_{k-1}	$\cdots$	b_1	b_0	
5	c_0	c_1	c_2	$\cdots$	c_{n-k}	$\cdots$	c_{n-2}		
6	c_{n-2}	c_{n-3}	c_{n-4}	$\cdots$	c_{k-2}	$\cdots$	c_0		
$\vdots$	$\vdots$	$\vdots$	$\vdots$						
$2n-5$	l_0	l_1	l_2	l_3					
$2n-4$	l_3	l_2	l_1	l_0					
$2n-3$	m_0	m_1	m_2						

阵列中第 z^i 列的各奇数行的计算系数为

$$b_i=\begin{bmatrix}a_0 & a_{n-i}\\ a_n & a_i\end{bmatrix},\quad c_i=\begin{bmatrix}b_0 & b_{n-1-i}\\ b_{n-1} & b_i\end{bmatrix},\quad d_i=\begin{bmatrix}c_0 & c_{n-2-i}\\ c_{n-2} & c_i\end{bmatrix},\cdots \tag{7-63}$$

阵列中各偶数行的计算系数为上一行系数的逆序排列。

【朱里判据】　线性定常离散系统稳定的充分必要条件是：

(1) $P(1)=P(z)\big|_{z=1}>0$　(7-64)

(2) $(-1)^nP(-1)>0$　(7-65)

(3) 朱里阵列中的系数满足下列$(n-1)$个约束条件：

$$|a_0|<a_n,\quad |b_0|>|b_{n-1}|,\quad |c_0|>|c_{n-2}|,\cdots,\quad |l_0|>|l_3|,\quad |m_0|>|m_2| \tag{7-66}$$

【例 7-7】　已知 $G(z)=\dfrac{K(0.368z+0.264)}{z^2+(0.368K-1.368)z+(0.264K+0.368)}$，试确定 $G(z)$ 稳定时 K 的取值范围。

解　该系统的闭环特征多项式为

$$P(z)=z^2+(0.368K-1.368)z+(0.264K+0.368)=a_2z^2+a_1z+a_0$$

式中，$a_2=1$；$a_1=0.368K-1.368$；$a_0=0.264K+0.368$。

应用朱里判据，该系统稳定时应满足：

(1) $P(1)=a_2+a_1+a_0>0$，即 $1+0.368K-1.368+0.264K+0.368>0$，从而得 $K>0$。

(2) $(-1)^2P(-1)=a_2-a_1+a_0>0$，即 $1-0.368K+1.368+0.264K+0.368>0$，解得 $K<\dfrac{2.736}{0.104}=26.31$。

(3) 朱里阵列中的系数应满足约束条件：$|a_0|<a_2$，即 $|0.264K+0.368|<1$。可得 $-5.182<K<2.394$。

由上述三个 K 值解，可综合得结果 $0<K<2.394$。

3. z 域根轨迹

各种离散控制系统，尽管结构上各不相同，但是只要它具有反馈控制的基本形式，总可以把它的闭环特征方程表示为

$$1+G_0(z)=0 \tag{7-67}$$

或

$$G_0(z)=-1 \tag{7-68}$$

再把开环脉冲传递函数 $G_0(z)$ 写成零极点因子的形式

$$G_0(z)=\frac{K^*\prod_{i=1}^{m}(z-z_i)}{\prod_{j=1}^{n}(z-p_j)} \tag{7-69}$$

于是有闭环特征方程

$$\frac{K^*\prod_{i=1}^{m}(z-z_i)}{\prod_{j=1}^{n}(z-p_j)}=-1 \tag{7-70}$$

据此方程可绘出当参变量 K^* 从 0 至 $+\infty$ 变化时的离散控制系统 z 平面上的根轨迹。绘制方法可直接沿用连续系统根轨迹的作图规则，而不需要作任何修改。绘出 z 域根轨迹后则可对离散系统进行分析。注意，在 z 平面上系统的稳定域是以原点为圆心的单位圆内区域。相应地各种典型环节的根轨迹的形状也与 s 平面的不同。

【例 7-8】 设系统开环脉冲传递函数为 $G_0(z)=\dfrac{K(0.368z+0.264)}{(z-1)(z-0.368)}$，试绘制该系统的根轨迹并确定系统稳定时的 K 值范围。

解 重写 $G_0(z)$ 为零极点的因子形式 $G_0(z)=\dfrac{K^*(z+0.717)}{(z-1)(z-0.368)}$，式中，$K^*=0.368K$，$K=K^*/0.368$。

该系统有开环零点 $z_1=-0.717$，开环极点 $p_1=1$，$p_2=0.368$，于是有闭环特征方程

$$\frac{K^*(z+0.717)}{(z-1)(z-0.368)}=-1$$

求根轨迹分离点的坐标

$$\frac{dK^*}{dz}=\frac{d}{dz}\left[\frac{-(z-1)(z-0.368)}{z+0.717}\right]=\frac{-(z^2+1.434z-1.3488)}{(z+0.717)^2}=0$$

由 $z^2+1.434z-1.3488=0$ 可解得 $z_1=0.648$，$z_2=-2.08$。将 z_1 和 z_2 代入特征方程，使 K^* 均为正值，故知 z_1 和 z_2 是根轨迹的分离点。

画出离散系统的 z 域根轨迹如图7-10所示。两条根轨迹从两个极点（$p_1=1$，$p_2=0.368$）出发，至分离点 $z=0.648$，沿圆周（圆心位于开环零点 $z=-0.717$）至分离点 $z=-2.08$ 处，一条至零点结束，一条趋向于无限零点 $-\infty$。

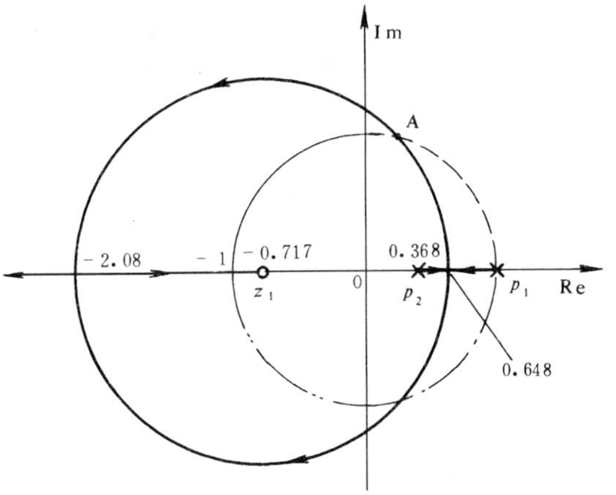

图7-10　例7-8系统的 z 域根轨迹

该根轨迹与单位圆周相交于A。该点处的增益 K_A^* 即是临界开环增益。用作图法分别确定两个极点和一个零点至点A的距离，则可得

$$K_A^*=\frac{\prod_{i=1}^{2}|A-p_i|}{|A-z_i|}=\frac{|A-p_1||A-p_2|}{|A-z_1|}=\frac{1.23\times 1}{1.4}=0.88$$

于是得 $K^*=K_A^*/0.368=0.88/0.368=2.39$。

综上所述，该系统稳定的 K 值范围为 $0<K<2.39$。

注：利用MATLAB的rlocus函数可绘制 Z 域根轨迹，同样利用rlocfind函数可计算与指定特征根对应的增益k。若将例7-9用MATLAB求解，则可用命令："num=[.3678 .2644]；den=[1 -1.367 8.367 8]；sys=tf（num，den，-1）；rlocus（sys）"，可得到如图7-10的 Z 域根轨迹图。再键入命令："[k，polse]=rlocfind（sys）"，然后用鼠标点击根轨迹与单位圆的交点，可得k=2.387 4。

4. w 变换

为了直接利用连续系统性能成熟分析方法，可通过图斯汀变换式将 z 平面映射到 w 平面。

定义一个新的复变量 w，w 与复变量 z 的关系为

$$w=\frac{2}{T}\frac{z-1}{z+1} \tag{7-71}$$

或

$$z=\frac{1+\frac{T}{2}w}{1-\frac{T}{2}w} \tag{7-72}$$

可以证明，通过以上的映射关系可把 z 平面上以原点为圆心的单位圆内区域映射到 w 平面的左半开平面。这样就使离散系统在 z 域分析的问题转换为连续系统在 s 域的问题。

只要把离散系统的开环脉冲传递函数 $G_0(z)$ 化为 $G_0(w)$，把闭环脉冲传递函数 $G(z)$ 化为 $G(w)$，就可像对待连续系统的 $G_0(s)$ 和 $G(s)$ 一样，应用劳斯判据、奈奎斯特判据或伯德图等频域方法，来分析 $G_0(w)$ 和 $G(w)$ 表示的离散系统。

【例7-9】　已知 $G_0(z)=\frac{K(0.368z+0.264)}{z^2-1.368z+0.368}(T=1)$，试用劳斯判据确定离散系统稳定的 K 值范围。

解 用图斯汀变换 $z=\left.\dfrac{1+\dfrac{T}{2}w}{1-\dfrac{T}{2}w}\right|_{T=1}=\dfrac{1+0.5w}{1-0.5w}$，将 $G_0(z)$ 化为 $G_0(w)$ 得

$$G_0(w)=\frac{K(-0.038w^2-0.386w+0.924)}{w(w+0.924)}$$

可推得闭环特征方程式

$$1+G_0(w)=1+\frac{K(-0.038w^2-0.386w+0.924)}{w(w+0.924)}=0$$

即

$$(1-0.038K)w^2+(0.924-0.386K)w+0.924K=0$$

排成劳斯阵列：

$$\begin{array}{c|ll} w^2 & 1-0.038K & 0.924K \\ w^1 & 0.924-0.386K & \\ w^0 & 0.924K & \end{array}$$

当系统稳定时，劳斯阵列的第一列的元素需全为正，即

$$\begin{cases} 1-0.038K>0,\ K<\dfrac{1}{0.038}=26.3 \\ 0.924-0.386K>0,\ K<\dfrac{0.924}{0.386}=2.394 \\ 0.924K>0,\ K>0 \end{cases}$$

于是得离散系统稳定的 K 值范围是 $0<K<2.394$。

二、稳态误差计算

和连续系统一样，离散控制系统的稳态精度，用系统的静态误差系数或在已知的输入信号作用下系统的稳态误差来评价。稳态精度表征系统的稳态性能。研究系统的稳态特性时，首先应检验系统的稳定性。因为只有稳定的系统才能稳态存在。

设系统的误差脉冲传递函数 $G_e(z)$ 为

$$G_e(z)=\frac{E(z)}{R(z)}=\frac{1}{1+G_0(z)} \tag{7-73}$$

则有

$$E(z)=G_e(z)R(z)=\frac{1}{1+G_0(z)}R(z) \tag{7-74}$$

利用 Z 变换终值定理可计算系统的**稳态误差**为

$$e(\infty)=\lim_{z\to1}(z-1)E(z)=\lim_{z\to1}(z-1)\frac{1}{1+G_0(z)}R(z) \tag{7-75}$$

当取典型的输入信号 $r(t)$ 时，可导出稳态误差的计算公式和静态误差系数的定义。

定义三种静态误差系数：

（1）静态位置误差系数：$K_p=\lim\limits_{z\to1}G_0(z)$ (7-76)

（2）静态速度误差系数：$K_v=\dfrac{1}{T}\lim\limits_{z\to1}(z-1)G_0(z)$ (7-77)

（3）静态加速度误差系数：$K_a=\dfrac{1}{T^2}\lim\limits_{z\to1}(z-1)^2G_0(z)$ (7-78)

据式（7－75）可以导出典型输入信号 $r(t)$ 下的稳态误差计算公式为

$$e(\infty)=\begin{cases}\dfrac{R_0}{1+K_p}, & r(t)=R_0\times 1(t)\\ \dfrac{R_1}{K_v}, & r(t)=R_1 t\\ \dfrac{R_2}{K_a}, & r(t)=\dfrac{R_2}{2}t^2\end{cases}\tag{7-79}$$

类似于连续系统，如果离散控制系统的开环脉冲传递函数 $G_0(z)$ 有 v 个 $z=1$ 的极点，则当 $v=0$，1，2 时，相应地称该离散控制系统为 0 型、1 型或 2 型系统。稳定的 0 型、1 型、2 型离散控制系统在三种典型输入信号作用下的稳态误差如表 7－2 所示。

表 7－2　　三种典型输入信号下系统的稳态终值误差

系统类型	位置误差 $r(t)=R_0\times 1(t)$	速度误差 $r(t)=R_1\times t$	加速度误差 $r(t)=\frac{1}{2}R_2\times t^2$
0	$\frac{1}{1+K_p}R_0$	∞	∞
1	0	$\frac{1}{K_v}R_1$	∞
2	0	0	$\frac{1}{K_a}R_2$

【例 7－10】　已知开环函数 $G_0(z)=\dfrac{(1-e^{-T})z}{(z-1)(z-e^{-T})}(T=1)$，求其单位反馈系统的稳态误差系数。

解

$$G_0(z)=\frac{0.632z}{(z-1)(z-0.368)}$$

$$G_e(z)=\frac{1}{1+G_0(z)}=\frac{z^2-1.368z+0.368}{z^2-0.736z+0.368}$$

$$1+G_0(z)=z^2-0.736z+0.368=0$$

由于两个根均在单位圆内，故知系统是稳定的。$K_p=\lim\limits_{z\to 1}G_0(z)=\infty$，$K_v=\dfrac{1}{T}\lim\limits_{z\to 1}(z-1)G_0(z)=1$，$K_a=\dfrac{1}{T^2}\lim\limits_{z\to 1}(z-1)^2G_0(z)=0$。

三、动态响应分析

如果已知离散控制系统的数学模型（差分方程、脉冲传递函数、离散状态方程），通过递推计算或 Z 变换法或数字仿真，不难求出典型输入（或简单函数型的输入）作用下的系统动态响应数值解或解析解。通过求得的动态响应解就可研究该系统的动态性能（如超调量、峰值时间、调整时间等）并作进一步的定量分析。

一般而论，一个离散控制系统的动态响应取决于它的脉冲传递函数零极点在 z 平面上的分布。下面以单位阶跃函数的输入信号作用为例，探讨系统极点（为了简单起见，假设无重极点）对系统动态响应的影响。

在单位阶跃输入和无重极点的假设下，有

$$Y(z)=G(z)R(z)=\frac{N(z)}{D(z)}\times\frac{z}{z-1}\tag{7-80}$$

式中，$N(z)$ 和 $D(z)$ 为 $G(z)$ 的分子和分母表达式。

利用部分分式展开，则有

$$Y(z)=\frac{A_0 z}{z-1}+\sum_{i=1}^{n}\frac{A_i z}{z-p_i} \tag{7-81}$$

其中系数 $\{A_i\}$ 可用留数法确定

$$A_0=\frac{N(1)}{D(1)} \tag{7-82}$$

$$A_i=\left.\frac{(z-p_i)N(z)}{(z-1)D(z)}\right|_{z=p_i} \tag{7-83}$$

所以

$$\begin{aligned} y(k)&=Z^{-1}\left[\frac{A_0 z}{z-1}+\sum_{i=1}^{n}\frac{A_i z}{z-p_i}\right] \\ &=A_0 1^k+\sum_{i=1}^{n}A_i(p_i)^k=A_0+\sum_{i=1}^{n}A_i(p_i)^k \end{aligned} \tag{7-84}$$

式（7-84）说明，输出的响应是各极点相关的动态响应之和。

为了进一步分析不同极点相对应的动态响应，设

$$p_i=r_i e^{j\theta_i}=r_i(\cos\theta_i+j\sin\theta_i) \tag{7-85}$$

则对应的动态响应为 $A_i r_i{}^k$（$\cos k\theta_i+j\sin k\theta_i$）。不妨写为

$$y_{p_i}(k)=A_i r_i{}^k(\cos k\theta_i+j\sin k\theta_i) \tag{7-86}$$

式中，$y_{p_i}(k)$ 为 p_i 极点对应的动态响应。

显然序列 $\{y_{p_i}(k)\}(k=0, 1, 2, \cdots)$ 取决于 r_i 和 θ_i。可分析得到下列结论：

（1）当 $r_i<1$ 时，则有收敛序列；当 $r_i>1$ 时，则有发散序列；当 $r_i=1$ 时，则有等幅序列。

（2）当 $\theta_i=0°$时，则有单调序列；当 $\theta_i\neq 0°$时，则有振荡序列；当 $\theta_i=180°$时，振荡频率最高，可以证明具有 $\omega=\frac{\theta_i}{T}$ 关系。

根据上述分析结论，容易作出极点位于 z 平面上不同位置时所对应的动态响应，如图 7-11 所示。由图可知，当极点位于正实轴上时，其动态响应是单调的；当极点不在正实轴上时，其动态响应都是振荡的，且当极点位于负实轴上时，振荡频率为最高；当极点位于单位圆内时，响应总是稳定的，且越靠近 z 平面原点，衰减率则越大。

顺便指出，若是一个离散系统的极点都位于 z 平面原点，则称之为具有**无穷大稳定度**的系统，或称之为**最快响应**系统，或者说**最小拍**系统（所谓一拍指一个采样周期）。根据定义式 $z=e^{Ts}$ 可推知，极点都位于 z 平面原点的离散系统对应于极点都位于 s 平面离虚轴的负实轴方向无穷远处的连续系统。既然离虚轴越远稳定裕量越大，那么离虚轴无穷远自然有无穷大稳定度了。

稳定的离散控制系统的闭环极点均在 z 平面的单位圆内。它的动态性能往往被一对最靠近单位圆的主导复极点所支配。一般希望系统的主导极点分布在 z 平面的单位圆的右半圆内，且离原点不太远。

离散系统的零点虽不影响系统的稳定性，但影响系统的动态性能。零点影响的定性分析比较困难，在此不作详述。

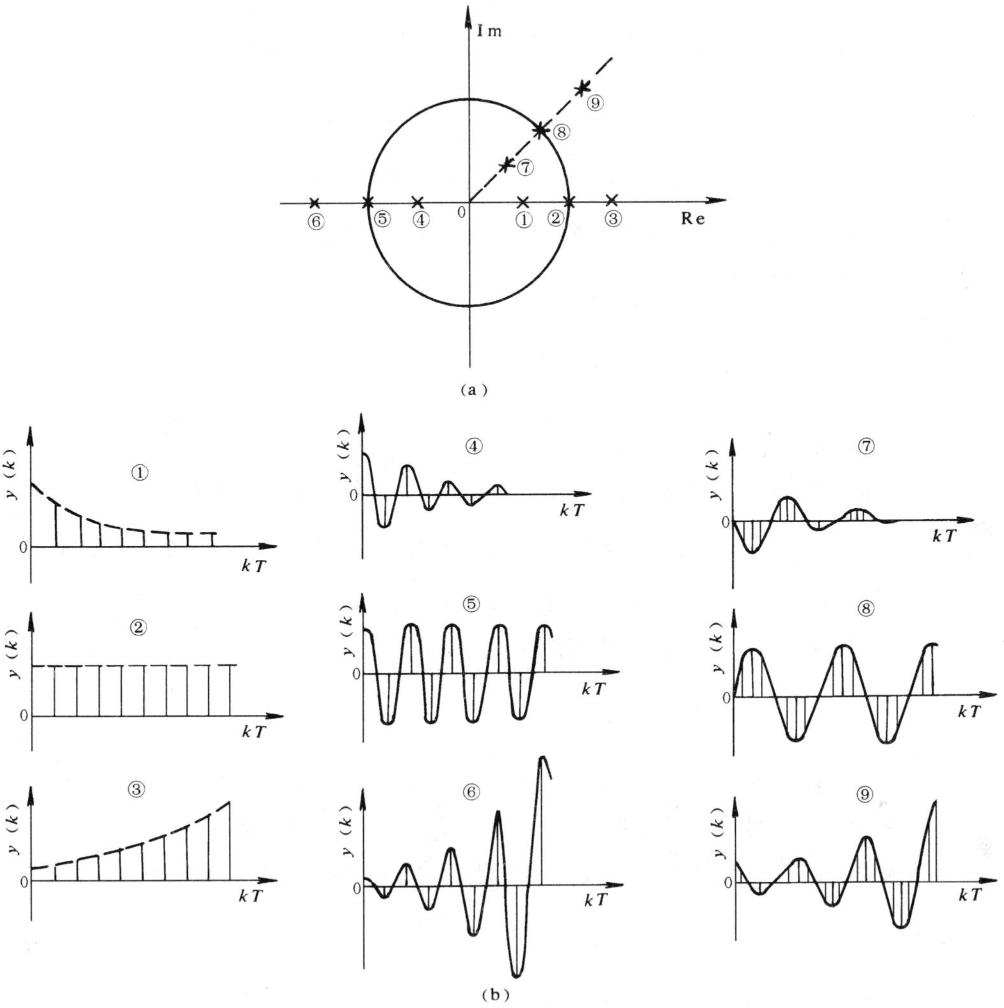

图 7 - 11　极点的位置与相应的动态响应

(a) 极点在 z 平面的位置；(b) 与极点位置对应的阶跃输入下的动态响应

7.5　离散控制系统的设计

常见的离散控制系统有如图 7 - 12 所示的典型结构。系统中 $G_c(z)$ 是离散控制器（也常称数字控制器或称离散校正器、补偿器、滤波器）的脉冲传递函数，$G_h(s)$ 是保持器的传递函数（一般用零阶保持器），$G_p(s)$ 是受控过程的传递函数。在本节中论及的离散控制系统，如不加以特别说明，均指图示的这种典型控制系统。这种系统也称为**输出反馈**系统。至于状态反馈离散控制系统将在第八章中论述。

离散控制系统设计的最主要目的是设计控制器 $G_c(z)$ 的结构和参数。其次也要考虑**量化误差**的影响以及采样周期的选择问题。

设计控制器 $G_c(z)$ 有多种方法。比较成熟的方法就是本节将要介绍的连续控制器的离

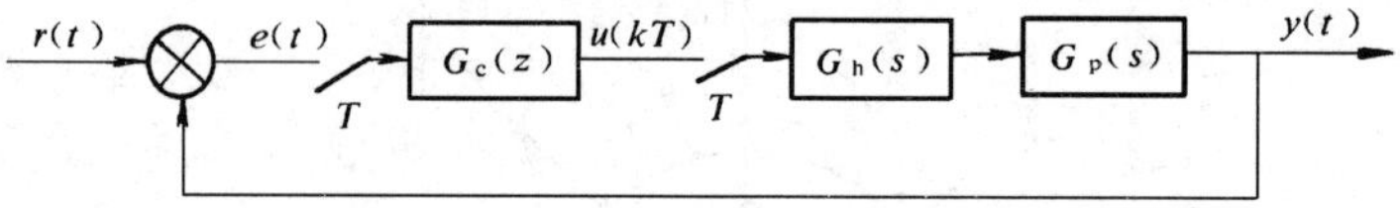

图 7－12　离散控制系统的典型结构

散化法、z 域根轨迹设计法、w 域频率特性设计法和数字控制器直接设计法，以及下一章将介绍的离散状态反馈控制器的设计方法。

一、量化误差的影响

当把一个模拟量转化为一个有限位长的数字量（如在一个 A/D 变换器中）时，或把一个有 12 位有效数字的数表示成只有 6 位有效数字的数（如在数字计算机中的数学运算过程中）时，都会产生**量化误差**。

【例 7－11】　设输入信号为0～10V，求一个八位 A/D 变换器的量化误差。

图 7－13　量化器

解　记量化单位为 q，则有 $q=\frac{10}{2^8}=0.0390625\text{V}$。该 A/D 变换器的最大量化误差也是 0.039 062 5V。

引入量化器的概念如图 7－13 所示，当输入信号 x 经量化器后产生 x_q，则有**量化误差** ε 为

$$\varepsilon=x_q-x \tag{7-87}$$

一般的量化过程可用图 7－14 和图 7－15 来说明。图 7－14 所示的量化误差称为**截断误差**。只有当 x 的变化超过一个量化单位 q 后 x_q 才有一个量化单位的跃变。图 7－15 所示的量化误差称为**舍入误差**。可以看出，当 x 的变化超过半个量化单位时就可使 x_q 发生一个量化单位的跃变。显然舍入误差的最大绝对值为$\frac{q}{2}$，而截断误差的最大绝对值为 q。两者都和量化单位 q 成正比。

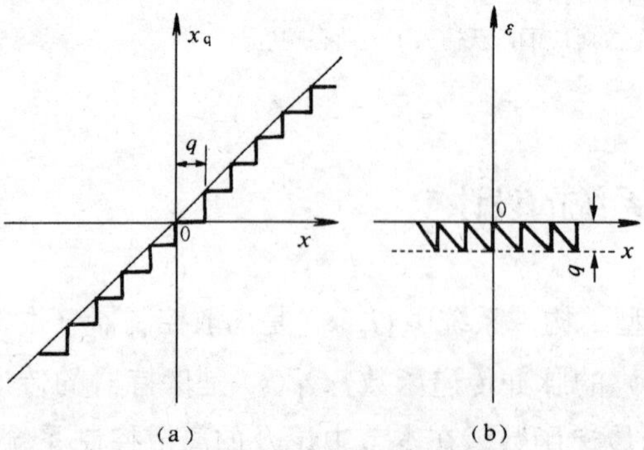

图 7－14　截断误差的产生

(a) 量化曲线；(b) 误差曲线

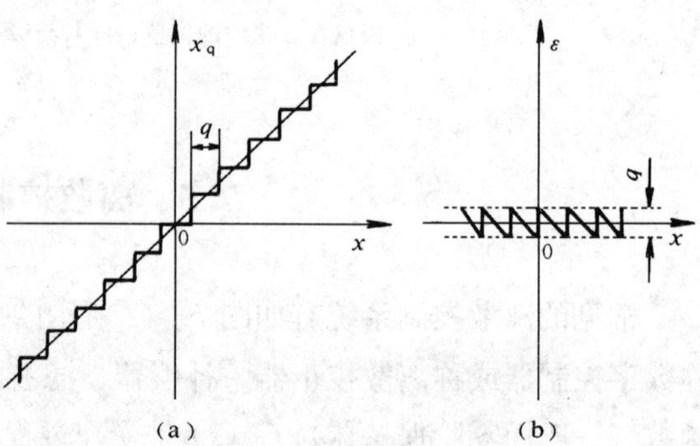

图 7－15　舍入误差的产生

(a) 量化曲线；(b) 误差曲线

量化单位 q 取决于用于直接表达一个数量的数字位长度。显然 16 位的 A/D 变换器的量化单位比 8 位 A/D 的量化单位要小。32 位计算机的量化误差要比 16 位计算机的小得多。

一个实际的计算机控制系统中一般含有多个量化源，每个量化源有自己的量化单位和量

化误差。倘若每个量化误差都非常小，则量化误差对整个控制系统的设计毫无影响。这是实际中最常见的情况。这往往使人们忽略了量化误差的存在。然而，量化误差确实是存在的，一旦条件成熟，它就可能造成系统运行失常，甚至瘫痪。因此，在设计和分析离散控制系统时不应忽视量化误差的影响。尤其是当控制系统的控制精度要求较高时，当控制系统中个别环节的量化误差过大时，或者系统的某些参数对量化误差特别敏感时，必须考虑量化误差的影响。否则可能使控制精度无法达到设计要求，或者使系统失去稳定性，或者引发有害的**极限环现象**。所谓极限环现象是指非线性系统在没有外界周期性变化的信号作用时就能产生具有固定幅值和频率的稳定的自激振荡现象。极限环产生时会使被调量上下波动不能恒定在设定值，又可使执行机构来回动作，加速磨损。所以应当设法避免极限环的产生。

【例 7-12】　若要求一温度场控制在500±0.5℃，采用 K 型热电偶做感温元件，其热电势直接送至一高精度温度微机控制系统中的 A/D 变换器，试确定 A/D 变换器的位长。

解　查 K 型热电偶在 500℃附近的微分热电动势为 42μV/℃。若使控制器对 0.2℃的温度变化就能反应，则 A/D 变换器的量化单位 q 至少为 $q=0.2\times 42=8.4\mu\text{V}$。

若设 A/D 变换器的输入信号量程为 0～500mV，则 A/D 变换器的位长

$$N=\frac{\ln\dfrac{500\,000}{8.4}}{\ln 2}=15.86\approx 16$$

可见为满足上述控制要求，需要用 16 位的 A/D 变换器。倘若用 12 位的 A/D 来代替，则可算得其量化单位 $q'=\dfrac{500\,000}{2^{12}}=122(\mu\text{V})$，远大于 8.4μV。又可算得此时所能探测的最小温度变化 $\Delta t=\dfrac{122}{42}=2.9(℃)$。可见根本无法控制温度在±0.5℃的范围内。

【例 7-13】　设有一个一阶系统 $y(k+1)=\alpha y(k)+u(k)$。当参数 α 输入时会引入量化误差，使系统变为 $y(k+1)=(\alpha+\Delta\alpha)y(k)+u(k)$。设 $\alpha=0.999\,5$，试求量化误差 $\Delta\alpha$ 对系统稳定性的影响。

解　当有量化误差时的特征方程为 $z-(\alpha+\Delta\alpha)=0$。可见只要 $\alpha+\Delta\alpha$ 的值大于 1，也就是 $\Delta\alpha$ 大于 0.000 5 时就会使系统失稳。

上例说明当系统具有靠近稳定边界的极点时，很小的量化误差就可能使系统变为不稳定。

由于量化曲线（见图 7-14 和图 7-15）是一个非线性曲线，所以量化器就相当于一个非线性元件。在闭环系统中这种非线性元件的存在就有可能导致极限环的产生。

二、采样周期的选择

离散控制系统所特有的一个参数就是**采样周期** T_s 或者**采样频率** f_s，或者**采样角频率** ω_s。因为三者之间有关系式

$$\omega_s=2\pi f_s=\frac{2\pi}{T}\tag{7-88}$$

所以这三个参量中，任知其一就可推知余二。在下面的论述中将按需要任意选用这三个参量，不再相互推算。

可以说离散控制系统的采样周期选择的基本原则是获得最高的系统性能价格比，就是使系统性能指标尽可能地高而使系统的成本价格尽可能地低。

一般说来，采样周期越长，则系统成本价格越低。因为采样周期长意味着可采用低数位

的计算机和低速的电子器件，所以可使系统成本降低，但性能指标也随之降低。另一方面，采样周期越短，则可使系统的性能指标越高，随之而来的是系统成本价格的上升。因为此时要选用高速高位的计算机和配套接口器件。综上所述，最佳的采样周期应当是在充分满足所设计的各项性能指标的前提下的最长周期。

选择采样周期时所要考虑的性能指标主要有两方面：

（1）跟踪有效性指标，如上升时间、调整时间、闭环系统带宽等；

（2）调节有效性指标，如干扰噪声基频、抗干扰调整时间等。

此外，还有许多其他的因素需加考虑。如系统中是否有前置滤波器；控制器的设计是否采用的是连续控制器离散化的方法等。

由于采样周期的选择是众多因素的折中考虑，所以一般只有一些近似的计算公式和一些经验数值可以利用。当采样周期人为地选定后，经过实际试验或仿真试验就可最后确定下来。下面将考虑性能指标因素给出采样周期的选择方法。

1. 按跟踪有效性指标选择采样周期

要使离散控制系统的输出 y 跟踪参考输入 r，根据香农采样定理，采样角频率 ω_s 至少是参考输入信号的最高频率 ω_r 的 2 倍。因为 ω_r 不易得到，实际中常考虑系统带宽频率 ω_b。系统带宽频率定义为

$$|G(j\omega_b)|=0.707|G(j0)| \tag{7-89}$$

考虑到系统中应用零阶保持器造成的相位滞后，故取 $\omega_s \geqslant 10\omega_b$。又考虑成本价格因素而尽可能取小的采样频率，取 $\omega_s \leqslant 20\omega_b$。于是得选择公式

$$10\omega_b \leqslant \omega_s \leqslant 20\omega_b \tag{7-90}$$

或者

$$\frac{\pi}{10\omega_b} \leqslant T_s \leqslant \frac{\pi}{5\omega_b} \tag{7-91}$$

若考虑系统阶跃响应的上升时间 t_r，则有采样周期的选择公式

$$\frac{t_r}{4} \leqslant T_s \leqslant \frac{t_r}{2} \tag{7-92}$$

t_r 表示系统的反应速度。一般认为在 t_r 时间内至少要有两次采样。

若按受控过程纯迟延时间 τ 来考虑，则采样周期应与 τ 成正比。常常将 τ 与受控过程的惯性时间常数 T_c 一起考虑，即考虑 τ/T_c。于是有下列采样周期选择算式：

$$0.35\tau \leqslant T_s \leqslant 1.2\tau, \quad 0.1 \leqslant \frac{\tau}{T_c} \leqslant 1.0 \quad (\tau < T_c) \tag{7-93}$$

$$0.22\tau \leqslant T_s \leqslant 0.35\tau, \quad 1.0 \leqslant \frac{\tau}{T_c} \leqslant 10 \quad (\tau > T_c) \tag{7-94}$$

若知受控过程是有自平衡过程，则还可考虑过程时间常数 T_{95}，T_{95} 定义为阶跃响应 $y(t)$ 从 0 变到 95% $y(\infty)$ 的时间，它综合反映了过程的自平衡能力。用 T_{95} 选择 T_s 的经验公式为

$$0.07T_{95} \leqslant T_s \leqslant 0.17T_{95} \tag{7-95}$$

对于热工过程或化工过程，受控变量常见的是流量、压力、温度、液位等。这些物理过程都各有同数量级的时间常数，如温度过程较慢而流量过程较快。因此，记住表 7-3 给出的不同过程的采样周期推荐值是有用的。

表 7－3　工业过程控制的采样周期推荐值

受控过程类型	流　量	压　力	液　位	温　度	成　分
采样周期 T_s（s）	1～2	3～5	5～8	10～15	15～20

2. 按调节有效性指标选择采样周期

调节有效性主要指系统抑制过程扰动使被调量稳定在设定值上的有效特性。当过程扰动信号基频远小于采样频率时，过程扰动有可能得到及时的探测和抑制。当过程扰动信号基频远大于采样频率时，过程扰动信号得不到及时的探测因而无法抑制，就像开环控制一样。若设 ω_d 表示过程扰动信号的基频，则采样频率可设为

$$10\omega_d \leqslant \omega_s \leqslant 20\omega_d \tag{7-96}$$

必须注意过程扰动和干扰噪声的区别。过程扰动来自所控过程，确使被调量发生变化，而干扰噪声与被调量不相关，是在过程信息传输通道上另加上去的。

3. 加有前置滤波器的采样频率选择

为了抑制干扰噪声和采样后的频率混叠，常在传感器和 A/D 变换器之间加一个模拟的前置滤波器。最简单的滤波器就是一阶滤波器

$$G_1(s) = \frac{1}{1 + s/\omega_L} \tag{7-97}$$

它将使高于转折频率 ω_L 的噪声衰减。

保守的设计是选择 ω_L 和采样频率 ω_s 远高于系统带宽 ω_b，使前置滤波器引起的相位滞后不会明显改变系统的稳定性。为使高频段噪声在 $\frac{\omega_s}{2}$ 处有明显的降低，必须选采样频率高出转折频率 5 至 10 倍。一般又常取转折频率是系统带宽的 4～10 倍。这就意味着采样频率是系统带宽的 20 至 100 倍。于是有两个采样频率选择公式

$$5\omega_L \leqslant \omega_s \leqslant 10\omega_L \tag{7-98}$$

$$20\omega_b \leqslant \omega_s \leqslant 100\omega_b \tag{7-99}$$

显然，所选采样频率比没有用前置滤波器时的要高得多。

三、连续控制器离散化法

连续控制器离散化法应用的前提是采样频率比系统的工作频率要高得多（$\omega_s \gg \omega_c$），以至于由采样和保持造成的影响可以忽略不计。整个系统可视为一个连续系统，可以先用连续系统的设计方法来设计出连续控制器 $G(s)$，然后再用本章第三节中介绍的连续系统离散化方法变换成离散控制器 $D(z)$。这就是所谓的连续控制器离散化设计方法。

应用连续控制器离散化设计方法可以充分地利用工程技术人员熟悉连续控制器或校正器的设计方法的潜力和长期以来在实际的工程控制中积累的经验。另一方面，应用此法要求有足够小的采样周期才能保证离散化后的控制器动态特性等效于原连续控制器。这使得用此法时选择的采样周期 T_s 比用其他控制器设计方法时所选的 T_s 要小得多，因而要求用较快响应的电子器件和较高档的微处理器。

在工业过程控制领域中广泛应用的是 PID 控制器。即使实现此调节规律的器件由电子管换成晶体管，由晶体管换成模拟集成电路，由模拟集成电路换成微处理器，已是几代更替，但 PID 调节规律仍没有改变。下面就用图斯汀替换法将实用的连续 PID 控制器变换成

实用的离散（或数字）PID控制器。

设连续PID控制器的传递函数为

$$G(s)=K_{R}\left[1+\frac{1}{T_{1}s}+\frac{T_{D}s}{1+T_{V}s}\right] \tag{7-100}$$

将 $s=\frac{2}{T}\times\frac{z-1}{z+1}$ 代入上式并整理可得离散PID控制器的脉冲传递函数为

$$\begin{aligned}G(z)&=K_{R}\left[1+\frac{T}{2T_{1}}\frac{z+1}{z-1}+\frac{T_{D}}{T}\frac{z-1}{z(1+T_{V}/T)-T_{V}/T}\right]\\&=\frac{d_{0}+d_{1}z^{-1}+d_{2}z^{-2}}{(1-z^{-1})(1+c_{1}z^{-1})}\end{aligned} \tag{7-101}$$

式（7-101）中系数 d_0、d_1、d_2 和 c_1 由下列各式计算得到

$$d_{0}=\frac{K_{R}}{1+T_{V}/T}\left[1+\frac{T+T_{V}}{2T_{1}}+\frac{T_{D}+T_{V}}{T}\right] \tag{7-102}$$

$$d_{1}=\frac{K_{R}}{1+T_{V}/T}\left[-1+\frac{T+T_{V}}{2T_{1}}-\frac{2(T_{D}+T_{V})}{T}\right] \tag{7-103}$$

$$d_{2}=\frac{K_{R}}{1+T_{V}/T}\left[\frac{T_{D}+T_{V}}{T}-\frac{T_{V}}{2T_{1}}\right] \tag{7-104}$$

$$c_{1}=-\frac{T_{V}}{T+T_{V}} \tag{7-105}$$

若令该控制器的输出为 $U(z)$，输入为 $E(z)$，则有

$$\frac{U(z)}{E(z)}=\frac{d_{0}+d_{1}z^{-1}+d_{2}z^{-2}}{(1-z^{-1})(1+c_{1}z^{-1})} \tag{7-106}$$

对应的差分方程可写为

$$u(k)=d_{0}e(k)+d_{1}e(k-1)+d_{2}e(k-2)+(1-c_{1})u(k-1)+c_{1}u(k-2) \tag{7-107}$$

该方程就是可用计算机实现的实用算式，又称位置算式。它可算出实际的控制量。若要求出控制量的增量 $\Delta u(k)=u(k)-u(k-1)$，则据式（7-107）可得

$$\Delta u(k)=d_{0}e(k)+d_{1}e(k-1)+d_{2}e(k-2)-c_{1}\Delta u(k-1) \tag{7-108}$$

式（7-108）称为数字PID的**速度算式**。

在应用上述的离散PID控制器时，一般要求采样周期 T 很小，最多只有系统主导时间常数的1/10。式（7-102）～式（7-105）中的参数 K_R、T_1、T_D 和 T_V，可用连续PID的参数直接代入。这些参数是通过连续PID参数整定方法得到的。

四、z域根轨迹设计法

s 平面的根轨迹的绘制以及在连续控制系统设计中的应用已在第五章中介绍过。现在考虑把这种方法推广到 z 平面上，用 z 平面根轨迹法来设计离散控制器。

由于绘制闭环极点的根轨迹的基本条件没有改变，就使得绘制 s 平面根轨迹的全部规则可以不加修改地用于 z 平面根轨迹的绘制。但是进行根轨迹设计时，判别 z 平面根轨迹的好坏的概念与判别 s 平面根轨迹时不同。因为 z 平面是 s 平面经一个超越函数关系的映射，所以系统稳定域和最佳性能区的位置和形状均与 s 平面的不同。掌握了这个特点就不难掌握 z 平面根轨迹的设计方法。

1. z 平面根轨迹的绘制

设单位反馈离散控制系统的开环脉冲传递函数为

$$G_0(z)=\frac{K(z-z_1)(z-z_2)\cdots(z-z_m)}{(z-p_1)(z-p_2)\cdots(z-p_n)} \tag{7-109}$$

其闭环特征方程式为

$$1+G_0(z)=0 \tag{7-110}$$

则绘制 z 平面根轨迹的两个基本依据可表示为

幅值条件：
$$|G_0(z)|=1 \tag{7-111}$$

相角条件：
$$\angle G_0(z)=\pm(2k+1)\pi \tag{7-112}$$

进一步可导出绘制 z 平面根轨迹的七条规则：

(1) 根轨迹始于开环极点，止于开环零点。

(2) 若某一段实轴右边的 $G_0(z)$ 的实极点数与实零点数之和为奇数，则该段实轴是根轨迹的一部分。

(3) 根轨迹对称于实轴。

(4) 渐近线的数目等于 $G_0(z)$ 的极点数 n 减去 $G(z)$ 的零点数 m。

(5) 渐近线与实轴的角度为

$$\phi=\pm(2k+1)\pi/(n-m)\qquad(k=0,1,2,\cdots) \tag{7-113}$$

(6) 渐近线相交在实轴的 $-\sigma$ 处

$$-\sigma=\frac{\sum_{i=1}^{n}(-p_i)-\sum_{i=1}^{m}(-z_i)}{n-m} \tag{7-114}$$

(7) 根轨迹的交点取决于

$$\frac{\mathrm{d}}{\mathrm{d}z}\left[\frac{1}{G_0(z)}\right]=0 \tag{7-115}$$

2. s 平面上的特征线和特征区在 z 平面上的映射

设 $s=\sigma+\mathrm{j}\omega$，或 $s=-\zeta\omega_{\mathrm{n}}+\mathrm{j}\omega_{\mathrm{n}}\sqrt{1-\zeta^2}$，通过映射关系 $z=\mathrm{e}^{Ts}$，则有

$$z=\mathrm{e}^{\alpha T}\mathrm{e}^{\mathrm{j}\omega T} \tag{7-116}$$

或

$$z=\mathrm{e}^{-\zeta\omega_{\mathrm{n}}T}\mathrm{e}^{\mathrm{j}\omega_{\mathrm{n}}T\sqrt{1-\zeta^2}}=r\mathrm{e}^{\mathrm{j}\theta} \tag{7-117}$$

可以导出下列映射结果：

(1) s 平面的等频率线（等 ω_{d} 线）映射为 z 平面的幅角为 $\omega_{\mathrm{d}}T$ 的中心辐射线，当 $\sigma\to\infty$ 时，射线指向中心。

(2) 等阻尼线（等 σ 线）映射为模为 $\mathrm{e}^{\alpha T}$ 的圆周。

(3) 等阻尼比线（等 ζ 线）映射为对数螺旋线。

(4) 等自振频率线（等 ω_{n} 线）（在 s 平面为以 ω_{n} 为半径的圆周线）映射为等 ζ 线的法线轨迹。因为上升时间 t_{r} 与 ω_{n} 成正比，所以等 ω_{n} 线又称等 t_{r} 线。

(5) 稳定域映射为以原点为圆心的单位圆。这在上一节中已有介绍。

(6) s 平面的以等 ω_{d} 线、等 ζ 线、等 σ 线和等 ω_{n} 线围成的最佳性能区映射在 z 平面如图 7-16 所示。

3. z 平面性能指标换算

当给出时域性能指标百分比超调量 $\sigma_{\mathrm{p}}\%$、调整时间 t_{s} 和上升时间 t_{r} 后，则可据下述公

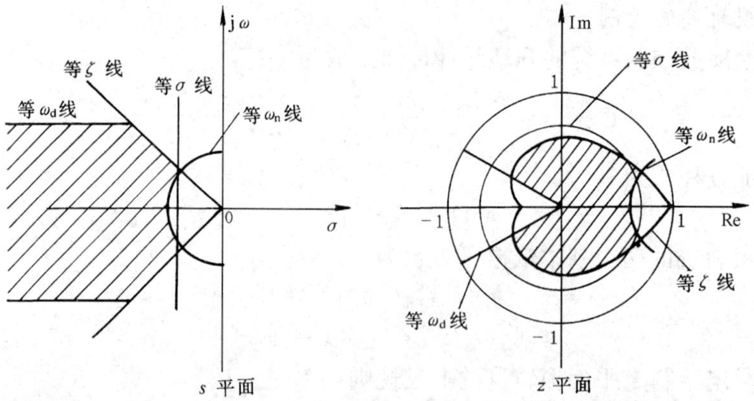

图 7-16 最佳性能区的映射

式求得画 z 平面最佳性能所需的阻尼比 ζ、自然振荡频率 ω_n 和阻尼系数 σ。

(1)
$$\zeta=\sqrt{\frac{1}{1+a}} \tag{7-118}$$

式中

$$a=\frac{\pi^2}{\left(\ln\frac{\sigma_p\%}{100}\right)^2} \tag{7-119}$$

当 ζ < 0.6 时，有
$$\zeta=0.6\left(1-\frac{\sigma_p\%}{100}\right) \tag{7-120}$$

(2)
$$\sigma=\frac{K}{t_s} \tag{7-121}$$

$$K=\begin{cases}3 & (\varDelta=0.05)\\ 4 & (\varDelta=0.02)\\ 4.6 & (\varDelta=0.01)\end{cases} \tag{7-122}$$

$$t_s=\frac{K}{\zeta\omega_n} \tag{7-123}$$

式中，t_s 为调整时间；$\varDelta$ 为到达调整时间时允许的误差比。

(3)
$$\omega_n=\frac{\pi-\arctan\frac{\sqrt{1-\zeta^2}}{\zeta}}{t_r\sqrt{1-\zeta^2}} \tag{7-124}$$

当在 ζ=0.5 附近时
$$\omega_n=\frac{2.42}{t_r} \tag{7-125}$$

【例 7-14】 设有受控过程 $G(s)=\frac{a}{s(s+a)}$。当 $a=0.1$，采样周期 $T=1$，采用零阶保持器时，有

$$G(z)=(1-z^{-1})Z\left[\frac{G(s)}{s}\right]=0.048\,\frac{z+0.97}{(z-1)(z-0.9)}$$

试用 z 平面根轨迹法设计数字控制器 $D(z)$。

解　(1) 设 $D(z)=K$，据特征方程 $1+K\left[0.048\dfrac{z+0.97}{(z-1)(z-0.9)}\right]=0$，绘出根轨迹如图 7-17 中的主线 A。显然，这样的根轨迹没有落入最佳性能区，所以需要校正。

(2) 设 $D(z)=K\times\dfrac{z-0.9}{z-0.368}$，则据特征方程

$$1+K\left(\frac{z-0.9}{z-0.368}\right)\left[0.048\times\frac{z+0.97}{(z-1)(z-0.9)}\right]=0$$

绘出根轨迹如图 7-17 中的曲线 B。显然曲线 B 比曲线 A 好得多。若设速度误差系数 $K_v=1$，则有

$$K_v=\lim_{z\to 1}\frac{z-1}{Tz}\times 0.048K\times\frac{z+0.97}{(z-1)(z-0.368)}=0.15K=1$$

所以得 $K=6.68$。获得的设计极点在图 7-17 中标记为 Δ，从而获得 $\zeta=0.2$ 的阻尼比。如果认为 $\zeta=0.2$ 还不够大，则可重新设计 $D(z)$。

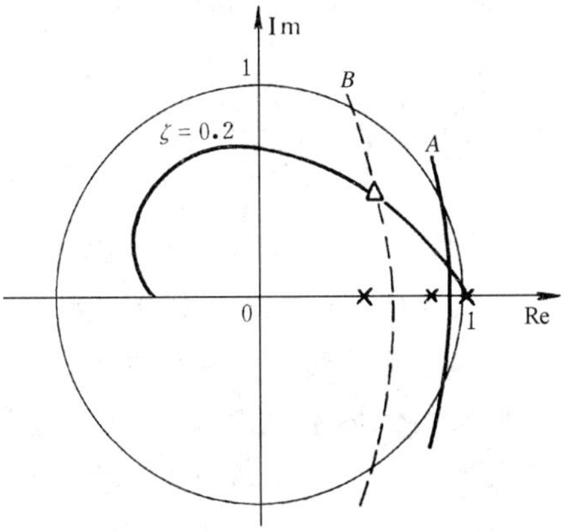

图 7-17　根轨迹设计图 (1)

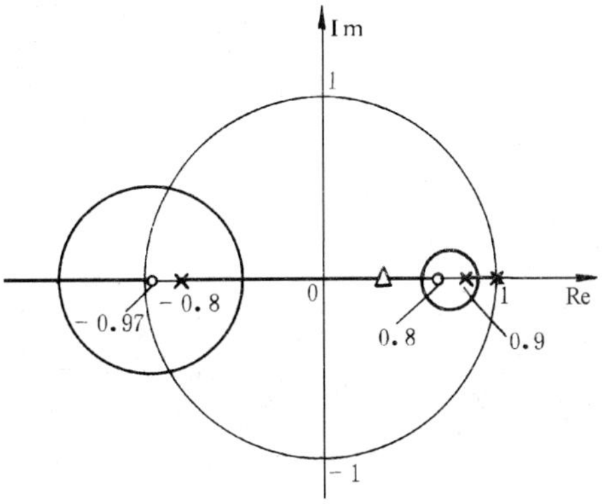

图 7-18　根轨迹设计图 (2)

(3) 设 $D(z)=K\times\dfrac{z-0.8}{z+0.8}$，据特征方程

$$D(z)=K\times\frac{z-0.8}{z+0.8}\times 0.048\times\frac{z+0.97}{(z-1)(z-0.9)}=0$$

绘出根轨迹如图 7-18。设 $K_v=1$，则得 $K=9.5$，设计极点落在正实轴 Δ 处。从而获得 $\zeta=1$ 的结果。

五、w 域频率特性设计法

用对数频率特性图（伯德图）设计连续控制系统有很多优点。由于可从伯德图上直观地得出幅值稳定裕量和幅角稳定裕量的大小，以及容易从伯德图曲线参数换算成时域特性参数，所以便于调整控制器的零极点配置使闭环系统特性满足设计要求。

如上一节所述，通过 w 变换可把 z 域的问题转换到 w 域，w 域的问题可视同 s 域的问题一样来处理。于是通过 w 变换可把离散控制系统的设计当作连续控制系统的一样，设计以 $G(w)$ 表示的离散控制系统。

w 域频率特性设计方法的一般步骤为：

（1）通过变换式 $z=\dfrac{1+\dfrac{T}{2}w}{1-\dfrac{T}{2}w}$，将 $G(z)$ 变为 $G(w)$。

（2）在 w 平面用伯德图法设计控制器 $D(w)$。

①按 $G(w)$ 做未补偿的伯德图；②据伯德图确定控制器 $D(w)$；③绘出 $D(w)G(w)$ 的伯德图；④若 $D(w)G(w)$ 的伯德图仍达不到设计目标，则转至②，否则向下进行。

（3）通过变换式 $w=\dfrac{2}{T}\times\dfrac{z-1}{z+1}$ 将 $D(w)$ 变为 $D(z)$，$D(z)$ 就是设计结果。或进一步把 $D(z)$ 变为可实现的差分方程算式。

【例 7-15】 已知受控过程为 $G(s)=\dfrac{1}{s(s/0.1+1)}$。设采样周期 $T=1\text{s}$，求使系统的 $K_v=1$，相位裕量 $PM=50°$ 的控制器 $D(z)$。

解

$$G(z)=(1-z^{-1})Z\left[\frac{G(s)}{s}\right]=0.048\frac{z+0.967}{(z-1)(z-0.905)}$$

$$G(w)=G\left(z=\frac{1+\dfrac{wT}{2}}{1-\dfrac{wT}{2}}\right)=-\frac{(w/120+1)(w/2-1)}{w(w/0.0999+1)}$$

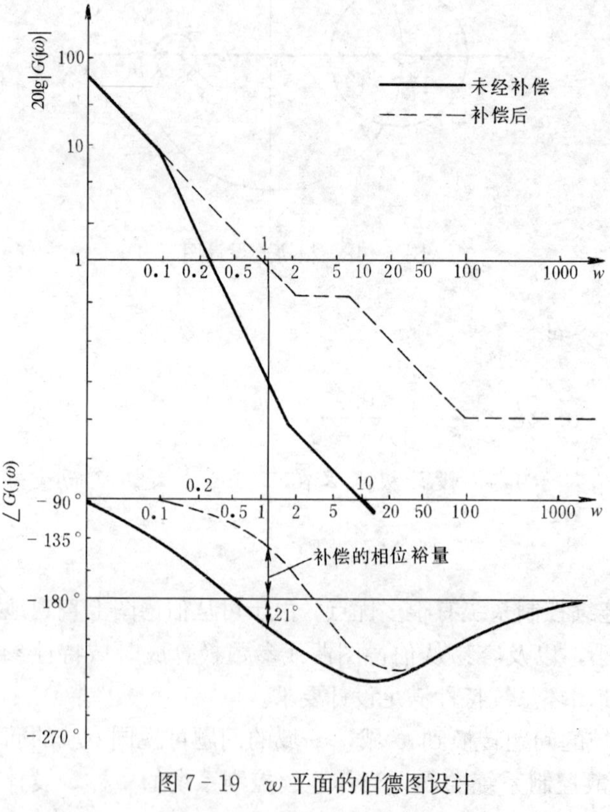

图 7-19　w 平面的伯德图设计

据 $G(w=\text{j}v)$ 做出伯德图如图 7-19 中实线所示。由图可见，未经补偿的系统的相位裕量只有 10°左右。为提高相位裕量，设计 $D(w)$ 的零点因式为 $(1+w/0.0999)$，正好和 $G(w)$ 的一个极点对消。这样可使 $v=1$ 时相位增加 84°，所以可有 84°−21°=63°的相位裕量。因只需 50°的相位裕量，则可设计极点因式为 $(1+w/6)$，它可造成 9.46°的相位滞后，这样就得到

$$D(w)=\frac{1+w/0.0999}{1+w/6}。$$

据 $D(w)G(w)$（令 $w=\text{j}v$）画出的伯德图曲线如图 7-19 中虚线所示。可见满足设计要求。此外，由伯德图可以看出，$K_v=1$，已满足设计指标。最后利用变换 $w=\dfrac{2}{T}\times\dfrac{z-1}{z+1}$，可得

$$D(z)=\frac{15.8(z-0.905)}{z+0.5}$$

六、数字控制器直接设计法

考虑图 7-20 所示的离散控制系统。图中 $H(s)$ 为零阶保持器传递函数，$G(s)$ 为受控过程传递函数，$D(z)$ 为数字控制器的脉冲传递函数。若求得

$$G(z)=Z[H(s)G(s)] \tag{7-126}$$

则有更简单的数字控制系统框图，如图 7-21 所示。这个系统的闭环脉冲传递函数为

$$F(z)=\frac{D(z)G(z)}{1+D(z)G(z)} \tag{7-127}$$

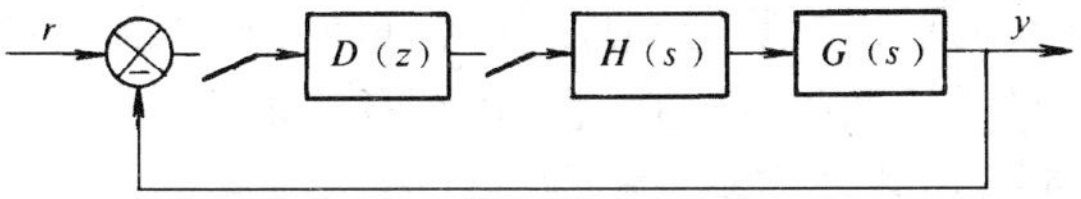

图 7-20　离散控制系统

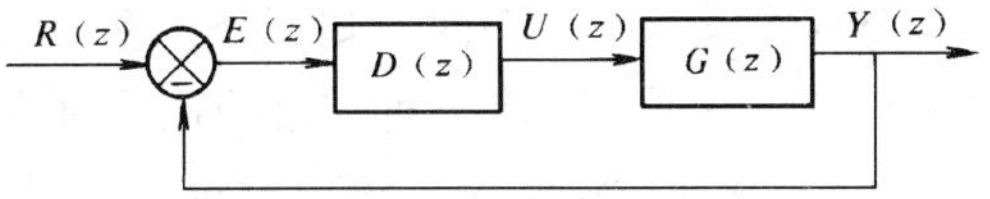

图 7-21　离散控制系统分析框图

若 $G(z)$ 已知，并且 $F(z)$ 可按某种方法确定，则控制器 $D(z)$ 可由公式

$$D(z)=\frac{1}{G(z)}\times\frac{F(z)}{1-F(z)} \tag{7-128}$$

来确定。这个公式就被称为**离散控制器的直接设计公式**。根据直接设计公式通过确定闭环脉冲传递函数 $F(z)$ 来设计数字控制器 $D(z)$ 的方法称为**离散控制器直接设计方法**。

有了离散控制器的直接设计公式，设计一个离散控制器似乎是很简单的事情。其实不然，要想让所设计的控制器真正可用，还必须考虑多种实际约束因素。例如，若 $G(s)$ 含有单位圆外的零点，那么按直接设计公式设计出的 $D(z)$ 就有单位圆外的极点，$D(z)$ 不稳定了，整个控制系统也将不稳定，所以有了后面给出的准则一。再例如，若 $G(s)$ 的分子因式和分母因式的阶次差较大时，如 $n-m=3$，那么按直接设计公式设计出的 $D(z)$ 就肯定含有高阶微分的环节，难以物理实现，所以必须考虑后面给出的准则二。还有，若所设计出的 $D(z)$ 的极点含有靠近 z 平面的（-1，j0）点的，则有较强的振荡特性，参见图 7-11 中的点⑤特性，那么就会出现输出波动，称为有波纹。为了避免这种不好的情况出现，就有了后面给出的准则三和准则八。

为了进行考虑周全的离散控制器直接设计，这里总结归纳出四类九项设计准则。按照这些准则设计出的离散控制器，将可保障控制系统在可实现性、稳定性和平稳性的约束下实现尽可能的最佳性能。

1. 直接设计准则

在直接设计过程中确定 $F(z)$ 和 $D(z)$ 的方法可归纳为四类设计准则：①最佳性能设计准则；②必要性约束准则；③选择性约束准则；④控制器修正准则。

其中最佳性能设计准则是指使某一项闭环性能指标达到最佳的设计准则。如最少拍设计准则，无超调量设计准则等。必要性约束是指考虑闭环系统稳定性和控制器可实现性的设计准则。显然，这类准则是每次直接设计过程中必须加以考虑的。选择性约束准则是指考虑进一步改善系统性能的设计准则，如输出无波纹约束准则。这一类准则可按实际需要来选用。控制器修正准则是指考虑控制器的稳定性或平稳性直接修正 $D(z)$ 的准则。

下面给出这九项设计准则，其中准则一和准则二是必要性约束准则；准则三是选择性约束准则；准则四至准则七都属于最佳性能设计准则类；准则八和准则九则是控制器修正准则。这些准则的证明，详见文献 [10]。

【准则一】 闭环控制系统稳定性约束准则：$1-F(z)$ 的零点必须包含 $G(z)$ 在单位圆上和单位圆外的极点，且 $F(z)$ 的零点必须包含 $G(z)$ 在单位圆上和单位圆外的零点。

【准则二】 控制器可实现性约束准则：$F(z)$ 在∞处的零点数必须不小于 $G(z)$ 在 ∞ 处的零点数，或者说 $F(z^{-1})$ 在原点的零点数必须不小于 $G(z^{-1})$ 在原点的零点数。

【准则三】 控制平稳性约束准则或称无波纹约束准则：$F(z)$ 必须为有限多项式，并且 $F(z)$ 的零点必须包含 $G(z)$ 的全部零点。

所谓**控制平稳**是指控制器的输出在任一扰动后的变化能尽快地结束并达到稳态值。如果一个控制器没有平稳特性，则当受扰动后控制器的输出会长时间地振荡，从而使过程输出出现不希望的波动，或者这种波动只出现在两次采样的间隔中（在含有连续环节的系统中可以观察到），这种现象称为有输出**波纹**。要求无波纹和要求控制平稳都是指同一件事情。

【准则四】 稳态误差设计准则：

若设控制系统为 0 型系统，则须使

$$F(1)=\frac{c_{\mathrm{p}}}{1+c_{\mathrm{p}}} \tag{7-129}$$

若设控制系统为 1 型系统，则须使

$$\begin{cases} F(1)=1 \\ F'(1)=\dfrac{-1}{c_{\mathrm{v}}} \end{cases} \tag{7-130}$$

若设控制系统为 2 型系统，则须使

$$\begin{cases} F(1)=1 \\ F'(1)=0 \\ F''(1)=\dfrac{-2}{c_{\mathrm{a}}} \end{cases} \tag{7-131}$$

上述式中的 F' 表示 F 的一阶导数，F'' 表示 F 的二阶导数。式中的系数 c_{p}，c_{v} 和 c_{a} 分别定义为

$$\begin{cases} c_{\mathrm{p}}=\lim\limits_{z\to 1} D(z)G(z) \\ c_{\mathrm{v}}=\lim\limits_{z\to 1}(z-1)D(z)G(z) \\ c_{\mathrm{a}}=\lim\limits_{z\to 1}(z-1)^2 D(z)G(z) \end{cases} \tag{7-132}$$

它们与前述的稳态位置误差 K_{p}、速度误差系数 K_{v} 和加速度误差系数 K_{a} 的关系是

$$\begin{cases} c_{\mathrm{p}}=K_{\mathrm{p}} \\ c_{\mathrm{v}}=TK_{\mathrm{v}} \\ c_{\mathrm{a}}=T^2K_{\mathrm{a}} \end{cases} \tag{7-133}$$

【准则五】 最少拍且零稳态误差设计准则：对于典型输入信号

$$R(z)=\frac{A(z)}{(1-z^{-1})^m} \tag{7-134}$$

[式中 $A(z)$ 为不含 $(1-z^{-1})$ 因式的 z^{-1} 的多项式]，若使控制系统在最少拍内达到零稳态误差，须使

$$1-F(z)=(1-z^{-1})^m \tag{7-135}$$

或

$$F(z)=1-(1-z^{-1})^m \tag{7-136}$$

仅考虑最快响应或最小拍的要求时，可设闭环系统为系统极点都位于 z 平面原点的无穷大稳定度的系统，即 $F(z)=\dfrac{P_b(z)}{z^r}$ 。若还要求零稳态误差，则应使

$$e_{ss}=\lim_{z\to 1}\{(z-1)[1-F(z)]R(z)\}=0$$

由此可导出 $1-F(z)=(1-z^{-1})^m$ 。

【准则六】　无超调系统设计准则：为使闭环控制系统输出无超调，可设

$$F(z)=\frac{bz^{-1}}{1-az^{-1}} \tag{7-137}$$

其中

$$a=e^{-\frac{T}{\tau}}\quad(\tau\text{ 为惯性时间常数}) \tag{7-138}$$

$$b=1-a \tag{7-139}$$

【准则七】　衰减振荡系统设计准则：为使闭环控制系统具有衰减振荡动态特性，可设

$$F(z)=\frac{b(1+\delta z^{-1})^2}{1-a_1z^{-1}-a_2z^{-2}} \tag{7-140}$$

其中

$$a_1=2e^{-\zeta\omega_n T}\cos(\omega_n\sqrt{1-\zeta^2})\qquad(0<\zeta<1) \tag{7-141}$$

$$a_2=-e^{-2\zeta\omega_n T}\qquad(0<\zeta<1) \tag{7-142}$$

$$b=\frac{1-a_1-a_2}{(1+\delta)^2} \tag{7-143}$$

$$\delta=e^{-\zeta\omega_n T}\qquad(0<\zeta<1) \tag{7-144}$$

【准则八】　控制器平稳性修正准则：为了保证控制的平稳性，必须除去控制器 $D(z)$ 中等于−1 或接近−1 的极点。具体的做法是令接近于或等于−1 的极点因式 $(1+az^{-1})=1+a$（a 的考虑范围为 0.9～1.0）。若这样消去一个极点后，将使有限零点数大于极点数，则可令接近于 1 的一个零点因式

$$(1+bz^{-1})=1+b$$

【准则九】　控制器稳定性修正准则：为保证控制器的稳定性，必须除去 $D(z)$ 中的不稳定极点。可令单位圆上或单位圆外的极点因式 $(1+az^{-1})=1+a(|a|>1)$ 。若这样消去一个极点后将使有限零点数大于极点数，则可令接近于 1 的一个零点因式 $(1+bz^{-1})=1+b$。

以上是九个基本的直接设计准则。其中有两个必要性约束准则，一个选择性约束准则，四个最佳性能设计准则和两个控制器修正准则。所谓最佳性能均是相对于某一项指标而言。依据最佳性能设计准则可确定出使某项指标最佳地实现的控制规律。由此可见，当有新的性能指标要求最佳地实现时，就需要有新的最佳性能设计准则。这里只不过给出几个较成熟和较常用的最佳性能设计准则。

在直接设计过程中，上述准则并非同时并用，而应有所选择，有先后之分。一般说来，应用上述准则进行数字控制系统的设计步骤是：

(1) 按某个最佳性能准则设计闭环脉冲传递函数 $F_1(z)$；

(2) 按必要性约束准则和选择性约束准则（如有必要）修正 $F_1(z)$ 成为 $F_2(z)$；

(3) 按直接设计公式由 $F_2(z)$ 和 $G(z)$ 设计 $D_1(z)$；

(4) 如果需要，按控制器修正准则修正 $D_1(z)$ 为 $D_2(z)$，否则 $D_1(z)$ 为最后设计结果。

2. 最佳性能设计准则应用

在四个最佳性能准则中，最少拍准则和衰减振荡准则都对闭环控制系统的动态性能和稳态性能提出了具体的设计目标，所以依据其中任何一个准则都可以完全确定 $F_1(z)$。唯独稳态误差设计准则只提出了稳态性能设计目标，故不能仅由稳态误差确定 $F_1(z)$。因此在应用稳态误差设计准则时，应当考虑系统动态性能要求配置 $F_1(z)$ 的极点甚至部分的零点。若设控制系统为 0 型系统，则据稳态误差准则公式 $F(1)=\dfrac{c_p}{1+c_p}$ 可确定 $F(z)$ 的分子多项式的一个系数。同理若设控制系统为 N 型系统，则据稳态误差设计准则只能确定 $F(z)$ 的分子多项式的 N 个系数，若所需要的零点数超过 N，则需要另外配置零点。

3. 必要性约束准则和选择性约束准则的应用

两个必要性约束准则在每个直接设计过程中都应该考虑，而选择性约束准则则应按需要选用。两类约束准则都应在第（2）步设计中一起考虑。

$$G(z^{-1})=\frac{Kz^{-l}(1+b_1z^{-1})\cdots(1+b_mz^{-1})}{(1+a_1z^{-1})(1+a_2z^{-1})\cdots(1+a_nz^{-1})} \tag{7-145}$$

若将 Z 平面单位圆外和圆上的零极点与圆内的零极点分开，则 $G(z^{-1})$ 又可表示为

$$G(z^{-1})=\frac{Kz^{-l}B_0(z^{-1})B_1(z^{-1})}{A_0(z^{-1})A_1(z^{-1})} \tag{7-146}$$

式中，$B_0(z^{-1})$ 和 $A_0(z^{-1})$ 为单位圆内的零点因式积和极点因式积；$B_1(z^{-1})$ 和 $A_1(z^{-1})$ 为单位圆上和圆外的零点极点因式积。

根据式（7-146），应用两类约束准则可得到 $F_2(z^{-1})$ 的一般表达式：

$$[F_2(z^{-1})]_n=z^{-l}B_0(z^{-1})B_1(z^{-1})[F_1(z^{-1})]_nC_1(z^{-1}) \tag{7-147}$$

$$[1-F_2(z^{-1})]_n=A_1(z^{-1})[1-F_1(z^{-1})]_nC_2(z^{-1}) \tag{7-148}$$

式（7-147）与式（7-148）中，$[F]_n$ 表示 F 的分子多项式。式（7-147）中，z^{-1} 项是根据控制器可实现约束准则列入的，$B_1(z^{-1})$ 和 $A_1(z^{-1})$ 项是根据系统稳定性约束准则列入的。$B_0(z^{-1})$ 和 $B_1(z^{-1})$ 项可看成是应用控制平稳性约束准则的结果，$C_1(z^{-1})$ 和 $[1-F_1(z^{-1})]_n$ 项的列入是为了保留第一步根据最佳性能的设计结果。$C_1(z^{-1})$ 和 $C_2(z^{-1})$ 是保证式（7-147）和式（7-148）同时成立的平衡因式。当上述各项都确定后，就可整理得到

$$[F_1(z^{-1})]_d-z^{-l}B_0B_1[F_1(z^{-1})]_nC_1=x_0+x_1z^{-1}+\cdots+x_{n_3}z^{-n_3}=X(z^{-1}) \tag{7-149}$$

$$A_1[1-F_1(z^{-1})]_nC_2=y_0+y_1z^{-1}+\cdots+y_{n_3}z^{-n_3}=Y(z^{-1}) \tag{7-150}$$

式（7-149）中，$[F_1(z^{-1})]_d$ 为 $F_1(z^{-1})$ 的分母多项式，也就是按最佳性能准则所设计的闭环系统特征方程式。根据式（7-147）和式（7-148），有恒等式

$$X(z^{-1})=Y(z^{-1}) \tag{7-151}$$

所以 $X(z^{-1})$ 和 $1-Y(z^{-1})$ 的分子多项式的各系数应当满足

$$\begin{cases}x_0=y_0\\x_1=y_1\\x_2=y_2\\\vdots\\x_{n_3}=y_{n_3}\end{cases} \tag{7-152}$$

事实上，开始时 $C_1(z^{-1})$ 和 $C_2(z^{-1})$ 的阶数及各系数是不知道的，既然 $C_1(z^{-1})$ 和 $C_2(z^{-1})$ 为平衡因式，就应保证式（7-151）的成立。那么在其阶数已知的条件下就可利用式（7-152）确定 $C_1(z^{-1})$ 和 $C_2(z^{-1})$ 的各系数。

设
$$C_1(z^{-1})=p_0+p_1z^{-1}+\cdots+p_{n_1}z^{-n_1} \tag{7-153}$$
$$C_2(z^{-1})=q_0+q_1z^{-1}+\cdots+q_{n_2}z^{-n_2} \tag{7-154}$$
则可知 $C_1(z^{-1})$ 有 n_1+1 个系数，$C_2(z^{-1})$ 有 n_2+1 个系数，共有 n_1+n_2+2 个系数需要确定。由于式（7-152）所示的联立方程只能确定 n_3+1 个未知数，所以应有
$$n_1+n_2+2=n_3+1 \tag{7-155}$$
即
$$n_1+n_2+1=n_3 \tag{7-156}$$

若定义多项式阶数
$$n_4=\deg[z^{-l}B_0(z^{-1})B_1(z^{-1})F_1(z^{-1})] \tag{7-157}$$
$$n_5=\deg\{A_1(z^{-1})[1-F_1(z^{-1})]\} \tag{7-158}$$
并据前述已知
$$n_3=\deg F_2(z^{-1}) \tag{7-159}$$
$$n_2=\deg C_2(z^{-1}) \tag{7-160}$$
$$n_1=\deg C_1(z^{-1}) \tag{7-161}$$
则由式（7-147）和式（7-148）可推知
$$n_4+n_1=n_3 \tag{7-162}$$
$$n_5+n_2=n_3 \tag{7-163}$$

联立式（7-162），式（7-163）和式（7-156）可解得
$$n_1=n_5-1 \tag{7-164}$$
$$n_2=n_4-1 \tag{7-165}$$
$$n_3=n_5+n_4-1 \tag{7-166}$$

由此可见，只要 n_4 和 n_5 确定，n_1、n_2 和 n_3 就能确定。再通过式（7-152）就能确定 $C_1(z^{-1})$ 和 $C_2(z^{-1})$ 的各项系数，从而完全确定 $F_2(z^{-1})$ 和 $1-F_2$。这就完成了第(2)步设计。

在确定 n_4 和 n_5 之前，先要确定 $z^{-1}B_0(z^{-1})B_1(z^{-1})F_1(z^{-1})$ 和 $A_1(z^{-1})[1-F_1(z^{-1})]$ 中的各项。为了得到阶数最小的 $F_2(z^{-1})$，就不能把已知的各项简单地代入，而应采取简化和合并的处理方法。例如，当 $F_1(z^{-1})$ 中含有 z^{-l} 因子时，则 $z^{-l}B_0(z^{-1})B_1(z^{-1})F_1(z^{-1})$ 就可简化为 $B_0(z^{-1})B_1(z^{-1})F_1(z^{-1})$，若 $F_1(z^{-1})$ 中含有 $z^{-l_0}(l_0<l)$，则可将原来的 z^{-l} 项用 $z^{-(l-l_0)}$ 代入。此外由于有平衡因式 $C_1(z^{-1})$ 和 $C_2(z^{-1})$ 的存在，所以 $F_1(z^{-1})$ 项和 $[1-F_1(z^{-1})]$ 项不必同时保留。一般在用最少拍准则时保留 $[1-F_1(z^{-1})]$ 项，而将 $F_1(z^{-1})$ 项以 1 代入，在用其他三种最佳性能准则时保留 $F_1(z^{-1})$ 项而将 $[1-F_1(z^{-1})]$ 项以 1 代入。

一般说来，必要性约束准则和选择性约束准则的应用将影响最佳性能准则要求的彻底实现。例如在最少拍系统设计中，用约束准则设计出的系统到达零稳态误差的拍数要比不用约束准则设计出的系统的多。

4. 控制器修正准则的应用

当依据 $F_2(z^{-1})$ 所设计的控制器 $D_1(z^{-1})$ 有极点落在单位圆外时，则应考虑应用控制器

稳定性修正准则，以保证控制器的稳定。

当有控制平稳或输出无波纹的要求并且所设计的 $D_1(z^{-1})$ 的极点落在单位圆内十分靠近实轴上的点 -1 时，则应考虑应用控制器平稳性修正准则。

$D_1(z^{-1})$ 根据 $F_2(z^{-1})$ 和 $1-F_2(z^{-1})$ 设计，其中所含因式 $z^{-l}B_0(z^{-1})B_1(z^{-1})$ 和 $A_1(z^{-1})$ 将和 $G(z)$ 中的相应因式对消。但是平衡因式 $C_1(z^{-1})$ 和 $C_2(z^{-1})$ 将保留在 $D_1(z^{-1})$ 中。所以当 $C_2(z^{-1})$ 含有根在单位圆外或根靠近 -1 的因式时，就使 $D_1(z^{-1})$ 有了不稳定的极点或引起控制不平稳的极点，这时就需要用控制器稳定性修正准则和控制器平稳性修正准则。

5. 设计举例

【例 7-16】 设受控过程 $G(s)=\dfrac{10}{s(1+0.1s)(1+0.05s)}$。采样周期 $T=0.2\text{s}$，输入 $r(t)=t$，试设计最少拍无波纹控制器。

解

$$G(z)=(1-z^{-1})Z\left[\frac{10}{s(1+0.1s)(1+0.05s)}\right]$$
$$=\frac{0.76z^{-1}(1+0.045z^{-1})(1+1.14z^{-1})}{(1-z^{-1})(1-0.135z^{-1})(1-0.0183z^{-1})}$$

据最少拍设计准则，对于 $r(t)=t$，$m=2$，有 $1-F_1(z_1)=(1-z^{-1})^2$。

由 $G(z)$ 可知，$z^{-l}=z^{-1}$，$B_0(z^{-1})=1+0.045z^{-1}$，$B_1(z^{-1})=1+1.14z^{-1}$，$A_1(z^{-1})=1-z^{-1}$。设计 $F_2(z^{-1})$ 时考虑保留 $1-F_1(z^{-1})$ 项，令 $F_1(z^{-1})=1$。由于 $1-F_1(z^{-1})$ 已包含了 $A_1(z^{-1})$，所以令 $A_1(z^{-1})=1$，于是可得

$$n_4=\deg[z^{-1}(1+0.45z^{-1})(1+1.14z^{-1})]=3$$
$$n_5=\deg[(1-z^{-1})^2]=2$$
$$n_1=n_5-1=1$$
$$n_2=n_4-1=2$$

所以有

$$F_2(z^{-1})=z^{-1}(1+0.045z^{-1})(1+1.14z^{-1})(a_1+a_2z^{-1})$$
$$=a_1z^{-1}+(1.1853a_1+a_2)z^{-2}+(0.0513a_1+1.185a_2)z^{-3}+0.0153a_2z^{-4}$$
$$1-F_2(z^{-1})=(1-z^{-1})^2(1+b_1z^{-1})(1+b_2z^{-1})$$
$$=1+(b_1+b_2-2)z^{-1}+[1-2(b_1+b_2)+b_1b_2]z^{-2}$$
$$+(b_1+b_2-2b_1b_2)z^{-3}+b_1b_2z^{-4}$$

据式（7-152）有

$$\begin{cases}a_1=-(b_1+b_2-2)\\1.185a_1+a_2=-[1-2(b_1+b_2)+b_1b_2]\\0.0513a_1+1.185a_2=-(b_1+b_2-2b_1b_2)\\0.0518a_2=-b_1b_2\end{cases}$$

将上四式联立求解，可得

$$\begin{cases}a_1=1.1518\\a_2=-0.7046\\b_1=0.8032\\b_2=0.045\end{cases}$$

据直接设计公式就有

$$D_1(z)=\frac{1}{G(z)}\times\frac{F_2(z)}{1-F_2(z)}$$
$$=\frac{1.1516(1-0.135z^{-1})(1-0.0183z^{-1})}{(1-z^{-1})(1+0.8032z^{-1})(1+0.045z^{-1})}$$

由于 $D_1(z)$ 没有不稳定零点和不平稳极点，故 $D_1(z)$ 就是最后设计结果。

【例 7 - 17】 设受控过程 $G(s)=\frac{1}{s+1}\mathrm{e}^{-1.25}$，采样周期 $T=1\mathrm{s}$，求无超调系统控制器 $D(z)$。

解 利用广义 Z 变换法可得

$$G(z)=(1-z^{-1})Z\left[\frac{1}{s(s+1)}\mathrm{e}^{-1.25s}\right]$$
$$=(1-z^{-1})z^{-1}z_{\mathrm{m}}\left[\frac{1}{s(s+1)}\right]=\frac{0.528z^{-2}(1+0.198z^{-1})}{1-0.368z^{-1}}$$

据无超调设计准则

$$F_1(z^{-1})=\frac{bz^{-1}}{1-az^{-1}}\quad(a=\mathrm{e}^{-\frac{1}{\tau}},\ b=1-a)$$

设计 $F_2(z^{-1})$ 时，考虑保留 $F_1(z^{-1})$ 项而令 $1-F_1(z^{-1})=1$，又考虑 $A_1(z^{-1})=1$，故有 $n_5=0$。这时 $n_1=-1$，说明不需要平衡因式，所以设 $C_1(z^{-1})=1$。于是设

$$F_2(z^{-1})=\frac{bz^{-2}}{1-az^{-1}}$$
$$1-F_2(z^{-1})=1-\frac{bz^{-2}}{1-az^{-1}}=\frac{1-az^{-1}-bz^{-2}}{1-az^{-1}}$$

据直接设计公式有

$$D_1(z)=\frac{1}{G}\times\frac{F_2}{1-F_2}=\frac{b(1-0.368z^{-1})}{0.528(1+0.198z^{-1})(1-az^{-1}-bz^{-2})}$$

若设惯性时间常数 $\tau=2\mathrm{s}$，则有 $a=0.6065$，$b=0.3935$

$$D_1(z)=\frac{0.745(1-0.368z^{-1})}{(1+0.198z^{-1})(1-0.6065z^{-1}-0.3935z^{-1})}$$

应用案例 7：电站锅炉过热汽温数字 PID 控制系统

以第 4 章应用案例中设计的电站锅炉过热汽温单级 PID 控制器为基础，应用连续控制器离散化的方法将设计好的连续 PID 控制器转化为数字 PID 控制器。

已知设计好的连续 PID 控制器为

$$G_{\mathrm{c}}(s)=K_{\mathrm{p}}\left(1+\frac{1}{T_{\mathrm{i}}s}+T_{\mathrm{d}}s\right)$$

利用后向差分公式［式（7 - 42）］可导出变换关系

$$s=\frac{1}{T_{\mathrm{s}}}(1-z^{-1})\tag{7-167}$$

其中，T_{s} 为采样周期。利用这个关系可将连续 PID 控制器转化为数字 PID 控制器。即

$$G_c(z)=G_c(s)\Big|_{s=\frac{1}{T_s}(1-z^{-1})}=K_p\left(1+\frac{1}{\frac{T_i}{T_s}(1-z^{-1})}+\frac{T_d}{T_s}(1-z^{-1})\right)$$
$$=K_p\left[1+\frac{T_s}{T_i}\times\frac{1}{1-z^{-1}}+\frac{T_d}{T_s}(1-z^{-1})\right] \tag{7-168}$$

代入第 4 章应用案例中设计的单级连续 PID 控制器参数即得数字 PID 控制器设计结果

$$G_c(z)=K_p\left[1+\frac{T_s}{T_i}\times\frac{1}{1-z^{-1}}+\frac{T_d}{T_s}(1-z^{-1})\right]$$
$$=1.711\left[1+\frac{T_s}{83.49}\times\frac{1}{1-z^{-1}}+\frac{9.45}{T_s}(1-z^{-1})\right]$$

其中还有待定参数 T_s。

利用文献［59］提供的多容惯性过程的过渡过程时间计算式，代入已知参数，$n=5$，$K_n=1.83$，$T=18.4$ 可得 $t_s=K_n nT=1.83\times5\times18.4=168.36$。

根据式（7－95），$0.07\times168.36=11.78<T_s<0.17\times168.36=28.62$。故可取 $T_s=12$，于是有设计结果

$$G_c(z)=1.711\left[1+\frac{0.1437}{1-z^{-1}}+0.7875(1-z^{-1})\right]$$

若取 $T_s=2$，于是有设计结果

$$G_c(z)=1.711\left[1+\frac{0.023955}{1-z^{-1}}+4.725(1-z^{-1})\right]$$

图 7－22 给出了所设计的汽温数字 PID 控制系统的控制响应。图中，点线曲线为连续 PID 控制响应，短划线曲线为离散控制周期 $T_s=12$ 时的数字 PID 控制响应，实线曲线为离散控制周期 $T_s=2$ 时的数字 PID 控制响应。可见，$T_s=12$ 的设计还不够好，$T_s=2$ 的设计才可达到设计要求。

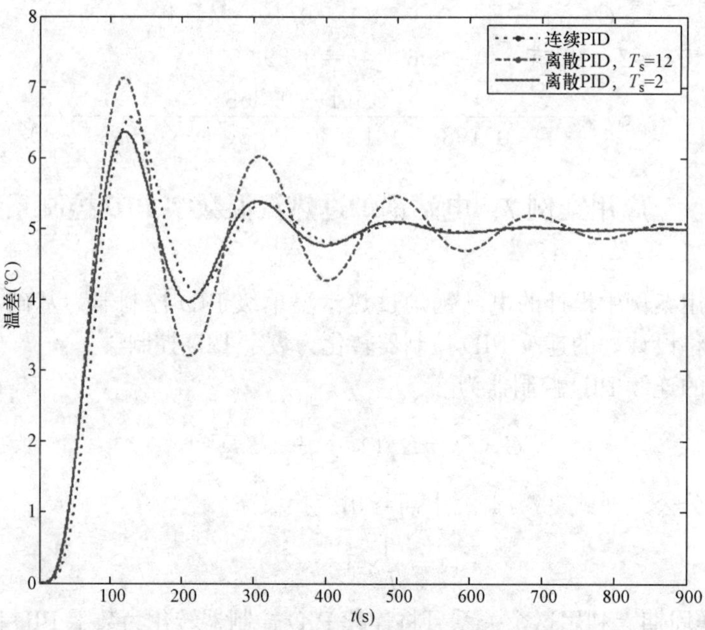

图 7－22 汽温数字 PID 控制系统的控制响应

重要术语 7

离散控制（discrete control）
数字控制（digital control）
零阶保持器（zero - oder holder）
脉冲传递函数（pulse transfer function）
香农采样定理（Shannon sampling rule）
离散化（discretization）
图斯汀变换（Tustin's mapping）
双线性变换（bilinear mapping）
根匹配（root mapping）
朱理判据（Jury's stability test）
量化误差（quantization error）
采样周期（sampling period）
最少拍（phase margin）

习题 7

7 - 1　信号 $x(t)$ 经过采样（$T=0.1\text{s}$）以后，求它的 Z 变换。

(1) $x(t)=te^{at}\quad(t\geqslant 0)$；(2) $x(t)=e^{-a(t-0.3)}\,1(t-0.3)$。

7 - 2　已知信号 $x(t)$ 的拉普拉斯变换 $X(s)$，求它的 Z 变换。

(1) $X(s)=\dfrac{s+1}{s^2(s+2)}$；(2) $X(s)=\dfrac{b}{s(s+a)}$。

7 - 3　已知 $X(z)$，用两种不同的方法求采样值 $x(k)$。

(1) $X(z)=\dfrac{z\,(1-e^{-aT})}{(z-1)\,(z-e^{-aT})}$；

(2) $X(z)=\dfrac{0.1z}{(z-1)\,(z-0.9)}$；

(3) $X(z)=\dfrac{0.1}{(z-1)\,(z-0.9)}$。

7 - 4　解差分方程 $y[(k+2)T]-\dfrac{1}{4}y[(k+1)T]+\dfrac{1}{8}y(kT)=r(kT)$；$r(kT)=1$，$k\geqslant 0$；$y(0)=y(T)=0$。

7 - 5　解差分方程 $y(kT)-y[(k-1)T]+0.5y[(k-2)T]=r(kT)$；$r(kT)=\begin{cases}1 & k=1\\ 0 & k=0,2,3,\cdots\end{cases}$；$y(-2T)=y(-T)=0$。

7 - 6　设采样周期 $T=1$。用 Z 变换法求解下列差分方程：

(1) $x(k+2)-3x(k+1)+2x(k)=r(k)$；$r(t)=\delta(t)$；$x(0)=x(1)=0$。

(2) $x(k+2)-3x(k+1)+10x(k)=r(k)$；$r(t)=\begin{cases}0 & t<0\\ e^{3t} & t\geqslant 0\end{cases}$；$x(0)=x(1)=0$

7 - 7　确定下列 Z 变换式对应离散时间函数的初值和终值：

(1) $X(z)=\dfrac{z^2}{(z-0.5)\,(z-1)}$；(2) $X(z)=\dfrac{Tz^{-1}}{(1-z^{-1})^2}$。

7 - 8　试求图 7 - 23 所示三个系统在单位阶跃函数作用下的输出响应 $y(kT)$。

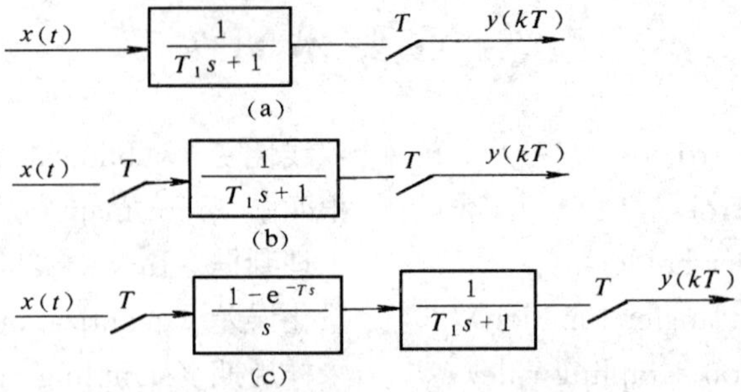

图 7-23　题 7-8 图

7-9　试确定图 7-24 所示各离散控制系统的脉冲传递函数 $G(z)=\dfrac{Y(z)}{R(z)}$ 以及输出信号的 Z 变换 $Y(z)$。

7-10　如图 7-25 所示的离散控制系统，设 $G_p(s)=\dfrac{K}{s(s+2)}$，$G_h(s)=\dfrac{1-e^{-Ts}}{s}$，$T$ 为采样周期。

(1) 求系统的开环脉冲传递函数 $G_0(z)=\dfrac{Y(z)}{E(z)}$；

(2) 求系统的闭环脉冲传递函数 $G_y(z)=\dfrac{Y(z)}{R(z)}$。

7-11　试用朱里判据确定题 7-10 系统稳定时的 K 值范围。

(1) 设 $T=1$s；(2) 设 $T=0.1$s。

7-12　画出题 7-10 系统的 z 域根轨迹（设 $T=1$s），并确定系统稳定时的 K 值范围。

7-13　设采样周期 $T=1$s，试用劳斯判据确定题 7-10 系统稳定时的 K 值范围。

7-14　设采样周期 $T=1$s，画出题 7-10 系统 $K=1$ 时的伯德图，确定系统的幅值裕量 GM 和相位裕量 PM，并确定系统的临界增益值。

7-15　对于如图 7-26 所示的离散控制系统，设 $G_h(s)=\dfrac{1-e^{-Ts}}{s}$，$G_p(s)=\dfrac{K}{s(s+1)}$，$T=0.1$s，试求满足 $K_v=10$，相位裕量 $\geqslant 40°$ 的数字控制器 $D(z)$（试用 w 域频率特性设计法）。

7-16　求题 7-10 系统的静态误差系数和单位阶跃响应。设 $K=1$，$T=0.5$。

7-17　对于图 7-26 所示的离散控制系统，试用直接设计方法确定数字控制器 $D(z)$，使系统具有无稳态误差，无波纹（即控制平稳）和最少拍性能。设 $G_h(s)=\dfrac{1-e^{-Ts}}{s}$；

(1) $G_p=\dfrac{10}{(s+1)(s+2)}$，$T=0.2$s，$r(t)=1(t)$；

(2) $G_p=\dfrac{1}{s^2}$，$T=1$s，$r(t)=t$。

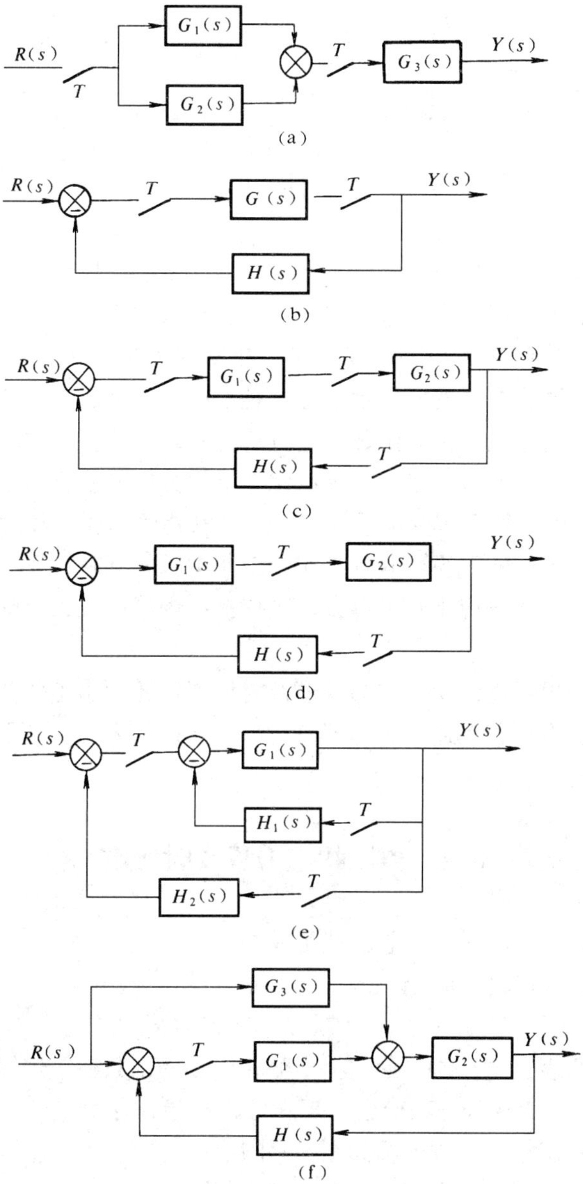

图 7-24　题 7-9 图

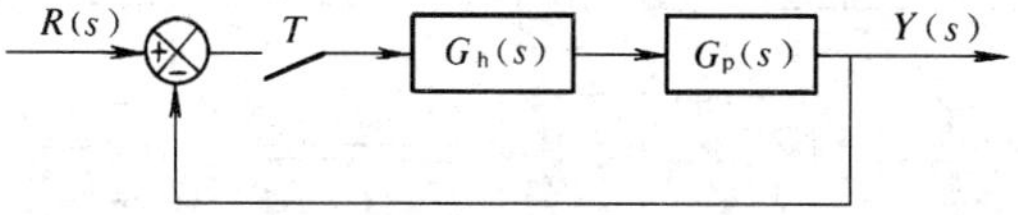

图 7-25　题 7-10 图

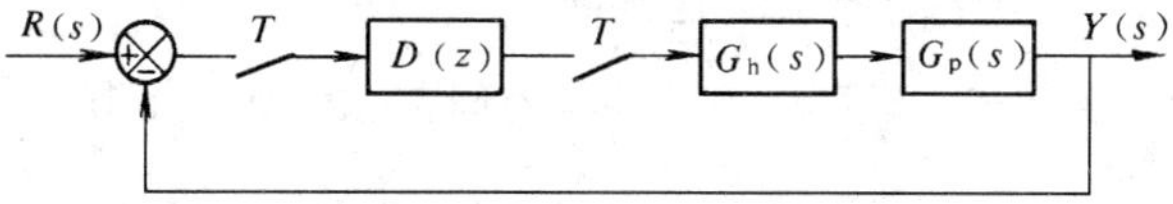

图 7-26　题 7-15 图

第8章　控制系统的状态空间分析与设计

8.1 引　　言

在20世纪60年代以前，研究自动控制系统的方法主要是用传递函数分析方法，研究的对象主要是单输入单输出的线性定常系统，这样建立起来的理论一般称之为古典或经典控制理论。从20世纪60年代起，为解决时变系统、非线性系统、多输入多输出系统的控制问题，以状态空间分析方法为核心的所谓现代控制理论迅速发展起来。

一般而论，经典控制理论以传递函数分析方法为基础，着重于频域分析，只适用于线性定常的单输入单输出系统。而现代控制理论以状态空间分析方法为基础，采用矩阵运算形式的时域分析方法，不仅可以处理多变量系统，而且可以处理非线性和时变的系统。因此，现代控制理论越来越受到人们的重视，并且在实际工作中，尤其在计算机技术飞速发展和广泛应用的情况下得到越来越多的应用。可以说，现代控制理论已成为自动控制理论中一个重要的、必不可少的组成部分。

在第2章中，已给出了连续状态空间模型及时域解，还给出了状态空间模型的标准形及其变换。在这一章中，将接着阐述状态空间分析方法和设计方法。在下一节中，先补上离散状态空间模型及时域解。

8.2 离散状态方程及时域解

针对离散时间系统，其状态空间表达式可写为

$$\boldsymbol{x}(k+1)=\boldsymbol{A}_{\mathrm{d}}\boldsymbol{x}(k)+\boldsymbol{B}_{\mathrm{d}}\boldsymbol{u}(k),\qquad \boldsymbol{x}(0)=\boldsymbol{x}_0 \tag{8-1}$$

$$\boldsymbol{y}(k)=\boldsymbol{C}_{\mathrm{d}}\boldsymbol{x}(k)+\boldsymbol{D}_{\mathrm{d}}\boldsymbol{u}(k) \tag{8-2}$$

与连续时间的状态空间表达式相比，形式上十分相似。差别只在于连续时间变量 t 变成了离散时间变量 k，矩阵形式的微分方程变成了矩阵形式的差分方程。

离散时间系统用状态空间的方框图如图8-1所示。与连续系统的方框图相比，表示积分的方框换成了表示迟延环节的方框，其余的基本相同。

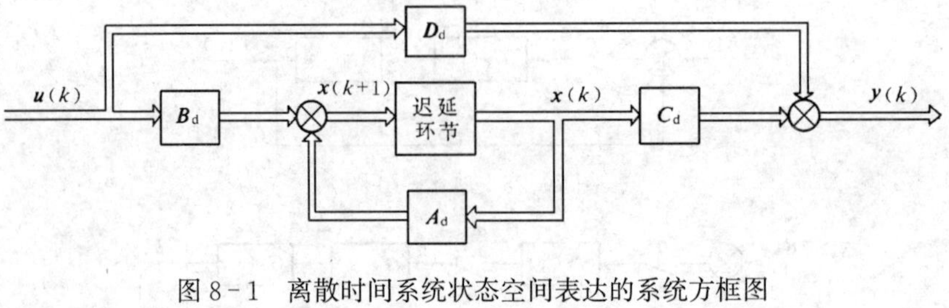

图8-1　离散时间系统状态空间表达的系统方框图

一般而论，离散时间系统的状态空间表达式可用数字电子计算机直接计算，因而显得更为实用，在计算机检测、仿真和控制领域中已有广泛应用。

由于现实世界是时间连续的。离散时间的系统模型常常是连续时间系统模型的近似。所以离散时间系统的状态空间表达式和连续时间状态空间表达式就有着十分直接的关系。

根据离散时间系统的状态方程（8－1），取 $k=1，2，\cdots$时，有

$$\begin{cases} \boldsymbol{x}(1)=\boldsymbol{A}_{\mathrm{d}}\boldsymbol{x}(0)+\boldsymbol{B}_{\mathrm{d}}\boldsymbol{u}(0) \\ \boldsymbol{x}(2)=\boldsymbol{A}_{\mathrm{d}}\boldsymbol{x}(1)+\boldsymbol{B}_{\mathrm{d}}\boldsymbol{u}(1)=\boldsymbol{A}_{\mathrm{d}}^{2}\boldsymbol{x}(0)+\boldsymbol{A}_{\mathrm{d}}\boldsymbol{B}_{\mathrm{d}}\boldsymbol{u}(0)+\boldsymbol{B}_{\mathrm{d}}\boldsymbol{u}(1) \\ \boldsymbol{x}(3)=\boldsymbol{A}_{\mathrm{d}}^{3}\boldsymbol{x}(0)+\boldsymbol{A}_{\mathrm{d}}^{2}\boldsymbol{B}_{\mathrm{d}}\boldsymbol{u}(0)+\boldsymbol{A}_{\mathrm{d}}\boldsymbol{B}_{\mathrm{d}}\boldsymbol{u}(1)+\boldsymbol{B}_{\mathrm{d}}\boldsymbol{u}(2) \\ \quad\vdots \end{cases}$$

据此递推规律可得离散系统状态方程的通解为

$$\boldsymbol{x}(k)=\boldsymbol{A}_{\mathrm{d}}^{k}\boldsymbol{x}(0)+\sum_{j=0}^{k-1}\boldsymbol{A}_{\mathrm{d}}^{k-j-1}\boldsymbol{B}_{\mathrm{d}}\boldsymbol{u}(j) \tag{8-3}$$

与连续系统的时域解一样，该解由齐次解（自由运动）和特解（强迫运动）两部分组成。

若记矩阵

$$\boldsymbol{\Phi}(k)=\boldsymbol{A}_{\mathrm{d}}^{k} \tag{8-4}$$

为离散系统的状态转移矩阵，则有

$$\boldsymbol{\Phi}(k+1)=\boldsymbol{A}_{\mathrm{d}}\boldsymbol{\Phi}(k)，\boldsymbol{\Phi}(0)=\boldsymbol{I} \tag{8-5}$$

离散系统状态方程的通解可改写成

$$\boldsymbol{x}(k)=\boldsymbol{\Phi}(k)\boldsymbol{x}(0)+\sum_{j=0}^{k-1}\boldsymbol{\Phi}(k-j-1)\boldsymbol{B}_{\mathrm{d}}\boldsymbol{u}(j) \tag{8-6}$$

可应用 Z 变换技术计算状态转移矩阵 $\boldsymbol{\Phi}$（k）。对离散状态方程式（8－1）进行 Z 变换，并利用 Z 变换平移定理可得

$$z\boldsymbol{X}(z)-z\boldsymbol{x}(0)=\boldsymbol{A}_{\mathrm{d}}\boldsymbol{X}(z)+\boldsymbol{B}_{\mathrm{d}}\boldsymbol{U}(z)$$

或写成

$$\boldsymbol{X}(z)=(z\boldsymbol{I}-\boldsymbol{A}_{\mathrm{d}})^{-1}z\boldsymbol{x}(0)+(z\boldsymbol{I}-\boldsymbol{A}_{\mathrm{d}})^{-1}\boldsymbol{B}_{\mathrm{d}}\boldsymbol{U}(z) \tag{8-7}$$

这就是离散状态方程的频域解。若对上式再进行 Z 反变换就可得到 $\boldsymbol{x}(k)$ 的解

$$\boldsymbol{x}(k)=Z^{-1}\{(z\boldsymbol{I}-\boldsymbol{A}_{\mathrm{d}})^{-1}z\}\boldsymbol{x}(0)+Z^{-1}\{(z\boldsymbol{I}-\boldsymbol{A}_{\mathrm{d}})^{-1}\boldsymbol{B}_{\mathrm{d}}\boldsymbol{U}(z)\} \tag{8-8}$$

将式（8－8）与式（8－6）相比，可得状态转移矩阵 Z 变换计算式

$$\boldsymbol{\Phi}(k)=\boldsymbol{A}_{\mathrm{d}}^{k}=Z^{-1}\{(z\boldsymbol{I}-\boldsymbol{A}_{\mathrm{d}})^{-1}z\} \tag{8-9}$$

离散系统的状态转移矩阵 $\boldsymbol{\Phi}$（k）有类似于连续系统的 $\boldsymbol{\Phi}$（t）的性质：

(1) $\boldsymbol{\Phi}(0)=\boldsymbol{I}$；

(2) $\boldsymbol{\Phi}^{-1}(k)=\boldsymbol{\Phi}(-k)$；

(3) $\boldsymbol{\Phi}(k-h)=\boldsymbol{\Phi}(k-l)\boldsymbol{\Phi}(l-h)$，　$k>l>h$。

若对离散系统的输出方程式（8－2）进行 Z 变换，则有

$$\boldsymbol{Y}(z)=\boldsymbol{C}_{\mathrm{d}}\boldsymbol{X}(z)+\boldsymbol{D}_{\mathrm{d}}\boldsymbol{U}(z) \tag{8-10}$$

将式（8－7）代入，并令 $\boldsymbol{x}(0)=0$，可得

$$\begin{aligned}\boldsymbol{Y}(z)&=[\boldsymbol{C}_{\mathrm{d}}(z\boldsymbol{I}-\boldsymbol{A}_{\mathrm{d}})^{-1}\boldsymbol{B}_{\mathrm{d}}+\boldsymbol{D}_{\mathrm{d}}]\boldsymbol{U}(z)\\&=\boldsymbol{G}(z)\boldsymbol{U}(z)\end{aligned} \tag{8-11}$$

于是可得系统的传递函数矩阵为

$$\boldsymbol{G}(z)=\boldsymbol{C}_{\mathrm{d}}(z\boldsymbol{I}-\boldsymbol{A}_{\mathrm{d}})^{-1}\boldsymbol{B}_{\mathrm{d}}+\boldsymbol{D}_{\mathrm{d}} \tag{8-12}$$

8.3 连续状态方程转换为离散状态方程

线性控制系统的控制过程总是时间连续的。然而对一个线性系统，既可用连续状态方程来描述，也可用离散状态方程来描述。因此，连续状态方程与离散状态方程之间存在转换关系。

据式（2-104），一个线性定常连续系统的状态方程的时域解为

$$\boldsymbol{x}(t)=\mathrm{e}^{\boldsymbol{A}(t-t_0)}\boldsymbol{x}(t_0)+\int_{t_0}^{t}\mathrm{e}^{\boldsymbol{A}(t-\tau)}\boldsymbol{B}\boldsymbol{u}(\tau)\mathrm{d}\tau \tag{8-13}$$

分别令 $t_0=kT$，$t=(k+1)T$（这里 T 为采样周期），则式（8-13）化为

$$\boldsymbol{x}(k+1)=\mathrm{e}^{\boldsymbol{A}T}\boldsymbol{x}(k)+\int_{kT}^{(k+1)T}\mathrm{e}^{\boldsymbol{A}[(k+1)T-\tau]}\boldsymbol{B}\boldsymbol{u}(\tau)\mathrm{d}\tau \tag{8-14}$$

考虑采用零阶保持器，使得输入 $\boldsymbol{u}(\tau)$ 在 $kT\leqslant\tau<(k+1)T$ 时有

$$\boldsymbol{u}(\tau)=\boldsymbol{u}(k) \tag{8-15}$$

再令 $\xi=(k+1)T-\tau$，则有

$$\begin{aligned}\boldsymbol{x}(k+1)&=\mathrm{e}^{\boldsymbol{A}T}x(k)-\int_{T}^{0}\mathrm{e}^{\boldsymbol{A}\xi}\boldsymbol{B}\boldsymbol{u}(k)\mathrm{d}\xi\\&=(\mathrm{e}^{\boldsymbol{A}T})x(k)+(\int_{0}^{T}\mathrm{e}^{\boldsymbol{A}\xi}\boldsymbol{B}\mathrm{d}\xi)\boldsymbol{u}(k)\\&=\boldsymbol{A}_{\mathrm{d}}\boldsymbol{x}(k)+\boldsymbol{B}_{\mathrm{d}}\boldsymbol{u}(k)\end{aligned} \tag{8-16}$$

于是有连续状态方程转换为离散状态方程的离散状态方程系数矩阵 $\boldsymbol{A}_{\mathrm{d}}$ 和 $\boldsymbol{B}_{\mathrm{d}}$ 的换算公式：

$$\boldsymbol{A}_{\mathrm{d}}=\mathrm{e}^{\boldsymbol{A}T} \tag{8-17}$$

$$\boldsymbol{B}_{\mathrm{d}}=\int_{0}^{T}\mathrm{e}^{-\boldsymbol{A}\xi}\boldsymbol{B}\mathrm{d}\xi \tag{8-18}$$

注：在 Matlab 中，利用 ss 函数可建立离散状态空间模型，如，sys=ss（A，B，C，D，T）。而用 sys=ss（A，B，C，D）时建立的是连续状态空间模型。若要把连续模型转为离散模型时，可用命令 sysd=c2d（sysc，T，method），其中 sysc 指连续状态空间模型；method 指所采用的离散化方法。若令 method='zoh'，则用零阶保持器法。若令 method='tustin'，则用图斯汀替换法。

8.4 状态转移矩阵的计算

由上述可知，若已知系统的状态转移矩阵（或者说是矩阵指数，仅对连续系统而言），则当系统初态 $\boldsymbol{x}(0)$ 已知时就容易算出系统状态的解 $\boldsymbol{x}(t)$ 或 $\boldsymbol{x}(k)$。那么状态转移矩阵如何计算呢？本节将专门讨论这个问题。

对于连续系统，状态转移矩阵 $\boldsymbol{\Phi}(t)$ 就等于矩阵指数 $\mathrm{e}^{\boldsymbol{A}t}$。在第 2 章 2.6 节中已给出了矩阵指数 $\mathrm{e}^{\boldsymbol{A}t}$ 的定义式（2-105）。这个无穷级数式也可用来计算 $\mathrm{e}^{\boldsymbol{A}t}$，只不过它只适用于 $\boldsymbol{A}$ 阵较简单且其无穷级数的收敛解容易求的场合。若是用计算机来求一定精度下的数值解，则可取这个无穷级数的前 N 项来计算，即

$$\mathrm{e}^{\boldsymbol{A}t}=\boldsymbol{I}+\boldsymbol{A}t+\boldsymbol{A}^2\frac{t^2}{2!}+\cdots+\boldsymbol{A}^N\frac{t^N}{N!}=\sum_{k=0}^{N}\boldsymbol{A}^k\frac{t^k}{k!} \tag{8-19}$$

用矩阵指数 e^{At} 的定义式来计算 e^{At} 就是连续系统状态转移矩阵的第一种计算方法。

在前面连续状态方程的频域解的论述中还给出状态转移矩阵 $\boldsymbol{\Phi}(t)$ 的另一种计算公式（2－113）。当系统阶数不高时，常用式（2－115）先求出 $\boldsymbol{\Phi}(s)$，然后用拉氏反变换求得 $\boldsymbol{\Phi}(t)$。当系统阶数较高时，用式（2－115）求 $\boldsymbol{\Phi}(s)$，无论是通过人工计算还是用计算机求解都较困难。为此，常用下述的法捷耶娃（Фадеева）求逆法来求解。

【法捷耶娃求逆法】　设

$$(s\boldsymbol{I}-\boldsymbol{A})^{-1}=\frac{\mathrm{adj}(s\boldsymbol{I}-\boldsymbol{A})}{|s\boldsymbol{I}-\boldsymbol{A}|}=\frac{s^{n-1}\boldsymbol{I}+s^{n-2}\boldsymbol{B}_{n-2}+\cdots+s\boldsymbol{B}_1+\boldsymbol{B}_0}{s^n+a_{n-1}s^{n-1}+a_{n-2}s^{n-2}+\cdots+a_1s+a_0} \tag{8-20}$$

则式中特征多项式的系数 $\{a_i\}$ 和分子多项式矩阵系数 $\{\boldsymbol{B}_i\}$ 可用以下的关系式递推计算得到

$$\begin{cases} a_{n-1}=-\mathrm{tr}(\boldsymbol{A}) & \boldsymbol{B}_{n-2}=\boldsymbol{A}+a_{n-1}\boldsymbol{I} \\ a_{n-2}=-\dfrac{1}{2}\mathrm{tr}(\boldsymbol{A}\boldsymbol{B}_{n-2}) & \boldsymbol{B}_{n-3}=\boldsymbol{A}\boldsymbol{B}_{n-2}+a_{n-2}\boldsymbol{I} \\ a_{n-3}=-\dfrac{1}{3}\mathrm{tr}(\boldsymbol{A}\boldsymbol{B}_{n-3}) & \boldsymbol{B}_{n-4}=\boldsymbol{A}\boldsymbol{B}_{n-3}+a_{n-3}\boldsymbol{I} \\ \quad\vdots & \quad\vdots \\ a_2=-\dfrac{1}{n-2}\mathrm{tr}(\boldsymbol{A}\boldsymbol{B}_2) & \boldsymbol{B}_1=\boldsymbol{A}\boldsymbol{B}_2+a_2\boldsymbol{I} \\ a_1=-\dfrac{1}{n-1}\mathrm{tr}(\boldsymbol{A}\boldsymbol{B}_1) & \boldsymbol{B}_0=\boldsymbol{A}\boldsymbol{B}_1+a_1\boldsymbol{I} \\ a_0=-\dfrac{1}{n}\mathrm{tr}(\boldsymbol{A}\boldsymbol{B}_0) & \boldsymbol{0}=\boldsymbol{A}\boldsymbol{B}_0+a_0\boldsymbol{I} \end{cases} \tag{8-21}$$

在以上的递推运算中只涉及矩阵的相乘和相加以及求矩阵的迹。

矩阵的迹定义为

$$\mathrm{tr}(\boldsymbol{A})=\sum_{i=1}^{n}a_{ii} \tag{8-22}$$

它即为矩阵 **A** 的对角线元素和，也只是一种相加的运算。由此可见，法捷耶娃算法特别适于计算机程序化运算。

上述基于拉氏变换法的连续系统状态转移矩阵的计算是 $\boldsymbol{\Phi}(t)$ 的第二种计算方法。

计算连续系统的状态转移矩阵 $\boldsymbol{\Phi}(t)$ 的第三种方法是应用凯莱—哈密尔顿定理。

【凯莱—哈密尔顿（Cayley－Hamilton）定理】　任何方阵满足它自己的特征方程。

对于系统矩阵 **A**，设它的特征多项式 $P^*(s)$ 为

$$P^*(s)=a_0+a_1s+a_2s^2+\cdots+s^n=\sum_{i=0}^{n}a_is^i \qquad (a_n=1) \tag{8-23}$$

其特征方程可写为

$$P^*(s)=|sI-A|=0 \tag{8-24}$$

根据凯莱—哈密尔顿定理有

$$P^*(A)=a_0I+a_1A+a_2A^2+\cdots+A^n=0 \tag{8-25}$$

由式（8－25）可以得到

$$A^n=-a_0I-a_1A-a_2A^2-\cdots-a_{n-1}A^{n-1} \tag{8-26}$$

这表明 A 的 n 次幂可用 A 的（$n-1$）次多项式表示出来。若用 A 乘式（8-26）两边又有

$$A^{n+1}=-a_0A-a_1A^2-a_2A^3-\cdots-a_{n-1}A^n \tag{8-27}$$

再将 A^n 以式（8-26）代入就可实现用 A 的（$n-1$）次多项式表示 A 的（$n+1$）次幂。依此类推，可以将 A 的（$n+1$）次以上的各种幂 A^{n+2}、A^{n+3}、…用 A 的 $n-1$ 次多项式表示出来。于是可得出一个有用的结论：

若知一个方阵 A 满足它的 n 次矩阵多项式方程 $P^*(A)=0$，则方阵 A 的 n 次及以上的各次幂可用（$n-1$）次多项式表示。

根据这一结论，可将矩阵指数的无穷级数表达式变成一个有限级数的表达式：

$$\begin{aligned}\boldsymbol{\Phi}(t)=\mathrm{e}^{\boldsymbol{A}t}&=\sum_{k=0}^{\infty}\boldsymbol{A}^k\frac{t^k}{k!}=\sum_{k=0}^{n-1}\beta_k(t)\boldsymbol{A}^k\\&=\beta_0(t)\boldsymbol{I}+\beta_1(t)\boldsymbol{A}+\beta_2(t)\boldsymbol{A}^2+\cdots+\beta_{n-1}(t)\boldsymbol{A}^{n-1}=f(\boldsymbol{A})\end{aligned} \tag{8-28}$$

显然只要求得 $\{\beta_i(t)\}$，则上式就可成为状态转移矩阵 $\boldsymbol{\Phi}(t)$ 或矩阵指数 $\mathrm{e}^{\boldsymbol{A}t}$ 的计算式。

因为 $P^*(\boldsymbol{A})$ 与 $P^*(s)$ 相对应，$P^*(s)=0$ 的根是特征方程的根，也就是系统矩阵 $\boldsymbol{A}$ 的特征值。对于任一特征值 s_i，无论它是实数还是复数均应满足特征方程，即 $P^*(s_i)=0$。而据 $P^*(\boldsymbol{A})=0$ 导出了 $f(\boldsymbol{A})=\mathrm{e}^{\boldsymbol{A}t}=\sum_{k=0}^{n-1}\beta_k(t)\boldsymbol{A}^k$，所以特征值 s_i 同样满足如下的代数方程：

$$f(s_i)=\mathrm{e}^{s_it}=\sum_{k=0}^{n-1}\beta_k(t)s_i^k \tag{8-29}$$

若有 n 个互不相同的特征值，则有方程组

$$\begin{cases}\mathrm{e}^{s_1t}=\sum_{k=0}^{n-1}\beta_k(t)s_1^k\\ \mathrm{e}^{s_2t}=\sum_{k=0}^{n-1}\beta_k(t)s_2^k\\ \quad\vdots\\ \mathrm{e}^{s_nt}=\sum_{k=0}^{n-1}\beta_k(t)s_n^k\end{cases} \tag{8-30}$$

成立。于是 n 个系数 $\{\beta_i\}$ 可以通过联立求解以上 n 个方程得到。若是出现相重的特征值，则对于任一 m_1 重特征值 s_1 对应有 m_1 个方程，形式如下：

$$\frac{\mathrm{d}^\mu}{\mathrm{d}s^\mu}\mathrm{e}^{st}\bigg|_{s=s_1}=\frac{\mathrm{d}^\mu}{\mathrm{d}s^\mu}\sum_{k=0}^{n-1}\beta_k(t)s^k\bigg|_{s=s_1}\quad(\mu=0,1,\cdots,m_1-1) \tag{8-31}$$

总之，无论有无重根，都可建立 n 个方程，通过联立求解得到待定系数 $\{\beta_i\}$。

【例 8-1】 已知 $\boldsymbol{A}=\begin{bmatrix}0&6\\-1&-5\end{bmatrix}$，试用凯莱—哈密尔顿定理算法求 $\boldsymbol{\Phi}(t)$。

解 A 的特征方程为

$$\begin{aligned}P^*(s)=|s\boldsymbol{I}-\boldsymbol{A}|&=\begin{vmatrix}s&-6\\1&s+5\end{vmatrix}\\&=s^2+5s+6=(s+2)(s+3)=0\end{aligned}$$

其特征值为 $s_1=-2$，$s_2=-3$。由式（8-28）可得

$$\boldsymbol{\Phi}(t)=\mathrm{e}^{\boldsymbol{A}t}=\beta_0(t)\boldsymbol{I}+\beta_1(t)\boldsymbol{A}=\begin{bmatrix}\beta_0(t)&6\beta_1(t)\\-\beta_1(t)&-5\beta_1(t)+\beta_0(t)\end{bmatrix}$$

由式（8－30）可得

$$e^{-2t}=\beta_0(t)-2\beta_1(t),\ e^{-3t}=\beta_0(t)-3\beta_1(t)$$

联立求解可得

$$\beta_0(t)=3e^{-2t}-2e^{-3t},\ \beta_1(t)=e^{-2t}-e^{-3t}$$

所以得

$$\boldsymbol{\Phi}(t)=\begin{bmatrix}3e^{-2t}-2e^{-3t} & 6e^{-2t}-6e^{-3t}\\ -e^{-2t}+e^{-3t} & -2e^{-2t}+3e^{-3t}\end{bmatrix}$$

计算连续系统的状态转移矩阵 $\boldsymbol{\Phi}(t)$ 的第四种方法是应用西尔维斯特（Sylvester）展开式。西尔维斯特展开式是根据拉格朗日（Lagrange）内插公式推得的。

对于任意函数 $f(x)$，若已知 n 个插值点 x_i 上的函数值 $f(x_i)$，则据拉格朗日内插公式有

$$f(x)=\sum_{k=1}^{n}f(x_k)\prod_{\substack{i=1\\ i\neq k}}^{n}\frac{x-x_i}{x_k-x_i}\tag{8-32}$$

将式（8－32）推广应用于矩阵多项式（8－28）

$$f(\boldsymbol{A})=e^{\boldsymbol{A}t}=\boldsymbol{\Phi}(t)\tag{8-33}$$

设 A 阵的 n 个特征值（s_1，s_2，…，s_n）互异，则有

$$\boldsymbol{\Phi}(t)=e^{\boldsymbol{A}t}=\sum_{k=1}^{n}e^{s_k t}\prod_{\substack{i=1\\ i\neq k}}^{n}\frac{\boldsymbol{A}-s_i\boldsymbol{I}}{s_k-s_i}\tag{8-34}$$

这就是计算 $\boldsymbol{\Phi}(t)$ 的西尔维斯特展开式。

当系统矩阵 $\boldsymbol{A}$ 的 n 个特征值互异时，用西尔维斯特展开式计算 $\boldsymbol{\Phi}(t)$ 最为简便。

【例 8－2】 已知 $\boldsymbol{A}=\begin{bmatrix}0 & 1\\ -2 & -3\end{bmatrix}$，试用西尔维斯特展开式求 $\boldsymbol{\Phi}(t)$。

解

$$|s\boldsymbol{I}-\boldsymbol{A}|=\begin{vmatrix}s & -1\\ 2 & s+3\end{vmatrix}=s^2+3s+2=(s+1)(s+2)$$

则特征根为 $s_1=-1$，$s_2=-2$。由式（8－34）可得

$$\begin{aligned}\boldsymbol{\Phi}(t)&=\sum_{k=1}^{2}e^{s_k t}\prod_{\substack{i=1\\ i\neq k}}^{n}\frac{\boldsymbol{A}-s_i\boldsymbol{I}}{s_k-s_i}\\ &=e^{-t}\frac{\boldsymbol{A}+2\boldsymbol{I}}{-1+2}+e^{-2t}\frac{\boldsymbol{A}+\boldsymbol{I}}{-2+1}\\ &=e^{-t}\begin{bmatrix}2 & 1\\ -2 & -1\end{bmatrix}-e^{-2t}\begin{bmatrix}1 & 1\\ -2 & -2\end{bmatrix}\\ &=\begin{bmatrix}2e^{-t}-e^{-2t} & e^{-t}-e^{-2t}\\ -2e^{-t}+2e^{-2t} & -e^{-t}+2e^{-2t}\end{bmatrix}\end{aligned}$$

至此，已介绍了四种计算状态转移矩阵 $\boldsymbol{\Phi}(t)$ 的方法：

（1）根据 $\boldsymbol{\Phi}(t)$ 的定义式计算；

（2）应用拉氏变换法；

（3）应用凯莱—哈密尔顿定理；

（4）应用西尔维斯特展开式。

根据 $\boldsymbol{\Phi}(t)$ 的定义式，当 A 阵较简单且其无穷级数的收敛函数易求出时可得解析解；当 A 阵阶数较高或其无穷级数的收敛函数不易求出时，可按精度要求选择无穷级数的有限项求和计算 $\boldsymbol{\Phi}(t)$ 的数值解。应用拉氏变换法也分两种情况，简单时采用人工推算可得解析解，复杂时要采用法捷耶娃法求逆阵 $(s\boldsymbol{I}-\boldsymbol{A})^{-1}$。应用凯莱—哈密尔顿定理的方法可归结为三步：①先求系统矩阵 $\boldsymbol{A}$ 的特征值；②根据特征值有无重值的情况列出代数方程组；③联立求解方程组以求得待定系数。这个方法较为通用，无需求拉氏反变换。应用西尔维斯特展开式的方法最为直接，计算公式只有一个，特别适于用计算机计算。但是使用这个公式的前提是系统的特征值互不相同。

计算状态转移矩阵 $\boldsymbol{\Phi}(t)$ 的方法还有许多。值得指出的一种是化为对角矩阵的方法。通过线性变换可把 $\boldsymbol{A}$ 阵变为对角形（当特征值互异时）或约当标准形（当有重特征值时），然后容易写出对角形或约当标准形阵的收敛解，再通过线性变换就可得到 $\boldsymbol{\Phi}(t)$。在运算中既要求特征值、特征矢量，还要求逆矩阵，运算较复杂，但通用性强。

以上讨论的都是连续系统的状态转移矩阵 $\boldsymbol{\Phi}(t)$ 的计算问题。至于离散系统的状态转移矩阵 $\boldsymbol{\Phi}(k)$ 的计算和 $\boldsymbol{\Phi}(t)$ 的计算十分类似。

离散系统状态转移矩阵的计算方法：

（1）直接利用定义式计算。

$$\boldsymbol{\Phi}(k)=\boldsymbol{A}_{\mathrm{d}}^{k} \tag{8-35}$$

（2）利用 Z 变换法计算。

$$\boldsymbol{\Phi}(k)=Z^{-1}\{(z\boldsymbol{I}-\boldsymbol{A}_{\mathrm{d}})^{-1}z\} \tag{8-36}$$

（3）应用凯莱—哈密尔顿定理计算。

$$\boldsymbol{\Phi}(k)=\sum_{i=0}^{n-1}\beta_i\boldsymbol{A}_{\mathrm{d}}^{i} \tag{8-37}$$

$$z_i^k=\sum_{j=0}^{n-1}\beta_j z_i^j,\ i=1,\ 2,\ \cdots,\ n\quad（当\ \boldsymbol{A}_{\mathrm{d}}\ 的特征值互异时） \tag{8-38}$$

（4）应用西尔维斯特展开式计算。

$$\boldsymbol{\Phi}(k)=\sum_{j=1}^{n}z_j^k\prod_{\substack{i=1\\ i\neq j}}^{n}\frac{\boldsymbol{A}_{\mathrm{d}}-z_i\boldsymbol{I}}{z_j-z_i}\quad（当\ \boldsymbol{A}_{\mathrm{d}}\ 的特征值互异时） \tag{8-39}$$

8.5 系统的稳定性、能控性和能观性分析

控制系统的性能分析可分为定性分析和定量分析两方面。本节将介绍用状态空间理论对系统的主要性能——稳定性、能控性和能观性的定性分析。

一、稳定性分析

若处于平衡状态下的一系统受到扰动后发生了自由的运动，当它运动的轨迹总不超过一有限域界时，则定义该系统是**稳定**的；当它最终能回到原来的平衡状态时，则定义该系统是**渐近稳定**的。

【渐近稳定性定理】 线性定常系统渐近稳定的充分必要条件是其系统矩阵 $\boldsymbol{A}$ 的特征方程 $|s\boldsymbol{I}-\boldsymbol{A}|=0$ 的根（即系统的特征值）全部具有负实部。

显然，如果 $\boldsymbol{A}$ 存在正实部的特征值，那么其对应的动态响应分量必然随着时间的增长

而趋于无穷大，致使系统不稳定。如果 $\boldsymbol{A}$ 存在实部为零的特征值，那么其对应的动态响应分量随时间增长而趋于常值或等幅振荡。根据稳定性定义，该系统是稳定的。但是在控制系统中，这种稳定被认为是**临界稳定**。临界稳定系统的工作是不可靠的。因为参数稍有变化，系统就会脱离临界状态，或者渐近稳定，或者不稳定。因此在实际中，习惯把临界稳定也称为不稳定，而把渐近稳定称为稳定。由此可见，在线性定常控制系统中，系统稳定的充分必要条件是它的特征值都在复平面的 s 的左半开平面。

【例 8-3】　已知 $\dot{\boldsymbol{x}}(t)=\begin{bmatrix}-1 & 1\\ 0 & 0\end{bmatrix}\boldsymbol{x}(t)+\begin{bmatrix}1\\0\end{bmatrix}\boldsymbol{u}(t)$，$\boldsymbol{y}(t)=[2\quad 1]\boldsymbol{x}(t)$。试判断该系统的稳定性。

解　因为 $|s\boldsymbol{I}-\boldsymbol{A}|=\begin{vmatrix}s+1 & -1\\ 0 & s\end{vmatrix}=s(s+1)=0$，所以可得系统特征值 $s_1=0$，$s_2=-1$。因为有实部为零的特征值，所以根据上述稳定性的定义可判断该系统不是渐近稳定的。

二、能控性分析

能控性和能观性这两个概念是在 20 世纪 60 年代初首先由卡尔曼（Kalman）提出来的。开始时并未受到重视，而现在已成为现代控制理论中非常重要的基本概念。

能控性定性表示输入 $\boldsymbol{u}(t)$ 对状态 $\boldsymbol{x}(t)$ 的控制能力。能观性定性表示输出 $\boldsymbol{y}(t)$ 对状态 $\boldsymbol{x}(t)$ 的反应能力。这两种基本特性在研究状态反馈和状态观测系统中，以及在分析、设计最优控制及最优估计系统中都是必须考虑的。

1. 系统能控性定义

下面给出关于连续系统或离散系统的状态能控性或输出能控性的四个定义。

【连续系统状态能控性定义】　对于一个由一般连续状态方程描述的系统，如果存在一控制作用 $\boldsymbol{u}(t)$ 能使该系统在有限的时间内（$t_0\leqslant t\leqslant t_1$）从任意的初始状态 $\boldsymbol{x}(t_0)$ 转移到终态 $\boldsymbol{x}(t_1)=0$，则称该连续系统是**状态完全能控**的，简称系统**状态能控**。

【离散系统状态能控性定义】　对于一个由一般离散状态方程描述的系统，如果存在控制序列 $\boldsymbol{u}(0)$，$\boldsymbol{u}(1)$，…，$\boldsymbol{u}(n-1)$，使得系统在第 n 步从任意初始状态 $\boldsymbol{x}(0)$ 变至 $\boldsymbol{x}(n)=0$，则称该离散系统是状态完全能控的，简称为**系统状态能控**。

【连续系统输出能控性定义】　对于一个由一般连续状态空间表达式描述的系统，如果存在一个控制作用 $\boldsymbol{u}(t)$，在有限的时间内（$t_0\leqslant t\leqslant t_1$）将系统输出从任意初始值 $\boldsymbol{y}(t_0)$ 引导到预先指定的终值 $\boldsymbol{y}(t_1)$，则称该连续系统是**输出能控**的。

【离散系统输出能控性定义】　对于一个由一般离散状态空间表达式描述的系统，如果存在控制序列 $\boldsymbol{u}(0)$，$\boldsymbol{u}(1)$，…，$\boldsymbol{u}(n-1)$，使得在第 n 步系统的输出从 $\boldsymbol{y}(0)$ 变至预先指定的终值 $\boldsymbol{y}(n)$，则称该系统是**输出能控**的。

应当指出，输出能控和状态能控性之间是不等价的。一个系统是输出能控的未必就是状态能控的，反之，状态能控的未必是输出能控的。

2. 能控性判据

与上述能控性的定义相对应，以下给出关于连续系统或离散系统的状态能控或输出能控的四个判据。

【连续系统状态能控性判据】　线性定常连续系统（$\boldsymbol{A}$、$\boldsymbol{B}$、$\boldsymbol{C}$）状态完全能控的充分必要条件是其能控性矩阵

$$\boldsymbol{S}=[\boldsymbol{B}\vdots\boldsymbol{AB}\vdots\boldsymbol{A}^2\boldsymbol{B}\vdots\cdots\vdots\boldsymbol{A}^{n-1}\boldsymbol{B}]_{n\times nr} \tag{8-40}$$

满秩，即

$$\mathrm{rank}[\boldsymbol{S}]=n \tag{8-41}$$

证明：由连续状态方程的解可知

$$\boldsymbol{x}(t_1)=\boldsymbol{\Phi}(t_1)\boldsymbol{x}_0+\int_0^{t_1}\boldsymbol{\Phi}(t_1-\tau)\boldsymbol{Bu}(\tau)\mathrm{d}\tau \tag{8-42}$$

令 $\boldsymbol{x}(t_1)=0$，得

$$\boldsymbol{x}_0=-\int_0^{t_1}\boldsymbol{\Phi}(-\tau)\boldsymbol{Bu}(\tau)\mathrm{d}\tau \tag{8-43}$$

根据用关系式（8-28）可得

$$\boldsymbol{\Phi}(-\tau)=\sum_{k=0}^{n-1}\beta_k(-\tau)\boldsymbol{A}^k \tag{8-44}$$

代入式（8-43），则有

$$\begin{aligned}\boldsymbol{x}_0&=-\sum_{k=0}^{n-1}\boldsymbol{A}^k\boldsymbol{B}\int_0^{t_1}\beta_k(-\tau)u(\tau)\mathrm{d}\tau=-\sum_{k=0}^{n-1}\boldsymbol{A}^k\boldsymbol{B}\gamma_k\\&=-[\boldsymbol{B}\vdots\boldsymbol{AB}\vdots\cdots\vdots\boldsymbol{A}^{n-1}\boldsymbol{B}]\begin{bmatrix}\gamma_0\\\gamma_1\\\vdots\\\gamma_{n-1}\end{bmatrix}\end{aligned} \tag{8-45}$$

其中

$$\gamma_k=\int_0^{t_1}\beta_k(-\tau)u(\tau)\mathrm{d}\tau\qquad(k=0,1,\cdots,n-1) \tag{8-46}$$

可以看出，式（8-45）是一个具有 n 个方程的方程组，它对任意给定的初始状态 $\boldsymbol{x}_0$ 有唯一解的充分必要条件是矩阵 $\boldsymbol{S}=[\boldsymbol{B}\vdots\boldsymbol{AB}\vdots\cdots\vdots\boldsymbol{A}^{n-1}\boldsymbol{B}]$ 满秩，即满足式（8-41）。证毕。

【离散系统状态能控性判据】　线性定常离散系统（$\boldsymbol{A}_\mathrm{d}$、$\boldsymbol{B}_\mathrm{d}$、$\boldsymbol{C}_\mathrm{d}$）状态完全能控的充分必要条件是其能控性矩阵

$$\boldsymbol{S}_\mathrm{d}=[\boldsymbol{B}_\mathrm{d}\vdots\boldsymbol{AB}_\mathrm{d}\vdots\cdots\vdots\boldsymbol{A}_\mathrm{d}^{n-1}\boldsymbol{B}_\mathrm{d}]_{n\times nr} \tag{8-47}$$

满秩，即

$$\mathrm{rank}[\boldsymbol{S}_\mathrm{d}]=n \tag{8-48}$$

证明：由离散状态方程的解可知

$$\boldsymbol{x}(n)=\boldsymbol{A}_\mathrm{d}^n\boldsymbol{x}(0)+\sum_{j=0}^{n-1}\boldsymbol{A}_\mathrm{d}^{n-j-1}\boldsymbol{B}_\mathrm{d}\boldsymbol{u}(j) \tag{8-49}$$

据能控性定义，令 $\boldsymbol{x}(n)=0$，则有

$$\begin{aligned}-\boldsymbol{A}_\mathrm{d}^n\boldsymbol{x}(0)&=\sum_{j=0}^{n-1}\boldsymbol{A}_\mathrm{d}^{n-j-1}\boldsymbol{B}_\mathrm{d}\boldsymbol{u}(j)\\&=[\boldsymbol{A}_\mathrm{d}^{n-1}\boldsymbol{B}_\mathrm{d}\vdots\boldsymbol{A}_\mathrm{d}^{n-2}\boldsymbol{B}_\mathrm{d}\vdots\cdots\vdots\boldsymbol{A}_\mathrm{d}\boldsymbol{B}_\mathrm{d}\vdots\boldsymbol{B}_\mathrm{d}]\begin{bmatrix}u(0)\\u(1)\\\vdots\\u(n-1)\end{bmatrix}\end{aligned} \tag{8-50}$$

由于 A_d 为非奇异阵，对于任给的非零初态 $x(0)$，$A_d^n x(0)$ 必为某一非零的 n 维列矢量。这样，上式就是一个 n 元的线性代数方程组，该方程组有唯一解的充分必要条件就是矩阵满秩，即

$$\mathrm{rank}[\boldsymbol{A}_d^{n-1}\boldsymbol{B}_d \vdots \boldsymbol{A}_d^{n-2}\boldsymbol{B}_d \vdots \cdots \vdots \boldsymbol{A}_d\boldsymbol{B}_d \vdots \boldsymbol{B}_d]=n \tag{8-51}$$

由于改变列的次序不会影响矩阵的秩，所以上式等价于

$$\mathrm{rank}[\boldsymbol{B}_d \vdots \boldsymbol{A}\boldsymbol{B}_d \vdots \cdots \vdots \boldsymbol{A}_d^{n-1}\boldsymbol{B}_d]=n \tag{8-52}$$

即得到式（8-48）。证毕。

【连续系统输出能控性判据】　一个线性定常连续系统（A、B、C），其输出完全能控的充分必要条件是输出能控性矩阵，即

$$\boldsymbol{S}_y=[\boldsymbol{CB} \vdots \boldsymbol{CAB} \vdots \boldsymbol{CA}^2\boldsymbol{B} \vdots \cdots \vdots \boldsymbol{CA}^{n-1}\boldsymbol{B} \vdots \boldsymbol{D}_d]_{m\times(n+1)r} \tag{8-53}$$

的秩为 m，即

$$\mathrm{rank}[\boldsymbol{S}_y]=m \tag{8-54}$$

【离散系统输出能控性判据】　一个线性定常离散系统（A_d、B_d、C_d），其输出完全能控的充分必要条件是输出能控性矩阵，即

$$\boldsymbol{S}_{yd}=[\boldsymbol{C}_d\boldsymbol{B}_d \vdots \boldsymbol{C}_d\boldsymbol{A}_d\boldsymbol{B}_d \vdots \boldsymbol{C}_d\boldsymbol{A}_d^2\boldsymbol{B}_d \vdots \cdots \vdots \boldsymbol{C}_d\boldsymbol{A}_d^{n-1}\boldsymbol{B}_d \vdots \boldsymbol{D}_d]_{m\times(n+1)r} \tag{8-55}$$

的秩为 m，即

$$\mathrm{rank}[\boldsymbol{S}_{yd}]=m \tag{8-56}$$

【例8-4】　设系统为 $\begin{bmatrix}\dot{x}_1\\ \dot{x}_2\end{bmatrix}=\begin{bmatrix}0 & 0\\ 0 & 0\end{bmatrix}\begin{bmatrix}x_1\\ x_2\end{bmatrix}+\begin{bmatrix}1\\ 1\end{bmatrix}u$，$y=[1\quad 1]\begin{bmatrix}x_1\\ x_2\end{bmatrix}$。试判断其能控性。

解　系统的能控性矩阵为

$$\boldsymbol{S}=[\boldsymbol{B}\quad \boldsymbol{AB}]=\begin{bmatrix}1 & 0\\ 1 & 0\end{bmatrix}$$

$$\boldsymbol{S}_y=[\boldsymbol{CB}\quad \boldsymbol{CAB}\quad \boldsymbol{D}]=[2\quad 0\quad 0]$$

相应能控性矩阵的秩为

$$\mathrm{rank}[\boldsymbol{S}]=1\neq n$$

$$\mathrm{rank}[\boldsymbol{S}_y]=1=m$$

所以，据连续系统能控性判据，该系统是输出完全能控的但状态不能控。

【例8-5】　设一离散系统为 $\boldsymbol{x}(k+1)=\begin{bmatrix}1 & 0 & 0\\ 0 & 2 & -2\\ -1 & 1 & 0\end{bmatrix}\boldsymbol{x}(k)+\begin{bmatrix}1\\ 0\\ 1\end{bmatrix}u(k)$，试判断其状态能控性。

解　该系统的状态能控性矩阵为

$$\boldsymbol{S}_d=[\boldsymbol{B}_d\quad \boldsymbol{A}_d\boldsymbol{B}_d\quad \boldsymbol{A}_d^2\boldsymbol{B}_d]=\begin{bmatrix}1 & 1 & 1\\ 0 & -2 & -2\\ 1 & -1 & -3\end{bmatrix}$$

$$\mathrm{rank}[\boldsymbol{S}_d]=3=n$$

据离散系统状态能控性判据可知，该系统是状态完全能控的。

三、能观性分析

1. 系统能观性定义

【连续系统能观性定义】 对于用一般连续系统状态空间表达式描述的系统，在给定控制输入 $\boldsymbol{u}(t)$ 下，若能在有限时间内，根据从任意初始时刻 t_0 至 t_1 的系统输出 $\boldsymbol{y}(t)$ 的量测值，唯一地确定系统在时刻 t_0 的全部状态 $\boldsymbol{x}(t_0)$，则称此系统是状态完全能观的，简称**系统能观**。若系统有一个状态变量［如 $\boldsymbol{x}_i(t_0)$］不能由系统的输出唯一确定，则称此系统是不完全能观，简称**系统不能观**。

系统的能观性指的是系统的输出量 $\boldsymbol{y}(t)$ 对状态量 $\boldsymbol{x}(t)$ 的反映能力。能观和能测是两个不同的概念。例如有的状态变量不一定能测，但可能是能观的。

【例 8-6】 已知一连续系统为 $\dot{\boldsymbol{x}}(t)=\begin{bmatrix}-2 & 1\\ 1 & -2\end{bmatrix}\boldsymbol{x}(t)+\begin{bmatrix}1\\0\end{bmatrix}u(t)$，$y(t)=[1\quad -1]\boldsymbol{x}(t)$，试判断其能观性。

解 可求得该系统的状态转移矩阵

$$\boldsymbol{\Phi}(t)=\frac{1}{2}\begin{bmatrix}e^{-t}+e^{-3t} & e^{-t}-e^{-3t}\\ e^{-t}-e^{-3t} & e^{-t}+e^{-3t}\end{bmatrix}$$

设 $t_0=0$，$\boldsymbol{x}(0)\neq\boldsymbol{0}$，并取 $\boldsymbol{u}(t)=0$，则

$$y(t)=[1\quad -1]\boldsymbol{\Phi}(t)\boldsymbol{x}(0)=[x_1(0)-x_2(0)]e^{-3t}$$

可见 $y(t)$ 只能决定 $x_1(0)-x_2(0)$ 而无法确定 $x_1(0)$ 和 $x_2(0)$。据可观性定义，此系统不能观。

【离散系统能观性定义】 对于用一般离散状态空间表达式描述的系统，在给定的控制输入下，若能根据 $\boldsymbol{y}(0)$，$\boldsymbol{y}(1)$，…，$\boldsymbol{y}(n)$ 的量测值唯一地确定出 $\boldsymbol{x}(0)$，则称此系统是状态完全能观的，简称系统能观。

【例 8-7】 已知一离散系统为 $\boldsymbol{x}(k+1)=\begin{bmatrix}2 & 0\\ -1 & -3\end{bmatrix}\boldsymbol{x}(k)+\begin{bmatrix}1\\1\end{bmatrix}u(k)$，$y(k)=[1\quad 0]\boldsymbol{x}(k)$，试判断该系统的能观性。

解 因为总有 $y(k)=[1\quad 0]\begin{bmatrix}x_1(k)\\ x_2(k)\end{bmatrix}=x_1(k)$，所以可知，$y(k)$ 只能确定 $x_1(k)$ 而不能确定 $x_2(k)$，故知此系统是不能观的。

2. 系统能观性判据

根据定义，系统的能观性只涉及变量 $\boldsymbol{x}$ 和输出 $\boldsymbol{y}$ 而与输入 $\boldsymbol{u}$ 无关。所以讨论能观性判据只用到 $\boldsymbol{A}$ 阵和 $\boldsymbol{C}$ 阵。

【连续系统能观性判据】 **线性定常连续系统的状态完全能观的充分必要条件是其能观性矩阵**

$$\boldsymbol{V}=\begin{bmatrix}\boldsymbol{C}\\ \boldsymbol{CA}\\ \vdots\\ \boldsymbol{CA}^{n-1}\end{bmatrix}_{nm\times n} \tag{8-57}$$

满秩，即

$$\text{rank}[\boldsymbol{V}]=n \tag{8-58}$$

证明：利用输出方程和连续状态方程的解，可得

$$\boldsymbol{y}(t)=\boldsymbol{C}\boldsymbol{x}(t)=\boldsymbol{C}\boldsymbol{\Phi}(t)\boldsymbol{x}(0)+\boldsymbol{C}\int_0^t\boldsymbol{\Phi}(t-\tau)\boldsymbol{B}\boldsymbol{u}(\tau)\mathrm{d}\tau \tag{8-59}$$

因为这时认为 $\boldsymbol{u}(t)$ 为给定函数，$\boldsymbol{C}\int_0^t\boldsymbol{\Phi}(t-\tau)\boldsymbol{B}\boldsymbol{u}(\tau)\mathrm{d}\tau$ 项可以求出，所以令

$$\boldsymbol{y}'(t)=\boldsymbol{y}(t)-\boldsymbol{C}\int_0^t\boldsymbol{\Phi}(t-\tau)\boldsymbol{B}\boldsymbol{u}(\tau)\mathrm{d}\tau \tag{8-60}$$

将式（8－59）代入上式可得

$$\boldsymbol{y}'(t)=\boldsymbol{C}\boldsymbol{\Phi}(t)\boldsymbol{x}(0) \tag{8-61}$$

将式（8－28）代入，则有

$$\begin{aligned}\boldsymbol{y}'(t)&=\boldsymbol{C}\left[\sum_{k=0}^{n-1}\beta_k(t)\boldsymbol{A}^k\right]\boldsymbol{x}(0)=\left[\sum_{k=0}^{n-1}\beta_k(t)\boldsymbol{C}\boldsymbol{A}^k\right]\boldsymbol{x}(0)\\&=[\beta_0(t)\ \beta_1(t)\cdots\beta_{n-1}(t)]\begin{bmatrix}\boldsymbol{C}\\\boldsymbol{C}\boldsymbol{A}\\\vdots\\\boldsymbol{C}\boldsymbol{A}^{n-1}\end{bmatrix}\boldsymbol{x}(0)\end{aligned} \tag{8-62}$$

这是一个时间函数矢量方程。要由式（8－62）唯一地确定 $\boldsymbol{x}(0)$ 的 n 个分量 $x_1(0)$，$x_2(0)$，…，$x_n(0)$ 的充分必要条件是能观性矩阵 $\boldsymbol{V}$ 的秩为 n。证毕。

【离散系统的能观性判据】　以一般离散系统状态空间表达式描述的线性定常离散系统的状态完全能观的充分必要条件是其能观性矩阵

$$\boldsymbol{V}_{\mathrm{d}}=\begin{bmatrix}\boldsymbol{C}_{\mathrm{d}}\\\boldsymbol{C}_{\mathrm{d}}\boldsymbol{A}_{\mathrm{d}}\\\vdots\\\boldsymbol{C}_{\mathrm{d}}\boldsymbol{A}_{\mathrm{d}}^{n-1}\end{bmatrix} \tag{8-63}$$

满秩，即

$$\mathrm{rank}[\boldsymbol{V}_{\mathrm{d}}]=n \tag{8-64}$$

证明：因 $\boldsymbol{u}(k)$ 是给定的，不影响系统的能观性。不妨设 $\boldsymbol{u}(k)=0$，于是有

$$\boldsymbol{y}(k)=\boldsymbol{C}_{\mathrm{d}}\boldsymbol{x}(k)=\boldsymbol{C}_{\mathrm{d}}\boldsymbol{A}_{\mathrm{d}}\boldsymbol{x}(k-1) \tag{8-65}$$

令 $k=0$，1，2，…，n， 则有

$$\begin{cases}\boldsymbol{y}(0)=\boldsymbol{C}_{\mathrm{d}}\boldsymbol{x}(0)\\\boldsymbol{y}(1)=\boldsymbol{C}_{\mathrm{d}}\boldsymbol{A}_{\mathrm{d}}\boldsymbol{x}(0)\\\boldsymbol{y}(2)=\boldsymbol{C}_{\mathrm{d}}\boldsymbol{A}_{\mathrm{d}}^2\boldsymbol{x}(0)\\\qquad\vdots\\\boldsymbol{y}(n-1)=\boldsymbol{C}_{\mathrm{d}}\boldsymbol{A}_{\mathrm{d}}^{n-1}\boldsymbol{x}(0)\end{cases} \tag{8-66}$$

写成矩阵形式为

$$\begin{bmatrix}\boldsymbol{y}(0)\\\boldsymbol{y}(1)\\\vdots\\\boldsymbol{y}(n-1)\end{bmatrix}=\begin{bmatrix}\boldsymbol{C}_{\mathrm{d}}\\\boldsymbol{C}_{\mathrm{d}}\boldsymbol{A}_{\mathrm{d}}\\\vdots\\\boldsymbol{C}_{\mathrm{d}}\boldsymbol{A}_{\mathrm{d}}^{n-1}\end{bmatrix}\boldsymbol{x}(0) \tag{8-67}$$

可见使 $\boldsymbol{x}(0)$ 有唯一解的充分必要条件是

$$\operatorname{rank}\begin{bmatrix}\boldsymbol{C}_{\mathrm{d}}\\ \boldsymbol{C}_{\mathrm{d}}\boldsymbol{A}_{\mathrm{d}}\\ \vdots\\ \boldsymbol{C}_{\mathrm{d}}\boldsymbol{A}_{\mathrm{d}}^{n-1}\end{bmatrix}=n \tag{8-68}$$

【例 8－8】 已知系统为 $\begin{bmatrix}\dot{x}_1\\ \dot{x}_2\end{bmatrix}=\begin{bmatrix}1 & 1\\ 0 & -1\end{bmatrix}\begin{bmatrix}x_1\\ x_2\end{bmatrix}+\begin{bmatrix}1\\ 0\end{bmatrix}u$，$y(t)=\begin{bmatrix}0 & 2\end{bmatrix}\begin{bmatrix}x_1\\ x_2\end{bmatrix}$，试判别该系统的状态可观测性。

解 因 $\operatorname{rank}\begin{bmatrix}\boldsymbol{C}\\ \boldsymbol{CA}\end{bmatrix}=\operatorname{rank}\begin{bmatrix}0 & 2\\ 0 & -2\end{bmatrix}=1<n=2$，所以，据连续系统能观性判据，该系统是不能观的。

【例 8－9】 设一离散系统为 $\boldsymbol{x}(k+1)=\begin{bmatrix}1 & 0 & -1\\ 0 & -2 & 1\\ 3 & 0 & 2\end{bmatrix}\boldsymbol{x}(k)+\begin{bmatrix}2\\ -1\\ -1\end{bmatrix}u(k)$，$\boldsymbol{y}(k)=\begin{bmatrix}0 & 0 & 1\\ 1 & 0 & 0\end{bmatrix}\boldsymbol{x}(k)$，试判断其能观性。

解 由于 $\operatorname{rank}\begin{bmatrix}\boldsymbol{C}_{\mathrm{d}}\\ \boldsymbol{C}_{\mathrm{d}}\boldsymbol{A}_{\mathrm{d}}\\ \boldsymbol{C}_{\mathrm{d}}\boldsymbol{A}_{\mathrm{d}}^{2}\end{bmatrix}=\operatorname{rank}\begin{bmatrix}0 & 0 & 1\\ 1 & 0 & 0\\ 3 & 0 & 2\\ 1 & 0 & -1\\ 9 & 0 & 1\\ -2 & 0 & -3\end{bmatrix}=2<n=3$，所以据离散系统能观性判据该系统是不能观的。

注：在 Matlab 中，利用 ctrb 函数可求能控性矩阵，如，co＝ctrb（A，B）。利用 obsv 函数可求能观性矩阵，如，ob＝obsv（A，C）。用函数可求能控性矩阵或能观性矩阵的秩，如 nc＝rank（co），no＝rank（ob）。

四、能控性和能观性与传递函数的关系

系统的能控性和能观性是描述系统内在特性的两个概念，它们分别回答“输入能否控制状态的变化”和“状态的变化是否可由输出反映出来”这样两个问题。此外系统的能控性和能观性还与传递函数能否**完全表征**系统密切相关。当传递函数能完全表征系统时，最小实现的系统必然是既能控又能观的；当传递函数不能完全表征系统时，非最小实现的系统将或者不能控，或者不能观，或者既不能控又不能观。换句话说，如果在导出系统的传递函数过程中有零极点相消现象，则系统或者不能控，或者不能观，或者既不能控又不能观；如果没有零极点相消现象，则系统一定是既能控又能观。

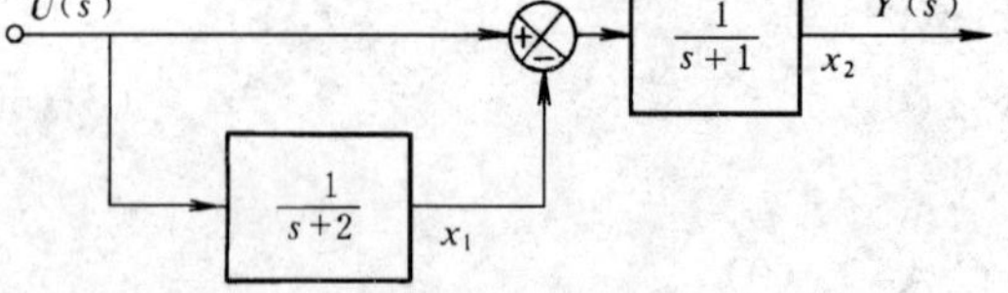

图 8－2 例 8－10 的系统

【例 8－10】 设系统构成如图 8－2 所示，其状态空间表达式为 $\dot{\boldsymbol{x}}(t)=\begin{bmatrix}-2 & 0\\-1 & -1\end{bmatrix}\boldsymbol{x}(t)+\begin{bmatrix}1\\1\end{bmatrix}u(t)$，$y(t)=[0\quad 1]\,\boldsymbol{x}(t)$，试分析此系统的能控性和能观性。

解 该系统的特征方程式为 $|s\boldsymbol{I}-\boldsymbol{A}|=\begin{vmatrix}s+2 & 0\\1 & s+1\end{vmatrix}=(s+2)(s+1)$，状态转移矩阵为 $\boldsymbol{\Phi}(s)=(s\boldsymbol{I}-\boldsymbol{A})^{-1}=\dfrac{1}{(s+2)(s+1)}\begin{bmatrix}s+1 & 0\\-1 & s+2\end{bmatrix}$，系统传递函数为

$$\begin{aligned}G(s)&=\boldsymbol{C\Phi}(s)\boldsymbol{B}=[0\quad 1]\begin{bmatrix}s+1 & 0\\-1 & s+2\end{bmatrix}\begin{bmatrix}1\\1\end{bmatrix}\frac{1}{(s+1)(s+2)}\\&=\frac{(s+1)}{(s+1)(s+2)}\\&=\frac{1}{s+2}\quad\text{（有零极点相消现象）}\end{aligned}$$

因为该系统的能控性矩阵为 $\boldsymbol{S}=[\boldsymbol{B}\quad \boldsymbol{AB}]=\begin{bmatrix}1 & -2\\1 & -2\end{bmatrix}$，能观性矩阵为 $\boldsymbol{V}=\begin{bmatrix}\boldsymbol{C}\\\boldsymbol{CA}\end{bmatrix}=\begin{bmatrix}0 & 1\\-1 & -1\end{bmatrix}$，其相应的秩为 $\text{rank}[\boldsymbol{S}]=1<n=2$，$\text{rank}[\boldsymbol{V}]=2=n=2$。所以该不完全表征系统是能观的但不能控。

五、能控性与能观性的对偶关系

线性系统的能控性和能观性不是两个相互独立的概念，无论是在定义概念上还是在判据形式上，两者都有许多相似之处。它们之间存在着一种内在的联系，这种联系可以由对偶原理加以阐明。

【对偶系统定义】 对于两个定常系统（$\boldsymbol{A}$，$\boldsymbol{B}$，$\boldsymbol{C}$）和（$\boldsymbol{A}^*$，$\boldsymbol{B}^*$，$\boldsymbol{C}^*$），若满足下列关系：

$$\boldsymbol{A}^*=\boldsymbol{A}^{\mathrm{T}}\tag{8-69}$$

$$\boldsymbol{B}^*=\boldsymbol{C}^{\mathrm{T}}\tag{8-70}$$

$$\boldsymbol{C}^*=\boldsymbol{B}^{\mathrm{T}}\tag{8-71}$$

则称此两个系统为**对偶系统**。

根据对偶系统的关系式可以导出对偶系统的传递函数矩阵是互为转置的，互为对偶的系统具有相同的特征方程。

【对偶性定理】 设互为对偶的两个系统（$\boldsymbol{A}$，$\boldsymbol{B}$，$\boldsymbol{C}$）和（$\boldsymbol{A}^*$，$\boldsymbol{B}^*$，$\boldsymbol{C}^*$），则当系统（$\boldsymbol{A}$，$\boldsymbol{B}$，$\boldsymbol{C}$）状态完全能控时，（$\boldsymbol{A}^*$，$\boldsymbol{B}^*$，$\boldsymbol{C}^*$）系统状态完全能观；或者当系统（$\boldsymbol{A}$，$\boldsymbol{B}$，$\boldsymbol{C}$）状态完全能观时，系统（$\boldsymbol{A}^*$，$\boldsymbol{B}^*$，$\boldsymbol{C}^*$）状态完全能控。

上述定理又常简称为对偶原理。对偶原理是现代控制理论中一个十分重要的概念。利用对偶原理，可以使系统的能观性研究转化为对偶系统的能控性研究；或者使系统的能控性研究转化为对偶系统的能观性研究。

8.6　线性定常系统的结构分解

按照系统的能控性和能观性，实际线性定常系统总是可以由四个子系统的部分或全部组

成：①完全能控但不能观的子系统 a ；②完全能控且完全能观的子系统 b ；③完全能观但不能控的子系统 c ；④既不能控又不能观的子系统 d 。 如图 8-3 所示。任何一个动态系统均可通过线性非奇异变换分解成上述四个部分。

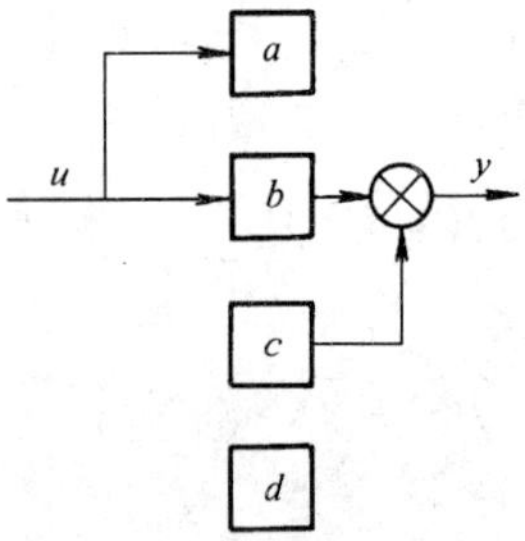

图 8-3 系统的结构分解

这种结构上的变换称为系统的结构分解，又称为规范分解。通过结构分解能明晰系统的结构特性和传递特性，简化系统的分析和设计。具体方法是选取一种特殊的线性变换，使原来动态方程中的 $\boldsymbol{A}$、$\boldsymbol{B}$、$\boldsymbol{C}$ 矩阵变换成某种标准构造的形式，进一步将状态变量分解成能控 $\boldsymbol{x}_c$、不能控 $\boldsymbol{x}_{\bar{c}}$、能观 $\boldsymbol{x}_o$、不能观 $\boldsymbol{x}_{\bar{o}}$ 四类。结构分解过程可以先从系统的能控性分解开始，将能控与不能控的状态变量分离开，继而分别对能控和不能控的子系统再进行能观性分解，便可以分离出四类状态变量及四类子系统。下面分别介绍能控性分解和能观性分解的方法，有关证明从略。

1. 能控性分解

设不完全能控的系统的状态空间描述为 $\dot{\boldsymbol{x}}=\boldsymbol{A}\boldsymbol{x}+\boldsymbol{B}\boldsymbol{u}$， $\boldsymbol{y}=\boldsymbol{C}\boldsymbol{x}$ 。

设能控性矩阵的秩为 r（$r<n$），从能控性矩阵中选出 r 个线性无关列向量，再附加任意（$n-r$）个列向量，构成非奇异变换矩阵 $\boldsymbol{P}$， 即令

$$\boldsymbol{x}=\boldsymbol{P}\begin{bmatrix}\boldsymbol{x}_c\\ \boldsymbol{x}_{\bar{c}}\end{bmatrix} \tag{8-72}$$

则有

$$\begin{bmatrix}\dot{\boldsymbol{x}}_c\\ \dot{\boldsymbol{x}}_{\bar{c}}\end{bmatrix}=\boldsymbol{P}^{-1}\boldsymbol{A}\boldsymbol{P}\begin{bmatrix}\boldsymbol{x}_c\\ \boldsymbol{x}_{\bar{c}}\end{bmatrix}+\boldsymbol{P}^{-1}\boldsymbol{B}\boldsymbol{u},\ \boldsymbol{y}=\boldsymbol{C}\boldsymbol{P}\begin{bmatrix}\boldsymbol{x}_c\\ \boldsymbol{x}_{\bar{c}}\end{bmatrix} \tag{8-73}$$

式中，$\boldsymbol{x}_c$ 为 r 维能控状态子向量； $\boldsymbol{x}_{\bar{c}}$为（$n-r$）维不能控状态子向量。

令 $\boldsymbol{P}^{-1}\boldsymbol{A}\boldsymbol{P}=\begin{bmatrix}\bar{\boldsymbol{A}}_{11} & \bar{\boldsymbol{A}}_{12}\\ 0 & \bar{\boldsymbol{A}}_{22}\end{bmatrix}$， $\boldsymbol{P}^{-1}\boldsymbol{B}=\begin{bmatrix}\bar{\boldsymbol{B}}_1\\ 0\end{bmatrix}$， $\boldsymbol{C}\boldsymbol{P}=\begin{bmatrix}\bar{\boldsymbol{C}} & \vdots & \bar{\boldsymbol{C}}_2\end{bmatrix}$， 再展开式（8-73），有

$$\dot{\boldsymbol{x}}_c=\bar{\boldsymbol{A}}_{11}\boldsymbol{x}_c+\bar{\boldsymbol{A}}_{12}\boldsymbol{x}_{\bar{c}}+\bar{\boldsymbol{B}}_1\boldsymbol{u}$$
$$\dot{\boldsymbol{x}}_{\bar{c}}=\bar{\boldsymbol{A}}_{22}\boldsymbol{x}_{\bar{c}}$$
$$\boldsymbol{y}=\bar{\boldsymbol{C}}_1\boldsymbol{x}_c+\bar{\boldsymbol{C}}_2\boldsymbol{x}_{\bar{c}}$$

将输出向量 $\boldsymbol{y}$ 进行分解，即令 $\boldsymbol{y}=\boldsymbol{y}_1+\boldsymbol{y}_2$，则可得两个子系统动态方程。其中能控子系统动态方程为

$$\dot{\boldsymbol{x}}_c=\bar{\boldsymbol{A}}_{11}\boldsymbol{x}_c+\bar{\boldsymbol{A}}_{12}\boldsymbol{x}_{\bar{c}}+\bar{\boldsymbol{B}}_1\boldsymbol{u},\ \boldsymbol{y}_1=\bar{\boldsymbol{C}}_1\boldsymbol{x}_c \tag{8-74}$$

不能控子系统动态方程为

$$\dot{\boldsymbol{x}}_{\bar{c}}=\bar{\boldsymbol{A}}_{22}\boldsymbol{x}_{\bar{c}},\ y_2=\bar{\boldsymbol{C}}_2\boldsymbol{x}_{\bar{c}} \tag{8-75}$$

由于输入 $\boldsymbol{u}$ 仅通过能控子系统的传递到输出 $\boldsymbol{y}$，故 $\boldsymbol{u}$ 至 $\boldsymbol{y}$ 之间的传递函数矩阵描述不能反映不能控部分的特性。但是能控子系统的状态响应 $\boldsymbol{x}_c(t)$ 及系统的输出响应 $\boldsymbol{y}(t)$ 均与不能控状态子向量 $\boldsymbol{x}_{\bar{c}}$ 有关。所以，不能控子系统对整个系统的影响依然存在，如果要求整个系统稳定，则 $\bar{\boldsymbol{A}}_{22}$ 应仅含稳定的特征值。

至于选择怎样的（$n-r$）个附加列向量是无关紧要的，只要构成的线性变换矩阵 $\boldsymbol{P}$ 是非奇异的即可。这并不会影响结构分解的结果。

【例 8-11】 已知系统的状态空间描述（$\boldsymbol{A}$，$\boldsymbol{B}$，$\boldsymbol{C}$）为 $\boldsymbol{A}=\begin{bmatrix}1 & 2 & -1\\0 & 1 & 0\\1 & -4 & 3\end{bmatrix}$，$\boldsymbol{B}=\begin{bmatrix}0\\0\\1\end{bmatrix}$，$\boldsymbol{C}=\begin{bmatrix}1 & -1 & 1\end{bmatrix}$。试按能控性进行结构分解。

解 计算能控性矩阵的秩，即

$$\mathrm{rank}\begin{bmatrix}\boldsymbol{B} & \boldsymbol{AB} & \boldsymbol{A}^2\boldsymbol{B}\end{bmatrix}=\mathrm{rank}\begin{bmatrix}0 & -1 & -4\\0 & 0 & 0\\1 & 3 & 8\end{bmatrix}=2<n$$

故系统不能控。从中选出两个线性无关的列向量，及附加任意列向量 $\begin{bmatrix}0 & 1 & 0\end{bmatrix}^{\mathrm{T}}$，构成非奇异变换矩阵 $\boldsymbol{P}$，并计算变换后的各矩阵。

$$\boldsymbol{P}=\begin{bmatrix}0 & -1 & 0\\0 & 0 & 1\\1 & 3 & 0\end{bmatrix},\quad \boldsymbol{P}^{-1}=\begin{bmatrix}3 & 0 & 1\\-1 & 0 & 0\\0 & 1 & 0\end{bmatrix},\quad \boldsymbol{P}^{-1}\boldsymbol{AP}=\begin{bmatrix}0 & -4 & 2\\1 & 4 & -2\\0 & 0 & 1\end{bmatrix},$$

$$\boldsymbol{P}^{-1}\boldsymbol{B}=\begin{bmatrix}1\\0\\0\end{bmatrix},\quad \boldsymbol{CP}=\begin{bmatrix}1 & 2 & -1\end{bmatrix}$$

由式（8-73），

$$\begin{bmatrix}\dot{\boldsymbol{x}}_{\mathrm{c}}\\\dot{\boldsymbol{x}}_{\bar{\mathrm{c}}}\end{bmatrix}=\begin{bmatrix}0 & -4 & \vdots & 2\\1 & 4 & \vdots & -2\\\cdots & \cdots & \cdots & \cdots\\0 & 0 & \vdots & 1\end{bmatrix}\begin{bmatrix}\boldsymbol{x}_{\mathrm{c}}\\\boldsymbol{x}_{\bar{\mathrm{c}}}\end{bmatrix}+\begin{bmatrix}1\\0\\\cdots\\0\end{bmatrix}u,\quad y=\begin{bmatrix}1 & 2 & \vdots & -1\end{bmatrix}\begin{bmatrix}\boldsymbol{x}_{\mathrm{c}}\\\boldsymbol{x}_{\bar{\mathrm{c}}}\end{bmatrix}。$$

由此可得能控子系统的状态方程为

$$\dot{\boldsymbol{x}}_{\mathrm{c}}=\begin{bmatrix}0 & -4\\1 & 4\end{bmatrix}\boldsymbol{x}_{\mathrm{c}}+\begin{bmatrix}2\\-2\end{bmatrix}\boldsymbol{x}_{\bar{\mathrm{c}}}+\begin{bmatrix}1\\0\end{bmatrix}u,\quad \boldsymbol{y}_1=\begin{bmatrix}1 & 2\end{bmatrix}\boldsymbol{x}_{\mathrm{c}}$$

不能控子系统动态方程为 $\dot{\boldsymbol{x}}_{\bar{\mathrm{c}}}=\boldsymbol{x}_{\bar{\mathrm{c}}}$，$\boldsymbol{y}=-\boldsymbol{x}_{\bar{\mathrm{c}}}$。

2. 能观性分解

设系统能观性矩阵的秩为 l（$l<n$），从能观性矩阵中选出 l 个线性无关行向量，再附加任意（$n-l$）个行向量，构成非奇异变换矩阵 T，即令

$$\boldsymbol{x}=\boldsymbol{T}^{-1}\begin{bmatrix}\boldsymbol{x}_{\mathrm{o}}\\\boldsymbol{x}_{\bar{\mathrm{o}}}\end{bmatrix}\tag{8-76}$$

可将状态方程变换成能观性分解的标准构造，即

$$\begin{bmatrix}\dot{\boldsymbol{x}}_{\mathrm{o}}\\\dot{\boldsymbol{x}}_{\bar{\mathrm{o}}}\end{bmatrix}=\boldsymbol{TAT}^{-1}\begin{bmatrix}\boldsymbol{x}_{\mathrm{o}}\\\boldsymbol{x}_{\bar{\mathrm{o}}}\end{bmatrix}+\boldsymbol{TBu},\quad \boldsymbol{y}=\boldsymbol{CT}^{-1}\begin{bmatrix}\boldsymbol{x}_{\mathrm{o}}\\\boldsymbol{x}_{\bar{\mathrm{o}}}\end{bmatrix}\tag{8-77}$$

式中，$\boldsymbol{x}_{\mathrm{o}}$ 为 l 维能观状态子向量，$\boldsymbol{x}_{\bar{\mathrm{o}}}$ 为（$n-l$）维不能观状态子向量。

令 $\boldsymbol{TAT}^{-1}=\begin{bmatrix}\bar{\boldsymbol{A}}_{11} & \vdots & 0\\ \cdots & \cdots & \cdots\\ \bar{\boldsymbol{A}}_{21} & \vdots & \bar{\boldsymbol{A}}_{22}\end{bmatrix}$，$\boldsymbol{TB}=\begin{bmatrix}\bar{\boldsymbol{B}}_1\\ \cdots\\ \bar{\boldsymbol{B}}_2\end{bmatrix}$，$\boldsymbol{CT}^{-1}=[\bar{\boldsymbol{C}}_1 \quad \vdots \quad \boldsymbol{0}]$，展开式(8-77)，有

$$\dot{\boldsymbol{x}}_{o}=\bar{\boldsymbol{A}}_{11}\boldsymbol{x}_{o}+\bar{\boldsymbol{B}}_{1}\boldsymbol{u}$$

$$\dot{\boldsymbol{x}}_{\bar{o}}=\bar{\boldsymbol{A}}_{21}\boldsymbol{x}_{o}+\bar{\boldsymbol{A}}_{22}\boldsymbol{x}_{\bar{o}}+\bar{\boldsymbol{B}}_{2}\boldsymbol{u}$$

$$\boldsymbol{y}=\bar{\boldsymbol{C}}_{1}\boldsymbol{x}_{o}$$

能观子系统动态方程为

$$\dot{\boldsymbol{x}}_{o}=\bar{\boldsymbol{A}}_{11}\boldsymbol{x}_{o}+\bar{\boldsymbol{B}}_{1}\boldsymbol{u}，\ \boldsymbol{y}_1=\bar{\boldsymbol{C}}_{1}\boldsymbol{x}_{o}=\boldsymbol{y}$$

不能观子系统动态方程为

$$\dot{\boldsymbol{x}}_{\bar{o}}=\bar{\boldsymbol{A}}_{21}\boldsymbol{x}_{o}+\bar{\boldsymbol{A}}_{22}\boldsymbol{x}_{\bar{o}}+\bar{\boldsymbol{B}}_{2}\boldsymbol{u}，\ y_2=0$$

【例 8-12】 试将例 8-11 所示系统按能观性进行结构分解。

解 系统的能观性矩阵为

$$\boldsymbol{V}=\begin{bmatrix}\boldsymbol{C}\\ \boldsymbol{CA}\\ \boldsymbol{CA}^2\end{bmatrix}=\begin{bmatrix}1 & -1 & 1\\ 2 & -3 & 2\\ 4 & -7 & 4\end{bmatrix}，\mathrm{rank}V=2<n$$

故系统不能观，从中选出两个线性无关的行向量，及附加任意一个线性无关的行向量，构成非奇异变换矩阵 $\boldsymbol{T}$，并计算变换后的各矩阵。

$$\boldsymbol{T}=\begin{bmatrix}1 & -1 & 1\\ 2 & -3 & 2\\ 0 & 0 & 1\end{bmatrix}，\boldsymbol{T}^{-1}=\begin{bmatrix}3 & -1 & -1\\ 2 & -1 & 0\\ 0 & 0 & 1\end{bmatrix}，$$

$$\boldsymbol{TAT}^{-1}=\begin{bmatrix}0 & 1 & \vdots & 0\\ -2 & 3 & \vdots & 0\\ \cdots & \cdots & \cdots & \cdots\\ -5 & 3 & \vdots & 2\end{bmatrix}，\boldsymbol{TB}=\begin{bmatrix}1\\ 2\\ \cdots\\ 1\end{bmatrix}，\boldsymbol{CT}^{-1}=[1 \quad 0 \quad \vdots \quad 0]。$$

能观子系统动态方程为

$$\dot{\boldsymbol{x}}_{o}=\begin{bmatrix}0 & 1\\ -2 & 3\end{bmatrix}\boldsymbol{x}_{o}+\begin{bmatrix}1\\ 2\end{bmatrix}u，\ \boldsymbol{y}_1=[1 \quad 0]\boldsymbol{x}_{o}=\boldsymbol{y}$$

不能观子系统动态方程为 $\dot{x}_{\bar{o}}=[-5 \quad 3]x_{o}+2x_{\bar{o}}+u$，$y_2=0$。

注：在 Matlab 中，利用 ctrbf 函数可进行能控性分解，如，[A1，B1，C1，P] = ctrbf（A，B，C）。利用 obsvf 函数可进行能观性分解，如，[A1，B1，C1，P] = obsvf（A，B，C）。

8.7 闭环控制系统的状态空间分析

自动控制最基本的原理之一就是反馈控制。通过信息反馈通道的连接，被控系统与控制器就构成了闭环控制系统。在本章前几节的讨论中，所针对的系统均是泛指的。它可以是闭环控制系统中的一个子系统，如被控对象，也可以是整个闭环系统。因此，前述的许多概念、定理和方法将根据需要应用在后述的系统上。

应用状态空间方法设计的各种闭环控制系统中，最典型也是最重要的三种类型是：

（1）状态反馈控制系统；

（2）输出反馈控制系统；

（3）带有状态观测的状态反馈控制系统。

下面将简要分析这三种系统。关于这些系统的具体设计问题将在后两节中讨论。

一、状态反馈控制系统

若一被控系统以状态空间表达式给出

$$\dot{\boldsymbol{x}}=\boldsymbol{A}\boldsymbol{x}+\boldsymbol{B}\boldsymbol{u},\ \boldsymbol{x}_0=\boldsymbol{x}(0) \tag{8-78}$$

$$\boldsymbol{y}=\boldsymbol{C}\boldsymbol{x}+\boldsymbol{D}\boldsymbol{u} \tag{8-79}$$

则对这一被控系统设计的闭环状态反馈系统如图 8-4 所示。图中 $\boldsymbol{w}$（$m\times1$）表示设定矢量，$\boldsymbol{E}$（$r\times m$）表示前置滤波器；$\boldsymbol{F}$（$r\times n$）表示状态控制器。据图中的变量关系，可列出控制矢量为

$$\boldsymbol{u}=\boldsymbol{E}\boldsymbol{w}-\boldsymbol{F}\boldsymbol{x} \tag{8-80}$$

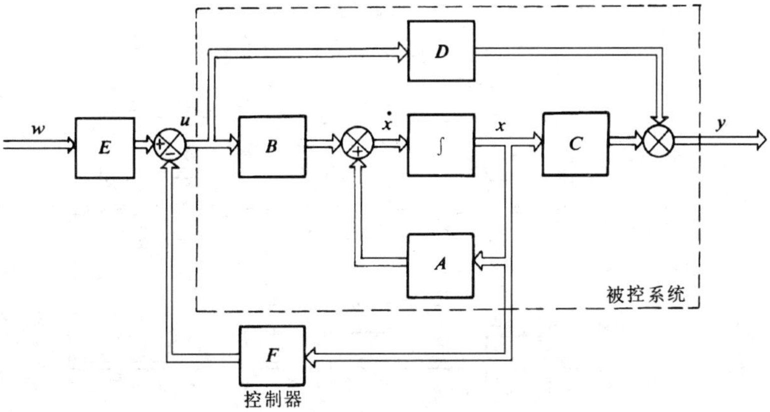

图 8-4　状态反馈控制系统

将它代入式（8-78）和式（8-79）后，可推出状态反馈系统的状态空间表达式为

$$\dot{\boldsymbol{x}}=(\boldsymbol{A}-\boldsymbol{B}\boldsymbol{F})\boldsymbol{x}+\boldsymbol{B}\boldsymbol{E}\boldsymbol{w}=\boldsymbol{A}_a\boldsymbol{x}+\boldsymbol{B}_a\boldsymbol{w} \tag{8-81}$$

$$\boldsymbol{y}=(\boldsymbol{C}-\boldsymbol{D}\boldsymbol{F})\boldsymbol{x}+\boldsymbol{D}\boldsymbol{E}\boldsymbol{w}=\boldsymbol{C}_a\boldsymbol{x}+\boldsymbol{D}_a\boldsymbol{w} \tag{8-82}$$

和被控对象的状态空间表达式相比，可知有对应关系为

$$\boldsymbol{A}_a=\boldsymbol{A}-\boldsymbol{B}\boldsymbol{F} \tag{8-83}$$

$$\boldsymbol{B}_a=\boldsymbol{B}\boldsymbol{E} \tag{8-84}$$

$$\boldsymbol{C}_a=\boldsymbol{C}-\boldsymbol{D}\boldsymbol{F} \tag{8-85}$$

$$\boldsymbol{D}_a=\boldsymbol{D}\boldsymbol{E} \tag{8-86}$$

对于（$\boldsymbol{A}_a$，$\boldsymbol{B}_a$，$\boldsymbol{C}_a$，$\boldsymbol{D}_a$）系统的状态空间分析，可应用前述对于（$\boldsymbol{A}$，$\boldsymbol{B}$，$\boldsymbol{C}$，$\boldsymbol{D}$）系统采用的方法。

（1）根据系统矩阵（$\boldsymbol{A}-\boldsymbol{B}\boldsymbol{F}$）的特征值讨论系统的稳定性。可利用特征方程

$$P(s)=|s\boldsymbol{I}-(\boldsymbol{A}-\boldsymbol{B}\boldsymbol{F})|=0 \tag{8-87}$$

解出特征值。

（2）根据能控性矩阵

$$\boldsymbol{S}=[\boldsymbol{B}\boldsymbol{E}\ \vdots\ (\boldsymbol{A}-\boldsymbol{B}\boldsymbol{F})\boldsymbol{B}\boldsymbol{E}\ \vdots\ (\boldsymbol{A}-\boldsymbol{B}\boldsymbol{F})^2\boldsymbol{B}\boldsymbol{E}\ \vdots\ \cdots\ \vdots\ (\boldsymbol{A}-\boldsymbol{B}\boldsymbol{F})^{n-1}\boldsymbol{B}\boldsymbol{E}] \tag{8-88}$$

是否满秩来判断系统的能控性。可以证明，只要开环系统（$\boldsymbol{A}$，$\boldsymbol{B}$）状态完全能控，则闭环系统（$\boldsymbol{A}-\boldsymbol{BF}$，$\boldsymbol{BE}$）状态完全能控。换句话说，状态反馈可以保持系统的能控性。

(3) 根据能观性矩阵

$$\boldsymbol{V}^{\mathrm{T}}=\{(\boldsymbol{C}-\boldsymbol{DF})^{\mathrm{T}}\vdots(\boldsymbol{A}-\boldsymbol{BF})^{\mathrm{T}}(\boldsymbol{C}-\boldsymbol{DF})^{\mathrm{T}}\vdots\cdots\vdots[(\boldsymbol{A}-\boldsymbol{BF})^{\mathrm{T}}]^{n-1}(\boldsymbol{C}-\boldsymbol{DF})^{\mathrm{T}}\} \tag{8-89}$$

是否满秩来判断系统的能观性。

显然，当 $\boldsymbol{C}=\boldsymbol{DF}$ 时，系统不能观。这说明状态反馈会影响系统能观性。

控制器或称反馈矩阵 $\boldsymbol{F}$ 可用极点配置方法来确定，具体方法见本章第八节。

前置滤波器矩阵 $\boldsymbol{E}$ 可根据稳定时 $\boldsymbol{y}=\boldsymbol{w}$ 的设计目标来设计。

二、输出反馈控制系统

设被控系统仍由状态空间表达式（8－78）和式（8－79）给定。用输出反馈方法控制这个系统的系统结构如图 8－5 所示。与状态反馈控制系统图 8－4 相比，差别只在于反馈信息来自输出量 $\boldsymbol{y}$ 而不是状态矢量 $\boldsymbol{x}$。这时控制矢量为

$$\boldsymbol{u}=\boldsymbol{Ew}-\boldsymbol{Hy} \tag{8-90}$$

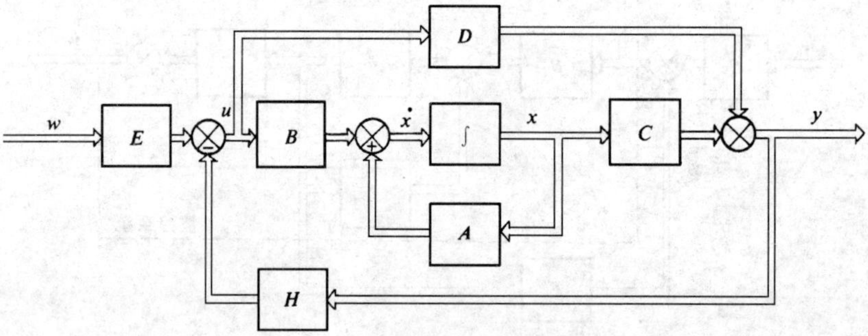

图 8－5　输出反馈控制系统

将式（8－90）代入式（8－78）和式（8－79），可得

$$\dot{\boldsymbol{x}}=\boldsymbol{Ax}+\boldsymbol{B}(\boldsymbol{Ew}-\boldsymbol{Hy}) \tag{8-91}$$

$$\boldsymbol{y}=\boldsymbol{Cx}+\boldsymbol{DEw}-\boldsymbol{DHy} \tag{8-92}$$

式（8－92）可整理为

$$\boldsymbol{y}=(\boldsymbol{I}+\boldsymbol{DH})^{-1}(\boldsymbol{Cx}+\boldsymbol{DEw})=\boldsymbol{C}_{\mathrm{b}}\boldsymbol{x}+\boldsymbol{D}_{\mathrm{b}}\boldsymbol{w} \tag{8-93}$$

将式（8－93）代入式（8－91），可得

$$\begin{aligned}\dot{\boldsymbol{x}}&=\boldsymbol{Ax}+\boldsymbol{BEw}-\boldsymbol{BH}(\boldsymbol{I}+\boldsymbol{DH})^{-1}(\boldsymbol{Cx}+\boldsymbol{DEw})\\&=[\boldsymbol{A}-\boldsymbol{BH}(\boldsymbol{I}+\boldsymbol{DH})^{-1}\boldsymbol{C}]\boldsymbol{x}+\boldsymbol{B}[\boldsymbol{I}-\boldsymbol{H}(\boldsymbol{I}+\boldsymbol{DH})^{-1}\boldsymbol{D}]\boldsymbol{Ew}\end{aligned} \tag{8-94}$$

利用矩阵恒等式关系，可得

$$\boldsymbol{I}-\boldsymbol{H}(\boldsymbol{I}+\boldsymbol{DH})^{-1}\boldsymbol{D}=(\boldsymbol{I}+\boldsymbol{HD})^{-1} \tag{8-95}$$

于是可得系统状态方程为

$$\begin{aligned}\dot{\boldsymbol{x}}&=[\boldsymbol{A}-\boldsymbol{BH}(\boldsymbol{I}+\boldsymbol{DH})^{-1}\boldsymbol{C}]\boldsymbol{x}+\boldsymbol{B}(\boldsymbol{I}+\boldsymbol{HD})^{-1}\boldsymbol{Ew}\\&=\boldsymbol{A}_{\mathrm{b}}\boldsymbol{x}+\boldsymbol{B}_{\mathrm{b}}\boldsymbol{w}\end{aligned} \tag{8-96}$$

式（8－93）和式（8－96）即为输出反馈控制系统的状态空间表达式。该系统的系数矩阵可写为

$$A_b = A - BH(I + DH)^{-1}C \tag{8-97}$$

$$B_b = B(I + DH)^{-1}E \tag{8-98}$$

$$C_b = (I + DH)^{-1}C \tag{8-99}$$

$$D_b = (I + DH)^{-1}DE \tag{8-100}$$

对于系统（A_a，B_a，C_a，D_a）的基本分析类似于对状态反馈控制系统的分析：

（1）根据系统矩阵 $[A-BH(I+DH)^{-1}C]$ 的特征值讨论其稳定性。

（2）根据能控性矩阵 $[B_b \vdots A_bB_b \vdots A_b^2B_b \vdots \cdots \vdots A_b^{n-1}B_b]$ 是否满秩来判断系统的能控性。

（3）根据能观性矩阵 $[C_b^T \vdots A_b^TC_b^T \vdots \cdots \vdots (A_b^T)^{n-1}C_b^T]$ 是否满秩来判断系统的能观性。

输出反馈控制器矩阵 H 的确定目前尚无有效的一般方法。因为常增益输出反馈并不能像状态反馈那样任意配置闭环系统的极点，所以任意极点配置方法是不适用的。可以证明，对于 H 阵这样的常增益输出反馈可以配置的极点数为 $\min\{n, p+q-1\}$，其中 $p=\mathrm{rank}B$，$q=\mathrm{rank}C$。如果将 H 换为 $H(s)$，即用动态输出反馈，则 $H(s)$ 的阶数 $(n-1)$ 就可任意配置 n 个极点。

前置滤波器 E 的设计目标与前述状态反馈控制系统中的相同。

三、带有状态观测的状态反馈控制系统

在前述的状态反馈控制系统中，要实现状态反馈，必须知道每一个状态变量。假定每个状态变量都可以量测到，那么状态反馈控制就能实现。然而，由于状态变量的人为选择的随意性和非唯一性，许多状态变量只不过是一些无物理意义的中间变量，根本无法直接量测到，这就使得前述的单纯的状态反馈控制系统在实际过程中难以实现。为此，人们利用所谓的观测器来解决问题。这个观测器可根据被控系统的输入矢量 u 和输出矢量 y 产生状态反馈所要求的状态量 $\hat{x}$。不过这个 $\hat{x}$ 只是原状态量 x 的估计值或近似值，并且在确定性信号下 $\hat{x}(t)$ 将收敛于 $x(t)$，即

$$\lim_{t\to\infty}[x(t) - \hat{x}(t)] = 0 \tag{8-101}$$

带有状态观测器的状态反馈控制系统的结构图如图 8-6 所示。由图可见，控制器矩阵 F 的输入量不再是 x，而是估计矢量 $\hat{x}$。整个系统阶数为 $2n$。

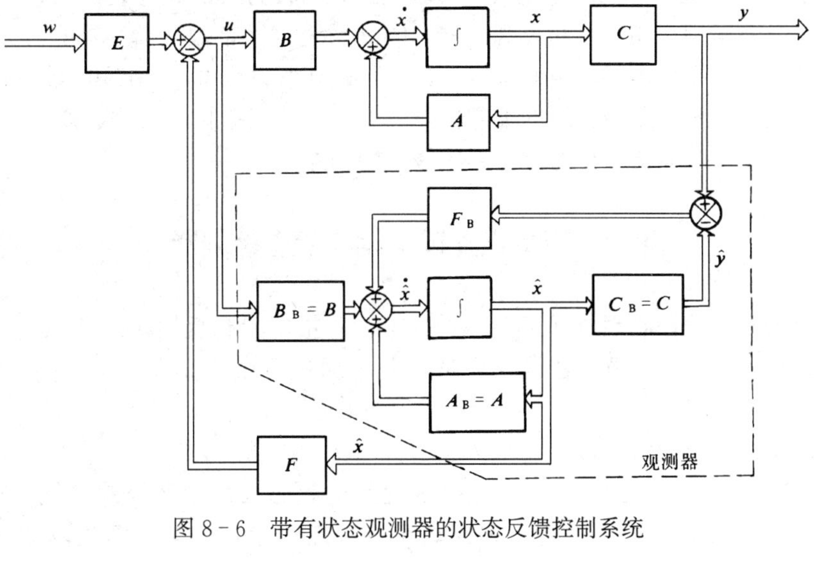

图 8-6　带有状态观测器的状态反馈控制系统

为建立整个系统的状态空间表达式，可先由图 8-6 直接导出以下的状态方程式

$$\dot{\boldsymbol{x}}=\boldsymbol{Ax}-\boldsymbol{BF}\hat{\boldsymbol{x}}+\boldsymbol{BE}w \tag{8-102}$$

$$\dot{\hat{\boldsymbol{x}}}=\boldsymbol{A}\hat{\boldsymbol{x}}+\boldsymbol{F}_{\mathrm{B}}\boldsymbol{C}(\boldsymbol{x}-\hat{\boldsymbol{x}})-\boldsymbol{BF}\hat{\boldsymbol{x}}+\boldsymbol{BE}w \tag{8-103}$$

令状态估计误差为

$$\tilde{\boldsymbol{e}}=\boldsymbol{x}-\hat{\boldsymbol{x}} \tag{8-104}$$

则有

$$\begin{aligned}\dot{\tilde{\boldsymbol{e}}}&=\dot{\boldsymbol{x}}-\dot{\hat{\boldsymbol{x}}}=\boldsymbol{A}(\boldsymbol{x}-\hat{\boldsymbol{x}})-\boldsymbol{F}_{\mathrm{B}}\boldsymbol{C}(\boldsymbol{x}-\hat{\boldsymbol{x}})\\&=(\boldsymbol{A}-\boldsymbol{F}_{\mathrm{B}}\boldsymbol{C})\tilde{\boldsymbol{e}}\end{aligned} \tag{8-105}$$

将 $\hat{\boldsymbol{x}}=\boldsymbol{x}-\tilde{\boldsymbol{e}}$ 代入式（8-102），有

$$\dot{\boldsymbol{x}}=(\boldsymbol{A}-\boldsymbol{BF})\boldsymbol{x}+\boldsymbol{BF}\tilde{\boldsymbol{e}}+\boldsymbol{BE}w \tag{8-106}$$

式（8-105）与式（8-106）可合并为整个系统的 $2n$ 阶的状态方程式：

$$\begin{bmatrix}\dot{\boldsymbol{x}}\\ \dot{\tilde{\boldsymbol{e}}}\end{bmatrix}=\begin{bmatrix}(\boldsymbol{A}-\boldsymbol{BF}) & \boldsymbol{BF}\\ \boldsymbol{0} & (\boldsymbol{A}-\boldsymbol{F}_{\mathrm{B}}\boldsymbol{C})\end{bmatrix}\begin{bmatrix}\boldsymbol{x}\\ \tilde{\boldsymbol{e}}\end{bmatrix}+\begin{bmatrix}\boldsymbol{BE}\\ \boldsymbol{0}\end{bmatrix}w \tag{8-107}$$

为研究整个系统的稳定性，可利用特征方程：

$$\begin{aligned}\boldsymbol{P}_{\mathrm{G}}(s)&=\left|s\boldsymbol{I}-\begin{bmatrix}(\boldsymbol{A}-\boldsymbol{BF}) & \boldsymbol{BF}\\ \boldsymbol{0} & (\boldsymbol{A}-\boldsymbol{F}_{\mathrm{B}}\boldsymbol{C})\end{bmatrix}\right|\\&=\begin{vmatrix}s\boldsymbol{I}-(\boldsymbol{A}-\boldsymbol{BF}) & -\boldsymbol{BF}\\ \boldsymbol{0} & s\boldsymbol{I}-(\boldsymbol{A}-\boldsymbol{F}_{\mathrm{B}}\boldsymbol{C})\end{vmatrix}\\&=|s\boldsymbol{I}-\boldsymbol{A}-\boldsymbol{BF}|\times|s\boldsymbol{I}-\boldsymbol{A}+\boldsymbol{F}_{\mathrm{B}}\boldsymbol{C}|=0\end{aligned} \tag{8-108}$$

式中，$|s\boldsymbol{I}-\boldsymbol{A}+\boldsymbol{BF}|$ 恰是单纯状态反馈控制系统的特征多项式 $P(s)$，而 $|s\boldsymbol{I}-\boldsymbol{A}+\boldsymbol{F}_{\mathrm{B}}\boldsymbol{C}|$ 恰是状态观测器的特征多项式 $P_{\mathrm{B}}(s)$，于是就有了

$$P_{\mathrm{G}}(s)=P(s)P_{\mathrm{B}}(s)=0 \tag{8-109}$$

这个结果证明了下述的分离定理。

【分离定理】 只要由矩阵 $\boldsymbol{A}$，$\boldsymbol{B}$，$\boldsymbol{C}$ 给定的开环系统是完全能控且能观的，那么观测器特征方程的 n 个特征值和闭环系统（不带观测器）特征方程的 n 个特征值可以分别配置。

换言之，分离定理说明了：只要观测器和闭环系统（不带观测器）本身分别是稳定的，那么整个系统也一定是稳定的。由此可以推论，可以在假设全部状态量可以量测的前提下配置所期望的极点，以设计出所要求的控制器矩阵 $\boldsymbol{F}$。然后根据相应的给定极点，单独设计观测器，并且通常取观测器极点位于闭环系统极点的稍左边。

8.8 用极点配置法设计状态控制器

上一节对状态反馈控制系统做了基本的分析，并指出状态反馈矩阵 $\boldsymbol{F}$ 可用极点配置法来确定。为什么能用极点配置方法设计 $\boldsymbol{F}$ 阵和怎样通过极点配置法来计算 $\boldsymbol{F}$ 阵将是本节讨论的问题。

一、状态反馈极点配置定理

【状态反馈极点配置定理】 对于图 8-3 确定的状态反馈闭环控制系统，只要被控系统（$\boldsymbol{A}$，$\boldsymbol{B}$，$\boldsymbol{C}$）是状态完全能控的，则闭环系统极点可通过状态反馈矩阵 $\boldsymbol{F}$ 的确定来任

意配置。

这个定理是用极点配置方法设计 $\boldsymbol{F}$ 阵的前提和依据。虽然这个定理既适用于单变量系统也适用于多变量系统，但是应当注意以下差异：

（1）如果被控系统完全能控，则用极点配置法确定 $\boldsymbol{F}$ 阵时，在单输入单输出系统中有唯一解，而在多输入多输出系统中的解不是唯一的，即可有无穷多个解。这样，在多输入多输出系统的状态反馈阵的设计中自由度增加了，设计者有了考虑其他要求（如控制量限幅等）的余地，同时也带来了选择适当解的麻烦。

（2）对于单输入单输出系统，状态反馈不改变系统的零点，但是对于多输入多输出系统则不一定。由于系统零点的变化会影响系统的动态性能，所以就使多输入多输出系统的极点配置设计问题复杂化了。

二、连续状态反馈矩阵 F 的极点配置设计算法

状态反馈矩阵 F 的极点配置设计原理是相同的，但具体算法有许多种，它们各有不同的适用范围和计算特点。下面将介绍有代表性的几种。

1. 原理性算法

设状态反馈控制闭环系统的特征多项式表示为

$$|s\boldsymbol{I}-\boldsymbol{A}+\boldsymbol{BF}|=s^n+\alpha_{n-1}s^{n-1}+\cdots+\alpha_1 s+\alpha_0 \tag{8-110}$$

而有 n 个期望特征值（$\tilde{s}_1$，$\tilde{s}_2$，…，$\tilde{s}_n$）的期望闭环系统特征多项式为

$$(s-\tilde{s}_1)(s-\tilde{s}_2)\cdots(s-\tilde{s}_n)=\bar{\alpha}_0+\bar{\alpha}_1 s+\bar{\alpha}_2 s^2+\cdots+\bar{\alpha}_{n-1}s^{n-1}+s^n \tag{8-111}$$

若令这两个特征多项式相等，则同次幂项的系数应相等，于是得 n 个代数方程

$$\begin{cases}\alpha_0=\bar{\alpha}_0\\ \alpha_1=\bar{\alpha}_1\\ \quad\vdots\\ \alpha_{n-1}=\bar{\alpha}_{n-1}\end{cases} \tag{8-112}$$

因为 $\{\alpha_i\}$ 中含有反馈矩阵 $\boldsymbol{F}$ 的元素 $\{f_{ij}\}$，所以当 $\boldsymbol{F}$ 阵为（$1\times n$）阵时，正好可联立上面 n 个方程式求得唯一解 f_1，f_2，…，f_n。当 $\boldsymbol{F}$ 阵的行数 $r>1$ 时，则出现 $\{f_{ij}\}$ 的多解情况。

2. 适用于可控标准形表示的单输入系统的算法

若被控系统是以可控标准形表示的单输入系统（可以为多输出），则其状态反馈闭环控制系统多项式可表示为

$$|s\boldsymbol{I}-\boldsymbol{A}+\boldsymbol{BF}|=\left|\begin{bmatrix}s & & & \\ & s & & 0\\ & 0 & \ddots & \\ & & & s\end{bmatrix}-\begin{bmatrix}0 & 1 & 0 & \cdots & 0\\ 0 & 0 & 1 & \cdots & 0\\ \vdots & \vdots & & & \vdots\\ 0 & 0 & & \cdots & 1\\ -\alpha_0 & -\alpha_1 & & \cdots & -\alpha_{n-1}\end{bmatrix}+\begin{bmatrix}0\\0\\ \vdots\\1\end{bmatrix}\begin{bmatrix}f_1 & f_2 & \cdots & f_n\end{bmatrix}\right|$$

$$=\begin{vmatrix} s & -1 & 0 & \cdots & 0 & 0 \\ 0 & s & -1 & \cdots & 0 & 0 \\ \vdots & \vdots & \vdots & & \vdots & \vdots \\ 0 & 0 & 0 & \cdots & s & -1 \\ \alpha_0+f_1 & \alpha_1+f_2 & \alpha_2+f_3 & \cdots & \alpha_{n-2}+f_{n-1} & s+\alpha_{n-1}+f_n \end{vmatrix}$$

$$=s^n+(\alpha_{n-1}+f_n)s^{n-1}+\cdots+(\alpha_1+f_2)s+\alpha_0+f_1=0 \tag{8-113}$$

设期望的闭环系统多项式仍由式（8－111）表示。令式（8－111）和式（8－113）相等就可得到n个代数方程

$$\begin{cases} \alpha_0+f_1=\bar{\alpha}_0 \\ \alpha_1+f_2=\bar{\alpha}_1 \\ \quad\vdots \\ \alpha_{n-1}+f_n=\bar{\alpha}_{n-1} \end{cases} \tag{8-114}$$

由上面几个方程可直接得到反馈阵$\boldsymbol{F}$的解为

$$\begin{cases} f_1=\bar{\alpha}_0-\alpha_0 \\ f_2=\bar{\alpha}_1-\alpha_1 \\ \quad\vdots \\ f_n=\bar{\alpha}_{n-1}-\alpha_{n-1} \end{cases} \tag{8-115}$$

或写成

$$\boldsymbol{F}=[(\bar{\alpha}_0-a_0),(\bar{\alpha}_1-a_1),\cdots,(\bar{\alpha}_{n-1}-a_{n-1})] \tag{8-116}$$

【例 8－13】 设被控系统状态方程为$\dot{\boldsymbol{x}}=\begin{bmatrix}0&1&0\\0&0&1\\0&-2&-3\end{bmatrix}\boldsymbol{x}+\begin{bmatrix}0\\0\\1\end{bmatrix}\boldsymbol{u}$。求状态反馈矩阵$\boldsymbol{F}$使闭环系统有期望极点$s_1=-2$，$s_2=-1\pm \mathrm{j}$。

解 所期望的闭环系统特征多项式为

$$(s+2)(s+1-\mathrm{j})(s+1+\mathrm{j})=s^3+4s^2+6s+4=0$$

据式（8－115），可得$f_1=4-0=4$，$f_2=6-2=4$，$f_3=4-3=1$。所以所求反馈矩阵$\boldsymbol{F}$为$\boldsymbol{F}=[4 \quad 4 \quad 1]$。

3. 适用于一般单输入系统的阿克曼（Ackermann）算法

若被控系统不是以能控标准形表示，则前面给出的算法就失败了。这时可采用以下的阿克曼算法。

【阿克曼算法公式】 设所期望的闭环系统的多项式为

$$P(s)=\bar{\alpha}_0+\bar{\alpha}_1 s+\cdots+\bar{\alpha}_{n-1}s^{n-1}+s^n=0 \tag{8-117}$$

被控系统的能控性矩阵仍如前表示为

$$\boldsymbol{S}=[\boldsymbol{B} \vdots \boldsymbol{AB} \vdots \boldsymbol{A}^2\boldsymbol{B} \vdots \cdots \vdots \boldsymbol{A}^{n-1}\boldsymbol{B}] \tag{8-118}$$

那么状态反馈$\boldsymbol{F}$可直接由下面的阿克曼公式计算得到

$$\boldsymbol{F}=[f_1 \quad f_2 \quad \cdots \quad f_n]=\boldsymbol{e}_n\boldsymbol{S}^{-1}P(\boldsymbol{A}) \tag{8-119}$$

其中

$$\boldsymbol{e}_n=[0\ 0\ \cdots\ 0\ 1] \tag{8-120}$$

$$P(\boldsymbol{A})=\bar{\alpha}_0\boldsymbol{I}+\bar{\alpha}_1\boldsymbol{A}+\cdots+\bar{\alpha}_{n-1}\boldsymbol{A}^{n-1}+\boldsymbol{A}^n \tag{8-121}$$

该公式表明，单输入系统的状态反馈矢量等于能控性矩阵的逆阵的最后一行与多项式矩阵 $P(\boldsymbol{A})$ 相乘。

对于 $P(\boldsymbol{A})$ 常用以下更具体的计算公式算出。

设所期望的闭环系统的实极点为 $\{\gamma_i,\ i=1,\ 2,\ \cdots,\ l_1\}$，共轭复极点为 $\{a_i \pm \mathrm{j}\beta_i, i=1,\ 2,\ \cdots,\ l_2\}$。为避免复系数的出现，将由共轭复极点组成的因式合并为

$$\begin{aligned}(s-\alpha_i-\mathrm{j}\beta_i)(s-\alpha_i+\mathrm{j}\beta_i) &= s^2-2\alpha_i s+\alpha_i^2+\beta_i^2 \\ &= s^2+p_i s+q_i\end{aligned} \tag{8-122}$$

于是有实系数 p_i 和 q_i 的计算式

$$p_i=-2\alpha_i \tag{8-123}$$

$$q_i=\alpha_i^2+\beta_i^2 \tag{8-124}$$

这时闭环系统特征方程式可表示为

$$P(s)=\prod_{i=1}^{l_1}(s-\lambda_i)\prod_{j=1}^{l_2}(s^2+p_j s+q_j) \tag{8-125}$$

$$\boldsymbol{P}(\boldsymbol{A})=\prod_{i=1}^{l_1}(\boldsymbol{S}-\lambda_i)\prod_{j=1}^{l_2}(\boldsymbol{A}^2+p_j\boldsymbol{A}+q_j) \tag{8-126}$$

至此，阿克曼算法可用下列计算步骤给出：

(1) 给定 $\boldsymbol{A}$ 阵、$\boldsymbol{B}$ 阵和系统阶数 n；

(2) 给定所期望的闭环极点 $\{\lambda_i\}$ 和 $\{\alpha_{\mathrm{k}} \pm \beta_{\mathrm{k}}\}$，并计算 p_{k} 和 q_{k}；

(3) 按式 (8-126) 计算 $\boldsymbol{P}(\boldsymbol{A})$；

(4) 组成能控性矩阵 $\boldsymbol{S}=[\boldsymbol{B} \vdots \boldsymbol{AB} \vdots \boldsymbol{A}^2\boldsymbol{B} \vdots \cdots \vdots \boldsymbol{A}^{n-1}\boldsymbol{B}]$；

(5) $\boldsymbol{S}$ 阵求逆；

(6) 取 $\boldsymbol{S}^{-1}$ 阵的最后一行与 $\boldsymbol{P}(\boldsymbol{A})$ 相乘。

若所期望的闭环系统多项式 $P(s)$ 的系数 $\{\bar{\alpha}_i\}$ 为已知时，则根据阿克曼公式的证明过程，可得出更为简捷的计算公式：

$$\boldsymbol{F}=[\bar{\alpha}_0 \quad \bar{\alpha}_1 \quad \cdots \bar{\alpha}_{n-1} \quad 1]\begin{bmatrix} t_1 \\ t_2 \\ \vdots \\ t_n \\ t_{n+1}\end{bmatrix} \tag{8-127}$$

其中

$$\boldsymbol{t}_1=[0 \quad 0 \quad \cdots \quad 0 \quad 1]\boldsymbol{S}^{-1} \tag{8-128}$$

$$\begin{cases} \boldsymbol{t}_2=\boldsymbol{t}_1\boldsymbol{A} \\ \vdots \\ \boldsymbol{t}_n=\boldsymbol{t}_{n-1}\boldsymbol{A} \\ \boldsymbol{t}_{n+1}=\boldsymbol{t}_n\boldsymbol{A} \end{cases} \tag{8-129}$$

以上的分析均是针对连续系统的。对于离数系统的状态反馈控制器的极点配置法设计则可套用前述的原理性算法、适用于可控标准形的单输入系统算法和阿克曼算法。所要区别的只是 $\boldsymbol{A}$ 和 $\boldsymbol{B}$ 阵换成 $\boldsymbol{A}_{\mathrm{d}}$ 和 $\boldsymbol{B}_{\mathrm{d}}$，所配置的极点换成在 z 平面中的期望极点。

8.9 用极点配置法设计状态观测器

在 8.7 节中给出的分离定理表明：对于带有状态观测器的状态反馈控制系统，其控制器和观测器可分开来设计。本章第八节给出了控制器 F 的极点配置设计方法。本节将给出观测器的设计方法。由于状态观测系统的特征方程 $P_{\mathrm{B}}(s)$ 和状态反馈系统的特征方程 $P(s)$ 在形式上完全相同，所以本章第八节给出的设计 F 的所有算法也适用于状态观测器 F_{B} 的设计。以下将更具体地阐明这个问题。

一、状态观测极点配置定理

【状态观测极点配置定理】 对于图 8-7 所确定的状态观测系统，只要被观测系统 $(\boldsymbol{A}, \boldsymbol{B}, \boldsymbol{C})$ 是完全能观的，则观测系统的极点可通过状态观测矩阵 $\boldsymbol{F}_{\mathrm{B}}$ 的确定来任意配置。

状态观测矩阵 $\boldsymbol{F}_{\mathrm{B}}$ 的选择可决定估计误差 $\boldsymbol{e}(t)$ 趋于零的速度。为了能及时地尽快地做出估计，总希望 $\boldsymbol{e}(t)$ 趋于零的速度越快越好，即希望把观测系统的极点配置在 s 平面左侧离虚轴很远的地方。但是实际系统总是有噪声的，如果把观测系统的极点配置得过远，那么它的频带很宽，从而降低了对噪声的抑制能力。因此在实际设计中，观测系统的极点配置要兼顾快速性和抗干扰性两方面的要求，一般选在状态反馈控制系统极点的左侧。

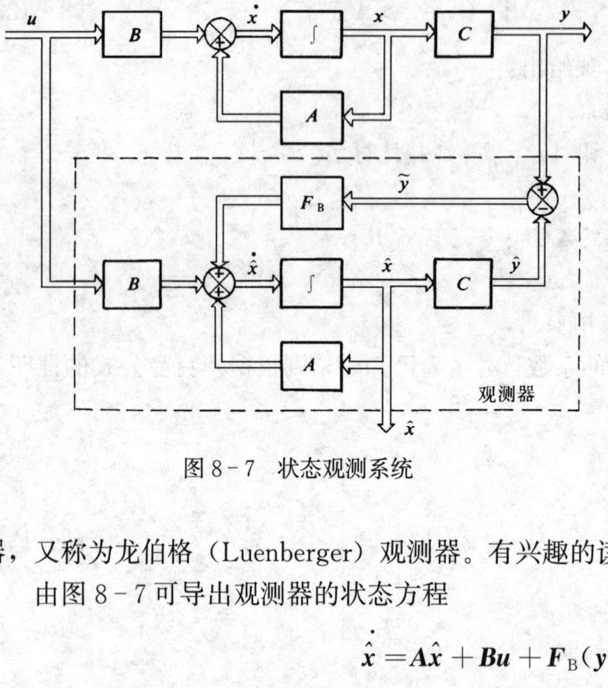

图 8-7 状态观测系统

以上讨论的观测器都是指全维观测器，即观测器与被控系统的阶数相等，n 个状态变量都需估计出来。在实际系统中，有些状态变量是可以直接量测得到而无须估计（或者说重构）的。需要估计的只是那些不可量测的状态变量。这样设计的观测器，维数小于 n，被称为降维或降阶观测器，又称为龙伯格（Luenberger）观测器。有兴趣的读者可参考有关文献。

由图 8-7 可导出观测器的状态方程

$$\dot{\hat{\boldsymbol{x}}} = \boldsymbol{A}\hat{\boldsymbol{x}} + \boldsymbol{B}\boldsymbol{u} + \boldsymbol{F}_{\mathrm{B}}(\boldsymbol{y} - \hat{\boldsymbol{y}}) \tag{8-130}$$

代入 $\hat{\boldsymbol{y}} = \boldsymbol{C}\hat{\boldsymbol{x}}$ 和 $\boldsymbol{y} = \boldsymbol{C}\boldsymbol{x}$，则有

$$\dot{\hat{\boldsymbol{x}}} = \boldsymbol{A}\hat{\boldsymbol{x}} + \boldsymbol{B}\boldsymbol{u} + \boldsymbol{F}_{\mathrm{B}}\boldsymbol{C}(\boldsymbol{x} - \hat{\boldsymbol{x}}) \tag{8-131}$$

再代入 $\boldsymbol{B}\boldsymbol{u} = \dot{\boldsymbol{x}} - \boldsymbol{A}\boldsymbol{x}$，又有

$$\dot{\boldsymbol{x}} - \dot{\hat{\boldsymbol{x}}} = \boldsymbol{A}(\boldsymbol{x} - \hat{\boldsymbol{x}}) - \boldsymbol{F}_{\mathrm{B}}\boldsymbol{C}(\boldsymbol{x} - \hat{\boldsymbol{x}}) \tag{8-132}$$

定义状态估计误差（状态重构误差）为

$$\tilde{\boldsymbol{e}} = \boldsymbol{x} - \hat{\boldsymbol{x}} \tag{8-133}$$

代入式（8-132），则有

$$\dot{\tilde{e}}=(\boldsymbol{A}-\boldsymbol{F}_{\mathrm{B}}\boldsymbol{C})\tilde{e} \tag{8-134}$$

显然，这是一个齐次系统。其特征方程为

$$P_{\mathrm{B}}(s)=|s\boldsymbol{I}_{\mathrm{n}}-\boldsymbol{A}+\boldsymbol{F}_{\mathrm{B}}\boldsymbol{C}|=0 \tag{8-135}$$

只要矩阵（$\boldsymbol{A}-\boldsymbol{F}_{\mathrm{B}}\boldsymbol{C}$）的所有特征值均有负实部，则一定有

$$\lim_{t\to\infty}\tilde{\boldsymbol{e}}(t)=\boldsymbol{0} \tag{8-136}$$

二、状态观测矩阵 $\boldsymbol{F}_{\mathrm{B}}$ 的极点配置算法

类似于状态反馈阵 $\boldsymbol{F}$ 的极点配置设计，状态观测矩阵 $\boldsymbol{F}_{\mathrm{B}}$ 的极点配置算法也有许多种，下面介绍其中的3种。

1. 原理性算法（针对单输出系统）

这种算法的计算步骤为：

（1）按期望的观测系统极点确定期望特征多项式

$$(s-s_1)(s-s_2)\cdots(s-s_n)=\bar{\beta}_0+\bar{\beta}_1 s+\cdots+\bar{\beta}_{n-1}s^{n-1}+s^n \tag{8-137}$$

（2）计算闭环观测系统的特征多项式

$$|s\boldsymbol{I}-\boldsymbol{A}+\boldsymbol{F}_{\mathrm{B}}\boldsymbol{C}|=\beta_0+\beta_1 s+\cdots+\beta_{n-1}s^{n-1}+s^n \tag{8-138}$$

由于阵 $\boldsymbol{A}$ 和 $\boldsymbol{C}$ 的系数已知，设

$$\boldsymbol{F}_{\mathrm{B}}=[g_1\quad g_2\cdots g_n]^{\mathrm{T}} \tag{8-139}$$

则式（8-138）中的系数 $\{\beta_i\}$ 应含有未知的 $\{g_i\}$。

（3）令

$$\begin{cases}\beta_0=\bar{\beta}_0\\ \beta_1=\bar{\beta}_1\\ \quad\vdots\\ \beta_{n-1}=\bar{\beta}_{n-1}\end{cases} \tag{8-140}$$

可得 n 个代数方程。

（4）联立求解式（8-140），可求得 $\boldsymbol{F}_{\mathrm{B}}=[g_1\quad g_2\cdots g_n]^{\mathrm{T}}$。

【例8-14】 倒摆系统的状态空间方程为 $\dot{\boldsymbol{x}}=\begin{bmatrix}0&1&0&0\\0&0&-1&0\\0&0&0&1\\0&0&11&0\end{bmatrix}\boldsymbol{x}+\begin{bmatrix}0\\1\\0\\-1\end{bmatrix}\boldsymbol{u}$，$\boldsymbol{y}=[1\quad 0\quad 0\quad 0]\boldsymbol{x}$。设期望状态观测系统的特征值为 $s_1=-3$，$s_2=-4$，$s_{3,4}=-3\pm \mathrm{j}2$，试求状态观测矩阵 $\boldsymbol{F}_{\mathrm{B}}$。设 $\boldsymbol{F}_{\mathrm{B}}=[g_1\quad g_2\quad g_3\quad g_4]^{\mathrm{T}}$。

解　期望状态观测系统特征多项式为

$$(s+3)(s+4)(s+3-\mathrm{j}2)(s+3+\mathrm{j}2)=s^4+13s^3+67s^2+163s+156$$

观测系统特征多项式为

$$|s\boldsymbol{I}-\boldsymbol{A}+\boldsymbol{F}_{\mathrm{B}}\boldsymbol{C}|=\begin{bmatrix}s+g_1&-1&0&0\\g_2&s&1&0\\g_3&0&s&-1\\g_4&0&-11&s\end{bmatrix}$$

$$=(s+g_1)\begin{bmatrix} s & 1 & 0 \\ 0 & s & -1 \\ 0 & -11 & s \end{bmatrix}-(-1)\begin{bmatrix} g_2 & 1 & 0 \\ g_3 & s & -1 \\ g_4 & -11 & s \end{bmatrix}$$

$$=s^4+g_1s^3+(g_2-11)s^2+(-11g_1-g_3)s+(-11g_2-g_4)$$

令两个特征多项式的系数相等，则有

$$\begin{cases} g_1=13 \\ g_2-11=67 \\ -11g_1-g_3=163 \\ -11g_2-g_4=156 \end{cases}$$

联立求解，可得 $F_B=[13 \quad 78 \quad -306 \quad -1014]^T$。

2. 针对以能观标准形表述的单输出系统的算法

设被控系统（$\boldsymbol{A}$，$\boldsymbol{B}$，$\boldsymbol{C}$）为能观标准形，且为单输出系统，则计算观测矩阵 $\boldsymbol{F}_B$ 的步骤如下：

（1）确定期望的特征多项式

$$P_B^*(s)=\overline{\beta}_0+\overline{\beta}_1 s+\cdots+\overline{\beta}_{n-1}s^{n-1}+s^n \tag{8-141}$$

（2）直接计算 $\boldsymbol{F}_B$

$$\boldsymbol{F}_B=\begin{bmatrix} g_1 \\ g_2 \\ \vdots \\ g_n \end{bmatrix}=\begin{bmatrix} \overline{\beta}_0-a_0 \\ \overline{\beta}_1-a_1 \\ \vdots \\ \overline{\beta}_{n-1}-a_{n-1} \end{bmatrix} \tag{8-142}$$

因为

$$\boldsymbol{A}-\boldsymbol{F}_B\boldsymbol{C}=\begin{bmatrix} 0 & 0 & \cdots & 0 & -a_0 \\ 1 & 0 & \cdots & 0 & -a_1 \\ \vdots & \vdots & & \vdots & \vdots \\ 0 & 0 & \cdots & 1 & -a_{n-1} \end{bmatrix}-\begin{bmatrix} g_1 \\ g_2 \\ \vdots \\ g_n \end{bmatrix}[0\ 0\ \cdots\ 0\ 1]$$

$$=\begin{bmatrix} 0 & 0 & \cdots & 0 & -(a_0+g_1) \\ 1 & 0 & \cdots & 0 & -(a_1+g_2) \\ \vdots & \vdots & & \vdots & \vdots \\ 0 & 0 & \cdots & 1 & -(a_{n-1}+g_n) \end{bmatrix} \tag{8-143}$$

所以有

$$|s\boldsymbol{I}-(\boldsymbol{A}-\boldsymbol{F}_B\boldsymbol{C})|=(a_0+g_1)+(a_1+g_2)s+\cdots+(a_{n-1}+g_n)s^{n-1}+s^n \tag{8-144}$$

令同次幂系数相等就得

$$\begin{cases} a_0+g_1=\overline{\beta}_0 \\ a_1+g_2=\overline{\beta}_1 \\ \quad\vdots \\ a_{n-1}+g_n=\overline{\beta}_{n-1} \end{cases} \tag{8-145}$$

整理后即得式（8-142）。

3. 针对一般单输出系统的阿克曼算法

当被观测系统不是以能观标准形表示时，可通过相似变换变换为能观标准形，然后应用上面的算法得到 $\bar{\boldsymbol{F}}_{\mathrm{B}}$，再用变换关系得到所求 $\boldsymbol{F}_{\mathrm{B}}=\boldsymbol{T}\bar{\boldsymbol{F}}_{\mathrm{B}}$，这是一种方法。还有一种方法就是利用下述的阿克曼算法。

【求单输出系统状态观测矩阵的阿克曼算法】

（1）确定期望的特征多项式

$$P_{\mathrm{B}}^{*}(s)=\bar{\beta}_0+\bar{\beta}_1 s+\cdots+\bar{\beta}_{n-1}s^{n-1}+s^n \tag{8-146}$$

（2）计算

$$P_{\mathrm{B}}^{*}(\boldsymbol{A})=\bar{\beta}_0+\bar{\beta}_1\boldsymbol{A}+\cdots+\bar{\beta}_{n-1}\boldsymbol{A}^{n-1}+\boldsymbol{A}^n \tag{8-147}$$

（3）计算

$$\boldsymbol{V}=\begin{bmatrix}\boldsymbol{C}\\ \boldsymbol{CA}\\ \vdots\\ \boldsymbol{CA}^{n-1}\end{bmatrix} \tag{8-148}$$

（4）计算 $\boldsymbol{V}^{-1}$。

（5）计算

$$\boldsymbol{F}_{\mathrm{B}}=\boldsymbol{P}_{B}^{*}(\boldsymbol{A})\boldsymbol{V}^{-1}\begin{bmatrix}0\\0\\ \vdots\\0\\1\end{bmatrix} \tag{8-149}$$

关于这个阿克曼公式的推证可利用类比的方法。因为状态反馈系统矩阵（$\boldsymbol{A}-\boldsymbol{BF}$）和状态观测系统矩阵（$\boldsymbol{A}-\boldsymbol{F}_{\mathrm{B}}\boldsymbol{C}$）有对偶关系：

$$[\boldsymbol{A}-\boldsymbol{F}_{\mathrm{B}}\boldsymbol{C}]^{\mathrm{T}}=\boldsymbol{A}^{\mathrm{T}}-\boldsymbol{C}^{\mathrm{T}}\boldsymbol{F}^{\mathrm{T}} \tag{8-150}$$

并且知矩阵和它的转置矩阵的特征值不变特性，所以可将前述的状态反馈 $\boldsymbol{F}$ 阵的阿克曼公式用于 $\boldsymbol{A}^{\mathrm{T}}-\boldsymbol{C}^{\mathrm{T}}\boldsymbol{F}^{\mathrm{T}}$ 得到

$$\boldsymbol{F}_{\mathrm{B}}^{\mathrm{T}}=\boldsymbol{e}_n(\boldsymbol{S}^{\mathrm{T}})^{-1}P(\boldsymbol{A}^{\mathrm{T}}) \tag{8-151}$$

所以有

$$\boldsymbol{F}_{\mathrm{B}}=\boldsymbol{P}_{\mathrm{B}}(\boldsymbol{A})\boldsymbol{V}^{-1}\boldsymbol{e}_n^{\mathrm{T}} \tag{8-152}$$

前面给出了连续系统的状态观测器的极点配置设计法。对于线性定常离散系统，其状态观测器的极点配置设计都可沿用上面所介绍的方法。因为连续状态空间表达式与离散状态空间表达式在形式上是相同的。所以上面介绍的定理和算法均可套用。离散系统的状态观测系统的极点配置设计与连续系统的设计的差异首先在于所选取的期望极点或者说特征值不同。连续系统的期望极点应位于 s 左半平面内，而离散系统的期望极点必须位于 z 平面的单位圆内。其次，注意套用连续系统的设计公式时要把 $\boldsymbol{A}$，$\boldsymbol{B}$，$\boldsymbol{C}$ 换成 $\boldsymbol{A}_{\mathrm{d}}$、$\boldsymbol{B}_{\mathrm{d}}$ 和 $\boldsymbol{C}_{\mathrm{d}}$。

注：在 Matlab 中，利用 place 函数可求出多输入系统的状态反馈矩阵，如，K=place（A，B，p），其中 p 是所配置的闭环极点。利用 acker 函数可求出单输入系统的状态反馈矩阵，如，K=acker（A，B，p）。

8.10 最优控制概论

最优控制理论是现代控制理论的主要组成部分。在经典控制理论中，设计控制系统的各种方法大多建立在试凑的基础上，设计结果的优劣与设计人员的经验有很大关系。对于多输入多输出系统，或者对控制性能要求较高的复杂控制系统，经典控制方法常常显得无能为力。20 世纪 50 年代后，由于空间技术的迅速发展和计算机的广泛应用，动态系统的优化理论得到了迅速的发展，逐渐形成了最优控制这一重要的学科分支，并在工程、经济、管理、航空、航天及人口控制等方面，取得了显著的成效。

一、最优控制的基本概念

最优控制研究的主要问题是：根据已建立的受控对象的数学模型，选择一个合适的控制规律，使得受控对象能按预定要求运行，并使给定的某一性能指标达到极小值（或极大值）。从数学分析上来说，最优控制研究的问题其实质就是求解一类带有约束条件的泛函（即函数的函数）求极值的问题，属于变分学的范畴。然而经典的变分理论只能解决控制量无约束，即容许控制量属于开集的一类最优控制问题。为了满足工程实践的需要，20 世纪 50 年代中期，出现了现代变分理论，其中著名的方法有动态规划和极小值（极大值）原理等。

二、最优控制系统

在各种各样的实际控制问题中，常常根据生产实践中的各种不同的控制目的以及提出的各种不同的性能指标，组成各种不同类型的最优控制系统，例如：

（1）使整个控制过程中被控量的误差达到最小的系统。例如控制系统的任务是平衡状态恒定，这就是最优镇定系统。假如控制系统的任务是以最小误差跟踪运动目标或所希望的参考轨迹（如人造卫星围绕地球的轨迹），这就是最优随动系统。

（2）使控制过程能最快地从任何初始状态 $\boldsymbol{x}(t_0)$ 转移到规定的平衡状态［即终端状态 $\boldsymbol{x}(t_f)$， t_f 为终端时间］，这就是时间最优控制系统。

（3）在一定条件下，能以最少能量完成控制任务的系统（例如火箭发射使卫星进入轨道的能耗为最小），这就是能量最优控制系统。

（4）在规定的终端时间（例如 $t=t_f$），具有最精确的终端状态 $x(t_f)$（例如导弹打击目标），这就是最优终端控制系统。

（5）在安全可靠的条件下，电力系统的最佳负荷分配系统；在费用最省的条件下，交通运输的最佳调度系统；最优运输线路系统等。

三、性能指标（又称目标函数）

从以上各种不同类型的最优控制系统的简单介绍可以看出，最优控制的性能与取什么样的性能指标有着密切的关系。性能指标不同，则控制系统的参数、结构以至类型都将不同。此外，所确定的控制作用也将不同，所以设计最优控制系统时，要根据受控对象及生产过程的具体情况和要求，正确选择性能指标。选择性能指标时，既要考虑到能对系统的性能做出正确的评价，又要考虑到工程上能够易于实现。性能指标的形式一般可以分成以下三种类型。

1. 积分型性能指标

数学描述的一般形式为

$$J=\int_{t_0}^{t_f} L\left[\boldsymbol{x}(t),\ \boldsymbol{u}(t),\ t\right]\mathrm{d}t \tag{8-153}$$

式中，t_0 为初始时刻，t_f 为终端时刻，$\boldsymbol{x}(t)$ 为状态向量，$\boldsymbol{u}(t)$ 为控制向量，t 为时间。L 是标量函数，它是 $\boldsymbol{x}(t)$ 、$\boldsymbol{u}(t)$ 的函数关系表达式。J 为性能指标。积分型性能指标 J 表示在整个控制过程中，系统的状态及控制应该满足的要求。积分型性能指标又可分成以下几种类型：

（1）最小误差控制。在经典控制理论中，按误差准则建立的积分型性能指标是最常见的一种，例如图 8－8(a) 的单位反馈控制系统。当输入 $r(t)$ 为阶跃函数时，系统的误差 $e(t)$ 为 $e(t)=r(t)-y(t)$。一般要求在动态时，$e(t)$ 愈小愈好。在稳态时，$e(t)\rightarrow 0$。由于 $e(t)$ 在动态过程中有正有负，如图 8－8（b）所示。故一般取积分型性能指标为

$$J=\int_0^{\infty} e^2(t)\,\mathrm{d}t \tag{8-154}$$

根据受控过程的要求不同，误差积分型性能指标可以有多种形式。例如：$J=\int_0^{\infty} te^2(t)\,\mathrm{d}t$ ；$J=\int_0^{\infty} t\,|e(t)|\,\mathrm{d}t$ ；$J=\int_0^{\infty} [e^2(t)+u^2(t)]\,\mathrm{d}t$ 等。

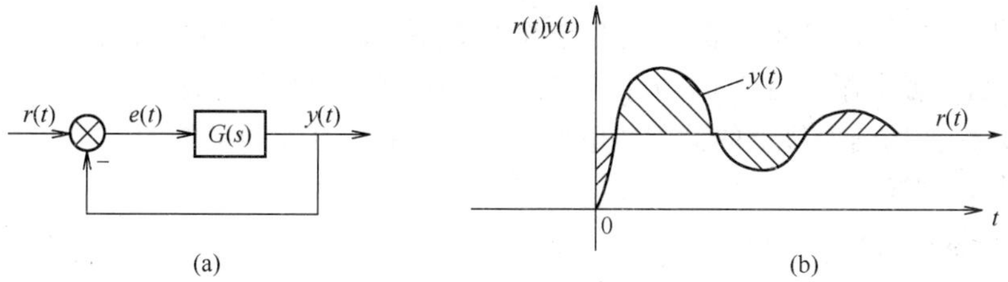

图 8－8　单位反馈系统及输入输出响应曲线

（a）单位反馈系统；（b）输入输出响应曲线

如果把式（8－154）中的误差概念扩大为状态的偏差。对于最优控制系统，如果要求平衡状态 $\boldsymbol{x}_e=\boldsymbol{0}$，则状态偏差 $\Delta\boldsymbol{x}=\boldsymbol{x}-\boldsymbol{x}_e$ 的积分型性能指标可写成

$$J=\int_0^{\infty} \boldsymbol{x}^{\mathrm{T}}(t)\boldsymbol{Q}\boldsymbol{x}(t)\,\mathrm{d}t \tag{8-155}$$

式中，$\boldsymbol{x}(t)$ 为状态向量，$\boldsymbol{Q}$ 为对角矩阵。它反映了性能指标中各状态分量的比重，故一般又称之为加权矩阵。这样，若使性能指标 J 为极小值，则系统在整个控制过程中，状态偏差为最小。

若把式（8－155）写成更为一般的形式

$$J=\int_{t_0}^{t_f} [\boldsymbol{x}^{\mathrm{T}}(t)\boldsymbol{Q}\boldsymbol{x}(t)+\boldsymbol{u}^{\mathrm{T}}(t)\boldsymbol{R}\boldsymbol{u}(t)]\,\mathrm{d}t \tag{8-156}$$

式中，$\boldsymbol{x}(t)$ 和 $\boldsymbol{u}(t)$ 分别为状态向量和控制向量。$\boldsymbol{Q}$ 和 $\boldsymbol{R}$ 都是加权矩阵。这样当要求 J 为极小值时，系统在整个控制过程中，除了要求状态偏差为最小，还对控制量 $\boldsymbol{u}(t)$ 进行了限制。

对于最优随动系统，设希望的状态轨迹为 $\boldsymbol{x}_d(t)$，则性能指标有如下的形式：

$$J=\int_{t_0}^{t_f} [\boldsymbol{x}(t)-\boldsymbol{x}_d(t)]^{\mathrm{T}}\boldsymbol{Q}[\boldsymbol{x}(t)-\boldsymbol{x}_d(t)]\,\mathrm{d}t \tag{8-157}$$

式中，$[\boldsymbol{x}(t)-\boldsymbol{x}_d(t)]$ 表示实际状态轨迹和希望状态轨迹间的偏差。因式（8－155）～式（8－157）性能指标的形式均为状态变量或控制变量的平方形式，故一般又称之为二次型性能指标。

（2）最小时间控制。积分型性能指标为

$$J=\int_{t_0}^{t_f} \mathrm{d}t=t_f-t_0 \tag{8-158}$$

最小时间控制也是最优控制中常见的应用类型之一。它要求设计一个快速控制律，使系统在最短时间内由初始状态 $\boldsymbol{x}(t_0)$ 转移到要求的终值状态 $\boldsymbol{x}(t_f)$。 例如导弹拦截器的轨道转移即属于此类控制问题。

（3）最小燃料控制。积分型性能指标为

$$J=\int_{t_0}^{t_f}\sum_{i=1}^{m}|u_i(t)|\mathrm{d}t \tag{8-159}$$

式中，$\sum_{i=1}^{m}|u_i(t)|$ 表示各种燃料的消耗。这是航天工程中常常遇到的问题之一。由于航天器所能携带的燃料有限，所以希望在运行时所消耗的燃料尽可能地少。

（4）最少能量控制。积分型性能指标为

$$J=\int_{t_0}^{t_f}u^2(t)\mathrm{d}t \tag{8-160}$$

或

$$J=\int_{t_0}^{t_f}\boldsymbol{u}^{\mathrm{T}}(t)\boldsymbol{u}(t)\mathrm{d}t \tag{8-161}$$

上两式中，式（8－160）表示只有单个控制输入 $u(t)$ 时的能量消耗要求最少；式（8－161）表示有多个输入时［$\boldsymbol{u}(t)$ 代表控制向量］的能量消耗最少。对于一个能量有限的物理系统，例如通信卫星上的太阳能电池，为了使系统在有限的能源下正常工作，就要对能量消耗进行控制。

2. 终值型性能指标

数学描述的一般形式为

$$J=\varphi[\boldsymbol{x}(t_f),t_f] \tag{8-162}$$

式中，t_f 为终值时刻； $\boldsymbol{x}(t_f)$ 为终值状态； φ 是标量函数，它是 $\boldsymbol{x}(t_f)$ 和 t_f 的函数关系表达式。终值型性能指标表示在控制过程结束后，对终端状态 $\boldsymbol{x}(t_f)$ 和终端时间 t_f 的要求。例如要求导弹的命中率误差最小等。而对于控制过程中的系统状态 $\boldsymbol{x}(t)$ 和控制作用 $\boldsymbol{u}(t)$ 不作任何要求。它突出了系统在稳态（终端）时的要求。

3. 综合型性能指标

数学描述的一般形式为

$$J=\varphi[\boldsymbol{x}(t_f),t_f]+\int_{t_0}^{t_f}f[\boldsymbol{x}(t),\boldsymbol{u}(t),t]\mathrm{d}t \tag{8-163}$$

式（8－163）各符号的含义与前述式（8－153）、式（8－162）的相同。综合型性能指标是最一般的性能指标形式，它表示对整个控制过程和终端状态都有要求。

四、最优控制的求解方法

最优控制问题的求解方法很多，较常用的方法有：变分法、极小值（极大值）原理、动态规划法、线性二次型最优控制法，自适应控制法、搜索法和梯度法等。下面具体介绍较常用的基于二次型最优控制法的最优状态调节器。

设线性定常系统的状态方程为

$$\dot{\boldsymbol{x}}(t)=\boldsymbol{A}\boldsymbol{x}(t)+\boldsymbol{B}\boldsymbol{u}(t) \tag{8-164}$$

二次型性能指标为

$$J=\int_0^{\infty}[\boldsymbol{x}^{\mathrm{T}}(t)\boldsymbol{Q}\boldsymbol{x}(t)+\boldsymbol{u}^{\mathrm{T}}(t)\boldsymbol{R}\boldsymbol{u}(t)]\mathrm{d}t \tag{8-165}$$

式中，$\boldsymbol{Q}$ 为正定（或半正定）实对称加权矩阵； $\boldsymbol{R}$ 为正定实对称加权矩阵。$\boldsymbol{x}^{\mathrm{T}}(t)\boldsymbol{Q}\boldsymbol{x}(t)$ 表

示状态变量与平衡位置 $\boldsymbol{x}_e(t)=0$ 的偏差。$\boldsymbol{u}^{\mathrm{T}}(t)\boldsymbol{R}\boldsymbol{u}(t)$ 与控制过程能耗成正比。可以证明（证明从略），当系统状态完全可控时，使 J 最小的控制向量 $\boldsymbol{u}$ 是状态向量 $\boldsymbol{x}$ 的线性函数

$$\boldsymbol{u}=-\boldsymbol{K}\boldsymbol{x} \tag{8-166}$$

其中

$$\boldsymbol{K}=\boldsymbol{R}^{-1}\boldsymbol{B}^{\mathrm{T}}\boldsymbol{P} \tag{8-167}$$

式中，$\boldsymbol{P}$ 为常数对称正定矩阵，可由下列的代数黎卡提（Riccati）方程求得。

$$\boldsymbol{P}\boldsymbol{A}+\boldsymbol{A}^{\mathrm{T}}\boldsymbol{P}-\boldsymbol{P}\boldsymbol{B}\boldsymbol{R}^{-1}\boldsymbol{B}^{\mathrm{T}}\boldsymbol{P}+\boldsymbol{Q}=0 \tag{8-168}$$

【例 8-15】　设系统的状态方程为 $\dot{\boldsymbol{x}}=\begin{bmatrix}0&1\\0&0\end{bmatrix}\boldsymbol{x}+\begin{bmatrix}0\\1\end{bmatrix}u$，$y=\begin{bmatrix}1&0\end{bmatrix}\boldsymbol{x}$。试设计最优状态控制。求使二次型性能指标 $J=\int_0^{\infty}[\boldsymbol{x}^{\mathrm{T}}(t)\boldsymbol{Q}\boldsymbol{x}(t)+u^{\mathrm{T}}(t)Ru(t)]\,\mathrm{d}t$ 为最小的最优控制 $u(t)$，式中 Q 取为 $\boldsymbol{Q}=\begin{bmatrix}1&0\\0&a\end{bmatrix}$，$R=1$，$a>0$。

解　系统的系数矩阵为 $\boldsymbol{A}=\begin{bmatrix}0&1\\0&0\end{bmatrix}$，$\boldsymbol{B}=\begin{bmatrix}0\\1\end{bmatrix}$。设 $\boldsymbol{P}=\begin{bmatrix}p_{11}&p_{12}\\p_{12}&p_{22}\end{bmatrix}$，将 $\boldsymbol{A}$、$\boldsymbol{B}$、$\boldsymbol{P}$、$\boldsymbol{Q}$、R 代入黎卡提方程 $\boldsymbol{P}\boldsymbol{A}+\boldsymbol{A}^{\mathrm{T}}\boldsymbol{P}-\boldsymbol{P}\boldsymbol{B}R^{-1}\boldsymbol{B}^{\mathrm{T}}\boldsymbol{P}+\boldsymbol{Q}=0$。可得三个代数方程：$p_{12}^2=1$；$p_{11}-p_{12}p_{22}=0$；$2p_{12}-p_{22}^2+a=0$。求解上述三个方程可得 $p_{12}=1$。故可得正定对称矩阵为 $\boldsymbol{P}=\begin{bmatrix}\sqrt{a+2}&1\\1&\sqrt{a+2}\end{bmatrix}$。最优反馈增益矩阵 $\boldsymbol{K}$ 为 $\boldsymbol{K}=R^{-1}\boldsymbol{B}^{\mathrm{T}}\boldsymbol{P}=\begin{bmatrix}1&\sqrt{a+2}\end{bmatrix}$。

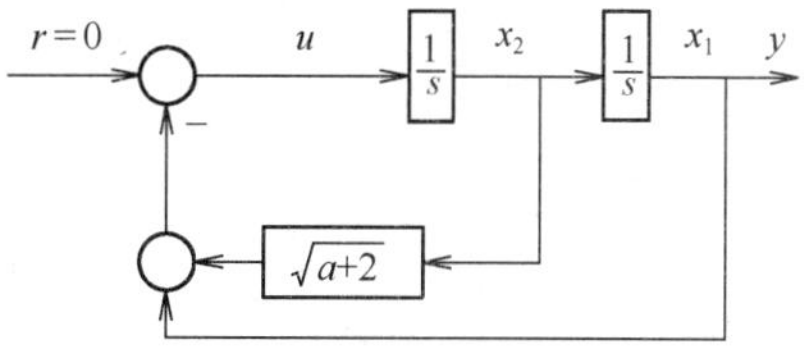

图 8-9　最优控制系统结构

最优控制 $u(t)$ 为 $u(t)=-\boldsymbol{K}\boldsymbol{x}=-x_1-\sqrt{a+2}\,x_2$。系统的结构如图8-9所示。图中 r 为参考输入，由题意知 $r=0$。

应用案例 8：电站锅炉过热汽温状态反馈控制系统[53]

应用状态反馈控制技术在电站锅炉汽温控制上的研究已经形成一个有生命力的技术创新方向。应用状态反馈控制技术的关键是如何设计状态反馈控制器。设计状态反馈控制器的方法本章已有阐述。那就是先给定期望极点，然后用阿克曼算法算出状态反馈向量。但是，现有方法只能配置系统极点而不能配置系统的零点和稳态增益。所以，从前的研究总是把状态反馈控制和 PID 控制器组合在一起用在电站锅炉汽温控制上，然而这样就使设计和应用问题复杂化了。为此，在下述的案例中尝试在极点配置后加入了稳态设计步骤，从而完善了状态反馈控制器的设计方法。

因为被控的汽温过程虽被划分为导前区和惰性区两段，但串在一起不能分开控制，所以采用串级控制结构设计是合理的。对于内回路控制，也就是导前区的控制一般采用比例控制。因为导前区的控制是低阶系统控制，采用比例控制已能满足实际需求，所以，在应用状态反馈控制技术时，设计方案是对内回路仍采用比例控制，只对主回路采用状态反馈控制。这种设计方案可用图 8-10 表示。

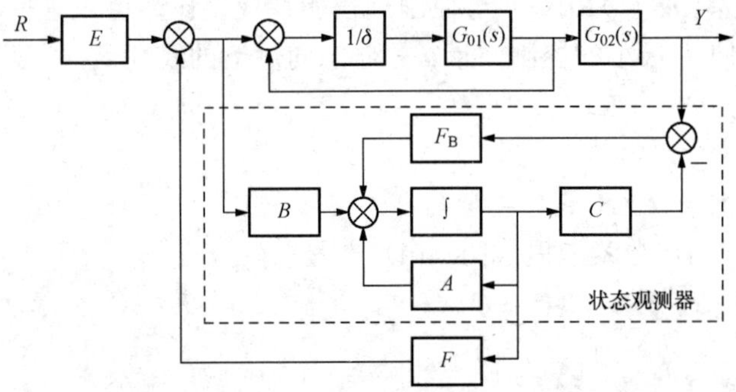

图 8-10　锅炉汽温主回路状态反馈控制系统

电站锅炉过热汽温过程的数学模型一般常用多容惯性环节的传递函数表示。选用文献［19］所提出的600MW机组锅炉的75%负荷下的数学模型为例。以减温水流量（kg/s）为输入，过热器出口温差（℃）为输出的汽温过程导前区和惰性区串联传递函数为式（8-169）。式中，θ 为过热器出口温度温差，W 为喷水减温水流量。利用参考文献［19］中提供的75%负荷下P控制器参数，把串级控制系统的内回路也和汽温过程一起当作受控过程，则可导出将用于状态反馈控制的受控对象的传递函数为式（8-170）。可见这是一个高至9阶的多容惯性环节。

$$G_0(s)=\frac{\theta(s)}{W(s)}=\frac{K_1}{(1+T_1s)^{n_1}}\times\frac{K_2}{(1+T_2s)^{n_2}}=\frac{1.657\times 1.202}{(1+20s)^2(1+27.1s)^7}\tag{8-169}$$

$$G_1(s)=\frac{K_1/\delta}{(1+T_1s)^{n_1}+K_1/\delta}\times\frac{K_2}{(1+T_2s)^{n_2}}=\frac{(1.657/0.081)\times 1.202}{[(1+20s)^2+1.657/0.081](1+27.1s)^7}\tag{8-170}$$

假定状态观测器的设计问题（求状态观测向量 F_B）已解决。对于图8-10所示的锅炉汽温状态反馈控制系统，其状态反馈控制器的设计就是确定状态反馈控制增益向量 F 和系数 E 的问题。

对于求取状态反馈控制增益向量 $\boldsymbol{F}$，可用8.8节所述的阿克曼算法。设计算式如式（8-171）所示。

$$\boldsymbol{F}=[f_1\quad f_2\quad \cdots\quad f_n]=\boldsymbol{e}_n\boldsymbol{S}^{-1}P(\boldsymbol{A})\tag{8-171}$$

为求取系数 E，考虑图8-10所示控制系统的传递函数。利用把状态方程转换为传递函数的公式［式（2-120）］可得到控制系统的传递函数计算式，式（8-172）。再令控制系统的稳态输出等于设定输入的稳态值，即设阶跃响应稳态无差，则有式（8-173）。对于阶跃输入，有式（8-174）成立。于是状态控制系统的稳态设计公式，如式（8-175）所示。

$$G_z(s)=\frac{Y(s)}{R(s)}=\boldsymbol{C}[s\boldsymbol{I}-(\boldsymbol{A}-\boldsymbol{B}F)]^{-1}\boldsymbol{B}E\tag{8-172}$$

$$y(\infty)=\lim_{s\to 0}sR(s)G_z(s)=R_0\tag{8-173}$$

$$R(s)=\frac{R_0}{s}\tag{8-174}$$

$$E=\frac{R_0}{C(BF-A)^{-1}B}\tag{8-175}$$

将式（8-170）所示的 $G_1(s)$ 由因子积形展开为一般多项式形，即式（8-176）。则有能控标准形的状态空间表达式为式（8-177），其中的系数阵为式（8-178）。

$$G_1(s)=\frac{b_0}{s^n+a_{n-1}s^{n-1}+\cdots+a_1s+a_0} \tag{8-176}$$

$$\begin{cases}\dot{\boldsymbol{x}}=\boldsymbol{A}\boldsymbol{x}+\boldsymbol{B}u\\ \boldsymbol{y}=C\boldsymbol{x}\end{cases} \tag{8-177}$$

$$A=\begin{bmatrix}0&1&0&\cdots&0\\0&0&1&\cdots&0\\\vdots&\vdots&\vdots&\vdots&\vdots\\0&0&0&\cdots&1\\-a_0&-a_1&-a_2&\cdots&-a_{n-1}\end{bmatrix},\ B=\begin{bmatrix}0\\0\\\vdots\\0\\1\end{bmatrix},\ C=[b_0\quad 0\quad\cdots\quad 0\quad 0] \tag{8-178}$$

若设系统的极点为 {−0.2　−0.2　−0.2　−0.2　−0.2　−0.2　−0.2　−0.2　−0.2}，则可按式（8－171）和式（8－175）求得 $F=$ [1.44　1.33　0.65　0.1998　0.0402　0.00537　0.00046　2.3e−005　5.1199e−007]，E=88447。

通过专门设计的 simulink 仿真试验系统。可验证所设计的状态反馈控制器的应用效果。该试验系统中设入了一个常规 PID 控制系统，所用的 PID 参数来自文献［19］。图 8－11 给出系统的阶跃响应试验曲线。其中，实线曲线是状态反馈控制响应，虚线曲线是 PID 控制响应。显然，状态反馈控制响应比 PID 控制响应要快得多，并且状态反馈控制响应无超调。

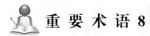

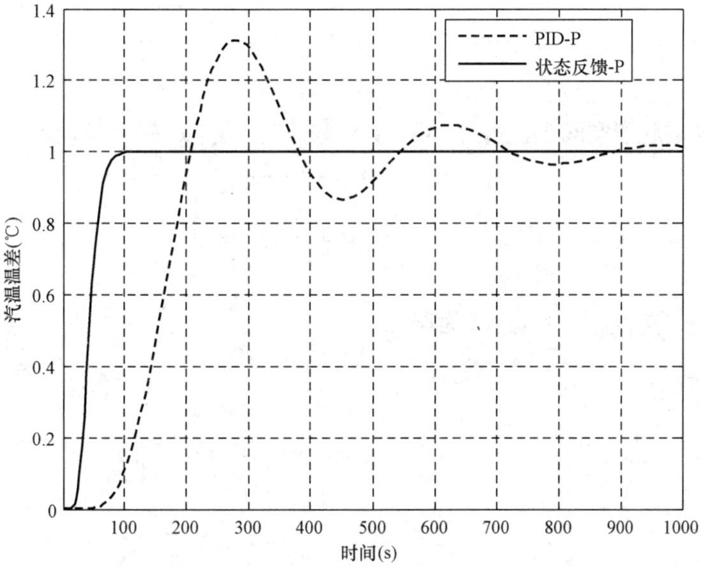

图 8－11　锅炉汽温状态反馈控制试验响应

重要术语 8

离散状态方程（discrete state equation）　状态能观性（state variable observability）

状态能控性（state variable controllability）　能控性矩阵（controllability matrix）

能观性矩阵（observability matrix）
系统矩阵（system matrix）
极点配置（pole placement）
状态控制器（state variable controller）
状态观测器（state variable observer）
阿克曼算法（Ackermann's formula）
最优控制（optimum control）
二次型最优调节器（Linear Quadratic Regular：LQR）
状态反馈（state feedback）

习 题 8

8-1　设系统矩阵 $\boldsymbol{A}=\begin{bmatrix}0 & 1 & 0\\0 & 0 & 1\\2 & -5 & 4\end{bmatrix}$，试用法捷耶娃法求 $\boldsymbol{\Phi}(t)$。

8-2　试用凯莱—哈密尔顿法求题 8-1 中给出的系统的 $\boldsymbol{\Phi}(t)$。

8-3　设系统矩阵为 $\boldsymbol{A}=\begin{bmatrix}0 & 1 & 0\\0 & 0 & 1\\-6 & -11 & -6\end{bmatrix}$，试用西尔维斯特展开式求 $\boldsymbol{\Phi}(t)$。

8-4　设系统的状态空间表达式为 $\dot{\boldsymbol{x}}(t)=\begin{bmatrix}a_{11} & a_{12}\\a_{21} & a_{22}\end{bmatrix}\boldsymbol{x}(t)+\begin{bmatrix}1\\1\end{bmatrix}\boldsymbol{u}(t)$，$\boldsymbol{y}(t)=[0\ \ 1]\boldsymbol{x}$。试确定 a_{11}、a_{12}、a_{21} 和 a_{22} 以使系统状态完全可控和完全可观。

8-5　设系统的状态空间表达式为 $\dot{\boldsymbol{x}}=\begin{bmatrix}-1 & 1 & 0\\0 & -1 & 0\\0 & 0 & -2\end{bmatrix}\boldsymbol{x}+\begin{bmatrix}1\\0\\1\end{bmatrix}\boldsymbol{u}$，$\boldsymbol{y}(t)=[1\ \ 0\ \ 0]\boldsymbol{x}$。试判断系统的状态能控性和能观性，并写出传递函数 $G(s)=\dfrac{Y(s)}{U(s)}$。

8-6　设系统的状态空间表达式为 $\dot{\boldsymbol{x}}=\begin{bmatrix}0 & 1\\-2 & -3\end{bmatrix}\boldsymbol{x}+\begin{bmatrix}0\\1\end{bmatrix}\boldsymbol{u}$，$\boldsymbol{y}(t)=[2\ \ 1]\boldsymbol{x}$。试判别系统的状态能观性。

8-7　设系统为 $\dot{\boldsymbol{x}}=\begin{bmatrix}-1 & 1\\1 & -2\end{bmatrix}\boldsymbol{x}+\begin{bmatrix}1\\0\end{bmatrix}\boldsymbol{u}$，$y(t)=[2\ \ 1]\boldsymbol{x}$。试判断该系统是否渐近稳定。

8-8　设连续系统状态方程为 $\dot{\boldsymbol{x}}(t)=\begin{bmatrix}0 & 1\\0 & 0\end{bmatrix}\boldsymbol{x}(t)+\begin{bmatrix}0\\1\end{bmatrix}\boldsymbol{u}(t)$。

（1）若采样周期 $T=0.1\text{s}$，试建立系统的离散状态模型；

（2）分析离散化前后系统的状态能控性；

（3）设离散模型的初始状态为 $\boldsymbol{x}(0)=\begin{bmatrix}0.5\\1\end{bmatrix}$。

求使系统通过两步控制由初态转移到 $\boldsymbol{x}(2T)=\boldsymbol{0}$ 的控制序列 $\boldsymbol{u}(0)$，$\boldsymbol{u}(T)$。

8-9　直升机的纵向运动系统的状态空间表达式为

$$\begin{bmatrix}\dot{v}\\ \dot{\theta}\\ \dot{q}\end{bmatrix}=\begin{bmatrix}-0.02 & 9.8 & -1.4\\ 0 & 0 & 1\\ -0.01 & 0 & -0.4\end{bmatrix}\begin{bmatrix}v\\ \theta\\ q\end{bmatrix}+\begin{bmatrix}9.8\\ 0\\ 6.3\end{bmatrix}\delta$$

$$\boldsymbol{y}=\begin{bmatrix}1 & 0 & 0\end{bmatrix}\begin{bmatrix}v\\ \theta\\ q\end{bmatrix}$$

式中，v 为水平速度，θ 为机身俯仰角度，δ 为旋翼的倾斜角。

(1) 求系统的传递函数 $G(s)=\dfrac{Y(s)}{U(s)}$；

(2) 检验系统状态方程的状态能控性；

(3) 引入状态反馈，求使闭环系统的极点配置在 $\lambda_{1,2}=-1\pm \mathrm{j}$，$\lambda_3=-2$ 的状态反馈矩阵 $\boldsymbol{F}$，并画出状态反馈系统的状态变量结构图；

(4) 分析受控系统的状态能观性；

(5) 设计一个全维状态观测器，使观测系统的特征值 $\lambda_{1,2}=-2\pm \mathrm{j}2$，$\lambda_3=-5$，求出状态观测矩阵 $\boldsymbol{F}_{\mathrm{B}}$，并画出观测系统状态变量结构图。

8-10　描述单变量系统的微分方程为

$$\dddot{y}+7\ddot{y}+14\dot{y}+8y=\ddot{u}+8\dot{u}+15u$$

初始条件为

$$u(0)=1,\ \dot{u}(0)=0,\ \ddot{u}(0)=0,\ y(0)=1,\ \dot{y}(0)=\ddot{y}(0)=0$$

(1) 试建立系统的能控标准状态空间表达式和能观标准形状空间表达式；

(2) 分别计算系统的初始状态；

(3) 分别画出系统的状态变量图。

8-11　线性定常系统的状态空间描述为 $\dot{\boldsymbol{x}}=\begin{bmatrix}0 & 0 & -1\\ 1 & 0 & -3\\ 0 & 1 & -3\end{bmatrix}\boldsymbol{x}+\begin{bmatrix}1\\ 1\\ 0\end{bmatrix}\boldsymbol{u}$，$\boldsymbol{y}=\begin{bmatrix}0 & 1 & -2\end{bmatrix}\boldsymbol{x}$。试将系统按能控性和能观性分解为规范型。

8-12　已知线性定常系统状态空间描述 $(\boldsymbol{A},\boldsymbol{B},\boldsymbol{C})$ 的 $\boldsymbol{A}=\begin{bmatrix}1 & 0 & 0 & 0\\ 0 & 2 & 0 & 0\\ -6 & -2 & 3 & 0\\ 3 & -2 & 0 & 4\end{bmatrix}$，$\boldsymbol{B}=\begin{bmatrix}1\\ 0\\ 3\\ 2\end{bmatrix}$，$\boldsymbol{C}=\begin{bmatrix}-4 & -3 & 1 & 1\end{bmatrix}$。试将系统能控性和能观性结构分解。

8-13　已知系统的状态方程为 $\dot{\boldsymbol{x}}=\begin{bmatrix}0 & 0\\ 1 & 0\end{bmatrix}\boldsymbol{x}+\begin{bmatrix}1\\ 0\end{bmatrix}\boldsymbol{u}$，$\boldsymbol{y}=\begin{bmatrix}0 & 1\end{bmatrix}\boldsymbol{x}$。性能指标为 $J=\int_0^{\infty}[\boldsymbol{x}^{\mathrm{T}}(t)\boldsymbol{Q}\boldsymbol{x}(t)+u^{\mathrm{T}}(t)Ru(t)]\mathrm{d}t$，取 $\boldsymbol{Q}=\begin{bmatrix}0 & 0\\ 0 & 2\end{bmatrix}$，$\boldsymbol{R}=\dfrac{1}{2}$，求最优控制 $u(t)$。

第 9 章　非线性控制系统的分析与设计

9.1 引　　言

本书第 1 章至第 8 章介绍的是线性系统的分析与设计问题。实际上，几乎所有的控制系统中都存在非线性元件，或者是部件特性中含有非线性。在一些系统中，人们甚至还有目的地应用非线性部件来改善系统性能。因此，严格地讲，几乎所有的控制系统都是非线性的。当非线性程度较小，或者系统的信号变化范围不大，或在某一范围和条件下可以处理为线性时，系统仍可用线性方法来处理。这种非线性称为非本质非线性。当控制系统中非线性程度较强时，用线性方法来研究系统则会带来很大的误差，甚至会得到错误的结论。这种非线性称为本质非线性。另外，人们为了改善系统的控制性能，人为地引进一些非线性校正环节，例如继电特性、变放大系数特性等。这种非线性特性称为人为非线性。

一、非线性系统的特征

在非线性系统中，会出现很多在线性系统中没有的现象。下面对其中主要的几种现象作简要的介绍。

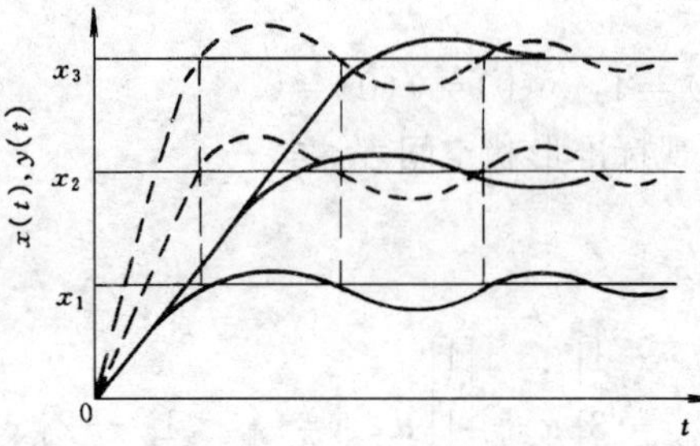

图 9-1　对幅值不同的输入信号的响应曲线
----线性系统；—非线性系统

1. 非线性系统的输出响应形状与输入信号的幅值和系统的初始状态有关

在线性定常系统中，系统的输出响应曲线的形状与输入信号的幅值和系统的初始状态无关。而在非线性系统中，如果输入信号幅值不同或初始状态不同，则输出响应曲线的形状也不同。图 9-1 表示了稳定系统对幅值不同的输入信号的响应曲线。

对于线性系统，输入信号幅值的变化（如图 9-1 中的 x_1，x_2，x_3），不改变响应曲线的形状［如图 9-1 中虚线所示的 $y(t)$ 的响应曲线］。但是对于非线性系统，响应曲线的振荡频率和调整时间，随着输入信号幅值的变化将发生显著变化［如图 9-1 实线所示的 $y(t)$ 的响应曲线］。

2. 非线性系统的稳定性与输入信号的大小和初始状态有关

对于线性系统，其稳定性仅取决于系统的结构和参数，即只取决于系统的特征方程的根的分布，而与输入信号的幅值和初始状态无关。但是对于非线性系统，其稳定性与输入信号的幅值和初始状态有很大的关系。一个非线性系统，可能同时存在稳定的和不稳定的两种输出响应。例如，一个非线性系统在输入信号幅值较小，或者初始状态处于较小区域时，系统的输出响应是稳定的（如图 9-2 曲线 a 和 b 所示）。而

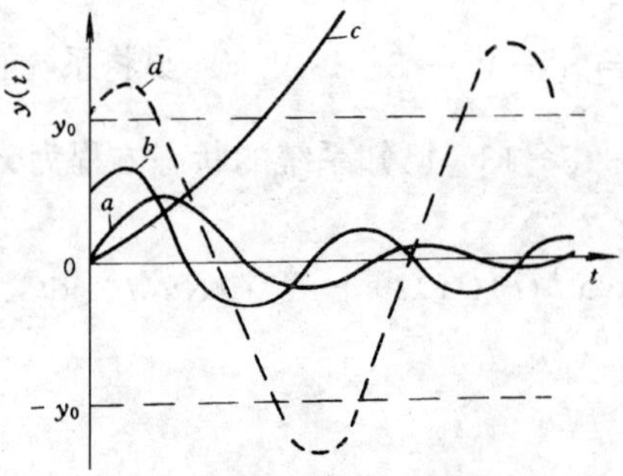

图 9-2　非线性系统的稳定性

当输入信号的幅值较大，或者初始状态处于较大区域时，系统的输出响应将是不稳定的（如图 9－2 曲线 c 和 d 所示）。即该非线性系统在信号小时（小偏差）稳定，在信号大时（大偏差）不稳定。也可能存在相反的情况：小偏差时不稳定，而大偏差时反而稳定。因此，对于非线性系统，不存在系统是否稳定的笼统概念，而必须是针对系统某一具体的内部（初始状态）和外部（输入信号幅值）条件，才能讨论其是否稳定的问题。这一点和线性系统是截然不同的。

3. 自激振荡

所谓**自激振荡**，是一种在没有外界周期变化信号作用下，系统中产生的具有固定周期和幅值的稳定的振荡过程。

线性定常系统在没有外力作用时，系统的周期运动只发生在阻尼系数 $\zeta=0$ 的临界情况，而实际上这一周期运动在物理上是不可能实现的。而且，一旦系统的参数发生微小的变化，这一临界状态就难以维持。但是，对于非线性系统，在无外力作用情况下，完全有可能产生一种频率和振幅一定的振荡过程。如图 9－3 所示。这个振荡过程在物理上是可以实现的，其频率和振幅均由系统本身的特性所决定，所以通常把它称为**自激**振荡，简称自振。在实际系统中，经常遇到系统在没有外力作用下就发生等幅振荡的现象，这种现象就是非线性自振。在有的非线性系统中，还有可能存在多个振幅和频率都不相同的**自激**振荡。**自激**振荡是非线性系统的一个十分重要的特征，也是研究非线性系统的重要内容之一。这种周期性的**自激**振荡又称为**极限环**。极限环在以后几节中还要多次提到。

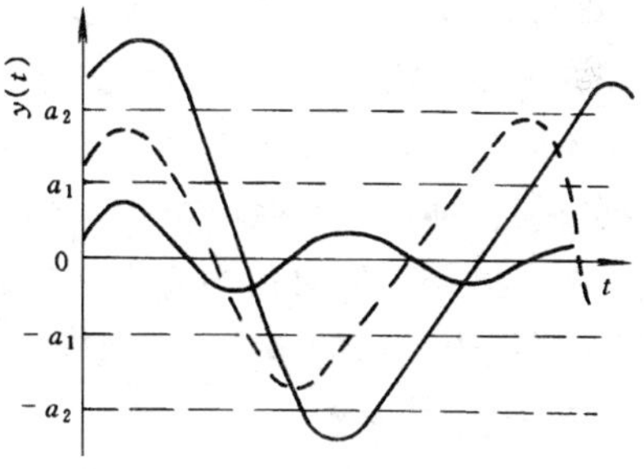

图 9－3　非线性系统的自激振荡

自激振荡是人们特别感兴趣的一个问题，对它的研究有很大的实际意义。因为在有些场合，在系统正常工作时，人们不希望有自振荡产生，必须设法抑制或消除它；而在另外一些场合，人们却特意引入自激振荡，以改善系统的动态性能。

4. 跳跃谐振和多值响应

在线性系统中，当输入信号是正弦信号时，输出响应的稳态分量仍旧是同频率的正弦函数，只是在幅值和相角上有所改变。因此，利用这一特点，可以引入频率特性的概念，并用它来研究和分析线性系统所固有的动态特性。

非线性系统对于正弦输入信号的响应则比较复杂，会产生一些比较奇特的现象。例如**跳跃谐振**和**多值响应**、**波形畸变**、**倍频振荡**和**分频振荡**等。这里先介绍什么是跳跃谐振和多值响应。

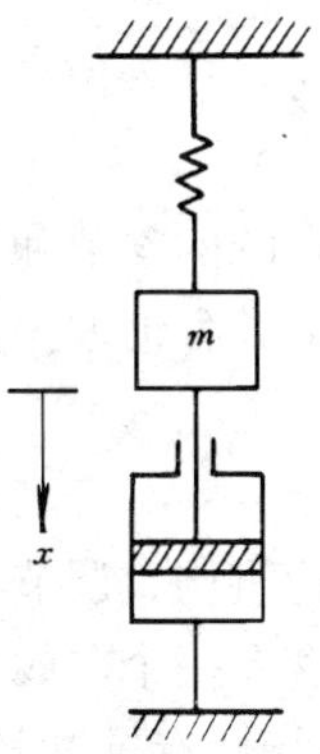

图 9－4　非线性质量弹簧系统

图 9－4 所示为由重物、阻尼器和非线性弹簧组成的简单的机械位移系统，描述该系统动态特性的非线性微分方程为

$$m\ddot{x}+f\dot{x}+k_1x+k_2x^3=p\cos\omega t \tag{9-1}$$

式中，x 为重物的位移；m 为重物的质量；f 为阻尼器的阻尼系数；$k_1x+k_2x^3$ 为非线性弹簧力；$p\cos\omega t$ 为外力作用函数。式（9－1）即为有名的杜芬方程。

对图 9－4 的系统进行强迫振荡实验时，使外力作用函数的振幅 p 保持不变，并设参数 m、f、k_1、k_2 均为正的常数。缓慢地改变作用

函数的频率 ω，观察系统输出响应的幅值 x，就可以得到如图 9-5 所示的频率响应曲线。

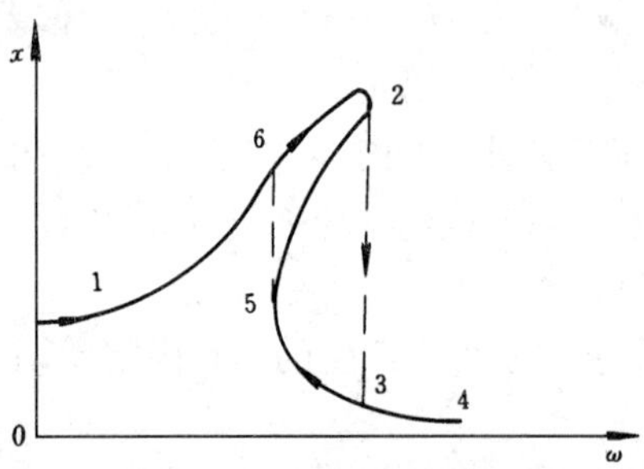

图 9-5　表示跳跃谐振的频率响应曲线

由图可见，当输入信号频率 ω 逐渐增加［从图 9-5 中外力作用的点 1 的频率（低频端）开始］时，输出的振幅 x 也增加，直到点 2 为止。如果频率 ω 继续增加，则将引起从点 2 到点 3 的跳跃，并伴有振幅和相位的改变。此现象称为跳跃谐振。当频率 ω 再进一步增加时，输出振幅 x 将从点 3 到点 4 缓慢减小。如果换一个方向，即从高频点 4 开始试验。当频率 ω 逐渐减少时，则振幅 x 通过点 3 逐渐增大，直到点 5 为止；当频率 ω 继续减小时，则将引起从点 5 到点 6 的另一个跳跃，并且也伴有振幅和相位的改变。在跳跃后，如果频率 ω 再减小，振幅 x 将随频率 ω 的减小而减小，沿点 6 趋向点 1。因此，图 9-5 的振幅曲线实际上是分段连续的，并且响应曲线的路径在频率增大和减小的两个方向上是不同的。对应于点 2 和点 5 这一区间上的振荡是不定的。由此可见，对于一定的外力作用振幅 p，便有一个频率范围（两个方向上的跳跃频率），在这个频率范围内，稳定振荡可能是两者之一，即多值响应。产生跳跃谐振和多值响应的原因是非线性系统包含有滞环特性（下面还将提到）的多值特点所致。

5. 非线性畸变

当非线性系统的输入为正弦函数信号时，由于非线性的缘故，其输出将不再是正弦函数，而是包含有各种谐波分量的非线性畸变波形，如图 9-6 所示。

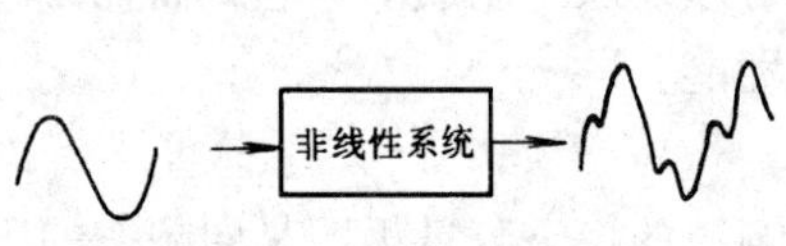

图 9-6　非线性畸变

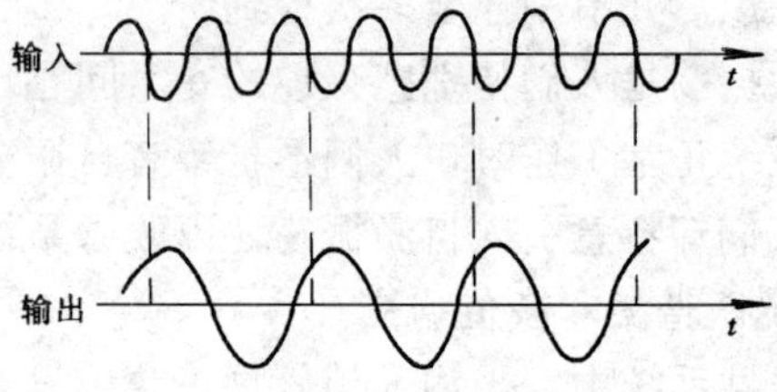

图 9-7　分谐波振荡时输入和输出波形

6. 分谐波振荡

有些非线性系统在正弦函数输入信号作用下，会产生分谐波振荡。这时，输入信号的频率是输出振荡频率的整数倍，如图 9-7 所示。

一旦产生分谐波振荡，它往往是很稳定的。分谐波振荡的发生取决于系统的参数和初始条件以及输入信号的振幅和频率。如果输入信号的频率改变到一个新的数值，分谐波振荡可能消失或者其频率也改变到一个新的数值。

二、典型非线性特性及其对控制系统的影响

自动控制系统的非线性特性，主要是由受控对象、检测传感元件、执行机构、调节机构和各种放大器等部件的非线性特性所造成的。在一个控制系统中，只要包含有一个非线性元件，就构成了非线性控制系统。在自动控制系统中经常遇到的典型非线性特性有饱和特性、死区（即不灵敏区）特性、间隙特性、摩擦（即阻尼）特性、继电特性和滞环特性等。这些非线性特性一般都会对控制系统的正常工作带来不利影响。但是，在有些情况下，也可以利用某些非线性特性（例如继电器特性、变放大系数特性等）来改善控制系统，使之比纯线性系统具有更为优良的动态性能。下面介绍这些典型的非线性特性，并分别讨论它们对自动控制系统的影响。

1. 饱和特性

饱和非线性的静特性如图 9-8 所示。图中 x 为非线性元件的输入信号，y 为非线性元件的输出信号，其数学表达式为

$$y=\begin{cases}kx & (|x|\leqslant a)\\ ka & (x>a)\\ -ka & (x<-a)\end{cases} \tag{9-2}$$

式中，k 为线性部分斜率；a 为线性部分宽度。

从图 9-8 可以看出，**饱和特性的特点**是：当输入信号 x 的绝对值 $|x|$ 超过线性部分的宽度 a 时，其输出信号 y 不再随输入的变化而变化，将保持为一个常数值 $\pm ka$。这相当于通过这一饱和非线性元件或环节的平均放大系数（增益）下降了。这就是放大器的饱和输出特性。如伺服电机在大控制电压情况下的输出转速特性；调节阀门具有行程限制及功率限制时的特性等都属于饱和非线性特性。在控制系统中存在饱和非线性特性时，饱和特性将对系统的动态特性产生多种影响。试验研究表明，它可能使系统的过程时间加长和稳态误差增加，也可能使系统的振荡性减弱（振幅下降，振荡频率降低）。对于发散振荡的系统，由于饱和特性的影响，可以转化成自激振荡的系统。

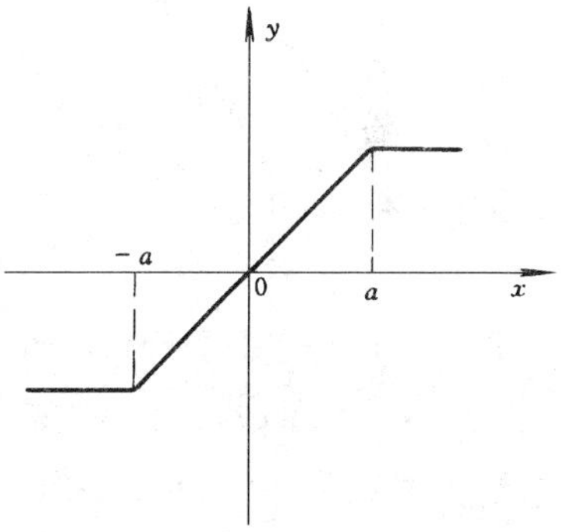

图 9-8　饱和非线性的静特性

为了避免饱和特性对系统的不利影响，应当尽量设法扩大系统的线性范围，同时为了充分发挥系统中各元件的潜力，应使前级元件的线性区范围比后级元件的线性区范围更宽些，或者首先使功率级先进入饱和区，保证功率元件的充分利用。为了充分利用饱和非线性的有利因素，可在控制系统中适当增加功率限制、行程限制等，使系统和元件能在额定工况及安全情况下运行。

2. 死区特性

死区非线性的静特性如图 9-9 所示。与图 9-8 类似，图中 x 为输入信号，y 为输出信号，其数学表达式为

$$y=\begin{cases}0 & (|x|\leqslant a)\\ k(x-a) & (x>a)\\ k(x+a) & (x<-a)\end{cases} \tag{9-3}$$

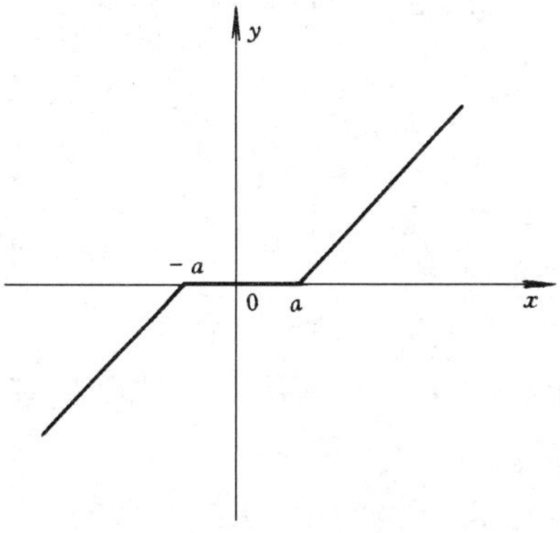

图 9-9　死区非线性的静特性

式中，k 为线性部分的斜率；a 为死区宽度。

从图 9-9 可以看出，**死区特性的特点**是：当输入信号 x 的绝对值不超过死区宽度 a 时，死区非线性元件或环节将无信号输出，只有当输入信号大于死区（或称不灵敏区）宽度后，才会有输出信号，并与输入信号呈线性关系。伺服电机启动电压、测量元件的不

灵敏区、继电器的不灵敏区、机械传动部件中的间隙和静摩擦力都是造成死区非线性的原因。在气动和液动元件中也经常会产生死区非线性特性。死区对控制系统的影响，首先是造成系统的稳态误差。死区一般不会加强过渡过程的振荡性，因为在过渡过程中，当死区非线性环节前的输入信号小于死区宽度（或称为阈值）时，环节没有输出而处于断开状态，外界能源不会给系统提供能量。这样就使得在整个过渡过程中，系统总的能量减少，振荡强度下降，从而增加了系统的稳定性，死区能滤掉输入端小幅值的干扰信号，增加系统的抗干扰能力。另外，在随动系统中，死区会造成输出信号的滞后。

3. 滞环特性

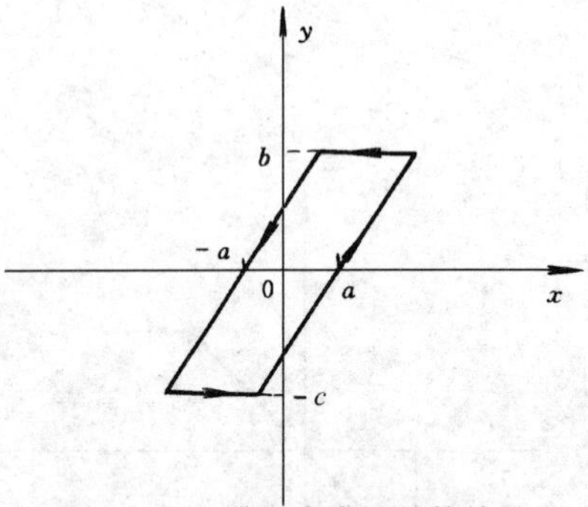

图 9-10　滞环非线性的静特性

滞环非线性的静特性如图 9-10 所示。其数学表达式为

$$y=\begin{cases}k(x-a) & (\dot{x}>0)\\ k(x+a) & (\dot{x}<0)\\ y(t-0) & (x\text{ 变向且 }|\Delta x|<2a)\end{cases} \tag{9-4}$$

式中，k 为线性特性段斜率；a 为间隙宽度；$\dot{x}$ 为输入信号的导数；$y(t-0)$ 为 x 变向时的 y 值（如图 9-10 的 b 或 c）。

从图 9-10 可以看出，滞环特性的特点是：当输入信号 x 大于间隙宽度 a 后，元件的输出信号 y 才随着 x 的变化而线性地变化；当元件的输入信号反向变化时，元件的输出信号保持在运动方向发生变化瞬间的输出值上（如图 9-10 的 b），直到输入信号反向变化的 $|\Delta x|$ 大于 $2a$ 后，输出信号又随输入信号的变化而线性地变化。因此具有滞环特性的非线性元件，其输出信号和输入信号的关系是非单值的，输出不仅与输入有关，而且与输入变化的方向有关。输入输出特性构成一种闭合曲线。铁磁元件的磁滞、齿轮传动的齿轮间隙特性、弹性元件的弹性后效特性和液压传动的油隙特性等均属于这类非线性特性。控制系统中有滞环特性存在时，将使系统的输出信号在相位上产生滞后，从而使系统的稳定性变差，使控制性能变坏。滞环特性又常常是使系统产生自激振荡的原因。因此，一般应当尽量减小和避免滞环特性的影响。例如减小间隙或采用速度反馈或超前校正的方法来提高系统的响应速度，以改善系统的动态特性。

4. 继电特性

继电非线性的静特性如图 9-11 所示。图中画了三种常见的继电特性。理想的继电特性如图 9-11（a）所示，其数学表达式为

$$y=\begin{cases}y_{\mathrm{m}} & (\dot{x}\geqslant 0^{+})\\ -y_{\mathrm{m}} & (\dot{x}<0^{-})\end{cases} \tag{9-5}$$

式中，$\pm y_{\mathrm{m}}$ 为继电器的输出信号。

从图 9-11 可以看出，继电特性的特点是：当输入信号改变时，输出信号会产生突变，然后保持不变。实际的继电器特性往往具有滞环特性［如图 9-11（b）所示］，或既具有滞环又有死区的特性［如图 9-11（c）所示］。

继电特性不一定是系统所固有的（上面介绍的几种典型非线性经常是系统固有的），而经常是人们为了改善系统性能而人为引入的一种非线性。控制系统中应用的继电元件、过程

控制系统中应用的双位调节器，它们的特性都属于继电特性。需要指出的是，正确使用继电非线性可以改善系统的性能。如果使用不当，反而会给系统带来不良的后果，如造成系统不稳定或系统的稳态误差增大等。

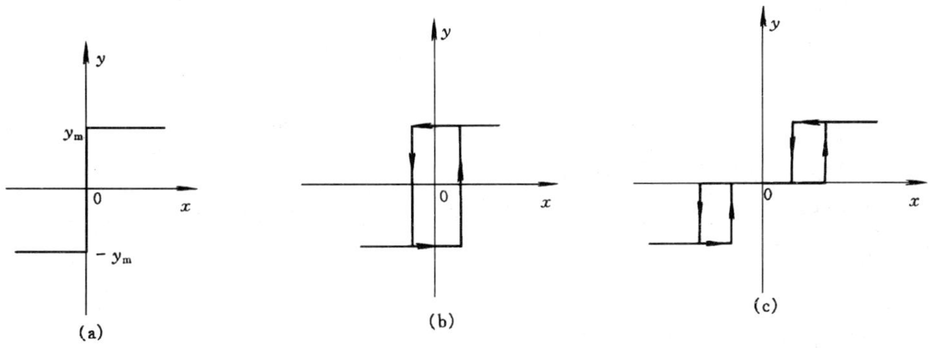

图 9－11　继电非线性的静特性

(a) 理想继电特性；(b) 带滞环特性的继电特性；(c) 带滞环和死区特性的继电特性

以上介绍了控制系统中经常遇到的几种典型非线性特性，实际的自动控制系统，还可能会遇到一些更为复杂的非线性特性。在这些特性中，有的可以看作是上述几种典型非线性特性的不同组合，如图 9－12 (a) 所示的死区—线性—饱和特性，又如图 9－12 (b) 所示的死区—继电—线性特性等；有的则无法用一般的函数形式加以描述，这种非线性特性称为不规则非线性特性，如图 9－12 (c) 所示特性。

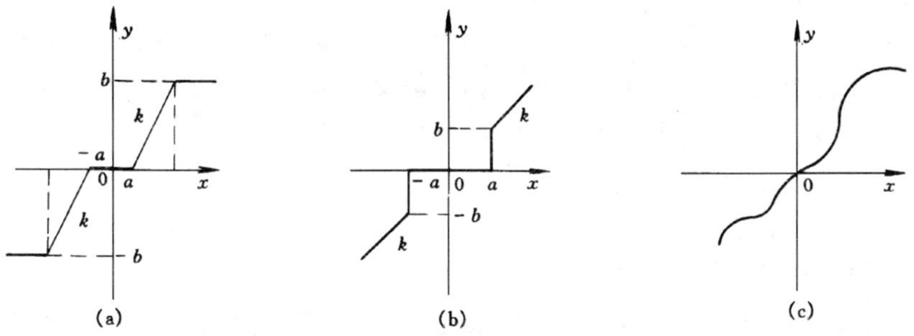

图 9－12　组合型非线性的静特性

(a) 死区—线性—饱和特性；(b) 死区—继电器—线性特性；(c) 不规则非线性特性

三、非线性控制系统的分析方法

由于非线性系统和线性系统存在着本质的差异，使得非线性系统的分析研究、设计方法与线性系统有着很大的不同。在线性系统中，一般可采用诸如传递函数、频率特性、根轨迹、典型输入函数等原理和方法来分析；同时由于线性系统的运动状态与输入信号的幅值和初始状态无关，所以通常可以在典型输入函数和零初始条件下进行研究。而在非线性系统中，由于叠加原理不成立，研究线性系统的上述方法和原理均不适用。到目前为止，对于非线性系统还缺乏像研究线性系统那样具有普遍意义的分析和设计的方法。在工程实践中，对于非本质非线性系统，通常可以近似成线性系统来研究；对于本质非线性系统，则是针对某类问题、某类系统，采用特定的方法来研究。工程上常用的方法有：

1. 描述函数法

对满足一定条件的非线性环节，它对正弦信号的响应可以用其输出的基波来近似表示。类似频率法，可以找到一个非线性元件的描述函数。这样就可以将线性系统中的频率特性法用于非线性系统的分析。这种方法叫做描述函数法。描述函数法可以不受系统阶次的限制，但是它只能提供系统稳定性和有关自激振荡的信息，对于系统的时间响应提供的信息不够确切。

2. 相平面法

相平面法是求解一、二阶非线性系统的图解法。它是一种在分析二阶非线性系统时非常有用的方法。这种方法既能提供系统的稳定性信息，又能提供时间响应的信息。它特别适用于分析非线性系统在不同初始条件下或非周期的输入信号（例如阶跃、脉冲、斜坡等输入信号）作用下的时间响应特性（描述函数法的输入信号，必须是正弦函数）。但是相平面法的缺点是只限于一阶、二阶非线性系统的分析和设计。对于高阶系统，则需要借助现代控制理论中的状态空间法来分析和研究。

3. 李雅普诺夫第二方法——直接法

分析和研究非线性系统的主要问题是它的稳定性问题。李雅普诺夫第二法——直接法可以应用于任何非线性系统的稳定性分析。利用李雅普诺夫第二法来分析非线性系统的困难在于寻找李雅普诺夫函数 $V(x)$。目前还没有一种能够适用于各种非线性系统的构造李雅普诺夫函数的方法，但已经有一些方法可供选择应用，例如克拉索夫斯基法、阿以塞尔曼法、变量梯度法和波波夫法等。

4. 计算机仿真法

数字计算机的飞速发展及计算机仿真技术的应用，为分析研究和设计非线性系统提供了十分有效的手段，在工程实际中得到了广泛的应用。用计算机仿真技术可以将系统中的非线性特性，用计算机仿真试验精确地反映出来，可解决许多用解析方法或人工图解法难以解决的问题，这为设计性能优良的非线性控制系统创造了条件。

后面几节将重点介绍非线性控制系统分析方法中的描述函数法和相平面法，至于其他方法请读者参阅有关文献。

四、非线性控制系统的设计方法

近年来，非线性控制理论得到了蓬勃发展。尽管非线性控制系统的设计像其分析一样没有一个普遍适用的方法，但是已有了一个各具特色的丰富方法的集合。例如，精确反馈线性化方法、微分代数方法、滑模变结构方法、自适应控制方法、H_∞控制方法、逆系统方法以及非线性频域方法等。由于本书的局限性，对这些新方法不能展开讨论了。后面有一节只是基于描述函数法和相平面法的例子探讨了非线性控制系统设计的基本思路。

9.2 非线性控制系统的描述函数分析

描述函数法是分析非线性系统的一种近似方法。它是线性系统理论中的频率特性法在一定假定条件下在非线性系统中的应用。它主要用来分析非线性系统的稳定性，以及确定非线性系统在正弦函数的输入信号作用下的输出响应特性。应用这种方法时，非线性系统的阶数不受限制，它可适用于任意阶的非线性系统。描述函数法的基本思想和原理是用输出信号中的基波分量（一次谐波）来代替非线性元件在正弦输入信号作用下的实际输出。

一、非线性系统的描述函数定义

假设非线性系统的结构图（方框图）如图 9 - 13 所示。图中，N 为非线性元件，$G(s)$ 为线性部分的传递函数，$r(t)$ 为参考输入，$y(t)$ 为系统的输出。x_1 是非线性元件的输入，x_2 为非线性元件的输出。假设如图 9 - 13 的非线性控制系统满足以下条件：

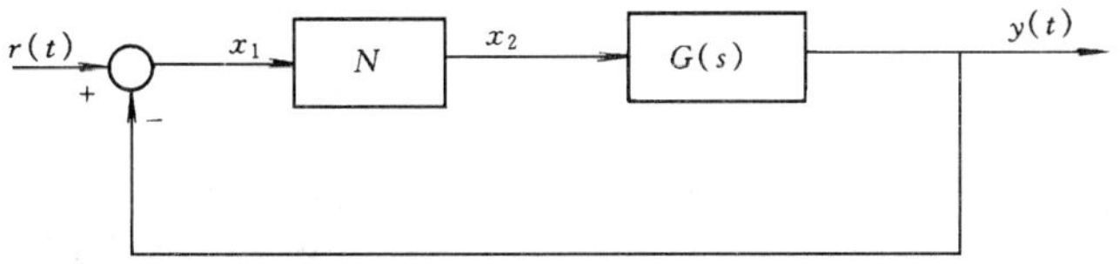

图 9 - 13　非线性系统方框图

（1）非线性元件 N 的输入信号为正弦输入，即

$$x_1(t) = A\sin\omega t \tag{9-6}$$

（2）非线性元件 N 的特性不是时间的函数，即 N 不是储能元件。

（3）非线性元件 N 在正弦输入信号 $x_1(t)$ 的作用下，其输出 $x_2(t)$ 的平均值为零，即非线性特性是斜对称的，即 $f(x_1) = -f(-x_1)$。而且输出 $x_2(t)$ 中的基波（一次谐波）的频率与输入信号 $x_1(t)$ 的相同。容易看出，在上节中所介绍的典型非线性（饱和、死区、滞环、继电等）都能满足这个条件。

（4）系统的线性部分具有较好的低通滤波器性能。对于一般的控制系统来说，这个条件是容易满足的，而且线性部分阶次愈高，低通滤波的性能愈好。这样，当非线性元件输入正弦信号 x_1 时，其输出信号 x_2 中的高次谐波分量在通过线性部分后将大大衰减，因此可以近似地认为输出信号 x_2 中只有基波分量。

上述假设条件，也就是本节下面要介绍的描述函数法的应用条件。

对于图 9 - 13 所示的非线性系统，当非线性元件 N 的输入信号为 $x_1(t) = A\sin\omega t$ 时，稳态输出若用傅里叶级数来表达，则为

$$x_2(t) = A_0 + \sum_{k=1}^{\infty}(A_k\cos k\omega t + B_k\sin k\omega t) \tag{9-7}$$

根据上述假设条件（3），即非线性特性是斜对称的，则上式中的 $A_0 = 0$，这时式（9 - 7）可改写为

$$x_2(t) = \sum_{k=1}^{\infty}(A_k\cos k\omega t + B_k\sin k\omega t) \tag{9-8}$$

其中　$$A_k = \frac{1}{\pi}\int_0^{2\pi} x_2(t)\cos k\omega t\,\mathrm{d}\omega t,\quad B_k = \frac{1}{\pi}\int_0^{2\pi} x_2(t)\sin k\omega t\,\mathrm{d}\omega t$$

又根据上述假设条件（4），即 $x_2(t)$ 中只考虑基波分量，则有

$$x_2(t) = A_1\cos\omega t + B_1\sin\omega t = C_1\sin(\omega t + \phi_1) \tag{9-9}$$

其中

$$\begin{cases} A_1 = \dfrac{1}{\pi}\displaystyle\int_0^{2\pi} x_2(t)\cos\omega t\,\mathrm{d}\omega t \\ B_1 = \dfrac{1}{\pi}\displaystyle\int_0^{2\pi} x_2(t)\sin\omega t\,\mathrm{d}\omega t \end{cases} \tag{9-10}$$

$$\begin{cases} C_1 = \sqrt{A_1^2 + B_1^2} \\ \phi_1 = \arctan\dfrac{A_1}{B_1} \end{cases} \tag{9-11}$$

应用正弦量的矢量表示法，式（9-6）和式（9-9）可写成 $X_1(A,\omega)=A$ 和 $X_2(A,\omega)=C_1\mathrm{e}^{\mathrm{j}\phi_1}$。仿效线性系统中频率特性的概念，对非线性元件应用下述函数来近似描述，即

$$N(A,\omega)=\frac{X_2(A,\omega)}{X_1(A,\omega)}=\frac{C_1}{A}\mathrm{e}^{\mathrm{j}\phi_1}$$

或写成

$$N(A,\omega)=\frac{\sqrt{A_1^2+B_1^2}}{A}\angle\arctan\frac{A_1}{B_1} \tag{9-12}$$

式（9-12）的 $N(A,\omega)$ 就定义为非线性元件的**描述函数**。也就是说，非线性元件的描述函数，就是**非线性元件输出的基波分量与输入的正弦信号之复数比**。一般说来，描述函数 $N(A,\omega)$ 是输入信号幅值 A 和频率 ω 的函数，但是对于实际上的大多数非线性元件，它们具有静态非线性，即非线性元件中不包含储能元件，它们的输出响应与输入信号的变化率无关，所以这些元件的描述函数只是输入信号幅值的函数，而与输入信号的频率无关。即 $N(A,\omega)$ 可表示为 $N(A)$。

二、典型非线性特性的描述函数

应用上述描述函数的定义及其数学表达式（9-9）～式（9-12），可以推导出一些典型非线性特性的描述函数。以下以推导饱和非线性特性的描述函数为例说明一般的推导方法。

饱和非线性的输入输出的静特性如图 9-14（a）所示。

设输入信号为 $x_1(t)=A\sin\omega t$，其中 A 为正弦函数的最大幅值。如果 $A<a$（a 为饱和特性的线性部分宽度），则饱和非线性元件工作在线性段，输出对于输入信号呈比例变化。输出信号按式（9-2）有

$$x_2(t)=KA\sin\omega t \tag{9-13}$$

式中，K 为饱和特性的线性部分斜率。

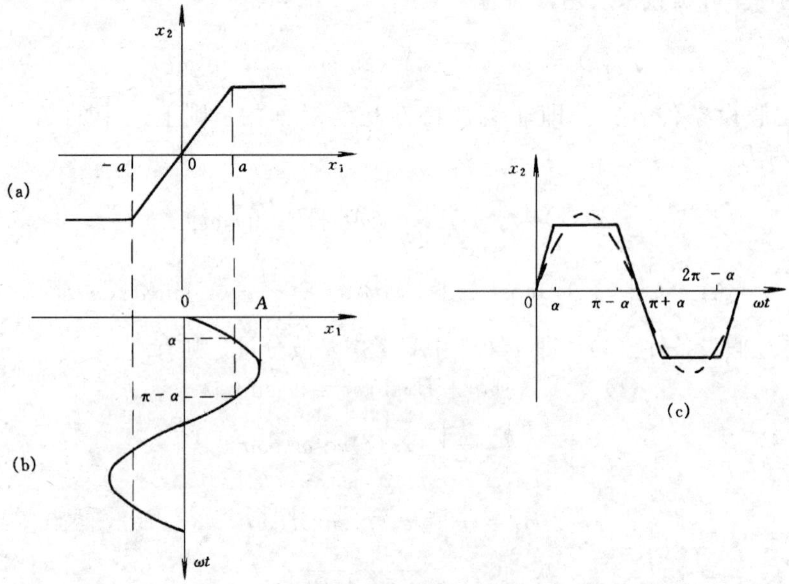

图 9-14　饱和非线性的输入输出特性

（a）饱和非线性；（b）输入波形；（c）输出波形

如果 $A>a$，则饱和非线性元件的输出 $x_2(t)$ 的波形如图 9-14（c）所示，输入 $x_1(t)$ 的波形如图 9-14（b）所示。对 $x_2(t)$ 的第一个半波有

$$x_2(t)=\begin{cases} KA\sin\omega t & (0\leqslant\omega t\leqslant\alpha) \\ Ka & (\alpha\leqslant\omega t\leqslant\pi-\alpha) \\ KA\sin\omega t & (\pi-\alpha\leqslant\omega t\leqslant\pi) \end{cases} \tag{9-14}$$

由图 9-14（b）可知 $A\sin\alpha=a$，故式（9-14）中的 $\alpha=\arcsin\dfrac{a}{A}$。由于输出是奇函数，所以式（9-9）中的系数 $A_1=0$，因此 $\Phi_1=0$（见图 9-14），这说明饱和非线性不会造成输入输出之间有相位差。B_1 可以按照式（9-10）及式（9-14）求得，即

$$\begin{aligned} B_1 &= \frac{1}{\pi}\int_0^{2\pi} x_2(t)\sin\omega t\,\mathrm{d}\omega t \\ &= \frac{2}{\pi}\int_0^{\alpha} KA\sin^2\omega t\,\mathrm{d}\omega t+\frac{2}{\pi}\int_{\alpha}^{\pi-\alpha} Ka\sin\omega t\,\mathrm{d}\omega t+\frac{2}{\pi}\int_{\pi-\alpha}^{\pi} KA\sin^2\omega t\,\mathrm{d}\omega t \end{aligned}$$

将上式等号右边积分后可得

$$B_1=\frac{2}{\pi}KA\left[\arcsin\frac{a}{A}+\frac{a}{A}\sqrt{1-\left(\frac{a}{A}\right)^2}\right]$$

又有

$$C_1=\sqrt{A_1^2+B_1^2}=B_1\quad(\phi_1=0)$$

代入式（9-12）可得饱和非线性元件的描述函数为

$$\begin{aligned} N(A,\ \omega)=N(A)&=\frac{C_1}{A} \\ &=\frac{2}{\pi}K\left[\sin^{-1}\frac{a}{A}+\frac{a}{A}\sqrt{1-\left(\frac{a}{A}\right)^2}\right]\quad(A\geqslant a) \end{aligned} \tag{9-15}$$

在饱和非线性元件的线性部分，由式（9-13）和式（9-12）可得描述函数为

$$N(A)=\frac{KA\sin\omega t}{A\sin\omega t}=K \tag{9-16}$$

对于式（9-15），若以 $\dfrac{a}{A}$ 为自变量，$\dfrac{N(A)}{K}$ 为因变量，则可画出相应的函数曲线，如图 9-15 所示。

图 9-15 表明，当 $\dfrac{a}{A}\leqslant 1$（即 $A\geqslant a$）时，$\dfrac{N(A)}{K}\leqslant 1$，即描述函数小于线性部分的比例系数 K；当 $\dfrac{a}{A}\geqslant 1$（即 $A\leqslant a$）时，$\dfrac{N}{K}=1$，即线性部分的描述函数就是比例系数 K。

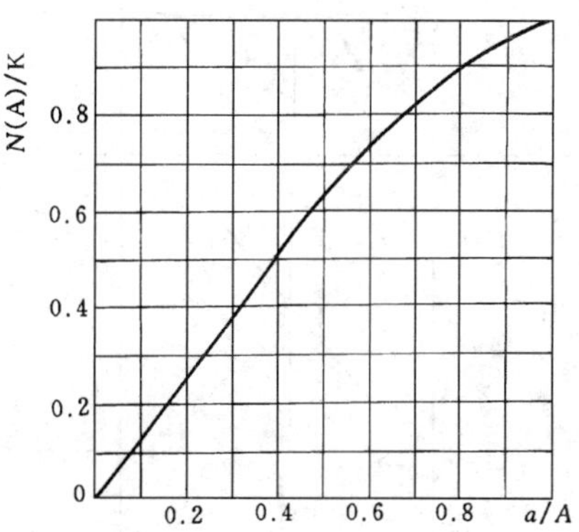

图 9-15　饱和非线性的 $\dfrac{N(A)}{K}$ 与 $\dfrac{a}{A}$ 的关系曲线

表 9-1 汇总了几种非线性元件的静特性、正弦输入时的输出波形和描述函数。表中非线性的描述函数均与频率无关。

表 9-1　几种非线性的描述函数

非线性类型	静特性	描述函数 $N(A)$
理想继电特性；库仑摩擦	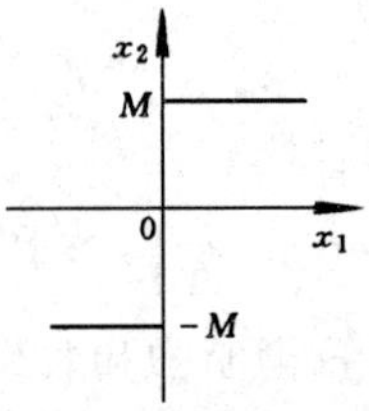	$\dfrac{4M}{\pi A}$
饱和特性；幅值限制	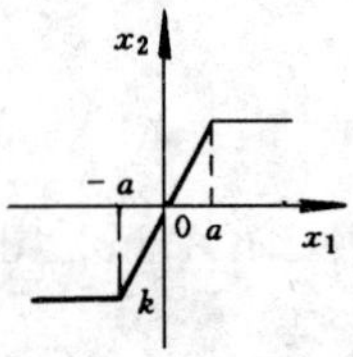	$\begin{cases}\dfrac{2k}{\pi}\left[\arcsin\dfrac{a}{A}-\dfrac{a}{A}\sqrt{1-\left(\dfrac{a}{A}\right)^2}\right] & (A\geqslant a)\\ k \quad (A<a)\end{cases}$
具有死区的三位继电特性	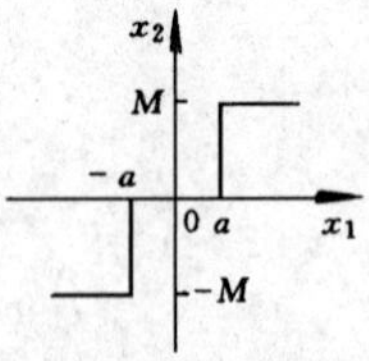	$\begin{cases}\dfrac{4M}{\pi A}\sqrt{1-\left(\dfrac{a}{A}\right)^2} & (A\geqslant a)\\ 0 \quad (A<a)\end{cases}$
具有死区的饱和特性	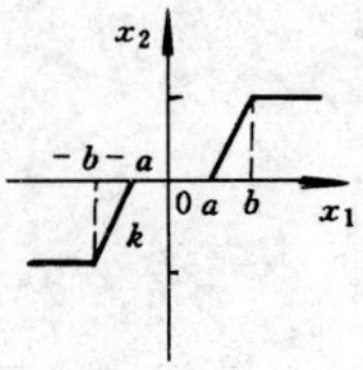	$\begin{cases}\dfrac{2k}{\pi}\left(\dfrac{\pi}{2}-\alpha-\dfrac{\sin2\alpha}{2}\right) & (a<A<b)\\ \dfrac{2k}{\pi}\left(\beta-\alpha-\dfrac{\sin2\alpha-\sin2\beta}{2}\right) & (A>b)\end{cases}$ $\alpha=\arcsin\dfrac{a}{A}$，$\beta=\arcsin\dfrac{b}{A}$
死区Ⅰ	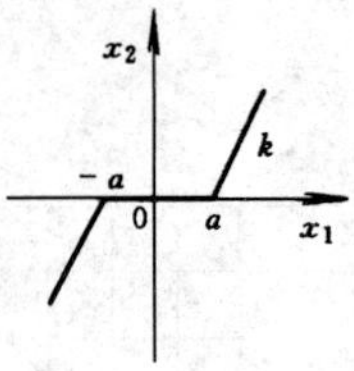	$\begin{cases}\dfrac{2k}{\pi}\left[\dfrac{\pi}{2}-\arcsin\dfrac{a}{A}-\dfrac{a}{A}\sqrt{1-\left(\dfrac{a}{A}\right)^2}\right] & (A\geqslant a)\\ 0 \quad (A<a)\end{cases}$
死区Ⅱ	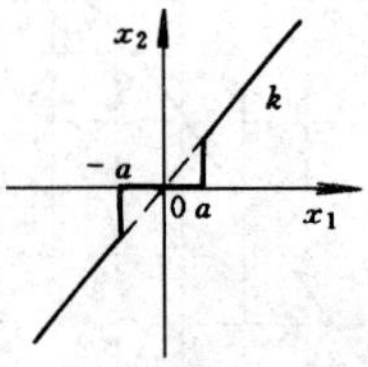	$\begin{cases}\dfrac{2k}{\pi}\left[\dfrac{\pi}{2}-\arcsin\dfrac{a}{A}+\dfrac{a}{A}\sqrt{1-\left(\dfrac{a}{A}\right)^2}\right] & (A\geqslant a)\\ 0 \quad (A<a)\end{cases}$
单值非线性	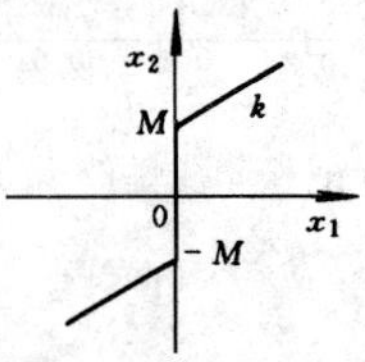	$\dfrac{4M}{\pi A}+k$

续表

非线性类型	静特性	描述函数 $N(A)$
变增益特性	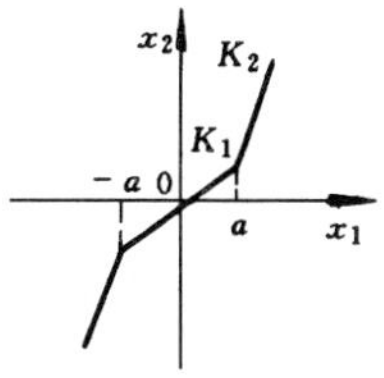	$\begin{cases} K_2+\dfrac{2}{\pi}(K_1-K_2)\left[\arcsin\dfrac{a}{A}+\dfrac{a}{A}\sqrt{1-\left(\dfrac{a}{A}\right)^2}\right] & (A>a) \\ K_1 & (A<a) \end{cases}$
具有滞环的双位继电特性	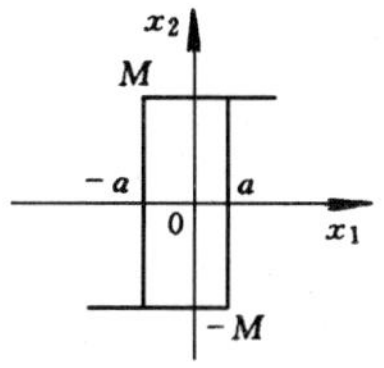	$\begin{cases} \dfrac{4M}{\pi A}\left[\sqrt{1-\left(\dfrac{a}{A}\right)^2}-\mathrm{j}\dfrac{a}{A}\right] & (A\geqslant a) \\ 0 & (A<a) \end{cases}$
滞环	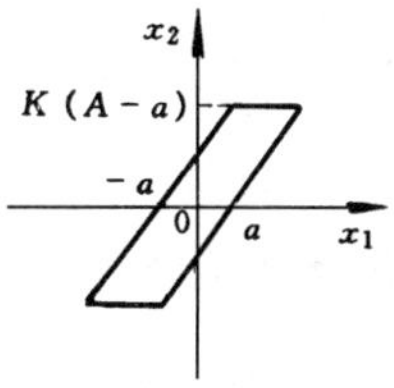	$\dfrac{K}{\pi}\left\{\dfrac{\pi}{2}+\arcsin\left(1-\dfrac{2a}{A}\right)+2\left(1-\dfrac{2a}{A}\right)\sqrt{\dfrac{a}{A}-\left(\dfrac{a}{A}\right)^2}+j\dfrac{4K}{\pi}\left[\left(\dfrac{a}{A}\right)^2-\dfrac{a}{A}\right]\right\}$ $(A>a)$
具有滞环和死区的继电特征	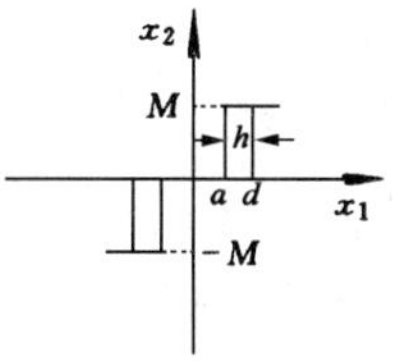	$\begin{cases} \dfrac{2M}{\pi A}\left[\sqrt{1-\left(\dfrac{d}{A}\right)^2}+\sqrt{1-\left(\dfrac{a}{A}\right)^2}+j\dfrac{a-d}{A}\right] & (A>d) \\ 0 & (A<d) \end{cases}$

三、用描述函数法研究非线性控制系统

如果非线性元件输出信号中的高次谐波通过系统中的线性部分时已经被充分地衰减，那么在非线性元件的输出信号中，有意义的只是其基波分量，于是非线性控制系统的稳定性就可应用描述函数法来分析和研究。

下面将讨论如何应用非线性元件的描述函数来分析非线性控制系统的稳定性，研究非线性系统自激振荡存在的条件。如果存在自激振荡，如何根据频率域的图解法确定自激振荡的振幅和频率。

1. 非线性控制系统的稳定性分析

设基于描述函数法可将非线性控制系统的方框图画成如图 9－16 所示的形式。图中 $N(A)$ 为非线性元件的描述函数，$G(s)$ 为线性部分的传递函数。

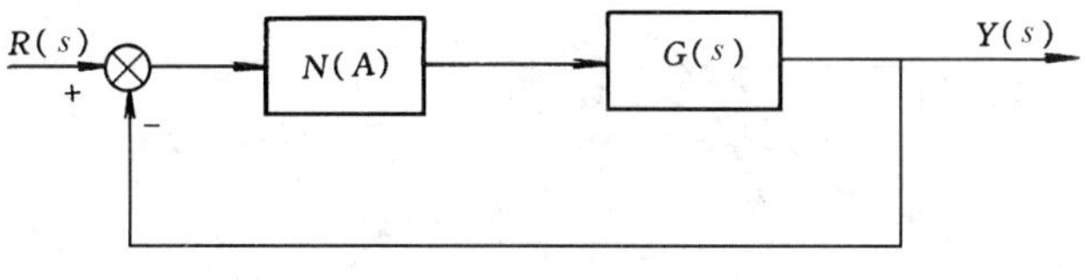

图 9－16　非线性控制系统方框图

由图 9－16 可得非线性系统的闭环频率特性为

$$\frac{Y(\mathrm{j}\omega)}{R(\mathrm{j}\omega)}=\frac{N(A)G(\mathrm{j}\omega)}{1+N(A)G(\mathrm{j}\omega)} \tag{9-17}$$

由式（9-17）可以求得非线性系统的特性方程为

$$1+N(A)G(j\omega)=0 \tag{9-18}$$

即

$$G(j\omega)=-\frac{1}{N(A)} \tag{9-19}$$

式中的 $-\frac{1}{N(A)}$ 称为描述函数的**负倒描述函数**。如果式（9-19）得到满足，那么系统的输出将出现持续振荡或极限环，即在非线性控制系统中将出现自激振荡。此情况相当于本书前面介绍的线性系统频率法中 $G(j\omega)$ 穿过点$(-1,\ j0)$的情况。在线性系统中点$(-1,\ j0)$是一个临界点，而这里 $-\frac{1}{N(A)}$ 相当于是临界点的一条轨迹。因此在应用描述函数分析非线性控制系统的稳定性时，可利用 $-\frac{1}{N(A)}$ 的轨迹曲线和线性部分 $G(j\omega)$ 的奈氏轨迹曲线之间的相对位置来判别系统的稳定性。这时可在 $G(j\omega)$ 的复数平面上分别画出 $-\frac{1}{N(A)}$ 轨迹线和 $G(j\omega)$ 的奈氏轨迹线。并假设系统的线性部分是属于最小相位的，$G(s)$ 的全部零点和极点均位于 s 平面的左半平面（即开环系统是稳定的），则可得非线性系统的稳定性判据如下：

（1）如果在复平面 $G(j\omega)$ 上 $-\frac{1}{N(A)}$ 轨迹线没有被 $G(j\omega)$ 的奈氏曲线所包围，即当 ω 从 $0\to\infty$变化时，$-\frac{1}{N(A)}$ 的轨迹线始终位于 $G(j\omega)$ 轨迹线的左侧，如图 9-17（a）所示，则这时的非线性控制系统是稳定的，在稳态时不会有自振荡。而且两个轨迹线相距愈远，系统愈稳定。和分析线性系统一样，同样可以用幅值裕量和相位裕量来衡量非线性系统的相对稳定性。只是对非线性系统来说，A 值不同，$-\frac{1}{N(A)}$ 轨迹曲线上的点和 $G(j\omega)$ 的相对位置也不同，因而对不同的 A 值，存在不同的稳定裕量。通常，取其最小值用来衡量非线性系统的相对稳定性。图 9-17（a）中示出了输入幅值为 A_0 时的幅值裕量和相位裕量：相位裕量为 v，幅值裕量为 $20\lg\frac{ON}{OG}$。

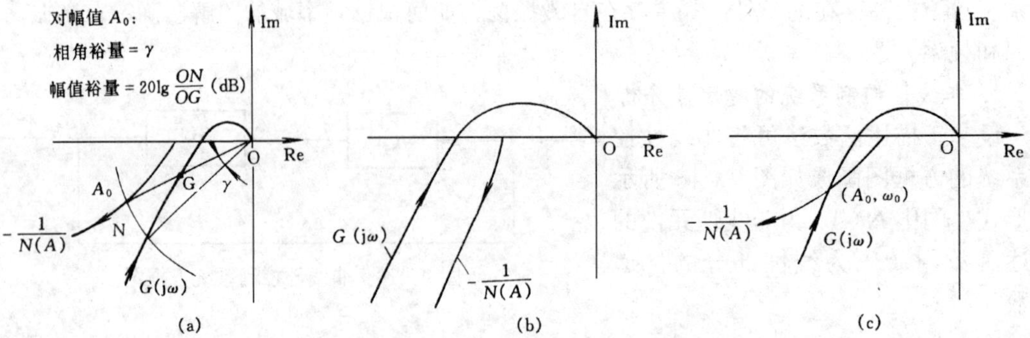

图 9-17 $-\frac{1}{N(A)}$ 与 $G(j\omega)$ 轨迹线图形

（a）稳定系统；（b）不稳定系统；（c）系统有自振荡，箭头表示 A 和 ω 增加的方向

（2）如果在复平面 $G(\mathrm{j}\omega)$ 上 $-\dfrac{1}{N(A)}$ 轨迹线被 $G(\mathrm{j}\omega)$ 轨迹线所包围，如图 9－17（b）所示，则非线性控制系统是不稳定的。这种系统受到任何干扰时，系统的输出将无限增大，直到系统遭到破坏为止。

（3）如果在复平面 $G(\mathrm{j}\omega)$ 上 $-\dfrac{1}{N(A)}$ 轨迹线和 $G(\mathrm{j}\omega)$ 轨迹线相交，则系统可能产生持续的自振荡。自振荡的幅值和频率由交点处的 (A_0, ω_0) 决定，如图 9－17（c）所示。假如振荡是发散的，即稍受干扰后幅值就愈来愈大，则这个振荡是不稳定的，所以控制系统也是不稳定的。假如受到干扰后振荡是收敛的，则这个振荡是稳定的（它就是自激振荡）。如这时振幅不超过允许值，根据李雅普诺夫关于稳定性的定义则可认为系统仍是稳定的。系统的状态将由相应的极限环来决定（关于极限环的概念，将在后面的相平面法中介绍）。

究竟振荡是稳定的还是不稳定的，可通过以下的分析加以确定。假设非线性控制系统具有如图 9－18 所示的 $-\dfrac{1}{N(A)}$ 和 $G(\mathrm{j}\omega)$ 轨迹线。由图 9－18 可知，$-\dfrac{1}{N(A)}$ 和 $G(\mathrm{j}\omega)$ 轨迹线有两个交点：$A(A_1, \omega_1)$ 和 $B(A_2, \omega_2)$。图中两条轨迹上的箭头分别表示幅值 A 和频率 ω 增加的方向，由此可知点 A 的振荡幅值 A_1 要比点 B 的振荡幅值 A_2 小一些（即 $A_1 < A_2$）。

假设系统最初工作在 A 点，则相应振荡的振幅为 A_1，频率为 ω_1。假定给工作点 A 很小的扰动，使非线性元件的输入振幅略有增大（即 A_1 略有增大），则图 9－18上的点 A 将移到点 C。由于点 C 已被 $G(\mathrm{j}\omega)$ 轨迹线所包围，相当于线性系统中开环频率特性曲线包围了点$(-1, \mathrm{j}0)$，系统处于不稳定状态，所以振荡幅值将增大，工作点将向点 B 移动。假如给系统一个反方向的干扰，即使得非线性元件的输入信号幅值减小，则工作点将由点 A 移到点 D，这时 $G(\mathrm{j}\omega)$ 轨迹线不包围这个临界点，使非线性系统进入稳定区域，这将使非线性元件的输入幅值进一步减小，工作点将由点 D 进一步向下移动。所以工作点 A 具有发散特性，因此由该点决定的振荡是不稳定的。

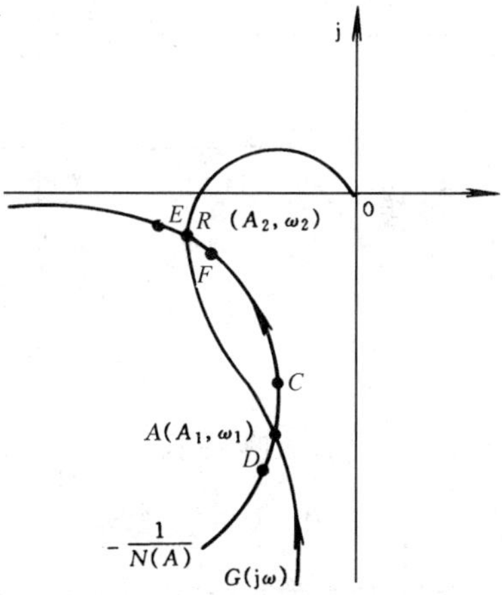

图 9－18　振荡的稳定性分析，箭头表示 A 和 ω 增加的方向

对于工作点 B，若给工作点 B 一个很小的扰动，即使 B 点的振幅 A_2 略有增大，则工作点 B 将移到点 E（见图 9－18）。由于这时点 E 不被 $G(\mathrm{j}\omega)$ 轨迹线所包围，非线性系统进入稳定区域，所以非线性元件的输入幅值将减小，工作点反方向向点 B 移动。假如扰动是使幅值减小的，即使得点 B 的振幅略有减小，则工作点将由点 B 移至点 F，由于点 F 已被 $G(\mathrm{j}\omega)$ 轨迹线所包围，非线性系统进入不稳定区，所以振荡幅值将增大，工作点将从点 F 移回点 B。所以工作点 B 具有收敛特性，因此由 B 点决定的振荡是稳定的自振荡。

所以，由图 9－18 所示特性的非线性控制系统，当非线性元件的输入幅值 A 很小时，系统是稳定的，当幅值 A 较大时，该非线性系统或趋向于平衡状态，或趋向于一个稳定的自激振荡（稳定的极限环）。后者由工作点 B 决定（见图 9－18）。

【例 9-1】 设有一具有滞环继电非线性元件的非线性控制系统，如图 9-19 所示。其线性部分传递函数为 $G(s)=\dfrac{320}{s(4+s)(8+s)}$。$G(s)$ 的极点均在 s 平面的左半部分。继电特性滞环的参数为 $\dfrac{a}{M}=0.5$。试确定自激振荡的振幅和频率。

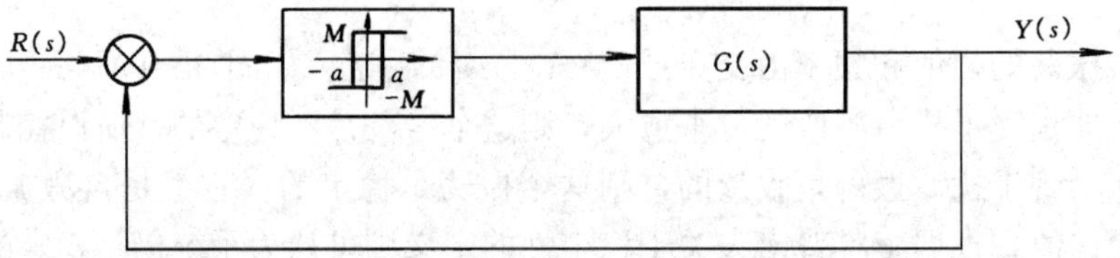

图 9-19 具有继电非线性的控制系统方框图

解 具有滞环的继电特性，其描述函数为 $N(A)=\dfrac{4M}{\pi A}e^{-j\alpha}$，$A\geqslant a$，$\alpha=\arcsin\dfrac{a}{A}$，所以

$$-\frac{1}{N(A)}=-\frac{\pi A}{4M}e^{j\alpha}=-\frac{\pi A}{4M}(\cos\alpha+j\sin\alpha)=-\frac{\pi}{4M}\sqrt{A^2-a^2}-j\frac{\pi a}{4M}=-\frac{\pi}{4M}\sqrt{A^2-a^2}-j\frac{\pi}{8}$$

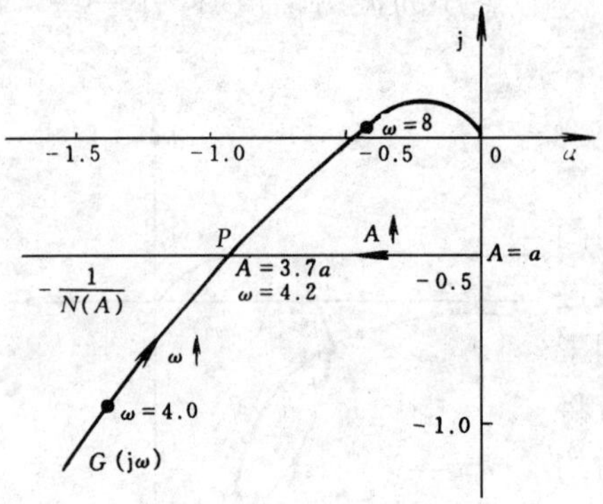

图 9-20 例 9-1 的 $-\dfrac{1}{N(A)}$ 和 $G(j\omega)$ 轨迹线

。这表明，$-\dfrac{1}{N(A)}$ 的虚部与 A 无关，是一个常数 $-\dfrac{\pi}{8}$。当 A 变化时，在复平面上是一条与实轴平行的直线。当 $A=a$ 时，$-\dfrac{1}{N(A)}=-j\dfrac{\pi}{8}$ 即交虚轴于 $-\dfrac{\pi}{8}$ 处（见图 9-20）。图 9-20 同时画出了线性部分传递函数 $G(s)$ 的奈氏曲线 $G(j\omega)$。由图可知 $-\dfrac{1}{N(A)}$ 直线轨迹与 $G(j\omega)$ 的奈氏曲线有一个交点 P，并且 P 是一个稳定的工作点，即在 P 点会产生一个稳定的自激振荡。

交点 P 处的振幅 A 和频率 ω 可由解析法求出。为此，可先求得 $G(j\omega)$ 在点 P 处的实部和虚部的数值 $\mathrm{Re}[G(j\omega)]$ 和 $\mathrm{Im}[G(j\omega)]$。因 $G(s)=\dfrac{320}{s(4+s)(8+s)}$，所以

$$G(j\omega)=\frac{320}{j\omega(4+j\omega)(8+j\omega)}=-\frac{3840}{(16+\omega^2)(64+\omega^2)}-j\frac{320\times(32-\omega^2)}{\omega(16+\omega^2)(64+\omega^2)}$$

即 $$\mathrm{Re}[G(j\omega)]=-\frac{3840}{(16+\omega^2)(64+\omega^2)},\ \mathrm{Im}[G(j\omega)]=-\frac{320\times(32-\omega^2)}{\omega(16+\omega^2)(64+\omega^2)}$$

令交点 P 处的 $-\dfrac{1}{N(A)}$ 和 $G(j\omega)$ 的虚部相等，即 $-\dfrac{\pi}{8}=\mathrm{Im}[G(j\omega)]$，得

$$\frac{320\times(32-\omega^2)}{\omega(16+\omega^2)(64+\omega^2)}=\frac{\pi}{8}$$

可解得交点 P 处的频率 $\omega_p=4.2(\mathrm{rad/s})$。再令交点 P 处的 $-\dfrac{1}{N(A)}$ 和 $G(j\omega)$ 的实部相

等，即

$$\frac{3840}{(16+\omega^2)(64+\omega^2)}=\frac{\pi}{4M}\sqrt{A^2-a^2}$$

将 $\omega_p=4.2$ 代入，可求出交点 P 处的振荡幅值为 $A_P=3.7a$ 或 $1.85M$。可见，滞环非线性的 a 和 M 越大（即滞环越大），自激振荡的振幅 A_P 也越大。

当滞环的 M 值一定时，则同理可求出不同滞环宽度（$2a$）时的振幅和频率。其结果是：滞环宽度增加，自激振荡的幅值加大，频率减小［这从图 9－20 可以粗略地看出，当 M 一定且 a 增加时，与实轴平行的 $-\frac{1}{N(A)}$ 轨迹线将下移。因为 $-\frac{1}{N(A)}$ 的虚部的负值 $-\frac{\pi a}{4M}$ 将增加］。

注：如果用 MATLAB 辅助解［例 9－1］，可采用首先找出需要求解的方程，然后利用 solve 函数求方程解的做法。根据 $\frac{320\times(32-\omega^2)}{\omega(16+\omega^2)(64+\omega^2)}=\frac{\pi}{8}$，用命令："[w] = solve('320 * (32 − w^2)/w/(16 + w^2)/(64 + W^2) = pi/8', W)"，解得 $\omega_p=4.2$。再根据 $\frac{3840}{(16+\omega^2)(64+\omega^2)}=\frac{\pi}{4M}\sqrt{A^2-a^2}$，代入 $\omega_p=4.2$，用命令："[A] = solve('pi/8/a * sqrt(A^2−a^2) = 3840/(16+(4.2)^2)/(64+(4.2)^2)', A)"，解得 A_p。此时，a 应已知。

2. 非线性系统的校正

为了克服非线性因素给系统带来的不利影响，使系统稳定，或者使系统达到要求的幅值裕量和相位裕量，或者使自振荡的振幅和频率限制在某一允许的范围内等，同样可以对非线性系统进行校正。

对非线性系统进行校正可以从改变非线性元件的特性 $-\frac{1}{N(A)}$ 轨迹线和改变非线性系统的线性部分频率特性 $G(j\omega)$ 轨迹线这两种途径着手，使得在复平面上的 $-\frac{1}{N(A)}$ 和 $G(j\omega)$ 两条轨迹线不相交且 $-\frac{1}{N(A)}$ 轨迹线不被 $G(j\omega)$ 轨迹线所包围，还有足够的稳定裕量，从而达到了消除自激振荡和提高系统相对稳定性的目的。但是因为一般非线性元件的特性（参数）是不易改变的，故常用的校正方法是对线性部分的特性进行校正。以下举例介绍应用无源超前网络校正的非线性系统校正方法。

【例 9－2】 设有一校正前的非线性控制系统，如图 9－21 所示。系统线性部分的传递函数为 $G(s)=\frac{160}{s(s+2)(s+8)}$，控制它的非线性元件具有死区的继电特性，其参数关系为 $\frac{M}{a}=2$，现要求该非线性控制系统不但要能稳定运行，并且有 30°左右的相位裕量。试分析校正前的系统是否满足要求的性能，若不能满足，则串联一无源超前网络来满足所要求的性能指标。

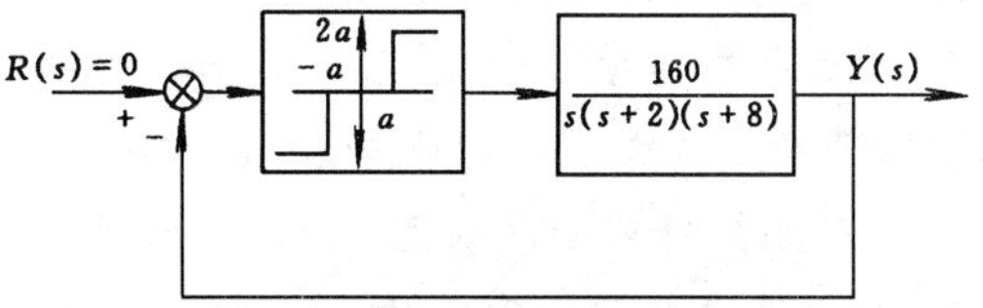

图 9－21　例 9－2 校正前的非线性控制系统方框图

解　(1) 未串联超前网络校正装置时，线性部分 $G(s)$ 频率特性为 $G(j\omega)=$

$$\frac{160}{j\omega(j\omega+2)(j\omega+8)}=-\frac{160\times[10\omega+j(16-\omega^2)]}{\omega(4+\omega^2)(64+\omega^2)}=\frac{1600}{(4+\omega^2)(64+\omega^2)}-j\frac{160\times(16-\omega^2)}{\omega(4+\omega^2)(64+\omega^2)}。$$

$G(j\omega)$ 在复平面上的奈氏曲线图如图 9-22 的曲线①。

具有死区及继电特性的非线性元件的描述函数（见表 9-1）为 $N(A)=\frac{4M}{\pi A}\sqrt{1-\left(\frac{a}{A}\right)^2}\angle 0°(A>a)$。由上式可画出 $-\frac{1}{N(A)}$ 轨迹线如图 9-22 的直线②。

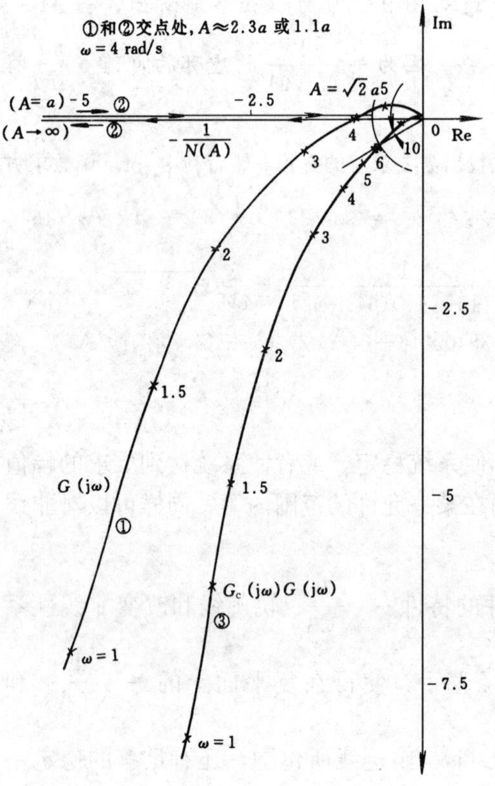

图 9-22 例 9-2 的 $-\frac{1}{N(A)}$ 轨迹和线性部分奈氏图

设 A 由 $A=a$ 开始增大，$A=a$ 时，$N(A)=0$，$-\frac{1}{N(A)}=-\infty$，见图 9-22，$-\frac{1}{N(A)}$ 的值在负实轴的 $-\infty$ 处；当 $A>a$ 并逐渐增大时，$N(A)$ 将逐渐增大，$-\frac{1}{N(A)}$ 的值将在负实轴上从左向右变化，当 $A=\sqrt{2}a$ 时，$-\frac{1}{N(A)}$ 值达到极大值 -0.785。以后如果 A 再增大，$-\frac{1}{N(A)}$ 值将逐渐减小，即在负实轴上从右向左变化，直至又变化到 $-\frac{1}{N(A)}=-\infty$，如图 9-22 所示。

分别将 $G(j\omega)$ 和 $-\frac{1}{N(A)}$ 对应的实部和虚部相等，可得图 9-22 中奈氏曲线①和直线②的交点处的振幅 $A\approx2.3a$ 或 $1.1a$，频率 $\omega=4\text{rad/s}$。图 9-22 中曲线①和直线②交点处的放大图见图 9-23。

这些数据决定了系统可能产生的振荡的性质。如果系统原来处于自激振荡状态，其振幅为 $2.3a$，这时只要干扰未使振幅小于 $1.1a$，则系统仍会回到振幅为 $2.3a$ 的振荡状态。所以 $A=2.3a$ 处的自振荡是稳定的。但是当工作点在 $A=1.1a$，$\omega=4\text{rad/s}$ 时，若有干扰使振幅增大，则系统将在 $A=2.3a$，$\omega=4\text{rad/s}$ 处维持自激振荡；如果有干扰使振幅减小，则系统最后将趋于平衡状态。所以在交点 $A=1.1a$，$\omega=4\text{rad/s}$ 处，振荡是不稳定的。

从以上分析可知，如图 9-21 的非线性控制系统虽然能产生稳定的自激振荡或在 $A<1.1a$ 时，系统会趋于平衡状态，但系统不能保证有 30°的相角裕量。为此，需要增加校正装置。

(2) 串联一个超前网络校正装置 $G_c(s)=\frac{1+Ts}{1+aTs}$，根据线性系统超前校正的综合方法，可取 $G_c(s)$ 的参数 $a=0.12$，$T=0.25\text{s}$。即 $G_c(s)=\frac{1+0.25s}{1+0.03s}$。

增加串接超前校正装置 $G_c(s)$ 后，图 9-21 所示非线性系统的线性部分的频率特性为

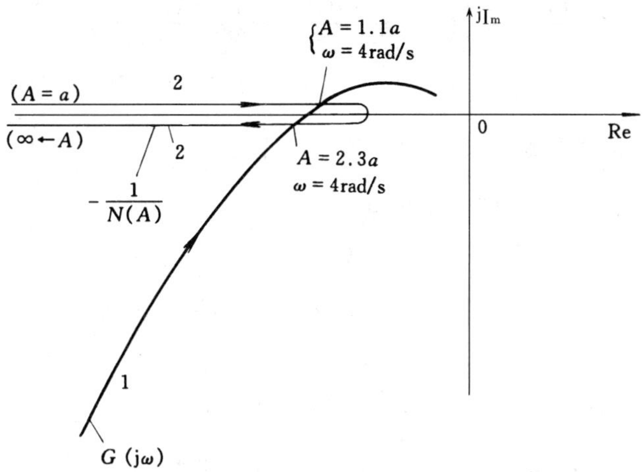

图 9-23　图 9-22 中曲线①和直线②交点附近的放大图
箭头为 A 和 ω 增加的方向

$$G_c(j\omega)G(j\omega)=-\frac{160\times[10\omega+j(16-\omega^2)]}{\omega(4+\omega^2)(64+\omega^2)}\times\frac{1+j0.25\omega}{1+j0.03\omega}$$

$$=-\frac{160\times\{6.48\omega+0.3\omega^3+j[2.2\omega^2+(16-\omega^2)(1+0.75\times10^{-2}\omega^2)]\}}{\omega(4+\omega^2)(64+\omega^2)(1+0.09\times10^{-2}\omega^2)}$$

按上式可画出校正后线性部分的频率特性，即 $G_c(j\omega)G(j\omega)$ 的奈氏图，见图 9-22 的曲线③。很明显，它与 $-\frac{1}{N(A)}$ 轨迹线已不相交，系统性能得到了改善。而且在 $A=\sqrt{2}a$ 处，幅值裕量为 $20\lg\frac{0.785}{0.20}\approx12$ (dB)。相位裕量约为 30°，基本满足要求。如果 $A>\sqrt{2}a$ 或 $A<\sqrt{2}a$，则稳定裕量还会大一些。

9.3　非线性控制系统的相平面分析

当非线性系统的非线性特性很显著，不能只考虑基波分量时，或者需要研究系统在各种初始条件和各种不同的输入信号（例如非周期性的阶跃输入、斜坡输入、脉冲输入信号等）作用下的所有可能的运动状态时，将无法应用描述函数法，这时可采用相平面法来分析研究非线性系统的性能。

一、相平面法的基本概念

非线性系统的相平面分析法，是前面第八章介绍的状态空间分析法在二维空间下的应用。它是一种用图解方法来求解二阶非线性控制系统的精确方法。这种方法不仅对一些典型的普通的非线性特性（例如前述的饱和、死区、滞环、继电等非线性特性）能适用，而且还能解决特别明显的非线性控制问题，不仅能给出系统的稳定性信息和动态特性的信息，还能给出系统运动轨迹的清晰图像。因此，尽管对于三阶以上的系统要作出其相轨迹是不可能的，然而可以将二维空间中分析的结果和概念，推广到 n 维空间去。即可以从二阶非线性系统的相平面分析中估计出非线性因素对高阶系统的影响。

设有一个二阶系统可以用下述微分方程来描述

$$\frac{d^2x}{dt^2}+a_1\left(x,\ \frac{dx}{dt}\right)\frac{dx}{dt}+a_0\left(x,\ \frac{dx}{dt}\right)x=0 \tag{9-20}$$

式中，当系数 a_1 和 a_0 为常数时，则说明式（9－20）表示一个二阶线性系统；如果系数 a_1 和 a_0 为 x 和 $\frac{dx}{dt}$ 的函数时，则式（9－20）表示一个二阶非线性系统。

式（9－20）表示的二阶非线性系统也可用状态方程来描述。令 $x_1=x$，$x_2=\dot{x}_1$，则有

$$\begin{cases}\dot{x}_1=x_2\\ \dot{x}_2=-a_0(x_1,\ x_2)x_1-a_1(x_1,\ x_2)x_2\end{cases}$$

或写成

$$\begin{bmatrix}\dot{x}_1\\ \dot{x}_2\end{bmatrix}=\begin{bmatrix}0 & 1\\ -a_0(x_1,\ x_2) & -a_1(x_1,\ x_2)\end{bmatrix}\begin{bmatrix}x_1\\ x_2\end{bmatrix} \tag{9-21}$$

式（9－20）或式（9－21）的时间解，可以用变量 $x(t)$ 与时间 t 的关系曲线来表示。这就是系统的时间响应曲线。也可以把时间 t 作为参变量，用变量 $x(t)$ 和其一阶导数 $\dot{x}(t)$ 的关系曲线来表示。把 x 和 $\dot{x}$ 的关系画在以 x 和 $\dot{x}$ 为直角坐标的平面上，平面上的一个点代表系统在某一时刻的状态。当时间 t 变化时，这一点在平面 $x-\dot{x}$ 上便描绘出一条相应的轨迹线。该轨迹线就反映了系统的运动过程，如图 9－24 所示。图中（x_0，$\dot{x}_0$）表示系统的初始状态。随着时间的推移，如果曲线逐渐向原点靠近，如图 9－24（a）所示，即 $x\to0$，$\dot{x}\to0$，则表示系统逐渐趋向平衡状态，即系统在这一初始条件下是渐近稳定的。如果系统在图 9－24（b）的初始状态下，随着时间 t 的推移，曲线趋向无穷远处，即 $x\to\infty$，$\dot{x}\to\infty$，则表示系统是不稳定的。如果曲线趋向一个包围原点的封闭轨迹，如图 9－24（c）所示，则表明系统存在自激振荡和极限环。

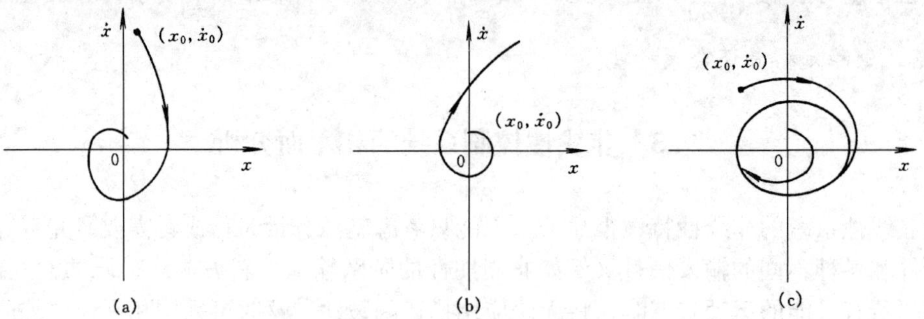

图 9－24　二阶系统的 $x-\dot{x}$ 关系曲线

（a）渐近稳定；（b）不稳定；（c）自激振荡

上述 $x-\dot{x}$ 曲线称为**相轨迹**，而 $x-\dot{x}$ 坐标平面称为**相平面**。不同初始条件下的相轨迹族构成的图称为系统的**相平面图**。用相平面图来分析研究非线性系统的方法称为**相平面分析法**。下面将介绍相平面图的绘制方法和由相平面图求系统的过渡过程（即动态响应）的方法。

二、相平面图的绘制方法

应用相平面法分析研究非线性系统，首先要绘制出相平面图。相平面图的绘制方法有解析法、图解法和实验法等。当非线性系统的微分方程比较简单或系统的非线性部分可以分段

线性化处理时，可以采用解析法绘制相平面图。应用解析法可以直接求出非线性微分方程的解。当需要应用相平面图来说明系统存在的某些运动状态与研究非线性因素的影响时，可应用解析法绘制出相平面图。

当非线性系统的微分方程用解析法求解比较困难，甚至求解根本不可能时，可以采用图解法求解。图解法可以不求解微分方程直接绘制出相平面图。由于多数二阶非线性系统的微分方程不能用解析法求解，因此在非线性系统的相平面法分析中，图解法就显得很重要了。图解法绘制相平面图的方法有很多种，其中最常用的是等倾线法和 δ 法。

另外，还可以采用实验方法求相平面图。只要能建立系统的微分方程及知道非线性元件的特性，就可以用数字计算机对系统进行模拟仿真试验，从而求出相当精确的相轨迹平面图。

1. 解析法

设有一线性弹簧和质量组成的机械系统，如图 9-25 所示，若只考虑到库仑摩擦力 F_c（图 9-26），则图 9-25 机械系统的运动方程为一非齐次非线性微分方程

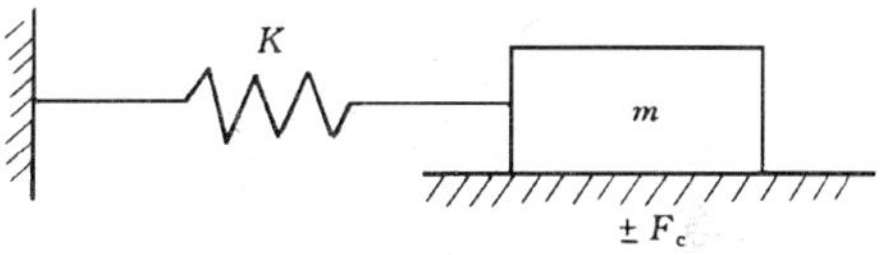

图 9-25　机械系统

$$m\ddot{y}+Ky\pm F_c=0 \tag{9-22}$$

式中，m 为运动部件（重块）的质量；K 为弹簧系数；y 为重块的位移。

F_c 前的"±"符号由 $\dot{y}$ 决定，见图 9-26。即当 $\dot{y}>0$ 时，为 $+F_c$，当 $\dot{y}<0$ 时为 $-F_c$。故式（9-22）也可写成

$$m\ddot{y}+Ky+\operatorname{sign}(\dot{y})F_c=0 \tag{9-23}$$

式中，sign 为符号函数。

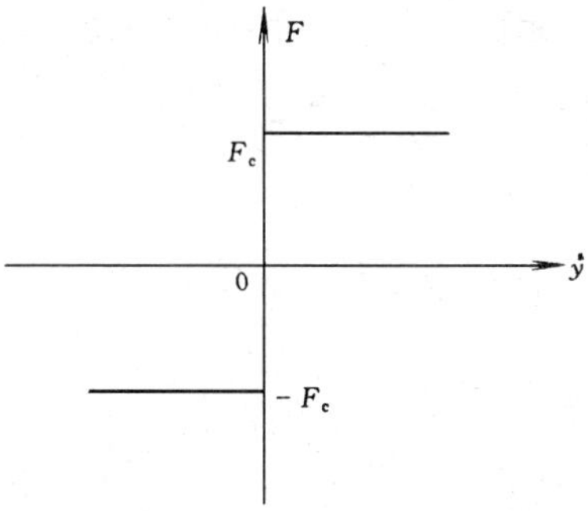

图 9-26　库仑摩擦

对于一定的 $\dot{y}$ 值，F_c 前的符号是一定的，所以系统的运动可以采用分段线性化的方法来处理。

若令
$$\frac{K}{m}=\omega_n^2,\ \gamma=\frac{F_c}{m\omega_n^2} \tag{9-24}$$

则式（9-22）可改写成

$$\ddot{y}+\omega_n^2(y\pm\gamma)=0 \tag{9-25}$$

对式（9-25）进行变量变换：令 $x_1=y\pm\gamma$，可得

$$\ddot{x}_1+\omega_n^2x_1=0 \tag{9-26}$$

式（9-26）还可改写成状态方程形式

$$\begin{cases}\dot{x}_1=x_2\\ \dot{x}_2=-\omega_n^2x_1\end{cases} \tag{9-27}$$

即
$$\begin{bmatrix}\dot{x}_1\\ \dot{x}_2\end{bmatrix}=\begin{bmatrix}0 & 1\\ -\omega_n^2 & 0\end{bmatrix}\begin{bmatrix}x_1\\ x_2\end{bmatrix}$$

将式（9-27）的两式相除可得 $\dfrac{dx_2}{dx_1}=-\dfrac{\omega_n^2x_1}{x_2}$ 或 $x_2dx_2=-\omega_n^2x_1dx_1$。积分后可得 $x_2^2+\omega_n^2x_1^2=C$。将 $x_1=y\pm\gamma$，$x_2=\dot{x}_1=\dot{y}$ 分别代入可得

$$\left(\frac{1}{\omega_n}\dot{y}\right)^2+(y\pm\gamma)^2=\frac{C}{\omega_n^2}=C' \tag{9-28}$$

式中，C'和C为积分常数$\left(C'=\frac{C}{\omega_n^2}\right)$。

式（9-28）即为系统的相轨迹方程。

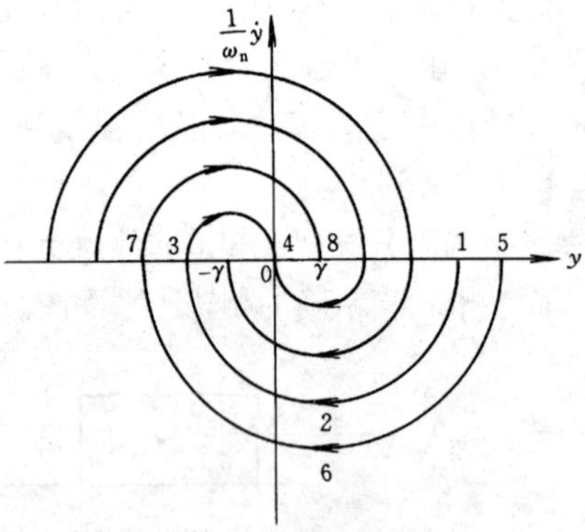

图 9-27　具有库仑摩擦的非线性系统的相平面图

以y为横坐标，$\frac{1}{\omega_n}\dot{y}$为纵坐标，可画出式（9-28）的相平面图，如图 9-27 所示。图中的上半部，因$\dot{y}>0$，所以式（9-28）中γ前的符号应取“+”号。相轨迹是以（$-\gamma$，0）为圆心的半圆。由于式（9-28）中的积分常数C'由初始条件所决定，因此在不同的初始条件下可画出不同的半圆。在相平面的下半部，因$\dot{y}<0$，所以式（9-28）中γ前的符号应取“一”号。相轨迹则是以（γ，0）为圆心的半圆簇。上、下两部分相轨迹在横轴上衔接。相轨迹上箭头所指的方向表示时间增加的方向，在相平面的上半部，$\dot{y}>0$，相轨迹由左向右变化，所以位移$\dot{y}>0$是增加的；在相平面的下半部，$\dot{y}<0$，相轨迹由右向左变化，所以位移y是减小的；所以随着时间的推移，相轨迹上的点总是顺时针方向变化的。一旦系统的状态到达区间$[-\gamma, \gamma]$，即位移$|y|\leqslant\gamma$时，系统的运动就停止。即系统会有稳态误差，其最大稳态误差为$\pm\gamma$，或者说是$\pm\frac{F_c}{K}$［见式（9-24）］。例如在图 9-27 中，系统的初始状态在点 1 时，相轨迹将沿 1—2—3—4 运动，此时系统无稳态误差；而如果系统的初始状态在点 5，相轨迹将沿 5—6—7—8 运动，系统的稳态误差将达到$\frac{F_c}{K}$。

2. 等倾线法

等倾线法是一种不需求解微分方程，只要通过作图方法便可求得相平面图的方法。这种方法适用于那些非线性特性能用数学表达式表示的系统。

设一非线性系统的微分方程式为

$$\frac{\mathrm{d}^2x}{\mathrm{d}t^2}+a_1\left(x,\ \frac{\mathrm{d}x}{\mathrm{d}t}\right)\frac{\mathrm{d}x}{\mathrm{d}t}+a_0\left(x,\ \frac{\mathrm{d}x}{\mathrm{d}t}\right)=0$$

可改写成

$$\ddot{x}+a_1(x,\ \dot{x})\dot{x}+a_0(x,\ \dot{x})x=0$$

或写成

$$\frac{\ddot{x}}{\dot{x}}=\frac{\mathrm{d}\dot{x}}{\mathrm{d}x}=-a_1(x,\ \dot{x})-a_0(x,\ \dot{x})\frac{x}{\dot{x}} \tag{9-29}$$

式（9-29）实际上是相轨迹斜率$\frac{\mathrm{d}\dot{x}}{\mathrm{d}x}$的表达式。如果令$\frac{\mathrm{d}\dot{x}}{\mathrm{d}x}=\alpha=$常数，则式（9-29）可写成

$$-a_1(x,\ \dot{x})-a_0(x,\ \dot{x})\frac{x}{\dot{x}}=\alpha \tag{9-30}$$

式（9-30）表示了相轨迹上斜率为常数a的点的连接线。这种连接线称为等倾线。式（9-30）又称为**等倾线方程**。a取值不同，连线也不同，在整个相平面上可以作出不同a值的等倾线族（即等倾线的分布图）。如在这些等倾线的各点上画出一些斜率等于等倾线所对

应的 a 值的短线段，则这些短线段便在整个相平面上构成了相轨迹切线的方向场，如图 9－28 所示。

由于等倾线方程式（9－30）是一个代数方程，所以等倾线族是比较容易画出的（见下述的例子）。

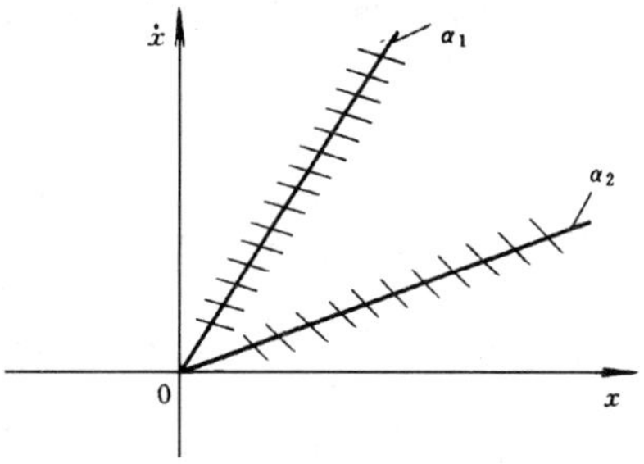

图 9－28　等倾线和表示切线方向的短线段

应用等倾线法绘制相轨迹时，首先需要将等倾线分布图画出，然后针对某一初始状态$(x_0, \dot{x}_0)$，在相平面上确定相轨迹的初始点。从初始点出发到相邻的次一条等倾线的一段相轨迹，可近似地用这相邻两条等倾线斜率的平均斜率的直线段代替。该直线段与次一条等倾线的交点，就是画下一段相轨迹的起始点。如此继续下去，就可画出系统的相轨迹图。

下面以二阶线性系统为例，说明等倾线法的应用。

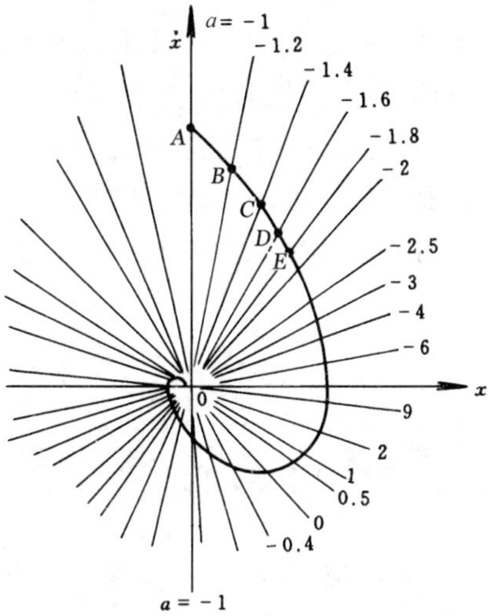

图 9－29　例 9－3 的等倾线族和相轨迹图

【例 9－3】　绘制下述线性系统微分方程的相轨迹图 $\ddot{x}+2\zeta\omega_n\dot{x}+\omega_n^2x=0$。

解　按式（9－30），等倾线方程为 $-2\zeta\omega_n-\omega_n^2\dfrac{x}{\dot{x}}=a$，或写成 $\dfrac{\dot{x}}{x}=-\dfrac{\omega_n^2}{a+2\zeta\omega_n}$。所以等倾线是通过相平面原点的一些直线。当 $\zeta=0.5$，$\omega_n=1$ 时，等倾线的斜率为 $\dfrac{\dot{x}}{x}=-\dfrac{1}{a+1}$（等倾线方程）。

当取不同的相轨迹的斜率 a 时，等倾线族如图 9－29 所示。

应用等倾线法绘制从初始状态点$(x_0, \dot{x}_0)$出发的相轨迹的过程如下：

（1）由等倾线方程计算出一些 a 值对应的等倾线族（它们都通过坐标原点）：

$a=0$，$\dot{x}=-x$，所以等倾线的倾角为$-45°$或 $135°$；

$a=0.5$，$\dot{x}=-\dfrac{1}{1.5}x$，所以等倾线的倾角为$-33.7°$或 $146.3°$；

$a=2$，$\dot{x}=-\dfrac{1}{3}x$，所以等倾线的倾角为$-14.8°$；

$a=9$，$\dot{x}=-\dfrac{1}{10}x$，所以等倾线的倾角为$-5.7°$；

$a=-1$，$\dot{x}=-\infty x$，所以等倾线的倾角为$\pm 90°$；

$a=-1.2$，$\dot{x}=5x$，所以等倾线的倾角为 $78.7°$；

$a=-1.4$，$\dot{x}=2.5x$，所以等倾线的倾角为 $68.2°$；

$a=-2$，$\dot{x}=1x$，所以等倾线的倾角为 $45°$。

⋮

（2）从初始状态$(x_0, \dot{x}_0)$点 A 出发，从等倾线 $a=-1$ 到相邻的次一条等倾线 $a=$

-1.2 的相轨迹用一条直线段近似之，如图 9－36 所示。直线段的斜率为 $\frac{-1+(-1.2)}{2}=-1.1$。过点 A 作斜率为 -1.1 的直线与等倾线 $a=-1.2$ 交于点 B，线段 AB 就近似为相轨迹的一部分。

（3）等倾线 $a=-1.2$ 与相邻次一条等倾线 $a=-1.4$ 间的相轨迹由斜率为 $\frac{-1.2+(-1.4)}{2}=-1.3$ 的直线段近似之。过点 B 作斜率为 -1.3 的直线，与等倾线 $a=-1.4$ 交于点 C，直线段 BC 也就是相轨迹的一部分。

（4）用上述方法依次作出其他各等倾线间的相轨迹，就可得到整条相轨迹 $ABCDE\cdots 0$。

为了保证一定的相轨迹的准确度，等倾线应有一定的分布度。一般应每隔 5°～10°。画出等倾线族。

对于非线性系统，等倾线不再是简单的直线而是曲线，画起来就比较麻烦了。

三、奇点和极限环

引入相平面法分析非线性系统，不单是求取由给定初始状态出发的某一条相轨迹，其主要目的是通过相平面图的研究，不必求解微分方程就可以确定系统的运动状态及其性能。

对于非线性系统来说，确定出相平面上的平衡点——奇点附近的性能和极限环的型式，也就确立了系统所有可能的稳定运动状态及其性能。因此掌握相平面图上奇点和极限环的特性，对于非线性系统的分析和研究是十分重要的。下面将分别介绍奇点和极限环的概念以及它们的应用。

（一）奇点

1. 奇点的定义

当线性或非线性系统到达平衡点时，速度 $\frac{\mathrm{d}x}{\mathrm{d}t}$ 和加速度 $\frac{\mathrm{d}^2 x}{\mathrm{d}t^2}$ 均等于零，因此平衡点处相轨迹的斜率 $\frac{\mathrm{d}\dot{x}}{\mathrm{d}x}=\frac{0}{0}$ 为不定值。因此可以有无穷多条相轨迹进入或离开这一点。它们均在这一点相交。对这样一个特殊的点，称之为奇点。而奇点以外的相轨迹上的每一点都有确定的斜率 $\frac{\mathrm{d}\dot{x}}{\mathrm{d}x}$。

2. 奇点的类型

先看二阶线性系统奇点的类型和特性。对于二阶非线性系统，经线性化处理后，只要具有与线性系统相同类型的特征根，同样可以用线性系统的奇点类型和特性来分析非线性系统的运动特性。

设二阶线性系统的微分方程为

$$\ddot{x}+2\zeta\omega_{\mathrm{n}}\dot{x}+\omega_{\mathrm{n}}^2 x=0 \tag{9-31}$$

式（9－31）特征方程根 λ_1 和 λ_2 为

$$\lambda_{1,2}=-\zeta\omega_{\mathrm{n}}\pm\omega_{\mathrm{n}}\sqrt{\zeta^2-1} \tag{9-32}$$

特征根 λ_1、λ_2 在根平面上的位置随着系统阻尼系数 ζ 的不同而不同。根据 λ_1 和 λ_2 在复平面上的位置，奇点的特性可以分为以下六种情况，如表 9－2 所示，表中列出了奇点类型、根分布图、相平面图和变量的动态响应。

表 9－2　　**奇点类型及特征**

奇点类型	闭环根分布	相平面图	动态响应
(a) 稳定焦点	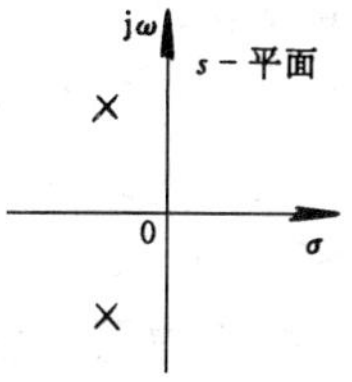	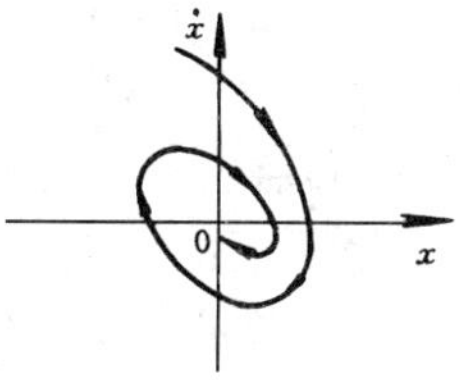	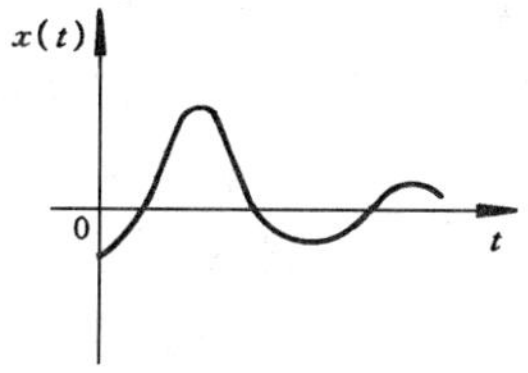
(b) 稳定节点	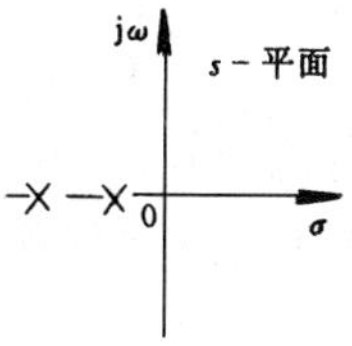	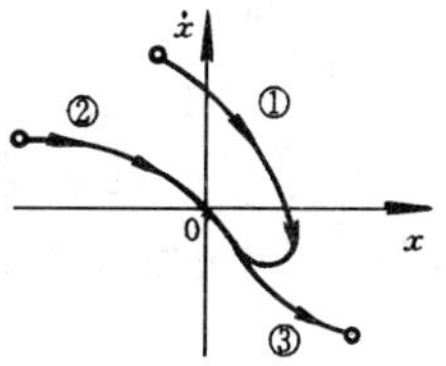	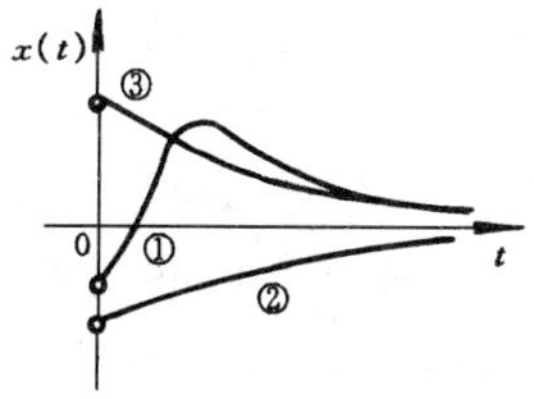
(c) 中心点（旋涡）	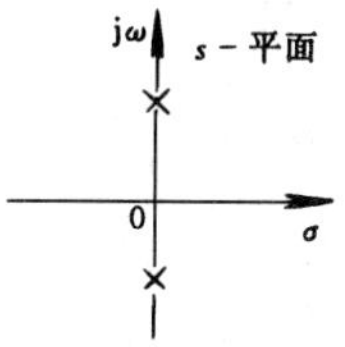	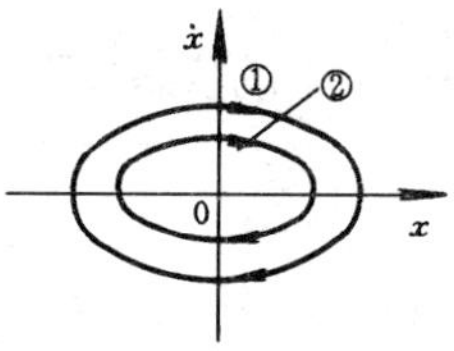	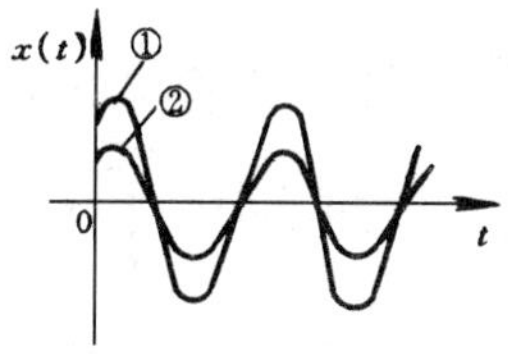
(d) 不稳定焦点	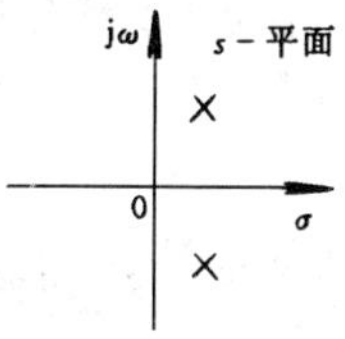	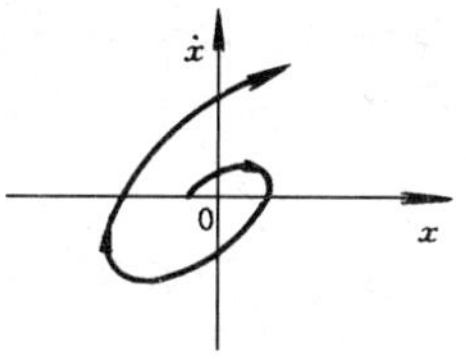	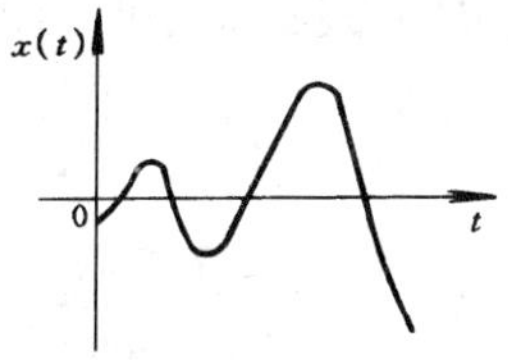
(e) 不稳定节点	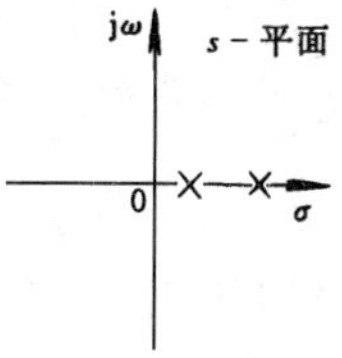	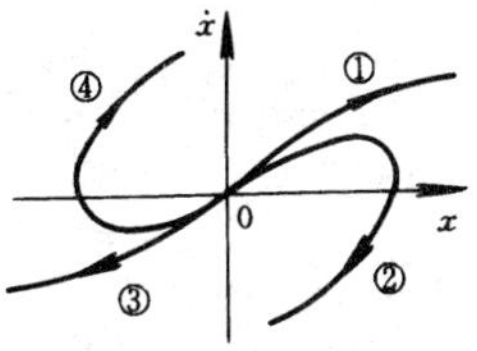	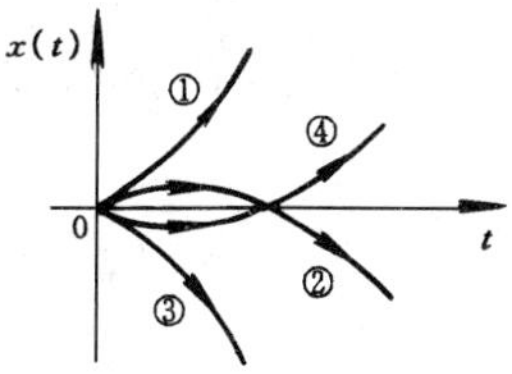
(f) 鞍点	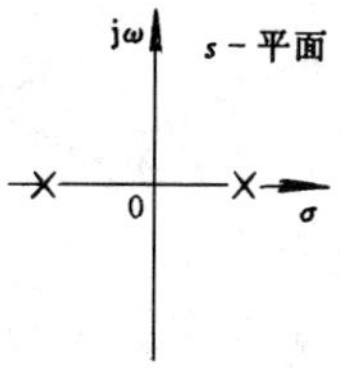	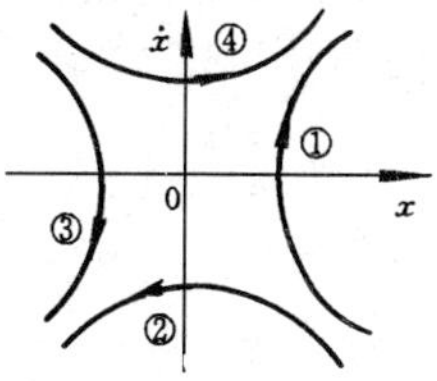	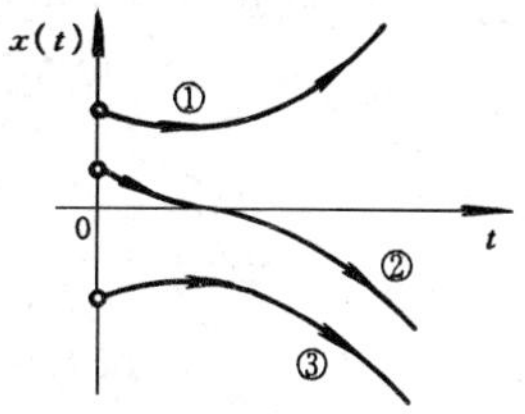

（1）当 λ_1 和 λ_2 为共轭复数根且位于复平面的左半平面，即式（9－32）中 $0<\zeta<1$ 时，则相应的相轨迹和动态响应如表 9－2（a）所示，这时的奇点称为**稳定焦点**。

（2）当 λ_1 和 λ_2 为实数根且均位于复平面的左半平面，即式（9－32）中 $\zeta\geqslant1$ 时，相应的相轨迹和动态响应如表 9－2（b）所示，这时的奇点称为**稳定节点**。

（3）当 λ_1 和 λ_2 为共轭虚根，即式（9－32）中区域 $\zeta=0$ 时，相应的相轨迹和动态响应如表 9－2（c）所示，这时的奇点称为**中心点**。

（4）当 λ_1 和 λ_2 为共轭复根且位于复平面的右半平面，即式（9－32），$-1<\zeta<0$ 时，则相应的相轨迹和动态响应如表 9－2（d）所示，这时的奇点称为**不稳定焦点**。

（5）当 λ_1 和 λ_2 为实数根且位于复平面的右半平面，即式（9－32），$\zeta\leqslant1$ 时，则相应的相轨迹和动态响应如表 9－2（e）所示，这时的奇点称为**不稳定节点**。

（6）当 λ_1 和 λ_2 为实数根且 λ_1 位于复平面的左半平面，λ_2 位于复平面的右半平面时，则相应的相轨迹和动态响应如表 9－2（f）所示，这时的奇点称为**鞍点**。

表 9－2 中相应的相平面图都可以用前述的相平面图的绘制方法（解析法、等倾线法）绘制出来。

3. 非线性系统奇点坐标的确定

设一二阶非线性系统可用前述式（9－21）的状态方程 $\begin{cases}\dot{x}_1=x_2\\ \dot{x}_2=-a_0(x_1,\ x_2)x_1-a_1(x_1,\ x_2)x_2\end{cases}$ 来描述。其更一般的形式为

$$\begin{cases}\dot{x}_1=P(x_1,\ x_2)\\ \dot{x}_2=Q(x_1,\ x_2)\end{cases}\tag{9-33}$$

式中，P 和 Q 为 x_1 和 x_2 的非线性函数。在奇点处，因为 $\dot{x}_1=0$ 和 $\dot{x}_2=0$，所以有

$$\begin{cases}P(x_1,\ x_2)=0\\ Q(x_1,\ x_2)=0\end{cases}\tag{9-34}$$

式（9－34）代表在平面（x_1，x_2）（即 $x-\dot{x}$ 相平面）上的两条曲线，两线的交点即为奇点，由此可确定奇点的坐标（x_{10}，x_{20}）。

为了确定奇点的性质和奇点附近的性能，可将式（9－33）在奇点附近展开泰勒级数

$$\begin{cases}P(x_1,\ x_2)=P(x_{10},\ x_{20})+\left.\dfrac{\partial P}{\partial x_1}\right|_{(x_{10},\ x_{20})}(x_1-x_{10})+\left.\dfrac{\partial P}{\partial x_2}\right|_{(x_{10},\ x_{20})}(x_2-x_{20})+\cdots\\ Q(x_1,\ x_2)=Q(x_{10},\ x_{20})+\left.\dfrac{\partial Q}{\partial x_1}\right|_{(x_{10},\ x_{20})}(x_1-x_{10})+\left.\dfrac{\partial Q}{\partial x_2}\right|_{(x_{10},\ x_{20})}(x_2-x_{20})+\cdots\end{cases}\tag{9-35}$$

对于奇点附近足够小的区域，可以忽略高阶项，只取一次近似式，同时因有 $P(x_{10},\ x_{20})=Q(x_{10},\ x_{20})=0$，所以可得线性化方程组

$$\begin{cases}P(x_1,\ x_2)=\left.\dfrac{\partial P}{\partial x_1}\right|_{(x_{10},\ x_{20})}(x_1-x_{10})+\left.\dfrac{\partial P}{\partial x_2}\right|_{(x_{10},\ x_{20})}(x_2-x_{20})\\ Q(x_1,\ x_2)=\left.\dfrac{\partial Q}{\partial x_1}\right|_{(x_{10},\ x_{20})}(x_1-x_{10})+\left.\dfrac{\partial Q}{\partial x_2}\right|_{(x_{10},\ x_{20})}(x_2-x_{20})\end{cases}\tag{9-36}$$

为了讨论简便起见，假设奇点就在原点，即 $x_{10}=x_{20}=0$，再令 $\left.\dfrac{\partial P}{\partial x_1}\right|_{(x_{10},\ x_{20})}=a$，

$\left.\frac{\partial P}{\partial x_2}\right|_{(x_{10},\ x_{20})}=b$，$\left.\frac{\partial Q}{\partial x_1}\right|_{(x_{10},\ x_{20})}=c$，$\left.\frac{\partial Q}{\partial x_2}\right|_{(x_{10},\ x_{20})}=d$。则式（9-36）可写成

$$\begin{cases}\dot{x}_1=ax_1+bx_2\\ \dot{x}_2=cx_1+dx_2\end{cases} \tag{9-37}$$

或写成矩阵矢量形式

$$\begin{bmatrix}\dot{x}_1\\ \dot{x}_2\end{bmatrix}=\begin{bmatrix}a & b\\ c & d\end{bmatrix}\begin{bmatrix}x_1\\ x_2\end{bmatrix} \tag{9-38}$$

系统在奇点（x_{10}，x_{20}）附近的运动特性就可由式（9-38）的特征方程的根来决定。如果式（9-38）的两个特征方程根都具有负的实部，则原点是渐近稳定的平衡点（奇点）。如果一个特征根的实部为负，而另一个实部为零，或两个特征根的实部都为零，则不能根据线性化方程式（9-38）确定系统的稳定性。这时，靠近奇点的相轨迹特性应进一步考虑原方程中高次项的影响。

【例9-4】 试绘制由二阶非线性微分方程 $\ddot{x}+0.5\dot{x}+2x+x^2=0$ 描述的非线性系统的相平面图。

解 先改写成状态方程，为此，可令 $x_1=x$，$x_2=\dot{x}=\dot{x}_1$，则非线性系统的状态方程为

$$\begin{cases}\dot{x}_1=x_2=P(x_1,\ x_2)\\ \dot{x}_2=-0.5x_2-2x_1-x_1^2=Q(x_1,\ x_2)\end{cases}$$

当系统达到平衡状态时，$\dot{x}_1=\dot{x}_2=0$,，所以有$\begin{cases}x_2=0\\ -0.5x_2-2x_1-x_1^2=0\end{cases}$

可解得系统的奇点为 $x_1=x=0$，$x_2=\dot{x}=0$ 和 $x_1=x=-2$，$x_2=\dot{x}=0$。即该非线性系统的相平面图上有两个奇点（0，0）和（−2，0）。这两个奇点的类型和特性可用前述的线性化状态方程式（9-38）的特征根来确定。

（1）奇点（0，0），即相平面上的原点的类型和特性。

按式（9-38）的线性化状态方程 $\begin{bmatrix}\dot{x}_1\\ \dot{x}_2\end{bmatrix}=\begin{bmatrix}a & b\\ c & d\end{bmatrix}\begin{bmatrix}x_1\\ x_2\end{bmatrix}$ 有，$a=\frac{\partial P}{\partial x_1}=0$，$b=\frac{\partial P}{\partial x_2}=1$；$c=\frac{\partial Q}{\partial x_1}=-2-2x_1|_{x_1=0}=-2$；$d=\frac{\partial Q}{\partial x_2}=-0.5$。所以系统的特征方程为

$$\left|sI-\begin{bmatrix}0 & 1\\ -2 & -0.5\end{bmatrix}\right|=\left|\begin{bmatrix}s & -1\\ 2 & s+0.5\end{bmatrix}\right|=s^2+0.5s+2=0$$

求解可得特征根为 $s_{1,2}=-0.25\pm \mathrm{j}1.39$。因此奇点（0，0）为稳定的焦点。

（2）奇点（−2，0）的类型和特性。

先进行坐标变换，令 $y=x+2$，则 $x=y-2$，$\dot{x}=\dot{y}$，$\ddot{x}=\ddot{y}$。将这些关系式代入原方程可得坐标变换后的二阶非线性微分方程为 $\ddot{y}+0.5\dot{y}-2y+y^2=0$。

用上述同样的方法可得原方程的线性化状态方程为 $\begin{bmatrix}\dot{y}_1\\ \dot{y}_2\end{bmatrix}=\begin{bmatrix}0 & 1\\ 2 & -0.5\end{bmatrix}\begin{bmatrix}y_1\\ y_2\end{bmatrix}$，其特征方程为 $s^2+0.5s-2=0$。解得特征根为 $s_{1,2}=-0.25\pm\frac{\sqrt{0.25+8}}{2}$，即 $s_1=1.19$，$s_2=-1.69$。因此，奇点（−2，0）为鞍点。

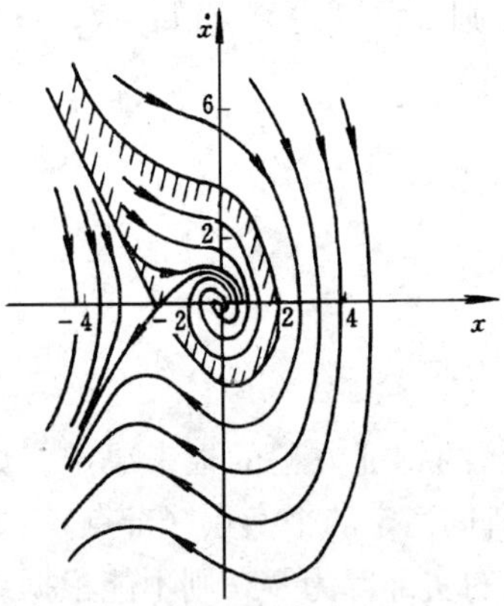

图 9-30　例 9-4 的相平面图

利用等倾线法，可画出系统的相平面图，如图 9-30 所示。图 9-30 中进入鞍点（—2，0）的两条相轨迹是分隔线。在本例的系统中，分隔线将划分成两个不同的区域：稳定区（如图 9-30 中的阴影部分）和不稳定区。如果初始状态落在阴影面包围的区域内，则相轨迹将收敛于坐标原点，系统将达到平衡状态，所以系统的动态过程是稳定的。如果初始状态位于阴影面包围的区域以外，则相轨迹将趋向于无穷远，因此系统是不稳定的。这样，由相平面图可以知道系统运动的所有可能情况。

（二）极限环

以上介绍了奇点及其类型和性质。对于不同的奇点，系统在平衡状态附近的运动性质也不同。对于线性系统来说，奇点的类型完全确定了系统的动态性能。而对于非线性系统，奇点的类别只能确定系统在平衡状态附近的行为，而不能确定整个相平面上的运动状态，所以还要研究离平衡状态较远处的相轨迹图，其中极限环具有特别重要的意义。相平面上如果存在一条孤立的封闭相轨迹，而且它附近的其他相轨迹都无限地趋向或者离开这条封闭的相轨迹，则这条封闭相轨迹称为极限环（或称极圈或奇线）。极限环本身作为一条相轨迹来说，既不存在平衡点，也不趋向于无穷远，而是一个没有起点和终点的封闭曲线。它把相平面分隔成内部平面和外部平面两部分。任何一条相轨迹都不能从内部平面穿过极限环而进入外部平面，反之亦然。

应当指出的是，不是相平面中所有的封闭曲线都是极限环。例如表 9-2（c）中的无阻尼（$\zeta=0$）二阶系统相平面图是一个连续的封闭圆族。这类封闭曲线不是极限环，因为在这些曲线中，没有一条曲线可以从其他曲线中孤立出来，它们总是以连续曲线族的形式出现。而极限环是互相孤立的，在任何极限环的附近都不可能有其他的极限环。此外，极限环是表示一个稳定的周期运动，而表 9-2（c）所示的相平面图，是表示线性系统中的等幅振荡，它仅仅是一种临界的运动状态，不可能稳定和持久。

极限环的种类及其相应系统的动态响应，如图 9-31 所示。

极限环的类型可分为稳定的、不稳定的和半稳定的三种。

1. 稳定的极限环

如图 9-31（a）所示，这时，无论系统的初始状态（x_0，$\dot{x}_0$）在极限环的内部或外部，其相轨迹均趋向于这个极限环，如有任何较小的扰动使系统的状态离开极限环后，最后仍会回到这个极限环。这样的极限环，称做稳定的极限环。随着时间的推延，系统的运动状态为稳定的具有固定振荡频率的等幅振荡，即自激振荡。自激振荡的最大幅值是 a，最大变化率为 b，如图 9-31（a）所示。它们取决于极限环的大小。

由于稳定极限环内部平面上的相轨迹都趋向于极限环，从这个意义上说，内部平面是不稳定区。由于极限环外部平面上的相轨迹都趋向于极限环，同理可认为外部平面是稳定区。如果稳定极限环所包围的区域没有超过工程上允许的范围，则按照李雅普诺夫关于稳定性的定义，具有这种极限环的系统是稳定的。而通常在设计系统时，应尽量缩小极限环，以满足工程上对稳态误差的要求。

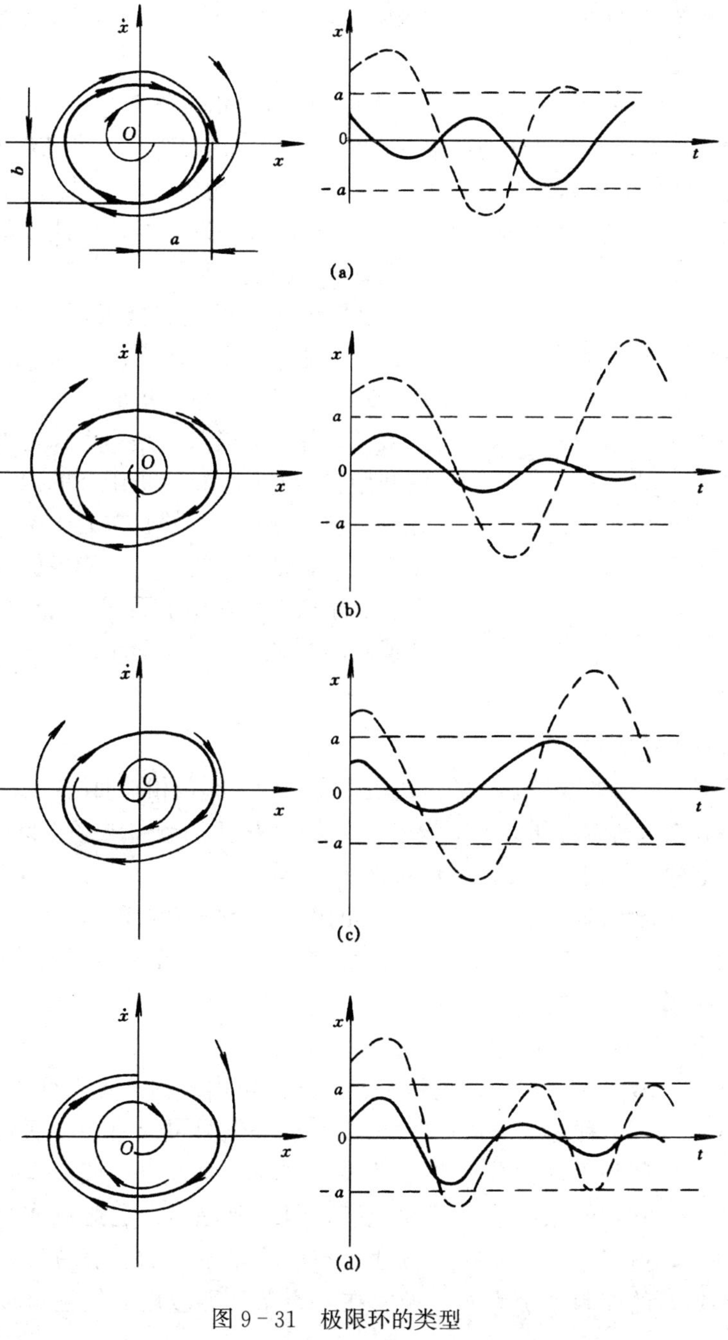

图 9－31　极限环的类型

(a) 稳定的极限环；(b) 不稳定的极限环；(c)、(d) 半稳定的极限环

2. 不稳定的极限环

如图 9－31 (b) 所示，这时，极限环内外两侧的相轨迹都是按螺旋状从极限环离开的。这样的极限环，称为不稳定的极限环。任何较小的扰动使系统的状态离开极限环后，系统状态将远离该极限环或趋向于原点（平衡点）。所以具有不稳定极限环的系统，其运动状态在

极限环上是不可能维持的。极限环内部的平面是系统的渐近稳定区域，而外部平面是不稳定区域。所以在系统设计时，应尽量扩大极限环，以使系统有较大的稳定区域。

3. 半稳定的极限环

如图 9-31（c）、（d）所示，这时，极限环两侧的相轨迹中有一侧是离开极限环的，另一侧则是趋向于极限环的。这样的极限环，称作半稳定的极限环。半稳定极限环代表的等幅振荡也是一种不稳定的运动。对于图 9-31（c）的半稳定极限环，系统设计时显然应设法避免；而对于图 9-31（d）的情况，则与不稳定极限环情况一样，应使极限环尽可能大，以扩大系统的稳定区域。

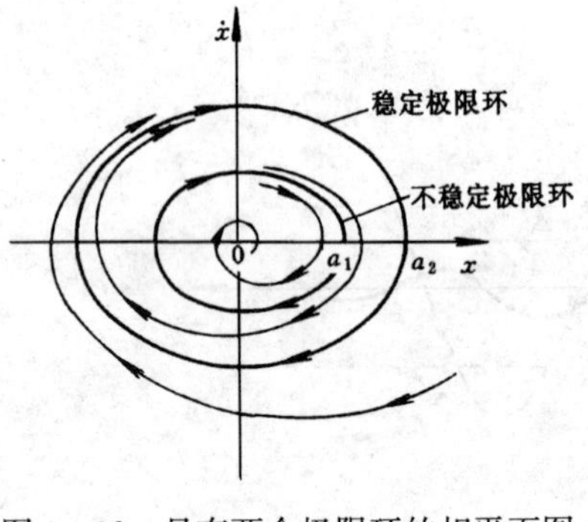

图 9-32　具有两个极限环的相平面图

实际的系统可能有极限环，也可能没有极限环，有的还可能有几个极限环。图 9-32 表示了具有两个极限环的例子。图中，里面的一个极限环是不稳定的极限环，外面的极限环是一个稳定的极限环。当系统的初始状态处于不稳定极限环的内部平面上时，系统能稳定地工作；当初始状态处于不稳定极限环的外部平面上时，则系统趋向于由稳定极限环决定的自激振荡。关于极限环在相平面图上的位置，一般要用图解法或实验法确定。对于简单的情况，也可以用解析法求得。

四、非线性系统的相平面分析

相平面法对于二阶非线性系统的分析是很有用的。利用相平面法可以不直接解非线性微分方程，就得到系统所有可能的运动状态。此法特别适用于分析二阶非线性系统在不同初始条件下的非周期输入作用下的动态响应特性。

在具有非线性特性的控制系统中，常常可以用几个分段的线性特性来近似。这时，整个相平面图可以分为几个分区域，每一个分区域均可表示为一个线性系统的相平面图。然后将各段相轨迹连接起来，就构成了合成的相轨迹，合成相轨迹可描述整个非线性系统的响应特性。对应于每个分区域，系统的相轨迹都有一个奇点。但由于各区域的相轨迹连接的结果，奇点可能位于该区域之外。如果奇点位于相应的区域内，则该奇点称为“实奇点”，如果位于相应的区域外，则称为“虚奇点”。一个系统一般只可能有一个实奇点。下面结合具体例子介绍如何应用相平面法分析非线性系统的动态特性。一般说来，在控制系统中有显著的非线性时，常会使系统动态特性变坏，因而要尽量设法避免或减少这些影响。但是，在有些场合，适当地选用非线性特性反而能改善系统的动态特性。在下面例子中将以具有非线性增益的控制系统为例，说明在一定条件下应用非线性可以改善系统的动态特性。

【例 9-5】 设有如图 9-33 所示的带有饱和非线性元件的控制系统。线性部分参数为 $T=1$，$K=4$。非线性部分参数为 $e_0=0.2$，$M=0.2$。假如系统开始处于静止状态，试用相平面法求系统在阶跃输入 $r(t)=R\times 1(t)$ 作用下的响应特性。

解 由图 9-33 的饱和非线性特性可得 $m=e$（$|e|\leqslant e_0$），$m=\pm M$（$|e|>e_0$）。描述系统线性部分的微分方程为 $T\ddot{y}+\dot{y}=Km$。

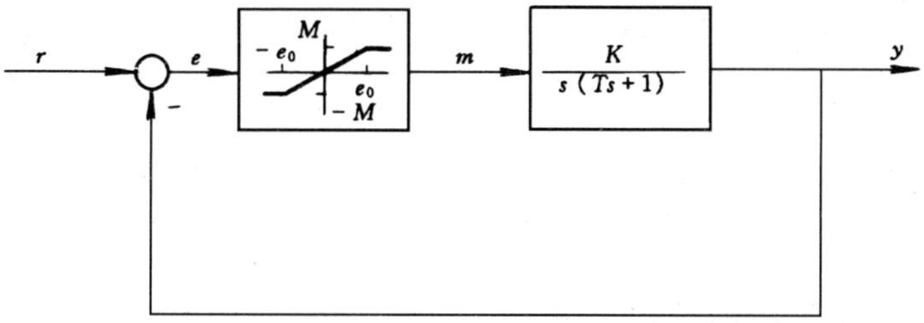

图 9-33　具有饱和非线性的控制系统

考虑到 $e=r-y$，$y=r-e$，代入可得用误差信号 e 表示的微分方程为 $T\ddot{e}+\dot{e}+Km=T\ddot{r}+\dot{r}$。因 $r(t)=R\times 1(t)$，当 $t>0$ 时，$\ddot{r}=\dot{r}=0$，因此有 $T\ddot{e}+\dot{e}+Km=0$。当系统工作在饱和非线性元件的线性部分时，则有

$$T\ddot{e}+\dot{e}+Ke=0\quad(|e|\leqslant e_0)$$

已知 $T=1$，$K=4$，代入可得对应于线性工作区域特征方程的根为共轭复数根 $\lambda_{1,2}=-\frac{1}{2}\pm\frac{\sqrt{15}}{2}\mathrm{j}$。由表 9-2 可知，对应的奇点（0，0）为稳定的焦点，对应的相平面图上的相轨迹是“卷向”原点的。

当系统工作在饱和非线性元件的饱和区时，有

$$\begin{cases}T\ddot{e}+\dot{e}+KM=0 & (e>e_0)\\ T\ddot{e}+\dot{e}-KM=0 & (e<-e_0)\end{cases}$$

因为 $\ddot{e}=\frac{\mathrm{d}\dot{e}}{\mathrm{d}e}\dot{e}$，若 $\frac{\mathrm{d}\dot{e}}{\mathrm{d}e}=a$，代入可得

$$\dot{e}=\begin{cases}\dfrac{-KM/T}{a+\dfrac{1}{T}} & (e>e_0)\\[2ex] \dfrac{KM/T}{a+\dfrac{1}{T}} & (e<-e_0)\end{cases}$$

可以看出，随着 a 的取值变化，它们是一簇平行于 e 轴的直线。取 $a=0$ 代入可得 $\dot{e}=\begin{cases}-KM & (e>e_0)\\ KM & (e<-e_0)\end{cases}$。这是两条渐近线。当 $e>e_0$ 时，$e>e_0$ 的饱和区的相轨迹将趋近于直线 $\dot{e}=-KM$；当 $e<-e_0$ 时，$e<-e_0$ 的饱和区的相轨迹将趋近于直线 $\dot{e}=KM$，如图 9-34 所示。

当作用到系统上的阶跃输入信号的幅值为 $r(t)=2\times 1(t)$ 时，其相轨迹图如图 9-35 所示。

五、用 SIMULINK 绘制非线性系统的相平面图

利用 MATLAB 的 SIMULINK 动态系统仿真环境可非常便捷地进行非线性控制系统仿真试验，并且能同时显示相平面图。可以说，利用 SIMULINK 绘制非线性系统的相平面图来进行非线性系统的分析和设计已成为一种常用的方法。

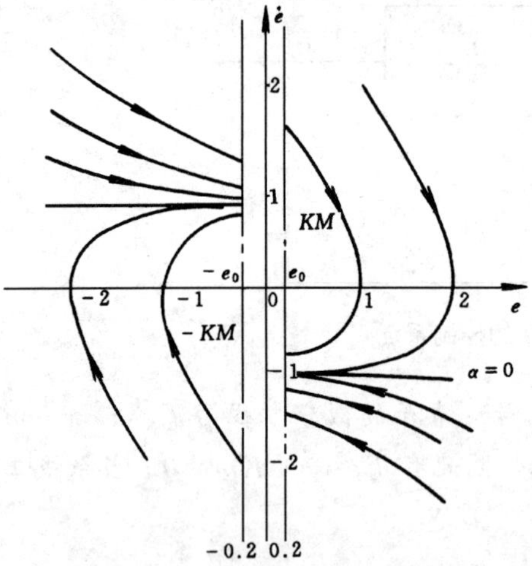

图 9-34 例 9-5 $|e|>e_0$ 时的相平面图

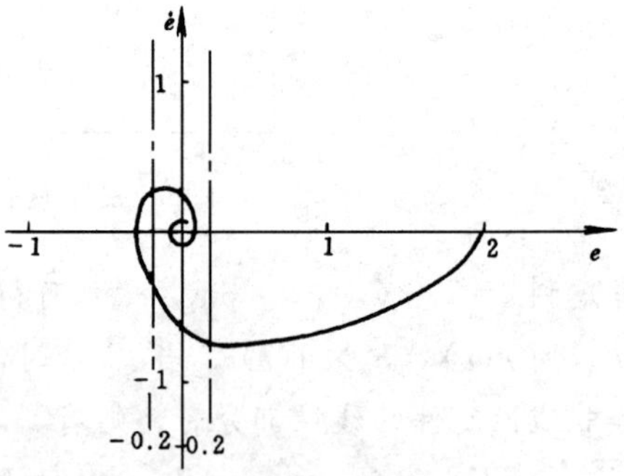

图 9-35 例 9-5 $r(t)=2\times1(t)$ 时的相平面图

【例 9-6】 已知一非线性控制系统如图 9-36 所示，其中饱和非线性环节的 $e_0=1.5$，$M=1.5$，$k=1$，$R(t)=1(t)$。试用 SIMULINK 求非线性系统的相平面图。

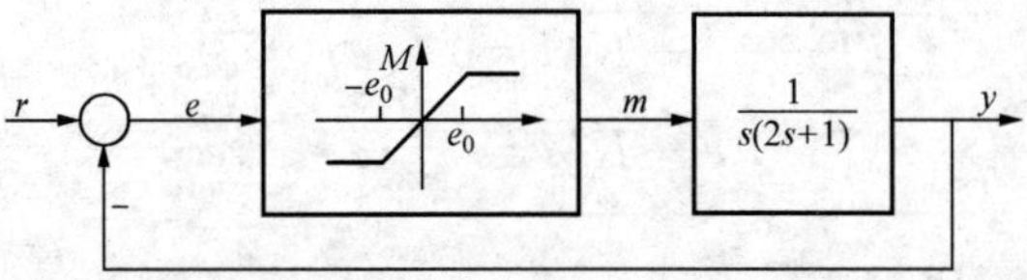

图 9-36 非线性控制系统方框图

解 用 SIMULINK 环境搭建仿真系统如图 9-37 所示。从图中可见，XY 图示仪模块被用来显示相轨迹；微分模块被用于提取偏差信号的微分量。

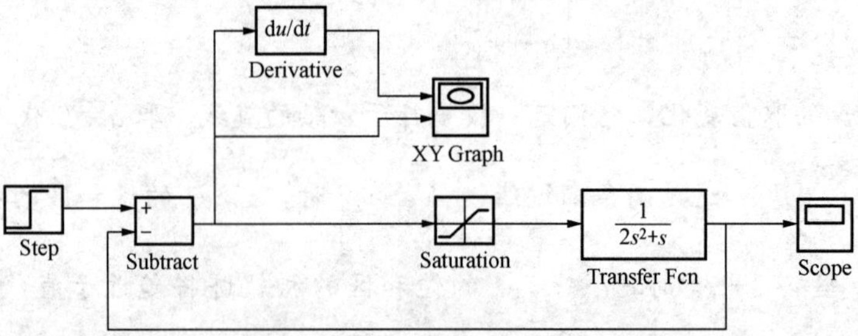

图 9-37 SIMULINK 仿真模型框图

该仿真系统运行后在 XY Graph（XY 图示仪）上绘出的相轨迹如图 9-38 所示，在 scope（示波器）显示的输出响应如图 9-39 所示。可以看出，相轨迹的变化和输出响应的变化是一致的。

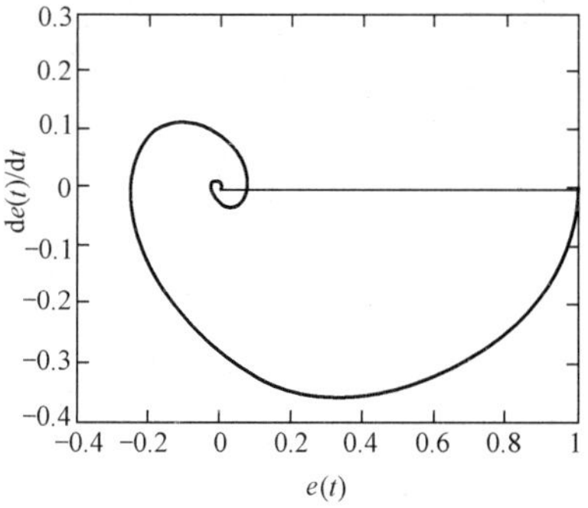

图 9－38　例 9－6 系统的相轨迹图

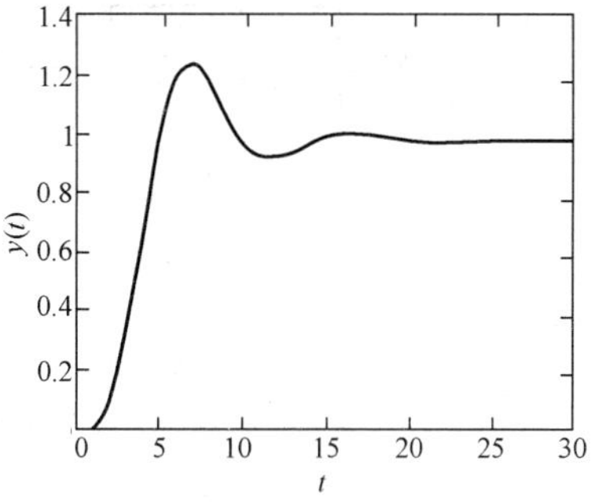

图 9－39　例 9－6 的输出响应 $y(t)$

9.4　非线性控制系统设计

进行非线性控制系统设计，自然应当用非线性系统的分析和设计方法。只是目前还没有普遍适用的理论和方法，只有针对特定的设计问题采用特定的设计方法。前面介绍的描述函数法和相平面法既可用于非线性控制系统的分析，也可用于非线性控制系统的设计。事实上，在 9.2 节中的例 9－2 通过应用无源超前网络校正来改进非线性系统的性能，就是两种特定的设计方法。在 9.3 节中，例 9－5 是通过应用速度反馈控制来改善非线性系统的性能。由此可见，对于非线性控制系统的设计可有两种设计思路：一是通过设计线性控制器，如串联校正或反馈校正，改善非线性系统的性能；二是通过设计非线性控制器改善非线性系统的性能。

一、利用非线性特性改进非线性控制系统的性能

1. 改变非线性特性

系统中部件固有的非线性特性，一般是不易改变的，要消除或减小其对系统的影响，可以引入新的非线性特性。

图 9－40（a）为一非线性系统，N_1 表示具有非线性特性的部件，为了消除 N_1 的影响，可以采用图 9－40（b）的结构，给 N_1 并联一个非线性部件 N_2，使 N_1 和 N_2 叠加后为线性特性，则非线性部件 N_1 的影响即可被 N_2 补偿，整个系统就相当于线性系统了。

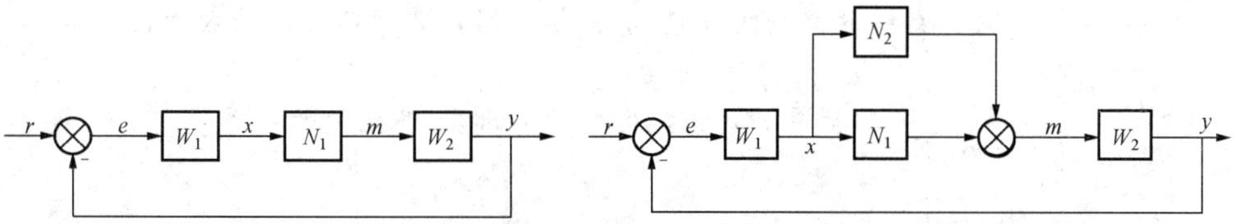

(a)　(b)

图 9－40　并联非线性部件校正设计

作为一个例子，设 N_1 为饱和非线性特性，若选择 N_2 为死区非线性特性，并使死区范围 Δ 等于饱和非线性特性的线性段范围，且保持两者线性段斜率相同，则并联后总的输入输出特性为线性特性，如图 9－41 所示。

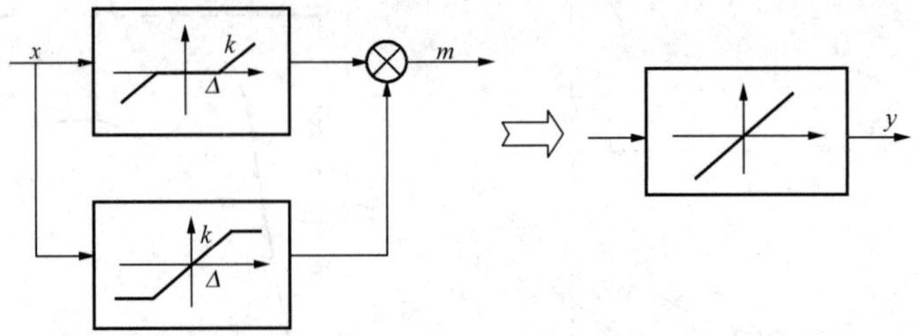

图 9-41 死区和饱和非线性特性并联

可以证明，$N_1(A)=\dfrac{2K}{\pi}\left[\arcsin\dfrac{\Delta}{A}+\dfrac{\Delta}{A}\sqrt{1-\left(\dfrac{\Delta}{A}\right)^2}\right]$，$N_2(A)=\dfrac{2K}{\pi}\left[\dfrac{\pi}{2}-\arcsin\dfrac{\Delta}{A}-\dfrac{\Delta}{A}\sqrt{1-\left(\dfrac{\Delta}{A}\right)^2}\right]$，故 $N_1(A)+N_2(A)=K$。

2. 采用局部非线性反馈校正改进控制系统的性能

采用局部非线性反馈校正环节比用线性反馈校正环节常常更简单、更有效地解决系统的快速性和振荡性，平稳性和稳态误差之间矛盾，因此已被广泛应用。

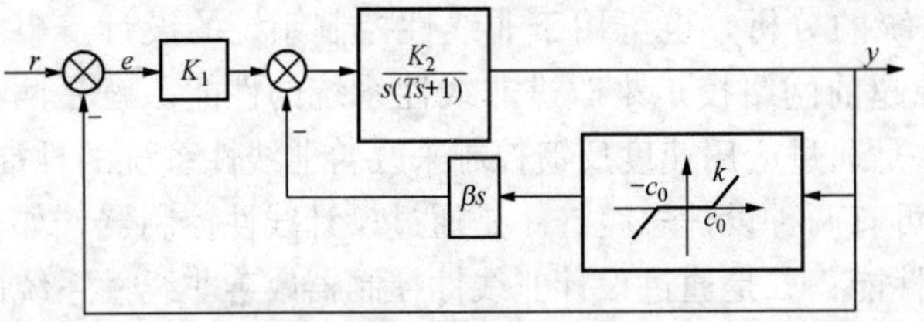

图 9-42 局部非线性反馈系统方框图

【例 9-7】 设具有局部非线性反馈校正的系统如图 9-42 所示，试分析非线性反馈校正改进控制系统性能的作用。

解 由图 9-42 可知，当 $|y(t)|<c_0$ 时，微分负反馈 βs 不起作用。这时系统的闭环传递函数为 $G(s)=\dfrac{Y(s)}{R(s)}=\dfrac{K_1K_2}{Ts^2+s+K_1K_2}$，其阻尼比及自然振荡频率为 $\zeta=\dfrac{1}{2\sqrt{K_1K_2T}}$，$\omega_n=\sqrt{\dfrac{K_1K_2}{T}}$。改变 K_1 和 K_2 的取值使系统工作在欠阻尼比较小的欠阻尼状态，具有较高的响应速度，其单位阶跃响应如图 9-43 中曲线①所示。这时系统虽然具有较高的响应速度，但由于阻尼比较小，震荡性将较大，所以其超调量及调整时间较大。

当 $|y(t)|>c_0$ 时，系统的微分负反馈 βs 将起作用，其闭环传递函数为 $G(s)=\dfrac{Y(s)}{R(s)}=\dfrac{K_1K_2}{Ts^2+(1+K_2k\beta)s+K_1K_2}$，式中，$k$ 为死区非线性特性线性段的斜率。可知，系统的自然振荡频率 $\omega_n=\sqrt{\dfrac{K_1K_2}{T}}$ 未改变，而阻尼比增大了，$\zeta=\dfrac{1+K_2k\beta}{2\sqrt{K_1K_2T}}$，增加了 $1+K_2k\beta$ 倍，通过改变 β 的取值，可使系统工作在临界阻尼状态，其单位阶跃响应如图 9-43中曲线②所示。可见，微分负反馈使

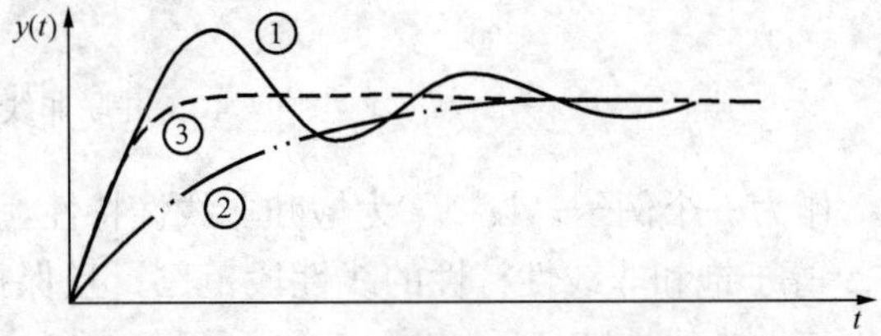

图 9-43 系统的输出响应 $y(t)$

系统无超调，但其响应速度偏低。

综上分析，系统设计成如图 9-42 所示的具有局部非线性微分负反馈后，在大偏差时具有较高的响应速度，小偏差时具有较高的平稳度，从而较好地解决了快速性和平稳性之间的矛盾，最后，系统的单位阶跃响应如图 9-43 中曲线③所示。

二、利用计算机仿真的非线性控制系统设计

利用 MATLAB 的 SIMULINK 工具箱，可以便捷地进行非线性控制系统的时域响应仿真试验。所以，当控制器的结构确定后，可用试凑法通过计算机仿真试验来设计控制器参数。由于完成一次试验常可在刹那间，试验结果立刻显现，所以用计算机仿真已成为一种非常实用的非线性控制系统设计方法。

【例 9-8】 设有如图 9-44 所示的非线性控制系统，图中线性部分对象数学模型的 $K=4$，$T=1$。饱和非线性特性的 $M=0.5$，$e_0=0.5$，饱和非线性特性的线性部分斜率 $k=1$。试设计一个超前校正装置 $G_c(s)=\dfrac{T_2 s+1}{T_1 s+1}(T_2>T_1)$，使非线性控制系统的单位阶跃响应性能指标达到：超调量$<20\%$，调整时间<10s，衰减率$>80\%$，无稳态误差。

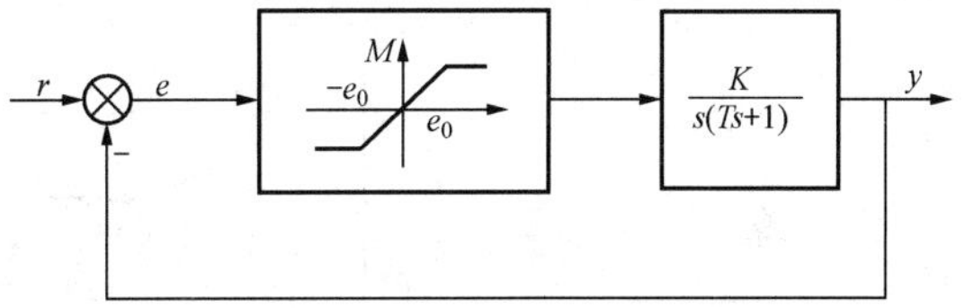

图 9-44　非线性控制系统

解　根据图 9-44 可建立 SIMULINK 仿真模型图如图 9-45 所示，运行图 9-45 的仿真模型可得系统的单位阶跃响应如图 9-46 所示，可以看出，超调量$>35\%$，调整时间>12s，衰减率$<80\%$，均不符合要求的性能指标。

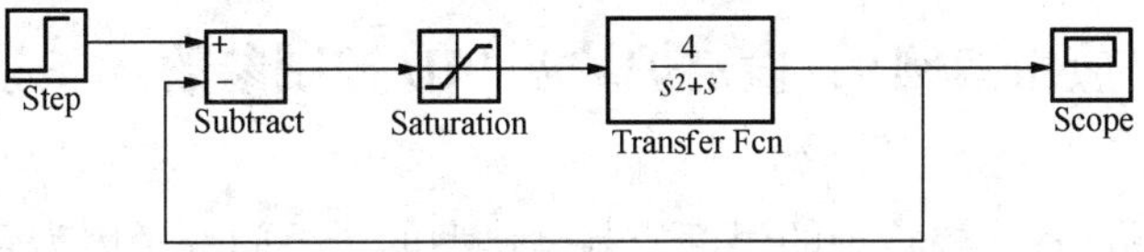

图 9-45　SIMULINK 仿真模型图

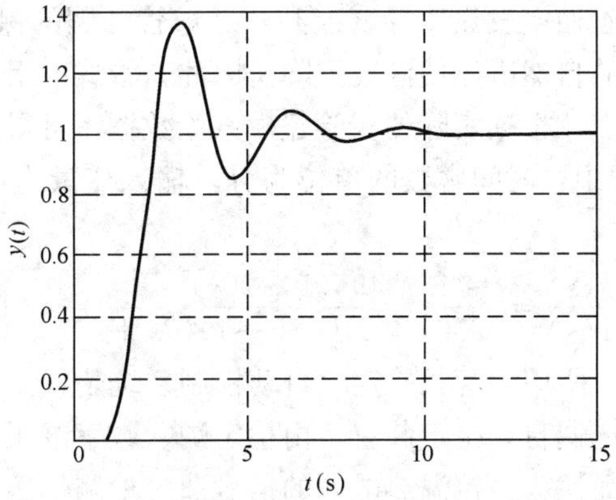

图 9-46　未校正前系统的单位阶跃响应曲线

加入超前校正装置 $G_c(s)=\dfrac{0.4s+1}{0.03s+1}$ 后的 SIMULINK 仿真模型图如图 9－47 所示。运行图 9－47 的仿真模型可得系统的单位阶跃响应如图 9－48 所示，可以看出，超调量＝8％，调整时间＝6s，衰减率＞90％，均已满足要求的性能指标。

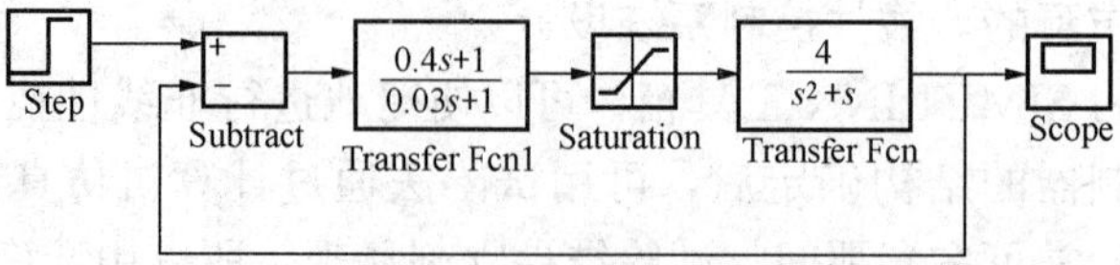

图 9－47　加入超前校正装置后的 SIMULINK 仿真模型图

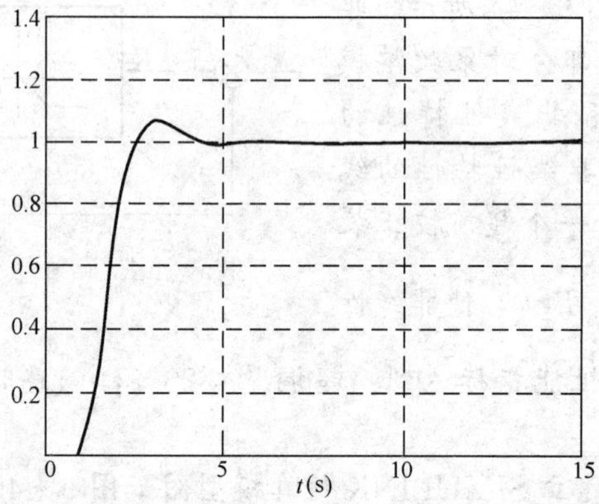

图 9－48　加入超前校正装置后的系统的单位阶跃响应

应用案例 9：检定炉炉温 PID 控制参数自整定系统

在热工计量领域，管式检定炉的温度控制是典型的难控问题。因为管式检定炉温度过程具有非线性、大惯性和时变性的特点，而检定炉的温度控制精度要求很高。

管式检定电阻炉的控制目标是使管式电阻炉中心点的温度精确地稳定在设定值上。控制温度变化的原理是靠电阻丝通电发热使温度上升，靠炉管外围的保温材料使温度保持不变，靠管式电阻炉向大气环境的自然散热使温度下降。因此，管式电阻炉一般具有升温快、降温慢、大惯性和时变性的特点。根据实际的实验建模试验数据，可得到某电阻炉的动态特性模型如式（9－39）所示。式中，时间常数的单位为分，输入变量为控温执行器的直流电流信号变量。

$$G(s)=\frac{\theta(s)}{I(s)}=\frac{495(1+90s)}{(230s+1)(45s+1)(2s+1)}\quad (℃/\mathrm{mA}) \tag{9-39}$$

图 9－49 是实时控制试验中所用的管式检定炉自动控制系统装置。该系统设备是热电偶检定用户单位所常用的一种热电偶自动检定装置，由检定炉、数字电压表、检测仪、伺服器和计算机组成。其工作原理可简述为：控温热电偶的信号通过检测仪送到数字电压表；数字电压表通过串行通信接口将热电势数值传给计算机；计算机中运行的热电偶自动检定软件程序控制整个热电偶自动检定过程，包括炉温控制；计算机将控温热电偶的热电势数值传给炉温控

制程序并将控制输出值传给检测仪；检测仪根据控制输出值改变伺服器的功率输出；伺服器控制了检定炉的加热功率也就是控制了检定炉炉管内温度的升降。

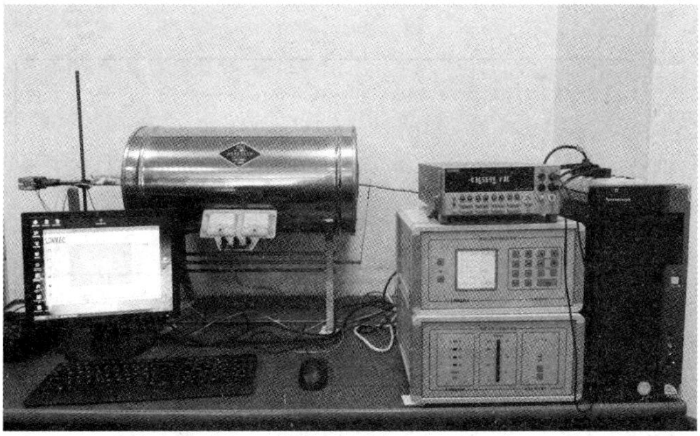

图 9-49　管式检定炉自动控制系统装置

设炉温控制策略采用 PID 控制，并用继电滞环自整定方法整定 PID 控制器参数，则需考虑的继电滞环非线性控制系统如图 9-16 所示。该系统的特征方程式如式（9-18）所示。当系统出现极限环（自激振荡）时，设自激振荡角频率为 ω_u，自激振荡振幅为 A_u，必有式（9-40）成立。因为继电滞环元件的描述函数如式（9-41）所示，所以代入式（9-40）可得式（9-42）所示的联立方程。

$$G(\mathrm{j}\omega_u)=-\frac{1}{N(A_u)} \tag{9-40}$$

$$N(A)=\frac{4M}{\pi A}\left[\sqrt{1-\left(\frac{a}{A}\right)^2}-\mathrm{j}\,\frac{a}{A}\right] \tag{9-41}$$

$$\begin{cases}|G(\mathrm{j}\omega_u)|=\left|\dfrac{1}{N(A_u)}\right|=\dfrac{\pi A_u}{4M}\\ \angle G(\mathrm{j}\omega_u)=180^\circ\end{cases} \tag{9-42}$$

当电阻炉模型［式（9-39）］和继电滞环元件描述函数［式（9-41）］参数已知时，根据联立方程式（9-42）可解得自激振荡角频率为 ω_u 和自激振荡振幅为 A_u［当 $G(s)$ 的阶数较高时，可借助 MATLAB 软件求解，例如用奈氏图图解法］。设 $M=2$，$a=1$，可解得 $\omega_u=1.37$，$A_u=3$。

当非线性控制系统产生自激振荡时，控制器的增益为

$$K_u=|N(A_u)|=\frac{4M}{\pi A_u} \tag{9-43}$$

而自激振荡周期为

$$T_u=\frac{2\pi}{\omega_u} \tag{9-44}$$

根据参考文献［58］，PID 控制器参数可由式（9-45）算出。

$$\begin{cases}K_{\mathrm{p}}=0.6K_u\\ T_{\mathrm{i}}=0.5T_u\\ T_{\mathrm{d}}=0.12T_u\end{cases} \tag{9-45}$$

于是由 $\omega_u=1.37$ 和 $A_u=3$ 可解得，$K_u=0.85$，$T_u=4.586$，$K_p=0.51$，$T_i=2.293$，$T_d=0.55$。图 9-50 所示的仿真试验控制响应曲线表明所采用的 PID 控制参数自整定方法正确有效。

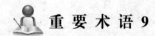

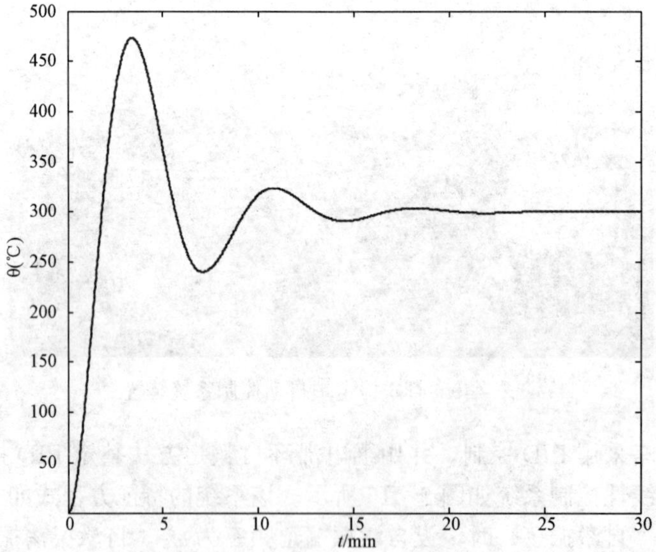

图 9-50 检定炉炉温 PID 控制响应

重要术语 9

自激振荡（self-excited oscillation）
波形畸变（wave distortion）
饱和特性（saturation characteristic）
死区特性（dead zone characteristic）
滞环特性（backlash characteristic）
继电特性（relay characteristic）
描述函数（describing function）
相平面（phase plane）
奇点（singularity）
极限环（limiting loop）
等倾线（isocline）
相轨迹（phase locus）
非线性校正（nonlinear compensation）

习题 9

9-1 判断图 9-51 中各系统是否稳定。如 $-\dfrac{1}{N(A)}$ 轨迹和 $G(\mathrm{j}\omega)$ 轨迹有交点，则该交点是稳定的工作点，还是不稳定的工作点？

9-2 试求图 9-52 所示非线性环节的描述函数，图中线性部分的斜率为 K。

9-3 设有一非线性系统如图 9-53 所示。(a) 试确定系统稳定时 K 的最大值；(b) 试确定 $K=3$ 时系统自激振荡的振幅和频率。

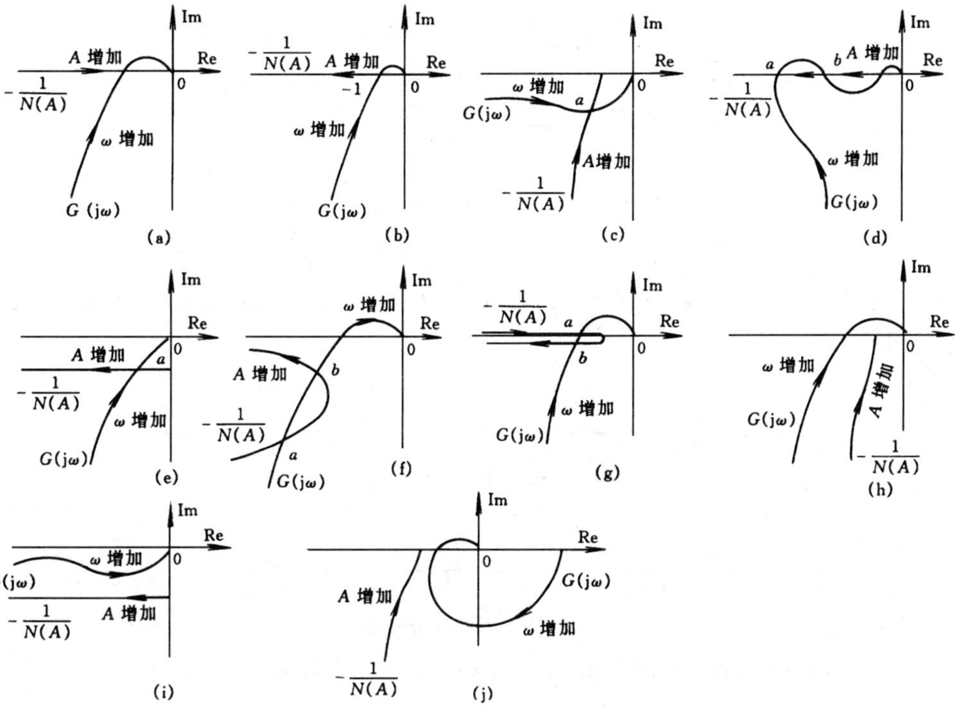

图 9 - 51　题 9 - 1 图

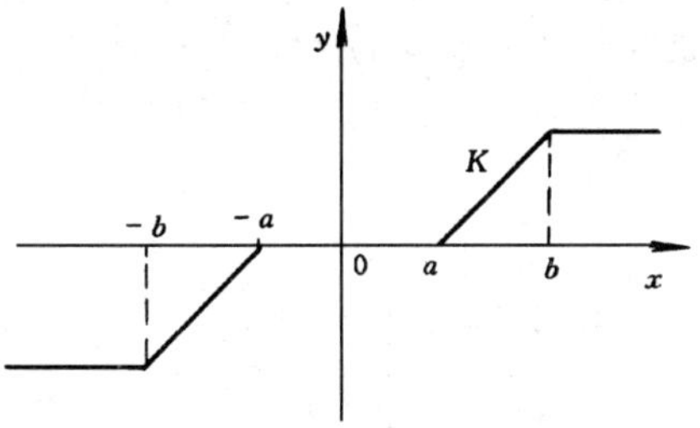

图 9 - 52　题 9 - 2 图

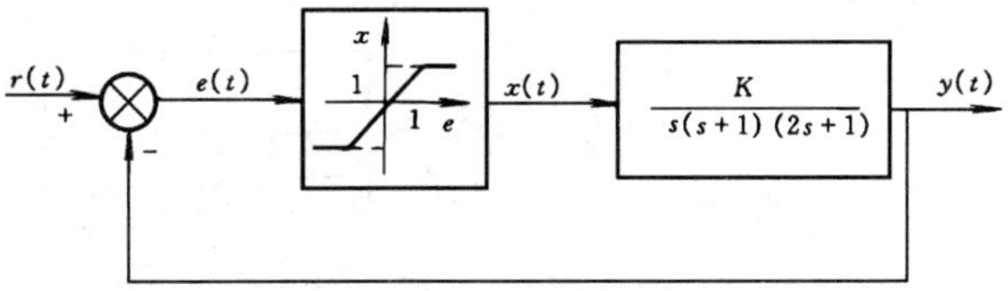

图 9 - 53　题 9 - 3 图

9 - 4　设有一非线性系统如图 9 - 54 所示。(a) 线性部分的放大系数为何值时，系统处于临界稳定状态；(b) 求 $K=15$ 时，自激振荡的振幅和频率。

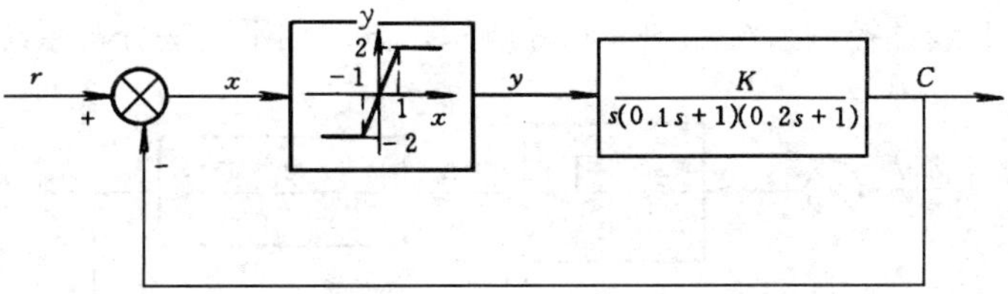

图 9 - 54　题 9 - 4 图

9 - 5　设有一非线性控制系统如图 9 - 55 所示。已知非线性元件的参数为 $M=10$，$h=1$，要求判断系统是否有自激振荡，若有，求出其振幅和频率。

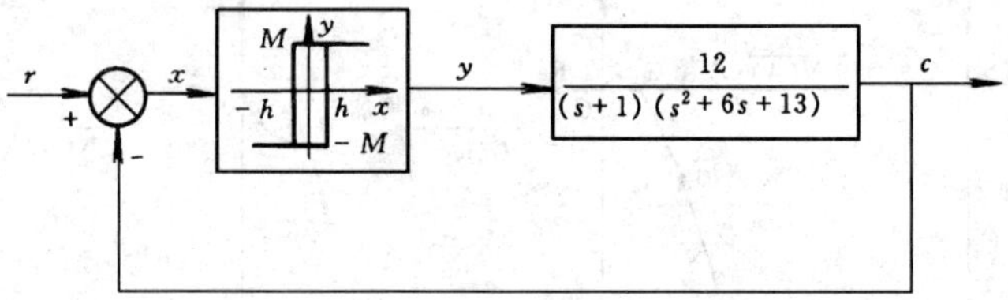

图 9-55 题 9-5 图

9-6 设有一非线性系统如图 9-56 所示，图中非线性特性为 $x(t)=e^3(t)$，试分析系统的稳定性。

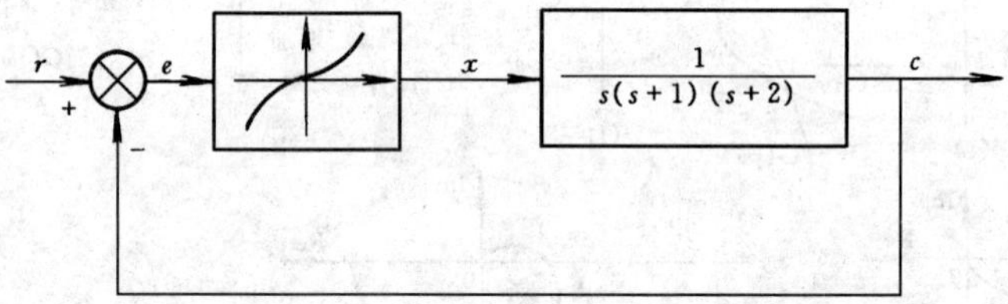

图 9-56 题 9-6 图

9-7 画出下列方程的相轨迹图：(1) $\ddot{x}=A$（A 为常数）；(2) $\dot{x}+x=A$（A 为常数）；(3) $\ddot{x}+\dot{x}=A$（$A\neq 0$）。

9-8 试用等倾线法求下列方程的相轨迹：$\ddot{x}+\dot{x}+x=0$，$x(0)=1$，$\dot{x}(0)=0$。

9-9 设非线性控制系统的方框图如图 9-57 所示，设系统原来处于静止状态，输入信号 $r(t)=R\times 1(t)$，$R>a$，试分别画出没有局部反馈和有局部反馈 β（$0<\beta<1$）时系统的相轨迹图。

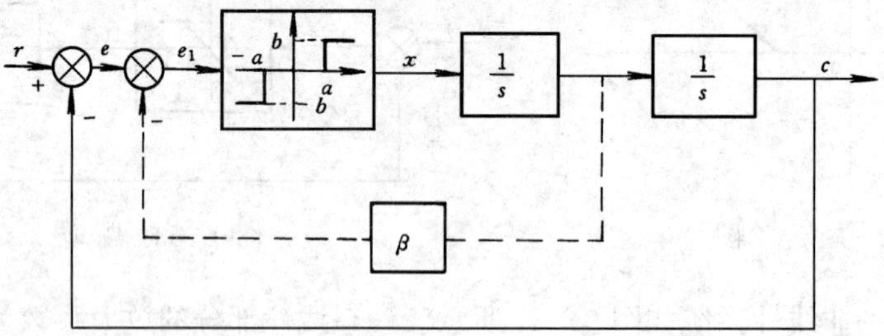

图 9-57 题 9-9 图

9-10 设一非线性控制系统如图 9-58 所示，试用相平面法分析系统的工作情况。

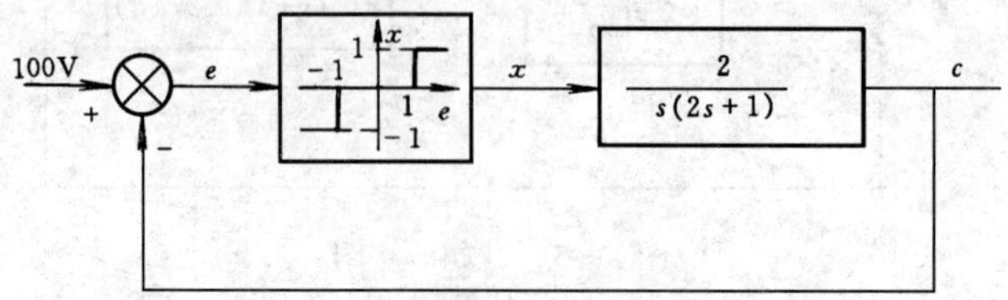

图 9-58 题 9-10 图

附　　录

附录1　拉普拉斯变换表及定理

附表1　　拉普拉斯变换表

序号	$x(t)$	$X(s)$
1	单位脉冲 $\delta(t)$	1
2	单位阶跃 $1(t)$	$\frac{1}{s}$
3	单位斜坡 t	$\frac{1}{s^2}$
4	e^{-at}	$\frac{1}{s+a}$
5	te^{-at}	$\frac{1}{(s+a)^2}$
6	$\sin\omega t$	$\frac{\omega}{s^2+\omega^2}$
7	$\cos\omega t$	$\frac{s}{s^2+\omega^2}$
8	$t^n\ (n=1,2,3,\cdots)$	$\frac{n!}{s^{n+1}}$
9	$t^n e^{-at}\ (n=1,2,3,\cdots)$	$\frac{n!}{(s+a)^{n+1}}$
10	$\frac{1}{b-a}(e^{-at}-e^{-bt})$	$\frac{1}{(s+a)(s+b)}$
11	$\frac{1}{b-a}(be^{-bt}-ae^{-at})$	$\frac{s}{(s+a)(s+b)}$
12	$\frac{1}{ab}\left[1+\frac{1}{a-b}(be^{-at}-ae^{-bt})\right]$	$\frac{1}{s(s+a)(s+b)}$
13	$e^{-at}\sin\omega t$	$\frac{\omega}{(s+a)^2+\omega^2}$
14	$e^{-at}\cos\omega t$	$\frac{s+a}{(s+a)^2+\omega^2}$
15	$\frac{1}{a^2}(at-1+e^{-at})$	$\frac{1}{s^2(s+a)}$
16	$\frac{\omega_n}{\sqrt{1-\zeta^2}}e^{-\zeta\omega_n t}\sin\omega_n\sqrt{1-\zeta^2}t$	$\frac{\omega_n^2}{s^2+2\zeta\omega_n s+\omega_n^2}\quad 0<\zeta<1$
17	$\frac{-1}{\sqrt{1-\zeta^2}}e^{-\zeta\omega_n t}\sin(\omega_n\sqrt{1-\zeta^2}t-\phi)$ $\phi=\arctan\frac{\sqrt{1-\zeta^2}}{\zeta}$	$\frac{s}{s^2+2\zeta\omega_n s+\omega_n^2}\quad 0<\zeta<1$
18	$1-\frac{1}{\sqrt{1-\zeta^2}}e^{-\zeta\omega_n t}\sin(\omega_n\sqrt{1-\zeta^2}t+\phi)$ $\phi=\arctan\frac{\sqrt{1-\zeta^2}}{\zeta}$	$\frac{\omega_n^2}{s(s^2+2\zeta\omega_n s+\omega_n^2)}\quad 0<\zeta<1$

附表 2 **拉普拉斯变换的性质和定理**

序号	性质或定理	表　达　式
1	均匀线性	$\mathscr{L}[Ax(t)]=AX(s)$
2	叠加线性	$\mathscr{L}[x_1(t)\pm x_2(t)]=X_1(s)\pm X_2(s)$
3	实微分	$\mathscr{L}\left[\frac{\mathrm{d}}{\mathrm{d}t}x(t)\right]=sX(s)-x(0)$ $\mathscr{L}\left[\frac{\mathrm{d}^2}{\mathrm{d}t^2}x(t)\right]=s^2X(s)-sx(0)-\dot{x}(0)$ $\mathscr{L}\left[\frac{\mathrm{d}^n}{\mathrm{d}t^n}x(t)\right]=s^nX(s)-\sum_{k=1}^{n}s^{n-k}x^{(k-1)}(0)$ $x^{(k-1)}(t)=\frac{\mathrm{d}^{k-1}}{\mathrm{d}t^{k-1}}x(t)$
4	复微分	$\mathscr{L}[t^nx(t)]=(-1)^n\frac{\mathrm{d}^nX(s)}{\mathrm{d}s^n}$
5	实积分	$\mathscr{L}\left[\int x(t)\mathrm{d}t\right]=\frac{X(s)}{s}+\frac{\left[\int x(t)\mathrm{d}t\right]_{t=0}}{s}$ $\mathscr{L}\left[\iint x(t)\mathrm{d}t\mathrm{d}t\right]=\frac{X(s)}{s^2}+\frac{\left[\int x(t)\mathrm{d}t\right]_{t=0}}{s^2}+\frac{\left[\iint x(t)\mathrm{d}t\mathrm{d}t\right]_{t=0}}{s}$ $\mathscr{L}\left[\int\cdots\int x(t)(\mathrm{d}t)^n\right]=\frac{X(s)}{s^n}+\sum_{k=1}^{n}\frac{1}{s^{n-k+1}}\left[\int\cdots\int x(t)(\mathrm{d}t)^h\right]_{t=0}$
6	复积分	$\mathscr{L}\left[\frac{1}{t}x(t)\right]=\int_s^{\infty}X(s)\mathrm{d}s$
7	实平移	$\mathscr{L}[x(t-\tau)1(t-\tau)]=\mathrm{e}^{-\tau s}X(s)$
8	复平移	$\mathscr{L}[\mathrm{e}^{-at}x(t)]=X(s+a)$
9	实卷积积分	$\mathscr{L}\left[\int_0^t g(t-\tau)x(\tau)\mathrm{d}\tau\right]=G(s)X(s)$ 或 $\mathrm{L}\ [g(t)*x(t)]=G(s)X(s)$
10	复卷积积分	$\mathscr{L}[g(t)x(t)]=\frac{1}{2\pi\mathrm{j}}\int_{\sigma-\mathrm{j}\omega}^{\sigma+\mathrm{j}\omega}X(p)G(s-p)\mathrm{d}p$ 或 $\mathrm{L}\ [g(t)x(t)]=G(s)*X(s)$
11	时标变换	$\mathscr{L}\left[x\left(\frac{t}{a}\right)\right]=aX(as)$
12	初　值	$\lim\limits_{t\to0+}x(t)=\lim\limits_{s\to\infty}sX(s)$
13	终　值	$\lim\limits_{t\to\infty}x(t)=\lim\limits_{s\to0}sX(s)$

附录 2　用拉氏变换求解微分方程

利用拉氏变换求解微分方程的步骤是：

（1）对微分方程进行拉氏变换，得到以 s 为变量的代数方程，方程中的初值应取系统在 $t=0$ 时的对应值。

（2）求出系统输出变量的表达式。

（3）将输出变量的表达式展开成部分分式。

（4）对部分分式进行拉氏反变换，即得微分方程的全解。

下面举例说明。

【例 1】　已知系统的微分方程为 $\dfrac{d^2y(t)}{dt^2}+3\dfrac{dy(t)}{dt}+2y(t)=r(t)$，式中，$y(t)$为系统的输出量；$r(t)$为系统的输入量。设 $r(t)=1(t)$，$y(0)=0$，$\dot{y}(0)=0$，求微分方程的解 $y(t)$。

解　（1）对微分方程进行拉氏变换，得 $s^2Y(s)+3sY(s)+2Y(s)=\dfrac{1}{s}$。

（2）求出系统输出量的表达式 $Y(s)=\dfrac{1}{s(s^2+3s+2)}$。

（3）将 $Y(s)$展开成部分分式，$Y(s)=\dfrac{1}{s(s^2+3s+2)}=\dfrac{1}{s(s+2)(s+1)}=\dfrac{A}{s}+\dfrac{B}{s+2}+\dfrac{C}{s+1}$，式中，$A$、$B$、$C$ 为待定系数，可用留数定理求出，即 $A=s\times\dfrac{1}{s(s+2)(s+1)}\Big|_{s=0}=\dfrac{1}{2}$，$B=(s+2)\times\dfrac{1}{s(s+2)(s+1)}\Big|_{s=-2}=\dfrac{1}{2}$，$C=(s+1)\times\dfrac{1}{s(s+2)(s+1)}\Big|_{s=-1}=-1$。所以 $Y(s)=\dfrac{1}{2s}+\dfrac{1}{2(s+2)}-\dfrac{1}{s+1}$。

（4）对上述部分分式进行拉氏反变换，即得系统微分方程的全解 $y(t)=\dfrac{1}{2}+\dfrac{1}{2}e^{-2t}-e^{-t}$。

【例 2】　已知系统的微分方程为 $\dfrac{d^2y(t)}{dt^2}+5\dfrac{dy(t)}{dt}+6y(t)=2$，并设 $y(0)=1$，$\dot{y}(0)=2$。求微分方程的解 $y(t)$。

解　（1）对微分方程进行拉氏变换，得 $s^2Y(s)-sy(0)-\dot{y}(0)+5sY(s)-5y(0)+6Y(s)=2/s$。将初值代入，并整理后得 $(s^2+5s+6)Y(s)=\dfrac{2}{s}+s+7$。

（2）将上式写成输出量的表达式 $Y(s)=\dfrac{s^2+7s+2}{s(s^2+5s+6)}=\dfrac{s^2+7s+2}{s(s+2)(s+3)}$。

（3）将 $Y(s)$展开成部分分式，$Y(s)=\dfrac{s^2+7s+2}{s(s+2)(s+3)}=\dfrac{A}{s}+\dfrac{B}{s+2}+\dfrac{C}{s+3}$，式中，$A$、$B$、$C$ 为待定系数，可用留数定理求出，即 $A=\dfrac{s^2+7s+2}{(s+2)(s+3)}\Big|_{s=0}=\dfrac{1}{3}$，$B=$

$\left.\frac{s^2+7s+2}{s(s+3)}\right|_{s=-2}=4$，$C=\left.\frac{s^2+7s+2}{s(s+2)}\right|_{s=-3}=-\frac{10}{3}$。所以，$Y(s)=\frac{1}{3s}+\frac{4}{s+2}-\frac{10}{3(s+3)}$。

（4）对上述部分分式进行拉氏反变换，即得系统微分方程的全解，$y(t)=\frac{1}{3}+4\mathrm{e}^{-2t}-\frac{10}{3}\mathrm{e}^{-3t}$。

【例 3】 设系统输出量 $y(t)$ 的拉氏变换 $Y(s)$ 为 $Y(s)=\frac{s^2+2s+3}{(s+1)^3}$。试求 $Y(s)$ 的拉氏反变换 $y(t)$。

解 （1）将 $Y(s)$ 展开成部分分式 $Y(s)=\frac{B(s)}{A(s)}=\frac{s^2+2s+3}{(s+1)^3}=\frac{A_1}{(s+1)^3}+\frac{A_2}{(s+1)^2}+\frac{A_3}{s+1}$，式中，$A_1$、$A_2$、$A_3$ 为待定系数，可由留数定理求出。

$$A_1=\left[\frac{B(s)}{A(s)}\times(s+1)^3\right]_{s=-1}=[s^2+2s+3]\,|_{s=-1}=2$$

$$A_2=\left\{\frac{\mathrm{d}}{\mathrm{d}s}\left[\frac{B(s)}{A(s)}\times(s+1)^3\right]\right\}_{s=-1}=\left[\frac{\mathrm{d}}{\mathrm{d}x}(s^2+2s+3)\right]_{s=-1}=0$$

$$A_3=\frac{1}{2!}\left\{\frac{\mathrm{d}^2}{\mathrm{d}s^2}\left[\frac{B(s)}{A(s)}\times(s+1)^3\right]\right\}_{s=-1}=\frac{1}{2}\times 2=1$$

所以，$Y(s)=\frac{2}{(s+1)^3}+\frac{1}{s+1}$。

（2）对上述部分分式进行拉氏反变换，可得

$$y(t)=\mathrm{L}^{-1}\left[\frac{2}{(s+1)^3}\right]+\mathrm{L}^{-1}\left(\frac{1}{s+1}\right)=t^2\mathrm{e}^{-t}+\mathrm{e}^{-t}=(t^2+1)\mathrm{e}^{-t}$$

附录3　Z 变换表及定理

Z 变换表

$x(t)$ 或 $x(kT)$	$X(s)$	$X(z)$
$\delta(t)$	1	1
$\delta(t-kT)$	e^{-kTs}	z^{-k}
$1(t)$	$\frac{1}{s}$	$\frac{z}{z-1}$
t	$\frac{1}{s^2}$	$\frac{Tz}{(z-1)^2}$
t^2	$\frac{2}{s^3}$	$\frac{T^2z(z+1)}{(z-1)^3}$
e^{-at}	$\frac{1}{s+a}$	$\frac{z}{z-e^{-aT}}$
$1-e^{-at}$	$\frac{a}{s(s+a)}$	$\frac{z(1-e^{-aT})}{(z-1)(z-e^{-aT})}$
$\sin\omega t$	$\frac{\omega}{s^2+\omega^2}$	$\frac{z\sin\omega T}{z^2-2z\cos\omega T+1}$
$\cos\omega t$	$\frac{s}{s^2+\omega^2}$	$\frac{z(z-\cos\omega T)}{z^2-2z\cos\omega T+1}$
te^{-at}	$\frac{1}{(s+a)^2}$	$\frac{Tze^{-aT}}{(z-e^{-aT})^2}$
$e^{-at}\sin\omega t$	$\frac{\omega}{(s+a)^2+\omega^2}$	$\frac{ze^{-aT}\sin\omega T}{z^2-2ze^{-aT}\cos\omega T+e^{-2aT}}$
$e^{-at}\cos\omega t$	$\frac{s+a}{(s+a)^2+\omega^2}$	$\frac{ze^{-aT}\cos\omega T}{z^2-2ze^{-aT}\cos\omega T+e^{-2aT}}$
a^k		$\frac{z}{z-a}$
$(-a)^k=a^k\cos k\pi$		$\frac{z}{z+a}$

Z 变换定理

1. 线性定理

$$Z[a_1x_1(t) \pm a_2x_2(t)] = a_1X_1(z) \pm a_2X_2(z)$$

2. 实域位移定理

滞后定理 $$Z[x(t-mT)] = z^{-m}X(z)$$

超前定理 $$Z[x(t+mT)] = z^m[X(z) - \sum_{k=0}^{m-1} x(kT)z^{-k}]$$

3. 复域位移定理

$$Z[\mathrm{e}^{\mp at}x(t)] = X(z\mathrm{e}^{\pm at})$$

4. 初值定理

$$x(0) = \lim_{x\to\infty} X(z)$$

5. 终值定理［前提条件：$(z-1)X(z)$ 的极点在 Z 平面单位圆内］

$$x(\infty) = \lim_{z\to 1}(z-1)X(z) = \lim_{z\to 1}(1-z^{-1})X(z)$$

6. 实域卷积定理

$$\begin{aligned} Z[x(t) * y(t)] &= Z[\sum_{k=0}^{h} y(kT-hT)x(hT)] \\ &= Z[\sum_{h=0}^{k} x(kT-hT)y(hT)] \\ &= X(z)Y(z) \\ &= Y(z)X(z) \end{aligned}$$

附录4　Z 反变换解算

Z 变换可将时域函数 $x(t)$［严格地说是 $x(t)$ 的采样序列 $x*(t)$］变换为 z 域函数 $X(z)$，常用解算方法有部分分式法和留数计算法。由于 $x(t)$ 有对应的 $X(s)$，所以将 $X(s)$ 变成部分分式形式再查 Z 变换表求出 $X(z)$ 的过程和附录 2 中由 $X(s)$ 部分分式求拉氏反变换的形式是一样的。这里不再展开。

已知 $X(z)$，要求出 $x*(t)$［常常直接称为 $x(t)$］，常用的解算方法有长除法、部分分式展开法和留数计算法。

1. 长除法

长除法，又称幂级数法。用代数中常用的长除法可将真有理函数的 $X(z)$ 展开为 z^{-1} 的幂级数，即 $X(z)=\sum\limits_{k=0}^{\infty}c_k z^{-k}$。根据的 $X(z)$ 的定义，可得解 $x*(t)=\sum\limits_{k=0}^{\infty}c_k\delta(t-kT)$。

【例 1】　已知 $X(z)=\dfrac{z}{(z+1)(z+2)}$，求 $x^*(t)$。

解　$X(z)=\dfrac{z}{(z+1)(z+2)}=\dfrac{z}{z^2+3z+2}$，列长除算式计算

$$
\begin{array}{r}
z^{-1}-3z^{-2}+7z^{-3}-15z^{-4}+\cdots \\
z^2+3z+2\,\overline{)\,z\qquad\qquad\qquad\qquad\qquad} \\
\underline{z\quad+3\quad+2z^{-1}} \\
-3\quad-2z^{-1} \\
\underline{-3\quad-9z^{-1}\quad-6z^{-2}} \\
7z^{-1}\quad+6z^{-2} \\
\underline{7z^{-1}\quad+21z^{-2}\quad+14z^{-3}} \\
-15z^{-2}\quad-14z^{-3} \\
\underline{-15z^{-2}\quad-45z^{-3}\quad-30z^{-4}} \\
31z^{-3}+30z^{-4}
\end{array}
$$

于是得解 $x^*(t)=\delta(t-T)-3\delta(t-2T)+7\delta(t-3T)-15\delta(t-4T)+\cdots$

2. 部分分式展开法

将 $X(z)$ 展开为查 Z 变换表可得到的单项之和，再将查出的 Z 反变换式合起来即为所求解。

【例 2】　求 $X(z)=\dfrac{z}{(z+1)(z+2)}$ 的 Z 反变换。

解　$X(z)=\dfrac{z}{(z+1)(z+2)}=\dfrac{z}{z+1}-\dfrac{z}{z+2}$，查变换表可得 $x(kT)=(-1)^k-(-2)^k$。

3. 留数计算法

利用反演积分公式可得 $x(kT)=\dfrac{1}{2\pi j}\oint_{\Gamma}X(z)z^{k-1}\mathrm{d}z\,(k=0,1,2,3,\cdots)$，式中 T 是含 $X(z)$ 的全部极点的圆形积分路径。再用复变量理论的留数定理可得

$x(kT)=\sum_{i=1}^{n}[\operatorname*{Res}_{z=z_i}X(z)z^{k-1}](k=0,1,2,3,\cdots)$，式中 z_i 为 $X(z)$ 的第 i 个极点值。

【例 3】 求 $X(z)=\dfrac{z}{(z+1)(z+2)}$ 的 Z 反变换。

解 $X(z)$ 有两个极点，$z_1=-1$，$z_2=-2$，所以

$$x(kT)=\sum_{i=1}^{2}[\operatorname*{Res}_{z=z_i}\frac{z}{(z+1)(z+2)}z^{k-1}]=\operatorname*{Res}_{z=z_1}\frac{z}{(z+1)(z+2)}z^{k-1}+\operatorname*{Res}_{z=z_2}\frac{z}{(z+1)(z+2)}z^{k-1}$$

$$=\left[\frac{z^k}{(z+1)(z+2)}(z+1)\right]_{z=-1}+\left[\frac{z^k}{(z+1)(z+2)}(z+2)\right]_{z=-2}=(-1)^k-(-2)^k$$

附录 5　典型系统的根轨迹图

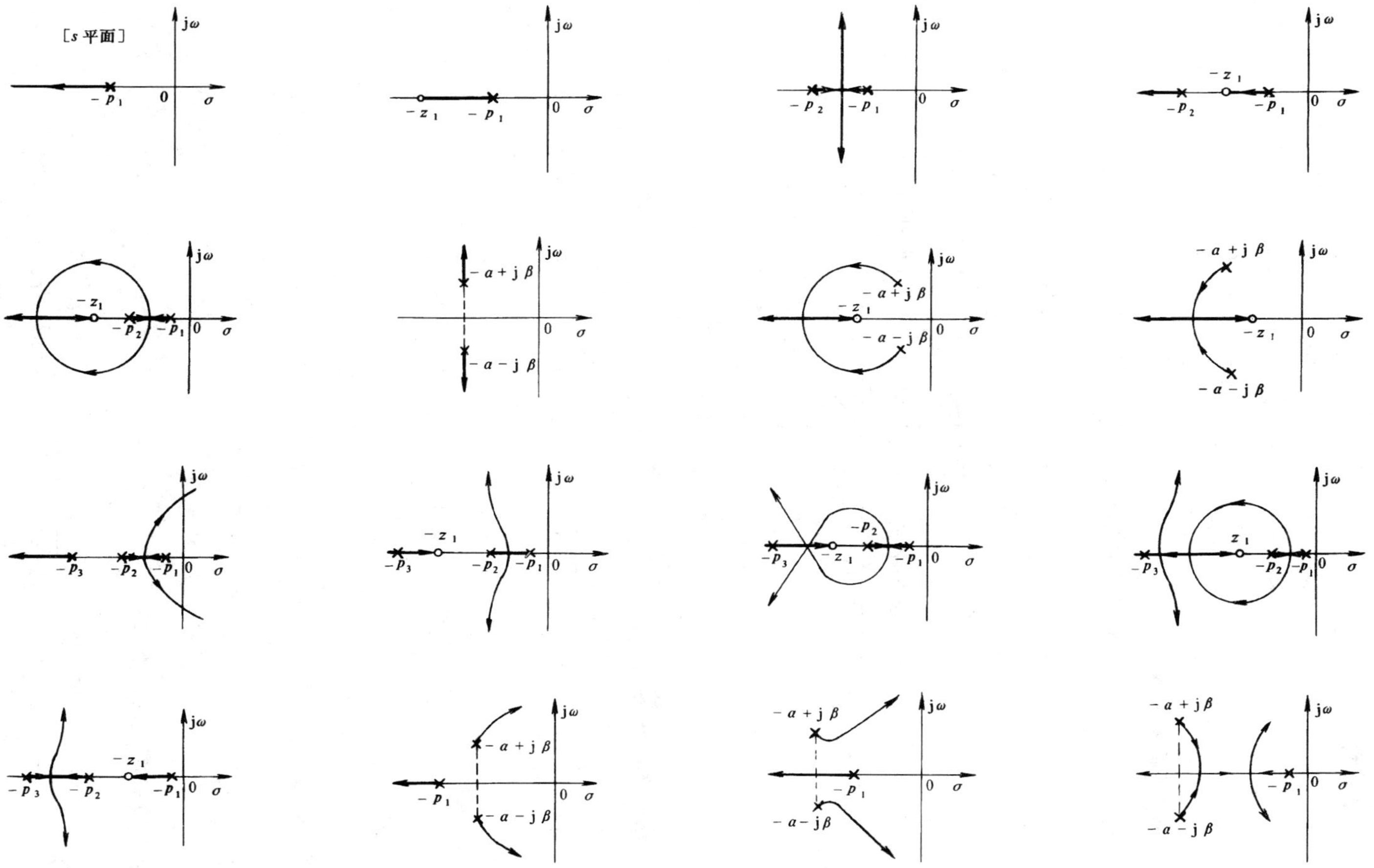

附录 6　一些常用数学运算公式

1. 三角函数

$$\sin(\alpha \pm \beta) = \sin\alpha\cos\beta \pm \cos\alpha\sin\beta$$

$$\cos(\alpha \pm \beta) = \cos\alpha\cos\beta \mp \sin\alpha\sin\beta$$

$$\tan(\alpha \pm \beta) = \frac{\tan\alpha \pm \tan\beta}{1 \mp \tan\alpha\tan\beta}$$

2. 复变量幅角计算

设有复变量 $F = x + \mathrm{j}y$，则其幅角计算按所在象限选对应公式计算。

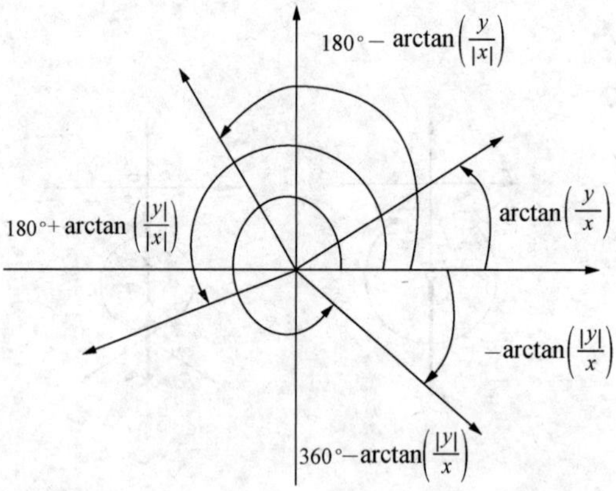

3. 矩阵基本运算

设 $A = \begin{bmatrix} a & b \\ c & d \end{bmatrix}$，$B = \begin{bmatrix} 1 & 2 \\ 3 & 4 \end{bmatrix}$，$C = \begin{bmatrix} a & b & c \\ d & e & f \\ g & h & i \end{bmatrix}$，则有基本运算公式如下：

加减运算：$A + B = \begin{bmatrix} a+1 & b+2 \\ c+3 & d+4 \end{bmatrix}$

乘运算：$AB = \begin{bmatrix} a & b \\ c & d \end{bmatrix}\begin{bmatrix} 1 & 2 \\ 3 & 4 \end{bmatrix} = \begin{bmatrix} a+3b & 2a+4b \\ c+3\mathrm{d} & 2c+4\mathrm{d} \end{bmatrix}$

行列式运算：$|A| = \begin{vmatrix} a & b \\ c & d \end{vmatrix} = ad - bc$

倒置运算：$A' = \begin{bmatrix} a & b \\ c & d \end{bmatrix}' = \begin{bmatrix} a & c \\ b & d \end{bmatrix}$

伴随阵运算：$adj(\mathrm{A}) = \begin{bmatrix} d & -b \\ -c & a \end{bmatrix}$

逆运算：$A^{-1} = \begin{bmatrix} a & b \\ c & d \end{bmatrix}^{-1} = \frac{1}{|\mathrm{A}|}[adj(\mathrm{A})] = \frac{1}{ad - bc}\begin{bmatrix} d & -b \\ -c & a \end{bmatrix}$

$$C^{-1} = \begin{bmatrix} a & b & c \\ d & e & f \\ g & h & i \end{bmatrix}^{-1} = \frac{1}{|C|}[adj(\mathrm{C})]$$

$$
=\frac{1}{aei+bfg+cdh-ceg-bdi-afh}\begin{bmatrix} ei-fh & -di+gf & dh-ge \\ -bi+ch & ai-cg & -ah+bg \\ bf-ce & -af+cd & ae-bd \end{bmatrix}',
$$

$$
=\frac{1}{aei+bfg+cdh-ceg-bdi-afh}\begin{bmatrix} ei-fh & -bi+ch & bf-ce \\ -di+gf & ai-cg & -af+cd \\ dh-ge & -ah+bg & ae-bd \end{bmatrix}
$$

秩 $\operatorname{rank}[A]=n$　n 为最大的子式 $|A_{ij}|\neq 0$ 的阶数值。

附录7 习题参考答案

第1章

1-1 自动控制系统:控制装置＋受控过程。

受控过程:控制系统中的客体,或者说,受控制的设备、装置、系统等。一般可将受控过程细分为操作机构、主要受控过程和测量指示设备。

给定值:控制系统的输入,给定的被控制量目标值。

扰动量:对被控制量有不希望的、不可控的扰动作用的变量。

被控量:受控过程的输出量,也是控制系统的输出量,所期望控制的系统主要变量。

控制装置:可执行自动控制任务的功能设备组合。一般由传感器、控制器和执行器构成。

1-2 开环控制实例:电风扇调速控制系统。

闭环控制实例:电冰箱温度控制系统,空调的温度控制系统。

工作原理(略)。

1-3 开环控制系统优点:结构简单,成本低,容易实现。缺点:控制精度低,抗干扰能力差。

闭环控制系统优点:控制精度高,有自动纠偏特性,抗干扰能力强。缺点:结构复杂,造价高。

1-4 自动控制装置一般由传感器、控制器、执行器组成。

传感器:用来测量被控量的大小,并把被控量变换成电压、电流、气压或液压等信号送到控制器去。

控制器:接受传感器送来的被控量信号,并将它与给定值比较,当被控量偏离给定值时,控制器将以一定的控制规律运算后,发出控制信号给执行器。

执行器:它将控制器发来的控制信号经功率放大后去推动操作机构,操作机构可改变主要受控过程的输入变量。

1-5 对自动控制系统的基本要求是稳定、快速、准确、鲁棒和经济;最基本的要求是保证系统稳定运行。

1-6 反馈控制系统:它是根据被控量和给定值的偏差进行控制,本质是根据来自控制系统输出的反馈信息进行控制。

前馈控制系统:它直接根据可测得的扰动信号进行控制,可有效抑制可测扰动量对被控量的影响,但对其他扰动的影响没有抑制作用。

前馈—反馈控制系统:它是指在反馈控制系统的基础上,增加了对于可测扰动的前馈控制。前馈控制器能及时消除可测扰动对被控量的影响,而反馈控制器对一切扰动都有控制作用,从而保证被控量能跟踪给定值。前馈控制器和反馈控制器的共同作用提高了控制精度。

1-7 控制系统的动态过程有:单调收敛过程、衰减振荡过程、不衰减振荡过程、渐扩振荡过程和单调发散过程。其中,单调收敛过程、衰减振荡过程的动态性能较优。

1-8 阀门:饱和非线性元件;传感器:死区非线性元件;继电器:继电器特性非线性元件。

1-9 (1)分析控制过程(略)。(2)是闭环控制系统。(3)被控量为实际水位、参考输入为希望水位、扰动量为输出流量。(4) 控制器为浮子连杆铰链机构、传感器为浮子、执行器为进水阀与浮子的连杆。(5)控制系统的方框图如附图 7-1 所示。

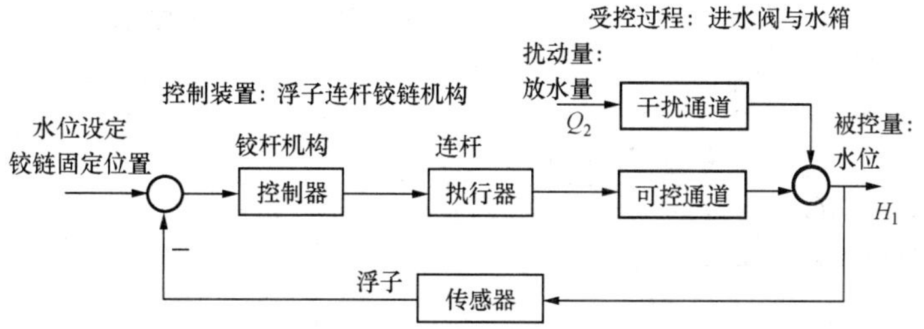

附图 7-1　答题 1-9 图

1-10　洗淋浴澡时的水温控制过程是一个反馈控制系统工作的实例。洗淋浴澡时,人通过皮肤感知淋浴水的温度,通过大脑分析实际水温与期望水温的差距,做出使温度升高或降低的决策,通过手调节热水阀或冷水阀的开度,然后等待水温的变化。如果水温未达到所期望的舒适程度,继续调节阀门开度,直到满意为止。这个反馈控制系统如附图 7-2 所示,被控量为实际水温、参考输入为希望水温、扰动量为散热量——与环境温度有关;控制器为大脑、传感器为皮肤、执行器为手。

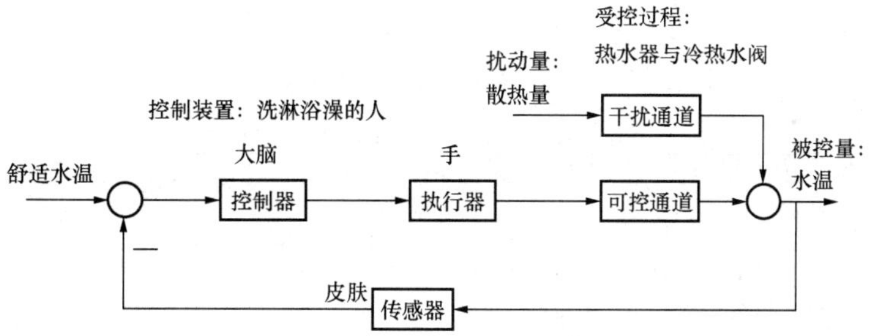

附图 7-2　答题 1-10 图

第 2 章

2-1　(1) $x(s)=\dfrac{0.2}{s(s^2+4)}$；(2) $x(s)=\dfrac{0.866s+0.25}{s^2+0.25}$；(3)$x(s)=\dfrac{s+0.4}{s^2+0.8s+144.16}$。

2-2　(1) $x(t)=-e^{-t}+2e^{-2t}$；　(2) $x(t)=1-2e^{-2t}+e^{-t}\cos\sqrt{3}t$；　(3) $x(t)=\dfrac{2}{3}+\dfrac{1}{12}e^{-3t}-\dfrac{1}{2}te^{-t}-\dfrac{3}{4}e^{-t}$。

2-3　(1)$x(t)=t-T+Te^{-\frac{t}{T}}$；(2)$x(t)=\dfrac{2\sqrt{3}}{3}e^{-\frac{1}{2}}\sin\dfrac{\sqrt{3}}{2}t$；(3)$x(t)=1-te^{-t}-e^{-t}$。

2-4　(a) $\dfrac{E_y(s)}{E_x(s)}=\dfrac{\dfrac{L}{R}s}{\dfrac{L}{R}s+1}$　实际微分环节；

(b) $\frac{E_y(s)}{E_x(s)}=\frac{R_1R_2C_1C_2s^2+(R_1C_1+R_2C_2)s+1}{R_1R_2C_1C_2s^2+(R_1C_1+R_2C_2+R_1C_2)s+1}$ 比例环节＋二阶环节；

(c) $\frac{E_y(s)}{E_x(s)}=\frac{R_2C_1C_2s+C_1}{(R_1+R_2)C_1C_2s+C_1+C_2}$ 比例环节＋惯性环节

2-5 框图简化过程（略）。

$$\frac{Y(s)}{X(s)}=\frac{G_1(s)G_2(s)G_3(s)}{1+G_1(s)G_2(s)H_1(s)+G_1(s)G_2(s)G_3(s)H_2(s)}$$

2-6 框图简化过程（略）。

$$\frac{Y(s)}{X(s)}=\frac{G_1(s)G_2(s)G_3(s)G_4(s)}{1+G_2(s)G_3(s)H_3(s)+G_1(s)G_2(s)G_3(s)H_2(s)+G_3(s)G_4(s)-G_1(s)G_2(s)G_3(s)G_4(s)H_1(s)}$$

2-7
$$\begin{aligned}Y(s)=&\frac{G_1(s)G_2(s)}{1+G_2(s)H_2(s)+G_1(s)G_2(s)H_1(s)}x(s)\\&+\frac{G_2(s)}{1+G_2(s)H_2(s)+G_1(s)G_2(s)H_1(s)}D_1(s)\\&-\frac{G_2(s)}{1+G_2(s)H_2(s)+G_1(s)G_2(s)H_1(s)}D_2(s)\\&-\frac{G_1(s)G_2(s)H_1(s)}{1+G_2(s)H_2(s)+G_1(s)G_2(s)H_1(s)}D_3(s)\end{aligned}$$

2-8 $\frac{E_o(s)}{E_i(s)}=\frac{abcd+aghcd+agjd+abijd}{1-eb-cf-jk-hi-ckh-fij-egh-egfj+ebjk}$

2-9 $\frac{Y(s)}{X(s)}=\frac{abcde+(1-f)abie}{1-f-dh-cg-bcdj-bij-ghi+bijf}$

2-10 系统方框图如附图 7-3 所示。

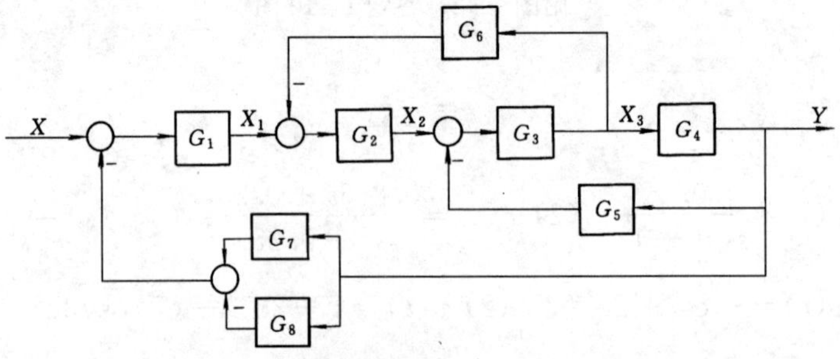

附图 7-3 答题 2-10 图

$$\frac{Y(s)}{X(s)}=\frac{G_1(s)G_2(s)G_3(s)G_4(s)}{1+G_2(s)G_3(s)G_6(s)+G_3(s)G_4(s)G_5(s)+G_1(s)G_2(s)G_3(s)G_4(s)[G_7(s)-G_8(s)]}$$

2-11 系统方框图如附图 7-4 所示。

$$\frac{Y(s)}{X(s)}=\frac{K_2K_3K_4(K_1+\tau s)}{Ts^2+(1+TK_3+K_2K_3K_4\tau)s+K_3+K_1K_2K_3K_4+K_3K_4K_5}$$

2-12 系统方框图如附图 7-5 所示。

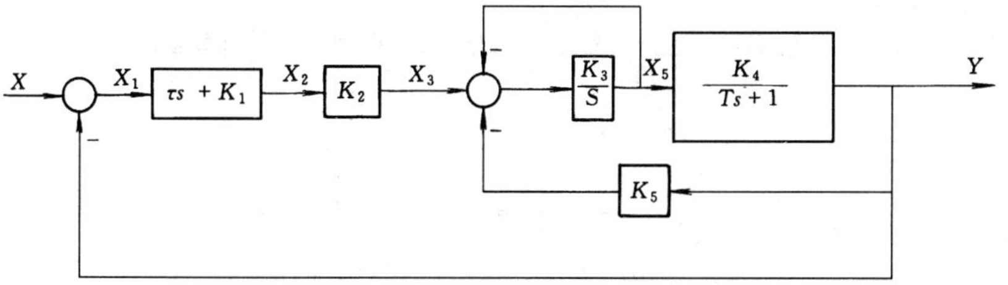

附图 7－4　答题 2－11 图

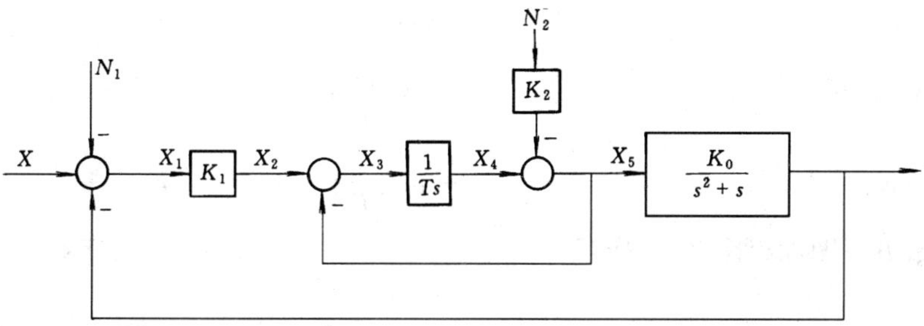

附图 7－5　答题 2－12 图

$$\frac{Y(s)}{X(s)}=\frac{K_0K_1}{Ts^3+(1+T)s^2+s+K_0K_1},\quad \frac{Y(s)}{N_1(s)}=\frac{-K_0K_1}{Ts^3+(1+T)s^2+s+K_0K_1},$$

$$\frac{Y(s)}{N_2(s)}=\frac{-K_2K_0Ts}{Ts^3+(1+T)s^2+s+K_0K_1}。$$

2－13　$y(t)=\left[-\frac{8}{25}t\mathrm{e}^{-5t}-\frac{2}{25}\mathrm{e}^{-5t}+\frac{1}{125}\mathrm{e}^{-10t}+\frac{9}{125}\right]R_0$

2－14　$\frac{U_o(s)}{U_i(s)}=\frac{R}{RLCs^2+Ls+R}$

2－15　$G(s)=\frac{5}{(87s+1)^3}$(℃/t/h) 或 $G(s)=\frac{5}{290s+1}\mathrm{e}^{-70t}$　(℃/t/h)

2－16　$\frac{X_o(s)}{X_i(s)}=\frac{bs+k}{ms^2+bs+k}$

2－17　$\frac{U_o(s)}{U_i(s)}=\frac{(R_2R_4+R_2R_5+R_4R_5)Cs-R_2-R_4}{R_1R_5Cs+R_1}$

2－18　$\frac{H_2(s)}{Q(s)}=\frac{R_2}{F_1F_2R_1R_2s^2+(F_1R_1+F_1R_2+F_2R_2)s+1}$

2－19　选状态变量为 $x_1=v_{C1}(t)$，$x_2=v_{C2}(t)$，则有

$$\begin{pmatrix}\dot{x}_1\\ \dot{x}_2\end{pmatrix}=\begin{pmatrix}-\frac{R_1+R_2}{R_1R_2C_1} & \frac{1}{R_2C_1}\\ \frac{1}{C_2R_2} & -\frac{1}{R_2C_2}\end{pmatrix}\begin{pmatrix}\dot{x}_1\\ \dot{x}_2\end{pmatrix}+\begin{pmatrix}\frac{1}{R_1C_1}\\ 0\end{pmatrix}u,\quad y=[0\quad 1]\begin{pmatrix}x_1\\ x_2\end{pmatrix}$$

2－20　$\dot{x}=\begin{pmatrix}0 & 1 & 0\\ 0 & 0 & 1\\ 0 & -1/2 & -2\end{pmatrix}x+\begin{pmatrix}0\\ 0\\ 3\end{pmatrix}u$，$y=(1\quad 0\quad 0)x$。状态变量方框图如附图 7－6 所示。

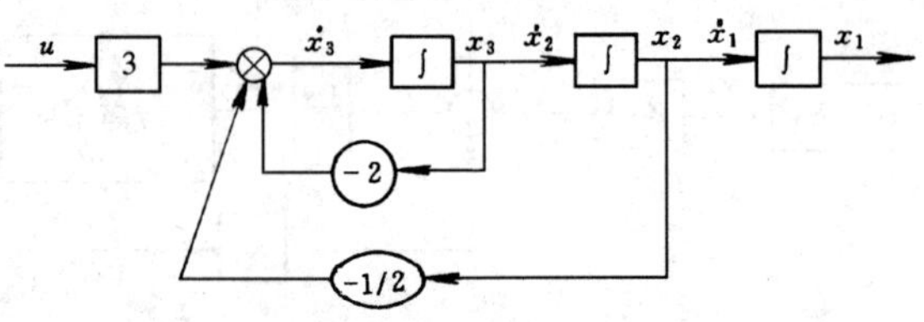

附图 7-6 答题 2-20 图

2-21 $G(s)=\dfrac{b_1s+b_0}{s^5+a_4s^4+a_3s^3+a_2s^2+a_1s+a_0}$

$b_0=\dfrac{1}{T}K_1K_2K_3$， $b_1=\dfrac{\tau}{T}K_1K_2K_3$，$a_0=\dfrac{1}{T}K_1K_2K_3$， $a_1=\dfrac{\tau}{T}K_1K_2K_3$，

$a_2=\dfrac{K_2}{T}(K_1+K_4)$， $a_3=K_2\left(K_1+K_4+K_1\dfrac{\tau}{T}\right)$， $a_4=K_1K_2\tau+\dfrac{1}{T}$

状态变量方框图如附图 7-7 所示。

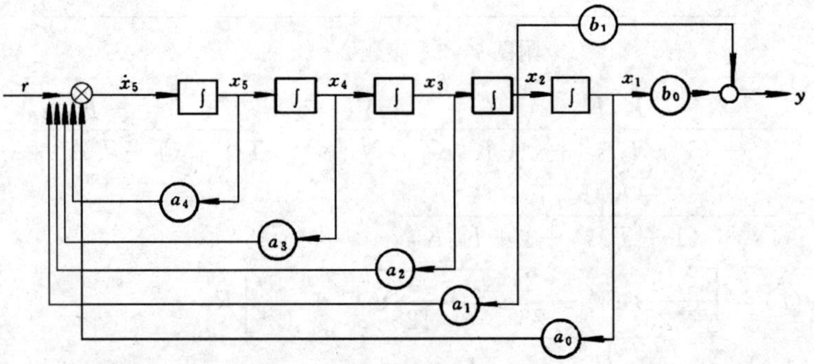

附图 7-7 答题 2-21 图

$$\dot{x}=\begin{pmatrix}0&1&0&0&0\\0&0&1&0&0\\0&0&0&1&0\\0&0&0&0&1\\-a_0&-a_1&-a_2&-a_3&-a_4\end{pmatrix}x+\begin{pmatrix}0\\0\\0\\0\\1\end{pmatrix}r,\quad y=[b_0\quad b_1\quad 0\quad 0\quad 0]\,x$$

2-22 $\boldsymbol{\phi}(t)=\begin{pmatrix}2te^{-t}+e^{-2t} & 3te^{-t}-2e^{-t}+2e^{-2t} & te^{-t}-e^{-t}+e^{-2t}\\ -2te^{-t}+2e^{-t}-2e^{-2t} & -3te^{-t}+5e^{-t}-4e^{-2t} & -te^{-t}+2e^{-t}-2e^{-2t}\\ 2te^{-t}-4e^{-t}+4e^{-2t} & 3te^{-t}-8e^{-t}+8e^{-2t} & te^{-t}-3e^{-t}+4e^{-2t}\end{pmatrix}$

2-23 $\boldsymbol{A}=\begin{pmatrix}1&1\\4&1\end{pmatrix}$

2-24 $G(s)=\dfrac{12s+59}{s^2+6s+8}$

2-25 能控标准型：$\dot{\boldsymbol{x}}=\begin{pmatrix}0&1&0\\0&0&1\\-6&-11&-6\end{pmatrix}\boldsymbol{x}+\begin{pmatrix}0\\0\\1\end{pmatrix}u$，$y=[20\quad 9\quad 1]\boldsymbol{x}$

能观标准型：$\dot{\boldsymbol{x}}=\begin{pmatrix}0 & 0 & -6\\1 & 0 & -11\\0 & 1 & -6\end{pmatrix}\boldsymbol{x}+\begin{pmatrix}20\\9\\1\end{pmatrix}u,\quad y=[0\quad 0\quad 1]\boldsymbol{x}$

对角标准型：$\dot{\boldsymbol{x}}=\begin{pmatrix}-1 & 0 & 0\\0 & -2 & 0\\0 & 0 & -3\end{pmatrix}\boldsymbol{x}+\begin{pmatrix}1\\1\\1\end{pmatrix}u,\ y=[6\quad -6\quad 1]\boldsymbol{x}$

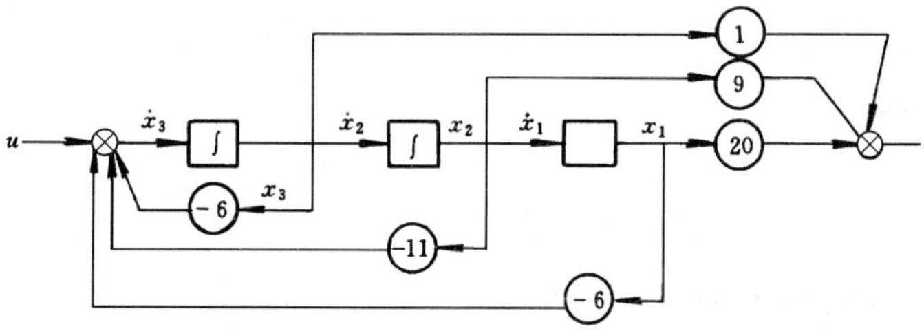

附图 7－8　答题 2－25 图（一）

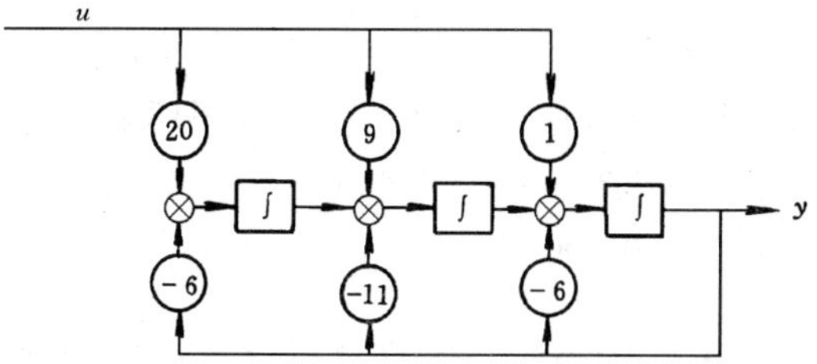

附图 7－9　答题 2－25 图（二）

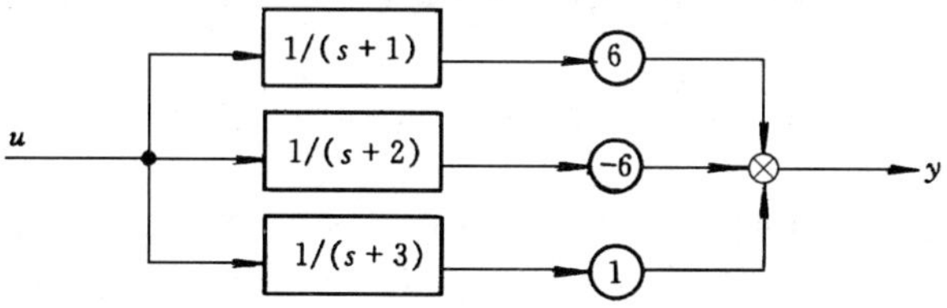

附图 7－10　答题 2－25 图（三）

2－26　$\boldsymbol{T}=\begin{pmatrix}0 & 2 & 1\\0 & 1 & 0\\5 & 0 & 0\end{pmatrix}$

第 3 章

3－1　见附图 7－11。

3－2　(1) $y(t)=1+0.1708e^{-5.236t}-1.1708e^{-0.764t}$。

(2) $y(t)=1-1.1547e^{-t}\sin(1.732t+1.0472)$。

3－3　(1) $t_r=1.68$；$t_p=3.1547$；$\sigma_p\%=72.95\%$；t_s：$30s(\Delta=\pm5\%)$，$40s(\Delta=\pm2\%)$。

(2) $t_r=2.42$；$t_p=3.6276$；$\sigma_p\%=16.3\%$；t_s：$6s(\Delta=\pm5\%)$，$8s(\Delta=\pm2\%)$。

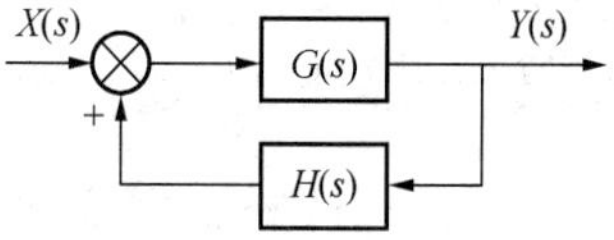

附图 7－11　答题 3－1 图

(3) 加比例微分反馈后，σ_p 和 t_s 大大减小，t_r、t_p 有所增加。

3-4　$K_P=1.9$，$t_P=69$，$\sigma_p=31.6\%$，$t_s=\begin{cases}181 & (\Delta=\pm5\%)\\241 & (\Delta=\pm2\%)\end{cases}$。

3-5　$G_o(s)=\dfrac{47.125}{s(0.0417s+1)}$。

3-6　$K=10$ 时，$\zeta=0.5$，$\omega_n=10$，$\sigma_p\%=16.3\%$，$t_s=0.6(\Delta=\pm5\%)$。
$K=20$ 时，$\zeta=0.35$，$\omega_n=14.14$，$\sigma_p\%=30.5\%$，$t_s=0.6(\Delta=\pm5\%)$。
说明 K 增大，将使 $\zeta\downarrow$，$\omega_n\uparrow$，$\sigma_p\%\uparrow$，t_s 不变。

3-7　不稳定。

3-8　(1) $0<K<264$；(2) $14<K<54$。

3-9　$T_i>0$，$K_p>0$，$K_pT_i+T_i+K_p>1$。

3-10　(1) $\omega_n=2\sqrt{2}$，$\zeta=\dfrac{1}{4}\sqrt{2}$，$e_{ss}=\dfrac{1}{4}=0.25$；
(2) $K_1=0.25$，$e_{ss}=0.5$。与(1)比较，e_{ss} 增加一倍。

3-11　$\zeta=0.69$，$\omega_n=2.9$。

3-12　(1) 稳定；(2) 不稳定；(3) 稳定；(4) 不稳定。
结论：开环稳定，闭环不一定稳定；开环不稳定，闭环不一定不稳定。

3-13　(1) 稳定；(2) 不稳定；(3) 不稳定。

3-14　(1) $K>-8$；(2) $0<K<1$。

3-15　(1) $K_p=10$，$K_v=0$，$K_a=0$，$e_{ssp}=\dfrac{1}{11}$，$e_{ssv}=\infty$，$e_{ssa}=\infty$；

(2) $K_p=\infty$，$K_v=\dfrac{7}{8}$，$K_a=0$，$e_{ssp}=0$，$e_{ssv}=\dfrac{8}{7}$，$e_{ssa}=\infty$；

(3) $K_p=\infty$，$K_v=\infty$，$K_a=8$，$e_{ssp}=0$，$e_{ssv}=0$，$e_{ssa}=\dfrac{1}{4}$。

3-16　(1) $x(t)=1(t)$ 时，$e_{ss}=0$；$x(t)=t\times1(t)$ 时，$e_{ss}=0$；$x(t)=\dfrac{1}{2}t^2\times1(t)$ 时，$e_{ss}=\dfrac{1}{8}$；

(2) $y(t)=1+\sqrt{2}e^{-2t}\sin(2t-45°)$，$\sigma_p\%=20.7\%$，$t_s=\begin{cases}2.1293 & \Delta=\pm2\%\\1.671 & \Delta=\pm5\%\end{cases}$。

3-17　取李亚普诺夫函数 $V(x)=\dfrac{1}{2}(x_1^2+x_2^2)$，则有

$$\dot{V}(x)=x_1\dot{x}_1+x_2\dot{x}_2=x_1(-x_2+ax_1^3)+x_2(x_1+ax_2^3)=a(x_1^4+x_2^4)$$

当 $a<0$ 时，$\dot{V}(x)<0$，在原点附近渐近稳定，因 $x\to\infty$ 时，$V(x)\to\infty$，所以又是大范围内渐近稳定。$a<0$ 时，$\dot{V}(x)>0$，不稳定；$a=0$ 时，$\dot{V}(x)=0$。系统成为线性系统，其特征值为±j，系统为不衰减振荡。在李亚普诺夫稳定性定义下，系统是稳定的。

3-18　平衡状态为大范围内渐近稳定。其中，$V(\boldsymbol{x})=\boldsymbol{x}^T\boldsymbol{P}\boldsymbol{x}$，$\boldsymbol{P}=\begin{bmatrix}7/4 & 5/8\\5/8 & 3/8\end{bmatrix}$，$|\boldsymbol{P}|>0$。

3-19　(1) 当 $\boldsymbol{Q}=\boldsymbol{I}$ 时，$\boldsymbol{P}=\frac{1}{16}\begin{bmatrix}-4 & 8 & -12\\ 8 & 6 & -13\\ -12 & -13 & 44\end{bmatrix}$，　不定。

(2) $\boldsymbol{Q}=\begin{bmatrix}0 & 0 & 0\\ 0 & 1 & 0\\ 0 & 0 & 0\end{bmatrix}$ 时，$\boldsymbol{P}=\begin{bmatrix}0 & 0 & 0\\ 0 & 1/2 & 0\\ 0 & 0 & 0\end{bmatrix}$，　正半定，系统不稳定。

3-20　选取 $\boldsymbol{Q}=\boldsymbol{I}$，应用公式 $\boldsymbol{G}^{\mathrm{T}}\boldsymbol{P}\boldsymbol{G}-\boldsymbol{P}=-\boldsymbol{I}$。

将 $\boldsymbol{P}=\begin{bmatrix}p_{11} & p_{12} & p_{31}\\ p_{12} & p_{22} & p_{23}\\ p_{13} & p_{23} & p_{33}\end{bmatrix}$ 及 $\boldsymbol{G}=\begin{bmatrix}0 & 1 & 0\\ 0 & 0 & 1\\ k/2 & 0 & 0\end{bmatrix}$，　$\boldsymbol{I}=\begin{bmatrix}1 & 0 & 0\\ 0 & 1 & 0\\ 0 & 0 & 1\end{bmatrix}$ 代入上式，可得

$\boldsymbol{P}=\begin{bmatrix}1 & 0 & 0\\ 0 & \dfrac{8+k^2}{4-k^2} & 0\\ 0 & 0 & \dfrac{12}{2-k^2}\end{bmatrix}$，　$\boldsymbol{P}$ 应为正定，故有 $2-k^2>0$，　即 $0<k<\sqrt{2}$。

第4章

4-1　增大 T_{D} 和 T_{i}，减小 K_{p}。

4-2　增大 K_{p}。

4-3　(1) PI、PID；(2) P、PD；(3) P、PD；(4) PD；(5) PI、P。

4-4　(1) $K_{\mathrm{p}}=10$，$K_{\mathrm{D}}=0.09$；(2) $K_{\mathrm{p}}=10$，$K_{\mathrm{D}}=0.131$；(3) $K_{\mathrm{p}}=10$，$K_{\mathrm{D}}=0.19$。

4-5　$\zeta=0.78$，　$\omega_{\mathrm{n}}=394$，　$K_{\mathrm{p}}=7154$，　$K_{\mathrm{D}}=16.15$，$K_{\mathrm{I}}=1$。

4-6　$K_{\mathrm{p}}=0.4$，　$T_{\mathrm{i}}=1.4$。

4-7　$G_{\mathrm{F}}(s)=-1.117\dfrac{55s+1}{41s+1}\mathrm{e}^{2s}\approx-1.117\dfrac{55s+1}{41s+1}$。

第5章

5-1　(1) 该点在根轨迹上，$k=1.25$；　(2) 该点在根轨迹上，$k\approx1.25$；(3) 该点不在根轨迹上；(4) 该点不在根轨迹上；(5) 该点不在根轨迹上。

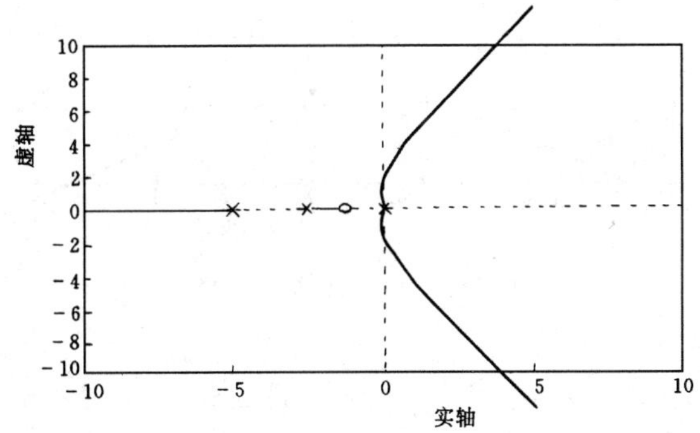

附图 7-12　答题 5-2 图

5-2　(1) 四条分支；

（2）$-p_1=0$，$-p_2=0$，$-p_3=-2.5$，$-p_4=-5$，$-z_1=-1.25$；

（3）渐近线倾角 $\theta_1=\pi/3$，$\theta_2=-\pi/3$，$\theta_3=\pi$；

（4）三条渐近线交于（−2.08，0）；

（5）虚轴交点 $\omega=\pm1.771$；

（6）极点 0 的出射角为 $\pm\pi/2$。

5-3　（1）四条分支；

（2）$-p_1=0$，$-p_2=-4$，$-p_3=-1+\mathrm{j}$，$-p_4=-1-\mathrm{j}$；

（3）$\theta_{1,2}=\pm\pi/4$，$\theta_{3,4}=\pm3\pi/4$，交实轴于−1.5；

（4）与虚轴交于 $\omega=\pm1.16$；

（5）$-p_3$ 的出射角≈−63°，$-p_4$ 的出射角≈63°；

（6）分离点 $s=-3.09$。

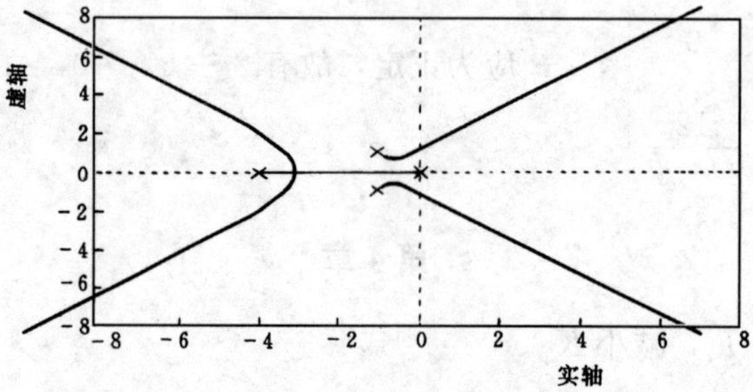

附图 7-13　答题 5-3 图

5-4　（1）四条分支；

（2）$-p_1=0$，$-p_2=-0.5$，$-p_{3,4}=-0.3\pm\mathrm{j}0.95$；

（3）$\theta_{1,2}=\pm\pi/4$，$\theta_{3,4}=\pm3\pi/4$，交实轴于−0.28；

（4）交虚轴于 $\omega=\pm0.674$；

（5）在极点 $-p_3$ 上出射角约为−96°；

（6）分离点 $s=0.2463$。

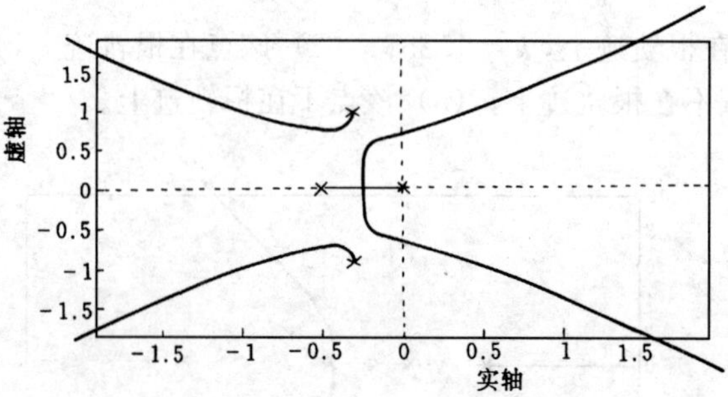

附图 7-14　答题 5-4 图

5-5　（1）三条分支；

$-p_1=0$，$-p_2=-2$，$-p_3=-7$；$\theta_{1,2}=\pm\pi/3$，$\theta_3=\pi$，$-\sigma_a=-3$；

分离点为 $s=-0.9$，与虚轴交点 $\omega=\pm3.74$。

（2）系统稳定时 $0<k<126$。

（3）$k=10.767$。

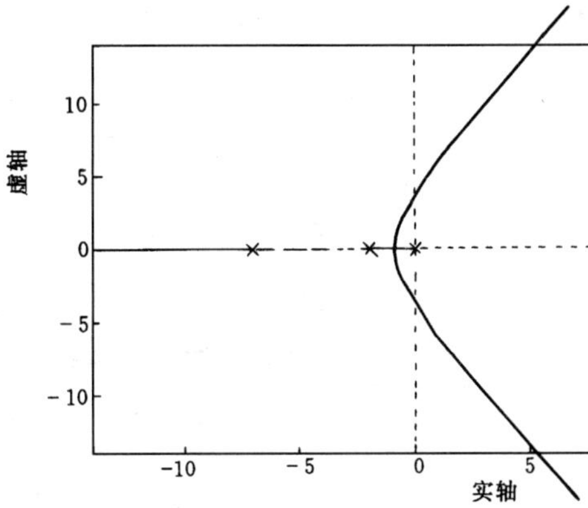

附图 7-15　答题 5-5 图

5-6　（1）两条分支；

（2）$-p_1=0$，$-p_2=3$，$-z_1=-1$；

（3）渐近线与实轴的夹角 $\theta=\pi$；

（4）与虚轴交于 $\omega=\pm1.732$；

（5）$s_1=-3$（会合点），$s_2=1$（分离点）。

（6）$k>3$ 时系统稳定。

5-7　见附图 7-17。

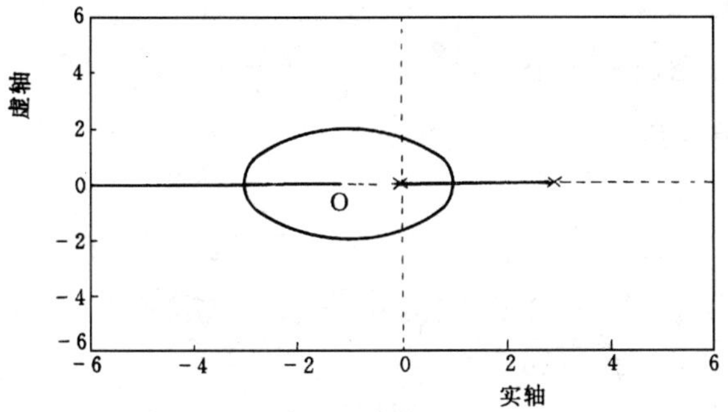

附图 7-16　答题 5-6 图

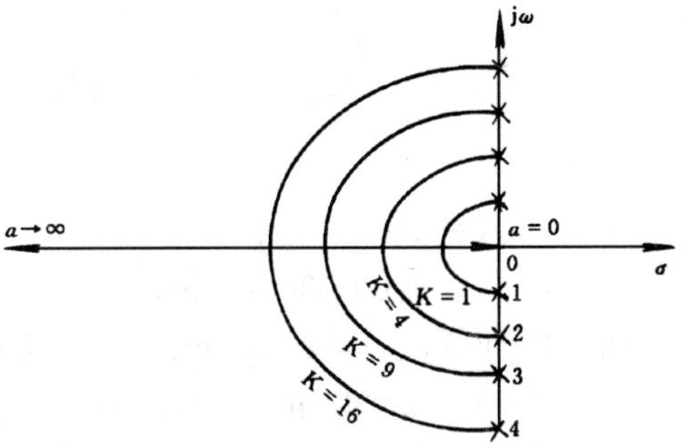

附图 7-17　答题 5-7 图

5-8　$G_c(s)=1+0.3827s$

5-9　$G_c(s)=7\dfrac{s+1.6}{s+11}$

5-10　$G_c(s)=0.9758\times\dfrac{s+0.02124}{s+0.002124}$

5-11　分离点：$d=-0.5$；　出射角：$\pm60°$，　$180°$。

5-12　（1）开环极点：$p_1=0$，$p_2=-2+j2$，$p_3=-2-j2$。开环零点：$z_1=-2$，$z_2=1$，$z_3=\infty$。渐近线：$\varphi=0°$（只有一根渐近线），$\sigma_a=-3$。与虚轴交点：$\omega=\pm2.26$，$k=2.88$。会合点：$s_1=3.2$。出射角：$\theta_{p_2,p_3}=\pm10.5°$。（2）$k$ 值取值范围 $0<k<2.88$。

5-13　本题应绘制 $0°$ 根轨迹。（1）开环极点：$p_1=0$，　$p_{2,3}=-1.5\pm j3.357$。 开环零

点：$z_1 = -2.5$，$z_1 = 0.5$。（2）实轴上根轨迹$[0.5, \infty]$，$[-2.5, 0]$。（3）出射角：$\theta_{p_2, p_3} = \pm 9.18°$。（4）与虚轴交点：$\omega = \pm 3.112$，$k = 2.657$。（5）会合点：$d = 2.7$。

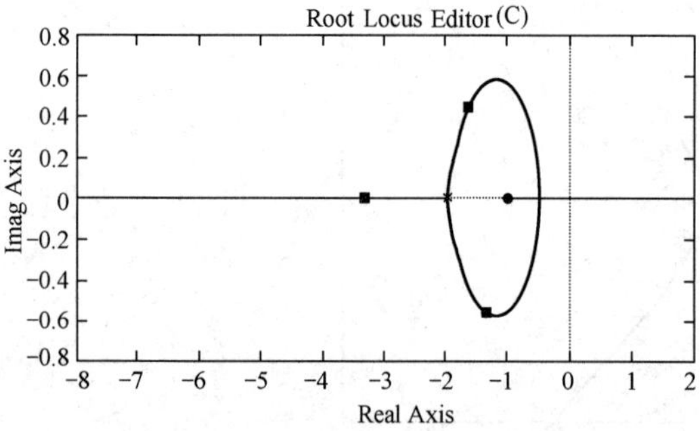

附图 7－18 答题 5－11 图

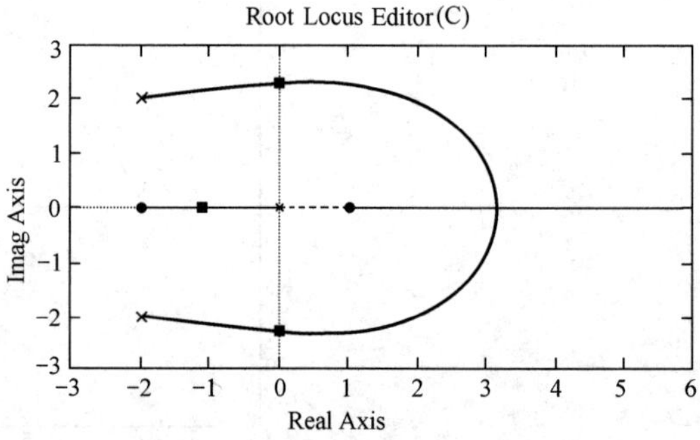

附图 7－19 答题 5－12 图

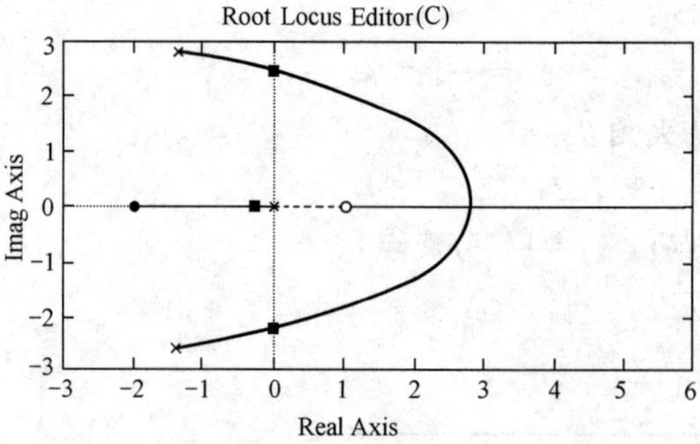

附图 7－20 答题 5－13 图

第 6 章

6－1 $K=24$，$T=1$。

6－2 $\overline{y}(t) = 0.05552\sin(0.1t - 220.6°)$。

6－3 (1) $\overline{y}(t) = 0.822\sin(t + 20.538°)$；(2) $\overline{y}(t) = 1.58\sin(2t + 26.57°)$；(3) $\overline{y}(t) = 0.822\sin(t + 20.538°) - 1.58\sin(2t + 26.57°)$。

6－4 （1）闭环稳定。（2）闭环不稳定，ω：$0 \to \infty$。（3）闭环稳定，ω：$0 \to \infty$。

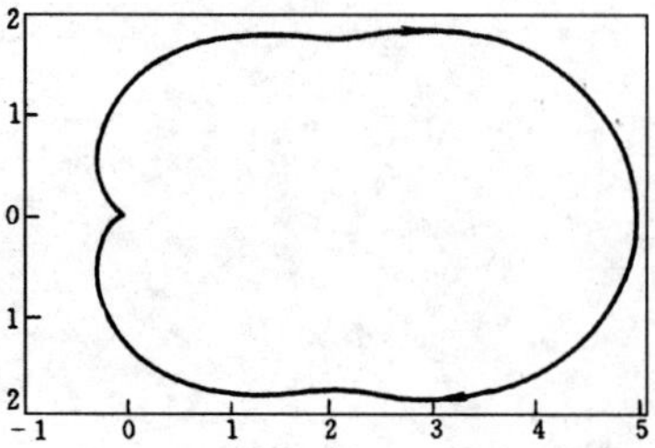

附图 7－21 答题 6－4（1）图

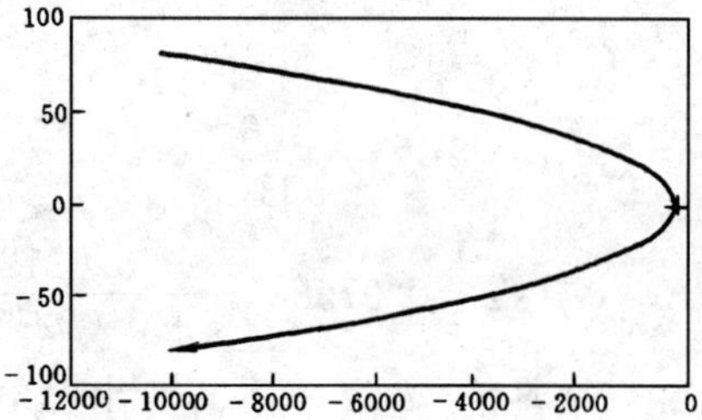

附图 7－22 答题 6－4（2）图

6－5 (a) $\dfrac{E_o(j\omega)}{E_i(j\omega)} = \dfrac{R_1R_2C(j\omega) + R_2}{R_1R_2C(j\omega) + R_1 + R_2} = K\dfrac{T_1(j\omega) + 1}{T_2(j\omega) + 1} = G(j\omega)$

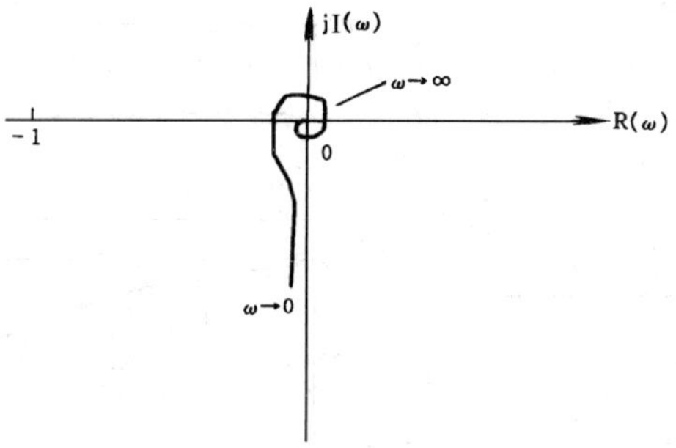

附图 7-23　答题 6-4（3）图

$k=\dfrac{R_2}{R_1+R_2}$，$T_1=R_1C$，$T_2=\dfrac{R_1R_2C}{R_1+R_2}$，$T_1>T_2$。

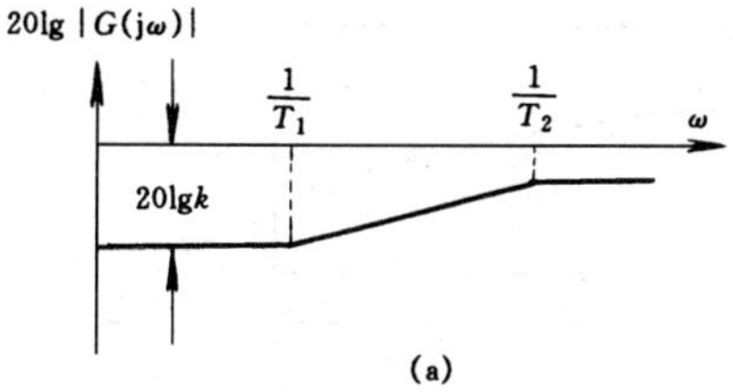

(a)

附图 7-24　答题 6-5（a）图

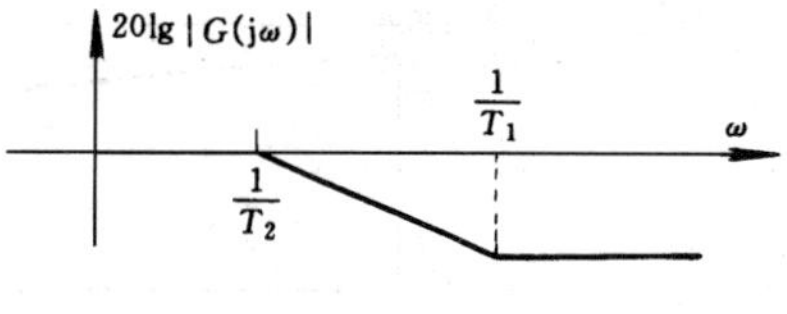

(b)

附图 7-25　答题 6-5（b）图

(b) $G(\mathrm{j}\omega)=\dfrac{T_1(\mathrm{j}\omega)+1}{T_2(\mathrm{j}\omega)+1}$，$T_1=R_2C$，$T_2=(R_1+R_2)C$，$T_2>T_1$。

(c) $G(\mathrm{j}\omega)=\dfrac{(1+a_1T_1\mathrm{j}\omega)(1+bT_2\mathrm{j}\omega)}{(1+T_1\mathrm{j}\omega)(1+T_2\mathrm{j}\omega)}$。

式中，$T_1T_2=R_1R_2C_1C_2$，$T_1+T_2=R_1C_1+R_1C_2+R_2C_2$，$ab=1$，$aT_1=R_1C_1$，$bT_2=R_2C_2$。

6-6　(a) $G(s)=\dfrac{K}{Ts+1}$，$K=10$，$T=0.1$。

(b) $G(s)=Ts+1$，$T=0.1$。

(c) $G(s)=\dfrac{Ks}{Ts+1}$，$K=0.1$，$T=0.05$。

(d) $G(s)=\dfrac{K}{s(T_1s+1)(T_2s+1)}$，$K=100$，$T_1=100$，$T_2=0.01$。

(e) $G(s)=\dfrac{K}{(T_1s+1)(T_2s+1)(T_3s+1)^2}$，$K=10$，$T_1=1$，$T_2=0.1$，$T_3=1/300$。

(f) $G(s)=\dfrac{K\omega_n^2}{s^2+2\zeta\omega_n s+\omega_n^2}$，$\zeta=0.483$，$\omega_n=4.794$，$K=10$。

6-7　(a) 不稳定。(b) 稳定。(c) 稳定。分析略。

6-8　(1) $\omega_n=0.196$，$\phi(\omega_c)=-7.9$，$PM>0$，闭环稳定。(2) $\phi(\omega_c)<-180°$，闭环不稳定。(3) 闭环稳定。

6-9　(1) 系统稳定，$PM=84.31°$。(2) 系统稳定，$GM=6\text{dB}$，$PM=49.6°$。(3) 闭环稳定，$GM=4.4\text{dB}$，$PM=29.5°$。

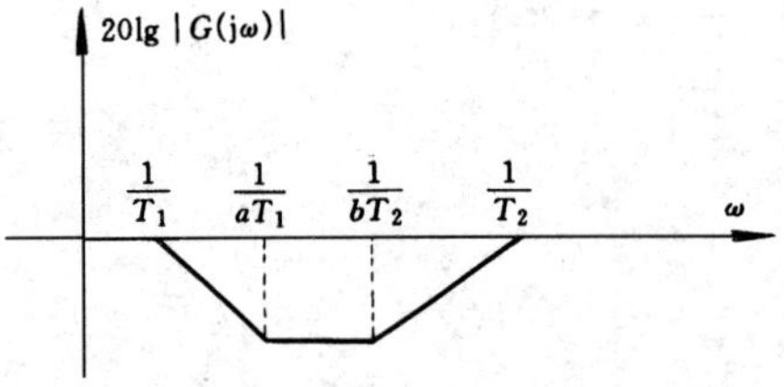

附图 7-26 答题 6-5（c）图

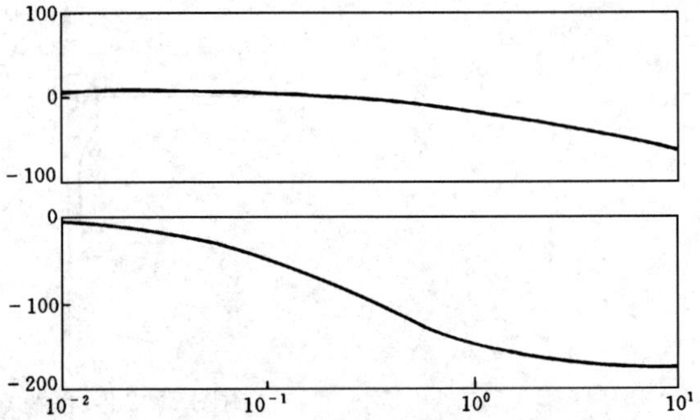

附图 7-27 答题 6-8（1）图

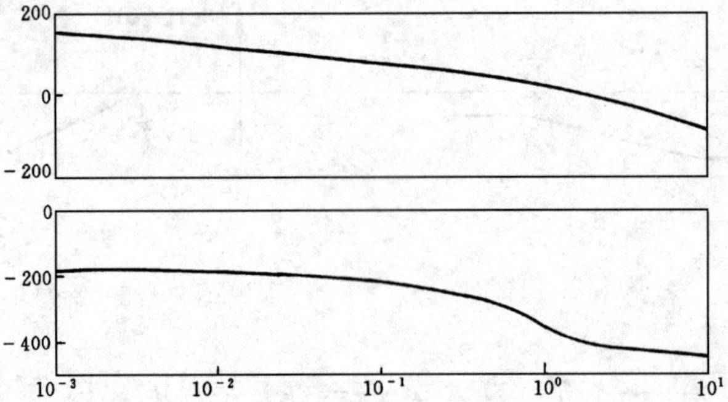

附图 7-28 答题 6-8（2）图

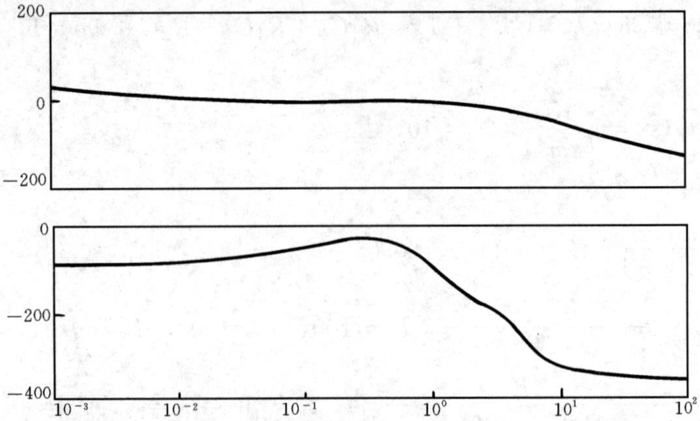

附图 7-29 答题 6-8（3）图

6-10 $K=2.828$。

6-11 $K=1.5238$。

6-12 $K=5.16$。

6-13 （1）$GM=\infty$，$PM=76°$，系统稳定。

（2）GM 不存在，$PM=-31.37°$，闭环不稳定。

（3）$GM=1.57$，$PM=32.7°$，闭环稳定。

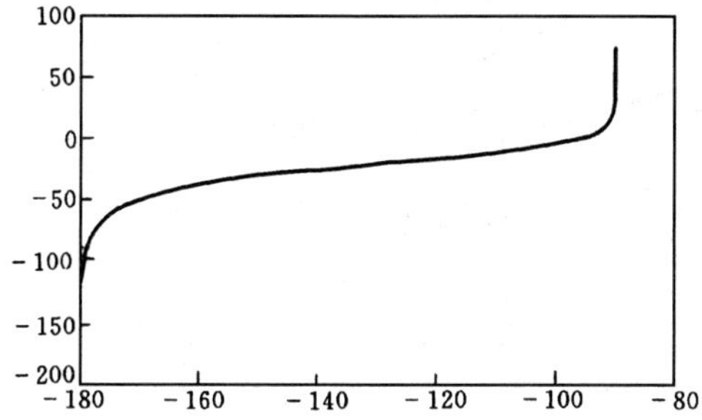

附图 7-30　答题 6-9（1）图

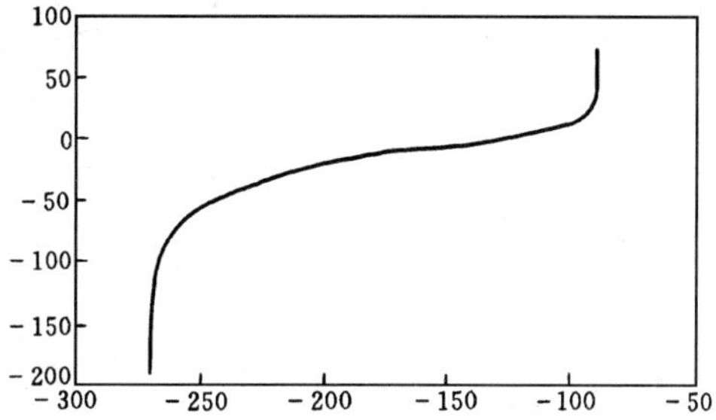

附图 7-31　答题 6-9（2）图

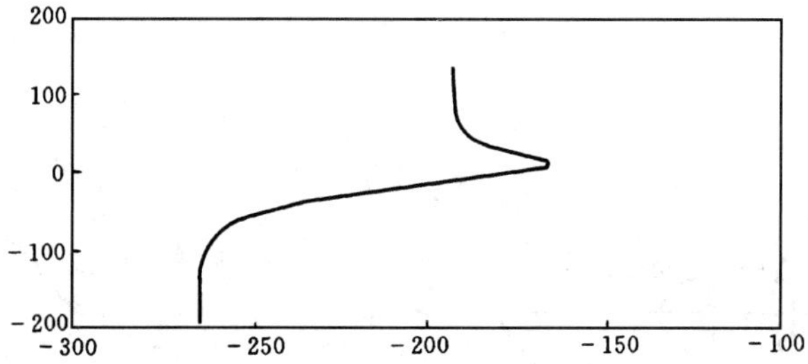

附图 7-32　答题 6-9（3）图

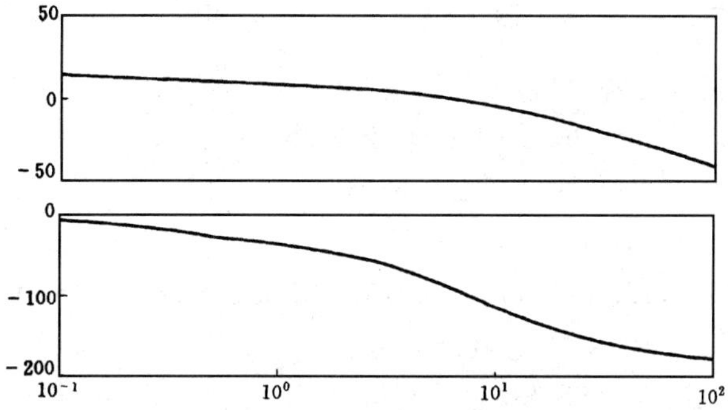

附图 7-33　答题 6-13（1）图

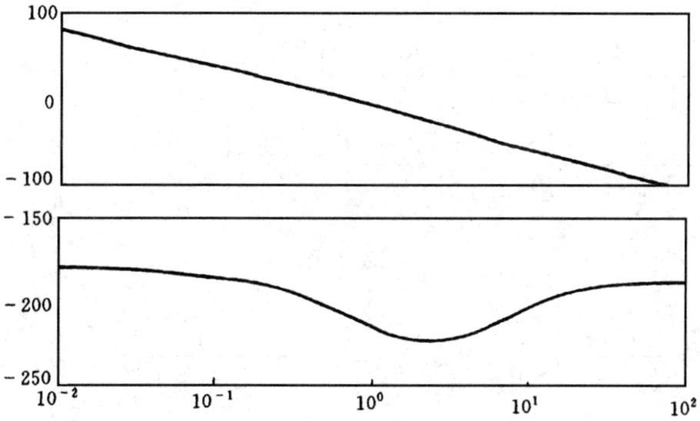

附图 7-34　答题 6-13（2）图

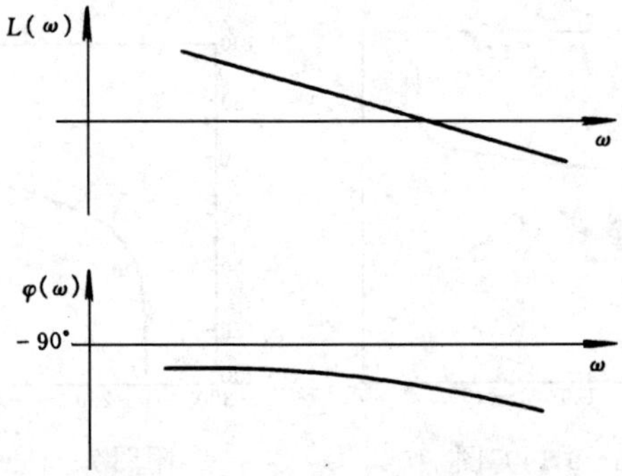

附图 7-35 答题 6-13（3）图

6-14

(1)

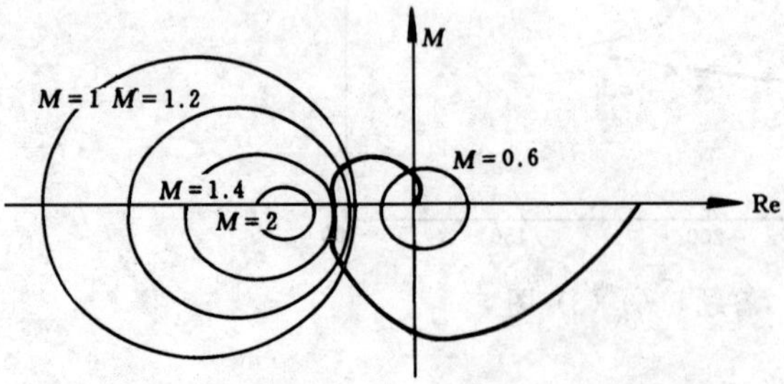

附图 7-36 答题 6-14（1）图（一）

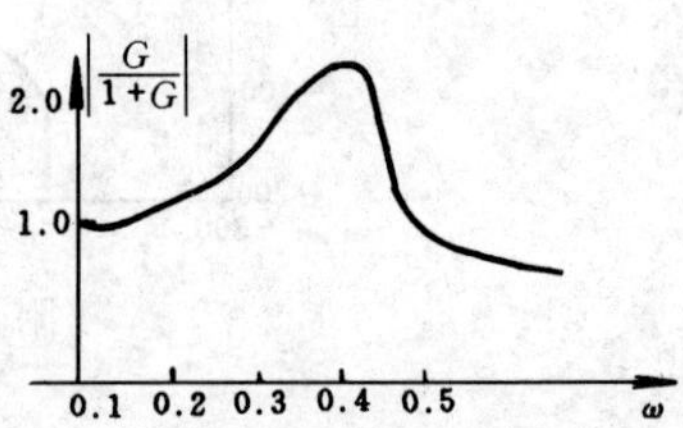

附图 7-37 答题 6-14（1）图（二）

(2) $M_r=2\text{dB}$，$\omega_r=0.3\text{rad/s}$。

(3) $\sigma_p\%=43.1\%$，$t_s=\begin{cases}36.2 & (\Delta=\pm2\%)\\48.2 & (\Delta=\pm5\%)\end{cases}$

6-15 (1) $PM=\begin{cases}35.34^\circ & (K_v=10)\\22.6^\circ & (K_v=20)\\12.25^\circ & (K_v=40)\end{cases}$；(2) $\omega_c=3.88$。$L(\omega_c)$ 的斜率为 -20dB/dec。

6-16 $G(s)=25\times\dfrac{1+18.8s}{1+250s}$

6-17 $G(s)=50\times\dfrac{1+0.743s}{1+0.156s}$

6-18 $G(s)=\dfrac{(1.414s+1)(0.706s+1)}{(14.14s+1)(0.0706s+1)}$

6-19 $G(s)=\dfrac{(1.92s+1)(3.162s+1)}{(0.06s+1)(31.62s+1)}$

第7章

7-1 (1) $X(z)=\dfrac{0.1z\mathrm{e}^{0.1a}}{(z-\mathrm{e}^{0.1a})^2}$；(2) $X(z)=\dfrac{1}{z^2(z-\mathrm{e}^{-0.1a})}$。

7-2 (1) $X(z)=\dfrac{\left(\dfrac{T}{2}+\dfrac{1}{4}-\dfrac{1}{4}\mathrm{e}^{-2T}\right)z^2+\left(\dfrac{1}{4}\mathrm{e}^{-2T}-\dfrac{1}{4}-\dfrac{1}{2}T\mathrm{e}^{-2T}\right)z}{(z-1)^2(z-\mathrm{e}^{-2T})}$；

(2)$X(z)=\dfrac{b}{a}\,\dfrac{z(1-e^{-aT})}{(z-1)(z-e^{-2T})}$。

7-3　(1)$x(k)=1-e^{-akT}$　$(k=0,1,2,\cdots)$

(2) $x(k)=1-(0.9)^k$　$(k=0,1,2,\cdots)$

(3) $x(k)=1[(k-1)T]-0.9^{k-1}$　$(k=0,1,2,\cdots)$

$x(0)=x(1)=0$

另一种方法（略）。

7-4　$Y(z)=\dfrac{8z}{8z^3-10z^2+3z-1}$

$y(0)=0$，$y(T)=0$，$y(2T)=1$，$y(3T)=10/8$，$y(4T)=76/64$，…

7-5　$Y(z)=\dfrac{z}{z^2-z+0.5}$

$y(t)=\delta(t-T)+\delta(t-2T)+0.5\delta(t-3T)-0.25\delta(t-5T)-0.25\delta(t-6T)-0.125\delta(t-7T)\cdots$

7-6　(1)$x^*(t)=\delta(t-2T)+3\delta(t-3T)+7\delta(t-4T)+15\delta(t-5T)+\cdots$

(2)$x^*(t)=\delta(t-2T)+23.1\delta(t-3T)+463\delta(t-4T)+\cdots$

7-7　(1)$x(0)=1$，$x(\infty)=2$；(2)$x(0)=0$，$x(\infty)=\infty$。

7-8　(a)$y(kT)=1-e^{-kt/T_1}$；(b)$y(kT)=\dfrac{1-e^{-T(k+1)/T_1}}{T_1(1-e^{-T/T_1})}$；(c)$y(kT)=1-e^{-kT/T_1}$。

7-9　(a)$Y(z)=G_3(z)[G_1(z)+G_2(z)]R(z)$，$G(z)=G_3(z)[G_1(z)+G_2(z)]$；

(b)$Y(z)=\dfrac{G(z)R(z)}{1+H(z)G(z)}$，$G(z)=\dfrac{G_1(z)}{1+H(z)G_1(z)}$；

(c)$Y(z)=\dfrac{G_1(z)G_2(z)R(z)}{1+H(z)G_1(z)G_2(z)}$，$G(z)=\dfrac{G_1(z)G_2(z)}{1+H(z)G_1(z)G_2(z)}$；

(d)$G(z)=\dfrac{\overline{RG_1}(z)G_2(z)}{1+\overline{HG_1}(z)G_2(z)}$；

(e)$Y(z)=\dfrac{G_1(z)R(z)}{1+\overline{G_1H_1}(z)+H_2(z)G_1(z)}$；$G(z)=\dfrac{G(z)}{1+\overline{G_1H_1}(z)+H_2(z)G_1(z)}$；

(f)$Y(z)=\overline{RG_3G_2}(z)+\overline{G_1G_2}(z)\dfrac{[R(z)-\overline{RG_3G_2H}(z)]}{1+\overline{HG_2G_1}(z)}$。

7-10　(1) $G_0(z)=\dfrac{Y(z)}{E(z)}=\dfrac{(K/4)(2T-1+e^{-2T})z+(K/4)(1-2Te^{-2T}-e^{-2T})}{(z-1)(z-e^{-2T})}$；

(2) $G_y(z)=\dfrac{Y(z)}{R(z)}$

$$=\frac{(K/4)(2T-1+e^{-2T})z+(K/4)(1-2Te^{-2T}-e^{-2T})}{z^2+[KT/2+(K/4-1)e^{-2T}-(K/4+1)]z+K/4+(1-K/4-KT/2)e^{-2T}}$$。

7-11　(1) $0<K<5.825$；(2) $0<K<41.386$。

7-12　$0<K<0.585$。

7-13　$0<K<0.583$。

7-14　$GM=15.3\text{dB}$，$PM=62.8°$，临界增益值 $K^*=2.91$。伯德图（略）。

7-15　$D(w)=\dfrac{1+w}{1+0.0364w}$，$D(z)=\dfrac{12.15z-11}{z+0.1574}$。

7-16　$G_0(z)=\dfrac{0.092z+0.066}{(z-1)(z-0.368)}$，$K_p=\infty$，$K_v=0.5$，$K_a=0$，

$$y^*(t)=0.092\delta(t-T)+0.275\delta(t-2T)+0.469\delta(t-3T)+\cdots$$

7-17　(1)$D(z)=\dfrac{3.37(1-0.82z^{-1})(1-0.67z^{-1})}{(1-z^{-1})(1+0.495z^{-1})}$；(2)$D(z)=\dfrac{2.5(1-0.6z^{-1})}{(1+0.75z^{-1})}$。

第8章

8-1　$\boldsymbol{\phi}(t)=\begin{pmatrix} e^{2t}-2te^t & -2te^{2t}+3te^t+2e^t & e^{2t}-te^t-e^t \\ 2e^{2t}-2te^t-2e^t & -4e^{2t}+3te^t+5e^t & 2e^{2t}-te^t-2e^t \\ 4e^{2t}-2te^t-4e^t & -8e^{2t}+3te^t+8e^t & 4e^{2t}-te^t-3e^t \end{pmatrix}$

8-2　同8-1答案。

8-3　$\boldsymbol{\phi}(t)=\begin{pmatrix} 3e^{-t}-3e^{-2t}+e^{-3t} & 2.5e^{-t}-4e^{-2t}+1.5e^{-3t} & 0.5e^{-t}-e^{-2t}+0.5e^{-3t} \\ -3e^{-t}+6e^{-2t}-3e^{-3t} & -2.5e^{-t}+8e^{-2t}-4.5e^{-3t} & -0.5e^{-t}+2e^{-2t}-1.5e^{-3t} \\ 3e^{-t}-12e^{-2t}+9e^{-3t} & 2.5e^{-t}-16e^{-2t}+13.5e^{-3t} & 0.5e^{-t}-4e^{-2t}+4.5e^{-3t} \end{pmatrix}$

8-4　$a_{21}\neq0$，$a_{11}+a_{12}\neq a_{21}+a_{22}$。

8-5　状态既不能控也不能观。$G(s)=\dfrac{(s+1)(s+2)}{(s+1)^2(s+2)}=\dfrac{1}{s+1}$

8-6　状态不能观。

8-7　因有负实部的特征值，故系统是渐近稳定的。

8-8　(1)$\boldsymbol{x}(k+1)=\begin{pmatrix}1 & 0.1\\0 & 1\end{pmatrix}\boldsymbol{x}(k)+\begin{pmatrix}0.005\\0.1\end{pmatrix}\boldsymbol{u}(k)$；

(2)离散化前后的系统均能控；

(3)$\boldsymbol{u}(0)=-65$，$\boldsymbol{u}(T)=55$。

8-9　(1)$G(s)=\dfrac{9.8s^2-4.9s+61.74}{s^3+0.42s^2-0.006s+0.098}$；

(2)系统状态能控；

(3)$F=[0.067\quad 1.0\quad 0.4706]$，状态反馈系统的状态变量图如附图7-38所示；

(4)系统状态完全能观；

(5)$F_B=[8.58\quad 2.922\quad 2.904]^T$，观测系统状态变量图如附图7-39所示。

8-10　(1)能控标准型：$\dot{\boldsymbol{x}}=\begin{pmatrix}0 & 1 & 0\\0 & 0 & 1\\-8 & -14 & -7\end{pmatrix}\boldsymbol{x}+\begin{pmatrix}0\\0\\1\end{pmatrix}\boldsymbol{u}$，$\boldsymbol{y}=[15\quad 8\quad 1]\boldsymbol{x}$。

能观标准型：$\dot{\boldsymbol{x}}=\begin{pmatrix}0 & 0 & -8\\1 & 0 & -14\\0 & 0 & -7\end{pmatrix}+\begin{pmatrix}15\\8\\1\end{pmatrix}\boldsymbol{u}$，$\boldsymbol{y}=[0\quad 0\quad 1]\boldsymbol{x}$

(2)能控标准型时：$\boldsymbol{x}(0)=\begin{pmatrix}0.7083\\-2.0417\\6.7083\end{pmatrix}$，能观标准型时：$\boldsymbol{x}(0)=\begin{pmatrix}6\\6\\1\end{pmatrix}$。

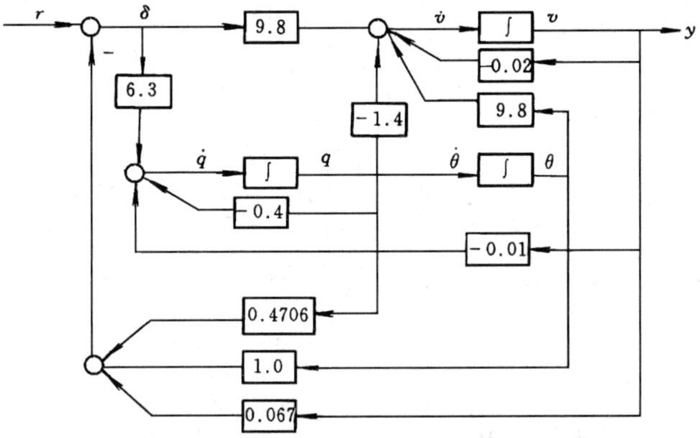

附图 7-38　答题 8-9 图（一）

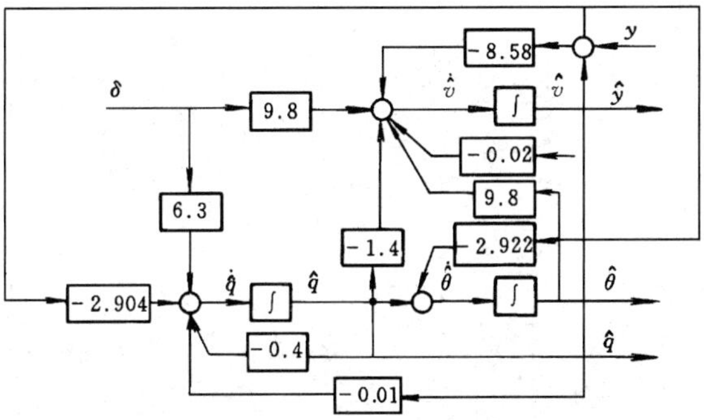

附图 7-39　答题 8-9 图（二）

（3）状态变量图（略）。

8-11　能控性分解：取变换阵 $\boldsymbol{P}=\begin{bmatrix}1&0&0\\1&1&0\\1&1&1\end{bmatrix}$，$\boldsymbol{P}^{-1}=\begin{bmatrix}1&0&0\\-1&1&0\\1&-1&-1\end{bmatrix}$。

$$\begin{bmatrix}\dot{\boldsymbol{x}}_c\\ \cdots\\ \dot{\boldsymbol{x}}_{\bar{c}}\end{bmatrix}=\begin{bmatrix}0&-1&\vdots&-1\\1&-2&\vdots&-2\\ \cdots&\cdots&\cdots&\cdots\\0&0&\vdots&-1\end{bmatrix}\begin{bmatrix}\boldsymbol{x}_c\\ \cdots\\ \boldsymbol{x}_{\bar{c}}\end{bmatrix}+\begin{bmatrix}1\\0\\ \cdots\\0\end{bmatrix}u,\quad y_1=\begin{bmatrix}1&-1&\vdots&-2\end{bmatrix}\begin{bmatrix}\boldsymbol{x}_c\\ \cdots\\ \boldsymbol{x}_{\bar{c}}\end{bmatrix}。$$

能控子系统为 $\dot{\boldsymbol{x}}_c=\begin{bmatrix}0&-1\\1&-2\end{bmatrix}\boldsymbol{x}_c+\begin{bmatrix}-1\\-2\end{bmatrix}\boldsymbol{x}_{\bar{c}}+\begin{bmatrix}1\\0\end{bmatrix}\boldsymbol{u}$，$\boldsymbol{y}_1=\begin{bmatrix}1&-1\end{bmatrix}\boldsymbol{x}_c$。

不能控子系统为 $\dot{\boldsymbol{x}}_{\bar{c}}=-\boldsymbol{x}_{\bar{c}}$，$\boldsymbol{y}_2=2\boldsymbol{x}_{\bar{c}}$。

能观性分解：取变换阵为 $\boldsymbol{T}=\begin{bmatrix}0&1&-2\\1&-2&3\\0&0&1\end{bmatrix}$，$\boldsymbol{T}^{-1}=\begin{bmatrix}2&1&1\\1&0&2\\0&0&1\end{bmatrix}$。

有 $\begin{bmatrix}\dot{\boldsymbol{x}}_{o}\\ \cdots \\ \dot{\boldsymbol{x}}_{\bar{o}}\end{bmatrix}=\begin{bmatrix}0 & 1 & \vdots & 0\\ -1 & -2 & \vdots & 0\\ \cdots & \cdots & \cdots & \cdots\\ 1 & 0 & \vdots & -1\end{bmatrix}\begin{bmatrix}\boldsymbol{x}_{o}\\ \cdots \\ \boldsymbol{x}_{\bar{o}}\end{bmatrix}+\begin{bmatrix}1\\ -1\\ \cdots\\ 0\end{bmatrix}u$，$y_1=[1\quad 0\quad \vdots\ ]\begin{bmatrix}\boldsymbol{x}_{o}\\ \cdots \\ \boldsymbol{x}_{\bar{o}}\end{bmatrix}$。

能观子系统为 $\bar{\boldsymbol{x}}_{o}=\begin{bmatrix}0 & 1\\ -1 & -2\end{bmatrix}\boldsymbol{x}_{o}+\begin{bmatrix}1\\ -1\end{bmatrix}u$，$y_1=[1\quad 0]\boldsymbol{x}_{o}$。

不能观子系统为 $\dot{\boldsymbol{x}}_{\bar{o}}=[1\quad 0]\boldsymbol{x}_{o}-\boldsymbol{x}_{\bar{o}}$，$y_2=0$。

8-12 能控性分解：取变换阵 $\boldsymbol{P}=\begin{bmatrix}1 & 1 & 0 & 1\\ 0 & 0 & 1 & 0\\ 3 & 3 & 0 & 0\\ 2 & 5 & 0 & 0\end{bmatrix}$，则 $\boldsymbol{P}^{-1}=\begin{bmatrix}0 & 0 & 0.5556 & -1/3\\ 0 & 0 & -0.2222 & 1/3\\ 0 & 1 & 0 & 0\\ 1 & 0 & -1/3 & 0\end{bmatrix}$

故有 $\begin{bmatrix}\dot{\boldsymbol{x}}_{c}\\ \cdots \\ \dot{\boldsymbol{x}}_{\bar{c}}\end{bmatrix}=\begin{bmatrix}-2 & -6 & \vdots & -0.5 & -4.335\\ 3 & 7 & \vdots & -0.223 & 2.331\\ \cdots & \cdots & \cdots & \cdots & \cdots\\ 0 & 0 & \vdots & 2 & 0\\ 0 & 0 & \vdots & 0.6666 & 3\end{bmatrix}\begin{bmatrix}\boldsymbol{x}_{c}\\ \cdots \\ \boldsymbol{x}_{\bar{c}}\end{bmatrix}+\begin{bmatrix}1\\ 0\\ \cdots\\ 0\\ 0\end{bmatrix}u$，

$y=[1\quad 4\quad \vdots\quad -3\quad -4]\begin{bmatrix}\boldsymbol{x}_{c}\\ \cdots \\ \boldsymbol{x}_{\bar{c}}\end{bmatrix}$。

能控子系统为 $\dot{\boldsymbol{x}}_{c}=\begin{bmatrix}-2 & -6\\ 3 & 7\end{bmatrix}\boldsymbol{x}_{c}+\begin{bmatrix}-0.5 & -4.335\\ -0.223 & 2.331\end{bmatrix}\boldsymbol{x}_{\bar{c}}+\begin{bmatrix}1\\ 0\end{bmatrix}\boldsymbol{u}$，$\boldsymbol{y}_1=[1\quad 4]\boldsymbol{x}_{c}$。

不能控子系统为 $\dot{\boldsymbol{x}}_{\bar{c}}=\begin{bmatrix}2 & 0\\ 0.6666 & 3\end{bmatrix}\boldsymbol{x}_{\bar{c}}$，$\boldsymbol{y}_2=[-3\quad -4]\boldsymbol{x}_{\bar{c}}$。

能观性分解：

取变换阵为 $\boldsymbol{T}=\begin{bmatrix}-4 & -3 & 1 & 1\\ -13 & -10 & 3 & 4\\ 1 & 0 & 0 & 0\\ 0 & 1 & 0 & 0\end{bmatrix}$，$\boldsymbol{T}^{-1}=\begin{bmatrix}0 & 0 & 1 & 0\\ 0 & 0 & 0 & 1\\ 4 & -1 & 0 & 0\\ -3 & 1 & 1 & 1\end{bmatrix}$。

故有 $\begin{bmatrix}\dot{\boldsymbol{x}}_{o}\\ \cdots \\ \dot{\boldsymbol{x}}_{\bar{o}}\end{bmatrix}=\begin{bmatrix}0 & 1 & \vdots & 6 & 0\\ -12 & 7 & \vdots & 24 & 0\\ \cdots & \cdots & \cdots & \cdots & \cdots\\ 0 & 0 & \vdots & 1 & 0\\ 0 & 0 & \vdots & 0 & 2\end{bmatrix}\begin{bmatrix}\boldsymbol{x}_{o}\\ \cdots \\ \boldsymbol{x}_{\bar{o}}\end{bmatrix}+\begin{bmatrix}1\\ 4\\ \cdots\\ 1\\ 0\end{bmatrix}\boldsymbol{u}$，$\boldsymbol{y}=[1\quad 0\quad 0\quad 0]\begin{bmatrix}\boldsymbol{x}_{o}\\ \boldsymbol{x}_{\bar{o}}\end{bmatrix}$。

能观子系统为 $\dot{\boldsymbol{x}}_{o}=\begin{bmatrix}0 & 1\\ -12 & 7\end{bmatrix}\boldsymbol{x}_{o}+\begin{bmatrix}6 & 0\\ 24 & 0\end{bmatrix}\boldsymbol{x}_{\bar{o}}+\begin{bmatrix}1\\ 4\end{bmatrix}\boldsymbol{u}$，$\boldsymbol{y}_1=[1\quad 0]\boldsymbol{x}_{o}$。

不能观子系统为 $\dot{\boldsymbol{x}}_{\bar{o}}=\begin{bmatrix}1 & 0\\0 & 2\end{bmatrix}\boldsymbol{x}_{\bar{o}}+\begin{bmatrix}1\\0\end{bmatrix}\boldsymbol{u}$，$y_2=0$。

8-13　rank$[\boldsymbol{B}\quad \boldsymbol{AB}]=2$，可控。$\boldsymbol{P}=\begin{bmatrix}1 & 1\\1 & 2\end{bmatrix}>0$，$\boldsymbol{K}=\boldsymbol{R}^{-1}\boldsymbol{B}^T\boldsymbol{P}=2[1\quad 1]$，

$u(t)=-K\boldsymbol{x}=-2x_1(t)-2x_2(t)$。

第9章

9-1　(a) 不稳定；(b) 稳定；(c) 稳定；(d) a 点为稳定极限环，b 点为不稳定极限环；(e) 稳定极限环；(f) a 点为不稳定极限环，b 点为稳定极限环；(g) a 点为不稳定极限环，b 点为稳定极限环；(h) 不稳定；(i) 不稳定；(j) 稳定。

9-2　$N(x)=\dfrac{2K}{\pi}\left[\sin^{-1}\dfrac{b}{x}-\sin^{-1}\dfrac{a}{x}+\dfrac{b}{x}\sqrt{1-\left(\dfrac{b}{x}\right)^2}-\dfrac{a}{x}\sqrt{1-\left(\dfrac{a}{x}\right)^2}\right]$ $(x>b)$；

$N(x)=\dfrac{2K}{\pi}\left[\dfrac{\pi}{2}-\sin^{-1}\dfrac{a}{x}-\dfrac{a}{x}\sqrt{1-\left(\dfrac{a}{x}\right)^2}\right]$ $(a<x<b)$。

9-3　(a) $K=1.5$；(b) $K=3$ 时，自激振荡的振幅为 $x=2.475$，频率 $\omega=\sqrt{2}/2$。

9-4　(a) $K=7.5$；(b) $K=15$ 时，自激振荡的振幅为 $x=2.5$，频率 $\omega=\sqrt{50}$。

9-5　取 $x=1,2,3,4,5$，$\omega=3,3.6,4,5,\cdots$，可画出 $-\dfrac{1}{N(x)}$ 和 $G(\mathrm{j}\omega)$ 的曲线如附图 7-40 所示。

由附图 7-40 可知，两轨迹线的交点有自激振荡，振幅为 $x=4.1$，频率为 $\omega=3.67$。

9-6　设 $e(t)=A\sin\omega t$ $G(\mathrm{j}\omega)$ 及 $-\dfrac{1}{N(x)}$ 的轨迹线如附图 7-41 所示。

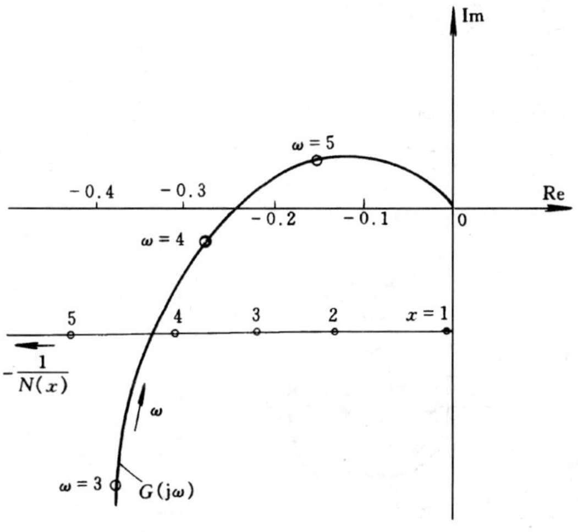

附图 7-40　答题 9-5 图

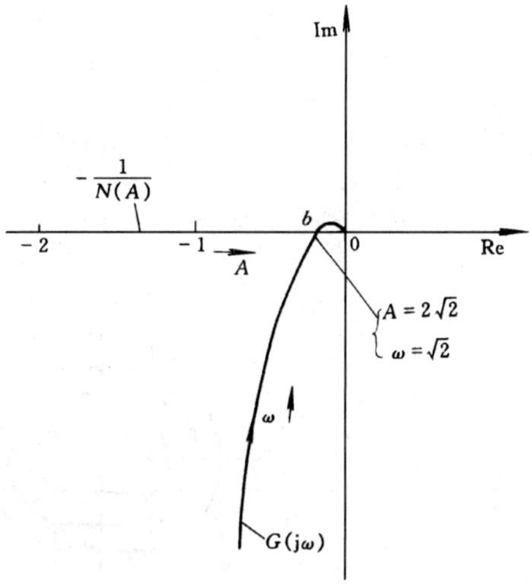

附图 7-41　答题 9-6 图

由附图 7-41 可知，$G(\mathrm{j}\omega)$ 与 $-\dfrac{1}{N(x)}$ 的交点为 b，b 点是不稳定的工作点。

9-7 （1）相轨迹如附图 7-42（a）所示；（2）相轨迹如附图 7-42（b）所示；（3）相轨迹如附图 7-42（c）所示。

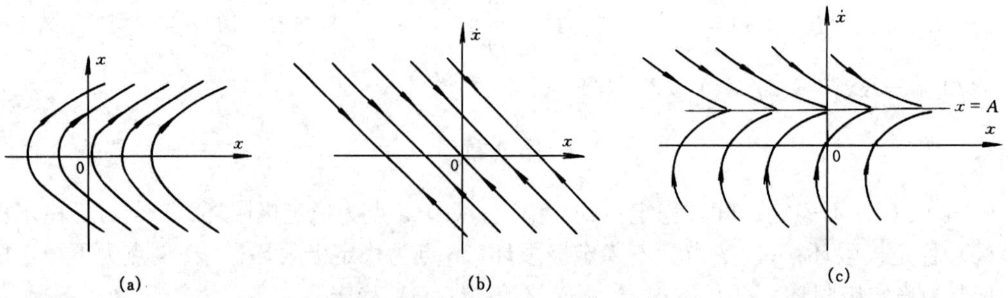

附图 7-42 答题 9-7 图

9-8 相轨迹如附图 7-43 所示。

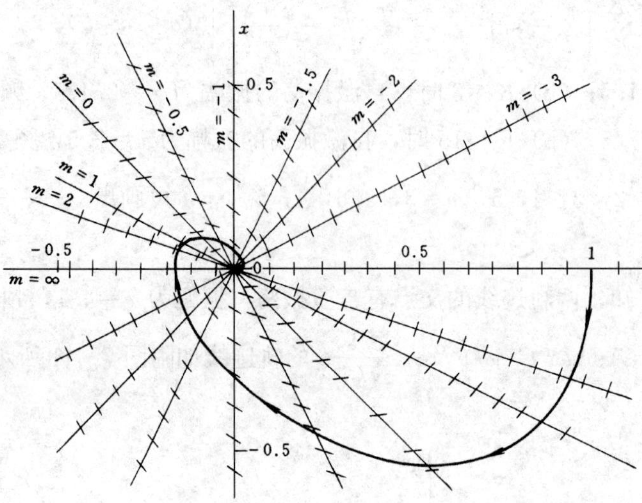

附图 7-43 答题 9-8 图

9-9 相轨迹图如附图 7-44 所示。

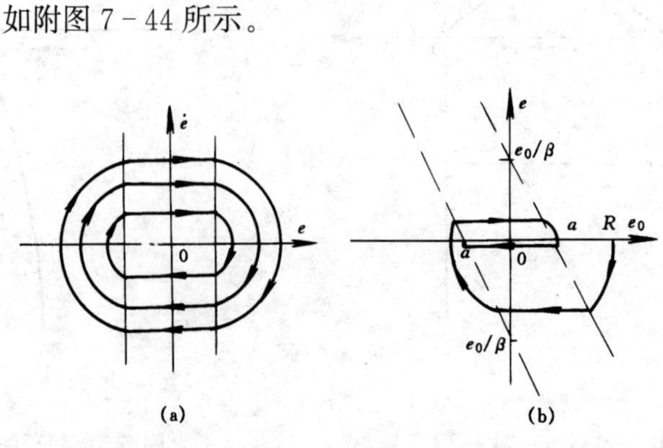

附图 7-44 答题 9-9 图

(a) $\beta=0$；(b) $0<\beta<1$

9－10　利用等倾线法可求得系统的相平面图如附图 7－45 所示。

由附图 7－45 可知，系统最终稳定在$-1\leqslant e\leqslant 1$的区域内，即稳定在一个极限环上。

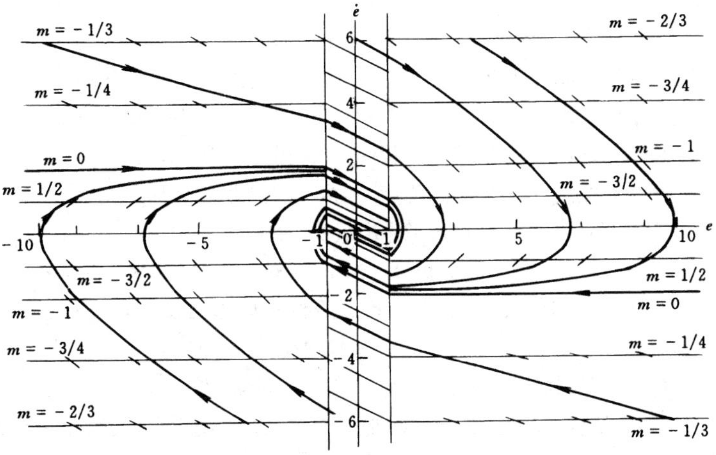

附图 7－45　答题 9－10 图

参 考 文 献

[1] 陈来九. 热工过程自动调节原理和应用 [M]. 北京：水利电力出版社，1982.
[2] B. C. Kuo. 自动控制系统 [M]. 张一中，译. 北京：水利电力出版社，1983.
[3] 张玉铎，王满稼. 热工自动控制系统 [M]. 北京：水利电力出版社，1985.
[4] 厉玉鸣，翁维勤. 非线性控制系统 [M]. 北京：化学工业出版社，1985.
[5] 蔡尚峰. 自动控制理论 [M]. 北京：机械工业出版社，1987.
[6] 翁思义. 自动控制系统计算机仿真与辅助设计 [M]. 西安：西安交通大学出版社，1987.
[7] 杨自厚. 自动控制原理. 修订版 [M]. 北京：冶金工业出版社，1987.
[8] 李友善. 自动控制原理. 修订版 [M]. 北京：国防工业出版社，1989.
[9] 杨平. 用根匹配法仿真时无限零点的配置 [J]. 上海电力学院学报，1989，5（3～4）：10-16.
[10] 杨平. 数字控制系统直接设计准则及其应用 [J]. 上海电力学院学报，1990，6（3）：31-43.
[11] 谢麟阁. 自动控制原理. 2版 [M]. 北京：水利电力出版社，1991.
[12] 翁勃豪恩. 自动控制工程（第二册）[M]. 吴启迪，黄圣乐，译. 上海：同济大学出版社，1991.
[13] 戴忠达. 自动控制理论基础 [M]. 北京：清华大学出版社，1991.
[14] 谢锡祺. 自动控制理论基础 [M]. 北京：北京理工大学出版社，1992.
[15] 金以慧. 过程控制 [M]. 北京：清华大学出版社，1993.
[16] 曹柱中. 自动控制理论与设计 [M]. 上海：上海交通大学出版社，1995.
[17] 杨平. 控制系统计算机辅助分析 [M]. 北京：水利电力出版社，1995.
[18] 翁思义. 自动控制原理 [M]. 北京：中国电力出版社，1997.
[19] 范永胜，徐治皋，陈来九. 基于动态特性机理分析的锅炉过热汽温自适应模糊控制系统研究 [J]. 中国电机工程学报，1997，17（1）：23-28.
[20] 庞国仲. 自动控制原理. 修订版 [M]. 合肥：中国科技大学出版社，1998.
[21] K. Ogata. 现代控制工程. 3版 [M]. 卢伯英，于海勋，译. 北京：电子工业出版社，2000.
[22] J. J. D'azzo，C. H. Houpis. Linear Control System Analysis and Design. 4th [M]. 北京：清华大学出版社，2000.
[23] 熊淑燕，王兴叶，田建艳. 火力发电厂集散控制系统 [M]. 北京：科学出版社，2000.
[24] 张玉明. 计算机控制系统分析与设计 [M]. 北京：中国电力出版社，2000.
[25] 翁思义，杨平. 自动控制原理 [M]. 北京：中国电力出版社，2001.
[26] 孙扬声. 自动控制理论. 3版 [M]. 北京：中国电力出版社，2001.
[27] 陈伯时. 电力拖动自动控制系统. 2版 [M]. 北京：机械工业出版社，2002.
[28] 边立秀. 热工控制系统 [M]. 北京：中国电力出版社，2002.
[29] R. C. Dorf. 现代控制系统. 9版 [M]. 北京：科学出版社，2002.
[30] 胡寿松. 自动控制原理. 4版 [M]. 北京：科学出版社，2004.
[31] 薛安克. 自动控制原理 [M]. 西安：西安电子科技大学出版社，2004.
[32] 谢克明. 自动控制原理 [M]. 北京：电子工业出版社，2004.
[33] G. F. Franklin. 动态系统的反馈控制. 4版 [M]. 朱齐丹，等译. 北京：电子工业出版社，2004.
[34] 杨平，翁思义，王志萍. 自动控制原理学习辅导 [M]. 北京：中国电力出版社，2005.
[35] 杨平，余洁，冯照坤，等. 自动控制原理实验与实践 [M]. 北京：中国电力出版社，2005.
[36] 涂植英，陈今润. 自动控制原理. 2版 [M]. 重庆：重庆大学出版社，2005.

[37] 朱北恒. 火电厂热工自动化系统试验 [M]. 北京：中国电力出版社，2006.
[38] 吴麒，王诗宓. 自动控制原理. 2 版 [M]. 北京：清华大学出版社，2006.
[39] 杨平，翁思义，郭平. 自动控制原理 [M]. 北京：中国电力出版社，2006.
[40] 于希宁，刘红军. 自动控制原理. 2 版 [M]. 北京：中国电力出版社，2006.
[41] 裴润，宋申民. 自动控制原理 [M]. 哈尔滨：哈尔滨工业大学出版社，2006.
[42] 田玉平. 自动控制原理 [M]. 北京：科学出版社，2006.
[43] 邹伯敏. 自动控制原理. 2 版 [M]. 北京：机械工业出版社，2006.
[44] 胡寿松. 自动控制原理. 5 版 [M]. 北京：科学出版社，2007.
[45] G. F. Franklin. 自动控制原理与设计. 5 版 [M]. 北京：人民邮电出版社，2007.
[46] 黄忠霖. 自动控制原理的实现 [M]. 北京：国防工业出版社，2007.
[47] 贺昱曜，闫茂德. 非线性控制理论及应用 [M]. 西安：西安电子科技大学出版社，2007.
[48] 张丽香，林金栋，降爱琴. 自动调节原理及系统. 2 版 [M]. 北京：中国电力出版社，2007.
[49] B. W. Bequette. Process Control [M]. 北京：世界图书出版公司，2008.
[50] 杨平，翁思义，郭平. 自动控制原理——理论篇 [M]. 北京：中国电力出版社，2009.
[51] 吴敏，何勇，佘锦华. 鲁棒控制理论 [M]. 北京：高等教育出版社，2010.
[52] 杨智，范正平. 自动控制原理 [M]. 北京：清华大学出版社，2010.
[53] 杨平，郑玉婷，等. 锅炉汽温状态反馈控制器的一种设计方法 [J]. 上海电力学院学报，2010，26 (3)：257 - 261.
[54] 谷俊杰，李建强，高大明，等. 热工控制系统 [M]. 北京：中国电力出版社，2011.
[55] 边立秀，周俊霞，赵劲松，等. 热工控制系统 [M]. 北京：中国电力出版社，2012.
[56] C. H. Phillips，J. M. Parr. Feedback Control Systems. Twelfth [M]. 北京：电子工业出版社，2012.
[57] R. C. Dorf，R. H. Bishop. Modern Control Systems. Fifth [M]. 北京：科学出版社，2012.
[58] 戴连奎，于玲，田学民，等. 过程控制工程. 3 版 [M]. 北京：化学工业出版社，2012.
[59] 杨平. 多容惯性标准传递函数控制器——设计理论及应用技术 [M]. 北京：中国电力出版社，2013.
[60] 国务院学位委员会第六届学科评议组. 学位授予和人才培养一级学科简介 [M]. 北京：高等教育出版社，2013.